U0160287

新一代发酵工程技术

周景文 陈 坚等 著

科学出版社

北京

内 容 简 介

本书主要介绍了近年来发酵工程技术的最新进展和未来发展趋势，包括发酵微生物菌种高通量筛选技术、基因快速编辑组装与表达调控技术、微生物细胞系统改造与精准调控，以及微型反应器与组合优化技术、基于多参数检测分析与组学技术的发酵过程实时动态优化与控制、发酵产品的联产技术、典型发酵产品的流程重构技术等，提出了新一代发酵工程技术的概念和内涵。在此基础上，针对新一代发酵工程技术的发展现状，以未来食品涉及的发酵技术为例，介绍了发酵工程技术今后面临的任务和挑战。

本书可作为发酵工程、生化工程、生物工程、环境工程和制药工程的高校师生的资料使用，也可供上述领域的企业生产、技术和管理人员参考。

图书在版编目(CIP)数据

新一代发酵工程技术 / 周景文等著. —北京：科学出版社，2021.5

ISBN 978-7-03-068405-9

Ⅰ. ①新… Ⅱ. ①周… Ⅲ. ①发酵工程 Ⅳ. ①TQ92

中国版本图书馆 CIP 数据核字 (2021) 第 048031 号

责任编辑：贾　超　侯亚薇 / 责任校对：杜子昂
责任印制：吴兆东 / 封面设计：东方人华

斜 学 出 版 社 出版

北京东黄城根北街 16 号
邮政编码：100717
http://www.sciencep.com

北京建宏印刷有限公司 印刷

科学出版社发行　各地新华书店经销

*

2021 年 5 月第 一 版　开本：720 × 1000　1/16
2022 年 4 月第二次印刷　印张：30
字数：580 000

定价：268.00 元

(如有印装质量问题，我社负责调换)

前　　言

　　发酵工程技术有着悠久的历史。在过去的几百年中，发酵工程技术经历了以生产食品等生活资料为主的自然发酵过程到以生产生活资料和工业基础资料并重的代谢控制发酵过程。20 世纪末和 21 世纪前 20 年，生物技术的迅速发展开始重塑世界：可预测、可再造、可调控，仿生、再生、创生，人造生命、器官再造、生物存储、高能细胞、人机交互等。这些为新时代发酵工程的发展提供了重要的基础。

　　一方面，生物技术的理论、工具、方法乃至知识体系呈现爆发式的发展；另一方面，生物工业特别是发酵工业在大规模生产方面的技术水平还不够先进。究其原因，应该是这些新理论和新方法在工业上的应用还存在明显不足。掌握最新的前沿生物技术，并努力将其应用于发酵工业实践，这是作者团队近 35 年的研究工作追求，也是写作本书的初心。

　　作者将本书命名为《新一代发酵工程技术》，主要是因为进入 21 世纪，发酵工程技术的一些核心内涵已经发生变化，如发酵微生物细胞工厂构建和改进替代了以往的发酵微生物菌株改良，包括发酵微生物菌种高通量筛选技术、基因快速编辑组装与表达调控技术、微生物细胞系统改造与精准调控，等等；发酵过程优化和动态控制替代了以往的发酵工艺优化，包括微型反应器与组合优化技术、发酵过程实时动态优化与控制、发酵产品的联产技术、典型发酵产品的流程重构技术，等等。上面所述是本书的主要内容。此外，作者在最后一章还以未来食品的发酵技术为例，介绍了发酵工程技术今后面临的任务和挑战。特别要说明的是，由于篇幅的限制，本书没有专门介绍发酵工程中称为"下游技术"的部分，即产品的分离与提取技术。

　　本书各章节是作者团队教师分工撰写的；书中采用的许多研究案例，来自作者团队的研究生们的研究工作。由于未能一一注明各位学生的姓名，谨在此表示衷心感谢。因作者的研究积累有限，书中难免存在不足之处，敬请国内外同行学者批评、指正。

　　本书最后成稿之时，正是国内抗击新型冠状病毒肺炎疫情最关键的时候。谨以此书向战斗在一线的人们致敬！

作　者

江南大学生物工程学院

2021 年 3 月

目　　录

第1章 绪 论

1.1 发酵工程基本内容和发展历史

生物技术是以生命科学为基础，结合先进的工程技术手段和其他自然科学原理，按照预先的设计改造生物体，并利用微生物、动物或植物对原料进行加工，生产出人类所需产品或达到某种目的的技术。生物技术一般包括工业生物技术、农业生物技术、医药生物技术等。工业生物技术是指以微生物或酶为催化剂进行物质转化，大规模地生产人类所需的化学品、医药、能源、材料等产品的生物技术。它是人类由化石（碳氢化合物）经济向生物（碳水化合物）经济过渡的必要工具，是解决人类目前面临的资源、能源及环境危机的有效手段。工业生物技术包括发酵工程、基因工程、细胞工程、酶工程和细胞工程。

发酵工程通常被认为是微生物在发酵罐中利用原料生产特定产物的技术。发酵工程是工业生物技术的最重要组成部分，并且正在重塑发酵工业和轻工业。

微生物是发酵工程技术的核心。这是因为微生物具有种类多、繁殖速度快、营养需求低、代谢能力强、代谢产物多等一系列优点，如微生物可以通过人工诱变和改造提供发酵性能；微生物所含有的酶种类多样，可以催化多种多样的生物化学反应；微生物能够利用廉价、易得的有机物和无机物等各种营养源，生产多种多样的产品；在工业规模设备中微生物生长和代谢的条件容易控制，从而使得发酵产品生产不受气候、季节等自然条件的限制。

发酵罐是微生物进行发酵过程的主要场所，包括种子培养和发酵。常见的机械搅拌式发酵罐系统至少包括空气提供部分（空气压缩机和过滤器）、搅拌部分（搅拌桨和电动机）、环境条件（如温度、pH、溶解氧、搅拌转速等）控制部分，以及培养基进入、发酵液排出等管路部分。

完整的发酵生产产品过程，在发酵结束后还必须采用各种分离提取技术从发酵液中获得特定产物。分离提取技术一般是不同化工单元的组合，如离心、过滤、膜分离、萃取、蒸馏、干燥，等等。图 1.1 是一幅典型的发酵工程主要内容示意图。

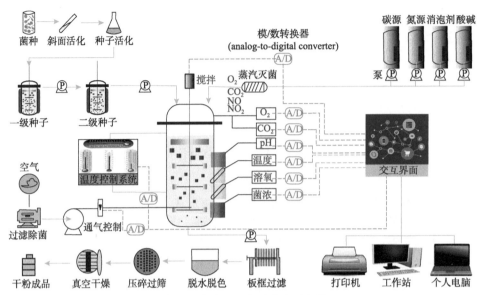

图 1.1　发酵工程主要内容示意图

发酵工程技术的发展历史包括天然发酵阶段（1680 年以前），然后是纯种培养发酵阶段（1680～1928 年，以显微镜的发现作为分界），再进入深层发酵技术阶段（1928 年后，青霉素的发现和大规模工业发酵），以及现代发酵工程技术阶段（1980 年后，基因工程的出现和工业应用），并逐步发展至新一代发酵工程技术阶段（2000 年后，合成生物学和信息技术的整合与应用）。

1.1.1　天然发酵阶段——以食品作为主要目标产品的发酵（1680 年以前）

在尚未发现微生物的时代，人类已经开始利用自然接种的方法，发酵生产特定的制品，如各种酒类、醋、酸奶、面包等。有记载和考古发现的历史可以追溯到良渚文化时代（距今 5300～4300 年）、古埃及时代（距今约 7400 年）和贾湖遗址时代（距今 9000～7500 年）。近期对动物的研究甚至发现有些动物会有意识地贮存果实使其发酵。从远古时代到微生物被发现以前，食品生产一般多为家庭或作坊式的手工生产。天然发酵阶段的产品，主要特点包括：①多数发酵产品为厌氧培养；②微生物来源多为天然接种、非纯种培养；③多依靠经验；④产品质量不稳定。在人类科学地认识微生物之前，天然发酵不仅扩展了人类食物的种类，也在改善营养和保存食物等方面起到了非常重要的作用。此外，酒和醋的发展，对传统中药炮制方面也起到了十分重要的作用。

厌氧培养条件下可以实现较好生长的微生物，通常主要是酿酒酵母（*Saccharomyces cerevisiae*）、乳酸菌等少数的食品微生物。这些微生物在生长过程中会积累乙醇、乳酸等物质，会在很大程度上抑制一些病原微生物和产毒素微生物的生长。但是，这也决定了早期的发酵主要是以酿酒酵母、乳酸菌等少数微生物为主的发酵模式，主要产品是各种酒精饮料、发酵乳制品等。厌氧培养也在很大程度上隔绝了发酵过程中其他微生物的污染。经过长时间的驯化，厌氧微生物可以得到很好的富集，从而形成优势微生物菌群。部分传统发酵食品过程中也涉及一些霉菌，霉菌在好氧条件下生长迅速，可以产生大量的酶，用于降解碳水化合物、脂肪、蛋白质等，显著促进食品的消化吸收，并且产生氨基酸等风味物质，也为酵母和细菌的生长提供更为丰富的底物。

早期由于发酵过程多来源于天然接种和非纯种培养，也会经常导致产品质量不稳定和一些食品安全问题。由于传统发酵过程的不确定性，基于长期的经验积累，人们也会利用蒸、煮等消毒措施，并且依据特定的节气来进行发酵工作。通常某个节气会有特定的温度、湿度和光照，对于发酵产品质量的稳定性确实会有很大帮助。此外，由于缺乏对微生物的认识，在酿造过程中通常还会伴随一些祭祀酒神等迷信活动，希望能够借此提升产品的质量和稳定性，这在白酒、黄酒、清酒等的酿造过程中持续了很长的时间，有些甚至作为文化现象延续至今。

1.1.2　纯种培养发酵阶段——从生活资料向生产资料的转变 （1680～1928 年）

1667 年，荷兰科学家列文虎克（Antonie van Leeuwenhoek）利用显微镜发现了微生物，从此逐步揭开了微生物世界的秘密。此后，在 1850～1880 年期间，随着越来越多的微生物被人类发现，法国科学家巴斯德（Louis Pasteur）通过一系列的实验，逐步认识到发酵是由微生物的活动引起的。随着微生物学的不断发展，特别是无菌操作和微生物纯培养技术的逐步完善，人为控制微生物成为可能。为了实现微生物的纯培养，技术人员发明了简便的密闭式发酵罐等设备，有效减少了酸败等发酵失败现象，采用人工控制环境条件极大地提高了发酵的效率和稳定性。此后，厌氧发酵过程的发展，使得发酵工程技术从生活资料的生产，逐步向生产乙醇、丙酮、丁醇等生产资料转变。

微生物纯培养技术的建立，是发酵工程技术发展的第一个转折标志。从 19 世纪末至今，在世界范围内利用微生物的分解代谢进行规模化工业生产，已有 100 多年的历史。纯培养技术的发展，使得人们可以更好地筛选获得具有更加优良性能的微生物，像培养动物和植物一样选择具有更好发酵性能的微生物。同时，纯培养技术也使得研究人员可以更加清晰地阐明单一微生物的代谢特性，即微生物最适合的培养条件是什么？微生物发酵积累目标产物的最适条件是什么？在此过程中，温度计、比重计和热交换器等设备被越来越多地用于发酵过程的控制中，极大地拓展了发酵工程的应用领域。

1.1.3 从厌氧发酵到好氧发酵——发酵工程目标产物的拓展 （1929～1940年）

厌氧发酵在乙醇、丙酮、丁醇等的生产过程中取得了巨大的成功。然而，大部分已知的微生物是好氧微生物。好氧微生物生长更快，而且通常不会积累乳酸、乙醇、乙酸等产物，可以用于生产一些重要的微生物代谢产物。随着微生物纯培养技术的不断发展，研究人员已经在实验室发现微生物可以积累很多重要的目标产物。在很长一段时间内，微生物的好氧培养主要还是依赖培养皿和摇瓶，很难像厌氧发酵一样实现大规模的工业化生产。

1929年，英国细菌学家弗莱明（Alexander Fleming）在一次偶然的实验中发现了青霉素，并发现其可以有效杀死微生物，作为治疗细菌感染的药物。第二次世界大战的爆发，使得治疗感染的需求急剧增加。青霉素的发酵生产早期主要通过摇瓶进行，存在效价低、生产量小等问题。为了使青霉素大规模工业化发酵生产，研究人员在20世纪40年代创立了基于通气搅拌的好氧发酵工程技术，采用摇瓶通风培养以及空气纤维过滤的高效除菌技术。随着更多具有医学治疗用途的抗生素被发现，抗生素工业逐步兴起。

抗生素工业的兴起，使发酵工程技术应用被迅速拓展到医药工业。在此过程中发展的好氧培养技术，为利用更多的微生物发酵生产其他更多的发酵产品积累了丰富的理论和技术基础。此后，发酵工程从简单的厌氧分解代谢，更多地向复杂的合成代谢方向拓展，被用来生产今天我们所熟悉的各种有机酸、酶制剂、维生素、氨基酸、核苷酸等重要发酵产品。因此，基于通气搅拌的好氧发酵工程技术的建立，被认为是发酵工程技术发展的第二个转折标志。

1.1.4 从自然筛选到定向选择——发酵工程技术水平的不断提升 （1940～1980年）

20世纪40～50年代，微生物学、生物化学、遗传学、分子生物学和基因工程等发酵工程支撑学科的迅速发展，使发酵微生物选育的科学性不断增强。人工诱变育种与代谢控制育种在20世纪50年代后发酵工程的迅速发展中起到了重要的支撑作用，促进了氨基酸、核苷酸发酵工业的建立。由于自然界中的微生物积累特定目标产物的含量大部分时候很低，需要几十倍甚至上百倍的提升，才有可能实现较为经济的发酵生产。

谷氨酸是一种重要的呈味物质，最早由德国科学家雷特豪于1846年在小麦面筋中首次分离获得。1908年日本的池田菊苗，从海带中分离获得谷氨酸，并发现谷氨酸的钠盐具有鲜味。1909年日本开始生产以谷氨酸一钠为主要成分的"味之素"，并上市出售。早期谷氨酸主要是将小麦面筋进行水解分离得到，成本和销售价格都非常高。在研究谷氨酸棒杆菌（*Corynebacterium glutamicum*）过程中，科学家发现其可以利用廉价原料发酵生产谷氨酸。1956 年，日本"味之素"实现了发酵法生产谷氨酸，并逐步提高了谷氨酸的发酵水平。此后，陆续实现了赖氨酸、苏氨酸等多种氨基酸的工业规模发酵生产。

氨基酸发酵工业的主要推动力在于人工诱变育种与代谢控制发酵技术。即首先将微生物进行人工诱变，再通过人工控制培养，选择性地大量生产人们所需要的物质。与此同时，单细胞蛋白、柠檬酸（citric acid，CA）等产品的生产，使人们积累了越来越多的经验，逐步发展出的 pH、温度离线控制，以及分批补料和连续发酵等策略被越来越多地用于工业发酵过程。相关技术被成功用于多种核苷酸类物质、有机酸和抗生素的发酵生产中。可灭菌的 pH 和溶氧电极的出现，使得在线发酵过程优化与控制成为可能。发酵动力学、化工过程中单元操作的概念被广泛引入，使发酵工程的内涵不断深化，与传统发酵过程相比，科学性越来越强。因此，代谢控制发酵工程技术的创立，是发酵工程技术发展的第三个转折标志。

1.2　20 世纪 80 年代后的发酵工程技术

20 世纪 80 年代后，随着中国改革开放力度的不断加大，国内发酵工程产业也得到了发展。基因工程技术的出现和不断进步、材料技术的不断革新，给发酵工程技术的发展带来了全新的发展思路；发酵工程目标产物的不断扩展和发酵水平的不断提升，为越来越多的相关行业提供了更好的支撑。在这样的背景下，国内规模以上的发酵企业不断涌现，我国也逐步成长为发酵大国，多种发酵产品的发酵水平和年产量均在世界居于首位。

经过多年的发展，发酵工程已经可以明确地分为以下三部分：上游工程、中游工程和下游工程。①上游工程包括优良发酵菌株的选育和改造、发酵原料的预处理、最适发酵条件（pH、温度、溶氧和营养组成）的确定等；②中游工程主要指在最适发酵条件下，如何在发酵罐中大量培养细胞并积累目标产物的工艺技术，包括发酵开始前采用高温、高压对发酵原料和发酵罐以及各种连接管道进行系统灭菌的技术，在发酵过程中向发酵罐中供给干燥无菌空气的空气过滤技术，在发酵过程中根据细胞生长和产物积累要求控制溶氧、pH、底物供给速度的计算机控制技术；③下游工程指从发酵液中分离和纯化产品的技术，包括固液分离技术（离心分离、过滤分离、沉淀分离、膜分离等工艺）、细胞破壁技术（超声、高压剪切、渗透压、表面活性剂和溶壁酶破壁等）、蛋白质纯化技术（沉淀法、色谱分离法和超滤法等）、制剂化技术，以及最终产品的包装处理（真空干燥和冰冻干燥等）等。

1.2.1 菌种选育——从诱变筛选到代谢工程改造与优化

20 世纪 70 年代开始,由于 DNA 体外重组技术的建立,发酵微生物的改造进入了一个崭新的阶段,这就是以基因工程技术为中心的生物工程时代。基因工程采用酶学的方法,将不同来源的 DNA 进行体外重组,再把重组 DNA 导入受体细胞内,并进行繁殖和遗传。基于这些技术方法,人们可以根据自己的意愿,引入外源基因,或对内源基因的表达进行改造,定向改变微生物性状与功能,创造新的"物种",使发酵工业能够生产出自然界微生物所不能合成的产物,大大地丰富了发酵工业的范围,使发酵技术发生了革命性的变化。

基因工程技术的发展,对发酵工程的最大促进在于酶工程技术的革命性提升。自然界中筛选得到的微生物中,目的酶的表达水平通常较低,且表达多种多样的酶系,给下游分离得到纯酶带来很多困难,一般很难大量实现单一酶的大量发酵。基因工程技术通过利用可诱导的强启动子表达异源酶基因,可以实现单一酶的过量表达。最为重要的是,基因工程技术的出现,使得微生物可以生产原来不能产生的酶和蛋白质。利用基因工程技术,可以实现大肠杆菌(*Escherichia coli*)发酵生产胰岛素和凝乳酶,对医药和食品工业起到了重要的推动作用。

1990 年后,随着基因工程技术的不断发展和完善,对发酵微生物代谢途径进行理性改造的代谢工程逐步发展起来。代谢工程技术的出现,使得人们可以基于对微生物代谢过程的理解,对目标产物相关的代谢途径的过量表达进行强化、对目标产物积累的竞争途径进行敲除从而消除副产物。早期代谢工程的发展,实现了多种以往从自然界中无法筛选得到的产物的生产,其中最具代表性的是 L-苯丙氨酸的发酵法生产。L-苯丙氨酸是生产甜味剂阿斯巴甜的主要原料,最初主要通过海因法结合酶法生产,生产成本居高不下。人们一直没有获得较好的 L-苯丙氨酸生产菌株。通过代谢工程策略改造消除 L-苯丙氨酸和中间代谢产物的反馈抑制,结合发酵过程优化,L-苯丙氨酸产量可以达到 60 g/L 以上,该法迅速替代了原有的海因法结合酶法的生产工艺,拓展了发酵法生产氨基酸的种类。代谢工程的发展也迅速提升了如 L-谷氨酸、L-赖氨酸、L-苏氨酸、L-乳酸等的发酵生产水平,形成了一批年产量达到百万吨级别的大宗发酵产品。

由于生物代谢过程及其调控的复杂性,研究人员在研究过程中也越来越意识到通过对代谢途径的简单改造,并不总是能够实现代谢工程的改造目标。为了从全局层面更好地解释发酵微生物生长与细胞表型和产物积累之间的关系,越来越多的研究采用系统生物学技术揭示相关的研究过程。基于鸟枪法和纳米技术的基因组学技术、基于基因芯片和核糖核酸测序(RNA-Seq)的转录组学技术、基于二维电泳+基质辅助激光解吸电离-飞行时间(MALDI-TOF)和基于高分辨率质谱+同位素标记的蛋白质组学技术、基于高分辨率质谱和高分辨率核磁波谱技术的代谢组学技术，结合相关的软件，发酵工程研究人员可以通过较低的成本和较以往大幅提升的效率研究发酵微生物的生理特性，用于指导更为理性的代谢工程方案。

1.2.2　过程控制——从离线控制到在线精准控制

发酵过程的控制主要依赖于在线传感装置、数据分析系统和反馈控制系统。可灭菌的在线 pH、溶氧、温度，一些葡萄糖、甲醇、谷氨酸、乳酸等可灭菌电极的出现，以及尾气分析仪、尾气质谱等的不断发展，使得发酵工程研究人员可以获得越来越多的实时监测数据。计算机硬件的不断发展，以及对微生物发酵过程的深入理解，特别是发酵过程动力学的不断完善，使得研究人员可以对获得的在线数据进行更为系统的分析，并利用多种反馈补料控制系统进行在线的精细控制。

基于不同发酵过程的需求和监测控制技术的不断改进，发酵工艺在原有的分批发酵的基础上，逐步发展出分批补料发酵、连续发酵，以及更为复杂的分阶段控制策略。由于生物反应的复杂性，在从实验室到中试、从中试到大规模生产过程中会出现许多问题，必须在实验室规模的小发酵罐中进行大量的实验，得到产物形成的动力学模型，并根据这个模型设计中试的发酵要求，最后根据中试数据再设计更大规模生产的动力学模型。为了解决发酵过程优化与放大等一系列问题，研究人员建立了基于微生物反应原理的培养环境优化技术、基于微生物生理代谢特性的分阶段培养技术、基于反应动力学的优化控制技术、基于代谢流分析的过程优化技术等，实现了多种重要发酵产品生产水平的极大提升。

1.2.3　分离技术——全流程绿色环保的下游技术

如何将发酵产物从发酵液或酶转化体系中分离出来，是决定整个发酵过程经济性的关键。一般认为，分离提取的成本可能会占到整个发酵过程的20%以上，且直接影响目标产品的质量。分离提取是指将所需要的产物从发酵液中分离出来的过程，也称后处理或发酵工程下游技术。分离提取主要包括细胞破碎（针对胞内产物）、离心、过滤、浓缩、吸附、凝胶过滤（层析）、萃取、蒸发、色谱分离、膜分离、蒸馏、结晶、干燥等在内的多个过程和单元操作。

随着材料科学技术的不断进步，以纳米技术作为支撑的膜分离材料和色谱分离材料，在发酵工业分离提取中得到了广泛的应用。采用具有高度均一性的膜分离材料，可以实现特定分子量目标产物的快速、低成本分离，显著提升了目标产品的经济性和质量稳定性。以模拟移动床等为代表的工业级色谱分离技术的成本和可靠性也得到了极大的提升，被越来越多地用于有机酸、氨基酸等附加值相对较低的发酵产品生产中。

1.2.4　发酵工程对其他行业的支撑作用

随着科学技术的进步，发酵技术发展成为能够人为控制和改造微生物，运用微生物为人类生产产品的现代发酵工程技术。目前通常认为具有生产价值的发酵类型主要包括以下几种：①微生物本身，这是以获得具有某种用途的菌体为目的的发酵，如用于面包制作的酵母发酵、单细胞蛋白饲料添加剂、灵芝和虫草等菌丝体的生产、用于养殖业水体净化处理的芽孢杆菌（Bacillus spp.）等；②酶和蛋白质的发酵生产，如淀粉酶、糖化酶、蛋白酶、脂肪酶等酶制剂，以及用基因工程菌生产的胰岛素、干扰素等，用杂交细胞生产的用于诊断和治疗的各种单克隆抗体等；③微生物代谢产物的发酵生产，如初级代谢产物（有机酸、氨基酸、核苷酸等）和次级代谢产物（抗生素、生物碱、细菌毒素等）生产等；④酶或全细胞转化发酵，利用微生物细胞的一种或多种酶，把一种化合物转化成结构相关的更有经济价值的产物，或是进行手性拆分等，如利用菌体将邻苯二酚和丙酮酸（pyruvic acid）转化为 L-酪氨酸（L-tyrosine）、利用手性酶催化实现多种药物中间体的拆分等。现代发酵工程作为工业生物技术的一个重要组成部分，已经远远超出最初食品领域的应用，对其他很多行业起到了重要的支撑性作用，作为新一代可替换化石能源的工业技术，为全球的农业、食品、医疗、环保、制药等多个行业的发展开辟了广阔的前景，同时为推动全球的可持续发展提供了新的道路。

1. 医药行业

目前，医药卫生领域是发酵工程技术应用最广泛、发展最迅速、潜力最大的一个领域。发酵工程的好氧发酵工艺，最早就是从治疗用的抗生素——青霉素的发酵过程中发展起来的。据统计，60%以上的生物技术运用于医药卫生方面，逐步用于生产传统方法无法生产的制剂及药品，弥补化学法或者提取法生产特定药品的高昂成本的缺陷，完善具有旋光特性、立体选择性等特定药品的定向合成，实现高度安全、性能稳定的疫苗类产品等的生产。

在发酵工业发展初期，发酵工业提供了大量用于治疗的抗生素，如青霉素、红霉素、金霉素等；通过运用基因工程或代谢工程改造微生物菌种，发酵法生产了大量的维生素、激素以及其他生物活性分子，如维生素 B_2、维生素 B_{12}、维生素 C、维生素 D_3、维生素 K_2 等；利用酶的高度特异性，可以进行多种手性药物的拆分与制备，如 L-肉碱、左旋多巴（3,4-dihydroxy phenylalanine，L-DOPA）、D-泛酸等；自 20 世纪 80 年代以来，随着基因工程技术的不断进步，发酵工业进入了全新的阶段，多种药物原料，如胰岛素、生长激素和抗生素等，均可以通过利用微生物和哺乳动物细胞进行发酵制备；利用代谢工程改造的微生物，可以生产多种多样的药物及其中间体，如莽草酸、羟基酪醇等；将天然植物或动物中的代谢途径引入微生物中，可以实现原先依赖于提取法的药物或中间体如多种萜类、甾醇、黄酮、动物多糖等的生产。随着生物技术的不断发展，越来越多的新技术药品被开发，更多高效的新提取技术逐步建立，微生物细胞工厂不断优化，高效率发酵生产各种药品，实现全球医疗保健水平的提高。

2. 食品工业

发酵工程技术被广泛运用于食品工业中，在拓展食品资源开发与利用、改善食品风味和营养、提升食品安全性、降低生产成本等方面，有效支撑了食品工业的发展。

随着发酵工程技术的不断进步，传统酿造业的技术水平也得到了极大的提升。利用发酵法生产的纯种的霉菌、酵母菌和乳酸菌等，取代了原有的自然接种过程，极大地降低了面包、包子、馒头、酸奶、乳酪、啤酒、清酒、酱油、醋、火腿、烟草、茶等发酵食品的生产成本，提升了风味和食品安全性，并大幅缩短了发酵周期；运用诱变、高通量筛选和原生质体融合等技术，对构巢曲霉、产黄青霉、总状毛霉、米根霉、米曲霉、黑曲霉等多种霉菌进行种内及种间细胞融合，选育蛋白酶分解能力强、生长迅速的优良菌株，进行高品质酱油、腐乳等传统发酵豆制品的生产，显著提升了生产效率，有效改善了产品品质；采用微生物群落强化技术，使得白酒、黄酒、酱油、醋等传统酿造品的生产效率、风味和安全性都得到了显著提升；在酿酒酵母中，进行代谢工程改造或适应性进化策略，可以强化尿素利用途径、减少尿素积累，从而降低黄酒和清酒等酒精饮料中氨基甲酸乙酯（ethylcarbamate，EC）等潜在食品安全危害物的积累。

食品酶的大规模发酵生产与应用，为提升现代食品加工业的效率做出了重要贡献。利用各种食品酶的专一性催化作用，可以从多个方面提升食品的品质。淀粉酶、糖化酶、果糖异构酶等的大规模发酵生产和应用，几乎替代了原有高度依赖甘蔗和甜菜的传统制糖工业；脂肪酶、蛋白酶、凝乳酶等的大量应用，给原有乳制品等的加工体系带来了质的改变，取代了原有从牛胃、木瓜等提取蛋白酶的工艺；谷氨酰胺转氨酶的大规模发酵生产和应用，显著提升了肉类和其他高蛋白制品的结构性能；天冬酰胺酶被用于油炸类食品，可以通过降解天冬酰胺减少油炸过程产生的具有致癌作用的丙烯酰胺，提高了油炸食品的安全性；在黄酒、酱油等发酵食品中加入酸性脲酶，可以减少氨基甲酸乙酯等危害物的形成；葡萄糖氧化酶和过氧化物酶被广泛用于果蔬的保藏，通过密封除氧，可以极大地延长果蔬保藏期；利用发酵生产的高特异性的蛋白酶和半乳糖酶，可以减少牛乳、豆制品中的过敏原、乳糖、β-乳球蛋白和不良风味物质及其前体的含量。

发酵工业还提供了大量的食品添加剂。发酵法生产 L-谷氨酸，迅速替代了原有的依靠蛋白水解提取的落后工艺；发酵法生产的维生素 C、异维生素 C、柠檬酸、L-乳酸、乙酸，被大量用作抗氧化剂和酸味剂；发酵法生产的 L-苯丙氨酸被大量用于生产甜味剂阿斯巴甜；发酵法生产的黄原胶、结冷胶等多糖，被大量用于肉制品和饮料中；利用发酵获得的酿酒酵母不仅可以用于面制品的直接发酵，还可以用于生产酵母水解物，结合美拉德反应，可以生产多种鲜味物质和肉味香精；随着代谢工程和合成生物学技术的不断发展，通过大量培养植物细胞以及经过代谢工程改造的微生物细胞，可以生产代谢途径更为复杂的成分，如天然色素、天然香料、母乳寡糖、乳铁蛋白等。

3. 农业和畜牧业

农业向来是国家的根本，农业和发酵工业自远古时代就具有密切的关联。生物技术是农业发展的助推剂，生物技术的飞速发展推动了传统农业的不断转型升级，使其由动植物资源组成的"二维结构"农业，逐步转型成为由动植物和微生物组成的"三维结构"农业，并由陆地生物资源的开发利用，逐步转变成海洋生物资源开发利用，开创海陆并举、不受气候空间限制、产业化生产的"未来农业"。

发酵工业的大部分原料，如玉米淀粉、玉米浆、糖蜜、豆粕、花生粕、菜籽粕等，都直接来自农副产品，是农产品高附加值化的一个关键途径。发酵工业生产的很多产物在农业中具有广泛的应用，如灭瘟素、春雷霉素、多抗霉素和井冈霉素等可以用于解决农业上难治病虫害的防治问题；赤霉素、脱落酸等是重要的植物激素，可以用于调节植物生长；发酵法生产的聚赖氨酸、聚谷氨酸等，可以用于瓜果保鲜、农田保水、土壤改良等；发酵法生产的乳酸等聚合物单体或聚羟基丁酸等，可以用于农资材料的生产；代谢工程改造微生物，还可以强化纤维素降解能力，充分利用农业秸秆等废料，通过发酵形成堆肥回田、替代食用菌生长基质、生产纤维素乙醇等；实现农业可持续发展，还必须克服农业化学化的恶果，用微生物肥料农药逐步替代化学肥料农药，缓解化学肥料产生的环境危害；利用生物安全微生物发酵生产有机肥，筛选农业拮抗微生物，可以发酵生产天然抑菌物质用以部分替代农药。

在过去的半个世纪中，发酵法生产的抗生素，对于提升养殖业的饲料利用率起到了重要的作用。大规模养殖业的出现和发展，使得传统的畜牧业从农业时代向工业化过程转变。早期动物疾病的出现，需要大量廉价易得的抗生素，如金霉素、土霉素、盐霉素等。为了治疗线虫类疾病，需要发酵工业提供大量的阿维菌素等抗生素。在此过程中，人们发现适量添加一些抗生素，不仅可以预防和治疗动物疾病，还可以通过抑制肠道微生物增加饲料的利用效率。这一过程使得动物饲料中普遍加入大量的抗生素，在很大程度上促进了发酵生产抗生素工业的蓬勃发展。鉴于大量使用抗生素导致的食品安全问题和潜在的抗生素耐受菌株的出现，近年来，欧盟和中国已经逐步禁止非治疗性抗生素在养殖业中的应用。动物生长还需要大量的营养物质，如 L-赖氨酸、L-苏氨酸、L-甲硫氨酸等必需氨基酸，目前主要通过发酵工程技术获得。维生素如维生素 B_2、维生素 B_{12}，以及虾青素等，也多是通过发酵法获得的；通过筛选及驯化微生物发酵豆粕、花生粕、菜籽粕以及其他原料，可以提升饲料中蛋白质含量、降低抗消化因子，从而降低动物饲喂成本，提高畜禽产品的品质。

随着基因工程技术的发展，酶的应用被拓展到饲料中。早期人们在饲料中添加淀粉酶、α-半乳糖苷酶、纤维素酶、β-葡聚糖酶、甘露聚糖酶、果胶酶、木聚糖酶等，用于提升植物原料中纤维素、半纤维素等不易利用物质的利用率。饲料酶中最为成功的一个案例是植酸酶。植酸即肌醇六磷酸，作为磷酸的储存库广泛存在于植物中。由于矿质元素结合在蛋白质-植酸-矿质元素复合物中，降低了某些植物性食物和一些植物蛋白分离物中矿质元素的营养效价，并增加了粪便中磷元素的含量从而导致富营养化。植酸酶可以将磷酸残基从植酸上水解下来，破坏植酸对矿质元素的吸附，从而增加矿质元素的吸收利用、减少养殖动物粪便中磷元素等的含量。此外，禽类加工业每年会产生大量的羽毛，富含蛋白质的羽毛通常很难被一般动物吸收利用，采用发酵法生产地角蛋白酶，可以很好地将羽毛中的角蛋白降解为可被动物利用的多肽和氨基酸。

在水产养殖中，在水体中加入光合细菌，可以降解水体中的残饵、粪便及其他有机物，吸收利用水体中的氨、亚硝酸盐、硫化氢等有害物质，有效避免大分子有机物和有害物质的积累，起到净化水质的作用；补充芽孢杆菌可以大量消耗水体中的有机物质，并将其分解为小分子有机酸、氨基酸等，降低氨浓度，净化水质；乳酸菌能有效调整水产动物肠道的菌群平衡，通过营养竞争、附着位点竞争或分泌抗生素、细菌素等杀死或抑制病原微生物，增强抗感染能力，调节机体肠黏膜的免疫活性。

4. 能源与材料

由于人口增加，资源过度消耗，化石能源的枯竭已成为必然的趋势。发展可再生能源的呼声越来越高，生物燃料的发展日益受到重视。在改变资源结构、优化资源的分配和利用效率的基础上，进一步运用发酵工程技术解决能源问题、缓解资源紧张是全球的发展趋势。2015 年，全球生物液体燃料消费量约 1 亿吨，其中燃料乙醇产量约 8000 万吨。我国是世界上第三大生物燃料乙醇生产国和消费国，但总产量占比仅约为 3%，落后于美国与巴西。2016 年，我国燃料乙醇年产量约为 260 万吨，调和汽油 2600 万吨，仅占当年全国汽油消费量的 20%，并且与美国相比较在生产效率、能源耗费、污染排放等方面也存在较大差距。当前，我国玉米面临超过 2 亿吨的库存，作为去库存途径之一的乙醇行业将再次迎来政策红利，燃料乙醇特别是玉米燃料乙醇将迎来广阔产量增长空间。2017 年 9 月，国家发展和改革委员会、国家能源局等十五个部门联合印发了《关于扩大生物燃料乙醇生产和推广使用车用乙醇汽油的实施方案》,提出在全国范围内逐步实现车用乙醇汽油全覆盖的要求。

随着生物技术的飞速发展,能源结构不断优化重构,越来越多的生物能源逐步替代化石能源成为主要能源;废弃物资源被再生,通过发酵产生新的可用清洁能源;非可再生资源的开发利用逐步减少,并趋于合理。总的来说,发酵工程技术的进步,为能源与资源的发展提供了理论依据以及实践参考。利用酶法水解植物油,可以获得一般发动机可以使用的生物燃料——生物柴油,其在欧洲较早得到了较为普遍的应用。发酵法生产的乙醇是历史上最为悠久的发酵产品,通过对乙醇发酵过程的一系列改进,扩展了其原料来源,提升了乙醇发酵水平。随着代谢工程技术的不断发展,发酵法生产丁醇、烷烃类燃料的技术水平也得到了逐步提升。除燃料乙醇外,利用微生物进行废弃秸秆等的发酵,可开发生物制氢的新技术。运用藻类等微生物进行光合作用,吸收 CO_2,固定太阳能,缩短了传统植物固定能量的时间。

化石能源除了作为燃料外,还被大量用于生产聚合物。发酵法生产 L-乳酸,可以用于进一步生产聚乳酸。发酵法生产的聚羟基丁酸,可以直接作为高聚物进行加工。近年来,代谢工程技术取得了一系列突破,使得微生物可以很高的水平生产 1,3-丙二醇、丁二醇、己二酸、戊二酸、呋喃二甲酸等高聚物单体,并通过与化学法结合,生产己二胺、戊二胺等,有望进一步拓展以可再生能源发酵生产材料单体的应用领域。

5. 纺织、造纸与皮革产业

在传统产业中,纺织、造纸与皮革产业历来都是高能耗与高排放的行业,亟须进行技术升级以实现节能减排。

天然纤维是自然界原有的或从人工培植的植物、人工饲养的动物上直接取得的纺织纤维,是纺织工业的重要材料来源。对于纱厂来说,纺织原料指的是一切用于纺纱的天然或化学纤维,其中天然纤维包括棉(白棉、彩棉、有机棉等)、麻(亚麻、苎麻、剑麻等)、丝(桑蚕丝、柞蚕丝等)、毛(羊毛、兔毛、澳毛等),化学纤维包括涤纶短纤、锦纶短纤、丙纶短纤、腈纶短纤、黏胶短纤等。

随着社会的不断发展和人类对衣物舒适度要求的不断提升,人们采用一系列手段对纤维进行更为深入的加工。为了改进棉织物的穿着舒服度和染色性能,以往一般采用热碱工艺处理去除表面的蜡质层。热碱工艺不仅会造成严重的环境污染,通常也会导致不可控的纤维损伤,影响棉织物的成品质量。为了解决这一问题,通过发酵法生产角质酶、果胶酶、聚乙烯醇酶和过氧化氢酶,它们可以很好地替代热碱加工工艺。比较酶法和传统工艺进行万米布处理表明,酶法比传统工艺能耗减少 42.9%、水耗减少 32%、成本减少 40.5%。我国每年纯棉布产量为

1.8×10^{11} m,如果全面推广酶技术染整前处理,可节约 324 万吨煤和 1.73 亿吨水[50]。此外,发酵法生产的越来越多的材料单体,也越来越多地被用于化学纤维的生产中。

在造纸工业中,半纤维素酶可以作为纸浆漂白助剂,纤维素酶可以用于废纸脱墨和精浆过程中。为了解决木素高效、温和去除的问题,研究人员研发了一系列可以用于高效专一降解木素的酶制剂。在皮革工业中,将脂肪酶、角蛋白酶等用于皮革生产的不同阶段,可以有效减少脱毛和浸灰过程中化学品的使用,甚至可以完全替代化学品。也有一些研究表明,酶可以用于鞣制过程和染浴过程中,从而提高鞣制效率和染料的吸收率。过氧化氢酶、漆酶等还可以用于上述过程的废水处理过程中。

6. 日化行业

随着生活水平的不断提高,人们对于日常生活用品的要求也越来越高。早期在洗涤用品中添加蛋白酶和脂肪酶,可以有效提升衣物洗涤效果。此后,采用发酵法生产的多种洗涤用酶,得到了越来越多的应用,一些可以特异性降解脂溶性农药的酶被应用于瓜果蔬菜的洗涤用品中。在一些护肤品中补充特定的酶,可以有利于角质的去除。而在牙膏等日用品中加入发酵产生的益生菌,有助于维护口腔健康。

化妆品行业在过去很长时间内都依赖于化学合成和植物提取。随着代谢工程技术的进一步发展,越来越多的化妆品成分可以采用发酵法生产。早期的很多化妆品原料主要直接从原有的食品或医药工业中获得,如维生素 C、柠檬酸、辅酶 Q_{10}、谷胱甘肽等。20 世纪 90 年代后,为了满足化妆品的特定需求,出现了专门为化妆品工业服务的发酵产品,如曲酸、透明质酸（hyaluronic acid,HA）、小核菌胶等。由于消费者对天然产物的需求得到了显著提升,原先采用动植物提取法获得的熊果苷、红景天苷、人参皂苷、苯乙醇等,越来越多地采用发酵工程的方法进行生产。

7. 环境生态

进入 21 世纪,人口的不断增长和生活水平的不断提高,环境生态压力与日俱增。在长期演化、适应以及同环境相互作用的过程中,地球逐步形成目前的生态系统,生态系统的平衡是所有生态系统中的生物体得以正常生长和发展的根本。随着社会的发展以及科技的进步,人类的活动对生态系统的改变越来越大。产生的有毒有害物质不断排放至空气、土壤和水体,造成了资源枯竭、水体污染、环境恶化、土地退化等诸多问题,超出了地球生态系统的自我修复能力范围。人类逐渐认识到自然系统与生态环境的珍贵,环境的可持续发展是社会发展的保障,发酵工程技术的发展很好地为该目标的实现提供了可能。

通过基因工程改造具有特定吸附土壤重金属能力的微生物，对土壤进行生物修复工作，帮助土壤固定，并遏制进一步的侵蚀与流失。一系列微生物及工程活性酶被开发出来，并用于各种白色塑料类垃圾的生物降解，同时改造微生物合成具有生物可降解性的新型安全材料，替代传统的塑料制品，目前较为热点的新型安全材料为聚 β-羟基烷酸（PHAs）。废气中的 NO_x、SO_2 是最主要的气体污染物，筛选并进化改造的多种硝化细菌能够有效地利用废气中的 NO_x 作为氮源，进行生物固氮或者将其还原为无毒的 N_2，多种硫化细菌则被广泛用于 SO_2 等含硫有毒有害气体的脱硫。化学农药对环境和生态的毒害作用巨大，尤其是氯代烃类极难分解。采用基因工程的手段，改造开发具有降解农药特性的微生物，包括潜在的矿化作用以及共代谢作用进行农药脱毒，最终从环境中有效消除农药残留。与此同时，开发环境友好的生物农药，用以取代传统化学农药，起到杀虫除草的功效。

1.3　新一代发酵工程技术

1.3.1　21 世纪人类发展面临的主要问题

自 19 世纪开始，人类大量地利用石油、煤炭和天然气等不可再生资源，化学工业得到了极大的发展，从能源、材料、食品、药物等方面，为提高人类生活水平做出了重大贡献。化学工业文明取得了辉煌的成就，社会各方面均得到了极大的发展，彻底改变了人类的生存方式。由于近两百年人类对石油、煤炭、天然气等不可再生资源的高强度开发，化石资源正逐步走向衰竭。按目前已经探明的石油储量和年开采量估算，可开采石油储量仅可供人类使用约 50 年，天然气约 75 年，煤炭 200～300 年。目前已经面临的情况是化石资源的品质已经越来越差，而且开采成本也越来越高。

化石资源的大量开采与利用，虽然带来一系列生活水平的提高，但也导致全球气候变暖、环境污染日益加剧的严峻局面。自第二次世界大战以来，全球较少发生大规模的战争和瘟疫，人口已由 1949 年的约 25 亿，达到目前近 76 亿。人口的不断增长和生活水平的不断提高，给地球资源带来了越来越大的压力。人们越来越意识到，主要依赖化石资源的发展模式是不可持续的。因此，从以不可再生资源作为原料转向以可再生生物资源为原料，发展环境友好、过程高效的新一代能源和材料生产模式是必然趋势。以生物质等可再生资源作为核心的可持续发展的加工模式，其核心技术就是工业生物技术。

生物技术在工业上的应用主要分为两类：一是以可再生资源（生物资源）替

代化石燃料资源；二是利用生物体系如全细胞或酶为反应剂或催化剂的生物加工工艺替代传统的、非生物加工工艺。工业生物技术的核心是生物催化（biocatalysis）。由生物催化剂完成的生物催化过程具有催化效率高、专一性强、反应条件温和、环境友好等优势。美国能源部、商业部等部门预测，生物催化剂将成为 21 世纪化学工业可持续发展的必要工具，生物催化技术的应用可在未来的20 年中使传统化学工业原材料、水和能源消耗减少 30%，污染物排放减少 30%。世界经济合作与发展组织（OECD）指出，工业生物技术是工业可持续发展最有希望的技术。

工业生物技术的任务是把生命科学发现转化为工业产品、系统和服务，可为化工、能源、材料、轻工、环保、医药、食品等产业链创造新的经济机遇（图 1.2）。世界经济合作与发展组织报告，预计到 2030 年 35% 的化学品和其他工业品将出自生物制造，基于可再生资源的生物经济形态将会形成。由于工业生物技术可以实现类似石油炼制的完整产品链（图 1.3），因此，超过 20 个国家制定了工业生物技术发展战略，我国对工业生物技术的发展高度重视。《国家中长期科学和技术发展规划纲要（2006—2020 年）》明确提出把生物技术作为高技术产业迎头赶上发达国家的战略重点，将工业生物技术列为前沿技术，生物技术产业被确定为七大战

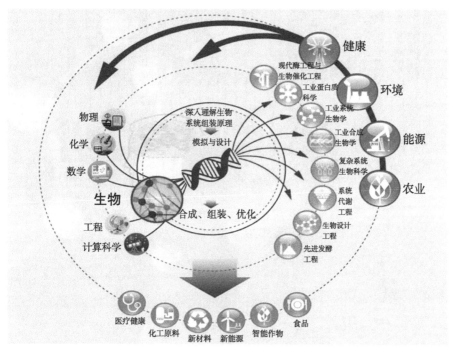

图 1.2 工业生物技术的内涵与重要性

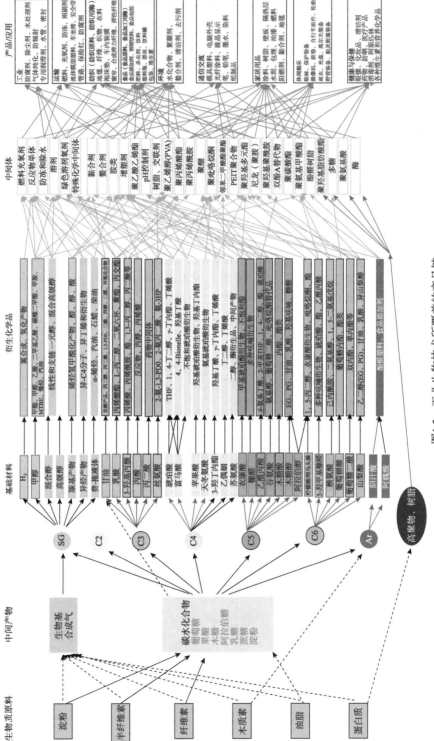

图1.3　工业生物技术所覆盖的产品链

略性新兴产业之一。国家"十二五"科学与技术发展规划，将生物技术作为重大领域加以部署。科技部《"十二五"现代生物制造科技发展专项规划》，第一次将工业生物技术为核心的生物制造科技列入科技专项规划。在全球性的生物制造科技与产业快速发展的形势下，坚持依靠工业生物科技进步，加快发展工业生物制造创新体系，对于建设可持续的现代化发展之路具有重大的战略意义。

我国在全球工业生物技术研发领域居于重要地位。2006～2016 年，全球工业生物技术领域总发文量为 425934 篇，其中我国研究人员发表研究论文 64429 篇，占发文总量的 15.1%，排名全球第二，仅次于美国。并且我国的论文总数呈逐年上升趋势，年均增长率达到 20.9%。其中，2016 年我国发文量排名全球第一。专利申请方面，2006～2016 年，全球工业生物技术领域共申请专利 515677 件，其中我国专利申请数达到 120586 件，占总数的 23.4%，位列全球第一（图 1.4）。我国专利申请中来自我国的专利申请人占总数的 80.6%。全球前十的专利受理国（地区）中，我国专利申请量呈逐年显著上升趋势，年均增长率为 18.7%，显著高于其他专利受理国（地区）。

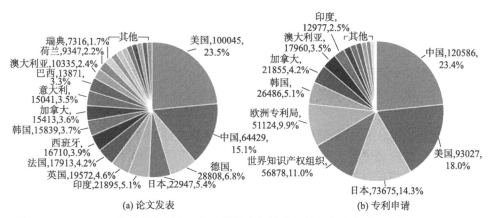

(a) 论文发表　　　　　　　　　　　(b) 专利申请

图 1.4　2006～2016 年世界各国在工业生物技术领域发文量和申请专利量占全球该领域发文总量和申请专利总量的百分比

发酵工程是工业生物技术最重要的组成部分，针对微生物细胞在生物反应器（expanded bed adsorption，EPA）中将生物质原料转化为目标产品的过程，从工程技术方面开展系统研究，促进大宗化学品、精细化学品、酶制剂产品、食品与配料、营养化学品和生物能源产品的规模化高效制备。通过发酵工程技术生产的产品覆盖精细化学品中多种重要产品，主要包括氨基酸、脂肪酸衍生物和醇类产品等。发酵工程技术支撑发酵工业的发展（图 1.5）。发酵工业作为轻工业和生物产业重要组成部分为人类提供生产生活资料，并且为轻工业和生物产业发展提供

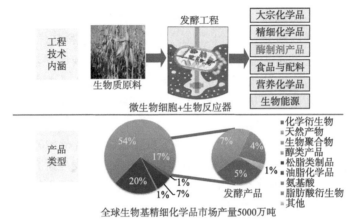

图 1.5　发酵工程技术内涵与产品类型

重要支撑。以我国为例，发酵工业年产值达到 1.4 万亿元，主要产品包括有机酸、氨基酸、酶制剂和酒（乙醇）。发酵工业相关的制药等工业产值高达 3 万～5 万亿元，相关产品包括抗生素、维生素和基因工程药物等。发酵工程通过解读生物分子元件的结构与功能，编辑以微生物为代表的细胞工厂的遗传信息，创建全新的、高效的代谢途径，人工控制微生物性状与功能，获得传统化学无法或难以获得的新型高价值产品等的关键技术的开发与应用，正在重塑发酵工业和轻工业。同时，发酵工程技术在促进大宗发酵产品转型升级、传统产业节能减排、食品加工过程安全控制和功能营养品生物制造方面承担重要的创新任务。

　　我国在发酵工业和发酵工程技术方面在全球占据重要地位。发酵工业生产总量方面，我国是世界发酵工业大国，多种大宗化学品和精细化学品产量居于世界第一，其中柠檬酸、谷氨酸、乳酸、维生素 C、透明质酸和谷胱甘肽等产品的产量均占全球总产量的 70%～90%（图 1.6）。发酵工业技术方面，我国技术水平不断进步，多项重要发酵技术已经从"跟伴跑"向"领跑"迈进。以柠檬酸发酵工业为例，通过高产菌株筛选、糖化酶工艺应用以及新菌种、新工艺、复合酶的优化应用，我国柠檬酸发酵水平达到 180 g/L，处于国际领先水平。维生素 C 发酵工业方面，通过菌种选育、菌种离子束诱变、膜工艺应用和代谢工程技术的综合创新，我国维生素 C 发酵水平达到 102 g/L，高于发达国家发酵水平。

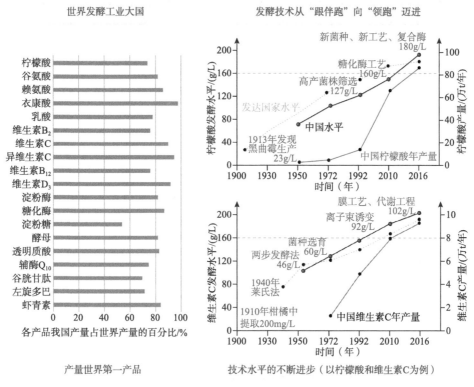

图 1.6　我国发酵工业和发酵工程技术在全球的地位

1.3.2　新一代发酵工程的支撑技术

发酵工程源于古老的食品发酵，从纯粹的经验积累，发展到今天成为食品、农业、医药、化工等生产生活资料的重要生产方式，成为人类可持续发展的关键支撑技术。发酵工程发展离不开一系列相关支撑技术的迅速发展。发酵工程已经发展为一门多学科综合交叉的新学科，涵盖了微生物学、生物化学、细胞生物学、免疫学、遗传学等几乎所有的与生命科学相关的学科。在此基础上，还受到包括分子生物学、免疫生物学、人体生理学、动物生理学、微生物生理学、植物生理学等次级学科支撑，以及化学、数学、计算机科学、信息学、微电子学等多种基础与精尖学科的辅助。推动发酵工程技术的发展，首要工作就是推动其核心关键技术的进步。发酵工程技术领域核心关键技术包括：系统生物学技术、合成生物学技术、信息科学与人工智能技术和先进材料技术等。

1. 系统生物学技术

随着代谢工程技术的不断发展，研究人员发现仅仅针对局部代谢网络的分析与改造，越来越难实现预定目标，亟须一种可以从全局层面对生物的代谢和调控网络进行分析的技术，从而提供系统层面的代谢工程改造技术。系统生物学是研究生物系统组成成分的构成与相互关系的结构、动态与发生，以系统论和实验、计算方法整合研究为特征的生物学。不同于以往仅仅关心个别基因和蛋白质的分子生物学，系统生物学研究细胞信号传导和基因调控网络、生物系统组成之间相互关系的结构和系统功能。

系统生物学依赖于组学技术，包括基因组学、转录组学、蛋白质组学、代谢组学、表观遗传组学、结构基因组学等多种组学技术。随着高通量测序技术，特别是二代和三代测序技术的发展，基因组学和转录组学的经济性与可靠性都得到了极大的提升；高分辨率质谱和核磁共振技术的发展，使得原来依赖于二维电泳的蛋白质组学技术的稳定性和可靠性得到了大幅提升；在高分辨率质谱技术和纳米技术的不断推动下，表观遗传组学也获得了质的飞跃；X 射线衍射技术和高分辨率冷冻电镜技术的发展，也推动了结构生物组学的发展。相关技术的发展，有效地支撑了从系统和全局层面对微生物的代谢过程进行深入地分析，有助于设计更为复杂、更为理性的代谢工程方案，提升发酵微生物的目标性状，更好地实现工业发酵过程的目标。

2. 合成生物学技术

合成生物学技术是支撑近 20 年来发酵工程技术发展的关键核心技术。合成生物学最初提出时，仅表示基因重组技术。随着系统生物学的发展，再一次提出时被定义为基于系统生物学的遗传工程和工程方法的人工生物系统研究。合成生物学技术是一种涉及微生物学、分子生物学、系统生物学、遗传工程、材料科学以及计算机科学等多领域的综合交叉学科，强调利用工程化设计理念，实现从元件到模块再到系统的"自下而上"的设计。高通量、低成本DNA 合成技术和超长基因片段的高效重组技术，蛋白质结构功能分析、定向设计与合成技术，标准化生物元件与功能模块的构建技术是合成生物学技术的关键。

合成生物学技术的不断进步，计算机、生物信息、基因合成、基因测序、人工智能等技术的进展，使计算机辅助设计、超长片段基因乃至全基因组的人工合成成为可能。基因编辑技术的发展和不断完善，使得研究人员可以设计更为复杂和灵活的改造方案，对代谢途径和调控网络进行更为细致的调控，也使得生物技术的基础研究向应用开发的转化变得更为简单、快捷。目前，研究人员已经不再局限于对现有基因进行改造，开始构建新的遗传密码和氨基酸，有望扩展合成遗传因子构建新的生物体。

3. 信息科学与人工智能技术

随着分子生物学和生物化学等信息的不断积累、系统生物学和合成生物学的不断发展，海量的数据和信息，已经远远超过人类大脑可记忆和分析的极限。随着 20 世纪计算机科学的迅速发展，计算机的存储和分析能力得到了极大的增强，逐步形成了生物信息技术这一学科。生物信息技术是以计算机为工具对生物信息进行储存、检索和分析的技术，利用计算机技术研究生命系统的规律。海量数据的挖掘，有效促进了系统生物学和合成生物学的快速发展，并提供了当前多种多样的信息分享和检索工具。

人工智能技术的不断发展和生物信息数据的不断积累，使得数据获取方案从原有的储存、检索和分析，发展到预测、设计。基于现有的代谢和调控网络模型，结合大量的组学数据，可以实现特定位点改造结果的预测和代谢工程方案的设计；基于大量的蛋白质结构数据，不仅可以根据同源的方法进行蛋白质结构的预测，近年来还实现了部分蛋白质结构的从头预测。此外，人工智能技术，还可以整合现有的自动化操作过程，实现微生物筛选、培养条件和发酵过程优化等的自动化操作，极大地减少了人力资源成本和人为引入的误差。

4. 先进材料技术

先进材料是指新近发展或正在发展之中的具有比传统材料的性能更为优异的一类材料。先进材料技术是按照人的意志，通过物理研究、材料设计、材料加工、实验评价等一系列研究过程，创造出能满足各种需要的新型材料的技术。先进材料技术对发酵工程技术的进步主要体现在过程监测和下游处理等方面。

生物过程的主体是生命代谢的细胞，是一个复杂的系统。由于生物过程在反应器内进行，反应器内生物系统的表型取决于外界环境条件与细胞生理功能的共同作用，这种外界环境对细胞功能的影响可以通过不同途径发生作用，是一个非常复杂的过程。传统的发酵过程中，通过监测温度、pH、溶氧、湿度（针对固态发酵）等，对发酵过程进行优化，已经取得了一系列卓越的成果。基于先进材料发展的新一代传感器技术，可以显著增强对发酵过程在线实时监测过程的能力。

先进材料技术对于发酵过程下游工程的进步起到了极大的推进作用。基于膜材料和成型技术的进步，利用陶瓷膜和有机膜对发酵液进行预处理，以及对不同分子量产物的低成本、高可靠性的定向分离，有效提升了发酵产品分离过程的质量稳定性和过程经济性。基于先进材料技术的色谱分离技术，极大地提升了分离过程的稳定性和经济性，使得部分发酵水平较低、相似成分较多的分离过程的工业化成为可能。

1.3.3　新一代发酵工程技术的主要研究内容

发酵工程技术发展存在三个基本难题。①微生物能够积累最多目的产物的条件是什么？②原料最多被微生物转化为产物的条件是什么?③微生物最快速度发酵生产目的产物的条件是什么？发酵工程技术相关科学研究大多围绕这三个问题进行，通过系列研究可实现微生物发酵法生产工业产品的高产量、高产率和高生产强度的相对统一。研究人员通过从基因水平解析发酵微生物的生理功能并构建高效的细胞工厂，或者通过从细胞反应器水平控制发酵过程提供有利于菌株的生长和高效合成产物的环境（图 1.7）。随着科技的发展以及对微生物细胞工厂越来越高的要求，传统的微生物改造技术已经逐渐不能满足需求，新的技术以及策略不断被科学工作者开发并逐步应用至发酵工程产业化研究中。

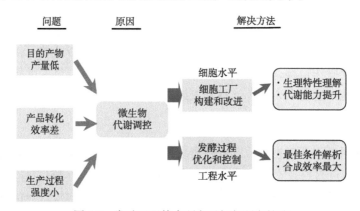

图 1.7　发酵工程技术研究目标与研究策略

传统发酵工程研究中，细胞工厂构建与改进的技术主要包括传统诱变筛选、代谢调控育种、基因工程、代谢工程和适应性进化。区别于细胞工厂构建与改进的传统技术，新一代发酵工程技术专注于应用高通量和超高通量筛选技术、代谢途径精细调控与动态调控、基因组高效编辑等新技术，提升细胞工厂发酵性能。在发酵过程优化与控制方面，传统技术主要包括基于微生物反应原理的培养环境优化、基于微生物代谢特性的分阶段培养、基于反应动力学的流加发酵、基于辅因子调控的过程优化和基于代谢通量分析的过程优化。新一代发酵工程技术重点关注多参数在线检测、实时分析与联动控制，计算流体力学模拟并结合细胞生理优化，统计分析建模、参数预测与风险评估，代谢流组学分析与过程优化以及基于单元精准控制的发酵模式重构技术。近 20 年来，合成生物学、材料科学、人工智能、物联网等技术的迅速发展，为发酵工程的革命性提升奠定了坚实的理论与技术基础，促进了新一代发酵工程技术的发展与升级。新一代发酵工程技术的主要研究内容主要表现如下。

1. 微生物细胞工厂的构建与优化

新一代发酵工程技术在传统基础上，逐渐发展起全新的包括多变量的模块化优化技术、代谢途径精细调控与动态调控、高通量及超高通量筛选技术、基因组高效编辑技术、微生物基因组人工全合成等多种微生物细胞工厂构建与改进新策略。

多变量的模块化优化技术将代谢途径中的酶按照途径节点、酶的催化效率等分成几个模块，通过在转录（如启动子、基因拷贝数）、翻译[如核糖体结合位点（RBS）]或酶的催化特性等水平对这些途径模块进行调整，对少量条件进行摸索，不需要高通量筛选就可实现途径的优化。Xu 等利用模块化策略，将大肠杆菌中心代谢途径分成三个模块，在大肠杆菌中强化脂肪酸的合成（Xu et al., 2013）；Liu 等则将 N-乙酰氨基葡萄糖的合成模块化，大大提高了 N-乙酰氨基葡萄糖的产量（Liu et al., 2014）。

微生物自身的代谢流量在不同代谢途径中的分配并非一成不变，而是会随着胞内代谢物水平以及环境因素的变化而发生动态的调整。基于这样的认识，精细调控与动态调控策略依赖于各种动态元器件，分阶段动态地对微生物的生长与代谢产物的积累进行调控，减少外源或者目标代谢产物的积累对菌体生长产生的不利影响，最大化目标代谢产物的合成与积累。Zhou 等通过温度开关，动态调控乳酸脱氢酶基因的表达，提高了乳酸的产量（Zhou et al., 2012）。Hanai 等通过类似的策略，对异丙醇的生产进行动态调控，实现了产量的飞跃。

高通量及超高通量筛选技术则是一种通量大、特异性高、适用于各种药物或目标微生物的筛选技术，具有高度自动化、人力资源需求少、快速、灵敏、准确、样品需求少的特点。高通量筛选过程集合了微量化和自动化的操作过程，能够获得大规模的实验数据和自动化的数据分析，自动化操作设备贯穿整个高通量筛选过程，该技术将极大地助力于微生物育种技术的快速发展。Ma 等提出了一种荧光液滴捕获的酶底物设计新策略，并建立了超高通量的微液滴酶筛选体系，该体系能够被广泛地运用于酯酶、脂肪酶、磷脂酶、糖苷酶、蛋白酶等多种酶快速定向进化的研究（Ma et al., 2016）。

基因组编辑技术指在基因组范围内高度特异性消除、替换或修饰序列的技术，在生物技术以及基因工程方面具有重要的基础和实际应用。体内靶基因的编辑可以通过人工蛋白核酸酶异位表达来实现，例如，锌指核酸酶（ZFN）或转录活化剂样的效应核酸酶（TALENS），用于识别特定的目标 DNA 位点和双链 DNA 断裂（Straimer et al., 2012; Joung and Sander, 2013）。高效基因组编辑则依赖于新近出现的、可调节的 CRISPR-Cas 技术，该技术被誉为下一代基因组编辑工具（Bao et al., 2015）。最近几年大量的研究已经成功应用该系统在不同类型的细胞和模式生物中进行 RNA 指导的基因组编辑。Zhao 等利用 CRISPR-Cas 技术对酿酒酵母基因组进行高效编辑，仅通过一步将长达 24 kb 的木糖利用途径整合至酵母基因组 18 个拷贝位点，提高了丁二醇的产量（Shi et al., 2016）。

合成生物学的一个重要目标即人工合成生命细胞。这有助于理解生命本质并发展改造生命的手段，从头合成微生物基因组是实现这个目标的基础。天津大学元英进团队完成了 5 号、10 号染色体的化学合成，并开发了高效的染色体点突变修复技术（Wu et al., 2017; Xie et al., 2017）。清华大学戴俊彪团队完成了当前已合成染色体中最长的 12 号染色体的全合成（Zhang et al., 2017）。我国科学家领衔完成 4 条酿酒酵母染色体的人工设计合成，相关成果在 Science 期刊上以封面论文形式刊发，这是继合成原核生物染色体之后的又一里程碑式突破，有望推动发酵工程技术发展的新一轮变革。

自古以来，人类通过最原始的人工选择、杂交育种等方法，培育出了千千万万汇集父本母本优异性质的生物新品种。这种原始而传统的育种方式虽然能够按照人们的意愿，最终获得较为符合预期的生物品种，但是耗费巨大的时间与精力，并且在不同物种之间往往存在生殖隔离，造成许多优异品种的不育。在众多的科学巨匠的努力下和数年研究的沉淀中，在 1973 年诞生了基因工程，创造性地打开了生物进化的大门。随着基因工程不断的发展，代谢工程冉冉升起，成为一个新的分支，被称为第三代基因工程。通过基因工程的方法，进一步改变细胞的代谢途径。依据对生命体生物代谢途径及其调控机制的认识，通过对影响代谢产物分配的主要因素与代谢产物积累之间关系的分析，确定能够发挥作用的目标分子，通过基因工程进行修饰，最终实现目标产物的积累。代谢工程是一门利用重组 DNA 技术对细胞物质代谢、能量代谢以及调控网络信号进行修饰与改造，实现细胞生理代谢优化、目标代谢产物提高与修饰乃至合成全新代谢产物的科学。

2. 发酵过程优化与控制新技术

微生物发酵过程是细胞新陈代谢进行物质转化的过程，为了提高目标产物的转化率，需要对微生物发酵动态特性进行实时分析，以便实时优化发酵过程。单一的参数测定很难保证对发酵过程的准确监控，通过丰富的传感器，对发酵过程的生物量、有机酸、气味、光谱信号、温度，以及发酵产生的尾气组分、体积、产生速率等进行有效监测，并实时进行分析，偶联发酵控制，实现精准的实时优化。传统镇江香醋的固态发酵过程中，人工经验及理化法监测往往滞后于生产，通过多传感技术进行在线分析，起到智能化控制香醋发酵过程的目的（朱瑶迪，2016）。丙酮-丁醇-乙醇发酵过程中，设计实时尾气在线监测系统，在常规参数以外，通过尾气传感器在线监测尾气组成与含量变化，保证丙酮丁醇梭菌生产强度（许佳，2016）。

生物过程在实验室阶段、小试阶段以及中试放大阶段往往具有不同的发酵特性，尤其在产业化过程中常常会遇到放大问题。计算流体力学（computational fluid dynamics, CFD）方法研究反应器内流场、传质、混合等特性，并结合适当的实验方法进行验证以确保结果的可靠性。通过计算流体力学模拟，结合特定微生物细胞的生理特性，可以较好地指导生物过程的放大。华东理工大学的研究人员，针对从 96 孔平板到 24 孔平板再到普通三角瓶与挡板三角瓶，进一步到 30～1000 L 发酵罐多种不同的生物培养条件，进行计算流体力学模拟并对比相关测定结果，验证模拟数据的科学可行，为实际生产过程提供理论依据（李超，2013）。Neubauer 等则在枯草芽孢杆菌的发酵过程中，发现不同规模反应器内流场结构差异对生长培养有影响，基于计算流体力学方法，采用 scale-down 的放大方法进行发酵放大研究（Junne et al., 2011）。

随着计算机技术的快速普及和广泛发展，面对数据和信息爆炸的挑战，为迅速有效地将数据提升为信息、知识和智能，统计建模方法在工业领域的研究意义重大。由于统计分析方法是从实验数据切入建模，所以当数据信息特征变化时，可以通过学习形式使模型参数也随之变化，即在一定条件下考虑了自适应数据特征变化以调整模型参数的特点。因此，统计分析方法建模在动态建模中具有更广泛的应用性。Shi 等利用广义可加模型（GAMs），在谷氨酸棒状杆菌发酵生产谷氨酸的研究过程中，通过建模预测发酵参数进行发酵条件优化，预测精准度达到 97%（Liu et al., 2011）。Li 等通过 GAMs 模型配合 bootstrap 方法进行建模，同样运用于谷氨酸的发酵研究中，获得了 99.6% 的模型契合度（Liu et al., 2016）。

大规模发酵过程中细胞行为和生产特性与其所处的环境因素关系密切，细胞的环境响应行为是涉及转录、翻译、代谢及相互作用的一个基于生化反应和物质传递的复杂、非线性的多层次网络体系，传统研究方法和手段难以全面揭示其规律性。从代谢组学和代谢流的角度系统地对不同工业模式、不同规模工业过程中微生物细胞的代谢差异进行分析，在分子水平上更好地理解不同模式、不同规模工业生物过程中细胞对复杂工业环境的响应行为，为工业生物过程优化与放大提供科学依据。运用代谢组学的分析方法，科学家找到了大肠杆菌利用甘油生长的两个关键突变位点，强化了大肠杆菌在甘油为碳源的培养基中的生长（Cheng et al., 2014）。利用同位素标记，分析在驻波链霉菌生产他克莫司（FK506）的过程中代谢流的变化，根据代谢流设置关键补料节点进行高效流加补料，极大地提高了目标产物 FK506 的产量（Xia et al., 2013; 孙建华等，2008）。

3. 应对未来可持续发展需求的支撑技术

随着生物技术的不断发展，发酵工程已经由传统的生活资料的生产，越来越多地向生产资料的生产方面拓展，并在相关交叉学科的支撑下，日益成为解决未来资源、环境、能源等问题的新工具（李俊等，2006; 孙建华等，2008; 刘艳新等，2017）。采用酶法生产生物柴油和采用发酵法生产燃料乙醇，在解决未来能源需求方面，已经起到了很好的示范效应（Kim et al., 2017）。但是仅仅依靠现有生物质产生能源还远远不够。直接利用生物质或光能发酵法生产氢气、直接产生电能的研究，也取得了很好的进展。未来能源的格局将会如何，还很难预测，但是发酵工程在提供新能源方面肯定会起到重要支撑作用（Solopova et al., 2019）。利用发酵工程挖掘新的人类赖以生存的食品资源、生产未来食品，探索在极端环境中利用微生物提供食品、服装、药品，将对不远的将来拓展人类地外生存空间等，提供坚实的技术保障（Gao et al., 2014; Chung et al., 2017; Gao et al., 2017; Harms et al., 2017; Jiang et al., 2018; Liu et al., 2018）。

1.3.4　新一代发酵工程技术安全性与伦理问题

以基因工程技术为代表的新一代发酵工程技术在解决人类社会所面临的资源短缺、环境污染以及安全隐患等一系列重大问题方面发挥了巨大作用，并逐步发展成为不可或缺的技术产业。随着新一代工业生物技术对人类社会的影响越来越大，其生物安全性以及产生的伦理问题也越来越受到人们的广泛关注。

根据联合国粮食及农业组织（Food and Agriculture Organization of the United Nations, FAO）对生物安全的定义，生物安全指"避免由于具有感染能力的有机体或遗传修饰有机体的研究和商品化生产对人类健康和安全及环境保护带来风险"，主要强调的是有关转基因技术及其遗传修饰生物体（genetically modified organism, GMO）的安全性。生物安全有广义和狭义之分。广义上的生物安全是国家安全的组成部分，包括所有的与生物相关的因素对社会、经济、健康和生态环境造成的危害或者潜在的风险；狭义上的生物安全则是指与生物有关的各种因素对物种多样性、人类健康、生态环境及经济等产生的现实损害或者潜在风险。生物安全性管理一般包括安全性研究、评价、检测和控制措施等技术内容，其中尤以生物安全性评价为核心与基础。生物安全管理主要目的是从技术上分析生物技术及其产品的潜在风险，确定其安全等级，制定合理的防范措施，使其在保障人类健康和生态安全的同时，有助于生物技术的健康、有序和可持续发展，达到趋利避害的目的。工业生物技术的生物安全性主要包括转基因微生物安全性、转基因作物与食品安全性以及转基因动物安全性，其中尤其以转基因微生物安全性为关键。

基因工程及转基因带给人类的到底是利大于弊还是弊大于利，围绕安全问题，引起了全人类的争论，焦点主要在以下几个方面：①具有更强生存能力的转基因生物将改变生物群落结构，干扰正常的生态，引起生态灾难；②转基因微生物的抗性片段漂移，进入人体细菌，造成新的健康问题，或者用以研究流行病的微生物泄露，带来灾难；③转基因片段向植物中漂移，给自然环境造成不可预知的危害，转基因食品的摄入破坏人体的机能，激活癌基因的表达；④基因工程技术推广造成的社会伦理问题，克隆技术的滥用以及人作为基因操作对象的可能风险；⑤基因工程技术带来生物武器的飞速发展，造成潜在的生物恐怖。

自古以来，人类就对由微生物引起的鼠疫、天花、霍乱等流行病非常恐慌，对这些病原微生物更是避之不及。随着认知的进步，人们不再担心这些被控制起来的病原微生物，而逐渐对生活中常用的工业基因工程改造微生物的安全性及其可能带来的危害表现出担忧。我国针对转基因微生物制定了完整的评价管理方法，将转基因微生物分为动物用转基因微生物、植物用转基因微生物和其他转基因微生物，并针对相应的分类严格详细地制定了生物安全性评价流程、内容、标准。动物用转基因微生物指利用基因工程技术，研制开发而成的专门用于农业生产或农产品加工中动物用的重组微生物及其产品，主要分为基因工程亚单位疫苗、基因缺失疫苗、核酸疫苗、基因工程重组活疫苗、基因工程激素类疫苗、饲料用转基因微生物、基因工程抗原与诊断试剂盒等。植物用转基因微生物则是研制开发直接用于植物，以产生杀虫、抗病、调节生长等作用的微生物。这些转基因微生物的安全性主要体现在对人类、动物健康或者环境生态的潜在破坏方面，即在人类和动物健康方面，由转基因微生物添加可能造成的致病性、抗药性、食品安全性危害；在环境方面，由转基因微生物的生存竞争、传播扩散、遗传变异以及遗传转移能力过强带来的相应危害。对转基因微生物的生物安全控制主要内容包括：法律法规体系的建立、有效的生物安全管理、严格的生物安全评价以及切实可行的生物安全控制措施等。尽管世界范围内对转基因微生物有较为详细的控制措施，但是随着生物技术的不断发展，转基因微生物在受体微生物、基因来源方面都将远远超出传统微生物的范畴，对新性状转基因微生物保持科学的、合理的评价与严格的管理是必不可少的。

目前，在生物技术潜在危险中唯一变成现实的就是生物武器。生物武器是用以杀死人与动物和破坏农作物的致病微生物、毒素以及其他化学物质的统称。生物武器被用以制造反社会、反人类的活动，以达到人群死亡、造成心理创伤的目的的活动则称为生物恐怖。与化学毒剂相比，生物武器中的细菌、病毒等微生物具有生命，一旦侵入生命体，便会大量繁殖，导致机体功能破坏，造成生命体大量死亡。第一次世界大战期间，德国首先研制和使用生物武器，造成2000多万人死亡，远超战死人员数量的三倍。第二次世界大战期间，日本的生物武器及其生物部队——731部队臭名昭著，在我国犯下累累罪行，释放了鼠疫杆菌、伤寒杆菌和炭疽杆菌等数种生物武器。除直接攻击人类之外，生物武器还会通过攻击牲畜、农作物等，造成牲畜灭绝和大面积农作物减产，更进一步扩大了生物武器的危害。由于生物武器的广泛传染性、多元化传播途径、大面积杀伤范围以及持续长久的危害时间，它常常被冠以"廉价原子弹"的恶名，制止生物武器的全球扩散是国际社会面临的巨大挑战之一。1971年，美国、英国等12个国家向联合国大会提出《禁止细菌生物及毒素武器的发展、生产及储存以及销毁这类武

器的公约》，即《禁止生物武器公约》，草案经过联合国大会决议，在 1972 年签约
推行，并于 1975 年 3 月生效。公约内容包括：缔约国在任何情况下不发展、不生
产、不存储、不取得除和平用途以外的微生物制剂、毒素及其武器；也不协助、
鼓励或引导他国取得该类制剂、毒素及其武器；缔约国在公约生效后 9 个月内销
毁一切该类制剂、毒素及其武器；缔约国可向联合国安理会控诉其他国家违反该
公约的行为。我国于 1984 年加入此公约，至 2017 年共 179 个国家批准该公约。
总体而言，生物武器与生物武器的防御系统较量中，后者仍有诸多的不足之处，
道高一尺魔高一丈，生物安全的推行工作任重道远。只要人类对生物武器抱有根
深蒂固的反感，保持对和平与美好的向往之情，加强反生物武器的生物技术研究，
生物恐怖的威胁将降至最小。工业生物技术革命为人类带来了诸多福音，展现了
光明的前景，虽然光明之下也会存在些许的由安全、伦理问题带来的阴暗，但是
我们不能裹足不前，不能因为这些许黑暗而阻挡科学的发展，掣肘工业生物技术
的进步。我们应该引导和监督其走向正轨，保证工业生物技术持续为全人类造福。

1.3.5　工业生物技术

工业生物技术是一门由多学科综合而成的新学科，涵盖发酵工程、基因工
程、细胞工程、酶工程和蛋白质工程等。这五大工程技术彼此之间互相联系、
互相渗透，其中一项技术的发展依赖于其他技术，同时特定技术的发展又带动
其他技术的发展。

基因工程是在 20 世纪 70 年代后兴起的，主要原理是将生物遗传物质通过人
工方法，从生命体内分离，在体外进行切割、拼接和重组，而后将重组新获得的
遗传物质通过相关技术重新导入宿主细胞，对宿主细胞的基因进行有目的性的编
辑，将所需的外源蛋白质等在宿主中进行高效表达。随着合成生物学技术的不断
发展，基因工程已经从原有的简单表达、敲除个别基因，变成今天可以从头合成
全基因组、引入非天然密码子和氨基酸，甚至引入硅基代谢物的全新领域，这将
会使发酵工程呈现全新的面貌。

细胞工程是指以细胞为单位，在体外条件下培养繁殖，或者人为地改变细胞
的某些生物学特性，改良细胞或者创造新品种，加速繁育动植物个体，获得某种
具有特定功能的物质的过程。具体包括细胞体外培养技术、细胞融合技术、细胞
器移植技术、克隆技术等。过去，由于缺乏大规模、低成本培养动植物细胞的相
关支撑技术，采用动植物细胞发酵生产疫苗、天然产物等受到了较大的制约。随
着先进材料技术和人工智能等相关学科的不断发展和完善，细胞工程在将来会发
挥日趋重要的作用。

酶工程则是指利用酶分子、细胞器或者细胞具有的催化功能，或者通过人为
对酶进行修饰改造，借助生物反应器和催化工艺优化某些特定的反应，从而获得

目标产物的技术。具体包括酶的固定化、酶分子的定向进化、酶的理性设计改造、细胞固定化等技术。基因工程技术,特别是定向进化和高通量筛选技术(high throughput screening,HTS)的发展,使得发酵法生产各种酶的成本和可靠性都得到了极大的提升。

蛋白质工程一定程度上与酶工程具有交叉性。蛋白质的改造是代谢工程和合成生物学的重要基础,获得具有优良特性的酶、转运和调控蛋白是构建具有理想目标特性的代谢和调控网络的基础。蛋白质工程是工业生物技术最重要的工具之一。深度学习和人工智能技术的发展,已经使得研究人员可以结合蛋白质晶体结构、蛋白质化学、计算机辅助计算设计等多学科,人工定向改造基因,从而进一步修饰、改造蛋白质,使其符合应用需求。

综上所述,工业生物技术包括基因工程、细胞工程、酶工程、蛋白质工程和发酵工程等内容。近 20 年来,工业生物技术和相关支撑学科的发展速度,远远超过了前人的预期。虽然部分工业生物技术的研究已经被应用于发酵工程中,但是很多理论与技术还有待于发酵工程研究人员的深入挖掘,拓展发酵工程在食品、医药、资源、能源、农业、环境生态等领域的应用。

(刘延峰 周景文 陈坚)

参 考 文 献

李超, 2013. 计算流体力学在生物过程优化与放大中的应用[D]. 上海: 华东理工大学.

李俊, 姜昕, 李力, 等, 2006. 微生物肥料的发展与土壤生物肥力的维持[J]. 中国土壤与肥料, 4: 1-5.

刘艳新, 刘占英, 倪慧娟, 等, 2017. 微生物发酵饲料的研究进展与前景展望[J]. 饲料博览, 2: 15-22.

孙建华, 袁玲, 张翼, 2008. 利用食用菌菌渣生产有机肥料的研究[J]. 中国土壤与肥料, (1): 52-55.

许佳, 2016. 丙酮丁醇发酵尾气在线监测系统的设计[D]. 大连: 大连理工大学.

朱瑶迪, 2016. 镇江香醋固态发酵参数的智能在线监测及其分布研究[D]. 镇江: 江苏大学.

BAO Z, XIAO H, LIANG J, et al., 2015. Homology-integrated CRISPR-Cas (HI-CRISPR) system for one-step multigene disruption in *Saccharomyces cerevisiae*[J]. ACS Synthetic Biology, 4: 585-594.

CHENG K K, LEE B S, MASUDA T, et al., 2014. Global metabolic network reorganization by adaptive mutations allows fast growth of *Escherichia coli* on glycerol[J]. Nature Communications, 5: 3233.

CHUNG D, KIM S Y, AHN J H, 2017. Production of three phenylethanoids, tyrosol, hydroxytyrosol, and salidroside, using plant genes expressing in *Escherichia coli*[J]. Scientific Reports, 7: 1-8.

GAO L, HU Y, LIU J, et al., 2014. Stepwise metabolic engineering of *Gluconobacter oxydans* WSH-003 for the direct production of 2-keto-L-gulonic acid from D-sorbitol[J]. Metabolic Engineering, 24: 30-37.

GAO S, TONG Y, ZHU L, et al., 2017. Iterative integration of multiple-copy pathway genes in *Yarrowia lipolytica* for heterologous *β*-carotene production[J]. Metabolic Engineering, 41: 192-201.

HARMS H, KÖNIG G M, SCHÄBERLE T F, 2017. Production of antimicrobial compounds by fermentation[J]. Methods in Molecular Biology (Clifton, N.J.), 1520: 49-61.

JIANG J, YIN H, WANG S, et al., 2018. Metabolic engineering of *Saccharomyces cerevisiae* for high-level production of salidroside from glucose[J]. Journal of Agricultural and Food Chemistry, 66: 4431-4438.

JOUNG J K, SANDER J D, 2013. TALENs: a widely applicable technology for targeted genome editing[J]. Nature Reviews Molecular Cell Biology, 14: 49-55.

JUNNE S, KLINGNER A, KABISCH J, et al., 2011. A two-compartment bioreactor system made of commercial parts for bioprocess scale-down studies: impact of oscillations on *Bacillus subtilis* fed-batch cultivations[J]. Biotechnology Journal, 6: 1009-1017.

KIM S R, SKERKER J M, KONG I I, et al., 2017. Metabolic engineering of a haploid strain derived from a triploid industrial yeast for producing cellulosic ethanol[J]. Metabolic Engineering, 40: 176-185.

LIU C B, LI Y, PAN F, et al., 2011. Generalised additive modelling approach to the fermentation process of glutamate[J]. Bioresource Technology, 102: 4184-4190.

LIU C, PAN F, LI Y, 2016. A combined approach of generalized additive model and bootstrap with small sample sets for fault diagnosis in fermentation process of glutamate[J]. Microbial Cell Factories, 15(1): 132.

LIU X, CHENG J, ZHANG G, et al., 2018. Engineering yeast for the production of breviscapine by genomic analysis and synthetic biology approaches[J]. Nature Communications, 9(1): 448.

LIU Y, ZHU Y, LI J, et al., 2014. Modular pathway engineering of *Bacillus subtilis* for improved *N*-acetylglucosamine production[J]. Metabolic Engineering, 23: 42-52.

MA F, FISCHER M, HAN Y, et al., 2016. Substrate engineering enabling fluorescence droplet entrapment for IVC-FACS-based ultrahigh-throughput screening[J]. Analytical Chemistry, 88: 8587-8595.

SHI S, LIANG Y, ZHANG M M, et al., 2016. A highly efficient single-step, markerless strategy for multi-copy chromosomal integration of large biochemical pathways in *Saccharomyces cerevisiae*[J]. Metabolic Engineering, 33: 19-27.

SOLOPOVA A, VAN TILBURG A Y, FOITO A, et al., 2019. Engineering *Lactococcus lactis* for the production of unusual anthocyanins using tea as substrate[J]. Metabolic Engineering, 54: 160-169.

STRAIMER J, LEE M C S, LEE A H, et al., 2012. Site-specific genome editing in *Plasmodium falciparum* using engineered zinc-finger nucleases[J]. Nature Methods, 9(10): 993-998.

WU Y, LI B Z, ZHAO M, et al., 2017. Bug mapping and fitness testing of chemically synthesized chromosome X[J]. Science, 355(6329): eaaf4706.

XIA M, DI HUANG, LI S, et al., 2013. Enhanced FK506 production in *Streptomyces tsukubaensis* by rational feeding strategies based on comparative metabolic profiling analysis[J]. Biotechnology and Bioengineering, 110(10): 2717-2730.

XIE Z, LI B, MITCHELL L A, et al., 2017. "Perfect" designer chromosome V and behavior of a ring derivative[J]. Science, 355(6329): eaaf4704.

XU P, GU Q, WANG W, et al., 2013. Modular optimization of multi-gene pathways for fatty acids production, in *E. coli*[J]. Nature Communications, 4: 1409.

ZHANG W, ZHAO G, LUO Z, et al., 2017. Engineering the ribosomal DNA in a megabase synthetic chromosome[J]. Science, 355(6329): eaaf3981.

ZHOU L, NIU D D, TIAN K M, et al., 2012. Genetically switched D-lactate production in *Escherichia coli*[J]. Metabolic Engineering, 14(5): 560-568.

第2章　发酵微生物菌种高通量筛选技术

2.1　发酵微生物选育技术概述

2.1.1　工业发酵过程的关键问题

工业发酵生产各种功能化学品过程中，主要需要解决三个关键问题：①高产量，即微生物能够积累最多目的产物的条件是什么？②高转化率，即原料最多被微生物转化为产物的条件是什么？③高生产强度，即微生物最快速度发酵生产目的产物的条件是什么？只有通过深入、系列的研究才可能实现微生物发酵法生产工业产品的高产量、高转化率和高生产强度的相对统一，包括从基因水平解析发酵微生物的生理功能、构建高效的细胞工厂、控制反应器中发酵过程从而提供有利于菌株的生长和高效合成产物的环境，等等。然而，解析相关微生物生理机制、构建基因工程操作体系、重构代谢途径和功能等工作耗费大量的时间和精力，有时甚至超过了90%。更为严重的是这些分析和改造方法并不总是有效。因此，通过构建新系统、发明新方法和实施新技术，选育得到优良的工业菌株，是使工业发酵水平得到高效提升的前提和保障（Chen et al., 2018; Lee et al., 2019）。

从自然界筛选获得的野生型微生物菌株通常存在一种或多种不良工业应用特性，包括产量和转化率低、生长和代谢速度慢、对环境条件适应性差、营养要求高等，因此，通常不完全具备适合目标产品工业化生产的条件。要实现菌株发酵目标产物过程中高产量、高产率和高生产强度的相对统一，就必须人为进行诱变和改造。然而，一方面诱变和改造过程中正向突变的概率往往很低，另一方面传统筛选技术处理样品少、人力消耗大、消耗时间长，严重限制了优良菌株的搜寻范围；筛选模型（筛子）的滞后导致筛选目标物不显著。因此，如何从这些庞大突变的菌株库中快速筛选出少量的优良菌株是发酵工程技术面临的重要难题（Leavell et al., 2020; Zeng et al., 2020）。

新一代发酵工程技术的首要任务就是改进工业发酵微生物菌种的选育工作，主要集中在两个方面：一是建立高效筛选平台，从而提高工作效率，扩大优良突变株的搜寻范围；二是设计先进的筛选模型，增强目标物的显示度，易于判断优良突变株。这些就是高通量筛选系统的宗旨。

2.1.2　高通量筛选技术

高通量筛选技术是一种通量大、特异性高、适用于各种药物或目标微生物的筛选技术。高通量筛选技术以各种类型的微孔板如6孔板、24孔板、48孔板、96孔板、384孔板和1536孔板为载体工具，利用自动化检测工具可快速灵敏获得实验数据。高通量筛选过程集合了微量化和自动化的操作过程，能够获得大规模的实验数据和自动化的数据分析。自动化操作设备贯穿整个高通量筛选过程。高通量微生物筛选技术能够助力于微生物育种技术的快速发展，一方面，微生物筛选系统QPix系列、全自动化移液工作站、酶标仪检测器、机器人自动化高通量筛选系统等设备为高通量筛选的主要设备；另一方面，流式细胞仪、微流控芯片能够在极短时间内获得大量单细胞的散射信号和特异性荧光信号，可对目标细胞进行分选，是效率更高的超高通量筛选设备。相同时间内，传统筛选每批次筛选菌株少于100株，借助QPix系列、全自动化移液工作站、酶标仪检测器等仪器的高通量筛选，每批次可筛选多于10000株菌株，基于流式细胞术的超高通量筛选技术和基于微流控技术的微液滴技术，每批次可获得多于$1×10^9$株菌株（图2.1）（Luo et al., 2017; Ma et al., 2018; Qin et al., 2019）。

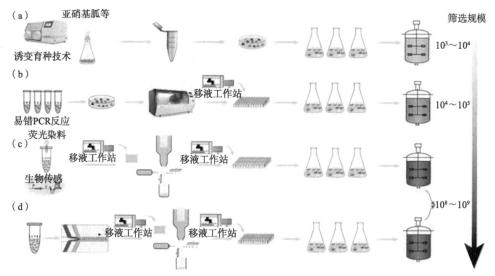

图2.1　传统筛选流程（a）和不同筛选规模的高通量筛选流程（b～d）示意图

在现代发酵工程领域，高通量筛选技术已经发展成为一门具有巨大应用前景的技术。相比于工业发酵微生物的传统筛选方法，高通量筛选技术具有很多优势。

（1）高度自动化：运用自动化操作系统，形成了加样、稀释、转移、混合、洗板、温孵、检测的实验室自动化站，自动连续地完成整个实验操作。自动化设备基本分为两类，一类是机械臂、移液工作站、多功能酶标仪、多孔板培养箱和清洗器等通用型设备，另一类是生物评价体系和软件分析系统等组建型设备。

（2）人力资源需求少：相比于传统摇瓶筛选方法，高通量筛选过程自动化操作系统的建立和微孔板培养分析模式（96 孔板、384 孔板或者孔数更多的分析模式）大大减少了人力投入。在微生物的高通量筛选过程中，常规的高通量筛选每批次可筛选多于 10000 株菌株，基于流式细胞术和微流控技术的筛选方法具有更大规模的筛选量。

（3）快速、灵敏、准确：高通量筛选应用了紫外-可见光分析、亲和闪烁分析和荧光检测分析等方法。紫外-可见光分析延续了传统的分析技术，但基于多功能酶标仪的应用其检测通量大大提高。亲和闪烁分析具有较强的亲和性，普遍应用于激酶、受体配体和核酸酶等的高通量筛选分析中。荧光检测分析具有高度的灵敏性，多种荧光分子应用于高通量筛选过程中，通过荧光检测胞内的物质浓度、pH、膜电位等的变化来实现快速精确筛选。

（4）样品用量少：相比于传统筛选过程，高通量筛选过程运用多孔板微量培养和分析方法大大减少了所用化合物和试剂的用量，实验所需样品用量更趋微量化、精确化。

2.2　微生物菌种多样性的获得

自然界存在着各种各样的微生物，包括古菌、细菌、酵母菌、放线菌和真菌等。通常来说，这些微生物具有积累一些产品的能力，且这种能力在包括酸碱度、温度、渗透压、辐射和诱变物质等长期的自然环境驯化下得到了一定的加强，但这些菌株依旧无法用于某一特定目标产品的工业化生产。因此，需要人为干预，并从中筛选出优良菌株。菌株多样性的获得是工业微生物育种过程的重要因素，也是高通量筛选的基础。目前，菌株多样性的获得方法主要包括物理诱变、化学诱变、适应性进化和基因工程改造等。

2.2.1　物理诱变

物理诱变方法在菌株的选育方面应用广泛，有其独特的特点。随着物理技术的发展，其逐步发展成为具有对人体伤害小、处理时间短、环境污染小等特点的技术。常用的物理诱变方法主要包括紫外线诱变技术、γ 射线法、离子注入法、电离辐射法、超声波波阵法、微波诱变法、空间诱变法、激光诱变法、超高压诱变法等（Zhou and Alper, 2019）。近年来，常压室温等离子体（atmospheric and room temperature plasma，ARTP）诱变技术作为一种以射频大气压力放电等离子体发生器为核心的微生物诱变工具，开始得到广泛的应用。等离子体喷流可以破坏碱基与核糖之间的 C—N 键、碱基上的氨基以及磷酸二酯中的 P—O 键，从而破坏细菌细胞壁、细胞膜及蛋白质等导致大部分细胞死亡，具有显著的作用效果，因此可以得到明显的诱变效应。常压室温等离子体诱变技术是一种很有前途的新型微生物诱变技术，具有突变率高、处理快速、操作简便、环境友好、对操作者安全无辐射等特点，所获得突变株遗传稳定性良好，已广泛应用于各种工业发酵微生物的诱变筛选过程中，如细菌、链霉菌、酵母、霉菌和微藻等（Wang et al., 2010; Zhang et al., 2014; Zhang et al., 2015）。

2.2.2　化学诱变

化学诱变也是一种传统的诱变处理方法，主要的化学诱变剂包含碱基类似物、碱基修饰剂、移码诱导剂。碱基类似物主要以造成子代 DNA 复制配对改变而导致突变；碱基修饰剂主要以修饰 DNA 碱基，通过改变配对性质而引起突变；移码诱导剂主要通过嵌入 DNA 分子，从而引起突变。常见的化学诱变剂有硫芥（氮芥）类、环氧衍生物类、亚胺类、硫酸（磺酸）酯类、吖啶橙、原黄素、亚硝酸及其盐和部分金属化合物等（Zhou and Alper, 2019）。化学试剂容易造成生物的损伤和错误修复，从而产生突变体。这些突变以点突变为主，并且因试剂不同具有某些相对高频而且较为稳定的突变谱。

2.2.3　适应性进化

适应性进化，又称为实验室进化或驯化，是指在外界选择压力下物种为了适应环境的变化而发生机能或自身特性的改变。微生物具有可通过调整自身遗传特性迅速适应不同环境条件的重要特点，此外，微生物一些特性促进了其可以进行快速进化筛选，如易于培养、仅需简单的培养成分和生长繁殖速度快。至今，人们研究开发了一系列适应性进化策略，实现了对微生物细胞的选育，这些策略已成为工业微生物育种中广泛应用的工具（Zhang et al., 2018）。适应性进化方法的应用主要包括：①提高微生物细胞适应恶劣环境条件的能力，如高渗透压、高酸度、高碱度或高温；②提高菌株的发酵性能，如提高其生长速度和底物消耗量、提高目标物质的合成或减少副产品的积累；③激活一些潜在的途径来积累某些非原生产物或利用非原生底物。进化器（eVOLVER）和微生物微滴培养系统（microbial microdroplet culture，MMC）已被设计并用于工业微生物高通量培养和适应性进化。eVOLVER 是一个可以在小体系内进行连续培养的系统，已用于描述酵母和细菌等工业菌株在不同条件下的生理特性，接着又组装了温度、pH 等传感控制系统（Wong et al., 2018）。MMC 又进一步结合了液滴生成芯片和液滴检测模块（Jian et al., 2020）。另外，近年来已有研究者建立了一种基于基因组复制改造的连续进化方法（genome replication engineering assisted continuous evolution, GREACE），有效提高了大肠杆菌生产的热耐受性（Wang et al., 2019）。工业发酵菌种适应性进化的策略如图 2.2 所示。

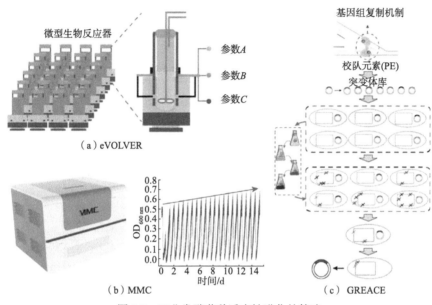

图 2.2　工业发酵菌种适应性进化的策略

2.2.4　基因工程改造

1. 定向进化

一般情况下，微生物合成或生物催化目标产物实际上是由一种或某几种酶作用的催化反应过程。然而，由于自然界中的野生型酶已经适应了自身的作用环境，形成了一定的性质及最适反应条件，将其应用于化学反应或生物转化时，野生型酶所表现的活性及稳定性往往无法达到工业要求。此外，在工业化生产中有时需要酶在非常规环境中发挥作用，这也是野生型酶工业化的难点之一。提高酶的活性或表达以提高产品的浓度是一种实用的方法，定向进化是发现新酶及改造野生酶特性的有力工具，特别是在酶的结构或催化机理未知的情况下可以发挥重要作用。在酶的特性改造方面，定向进化方法已有诸多应用，如改变底物特异性、增强热稳定性、提高有机溶剂耐受性、改变对映选择性等。定向进化过程中，首先需要构建一个容量适宜、具有多样性的基因文库。近年来，多种随机突变库的构建技术被发明及推广，包括易错 PCR 技术（error-prone PCR）、DNA 混编技术（DNA shuffling）、迭代饱和诱变（iterative saturation mutagenesis）、一分子 PCR 技术（single molecular PCR）、随机引物体外重组技术（random-priming *in vitro* recombination）、交错延伸技术（staggered extension process）、随机多重组合 PCR 技术（random multi-recombinant PCR）、外显子重排技术（exon shuffling）、随机插入/缺失突变技术（random insertion/deletion mutagenesis）等（Cheng et al., 2015; Huang et al., 2016）。图 2.3 为筛选优良工业发酵菌株过程中常用的定向进化策略。

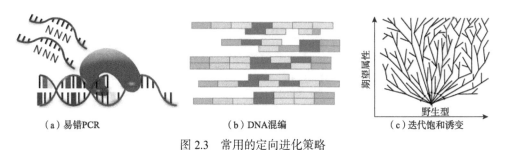

（a）易错PCR （b）DNA混编 （c）迭代饱和诱变

图 2.3　常用的定向进化策略

2. 随机组装

为了扩大高性能菌株累积目标产品的筛选范围，随着基因编辑技术和生物信息学的发展，人们已经建立了一系列基于随机组装的策略，包括多重自动化基因组编辑技术（multiplex automated genome engineering，MAGE）、ePathBrick、CasEMBLR 和级联启动子工程策略等（图 2.4）。MAGE 技术已被应用到大肠杆菌

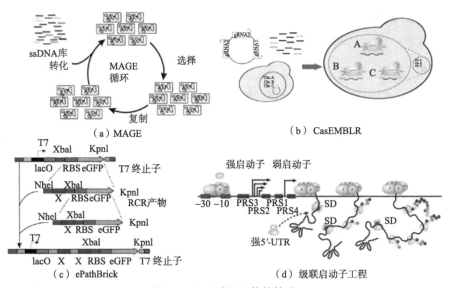

（a）MAGE （b）CasEMBLR

（c）ePathBrick （d）级联启动子工程

图 2.4　基于随机组装的策略

基因改造中，结合 CRISPR/Cas9 和 λ-red 重组技术开发出了升级版本 CRMAGE。基于此，研究者开发了针对酿酒酵母等真核生物的 EMAGE 技术（Si et al., 2017）。ePathBrick 是基于具有四个异构体对特征载体而开发的一种快速设计和优化代谢途径的多功能平台，这一方法已应用于黄酮类等化合物合成过程中多基因途径的构建和优化（Lv et al., 2017）。CasEMBLR 是一种无标记的多基因体内组装方法，应用 CRISPR/Cas9 介导产生的双链断裂，将 DNA 片段与同源序列结合到基因组的特定位点（Jakociunas et al., 2015）。另外，采用梯度强度启动子工程的筛选方法，筛选大肠杆菌中具有不同高转录强度的 PUTR 和高翻译强度的 PUTR，以融合 PCR 方式连接而构建不同组合的串联 PUTR，并用于强化大肠杆菌中柚皮素的合成（Zhou et al., 2019）。

2.3　目标产物的快速定量方法

2.3.1　紫外-可见光光谱检测模型

紫外-可见光光谱检测模型主要是基于被检测的产物或底物的颜色或吸光度变化的筛选方法，这是因为颜色或吸光度的变化可初步反映代谢物浓度或产量的高低。通常来说，紫外-可见光光谱检测模型可分为直接检测法和间接检测法。表 2.1 列出了基于紫外-可见光光谱检测模型对细胞进行筛选的实例（Zeng et al., 2020）。

表 2.1　菌种筛选过程应用的紫外-可见光光谱检测模型

菌种	突变方法	产物	筛选方法
大肠杆菌	基因改造	对香豆酸	直接检测吸光度
枯草芽孢杆菌	ARTP 诱变	尿苷	直接检测吸光度
阿维链霉菌	ARTP 诱变	阿维菌素	直接检测吸光度
酿酒酵母	基因改造	β-胡萝卜素	直接检测颜色强度
酿酒酵母	定向进化	虾青素	直接检测颜色强度
酿酒酵母	定向进化	异戊二烯	检测菌体浓度
黑曲霉	$^{12}C^{6+}$离子	纤维素酶	直接检测吸光度
大肠杆菌	定向进化	L-多巴	基于颜色反应
大肠杆菌	基因改造	琥珀酸	基于酶联反应
枯草芽孢杆菌	基因改造	L-天冬酰胺酶	基于颜色反应

续表

菌种	突变方法	产物	筛选方法
枯草芽孢杆菌	基因改造	脂肽	基于 pH 指示剂
枯草芽孢杆菌	ARTP 诱变	碱性 α-淀粉酶	基于颜色反应
凝结芽孢杆菌	ARTP 诱变	L-乳酸	基于 pH 指示剂
副干酪乳杆菌	ARTP 诱变	L-乳酸	基于 pH 指示剂
放线菌	ARTP 诱变	阿卡波糖	抗生素易感性
酿酒酵母	适应性进化	尿素	基于化学显色反应
解脂亚洛酵母	ARTP 诱变	α-酮戊二酸	基于 pH 指示剂
异型毕赤酵母	基因组重排	糖醇	基于化学显色反应
光滑球拟酵母	ARTP 诱变	丙酮酸	基于化学显色反应
黑曲霉	ARTP 诱变	葡糖糖化酶	基于 pH 指示剂
米根霉	紫外诱变	富马酸	菌落大小和颜色反应

1. 直接检测法

有些物质有明显的颜色或显色变化，平板培养或多孔板培养后，全波长光谱扫描可发现该物质本身在某一可见光下有最大吸收峰，且发酵培养基对目标物质的检测无明显干扰，此类物质可通过建立紫外-可见光直接检测模型进行高通量筛选，如有色产物（红曲色素、β-胡萝卜素、番茄红素和虾青素）、阿维菌素、泰乐菌素和金霉素。

2. 间接检测法

某些物质本身在某一波长下不具备最大吸收峰或吸收峰不明显，但向发酵液中加入某一特定物质后，加入的物质（pH 指示剂、金属离子）可与目标产物结合或发生反应（酶联反应或化学反应），使其在紫外-可见光下有明显的吸收峰，从而可构建高通量筛选模型，如 α-酮戊二酸（α-ketoglutaric acid）、丙酮酸和那西肽等。

2.3.2　荧光光谱检测模型

荧光物质或材料在一定条件下每个分子能释放数千个光子，使理论上的单一分子水平检测成为可能。这种特性以及可采用多种荧光模式，使得荧光检测技术（fluorescence assay, FA）成为高通量筛选必不可少的方法（Stavrakis et al., 2019）。根据目标产物特性的荧光光谱检测模型可分为直接检测方法和间接检测方法。例如，核黄素（维生素 B_2）在激发光/发射光波长为 450 nm/518 nm 时具有荧光特性，应用此筛选模型在解脂亚洛酵母（*Yarrowia lipolytica*）中显著提高了核黄素的产量。应用较多的模型是通过应用荧光染料/探针建立的一系列筛选模型，包括应用荧光染料标记死细胞或活细胞，应用尼罗红染色分析脂肪含量和单细胞油脂，应用罗丹明为探针标记维生素 K_2 和聚苹果酸。另外，还开发了一些其他能产生明显荧光信号（如基于化学反应或酶联反应）的方法，并用于高效选择优良的工业微生物。目前，荧光光谱筛选模型多与荧光激活细胞分选法（fluorescence-activated cell sorting，FACS）、微液滴或微流控技术（microfluidic/microdroplet technology）等高效分析技术联合使用，筛选规模得到了显著扩大。因此，基于荧光光谱检测的高通量筛选方法通常又称为超高通量筛选方法（Zeng et al., 2020）。表 2.2 列出了基于荧光光谱检测模型对细胞进行筛选的实例。

表 2.2 菌种筛选过程应用的荧光光谱检测模型

菌种	突变方法	产物	筛选方法
大肠杆菌	定向进化	酯酶	基于荧光染料染色
大肠杆菌	基因改造	柚皮素	基于化学反应的荧光
大肠杆菌	基因改造	琥珀酸	基于酶联反应的荧光
乳球菌	化学诱变	维生素 B_2	直接检测自身荧光
黄杆菌	离子诱变	维生素 K_2	基于荧光染料染色
阿维链霉菌	ARTP 诱变	阿维菌素	荧光染料染色初筛
酿酒酵母	定向进化	纤维素酶	基于酶联反应的荧光
解脂亚洛酵母	EMS 诱变	维生素 B_2	直接检测自身荧光
解脂亚洛酵母	迭代进化	脂肪	基于荧光染料染色
解脂亚洛酵母	基因改造	单细胞油脂	基于荧光染料染色
解脂亚洛酵母	易错 PCR	木聚糖酶	基于酶联反应的荧光
毕赤酵母	ARTP 诱变	木聚糖酶	基于底物荧光变化
出芽短梗霉	ARTP 诱变	聚苹果酸	基于荧光染料染色

2.3.3 基于电化学传感器的筛选模型

电化学（EC）传感器是一种功能强大的可应用于高通量分析的检测工具，其原理是基于在电极表面发生的生化或酶促反应所引起的电位变化。该检测方法具有高敏感和选择性、成本低廉、操作简便、反应迅速和具有小型化潜力的显著优点。通常来说，电化学传感器包括生物识别元件（感应器）和将生物反应转化为可测量的电化学信号元件（报告器）。根据用于测定生化或酶相互作用电极技术，电化学传感器一般分为电流式、电容式、电位式和电阻式四种。在电化学传感器的构建过程中，电极材料是影响电化学传感器性能最重要的影响因素。近年来，纳米材料在电化学传感器的构建上得到了广泛的应用，包括碳纳米管、金属或金属氧化物纳米颗粒、二氧化硅纳米颗粒及半导体纳米颗粒等。目前，电化学传感器已在临床诊断、食品药品中有害成分分析、环境监测等方面广泛应用。在高通量筛选过程中，其主要用于提高能与 NAD(P)$^+$或 H_2O_2 反应产生电位差的相关酶的活性，包括氧化还原酶和氧化酶等（Aymard et al., 2017），但目前很少有关于应用电化学传感器选育工业微生物优良菌种的相关研究报道。

2.3.4　基于生物传感器的荧光光谱检测模型

在筛选高产目标化合物的优良微生物过程中，通常只有少数化合物能通过基于自身荧光或加入某些物质间接引起的颜色或荧光等的方法筛选。大多数化合物本身不具有颜色或荧光等特性，并且难以通过化学反应或酶联反应转化生成有颜色或荧光特性的物质。但是，在微生物体内存在一些蛋白质或核酸，能够识别并响应细胞内某些特定的代谢产物，并转化为一些特定的信号输出，包括荧光信号以及细胞生长、代谢通路开闭，通过检测这些信号强度可检测细胞内代谢产物的浓度（Lin et al., 2017）。基于这一特性，在微生物体内构建了一系列生物传感器，如蛋白质类生物传感器和核酸类生物传感器，并广泛应用于工业微生物菌种高通量筛选模型的构建。表 2.3 列出了基于生物传感器的荧光光谱检测模型对细胞进行筛选的实例（Zeng et al., 2020）。

表 2.3　菌种筛选过程应用的基于生物传感器的荧光光谱检测模型

菌种	突变方法	产物	筛选方法
大肠杆菌	基因改造	水杨酸	基于转录因子传感器的荧光
大肠杆菌	RBS 改造	L-苯丙氨酸	基于转录因子传感器的荧光
大肠杆菌	ARTP 诱变	L-苏氨酸	基于转录因子传感器的荧光
大肠杆菌	ARTP 诱变	L-赖氨酸	基于转录因子传感器的荧光
大肠杆菌	基因改造	三乙酸内酯	基于转录因子传感器的荧光
大肠杆菌	易错 PCR	白藜芦醇	基于转录因子传感器的荧光
大肠杆菌	基因改造	柚皮素	基于 RNA riboswitches 的荧光
大肠杆菌	持续进化	番茄红素	基于转录因子传感器的荧光
大肠杆菌	持续进化	L-酪氨酸	基于转录因子传感器的荧光
枯草芽孢杆菌	基因改造	维生素 B_2	基于 RNA riboswitches 的荧光
谷氨酸棒杆菌	化学诱变	L-赖氨酸	基于转录因子传感器的荧光

续表

菌种	突变方法	产物	筛选方法
谷氨酸棒杆菌	基因改造	L-色氨酸	基于转录因子传感器的荧光
谷氨酸棒杆菌	适应性进化	L-缬氨酸	基于转录因子传感器的荧光
伤寒沙门氏菌	ARTP 诱变	维生素 B_{12}	基于 RNA riboswitches 的荧光
酿酒酵母	定向进化	葡萄糖氧化酶	融合表达的荧光蛋白
酿酒酵母	定向进化	粘康酸	基于转录因子传感器的荧光
酿酒酵母	基因改造	3-羟基丙酸	基于转录因子传感器的荧光
酿酒酵母	定向进化	N-乙酰葡萄糖胺	基于 RNA riboswitches 的荧光
里氏木霉	基因改造	纤维素酶	融合表达的荧光蛋白

注：RBS 为核糖体结合序列。

1. 基于蛋白质类生物传感器模型

蛋白质能够以不同的模式感应并检测微生物体内的代谢产物，在代谢工程和合成生物学等研究中，通常被用来自然识别小分子物质。更重要的是，这类蛋白质及其结构域通过重新连接或模块化处理，可以构建系列生物传感器。这些基于蛋白质的生物传感器已在多种微生物宿主体内应用，有些还可以纯化出来在胞外使用。在高通量筛选过程中，应用的蛋白质类生物传感器主要基于转录因子、表达的荧光蛋白等。转录因子能够天然响应小分子等物质的刺激，再通过报告基因转化成易于检测的转录反应。因此，基于转录因子的生物传感器是高通量筛选过程中较常应用的生物传感器。荧光蛋白通常被引入配体结合域并用于检测目标代谢物浓度，基于表达的荧光蛋白的生物传感器主要有共振能量转移荧光传感器、循环链置换荧光传感器和不稳定域耦合荧光传感器。

2. 基于核酸类生物传感器模型

复杂的蛋白质都已用于与代谢物相互作用构建生物传感器，尽管核酸只具有"更简单"的四种天然核苷酸生化语言，但仍可以用于构建生物传感器，其原理主要是利用由序列和配体的直接结合产生的核酸的结构变化。核酸类生物传感器主要包括 RNA riboswitches、RNA spinach 和结构转换的 DNA 生物传感器。已构建出一系列识别特定目标物质的核酸类生物传感器，并应用于优良工业微生物菌株高通量筛选过程。

2.3.5　基于拉曼光谱、傅里叶变换红外光谱和近红外光谱的检测模型

近年来，为了提高筛选效率和获得具有优良性能的工业生产用微生物菌种，

一些先进的光谱分析技术逐渐被应用于发酵菌种选育与过程优化，如拉曼光谱、傅里叶变换红外光谱和近红外光谱。拉曼光谱基于拉曼效应，指对与入射光频率不同的散射光谱进行分析，得到分子振动、转动方面的信息，再用于分子结构分析的一种方法，具有快速、灵敏、无损、实时检测的优点，在微生物分析检测中得到了广泛的应用。例如，构建的高通量筛选拉曼光谱（HTS-RS）平台用于快速筛选单细胞微藻和生物酶。与拉曼光谱一样，傅里叶变换红外光谱和近红外光谱也是无损伤分析方法，具有高通量、快速、自动检测的优点。这两种分析方法已广泛地应用于囊壶菌、毛霉、酿酒酵母等工业微生物的检测和筛选过程中（Zeng et al., 2020）。

2.4　基于多孔板的高通量筛选技术及应用实例

2.4.1　基于多孔板高通量筛选系统流程的构建

基于多孔板的高通量筛选系统一般包括突变菌种库的构建、平板预筛、多孔板初筛、摇瓶复筛及发酵罐验证等过程，具体流程如图 2.5 所示。

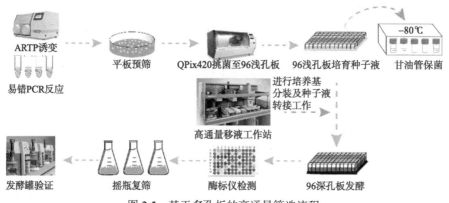

图 2.5　基于多孔板的高通量筛选流程

（1）平板预筛：将 ARTP、EMS、NTG、UV 诱变或通过定向进化和基因工程改造的菌株活化后，取一定体积的菌悬液均匀涂布在预筛平板培养基上（基于目标产物建立 pH 指示圈、蓝白斑、透明圈等），恒温培养菌落成型饱满。应用 QPix420 等微生物筛选系统挑取菌落形态大且变色圈大的单菌落至 96 浅孔板种子培养基中培养。

（2）多孔板初筛：使用全自动化移液工作站将 96 浅孔板中的种子液平行转接至 96 浅孔板或 48 深孔板中发酵培养，培养一定时间。针对胞外物质，直接离心；针对胞内物质，用甲醇、乙醇等适当稀释超声浸提后离心。采用移液工作站自动吸取 200 μL 上清液于酶标板中，并自动利用工作站配套的全波长酶标仪测定最大吸收光下的吸光度 OD 或荧光强度。

（3）摇瓶复筛：整个过程中以出发菌株作为对照，根据与对照菌株酶标仪测得的 OD 值的比较，选择诱变效果明显的诱变菌株进行摇瓶复筛实验。将 96 孔板中对应产量较高的剩余种子液全部吸取涂布于平板上。活化培养后的出发菌和初筛得到的效果明显的诱变菌株进行摇瓶培养。

（4）发酵罐验证：将多轮诱变或分子改造后积累目标产物明显提高的突变菌株，在发酵罐水平上验证产量或效价，整个过程以出发菌株作为对照。

基于多孔板高通量筛选系统已成功应用于筛选不同化合物生产的工业微生物菌株，包括随机诱变筛选高产 α-酮戊二酸的解脂亚洛酵母（Zeng et al., 2015; Zeng et al., 2016）、随机诱变筛选高产丙酮酸的光滑球拟酵母（*Candida glabrata*）（Luo et al., 2017）、定向进化强化酪氨酸酚裂解酶（tyrosine phenol-lyase，TPL，EC4.1.99.2）强化大肠杆菌合成左旋多巴（Zeng et al., 2019; Han et al., 2020）、定向进化强化酪氨酸解氨酶强化大肠杆菌中对香豆酸的合成（Zhou et al., 2016）和不同筛选策略强化 2-酮基古龙酸的合成（Zhu et al., 2012; Hu et al., 2015; Chen et al., 2019b）。

本节主要以高产 α-酮戊二酸解脂亚洛酵母菌株的高通量筛选过程和定向进化强化酪氨酸酚裂解酶强化大肠杆菌全细胞合成左旋多巴的高通量筛选过程为例进行详细介绍。

2.4.2　应用实例 1：高产 α-酮戊二酸解脂亚洛酵母菌株的筛选

α-酮戊二酸是一种重要的二羧酸，是三羧酸（TCA）循环和氨基酸代谢过程中关键的中间代谢产物，广泛应用于食品、化工和医药等工业领域，如保健剂、营养强化剂、高效抗氧化剂、杂环类化合物骨架和组织工程药物载体等。目前，工业上 α-酮戊二酸生产主要应用水解酰基氰、琥珀酸和草酸二乙酯多步骤合等化学合成法生产。但是，这些化学合成方法存在很多缺陷，包括产品纯度低、反应副产物多、原料成本高、有毒物质的使用等，严重限制了化学法生产 α-酮戊二酸在工业上的应用。近年来，微生物发酵法生产 α-酮戊二酸因满足绿色环保等现代文明理念而受到国内外研究人员的异常青睐，其中，解脂亚洛酵母（*Yarrowia lipolytica*，*Y. lipolytica*）获得更多的关注。

Y. lipolytica 是一种非致病性安全菌株，具有产量高、耐受性强、生长速度快和底物范围广等优势，在工业上被广泛应用于酶、有机酸和单细胞产物等物质的生产。作为一种非常规酵母，可在仅添加无机盐和硫胺素的简单培养基上生长，可利用乙醇、菜籽油和甘油等可再生能源发酵生产高产量的 α-酮戊二酸。近年来

已通过多重补料发酵策略和代谢工程等手段有效地提高菌株生产 α-酮戊二酸的能力，但 α-酮戊二酸产量和生产强度依旧较低。另外，基因工程菌株在法律法规和消费者接受程度上目前还存在一些问题，且由于 Y. lipolytica 不是常用的基因工程宿主，基因的异源表达成功率低，且改造周期长。基于这些技术条件的限制，无法快速地提高 α-酮戊二酸的产量。诱变育种作为一种经典的育种方法，仍然是目前工业育种的重要手段。运用传统诱变技术（如常压室温等离子体、亚硝基胍、甲基磺酸乙酯和紫外诱变等）有可能提高菌株的生产能力。但是，传统筛选方法的筛选可能性低和工作强度大等缺点限制了传统诱变育种技术的大规模实施。基于高通量筛选技术的成熟，通过诱变技术提高 Y. lipolytica 生产 α-酮戊二酸的能力成为可能。

1. 高通量筛选方法的构建

1）pH 变化范围的确定

首先，将野生菌株 Y. lipolytica WSH-Z06 在 48 深孔板中进行预培养实验，培养 96 h 后，高效液相色谱（HPLC）检测得到 α-酮戊二酸和丙酮酸的浓度都低于 2 g/L（$C_{\alpha\text{-酮戊二酸}} : C_{\text{丙酮酸}}$=3：4）。基于此，以发酵培养基为溶剂加入不同浓度梯度的 α-酮戊二酸和丙酮酸，得到标准酸溶液，测得标准样品 pH。如表 2.4 所示，本节所用解脂亚洛酵母发酵生产 α-酮戊二酸的发酵培养基呈弱酸性，其 pH 为 4.95，加入少量有机酸后，pH 迅速降低，当 α-酮戊二酸和丙酮酸分别加入 3.0 g/L 和 4.0 g/L 后，pH 降至 2.00。根据 α-酮戊二酸发酵生产过程中 pH 变化的特征，即有机酸产量越高，发酵液的 pH 越低，可以建立一种运用 pH 指示剂筛选 α-酮戊二酸高产菌株的方法。

表 2.4　不同浓度 α-酮戊二酸和丙酮酸标准样品的 pH

α-酮戊二酸+丙酮酸/（g/L）	pH	α-酮戊二酸+丙酮酸/（g/L）	pH
0	4.95	1.5 + 2.0	2.25
0.6 + 0.8	2.58	1.8 + 2.4	2.19
0.9 + 1.2	2.43	2.1 + 2.8	2.13
1.2 + 1.6	2.33	3.0 + 4.0	2.00

2）显色剂的确定

基于获得的标准样品的 pH 范围，选取亮绿、喹哪啶红、橙黄Ⅳ、孔雀绿、百里酚蓝、溴甲酚绿 6 种显色剂。以发酵培养基为溶剂，分别加入浓度梯度为 0.6～3.0 g/L 的 α-酮戊二酸，按照 $C_{\alpha\text{-酮戊二酸}} : C_{\text{丙酮酸}}$=3：4 比例加入相应浓度的丙酮酸。取 200 μL 体系于 96 孔板中，再加入梯度比例的显色剂（0.25%、0.50%、1.0%、

2.0%和 4.0%），室温振荡反应 20 min。应用多功能酶标仪测定各种显色剂在其最大可见光下的吸光度 OD。如图 2.6 所示，在较低的酸浓度、520 nm 可见光下，溴甲酚绿有明显的变色反应；喹哪啶红（添加量 4.0%、2.0%和 1.0%）和橙黄Ⅳ（添加量 2.0%、1.0%和 0.50%）的 $OD_{520\,nm}$ 与酸浓度呈现较好的线性关系。另外，溴甲酚绿具有不会引起杀菌和抑菌作用的特性，故可以选择其作为平板预筛培养基中的显色剂，用来剔除诱变后的低产突变菌株。

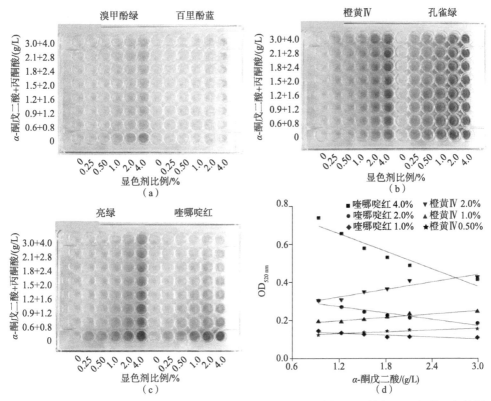

图 2.6　溴甲酚绿和百里酚蓝（a）、橙黄Ⅳ和孔雀绿（b）、亮绿和喹哪啶红（c）的显色结果以及 $OD_{520\,nm}$ 值与酸浓度的关系（d）

　　为了选择出最佳指示剂及其最适添加量，对喹哪啶红（添加量 4.0%、2.0%和 1.0%）和橙黄Ⅳ（添加量 2.0%、1.0%和 0.50%）分别做五组平行比较实验。考虑到诱变实验中可能筛选到产量提高显著的菌株，增加 α-酮戊二酸的浓度至 4.8 g/L，丙酮酸浓度也相应按比例增加。如图 2.7 所示，当喹哪啶红加入比例为 2.0%时，$OD_{520\,nm}$ 与 α-酮戊二酸浓度存在最好的线性关系，其线性方程为 $Y=-0.02842X+0.2039$，$R^2=0.95567$。故选取喹哪啶红作为初筛显色剂，其最适添加量为 2.0%。

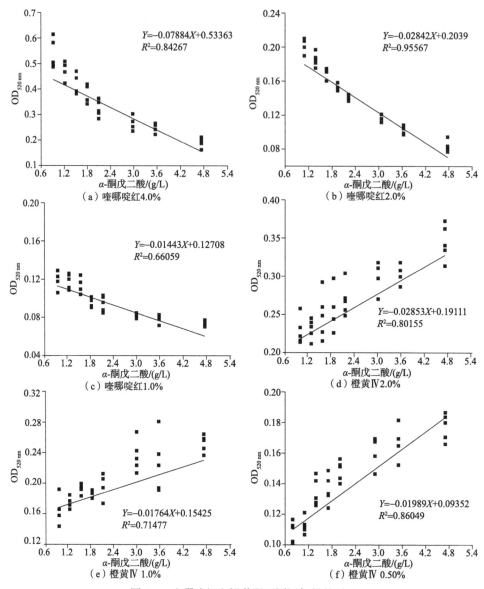

图 2.7　喹哪啶红和橙黄Ⅳ不同添加量的对比

2. 高产菌株的筛选

1）ARTP 诱变

将可积累 α-酮戊二酸野生菌株 *Y. lipolytica* WSH-Z06 活化后，利用 ARTP 进行诱变处理，诱变参数如下：照射功率为 100 W；氦气流量为 10 SLM；照射距离为 2 mm。然后将诱变处理后的样品稀释至合适浓度涂布于固体平板上，恒温培养 24 h，计算致死率。如图 2.8 所示，ARTP 诱变处理的菌株致死率随诱变时间的增加而有所增加，当诱变时间为 20 s 时，致死率达到 71.63%，处理 30 s 和 40 s 时致死率分别为 94.50% 和 98.12%，处理 50 s 后致死率达到 100%。早期的研究表明 ARTP 诱变的致死率在 90% 以上时突变效果较好，故选取 30～40 s 作为合适的诱变处理时间。

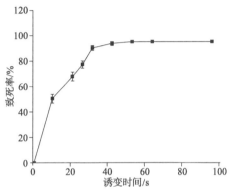

图 2.8　ARTP 诱变处理致死曲线

将野生菌株 *Y. lipolytica* WSH-Z06 ARTP 诱变处理 35 s，生理盐水洗涤 2 次后稀释至一定浓度菌悬液，均匀涂布于预筛培养基上，28℃恒温培养 48 h。如图 2.9 所示，可看出菌落周围颜色变化有明显区别，变色圈越大表明产生的有机酸就越多，故挑取菌落大、变色圈（蓝-黄）又大又快的菌落作为初筛菌株（如图中红色圆圈标记的菌株）。

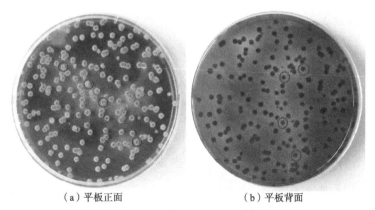

（a）平板正面　　　　　　　（b）平板背面

图 2.9　溴甲酚绿平板预筛

将预筛过程中挑出的菌株扩大培养后，转接至多孔板初筛发酵培养基中，28℃、900 r/min 培养 96 h，离心，取 200 μL 上清液，加入 4 μL 喹哪啶红指示剂，在 520 nm 条件下测吸光度。根据 $OD_{520\,nm}$ 与 α-酮戊二酸的量之间的线性方程 $Y= -0.02842X+0.2039$，计算得到各孔中 α-酮戊二酸的产量，从中挑取 12 株 α-酮戊二酸产量显著提高的突变菌株，菌株 1-C6 产量最高（图 2.10）。

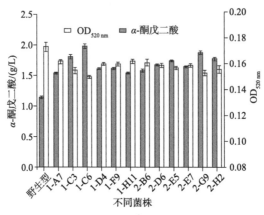

图 2.10　喹哪啶红多孔板初筛

将多孔板中初筛得到的 12 株高产突变菌株进行摇瓶复筛，培养 168 h 后，HPLC 检测发酵液中有机酸的含量。如图 2.11（a）所示，菌株 1-C6 产量最高，α-酮戊二酸的产量达到 11.98 g/L，相对于野生菌株 7.89 g/L 提高了 51.84%，其他突变菌株的产量相对于野生菌株产量也有明显提高。为了进一步考察筛选结果的可信度，以多孔板筛选结果（$OD_{520\,nm}$）为横轴，摇瓶复筛结果（α-酮戊二酸浓度）为纵轴，分析两者的相关性。如图 2.11（b）所示，多孔板初筛结果和摇瓶复筛结果之间存在较好的线性相关性（$R^2=0.85858$），即表明初筛过程中获得的高产菌株很可能就是产量较高的突变菌株。

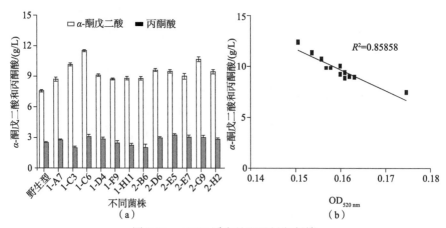

图 2.11　ARTP 诱变处理及摇瓶复筛

（a）摇瓶产量；（b）多孔板 $OD_{520\,nm}$ 与摇瓶上 α-酮戊二酸产量的线性关系

2）EMS 诱变

将 ARTP 诱变后筛选获得的高产菌株 1-C6 活化，EMS 诱变处理 1 h，稀释至合适浓度并均匀涂布在固体平板上，恒温培养 24 h，计算致死率。由图 2.12（a）所示，低浓度的 EMS 诱变剂对菌体致死效果不明显。当 EMS 浓度增加至 16 μL/mL（原液/稀释体系）时，致死率迅速上升，之后随着诱变剂浓度的增加，致死率不断增加，EMS 浓度达到 40 μL/mL 时，致死率为 97.12%，继续增加 EMS 浓度致死率接近 100%。研究表明化学诱变法进行诱变处理时，致死率在 70%～80% 时正突变效果比较明显，EMS 添加量为 20～28 μL/mL 时致死率在此区间内，故选取浓度 20～28 μL/mL 的 EMS 处理菌体 1 h。

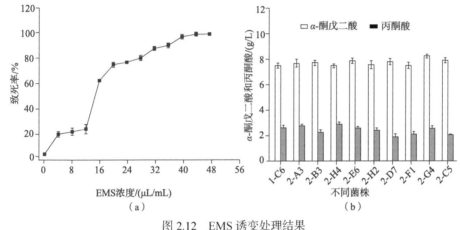

图 2.12　EMS 诱变处理结果
（a）EMS 浓度与致死率的关系；（b）复筛产量

以终浓度 24 μL/mL 的 EMS 将菌株 1-C6 处理 1 h，经过固体平板预筛、多孔板初筛，获得 9 株高产突变菌株。对初筛获得的高产菌株再进行摇瓶复筛，200 r/min、28℃培养 168 h。复筛结果如图 2.12（b）所示，整体情况下，EMS 诱变效果不是很明显，突变菌株 α-酮戊二酸的产量只有少量提高，最高产量的突变菌株 2-G4（α-酮戊二酸：8.51 g/L，丙酮酸：2.66 g/L）与出发菌株 1-C6 相比（α-酮戊二酸：7.74 g/L，丙酮酸：2.74 g/L），α-酮戊二酸的量提高了 9.95%，丙酮酸的产量基本一致。

3）NTG 诱变

将经 ARTP 和 EMS 诱变后筛选获得的高产菌株 2-G4 活化，NTG 诱变处理 10 min，稀释至合适浓度涂布于固体平板上，恒温培养 24 h，计算致死率。如图 2.13（a）所示，NTG 诱变剂对菌体致死效率高，NTG 终浓度为 0.1 mg/mL 时致死率达到 58.90%，0.2 mg/mL 时的致死率为 97.29%，终浓度增加至 0.3 mg/mL

时致死率为 100%。研究表明化学诱变法进行诱变处理时，致死率在 70%～80% 时正突变效果比较明显。NTG 终浓度为 0.15 mg/mL 时致死率为 74.20%，故选取浓度 0.15 mg/mL 的 NTG 处理菌体 10 min。

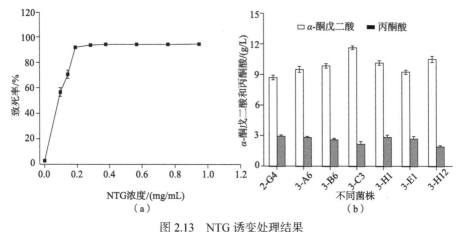

图 2.13　NTG 诱变处理结果
（a）NTG 浓度与致死率的关系；（b）复筛产量

以终浓度 0.15 mg/mL 的 NTG 对菌株 2-G4 处理 1 h，经过固体平板预筛、多孔板初筛，获得 6 株高产突变菌株。对初筛获得的高产菌株再进行摇瓶复筛，200 r/min、28℃培养 168 h。结果如图 2.13（b）所示，NTG 诱变效果比较明显，突变菌株产量明显增加，菌株 3-C3（α-酮戊二酸：11.57 g/L，丙酮酸：2.13 g/L）相对于出发菌株 2-G4（α-酮戊二酸：8.67 g/L，丙酮酸：2.92 g/L），α-酮戊二酸产量提高了 33.45%。

4）UV 诱变

将经 ARTP、EMS 和 NTG 诱变后筛选获得的高产菌株 3-C3 活化，继续应用 UV 诱变处理，稀释至合适浓度涂布于固体平板上，恒温培养 24 h，计算致死率。由图 2.14（a）所示，UV 对 *Y. lipolytica* 致死效果明显，照射时间为 10 s 时菌株致死率达到 65.12%，随着照射时间的延长致死率增加，40 s 时致死率已达到 90.43%。继续延长照射时间后发现，50 s 和 60 s 时致死率分别为 76.74% 和 58.16%，这可能因为菌株在诱变过程中产生了回复突变。再随着照射时间的延长，致死率不断增加，150 s 时致死率接近 100%。许多研究表明，UV 诱变提高产量的正向突变较多发生在致死率 70%～80% 的偏低计量时，故选用 20～40 s 作为 UV 诱变处理时间。

UV 对菌株 3-C3 诱变处理 35 s，经过平板预筛、多孔板初筛，获得 7 株高产突变菌株。对初筛获得的高产菌株再进行摇瓶复筛，200 r/min、28℃培养 168 h。摇瓶复筛结果如图 2.14（b）所示，总体上看，UV 诱变效果不明显，α-

酮戊二酸产量仅有少量提高。其中诱变菌株 4-E2 （α-酮戊二酸：12.26 g/L，丙酮酸：4.08 g/L）相对于出发菌株 3-C3（α-酮戊二酸：11.08 g/L，丙酮酸：3.74 g/L），α-酮戊二酸产量提高了 10.65%，丙酮酸产量提高 9.09%；4-G12（α-酮戊二酸：12.20 g/L，丙酮酸：3.93 g/L）的 α-酮戊二酸产量提高了 10.11%，丙酮酸产量提高了 5.08%。

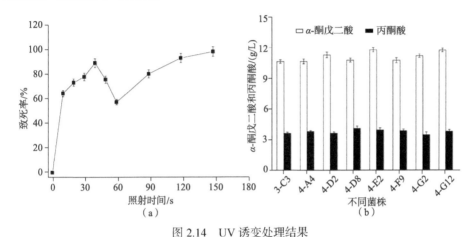

图 2.14　UV 诱变处理结果

（a）UV 对菌体的致死效果；（b）复筛产量

5）高产菌株稳定性的确定

　　为了验证突变菌株的遗产稳定性，对最终获得的高产菌株 4-E2 和 4-G12 进行连续传代 10 次，并对其中第五代和第十代进行摇瓶发酵，检测突变菌株的发酵特性。结果如表 2.5 所示，传代至第五代时，突变体 4-E2 和 4-G12 发酵积累 α-酮戊二酸的量分别为 29.30 g/L 和 23.66 g/L。传至第十代时，4-E2 积累的 α-酮戊二酸产量与第五代的产量基本相当，而 4-G12 的产量为 22.41 g/L，产量仅为 4-E2 菌株积累量的 69.64%。故考虑到工业用菌株的生产性能问题，选取遗传稳定性较好的菌株 4-E2 进行发酵研究。

表 2.5　高产突变菌株的遗产稳定性实验

突变体	第五代			第十代		
	细胞干重/（g/L）	α-酮戊二酸/（g/L）	丙酮酸/（g/L）	细胞干重/（g/L）	α-酮戊二酸/（g/L）	丙酮酸/（g/L）
4-E2	8.43±0.25	29.30±0.82	1.75±0.18	8.02±0.18	32.18±0.61	1.05±0.46
4-G12	8.35±0.37	23.66±0.55	1.39±0.14	8.12±0.24	22.41±0.37	0.94±0.38

6）发酵罐验证

将高产突变菌株 4-E2 和野生菌株活化后，在相同培养条件下，在 3L 发酵罐中将突变菌 4-E2 和野生菌株分别培养 180 h，结果如图 2.15 所示。突变株和野生菌株的生长速率相似，但有机酸生产和甘油消耗速率存在差异。发酵 180 h 时，突变菌株 α-酮戊二酸的产量相对于野生菌提高了 61.1%，而发酵过程中丙酮酸的最高值比野生型减少了 17.7%。更重要的是，突变菌完全消耗完甘油的时间比野生菌提前了 24 h，这能为后续补料发酵和工业化放大提供有利参考。

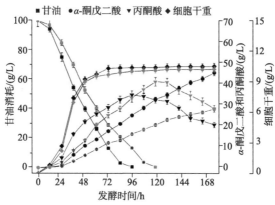

图 2.15　突变菌株 4-E2 与野生菌株的比较

黑色：突变菌株 4-E2；灰色：野生菌株

3. α-酮戊二酸梯度突变菌株的比较基因组学分析

为了分析 α-酮戊二酸的合成与调控机制，对比了诱变过程中获得的 5 株高产突变菌株和 2 株低产突变菌株，将出发菌株与诱变得到的具有遗传稳定性的梯度高产菌株 1-C6、2-G4、3-C3、4-E2 及低产突变菌株 B7 进行比较基因组学分析（图 2.16）。首先，将各菌株进行基因测序，然后应用 CLC Genomics Workbench v6.5.1 软件中的 Trim Reads 工具，去除菌株测序中低质量数据，得到高质量的 reads，以模式菌株 *Y. lipolytica* CBLI122 的基因组为模板，将处理后的 reads 做 reference 拼接。对各梯度产量突变菌株和野生菌株拼接后的基因组分别两两比较，找出相互间存在的差异。挑选位于编码区中的差异，并检测确定每个位点的差异是否为错义突变。分析每个突变位点所引起的氨基酸序列的突变以及突变位点所在的功能基因。在 KEGG 数据库进行查找比对，找出各个突变菌株中与 α-酮戊二酸代谢途径相关的变异基因。运用 NCBI 数据库和 KEGG 数据库检索与 α-酮戊二酸代谢途径相关的各突变位点所在的功能基因，整理得到各功能基因的代号、所翻译的功能酶和功能蛋白质，以及各功能基因在 α-酮戊二酸代谢途径中的作用。

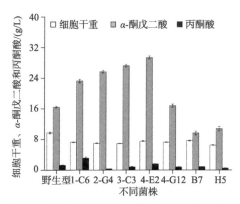

图 2.16　梯度突变菌株与野生菌株的发酵特性

结果如图 2.17 所示，各基因在 α-酮戊二酸代谢过程中的作用，所有突变菌株发生突变的基因可以分为 4 类：①与细胞生长和死亡相关；②与酮酸和氨基酸之间的相互转化相关；③与线粒体合成相关；④与细胞内能量代谢途径相关。基因 *YALI0A14707g* 调控细胞生长，所有突变菌株中都有突变；低产突变菌株 B7 中，控制酮酸和氨基酸相互转化的基因 *YALI0E06457g* 和 *YALI0E09493g* 发生了突变；调控细胞内线粒体合成的基因中，基因 *YALI0B02992g* 在所有高产突变菌株中均有突变，基因 *YALI0E23045g* 和 *YALI0E24343g* 在高产突变菌株 3-C3 和 4-E2 中被检测到；在菌株 3-C3 和 4-E2 中，基因 *YALI0D07216g*、*YALI0E28153g*、*YALI0F08613g*、*YALI0F14047g* 和 *YALI0F31119g* 等与细胞能量代谢的基因发生了突变。为进一步

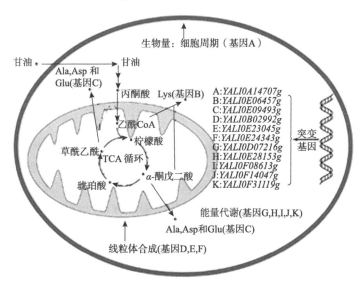

图 2.17　突变功能基因在 α-酮戊二酸合成过程中的作用

验证突变功能基因表达量的变化，以野生菌株为对照，提取细胞内总 RNA 进行了反转录 PCR（RT-PCR）分析。如图 2.18 所示，所有突变菌株中，*YALI0E24343g* 有大幅度提高，*YALI0A14707g* 有少量提高；低产菌株中调控酮酸与氨基酸转化的基因 *YALI0E06457g* 和 *YALI0E09493g* 分别提高了 31.36 倍和 12.61 倍；另外，高产突变菌株 4-E2 中有少量基因存在下调现象。

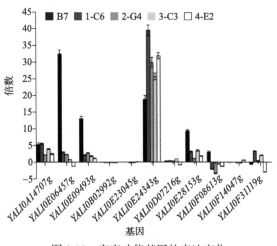

图 2.18　突变功能基因的表达变化

2.4.3　应用实例 2：定向进化酪氨酸酚裂解酶强化全细胞催化合成左旋多巴

　　L-DOPA 是目前临床治疗帕金森综合征的主要药物，在医药健康和美容保健等许多领域也有着极高的应用价值。帕金森病（Parkinson's disease）是中老年人常见的神经退行性疾病，发病机理为中脑黑质致密区多巴胺能神经元严重缺失和纹状体多巴胺神经递质减少，使患者出现静止性震颤、动作迟缓或减少、肌张力增高、姿势不稳定等一系列症状。帕金森综合征是世界第二大神经性疾病，仅次于阿尔茨海默病，全球发病率为 0.4%，在我国发病率高达 2%，占全球患者总数的 50%以上。随着我国人口老龄化的加剧以及社会压力的增加，研究表明在 2030 年中国帕金森病患者的数目或将达到 500 万。目前，国内的 L-DOPA 药物主要依靠进口。鉴于 L-DOPA 在医药健康领域有着广泛的应用，其合成方法很早就被研究人员所关注。目前，L-DOPA 的合成方法主要有植物提取法、化学合成法和微生物酶法。植物提取法由于受到原材料来源的限制，应用较少。以香草醛和乙内酰脲为原料，经 8 步反应制得 L-DOPA 的化学合成法已经商业化，但由于合成过程繁杂且需要大量的金属催化剂，存在成本高、污染严重等问题。微生物酶法作为一种简便、高效、环境友好的新型合成方法受到了越来越多研究者的关注。

微生物酶法合成的主要催化剂有酪氨酸酶（tyrosinase，EC1.14.18.1）、转氨酶和 TPL。酪氨酸酶以酪氨酸为底物催化合成 L-DOPA，它同时具有单酚氧化酶活性和双酚氧化酶活性。因此，在酪氨酸酶催化合成 L-DOPA 的过程中通常需要额外加入还原剂防止 L-DOPA 被进一步氧化，常用的还原剂如 NADH、羟胺和维生素 C 等。转氨酶以 L-谷氨酸或者 L-天冬氨酸为底物催化合成 L-DOPA。然而转氨酶法催化合成 L-DOPA 的过程中，有些前体为有毒物质，且转化过程操作复杂，后续相关报道较少。TPL 是一种依赖于磷酸吡哆醛（PLP）的多功能酶，在生物体内可以催化 L-酪氨酸的 α,β 消去反应，生成丙酮酸、苯酚和氨，值得注意的是，该反应是一个可逆反应。若以邻苯二酚代替苯酚，便可在 TPL 催化下将邻苯二酚、丙酮酸和氨转化合成 L-DOPA。但由于底物邻苯二酚对 TPL 酶活有抑制作用，TPL 在催化过程中易失活，因此筛选高活性的酶是提高 L-DOPA 产量的关键。

1. 高通量筛选方法的构建

研究表明，在强碱性条件下丙酮可与水杨醛（salicylide）反应生成显色化学物质。基于这一原理，可构建用于筛选高活性 TPL 的高通量筛选方法。为了提高筛选模型的灵敏度和准确性，在 96 孔板中对不同浓度的丙酮酸钠（pyruvate，$0\sim100$ mmol/L）与水杨醛（0.5%，V/V）的体积比进行了优化，混合体系的总体积为 200 μL。结果表明，当水杨醛与丙酮酸钠的体积比为 9：1 时，$OD_{465\ nm}$ 与丙酮酸钠的浓度呈较好的线性关系，其线性方程为 $Y=0.00482X+0.10636$，$R^2=0.99968$（图 2.19）。

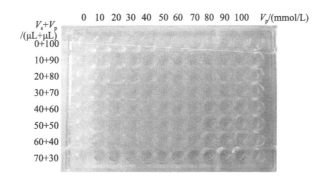

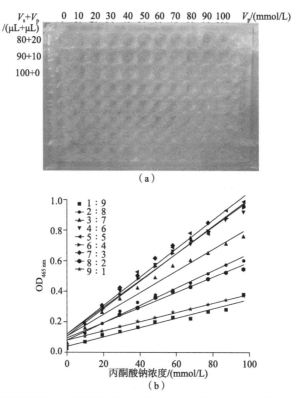

图 2.19 不同丙酮酸钠与水杨醛体积比的优化显色结果（a）以及体积比的优化（b）

2. 高酶活 TPL 的筛选及酶学性质分析

1）易错 PCR 条件的优化

易错 PCR 的原理是在目的基因扩增时，通过调整常规反应条件，使碱基配对时发生随机错配，从而向目的基因中随机地引入突变。通常利用的方法有提高 Mg^{2+} 浓度、加入 Mn^{2+}、使用低保真酶和改变体系中四种 dNTP 比例等。易错 PCR 的关键在于找到合适的突变率，本节筛选高酶活 TPL 所用易错 PCR 是通过调节 Mg^{2+} 和 Mn^{2+} 浓度来控制突变率的。首先对 Mg^{2+} 浓度进行了优化，如图 2.20（a）所示，发现随着 Mg^{2+} 浓度的提高，电泳条带逐渐变暗，考虑可能原因是过多的 Mg^{2+} 与反应体系中的 dNTP 结合从而降低了体系中 dNTP 的浓度，抑制了特异性扩增。当 Mg^{2+} 添加量为 2 mmol/L 和 4 mmol/L 时，目的片段条带较亮，因此选用在这两种条件基础上对 Mn^{2+} 浓度进一步进行优化。

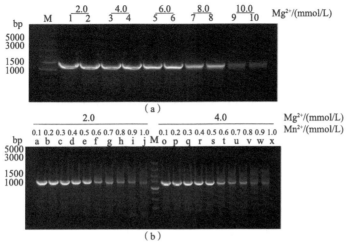

图 2.20　不同 Mg^{2+} 和 Mn^{2+} 浓度组合 PCR 产物电泳图

（a）Mg^{2+}浓度优化；（b）Mg^{2+}和 Mn^{2+}浓度组合优化

Mn^{2+}可提高 DNA 聚合酶的突变效率，分别在优化后的 Mg^{2+}浓度（2 mmol/L 和 4 mmol/L）条件下，将 Mn^{2+}浓度设置为 0.1～1 mmol/L，进行易错 PCR。电泳结果如图 2.20 所示，发现在不同 Mg^{2+}浓度条件下，Mn^{2+}在 0.1～0.5 mmol/L 时电泳条带比较明亮，而超过 0.5 mmol/L 之后条件明显变暗，因此选取 Mg^{2+}浓度（2 mmol/L 和 4 mmol/L）和 Mn^{2+}浓度（0.1 mmol/L、0.2 mmol/L、0.3 mmol/L、0.4 mmol/L 和 0.5 mmol/L）共 10 组组合进行突变文库的构建，从每组突变文库中随机选取 8 个转化子进行基因测序，计算突变率，结果见表 2.6。*Eh* -TPL 基因序列长度为 1377 bp，我们希望碱基突变数在 6～7 个，即突变率在 0.5% 左右，这

表 2.6　不同浓度 Mg^{2+} 和 Mn^{2+}组合的 PCR 突变率

Mg^{2+}和 Mn^{2+}浓度组合	突变率/%
Mg^{2+}2 mmol/L、Mn^{2+}0.1 mmol/L	0.13
Mg^{2+}2 mmol/L、Mn^{2+}0.2 mmol/L	0.18
Mg^{2+}2 mmol/L、Mn^{2+}0.3 mmol/L	0.24
Mg^{2+}2 mmol/L、Mn^{2+}0.4 mmol/L	0.37
Mg^{2+}2 mmol/L、Mn^{2+}0.5 mmol/L	0.41
Mg^{2+}4 mmol/L、Mn^{2+}0.1 mmol/L	0.26
Mg^{2+}4 mmol/L、Mn^{2+}0.2 mmol/L	0.52
Mg^{2+}4 mmol/L、Mn^{2+}0.3 mmol/L	0.78
Mg^{2+}4 mmol/L、Mn^{2+}0.4 mmol/L	0.93
Mg^{2+}4 mmol/L、Mn^{2+}0.5 mmol/L	1.05

也是许多研究结果中显示的较为合适的突变率。因此，当 Mg^{2+} 浓度为 4 mmol/L，Mn^{2+} 浓度为 0.2 mmol/L 时，突变率为 0.52%，符合我们预期的要求。

2）TPL 基因突变体库的构建与筛选

以重组质粒 PET28a-*Eh*TPL 为模板（*Eh*-TPL 指来源于欧文氏菌 *Erwinia herbicola* 的 TPL），以 TPL-F/TPL-R 为引物进行易错 PCR，在体系中添加 4 mmol/L 的 Mg^{2+} 和 0.2 mmol/L 的 Mn^{2+}，扩增得到长度为 1377 bp 的突变 TPL 基因。将易错 PCR 产物进行柱回收，用限制性内切酶 BamHI 和 HindⅢ分别对 PET28a+载体和纯化后的 PCR 产物进行酶切、电泳、回收纯化，以及连接和转化大肠杆菌 BL21（DE3）构建突变体库。

易错 PCR 产物涂布平板后，用 QPix420 微生物筛选系统挑取突变体库的转化子接种于装有 200 μL LB 液体培养基的 96 浅孔板中，置于孔板摇床中 37℃、750 r/min 振荡培养 8～10 h 作为种子液。将种子液转接于装有 600 μL 的 TB 培养基中，37℃、220 r/min 培养 2 h 后降温至 25℃。加入异丙基硫代-*β*-D-半乳糖苷（IPTG）诱导 10 h，将深孔板 4000 r/min 离心 10min，收集菌体，加入反应液使菌体重悬。将孔板置于孔板摇床中 15℃、220 r/min 反应 4 h 后再离心，取上清液并稀释，通过采用水杨醛法检测反应液中丙酮酸的剩余量来表征 TPL 酶活。经过两轮易错 PCR，文库容量达 $3×10^4$。将初步鉴定酶活提高的突变菌株在摇瓶上进行摇瓶复筛，高效液相色谱法检测 L-DOPA 产量，最终获得了一株正向突变菌株 3-2F9，相较于对照菌株，全细胞催化反应后，L-DOPA 合成能力提高了 36.5%（图 2.21）。

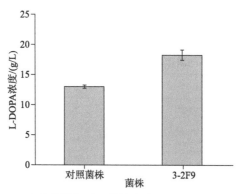

图 2.21　突变菌株与对照菌株合成 L-DOPA 能力的比较

3）突变酶的最适温度/pH 和温度/pH 稳定性分析

将突变菌株 3-2F9 与原始菌株进行诱导培养，收集菌体，利用高压均质仪破碎细胞，离心获得粗酶液，再进行镍柱纯化，将得到的纯酶液进行脱盐、浓缩，最后通过十二烷基硫酸钠-聚丙烯酰胺凝胶电泳（SDS-PAGE）验证。如图 2.22 所示，在 49 kDa 左右有单一、明亮的电泳条带，这与 TPL 蛋白的大小 52 kDa 相一致，说明了突变后的 TPL 成功表达，经纯化后，得到了较高纯度的 TPL 蛋白。

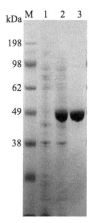

图 2.22　表达和纯化后的突变 TPL 的 SDS-PAGE 分析

M：蛋白 marker；1：*E. coli* BL21（DE3）/pET28a；2：粗酶液；3：纯酶

　　接着，对突变酶和野生酶的最适反应温度和温度稳定性进行了测定，温度范围设置为 10～50℃。发现 3-2F9 突变酶最适反应温度为 30℃，与野生酶的最适反应温度 35℃较为接近，但突变酶在 20～35℃温度范围内都具有较高的催化活性，温度高于 35℃时，酶活明显下降，而野生酶酶活在低于或高于 35℃时都明显降低，这说明相比于野生酶，突变酶明显扩展了其酶活有效的温度范围[图 2.23(a)]。另外，又考察了两种酶在不同温度下的稳定性，将两种酶在不同温度下（10～50℃）放置 12 h，以各自没有进行处理的酶活性作为对照。发现野生酶在 10℃和 15℃条件下仍保持 50%以上的残余活力，当温度高于 15℃时，剩余酶活迅速下降，仅剩 30%左右，在 50℃处理条件下，检测不到酶活；突变酶在 10℃放置 12 h 后，仍存在 66%的剩余酶活，在 10～25℃范围内，剩余酶活均在 50%以上，但在 25℃以上时，酶的活性迅速下降，由此可知，突变酶的热稳定性有了一定程度的提高[图 2.23（b）]。通过检测突变酶和野生酶的最适 pH 和 pH 稳定性，发现野生酶的最适 pH 为 8.5，在 pH 高于 8.5 时，酶活显著下降；而突变酶的最适反应 pH 为 9.0，且在 pH 8.5～10 之间突变酶的残余酶活都在 80%以上，两种酶在 pH 低于 6.0 时都检测不到酶活，说明在弱酸性和酸性条件下极其不稳定；通过检测两种酶的 pH 稳定性发现，野生酶在 pH 8.0～9.0 之间，残余酶活在 70%以上，较为稳定；而突变酶在 pH 为 8.5～10 之间较为稳定，由此可以看出突变酶的耐碱性相较于野生酶有所提高。

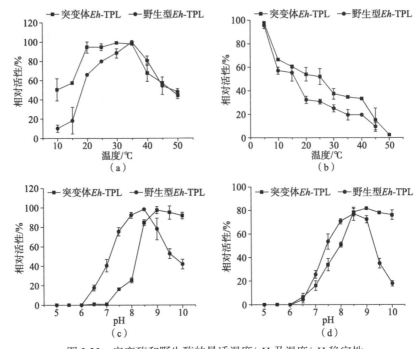

图 2.23　突变酶和野生酶的最适温度/pH 及温度/pH 稳定性

（a）突变酶和野生酶的最适温度；（b）突变酶和野生酶的温度稳定性；
（c）突变酶和野生酶的最适 pH；（d）突变酶和野生酶的 pH 稳定性

4）突变酶的动力学参数测定及突变位点分析

以 1～10 mmol/L 的丙酮酸钠为底物，求得突变 TPL 和野生型 TPL 的米氏常数（K_M）和反应速率（v_{max}）。如表 2.7 所示，突变 TPL 的 v_{max} 为 42.6 μmol/（mg·min），比野生型 TPL 提高了 19.3%；且 K_M 值相较于野生型有所降低。这说明突变型 TPL 对底物的亲和力得到了提高，加快了酶促反应速率。

表 2.7　野生型 TPL 和突变型 TPL 的动力学参数

TPL	K_M/（mmol/L）	v_{max}/[μmol/（mg·min）]
野生型 TPL	2.8±0.2	35.7±0.5
3-2F9 TPL	1.7±0.3	42.6±0.3

氨基酸序列分析表明，突变体 3-2F9 中的 TPL 突变酶发生了 2 个氨基酸的突变（S20C，N161S）。基于 SWISS-MODEL 数据在线模拟突变型 TPL 的三维结构，与野生型 TPL 的结构进行比对分析。突变型 TPL 的第 20 位氨基酸由丝氨酸突变成了半胱氨酸，在 N 端增加了一个二硫键。二硫键数目越多，蛋白质分子对抗外界因素影响的稳定性越大。161 位的天冬氨酸突变为丝氨酸，突变后的氨基酸残

基与 164 位的丙氨酸形成了新的氢键,增加的作用力可增加蛋白质分子的稳定性,
有可能是 TPL 突变后催化稳定性和热稳定性提高的原因 (图 2.24)。

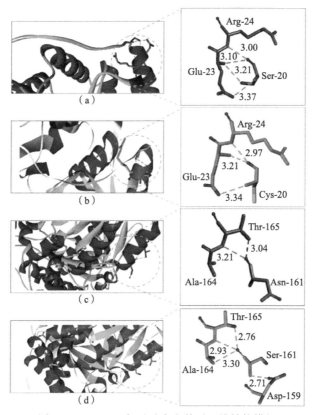

图 2.24　*Eh*-TPL 氨基酸突变前后三维结构模拟

(a)野生型 *Eh*-TPL Ser-20;(b)突变型 *Eh*-TPL Cys-20;(c)野生型 *Eh*-TPL Asn-161;(d)突变型 *Eh*-TPL Ser-161

3. 发酵生产 TPL 及催化合成 L-DOPA 的过程优化

1)重组 *E. coli* BL21 产酶条件优化

诱导温度对外源蛋白的表达有着重要的影响,当诱导温度较高时,蛋白质
的合成速率过高,在细胞内容易形成包涵体;诱导温度过低不利于菌体的生长,
降低产酶的速率。IPTG 是一种常用的作用稳定且诱导能力强的诱导剂,但是高
浓度的 IPTG 容易对菌体生长造成抑制作用,适宜的诱导剂浓度对外源蛋白的表
达至关重要。另外,接种量和诱导时间也是影响大肠杆菌酶表达的关键因素。
在摇瓶上对重组菌的生长以及 TPL 的表达做了较全面的优化,L-DOPA 浓度达
到 21.5 g/L,酶活达到 0.98 U/mL。为了解重组大肠杆菌在发酵罐中的生长特性,
在发酵罐中进行了放大培养。如图 2.25 所示,0~2 h 菌体生长缓慢,甘油消耗

慢；3~8 h 菌体浓度迅速增加，甘油消耗速率加快，溶氧降至最低；4 h 时降温并诱导，溶氧回升，随着发酵液中甘油浓度的降低，溶氧持续升高；8~12 h 碳源基本耗尽，菌体生长缓慢，12 h 菌体量达到最高值；12 h 后细胞开始裂解。12 h 时最高菌体 OD_{600} 达到 31.2，TPL 酶活为 0.9 U/mL，全细胞反应后 L-DOPA 产量达 18.3 g/L。

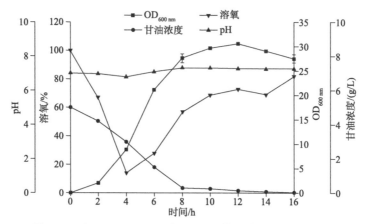

图 2.25　重组 *E. coli* BL21 在 5L 发酵罐中分批发酵过程曲线

2）全细胞催化合成 L-DOPA 条件的优化

前期研究表明 TPL 的最适反应温度为 30℃，但随着温度的升高，酶的稳定性变差。因此，合适的反应温度对全细胞催化合成 L-DOPA 具有重要的影响。对比发现催化过程中最佳温度为 15℃。另外，研究表明，在 L-DOPA 合成的过程中，过高的邻苯二酚浓度会抑制酶活，从而影响 L-DOPA 的合成效率。研究发现，邻苯二酚超过 16 g/L 时，L-DOPA 产量和转化率都明显下降。因此，补料发酵可能更有利于酶活的维持和 L-DOPA 的生产。

首先，在摇瓶水平上优化了不同的补料方式，发现间歇性补料效果最佳。并基于此，在发酵罐上继续探究了不同的底物流加速度对 L-DOPA 积累的影响。最终，建立了一种分阶段流加底物邻苯二酚的补料模式（图 2.26），即 0~2 h，流加速度为 10 g/(L·h)，2~4 h 流加速度为 7 g/(L·h)，4~5 h 流加速度降为 4 g/(L·h)，过程中起始浓度和丙酮酸钠流加速度保持不变。结果表明，在此条件下，TPL 酶活被充分利用，整个催化过程反应体系中残留的邻苯二酚始终维持在较低浓度，反应 6 h 后 L-DOPA 浓度达到 69.1 g/L，转化率达 85.74%。

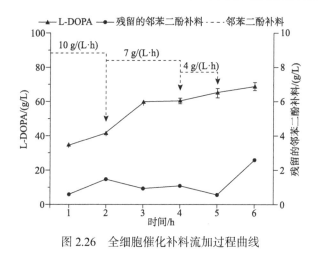

图 2.26 全细胞催化补料流加过程曲线

2.5 基于流式分选和多孔板筛选的高通量筛选技术及应用实例

2.5.1 基于流式分选和多孔板筛选的高通量筛选系统流程的构建

流式细胞术（flow cytometry，FCM）是一种能够快速分析单细胞的多参数并可将目标群体进行多种方式快速分选的技术。流式细胞仪的液流系统聚焦携带的荧光染色剂或荧光素的细胞或微粒，通过光学系统激发激光，收集各种光信号如散射光、特异性荧光、自发荧光。电子系统将由此产生的各种光信号转化为电信号，来反映细胞或微粒各项待检测指标。流式细胞仪通过对目标细胞上的荧光信号进行识别而实现对细胞的定量。使用流式细胞术，能够获取有关细胞的众多信息，如细胞密度、相对细胞大小、胞内 DNA 含量、相对荧光强度以及靶细胞上的荧光信号并加以定量等。基于流式分选和多孔板筛选的高通量筛选系统一般包括突变菌种库的构建、流式分选预筛、多孔板初筛、摇瓶复筛及发酵罐验证等，具体流程如图 2.27 所示。

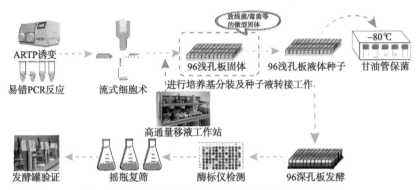

图 2.27　基于流式分选和多孔板的高通量筛选流程

（1）流式分选预筛：通过荧光染料或化学反应进行荧光标记，使用流式细胞仪检测细胞信息，第一步是要建立对照实验，目的是除去细胞背景荧光信号。没有标记任何荧光素的样品为阴性对照，代表细胞背景荧光信号。通过阴性对照调节基本电压，设门圈出孢子区域，设定未染色条件下阴性与阳性群体界限。一般以 10^1 荧光强度为荧光界限，小于 10^1 荧光强度定义为无荧光。取染色处理或荧光标记后的孢子或细胞悬浮液，上流式细胞仪（MoFlo XDP）分析。根据不同染料或荧光标记物的特性，选用不同的激发光和检测光，并使用 Summit 5.4 软件分析得到不同特性孢子或细胞菌群区域，设置分选门与分选逻辑，使用 single 模式分选单个目标孢子或细胞至多孔板培养基中培养。

（2）多孔板初筛：分选放线菌或霉菌时，96 孔板中装有固体培养基 50 μL，分选后的单个孢子在 96 孔板中培养至单孢子成熟。分选其他微生物时直接将单个细胞分选至 96 孔板液体培养基中，用移液工作站向长有孢子或细胞的 96 孔板中加入培养基 150 μL，在多孔板摇床上培养至菌丝苗壮。

（3）摇瓶复筛：整个过程中以出发菌株作为对照，根据与对照菌株酶标仪测得的 OD 值的比较，选择诱变效果明显的诱变菌株进行摇瓶复筛实验。将 96 孔板中对应产量较高的剩余种子液全部吸取涂布于平板上。活化培养后的出发菌和初筛得到的效果明显的诱变菌株进行摇瓶培养。

（4）发酵罐验证：将多轮诱变或分子改造后积累目标产物明显提高的突变菌株，在发酵罐水平上验证产量或效价的提高，整个过程中出发菌株作为对照。

著者所在团队建立的基于多孔板高通量筛选系统已成功应用于筛选不同化合物生产的工业微生物菌株，包括随机诱变筛选高产抗生素的株菌（产阿维菌素的阿维链霉菌、产金霉素的金色链霉菌、产泰乐菌素的泰乐链霉菌、产那西肽的活跃链霉菌以及产杆菌肽的地衣芽孢杆菌）（Cao et al., 2018）、随机诱变筛选高产红曲红色素的紫红曲霉、随机诱变筛选高产吡咯喹啉醌（PQQ）的扭脱甲基杆菌（李红月等，2018）、基于梯度强度启动子-5′-UTR 及定向进化强化大肠杆菌合成柚皮

素（Zhou et al., 2017）以及基于适应性进化筛选低产尿素的酿酒酵母（程艳等, 2017;
Zhang et al., 2018）等。

本节主要以随机诱变筛选高产阿维菌素的阿维链霉菌、随机诱变筛选高产红
曲红色素的紫红曲霉和基于梯度强度启动子-5'-UTR 及定向进化强化大肠杆菌合
成柚皮素的高通量筛选过程为例进行详细介绍。

2.5.2 应用实例1：高产阿维菌素的阿维链霉菌的筛选

阿维菌素是由阿维链霉菌发酵得到的一种广谱、低毒、高效内酯类抗生素。
阿维菌素主要由八个组分构成，包括 A1a、A2a、A1b、A2b、B1a、B2a、B1b 和
B2b，其中 B1a 组分抗虫能力最强。作为一种生物农药，阿维菌素对众多危害农
作物的害虫具有良好的防治效果。相对于化学农药，阿维菌素具有许多优点，如
低剂量、使用时间长、易分解且对环境污染小。阿维菌素的生物合成途径可分为
四个步骤：①异丁酰 CoA（阿维菌素 b 组分来源）和 2-甲基丁酰 CoA（阿维菌素
a 组分来源）构成合成起始单元；②五个甲基丙二酰 CoA 单元和七个丙二酰 CoA
单元在聚酮合酶（PKSs）作用下向起始单元聚集以形成初始糖苷配基；③聚酮化
合物后期修饰；④糖基化构成最终的阿维菌素。目前，提高阿维链霉菌生产阿维
菌素的主要研究方法分成两类：一类是从分子遗传水平设计和代谢调控优化来强
化阿维菌素的生产；另一类是在不需要知道遗传背景或代谢途径的基础上进行诱
变育种和发酵过程的优化控制，来提高阿维菌素的产量。

关于阿维链霉菌的理性选育，研究者们也做了很多的研究。TetR 家族转录调
控因子在阿维链霉菌众多转录调控因子中含量最高，对阿维菌素合成与代谢通路
起着重要调控作用。因此，从 TetR 家族转录调控因子方面着手，通过基因改造等
方法提高了阿维菌素的生产。另外，敲除阿维链霉菌中某些副产物生成的基因或
提高阿维菌素转运蛋白的表达提高了阿维菌素产量。此外，随机诱变和发酵优化
提高阿维菌素产量的方法也是一种可行的途径。研究报道，不同类型的诱变如常
压室温等离子体、紫外等物理诱变以及溴化乙锭（EB）、甲基磺酸乙酯（EMS）
等化学诱变都已用于阿维链霉菌育种。但由于筛选通量的限制，通过代谢工程改
造和随机诱变等方法都未使实验产量显著提高。因此，需要建立通量大且快速筛
选的方法来获得更好的正突变菌株。

1. 高通量筛选方法的构建

1）基于流式细胞术的预筛条件的优化

荧光素二乙酸酯（FDA）是一种常用的荧光染色剂，可以进入活性细胞的细
胞膜。细胞通过酯酶催化积累荧光素，在蓝色激发光下发出绿色荧光，而死细胞
细胞膜不完整，荧光物质进入细胞也不能积累，无绿色荧光，因此 FDA 可作为检

测活细胞的一种染料。荧光染料碘化丙啶（PI）可将细胞核染色。由于 PI 不能透过活细胞完整的细胞膜，能够穿越凋亡细胞或死细胞细胞膜与细胞核结合，因此有活性的阿维链霉菌孢子未能被 PI 染色。

通过测定流式细胞仪（MoFlo XDP）上 FSC、SSC、Gain 值以及电压的设定，将背景噪声信号确定在合适范围内，将处理好的对照样品上流式细胞仪检测分析。FSC-Log Height、SSC-Log Height 分别用来检测孢子的前向散射光和侧向散射光，两种散射光能够反映孢子的大小和密度。如图 2.28（a）所示，首先通过 FSC-Log Height、SSC-Log Height 坐标确定孢子区域，设门 R1 圈出孢子集中区域。FITC-Log Height 通道检测 FDA 染色活性孢子发出的荧光，RPE-TR-Log Height 通道检测 PI 染色无活性孢子发出的荧光。图 2.28（b）显示，将未染色的孢子荧光信号设置在 R4 双阴性对照区。图 2.28（c）显示，用 PI 染料分别对无活性的孢子单染，无活性孢子集中在第二象限 PI 单阳区 R2。图 2.28（d）显示，用 FDA 染料分别对活性和无活性的孢子单染，活性孢子集中在第四象限 FDA 单阳区 R5。

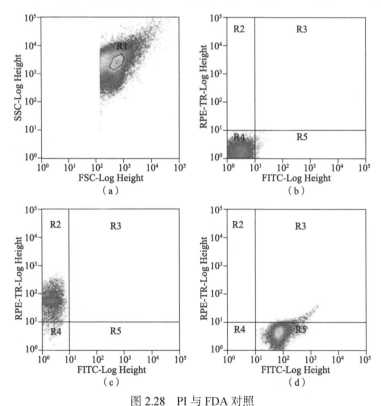

图 2.28　PI 与 FDA 对照

（a）设门 R1 圈出阿维链霉菌孢子区域；（b）背景无荧光信号；

（c）PI 单染无活性孢子；　（d）FDA 单染活性孢子和无活性孢子

为确保孢子在保持相对较高活力的条件下获得最大荧光值，对四种不同的孢子悬液进行考察，分别是：去离子水（DDW）、磷酸盐缓冲液（PBS）、PBS（pH 7.37）/ 0.5 mol/L NaCl 和 0.9% NaCl。对染色剂 PI 和 FDA 的浓度及染色时间进行优化，确定最佳染色条件。孢子集中区域的信号占流式细胞仪检测得到所有信号的 15%以上。利用四种溶液作为孢子悬液，流式细胞仪检测得到孢子的比例相差不大。使用 PBS 能够检测到更高比例的孢子，减少孢子噪声，更好地维持孢子悬液的渗透压，为诱变后的孢子提供更好的溶液条件（表 2.8）。

表 2.8 流式分析中不同溶液对背景噪声的影响

溶液	区域	计数	占比/%
DDW	总数	45505	100.00
	R1	7908	17.38
PBS	总数	39355	100.00
	R1	7658	19.46
PBS/0.5 mol/L NaCl	总数	34842	100.00
	R1	6081	17.45
0.9% NaCl	总数	38504	100.00
	R1	6118	15.98

另外，丙酮和二甲基亚砜（DMSO）可作为染料染色细胞的固定剂，使用固定剂能够将细胞更好地染色，提高细胞在流式细胞仪上分析的准确性。但是两种固定剂都会对细胞造成伤害，降低流式细胞仪上细胞的回收率，不利于后续细胞的培养。合适的细胞悬浮液和染色条件能够保持较高的孢子存活率，减少非特异性染色。优化阶段结果显示了 PBS 能够保持孢子良好的渗透压，产生较少的生物噪声。

继续对 PI 和 FDA 染色剂的浓度、染色时间进行优化，确定孢子染色最佳条件。考察 PI 浓度 1~10 μg/mL 时，染色效果变化。当 PI 浓度为 1~7 μg/mL 时，检测得到无活性孢子的比例随着 PI 浓度增加而增高。当 PI 浓度为 7 μg/mL 时，检测得到无活性孢子的比例最高，可达 98.39%左右。PI 浓度继续增大，检测得到无活性孢子比例略有下降。整体 PI 浓度对检测得到无活性孢子比例的影响相差不大，比例都在 96%以上[图 2.29（a）]。对 7 μg/mL 下 PI 染色时间进行优化，在 30 min 内，随着染色时间的增加，PI 染色更完全。7 μg/mL 下 PI 染色 30 min，检测得到的孢子比例达到最高，为 97.2%。随着 PI 染色时间进一步增加，染色效果反而下降[图 2.29（b）]。考察 FDA 浓度 15~100 μg/mL 时，染色效果变化。当 FDA 浓度为 15 μg/mL 时，检测得到活性孢子的比例最高，可达 97.3%左右[图 2.29

（c）]。对 15 μg/mL 下 FDA 染色时间进行优化，当 FDA 染色 20 min 时，检测得到的活性孢子的比例可达 98.65%。由于 FDA 在活性孢子内的流动性，FDA 染色剂浓度和染色时间与检测得到的活性孢子与无活性孢子的比例无明显线性关系[图 2.29（c）和（d）]。综合分析，选择 7 μg/mL PI 与 15 μg/mL FDA 4℃ 避光染色 30 min 作为最佳染色条件。

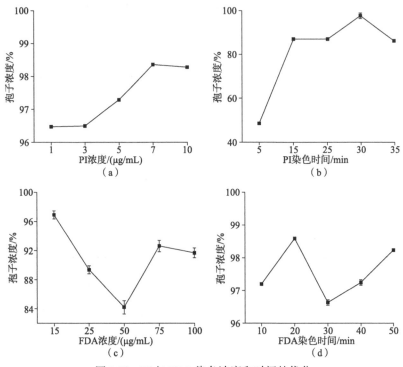

图 2.29　PI 与 FDA 染色浓度和时间的优化
（a）PI 浓度与染色效果；（b）PI 染色时间与染色效果；
（c）FDA 浓度与染色效果；（d）FDA 染色时间与染色效果

　　为了确保绝大部分孢子能够被检测出，需要保证无活性孢子和活性孢子能够被更好地区分，基于染色法的流式细胞术必须满足一定的准确性。将无活性孢子和活性孢子按不同比例混合，利用优化后的染色条件对样品进行染色。考察用流式细胞仪检测得到活性孢子和无活性孢子的比例与真实活性孢子和无活性孢子的比例的一致性。若一致，则该方法具有一定的准确性。从双对数坐标上，我们可以看到不同的荧光比例。随着死孢子数量的增加，R3 区域的荧光比例增加。荧光的数目与活性孢子和无活性的比例是一致的。当 80%活性孢子双染料染色时，79.63%荧光在 R5 区域；当 60%活性孢子双染料染色时，60.19%荧光在 R5 区域；当 40%活性孢子双染料染色时，39.63%荧光在 R5 区域；当 20%活性孢子双染料染色时，20.67%荧光在 R5 区域（图 2.30）。用 PI 和 FDA 染色法流式细胞术测得的无活性孢子和活性孢子的比例与真实的比例具有一致性。因此，证实了应用染色法鉴别活性孢子和无活性孢子是可行的和准确的。

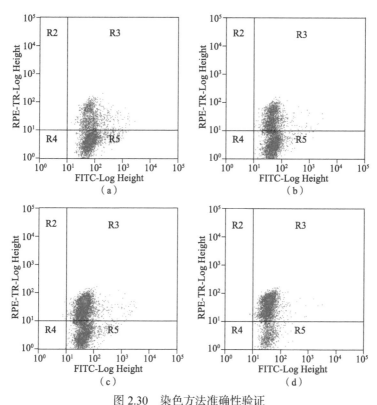

图 2.30　染色方法准确性验证

（a）80%活性孢子与 20%无活性孢子混合双染；（b）60%活性孢子与 40%无活性孢子混合双染；
（c）40%活性孢子与 60%无活性孢子混合双染；（d）20%活性孢子与 80%无活性孢子混合双染

2）多孔板中高通量筛选方法的建立

用无水甲醇配置成一定浓度梯度的阿维菌素标准品，并将阿维链霉菌培养基配置成溶液，利用乙醇超声浸提，离心取上清液。使用酶标仪分别对标准品和培养基进行光谱扫描。如图 2.31 所示，阿维菌素标准品在 245 nm 处有吸收峰，且培养基无干扰；在 245 nm 下检测阿维菌素标准品 OD 值，发现阿维菌素标准品浓度与 $OD_{245 nm}$ 有较好的线性相关，线性关系为 $Y=0.016X+0.6009$（$R^2=0.9921$）。随机吸取 48 孔板中培养的阿维链霉菌发酵液上清提取液进行液相分析，将液相测得的阿维菌素孔板产量与酶标板测得的 OD 值相比较，得到两者之间有较好的相关性，线性关系为 $Y=658.13X-337.74$（$R^2=0.9640$）。因此，应用酶标仪直接检测阿维菌素浓度的方法作为初筛方法具有可行性和准确性。

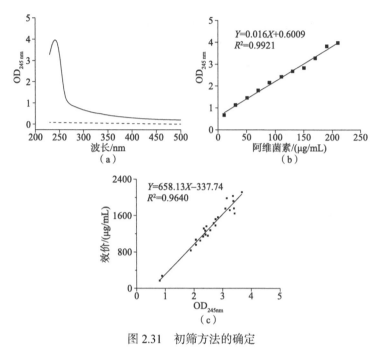

图 2.31　初筛方法的确定

（a）波长扫描；（b）标准曲线；（c）酶标仪检测与高效液相色谱检测的相关性，横坐标表示用酶标仪测定的阿维菌素产量，纵坐标表示同样的样品用液相检测得到的产量，散点拟合的线性关系表示酶标仪检测与高效液相色谱检测的相关性

2. 高产菌株的筛选

1）诱变处理

为获得更多的突变子库，选取了不同的诱变处理方法。在不同批次诱变过程中，分别对斜面上培养成熟的阿维链霉菌孢子进行 ARTP 诱变、EMS 诱变和 NTG 诱变处理。对诱变后每块平板上的菌落形成单位个数进行计数，从而得到每个诱变处理时间对菌株的致死率，如图 2.32 所示。ARTP 诱变：在氦气流量为 10 SLM、入射功率为 100 W 条件下进行诱变处理，处理时间为 30 s 时，菌株已经受到损伤，有 50%的致死率；ARTP 诱变处理时间从 30 s 增加至 40 s，致死率从 50%左右急剧增加到 85%以上；诱变时间从 50 s 增加至 70 s，诱变致死率缓慢增大；当诱变时间达到 80 s 时，ARTP 对菌株的致死率为 100%。先前的研究工作者认为诱变致死率在 80%～90%以上的突变效果较好，因此，处理时间为 40～60 s 内，ARTP 诱变效果可能较好。EMS 诱变：在 10～60 μL/mL EMS 浓度振荡培养 1 h，EMS 浓度为 10 μL/mL 时，对孢子伤害较小，致死率只有 10%左右；EMS 浓度为 40 μL/mL 时，致死率达 70%左右；EMS 浓度达到 50 μL/mL 时，对阿维链霉菌的致死率达到 80%以上；EMS 浓度增大到 60 μL/mL 时，对阿维链霉菌的致死率已

达到 100%。NTG 诱变：在 0.2～1.0 mg/mL NTG 浓度下振荡培养 1 h，当 NTG 浓度为 0.2 mg/mL 时，对菌株的损伤已经较大，致死率达 70%左右；当 NTG 浓度提高到 0.8 mg/mL 时，致死率接近 100%。当 NTG 浓度高达 1.0 mg/mL 时，平板上已无单菌落生长，致死率达 100%。先前的研究工作者认为致死率在 80%～90%以上的突变效果最好。因此选择最佳的诱变处理条件分别为：ARTP 处理时间为 40～60 s，EMS 浓度为 40～50 μL/mL，NTG 诱变浓度为 0.3～0.8 mg/mL。

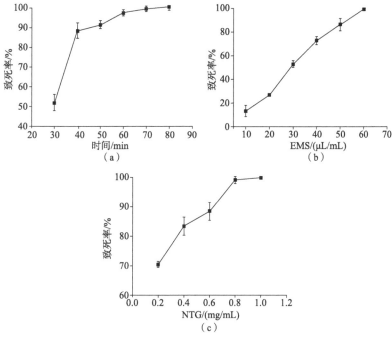

图 2.32　ARTP（a）、EMS（b）和 NTG（c）致死率曲线

2）基于流式细胞仪分选的多孔板培养

分别经上述不同诱变方法处理，取适当稀释后的阿维链霉菌孢子悬液和 15 μg/mL FDA 及 7 μg/mL PI 染色剂混合，避光放置于 4℃冰箱中分别孵育 10 min、20 min、40 min、60 min、80 min 后稀释涂平板，28℃培养 5 d。观察单个孢子形态，孢子形态正常。经过流式细胞仪直接将有活性的单个阿维链霉菌孢子分选至 96 浅孔板中（液体培养基装量 180 μL）。由于阿维链霉菌孢子体积过小，直接在 180 μL 液体培养基中生长缓慢，生长率只有 15%左右。为解决此问题，对培养单孢子的方案进行改进，改进方案为：将染色后的阿维链霉菌孢子分选至装有 50 μL 固体培养基的 96 孔板中，待固体培养基上长出可见孢子之后（3～4 d）（图 2.33），吸取种子培养液 150 μL 于孔板固体培养基上，种子培养液在 750 r/min、28℃的孔板摇床上培养 36 h，显微镜下观察菌丝茁壮。经改进后的培养方案，阿维链霉菌

在孔板固体培养基上生长率达到 70%左右，且种子培养液中阿维链霉菌生长状况
正常。

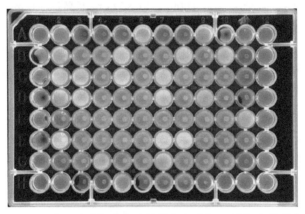

图 2.33　应用流式细胞分选的单个孢子在 96 孔板中的形态

3）高通量初筛及摇瓶复筛

利用构建好的染色方法对诱变后的孢子进行处理，通过流式细胞仪分选出有
活性的孢子置于含有固体培养基的多孔板培养基中培养。在 ARTP、EMS 和 NTG
等诱变后，共获得 5760（96×60）株突变菌株，根据酶标仪检测得到的 OD 值与
阿维菌素产量呈正相关，初筛选择 19 株产量较高的菌株[图 2.34（a）]。为了获
得最佳的突变菌株，从初筛的高产菌株中选择 4 株菌进行摇瓶复筛。与最原始菌
株相比，其中突变体 G9 产量最高，相比最原始对照增加 18.9%[图 2.34（b）]。

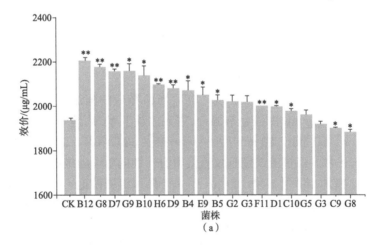

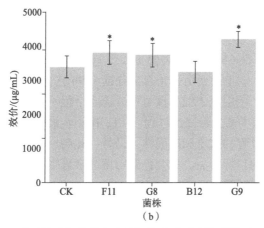

图 2.34　基于流式细胞术方法的初筛（a）和摇瓶复筛（b）结果

*表示存在差异；**表示差异显著

4）15L 发酵罐验证

遗传稳定性实验证实了高产菌株 G9 具有稳定的高产阿维菌素的能力。在 15L 发酵罐中进行进一步的发酵实验验证。G9 菌株在发酵罐中发酵 281 h，葡萄糖在 257 h 时消耗完毕，最终发酵得到产品产量 6383 μg/mL，产量相比原始菌株（5292 μg/mL）提高了 20.6%（图 2.35）。

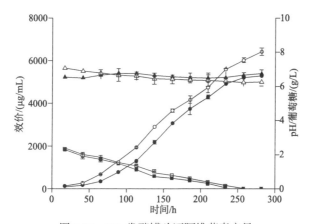

图 2.35　15L 发酵罐验证阿维菌素产量

葡萄糖（□：G9 突变体；■：原始菌株）；pH（△：G9 突变体；▲：原始菌株）；

阿维菌素（○：G9 突变体；●：原始菌株）

综上，使用 FACS 筛选阿维菌素高产菌株具有众多优点。①应用流式细胞仪上设定好的程序更容易区分诱变后孢子的死活，无须等待平板上单菌落的形成，减少将平板上单菌落向孔板转移的过程，能明显降低孢子的污染率、材料的消耗和劳动力的投入。②使用 QPix 筛选系统的高通量筛选周期约 17 d（平板 5 d，孔板种子液 45 h，孔板发酵液 10 d），使用流式细胞术筛选周期 15～16 d（孔板单孢子 3～4 d，孔板种子液 35 h，孔板发酵 10 d），基于流式细胞术的高通量筛选方法能够缩短筛选周期。③单突变活孢子直接分选至 96 孔板中，使用 QPix 筛选系统每秒挑选一个孢子，使用流式细胞仪每秒分选八个孢子。流式细胞术筛选方法提高了筛选效率，缩短了高通量筛选过程。④使用固体-液体组合高通量培养方式可以进一步提高筛选过程的效率和准确性。另外，此高通量培养和筛选方法也适用于其他放线菌生产的目标产品，如金色链霉菌产金霉素、泰乐链霉菌产泰乐菌素和活跃链霉菌产那西肽等。

3. 不同突变株比较基因组学分析

将诱变后能生产不同产量阿维菌素的菌株 G9、G8、A1 和原始出发菌株在 28℃、220 r/min 条件下摇瓶培养 10 d，取样检测发酵过程的产量及残糖量，考察不同菌株的发酵特性。发现菌株在发酵前期耗糖明显，产量增长速度较为缓慢，此阶段主要是菌体生长阶段。发酵后期耗糖速度减慢，阿维菌素开始积累。各个菌株之间的产量随着后期阿维菌素的生产差距逐渐明显，整体产量梯度保持基本不变；各菌株消耗葡萄糖的量在发酵前期差别较明显，后期差距逐渐缩小；各菌株耗糖与产量之间的变化无明显规律（图 2.36）。

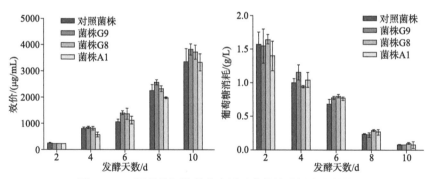

图 2.36　不同菌株阿维菌素产量及葡萄糖消耗变化趋势

对上述 4 株菌株进行基因组测序，对各菌株的基因组数据以 NCBI 中标准菌株为模板拼接的结果进行基因组差异性分析，应用数据库检索与阿维菌素代谢途径相关各突变菌株中各突变位点所在的功能基因。发现所有突变菌株发生突变的基因可以分为 3 类：①与生物合成相关；②与转录调节相关；③与能量代谢途径相关。基因 *SAVERM_RS33605* 表达细胞色素 c 氧化酶亚基 I，与呼吸链有关，在菌株 G9、G8 中发生突变。与阿维菌素外排相关的基因 *SAVERM_RS33575* 和转录调节基因 *SAVERM_RS22775*、*SAVERM_RS23090* 在 G9 菌株中发生突变。而低产菌株 A1 中，与碳源代谢和能量转移相关的 3 个基因 *SAVERM_RS19670*、*SAVERM_RS25740*、*SAVERM_RS21480* 发生了突变。继续考察相关基因表达量发现，阿维菌素合成关键基因 *aveA1*、*aveA2*，参与脂肪酸代谢的基因 *SAVERM_RS19665* 以及参与细胞内 ATP 合成的基因 *SAVERM_RS33605* 在高产菌株 G9、G8 中均有提高，在低产菌株 A1 中下调。另外，低产菌株 A1 中发生突变的 3 个与碳源代谢和能量转移变化相关的基因都明显下调（图 2.37）。

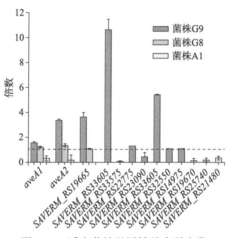

图 2.37　诱变菌株基因转录水平变化

2.5.3　应用实例 2：高产红曲色素的紫红曲霉的筛选

近年来，人工合成色素的安全性受到人们的质疑，而绿色安全的天然色素逐渐受到人们的广泛关注和重视，其中，具有保健功能的红曲色素更是受到广大消费者的青睐。红曲色素是一种安全性非常高的食用色素，在着色、防腐、保健和药用等领域体现了的重要的应用价值。有数据表明，红曲色素可作为肉制品中的着色剂而替代亚硝酸盐，可显著降低肉制品中致癌物质亚硝酸盐的含量。这种方式既安全又经济。红曲色素主要是通过红曲霉发酵生产的天然安全功能性食用色素，是红曲霉发酵过程中重要的次级代谢产物之一。

目前，红曲色素可以应用红曲霉通过固态发酵和液态发酵两种方式进行生产。国内生产红曲色素的主要方式为传统的固态发酵，但由于固态发酵的发酵周期较长、能耗高、生产效率低、发酵条件复杂及容易染菌等缺点，红曲色素的质量不佳，影响了红曲色素的大规模工业化生产。而相较于固态发酵而言，液态发酵的生产周期短、培养条件容易控制且稳定、生产效率高、不易被杂菌污染，这些优势使液态深层发酵受到人们的重视和广泛关注。而且液态发酵生产的红曲色素杂质少、产品质量稳定，液态发酵已成为红曲色素高效发酵生产的发展趋势。但红曲霉在进行液态发酵生产红曲色素时，获得的红曲色素的色价较低，这严重制约了液态发酵的推广与工业化应用。因此，红曲色素的高产菌株的选育和液态发酵工艺的优化成为国内外实验研究的热点。

1. 高通量筛选方法的构建

1）基于流式细胞术的预筛条件的优化

为了方便流式细胞仪对紫红曲霉孢子进行检测和分选，在前期研究中发现，FDA 和 PI 两种染料可以将死细胞和活细胞标记成不同的荧光信号而区分开来，因此，挑选了 FDA 和 PI 两种染料对紫红曲霉孢子进行荧光标记。理论上，在一定范围内，染色剂的浓度越高，染色时间越长，染色效果越明显，但染色时间越长，染料对细胞的致死效果也越严重，所以考察了两种染料的浓度和染色时间对紫红曲霉孢子的毒性情况。如表 2.9 所示，保证致死率在 10%以下时，染色效果与染料浓度和染色时间都呈正相关，所以分别选择 FDA 的浓度为 120 μg/mL，室温下染色 20 min；选择 PI 的浓度为 7μg/mL，4℃染色 10 min。

表2.9　染料的浓度和染色时间对孢子的致死率

染料名称	染料浓度/（μg/mL）	致死率/%			
		5 min	10 min	15 min	20 min
FDA	40	0.0	3.2	3.2	6.5
	80	3.2	3.2	6.5	6.5
	120	6.5	9.7	9.7	9.7
	160	16.1	22.6	35.5	45.2
	200	25.8	38.7	45.2	58.1
PI	1	7.7	3.8	26.9	42.3
	3	3.8	7.7	30.8	38.5
	5	7.7	7.7	34.6	46.2
	7	7.7	7.7	38.5	53.8
	9	11.5	15.4	38.5	57.7

在上述优化的染色条件下，对紫红曲霉孢子悬液（无活性孢子与活性孢子比例为 1：1）进行 FDA 单染、PI 单染以及 FDA-PI 混染，然后利用电子荧光显微镜检验染色效果。首先在可见光的条件下调节电子显微镜对紫红曲霉孢子进行定位，然后在荧光模式下分别观察孢子的绿荧光和红荧光分布。从染色效果上分析，活性孢子成功被荧光素 FDA 标记，在 488 nm 激光的激发下发出绿荧光；无活性孢子也成功被荧光素 PI 标记，在 488 nm 激光的激发下发出红荧光。与可见光镜

头下的无活性孢子与活性孢子分布比较发现，荧光信号与孢子一一对应，没有出现交叉荧光，染色效果良好。但在 FDA-PI 混染时，发现视野中红色荧光的比例比绿色荧光多。分析原因，一方面是染料的致死作用带来的影响；另一方面可能是残留在孢子悬液中的菌丝小碎片被 PI 染红（图 2.38）。

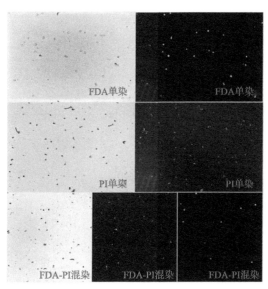

图 2.38　无活性孢子和活性孢子的荧光染色效果图

为了更进一步验证 FDA-PI 混染的染色效果，同时获得紫红曲霉孢子悬液的流式细胞术分选方案，利用流式细胞仪对染色处理后的孢子悬液进行分析。进行染色处理的孢子悬液是按照无活性孢子和活性孢子为 1∶1 的比例混合的，若不考虑染料的致死率，流式细胞仪检测统计到的无活性孢子和活性孢子比例也应为 1∶1。如图 2.39 所示，流式细胞仪检测的无活性孢子和活性孢子的比例与实际的比例具有一致性。建立双对数坐标轴，将没有进行染色操作的孢子悬液作为阴性对照，代表细胞背景荧光信号，主要集中在 R4 区域[图 2.39（a）]；孢子悬液与 FDA 染料单染后，活性孢子会结合 FDA 显示绿荧光，由 FL1 通道检测，信号集中在 R5 区域，而无活性孢子继续留在 R4 区域[图 2.39（b）]；孢子悬液和 PI 染料单染后，无活性孢子与 PI 染料结合显示红荧光，由 FL3 通道检测，信号集中在 R2 区域，而活性孢子继续留在 R4 区域[图 2.39（c）]；将孢子悬液进行 FDA-PI 混染后，显绿荧光的活性孢子的信号集中在 R5 区域，显红荧光的无活性孢子的信号集中在 R2 区域[图 2.39（d）]。综上结果，从整体上分析，通过 FDA 和 PI 的染色，成功区分了孢子的死活，且流式细胞仪检测到的无活性孢子和活性孢子的比例与实际一致，可通过双染料染色应用流式细胞仪对诱变后的突变子库进行有效的预筛。

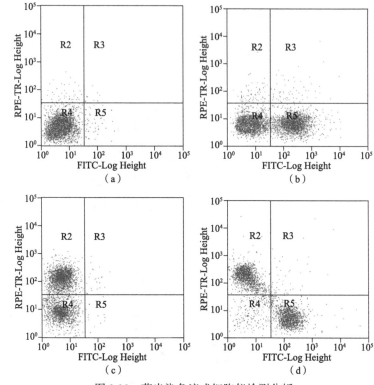

图 2.39　荧光染色流式细胞仪检测分析

2）高通量孔板固态发酵的色价检测

红曲色素本身具有颜色，且在 505 nm 处有最大可吸收光，故可直接通过检测 $OD_{505\ nm}$ 确定红色素的色价。在高通量筛选过程中，向固态发酵结束的高通量孔板里直接添加等体积的 70%（体积分数）酒精，振荡浸提 30 min，离心后取上清液，用 70% 的酒精稀释到合适的浓度，应用多功能酶标仪测定 505 nm 下的吸光度（A）。

$$色价（U/mL）=A×总稀释倍数$$

2. 高产菌株的筛选

1）诱变处理条件的确定

利用 ARTP 诱变技术对紫红曲霉的孢子悬液进行诱变，将通气量和功率设置为定值，以等离子体射流的照射时间为自变量控制紫红曲霉孢子的致死率。诱变后的孢子悬液经过稀释后进行平板培养，利用孢子萌发计数的方法，获得诱变时间与孢子致死率的关系曲线。为了进一步考察在一定致死率的条件下紫红曲霉孢子的正突变率的情况，随机挑取了一定数量的单菌落作为样本。以诱变前的菌株为对照，同时将这些样本进行发酵培养，检测各样本与对照的色素积累情况，统计获得正突变率与致死率的关系曲线。随着诱变时间的延长，紫红曲霉孢子的致死率越来越高，诱变 30 s 时致死率已达到 87.7%，而诱变 40 s 时致死率高达 94.7%，说明 ARTP 对紫红曲霉的孢子作用明显。诱变的正突变率在整体上呈现先上升后下降的趋势（图 2.40）。ARTP 诱变处理后，在合适的条件下培养，菌体会启动自身的修复机制以修复诱变带来的损伤，但修复的过程中会带来一些遗传特性的改变。在一定的致死条件下，这些遗传特性的改变为我们的筛选提供材料，所以随着致死率的上升，正突变率也得到提高；但致死率高到一定的程度，损伤太过严重会影响菌体的正常生长和代谢，所以会降低目标产物的积累。30 s 和 40 s 的正突变率分别为 45.2% 和 44.6%。为了缩小突变库、提高筛选效率，确定最终的诱变处理条件为：通气量 10 SLM、功率 80 W、诱变时间 40 s。

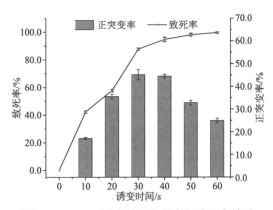

图 2.40　ARTP 诱变的正突变率与致死率关系

2）基于流式细胞仪分选的多孔板培养优化

紫红曲霉属于丝状真菌，在液体孔板中培养时易成球状，且深孔板内的溶氧水平相对偏低，导致菌丝无法正常延伸。这些原因导致了红曲色素的色价低至几个单位，甚至发酵失败，从而不能明显体现诱变效果并极大地降低了筛选过程的有效性。另外，紫红曲霉的发酵周期相对较长，在孔板中易引起较大的蒸发量，从而对色价带来很大的影响，同时也会影响菌丝体的正常生长，甚至使培养基变干而导致液态发酵失败。上述问题是丝状真菌进行高通量筛选、孔板培养存在的普遍问题。在预实验过程中发现，在发酵培养基中加入琼脂将其做成固态形式，紫红曲霉可在固态培养基上生长良好，且成熟后能产生大量的色素（图 2.41）。

图 2.41　高通量孔板固体发酵与摇瓶液体发酵比较

(a) 孔板固体培养（正面）；(b) 孔板固体培养（背面）；

(c) 摇瓶液体培养；(d) 孔板固体培养色价（左），摇瓶液体培养色价（右）

　　为了进一步验证固体发酵模式的可行性，又比较了紫红曲霉在摇瓶液态发酵和孔板固态发酵色素积累的趋势情况（图 2.42）。两种不同培养方式的色素积累趋势是一样的，可能由于固态培养时，紫红曲霉的菌丝只能生长在表面，生长空间有限，导致了固态的色素积累量比液态的低。但该固体发酵与传统的固体发酵有很大的区别，培养基并不是松散状态，这限制了紫红曲霉菌丝的有效传质，且红曲色素在固态培养基中的溶解度也大大受限。但相比于孔板液态发酵，这种固态培养方式提供了一种高通量筛选过程中多孔板发酵培养的有效手段。同时，此多孔板高通量固态方法也应用于其他酶菌生产的目标产品，如犁头霉产氢化可的松、米曲霉产苹果酸和黑曲霉产柠檬酸等。

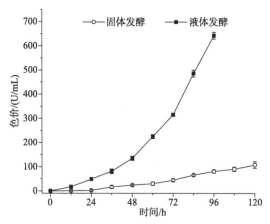

图 2.42　固体发酵与液体发酵色素积累趋势图

另外，为了验证流式细胞仪的分选效果，通过调节基本电压和增益，明确区分了阴性和两个阳性群体，建立分选逻辑，将有活性的孢子集中的区域 R5 分选在平板和孔板中。结果表明，在 48 孔板中分选效果良好，分选后的成活率高达87.5%，且能从孔板背面的颜色初步筛选明显高产红曲色素的突变株（图 2.43）。因此，可进一步提高筛选效率并简化筛选流程。

图 2.43　流式细胞仪分选效果

3）高通量筛选结果及菌株稳定性分析

在 ARTP 诱变致死率为 94.7%的条件下，对紫红曲霉孢子悬液进行多轮诱变、荧光染色、流式细胞仪分选、48 孔板初筛、摇瓶复筛等实验操作。经过 10 轮的叠加诱变筛选，由图 2.44 显示的结果可知，获得了比较明显的诱变效果。突变菌株 LBBE-15 的红曲色素的最高色价达到了 1200 U/mL 以上，相比于出发菌株的色价提高了 1.03 倍（图 2.44）。同时可以发现，在第一轮的诱变中，出发菌株对等离子表现出较强的敏感性，正突变率达到 44.6%，但随着诱变次数的增加，正突变率明显下降，10 轮叠加诱变之后，由最初的 44.6%下降至 3.8%。随着 ARTP 诱变次数的增加，可能菌株对诱变条件产生了一定的"疲劳效应"。后续继续提高红曲色素的色价应采取不同突变策略。

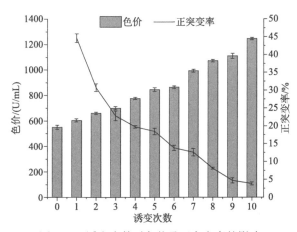

图 2.44　诱变次数对色价及正突变率的影响

菌株的遗传稳定性对红曲色素的工业化生产是至关重要的，它是工厂化进行连续稳定生产红曲色素的重要保证，而紫红曲霉菌丝的多核特性给遗传的稳定带来了一定的障碍。为了验证所获得的高产红曲色素菌株 LBBE-15 的遗传稳定性，对其连续进行了五次传代，并对每一代都进行发酵培养，考察在传代过程中红曲色素生产能力的变化情况，在连续传代的过程中，各代间色价的波动范围很小，说明突变株的遗传稳定性良好（图 2.45）。

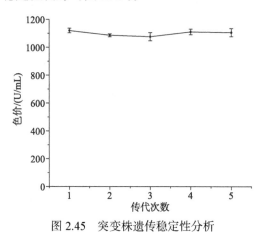

图 2.45　突变株遗传稳定性分析

3. 高产突变菌株生产红曲色素的发酵过程优化与控制

工业上紫红曲霉液态发酵生产红曲色素主要以籼米粉为基质，但因灭菌过程的糊化作用，籼米粉易变得黏稠，易降低发酵培养基的流动性，从而影响发酵的溶氧和传质，而以葡萄糖为碳源可以消除这种不稳定性。研究表明，丝状真菌的不同形态直接影响了氧气与基质的供应，进而影响基因的全面调节及代谢途径的迁移，但培养基的金属离子成分如钙离子，可在一定程度上控制丝状真菌的形态。另外，培养基的 pH 是影响微生物生理特性的重要因素，细胞膜上的电荷情况会受 pH 的影响，一方面会影响细胞对营养物质的吸收，另一方面会影响红曲色素的胞外分泌。此外，因孢子表面带电特性的不同，pH 还会影响孢子的聚集状态，从而影响菌丝的生长形态。因此，在摇瓶水平上优化确定了初始葡萄糖浓度、培养基金属离子成分及浓度、培养基初始 pH 等。

溶氧水平的控制是影响紫红曲霉发酵生产红曲色素的重要因素之一，转速和通气量是影响溶氧水平的核心参数，高转速和高通气量可以明显改善溶氧水平，但其带来的剪切力和溶氧不均会严重影响丝状真菌的发酵。因此，溶氧和剪切力需要获得一种平衡。首先，在恒定通气量为 1.0 vvm 的条件下，控制转速分别为 350 r/min、400 r/min、450 r/min 进行分批发酵培养，并根据发酵的实际情况进行手动控制，当转速为 400 r/min 时，红曲色素色价最高达 544 U/mL。又恒定控制搅拌转速为 400 r/min，进行了 0.5 vvm、1.0 vvm、1.5 vvm 三个不同通气量的分批发酵实验，结果表明当通气量为 1.0 vvm 时，红曲色素色价为 591 U/mL。基于对搅拌转速和通气量对红曲色素发酵过程的解析，以红曲色素积累情况和菌丝干重作为参考依据，设计了一种组合策略：转速设定为 0～12 h 为 350 r/min，12～48 h 为 400 r/min，48～96 h 为 420 r/min；通气量设定为 0～6 h 为 0.5 vvm，6～24 h 为 0.75 vvm，24～48 h 为 1.0 vvm，48～96 h 为 1.2 vvm。在此条件下，菌丝迅速生长，48 h 的菌丝干重为 31.3 g/L；进入稳定期后菌丝干重变化波动小，红曲色素的积累速率明显加快，最终的发酵色价达到 716 U/mL（图 2.46）。

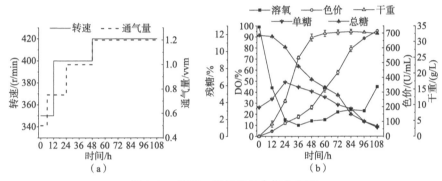

图 2.46　转速、通气量组合优化发酵

综上，在进行紫红曲霉液态发酵时，溶氧是影响发酵结果的重要因素。而决定溶氧条件的两个重要参数，即转速和通气量，需要合理搭配。紫红曲霉菌丝的正常生长会直接影响红曲色素的积累量，理论上菌丝量越多，色素的积累量越高。但紫红曲霉的生物量受限于发酵罐的实际溶氧条件，在提升溶氧水平的过程中，转速的增加带来的巨大剪切力是不能忽视的影响因素。因此，根据发酵罐的溶氧条件控制一个合适的生物量对紫红曲霉液态发酵具有重要意义。

2.5.4　应用实例 3：基于梯度强度启动子-5′-UTR 及定向进化强化大肠杆菌合成柚皮素

黄酮类化合物是一类来源于植物的天然产物，具有多种生物活性，对人类健康有众多生理功能。黄酮类化合物泛指具有三个碳原子连接两个苯环而形成的 C_6-C_3-C_6 结构的化合物，根据 C_3 结构的不同可分为二氢黄酮、黄酮醇、黄烷酮、二氢黄酮醇、查耳酮和二氢查耳酮等。所有黄酮类化合物都含有三个碳原子和两个苯环相连形成的骨架，通过对骨架物质的后续修饰可形成种类众多的黄酮类化合物。柚皮素作为黄酮骨架物质的一种，具有最多的黄酮类衍生物，同时柚皮素常常作为保健品和食品添加剂使用。

近年来，微生物法合成柚皮素受到较多的关注，研究者将不同来源的与柚皮素合成相关的基因导入宿主菌后成功构建了柚皮素合成的途径。其中，针对异源途径优化的模块化代谢工程策略最为经典，通过对柚皮素合成途径基因表达比例的系统优化最终获得 100.64 mg/L 的柚皮素产量。合成柚皮素的微生物细胞工厂设计与构建是研究的核心，在其构建与优化过程中往往需要应用高通量的文库构建、细胞筛选、定量检测和随机优化等策略。目前柚皮素定量检测方法只有高效液相色谱法，这极大限制了应用代谢工程手段提高微生物生产柚皮素的发展。近年来，虽然发展了基于 Ribo-switch 的超高通量筛选方法，但此方法只能检测胞内柚皮素含量，而柚皮素为胞外产物，同时，由于受信号响应强度不高与检测饱和浓度不高等条件的限制，该方法在应用时易受背景干扰。因此，亟须建立高效的检测方法并用于代谢工程改造提高柚皮素产量。

1. 筛选方法的构建

1）基于紫外-可见光光谱与荧光光谱检测的高通量检测方法的建立

金属离子与黄酮类化合物结合可形成络合物并导致光谱变化。基于此原理可建立一种多孔板规模的柚皮素高产菌株的高通量筛选方法。在 230~999 nm 范围内对柚皮素、对香豆酸和 L-酪氨酸的全波长扫描显示其吸收峰高度重叠[图 2.47（a）]。可能由于它们都具有苯环结构，苯环结构在 280 nm 附近都可形成强烈的吸收，因此，需添加助色基团来偏移柚皮素最大吸收峰，从而摆脱对香豆酸和 L-酪氨酸对柚皮素检测的干扰。分别添加 $AlCl_3$、MgOAc 和 H_3BO_3 三种物质为助色基团时[图 2.47（b）~（d）]，全波长扫描结果显示，只有 $AlCl_3$ 在 MOPS 培养基中可以在 373 nm 处形成吸收峰，其余两种助色基团均不能起到分离柚皮素、对香豆酸和 L-酪氨酸最大吸收峰的目的。因此，Al^{3+} 作为助色基团在 373 nm 处可具有定量检测柚皮素含量的潜力。

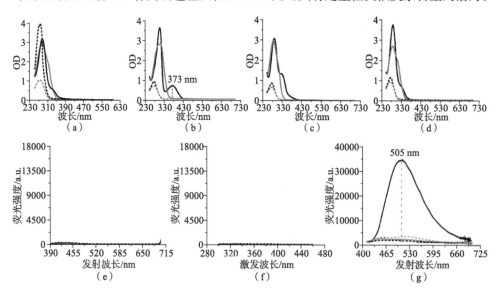

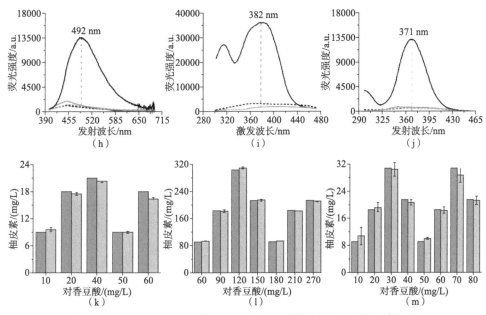

图 2.47　柚皮素、对香豆酸和 L-酪氨酸的光谱学特性及相互干扰程度

在 MOPS 培养基中，无助色基团（a）以及 Al³⁺（b）、Mg²⁺（c）和 H₃BO₃（d）分别作为助色基团的全波长扫描光谱。在无助色基团的 MOPS 培养基中[（e）和（f）]以及 1% AlCl₃-MOPS[（g）和（h）]溶液和 1% MgOAc-MOPS溶液中（i）和（j）发射光和激发光分别扫描的荧光光谱。（k）382 nm 激发、505 nm 发射条件下，不同浓度对香豆酸和 L-酪氨酸干扰条件下柚皮素含量。（l）373 nm 处不同浓度对香豆酸和 L-酪氨酸干扰条件下柚皮素含量。（m）371 nm 激发、492 nm 发射条件下，不同浓度对香豆酸和 L-酪氨酸干扰条件下柚皮素含量。（a）～（j）中，黑色实线代表柚皮素，灰色实线代表对香豆酸，黑色虚线代表 L-酪氨酸，灰色虚线代表对照。（k）～（m）中，黑色柱状图代表 HPLC 检测结果，灰色柱状图代表光谱学方法检测结果

另外，在水溶液中全波长扫描柚皮素、对香豆酸和 L-酪氨酸几乎没有检测到荧光[图 2.47（e）和（f）]，说明其自身在没有助色基团的条件下是不会发出荧光的。研究表明，柚皮素在与金属离子 Al³⁺ 和 Mg²⁺ 反应时可产生明显的荧光，培养基、对香豆酸和 L-酪氨酸荧光值较小，对柚皮素检测无明显干扰。在 1% AlCl₃-MOPS 和 1% MgOAc-MOPS 的溶液中柚皮素最大发射波长分别为 505 nm[图 2.47（g）]和492 nm[图 2.47（h）]，最大激发波长分别为 382 nm[图 2.47（i）]和 371 nm[图 2.47（j）]。因此，AlCl₃ 和 MgOAc 作为助色基团时具有定量检测柚皮素含量的潜力。

为了优化柚皮素荧光检测条件，分别配制 1%、2%、4% 和 6% 的 AlCl₃-MOPS和 MgOAc-MOPS 溶液，以二甲基亚砜为溶剂分别配制 10 mg/L、20 mg/L、30 mg/L、40 mg/L 和 50 mg/L 的柚皮素标准溶液。发现在不同浓度的助色基团 Al³⁺和 Mg²⁺ 条件下，柚皮素的检测效果无明显差别，R^2 均大于 0.99。为了实验更精准，选取 R^2 值最高的体系条件用于后续高通量筛选，分别为 2% AlCl₃-MOPS（R^2=0.9994）和 1% MgOAc-MOPS（R^2=0.9999）溶液。

继续考察中间代谢产物对柚皮素检测的干扰，向检测体系中添加不同浓度的

柚皮素、对香豆酸和 L-酪氨酸，再进行光谱检测（混合比例见表 2.10）。比对光谱检测结果和 HPLC 检测结果，发现所建立的三种光谱学检测方法均具有良好的抗干扰能力。紫外-可见光光谱法在 373 nm 时可检测高浓度柚皮素含量[80～300 mg/L，图 2.47（1）]，而其余两种荧光光谱法可检测低浓度柚皮素含量[5～30 mg/L，图 2.47（k）和（m）]。

表 2.10 混合交叉实验体系

2% AlCl₃-MOPS [a,*]/（mg/L）	1% MgOAc-MOPS [*]/（mg/L）	2% AlCl₃-MOPS [b,*]/（mg/L）
9/10/50	9/10/50	90/60/50
18/20/50	18/20/50	180/90/50
21/30/50	30/30/50	300/120/50
9/40/50	21/40/50	210/150/50
18/50/50	9/50/50	90/180/50
	18/60/50	180/210/50
	30/70/50	210/240/50
	21/80/50	

*数字代表柚皮素/对香豆酸/L-酪氨酸在不同交叉实验中的浓度。
a 柚皮素荧光检测方法交叉验证实验。
b 柚皮素紫外吸收检测方法交叉验证实验。

2）基于柚皮素生物传感器的高通量检测方法的构建

利用生物传感器进行高通量筛选的关键因素是柚皮素的产量范围是否包含在生物传感器对柚皮素浓度的线性响应范围内。研究表明，在无柚皮素存在时 TtgR 蛋白与 P_{ttgR} 和 P_{ttgABC} 启动子结合阻遏蛋白表达，有柚皮素存在时 TtgR 从结合位点释放，从而启动蛋白表达[图 2.48（a）]。利用 GFP 取代 ttgABC 基因从而构建生物传感器[图 2.48（b）]，用于检测柚皮素浓度。TtgR 调控蛋白对柚皮素浓度响应范围较宽，为精确确定 TtgR 对柚皮素响应范围，添加 0～400 mg/L 的不同浓度柚皮素诱导 TtgR 表达 GFP 基因。经过荧光酶标仪检测确定 TtgR 对柚皮素浓度的线性响应范围为 0～200 mg/L[图 2.48（c）]。

利用流式细胞仪对单细胞荧光水平进行了检测，在柚皮素浓度范围为 0～200 mg/L 进行诱导时单细胞荧光强度明显增加（图 2.49）。与无柚皮素诱导相比，以 200 mg/L 柚皮素诱导的菌株单细胞荧光强度提升了 30 倍，且 10 mg/L 柚皮素诱导即可将荧光强度提高 3 倍。鉴于 TtgR 对柚皮素浓度响应范围广、响应强度高和响应灵敏度高的特点，其具有巨大的潜力用于超高通量筛选柚皮素高产菌株。

基于生物传感器的高通量筛选方法往往面临两方面挑战。第一，利用质粒表达目标基因时往往质粒拷贝数的变化会引起基因表达水平的变化。如果在质粒上

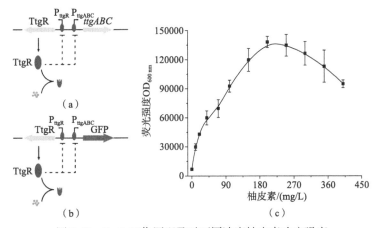

图 2.48　TtgR 工作原理及对不同浓度柚皮素响应强度

（a）TtgR 工作原理；（b）生物传感器原理图；（c）TtgR 对不同浓度柚皮素响应强度

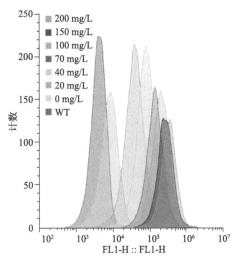

图 2.49　不同浓度柚皮素诱导的单细胞荧光强度

WT：野生型 *E. coli* BL21 菌株；FL1-H：绿色荧光信号

单独表达 TtgR 和 GFP，则细胞内质粒拷贝数增高会引起 GFP 荧光信号增强，质粒拷贝数降低会引起 GFP 荧光信号减弱。第二，由于单细胞生长状态不同，体积更大的细胞包含的 GFP 数量更多，因此所产生的荧光信号更强。为了排除以上两方面的干扰，在同一表达质粒上组成型表达远红色荧光蛋白（FRFP），以 FRFP 荧光信号为标准校准 GFP 荧光信号，即以 GFP/FRFP 信号值作为筛选的依据。

　　发现将不同浓度柚皮素诱导的细胞经过分选后，形成的细胞群明显更加集中在高 GFP/FRFP 信号区域[图 2.50（a）]。同时，又分析了不同柚皮素浓度诱导的菌株分别经流式细胞仪分析后的菌群分布状态，结果显示高柚皮素诱导的菌群更集中于高 GFP/FRFP 信号区域，而柚皮素诱导浓度过高并不会进一步增加 GFP 信号，反而使 FRFP 信号值明显降低[图 2.50（b）]。随着柚皮素诱导浓度的增加，FRFP 荧光信号不断减弱，而 GFP 荧光信号在 0～200 mg/L 浓度范围时随着柚皮素浓度增加而增加，在大于 200 mg/L 的柚皮素浓度范围 GFP 荧光信号反而降低[图 2.50（c）]。GFP/FRFP 信号与柚皮素诱导浓度具有较好的线性关系，当以 285 mg/L 柚皮素诱导时其 GFP/FRFP 信号响应强度是无诱导细胞的 58.9 倍，且在 0～285 mg/L 柚皮素浓度范围内 GFP/FRFP 信号强度与柚皮素浓度基本呈线性变化趋势[图 2.50（d）]。因此，所建立的基于 TtgR 的生物传感器对柚皮素检测浓度范围较大，可用于基于流式细胞仪的高通量筛选系统。

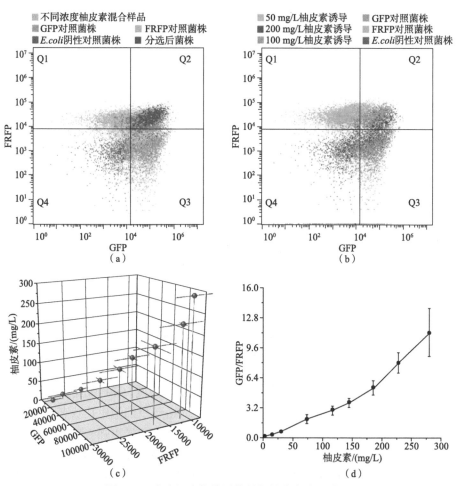

图 2.50　流式细胞仪检测信号与柚皮素浓度关系

（a）混合不同浓度柚皮素诱导的菌株经流式细胞仪分选高 GFP/FRFP 信号水平的菌株；（b）不同浓度柚皮素诱导的菌株分别经流式细胞仪分析菌群分布状态；（c）不同浓度柚皮素诱导菌株的 GFP、FRFP 和柚皮素浓度关系图；（d）柚皮素诱导浓度与 GFP/FRFP 信号关系

2. 基于强度启动子-5′-UTR 筛选柚皮素高产菌株

1）大肠杆菌梯度强度启动子-5′UTR 复合体的筛选

通过分析已报道的 *E. coli* 转录组测序数据，初步筛选出 104 种梯度强度 PUTR，分析得到所筛选 PUTR 的 RPKM 值（每百万 reads 中来自某基因每 kb 长度的 reads 数）跨度为 6.36～76109.02。进一步考察了筛选获得的 104 种启动子的强度，并对其进行了转录特性的研究。结果显示，相比于 10 mmol/L 阿拉伯糖诱导的 PUTR$_{BAD}$，所选的 104 种 PUTR 转录水平跨度为 0.007%～4630%，其中有 8 个 PUTR 转录水平是 PUTR$_{BAD}$ 的 2 倍以上。PUTR$_{ssrA}$、PUTR$_{dnaKJ}$ 和 PUTR$_{rplNXE}$ 转录水平分别是 PUTR$_{BAD}$ 的 46.3 倍、25.6 倍和 16.7 倍（图 2.51）。

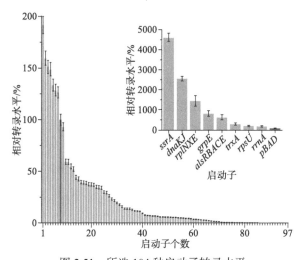

图 2.51 所选 104 种启动子转录水平

黑色标记为 10 mmol/L 阿拉伯糖诱导的 PUTR$_{BAD}$，其表达水平定义为 100%

另外，*E. coli* 本源的 PUTR 在细胞生长不同时期可能具有不同的表达水平。研究了所选的 104 种 PUTR 在不同生长时期的表达水平，分别测定迟滞期（2 h）、对数期早期（4 h）、对数期中期（6 h）、对数期晚期（8 h）和稳定期（11 h）细胞的荧光水平。以 10 mmol/L 阿拉伯糖诱导的 PUTR$_{BAD}$ 为标准，筛选到 5 个 PUTR（PUTR$_{infC-rplT}$、PUTR$_{rpsU}$、PUTR$_{lpp}$、PUTR$_{rplNXE}$ 和 PUTR$_{mdh}$）具有相对较高活性（荧光水平高于 PUTR$_{BAD}$ 的 50%），且在不同时期具有相对稳定的表达水平。其中，PUTR$_{infC-rplT}$ 具有最高活性，为 PUTR$_{BAD}$ 的 1.37 倍（图 2.52）。

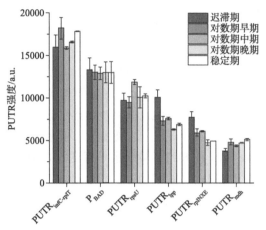

图 2.52　具有最高荧光蛋白表达水平的启动子

10 mmol/L 阿拉伯糖诱导的 PUTR$_{BAD}$ 启动子为对照

对比同一启动子在稳定期荧光蛋白表达水平与 mRNA 转录水平,发现两者之间存在着巨大的差异。猜测原因可能是不同的内源启动子带有强度不等的 RBS 位点、可能存在的调控位点和形成的不同 mRNA 二级结构影响了基因的转录和翻译效率(图 2.53)。此外,104 个所选的 PUTR 中非编码 RNA 的 PUTR(ncRNA、tRNA、rRNA 等)并不含有 RBS 位点,将其直接连接到 EGFP 上游会转录出 mRNA 而无蛋白质翻译。

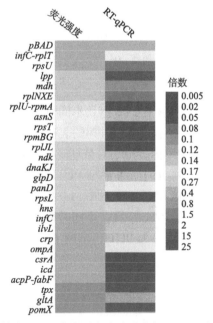

图 2.53　部分所选 PUTR 荧光蛋白表达强度与 mRNA 表达水平对比图

由于 mRNA 转录由启动子调控，而蛋白质翻译受到 5′-UTR 区域影响。组合来自高转录水平的启动子区域以及来自高蛋白质表达水平的 5′-UTR 区域即可得到具有更表达强度的新型 PUTR。将 4 个最强启动子区域（P_{ssrA}、P_{dnaKJ}、P_{grpE} 和 P_{alsAR}）和 3 个最强 5′-UTR 区域（$UTR_{standard}$、UTR_{rpsT} 和 UTR_{infC}）直接连接得到 12 种组合 PUTR[图 2.54（a）]。将 4 个具有高转录强度的 PUTR（$PUTR_{ssrA}$、$PUTR_{dnaKJ}$、$PUTR_{grpE}$ 和 $PUTR_{alsAR}$）和 2 个高翻译强度的 PUTR（$PUTR_{rpsT}$ 和 $PUTR_{infC}$）直接连接得到 8 种不同组合的串联 PUTR[图 2.54（b）]。其中，组合 PUTR（P_{ssrA}-UTR_{rpsT} 和 P_{dnaKJ}-UTR_{rpsT}）和串联 PUTR（$PUTR_{ssrA}$-$PUTR_{infC-rplT}$ 和 $PUTR_{alsRBACE}$-$PUTR_{infC-rplT}$），表达强度分别为 P_{BAD} PUTR 的 170%、137%、409% 和 203%。

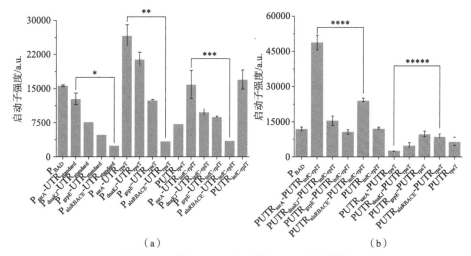

图 2.54　组合 PUTR 与串联 PUTR 表达强度

*：不同启动子核心区域与 $UTR_{standard}$ 所构建的组合启动子；**：不同启动子核心区域与 UTR_{rpsT} 所构建的组合启动子；***：不同启动子核心区域与 $UTR_{infC-rplT}$ 所构建的组合启动子；****：不同启动子与 $PUTR_{infC-rplT}$ 所构建的串联启动子；*****：不同启动子与 $PUTR_{rpsT}$ 所构建的串联启动子。

（a）不同的组合 PUTR 表达强度；（b）不同的串联 PUTR 表达强度

2）迭代高通量筛选优化柚皮素的合成

随机克隆筛选获得的梯度强度 PUTR 至 TcXAL、4CL、CHS 和 SHI 基因上游，构建 pET-γ-TAL-α-4CL 和 pCDF-δ-CHS-β-CHI 文库。众所周知，文库构建效率和文库多样性是评价文库是否优良的两个重要指标。为检测所构建文库的效率和多样性，将构建的文库和无 PUTR 片段的质粒自连接后，与对照组分别涂布平板，比对单菌落数量发现所构建的 4 个质粒文库均有较高的连接效率。随机从 4 个文库中分别挑取 24 个单菌落进行菌落 PCR，发现阳性率均高于 83%。为进一步验证 4 个文库的多样性，从每个文库中随机挑取 30 个单菌落进行测序，测序结果显示，不同文库的 PUTR 重现率均高于 60%（表 2.11），剩余未出现的 PUTR 可能是测序样本较少导致。

表 2.11　文库多样性评价

文库	菌落 PCR 阳性率/%[*]	PUTR 测序重现率/%[**]	文库理论规模
pET-TAL-α-4CL	87.5	75（12/16）	
pET-γ-TAL-α-4CL	83.3	81.25（13/16）	$16 \times 16 \times 15 \times 15 = 57600$
pCDF-CHS-β-CHI	95.8	60（9/15）	
pCDF-δ-CHS-β-CHI	95.8	80（12/15）	

[*]菌落 PCR 中假阳性的菌落所占百分比。

[**]随机选取 30 个单菌落进行测序，测序出现的 PUTR 种类占总 PUTR 种类的百分比。

第一轮随机挑取 4800 株含有 pET-γ-TAL-α-4CL 和 pCDF-δ-CHS-β-CHI 柚皮素生产菌株于 96 深孔板中，初筛后，选取 200 个高产菌株进行摇瓶发酵复筛，发现筛选得到的最优菌株柚皮素产量为 125 mg/L，其对香豆酸积累量为 723 mg/L [图 2.55（a）]。随机选取 25 个具有梯度柚皮素产量的菌株，并分析其柚皮素合成途径每个基因上游 PUTR 序列和表达水平。结果显示：①高水平表达 Phchs 基因有助于柚皮素的积累；②调节 Pc4cl 和 Mschi 基因的表达水平对柚皮素积累无

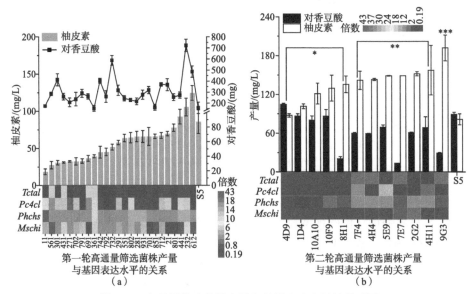

图 2.55　高通量筛选菌株产量与基因表达水平的关系图

以 10 mmol/L 阿拉伯糖诱导的 PUTR$_{BAD}$ 表达水平定义为 1；S5 为模块化优化后的对照菌株。*随着 CHS 表达水平增加，柚皮素产量逐渐增加。**上调或下调 TAL、4CL 和 CHI 表达水平对柚皮素产量无明显影响。***PUTR$_{trxA}$、PUTR$_{talB}$、P$_{ssrA}$-UTR$_{rpsT}$ 和 PUTR$_{glpD}$ 分别调控 TAL、4CL、CHS 和 CHI 表达

明显影响；③较低的 *Tctal* 基因表达水平可能更有利于柚皮素合成和减少对香豆酸积累。第二轮筛选调整了 PUTR 文库。用于表达基因 *Tctal* 的 PUTR 库与第一轮筛选相同，用于表达 *Pc4cl* 基因的 PUTR 文库包含三个强 PUTR（PUTR$_{ssrA}$、PUTR$_{rrnG}$ 和 PUTR$_{ssrA}$-PUTR$_{infC-rplT}$）、一个中等强度 PUTR（PUTR$_{yibN}$）和两个弱 PUTR（PUTR$_{talB}$ 和 PUTR$_{rpmH}$）。用于表达基因 *Phchs* 和 *Mschi* 的 PUTR 库调整为三个强 PUTR（PUTR$_{ssrA}$-PUTR$_{infC-rplT}$、PUTR$_{rrnA}$ 和 P$_{ssrA}$-UTR$_{rpsT}$）和一个中等强度 PUTR（PUTR$_{glpD}$）。最终，筛选获得了一株高产菌株 9G3，其柚皮素产量和对香豆酸积累量分别为对照菌株的 2.1 倍和 0.3 倍[图 2.55（b）]。

3. 基于定向进化筛选柚皮素高产菌株

1）文库的构建

以易错 PCR 和 Gibson 组装技术分别构建文库，从每个文库中随机选取 3 个单菌落测序，检测启动子 P$_{fdeR-mut}$、启动子 P$_{fdeA-mut}$ 和启动子 P$_{cspA-mut}$ 的突变效率。分析确定每个突变体所含启动子具有 1~3 个不等的突变位点。将所建文库稀释 10000 倍后涂布对应抗性的平板以计算文库规模，结果显示，易错 PCR 和 Gibson 组装技术可用于文库的构建。

2）高通量筛选柚皮素高产菌株

将所得柚皮素生产菌株的文库在新鲜 MOPS 培养基中培养 24 h，然后用于流式细胞仪分选（图 2.56）。柚皮素合成菌株文库绝大部分具有高强度 FRFP 表达，且 GFP 信号值分布广泛。最终分选出 10^7 株菌，并收集 GFP/FRFP 信号值最高的 0.1%共 10^4 株菌。初筛后，选取柚皮素产量最高的 16 个菌株继续进行摇瓶复筛，最终，柚皮素最高产量达到 251.4 mg/L，是定向进化前菌株的 1.8 倍，对香豆酸积累水平未发生明显变化。

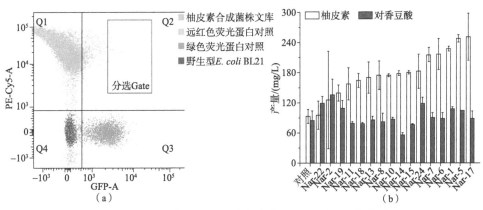

图 2.56　流式细胞仪分选柚皮素高产菌株（a）及摇瓶复筛（b）

3）高产菌株的发酵过程优化

首先，在摇瓶水平上对高产菌进行单因素优化确定了培养基中碳源、氮源种类及浓度、温度和初始 pH。然后，利用 Biolector 微型生物反应器进行不同 pH 控制下的葡萄糖补料速率优化。结果显示，在不同 pH 条件下，葡萄糖（200 g/L）流加速率为 2 μL/h 时具有最高产量；另外，发现 pH 的控制对柚皮素合成的影响较小，最佳控制值为 7.0（图 2.57）。

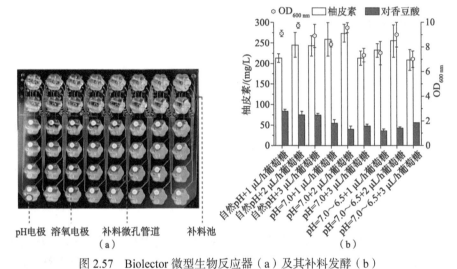

图 2.57   Biolector 微型生物反应器（a）及其补料发酵（b）

自然 pH 发酵条件为 MOPS 培养基配制完成无 pH 控制，pH=7.0 为流加酸碱以维持发酵过程中 pH 恒定在 7.0，pH=7.0～6.5 为发酵前 12 h 维持培养基 pH=7.0 随后调节 pH=6.5 至结束

基于 Biolector 微型生物反应器的优化结果，在摇瓶上进行补料发酵，发酵开始 12 h 后每 10～12 h 检测一次葡萄糖残余量并补加葡萄糖至终浓度为 5 g/L。结果表明，发酵前 48 h 葡萄糖迅速消耗，细胞生长和柚皮素合成也迅速增加，而随着时间的延长葡萄糖消耗速率逐渐降低（图 2.58），同时细胞生长和柚皮素合成逐渐放缓。在发酵后期对香豆酸积累水平始终维持在 30～40 mg/L 之间，而柚皮素产量不断提高，最终产量达到 282 mg/L。

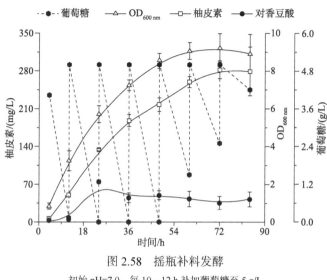

图 2.58　摇瓶补料发酵

初始 pH=7.0，每 10～12 h 补加葡萄糖至 5 g/L

2.6　基于微流控和流式分选的高通量筛选技术

2.6.1　基于微流控和流式分选的高通量筛选系统流程的构建

微流控技术是一种精确控制和操纵微尺度流体的技术，是一种新兴的跨学科技术，涉及化学、流体物理、微电子、材料和生物学。微流控芯片是用于实现微流控操作的微流控装置，其具有生物和化学实验最基本的功能。微流控芯片具有小型化、便携化、自动化和集成化等独特的特性，以其超高通量、高灵敏度、定量、准确的性能，广泛应用于生物学、化学和医学领域的科学研究和应用（Chen et al., 2019a; Steyer and Kennedy, 2019）。在工业微生物育种的应用中，由于结合荧光标记和分选等策略，微流体系统显著提高了筛选的效率。另外，一些其他的检测方法正在被试图应用于微流控系统中，包括质谱法、拉曼光谱法和毛细管电泳等，从而进一步扩大筛选过程的普遍性。基于流式分选和多孔板筛选的高通量筛选系统一般包括突变菌种库的构建、微流控包裹、流式分选、多孔板筛选、摇瓶筛选或发酵罐验证等，具体流程如图 2.59 所示。

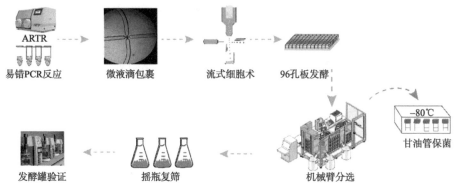

图 2.59　基于微流控和流式分选的高通量筛选系统流程

1. 微液滴包裹

基于微液滴的体外细胞区室化是利用水-油-水二级结构将细胞反应体系（细胞、底物、产物等）隔离成一个个独立的反应体系，每一个反应体系都包括一个突变体细胞或酶突变体。目前微液滴体外细胞区室化的方法有机械分散法和微流控芯片法。先前利用机械剪切力（搅拌、匀浆、膜挤出等）将一相分散到互不相容的另一相，进而制备大量微液滴。该法制备的微液滴粒径均一性比较差，在进行荧光强度定量时会带来较大的误差。微流控芯片法是利用芯片特殊的微通道结构逐个生成微液滴。常用的芯片结构有 T 型通道、流动聚焦结构、共轴流结构或相互组合等，该法制备的微液滴大小高度均一，是目前制备微液滴的常用方法。

2. 流式细胞仪检测与分选

流式细胞仪通过极细的鞘液流将单细胞或（微粒）排成一列，以极高的速度（每秒钟几千到上万个细胞）依此通过激光监测点。根据细胞通过监测点时的光信号（散射、荧光等）变化判断细胞的大小、形态及荧光强度等参数，根据细胞的性质，可给目标个体加上相应的电荷，使其在经过高压偏转板时偏转进入相应的收集管中。流式细胞仪的上述特点使得该方法能够以每小时 10^7 个细胞（或微粒）以上的速率进行检测和分选，大大提高了筛选通量及速率。

3. 流式细胞术高通量方法的多孔板初筛

将分选后的单个细胞在 96 孔板中培养至细胞成熟。分选其他微生物时直接将单个细胞分选至 96 孔板液体培养基中，用机械臂分选系统向长有细胞的 96 孔板中加入培养基 150 μL。在多孔板摇床上培养，培养一定时间后，应用机械臂分选系统进行检测分析，并筛选出具有优良特性的菌株。

4. 摇瓶复筛及发酵罐验证

将出发菌株和初筛得到的高产突变菌株活化后进行摇瓶水平的对比验证，可将验证过后的高产突变菌株传代培养进一步查看其遗传稳定性。将复筛确认的高产突变菌株在发酵罐中进行初步放大反应，为工业化实验提供参考。

著者所在团队建立的基于微流控和流式分选的高通量筛选系统已成功应用于筛选不同化合物生产的工业微生物菌株，包括基于随机诱变和 pH 感应器筛选高产丙酮酸的光滑球拟酵母、基于定向进化强化酿酒酵母中对辣根过氧化物酶的活性及基于随机诱变筛选强化酿酒酵母中 α-淀粉酶的活性等。

本节主要以随机诱变和 pH 感应器筛选高产丙酮酸的光滑球拟酵母的高通量筛选过程为例进行详细介绍。

2.6.2　应用 pH 感应器筛选强化丙酮酸的生产

丙酮酸是一种重要的小分子有机酸，是糖酵解途径（Embden-Meyerhof pathway，EMP）的最终产物，在糖代谢中具有关键的作用。丙酮酸可通过乙酰辅酶 A 和三羧酸循环实现体内糖、脂肪和氨基酸间的互相转化，因此，丙酮酸在三大营养物质的代谢联系中起着重要的枢纽作用。丙酮酸同时具有羧酸和酮的性质，可以广泛应用于多种行业：在医药方面，可以作为多种药物和氨基酸的前体物质，临床上用于治疗抑郁症和创伤性脑损伤，改善糖尿病患者体内胰岛素的分泌状态；在化工方面，可作为乙烯聚合物等多种复杂化合物的重要原料；在食品方面，可以作为一种食品添加剂，有利于提高体能。丙酮酸钙是一种很好的减肥产品，可以加速人体内脂肪酸的代谢。

目前，丙酮酸主要的生产方法为酒石酸脱水脱羧法，该方法工艺简单，产品收率为 50%～55%。随着合成技术的不断改进和完善，化学合成法已经有较大的进步。酶转化法生产丙酮酸通常以 D-乳酸氧化脱氢来实现，但原料成本限制了该方法的工业化应用。之后发现氧化 L-乳酸也可以生产丙酮酸，在降低底物成本的同时仍然保持着较高的转化率，但是过程中产生的过氧化氢易导致丙酮酸进一步氧化。微生物发酵生产丙酮酸的合成途径主要利用糖酵解途径从葡萄糖产生丙酮酸。许多微生物被报道具有积累丙酮酸的能力，如光滑球拟酵母、谷氨酸棒状杆菌、大肠杆菌和酿酒酵母，其中，以光滑球拟酵母生产丙酮酸的研究较多。目前，代谢工程等手段对菌株进行理性改造取得了相关突破，但是该种方法费时费力，且工程改造菌株不适用于一些国家的法律政策或者不易被群众接受。近年来，集合了微量化和自动化操作的高通量筛选，能够获得大规模的实验数据并进行自动分析，有效地促进了微生物育种技术的发展。然而，传统的筛选方法在筛选通量上存在严重限制，无法对大型突变文库进行快速检测和筛选。因此，需要建立一种新的筛选速度更快、效率更高的方法进而获得目的突变菌株。

1. 基于荧光比率激活-胞外分子浓度偶联的高通量筛选方法

自从研究人员开发出噬菌体表面展示系统以来,相关模式的表面展示系统被陆续报道,如细菌表面展示系统、酵母表面展示系统等。表面展示系统被广泛应用在基因工程及其相关研究与产业化的诸多方面,如从大量蛋白质突变文库或多肽构象中筛选目的蛋白、生物质水解与利用、开发生物传感器、新型疫苗的开发以及定向进化等。酵母细胞表面展示技术是一种真核蛋白表达系统,能够进行蛋白质折叠后修饰,展示更大分子量或分泌更多的外源蛋白。通常来说,酵母表面展示系统具有几种基础元件,如宿主细胞、启动子、锚定蛋白、连接肽、目的蛋白等,这些外源目的蛋白以融合蛋白的形式通过锚定蛋白的固定化作用,以不失去蛋白质天然活力的方式展示在微生物表面。随着基因工程及相关技术的发展,酵母表面展示系统也开发出基于不同基础元件的多种展示模式(Valkonen et al., 2013)。本节将介绍在光滑球拟酵母中引入了 Pir1 型以及 Agα 型酵母表面展示体系,以将 pHluorin 展示在表面,建立了一种全新的荧光比率激活-胞外分子浓度偶联的筛选模式(图 2.60)。

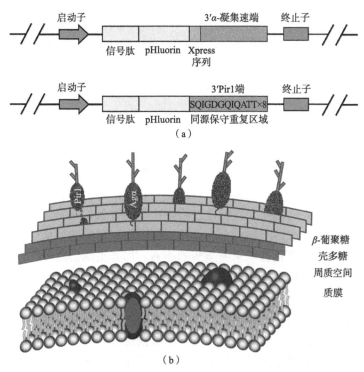

图 2.60　Pir1 和 Agα 介导的表面展示系统的构建

(a) Pir1 和 Agα 锚定系统的分子构建方法; (b) Pir1 和 Agα 锚定系统展示结构

　　Pir 表面展示体系可分别由多种 Pir 系列蛋白介导共价连接在酵母细胞壁上，其成熟肽蛋白 N 端有数目不等的重复序列。外源蛋白通过与其 N 端或 C 端融合、插入融合，与酯键或二硫键共价连接展示在细胞表面。α-凝集素由 *Agα* 基因编码，由 650 个氨基酸组成。其 C 端的 320 个氨基酸残基（富含丝氨酸和苏氨酸的支持区及糖基磷脂酰肌醇锚定蛋白附着信号区）与细胞壁葡聚糖共价结合，使其锚定在细胞壁上。锚定蛋白的 N 端与目的蛋白融合，以实现目的蛋白定位在细胞表面。研究选取了一种特殊的比率型荧光蛋白 pHluorin，分别在 395 nm 和 470 nm 具有两个激发波长，发射波长为 509 nm。当 pH 降低时，比率 pHluorin 的最大激发波长从 395 nm 到 470 nm 迁移。因此，可利用这两种不同的展示体系将 pHluorin 固定化在光滑球拟酵母表面。

　　为验证上述建立的分别由 Pir1 和 Agα 两种模式介导的展示系统是否成功将 pHluorin 展示在表面，取培养合适的细胞悬液反复清洗数次制片后进行激光共聚焦显微镜观察，结果显示，细胞外层具有较强的荧光信号。表明成功建立了两种由不同锚定蛋白介导的酵母表面展示系统，并实现 pHluorin 分泌表达并固定在细胞表面（图 2.61）。

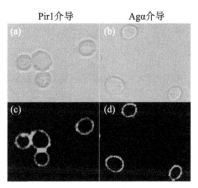

图 2.61　Pir1 和 Agα 介导的表面展示系统的验证

　　研究表明，当 pH 降低时，比率型荧光蛋白 pHluorin 的最大激发波长会从 395 nm 迁移到 470 nm，因此，可利用两个最大波长处的荧光强度的比率进行实时检测 pH 的变化。引入检测参数 R_i，其中 F_{em_395nm}、F_{em_470nm} 分别为在激发波长 395 nm 以及 470 nm 下细胞悬液的荧光强度，F_{bg_395nm}、F_{bg_470nm} 分别为在激发波长 395 nm 以及 470 nm 下的背景荧光强度。

$$R_i = \frac{F_{em\_395nm} - F_{bg\_395nm}}{F_{em\_470nm} - F_{bg\_470nm}}$$

　　为进一步验证该系统与丙酮酸分泌浓度的相关性，取相同发酵条件下不同表面展示体系的细胞悬液进行验证。随机取 48 孔板中的发酵液，分别在 395 nm 与 470 nm 激发波长下检测表面展示细胞的荧光强度比值，并进行 HPLC 检测对应的丙酮酸浓度。发现在两种表面展示系统中，丙酮酸浓度与荧光强度比率呈现出不同的线性相关性。其中由 Pir1 介导的线性关系为 $Y = -1.280X + 4.060$（$R^2 = 0.8938$），而由 Agα 介导的线性关系为 $Y = -1.099X + 3.749$（$R^2 = 0.9632$），后者展现出更好的线性关系，该结果显示不同的展示元件对目的蛋白的最终展示效果具有重要影响（图 2.62）。由 Pir1 锚定蛋白元件介导的展示效果线性相关性相对较弱，可能与目的蛋白在 Pir1 作用下的不规则展示相关，影响了其与响应物分子的相互接触。综上，可以选择 Agα 介导的表面展示系统进行荧光比率激活-胞外分子浓度偶联，构建一种新的高通量筛选方法。

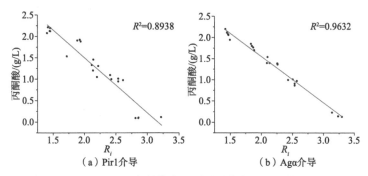

图 2.62　Pir1 和 Agα 介导的表面展示系统与丙酮酸产量相关性

2. 基于建模仿真分析的微流控系统的建立

由于微流动的尺寸效应影响，微流体在管道中表现出与宏观流体不同的性质。用于描述宏观流体的经典流体力学理论已经不适用于微观流体的流动规律。目前，描述微流体流动性质的数值模拟方法主要有分子动力学法、格子玻尔兹曼法和有限元法。其中有限元法相对易于操作，能够精确追踪两相界面，是研究微流体数值仿真分析的有效方法之一。基于有限元法、借助 COMSOL Multiphsics 软件进行微流体建模与仿真分析，该方法可用于分析预测微流体通道结构、微流体流速、压力等参数对液滴的形成与尺寸大小产生的影响，为实际实验提供理论指导与参考（图 2.63）。针对研究目标，提出以下假设：微流控系统与外界不发生能量交换，其两相流为不可压缩层流，二者物理参数恒定且在流动过程中不发生化学反应。目前常用的微流控芯片结构有 T 型通道结构、流动聚焦结构以及共轴流结构。本节以较常使用的流动聚焦型芯片结构为模板，相关尺寸设置同比例于实际尺寸，设置左侧入口为分散相入口，上下入口为连续相入口，右侧为液流出口，微流控通道为润湿壁，内部无滑移，为保证计算精度，模型网格划分采用普通物理标准中的超细化网格密度。设置界面追踪方法为水平集法，控制方程组如下：

$$\nabla \cdot u = 0$$

$$\rho \left[\frac{\partial u}{\partial t} + \left(u \cdot \nabla \right) u \right] = \nabla \cdot \left[-pI + \mu \left(\nabla u + \left(\nabla u \right)^T \right) \right] + F_{st}$$

$$\frac{\partial \phi}{\partial t} + u \cdot \nabla \phi = \gamma \nabla \cdot \left(-\phi \left(1 - \phi \right) \frac{\nabla \phi}{|\nabla \phi|} + \varepsilon \nabla \phi + \varepsilon \nabla \phi \right)$$

等效直径的计算方法设置为

$$d = 2 \sqrt{\int_{\Omega} \left(\phi > 0.5 \right) \mathrm{d}\Omega / \pi}$$

其中，t 为时间；u 为某一时刻 t 下的流体速率；ρ 为流体密度；I 为电流；μ 为黏度系数；p 为压力；T 为热力学温度；F_{st} 为界面张力；ϕ 为水平集函数；ε 为溶液的介电常数；d 为液滴直径；Ω 为电阻。

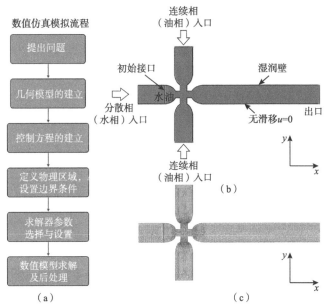

图 2.63　基于有限元分析的微流体系统仿真建模

（a）建模流程；（b）结构及其定义；（c）模型网络划分

基于以上建立的计算流体动力学模型进行微流控系统两相流流速条件对液滴大小产生的影响研究，设置不同的参数条件进行计算，得到不同条件下液滴直径的大小状态[图 2.64（a）]。当保持两相流中分散相流速不变时，计算得到液滴的直径大小随连续相的流速增大而减小；而当保持两相流中连续相的流速不变时，计算得到液滴的直径大小随分散相的流速增大而增加。这一结果表明液滴的直径大小受到两相流体的流速的影响,进一步利用 OriginPro 对具体的流速条件设置及得到的液滴直径大小进行曲面拟合得到如下方程(R^2=0.9526):

$$z = z_0 + By + Cy^2 + De^{\left(1-e^{\frac{E-x}{F}}-\frac{x-E}{F}\right)}$$

其中, z 为液滴等效直径大小; x, y 分别为连续相和分散相的流速大小。

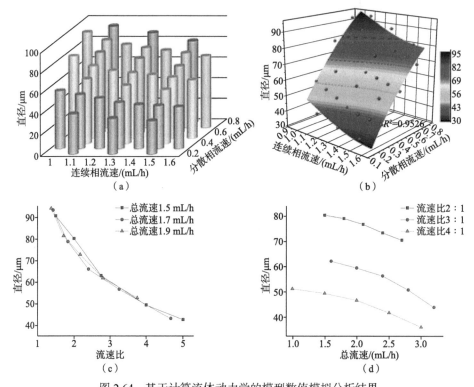

图 2.64　基于计算流体动力学的模型数值模拟分析结果

(a)液滴大小与连续相和分散相流速关系;(b)液滴大小与两相流速曲面拟合的量化结果;
(c)液滴大小与流速比之间的关系;(d)液滴大小与总流速之间的关系

上述结果表明,在保持其余参数条件不变时,在流动聚焦型管道结构中,液滴的生成大小与两相流的流速条件存在着量化关系。为进一步探究流速比(连续相流速大小/分散相流速大小)以及总流量对液滴生成大小的影响,设置并计算了两种情况下的不同参数条件,控制总流速分别为 1.5 mL/h、1.7 mL/h、1.9 mL/h,探究流速比对液滴大小的影响;控制流速比分别保持在 2∶1、3∶1、4∶1 时,探究总流速对液滴直径大小的影响。由模型计算结果得知总流速分别在 1.5 mL/h、

1.7 mL/h、1.9 mL/h 时，液滴的大小（μm）随着流速的增大而减小，且减小速度较快。而在流速比保持在 2∶1、3∶1、4∶1 时，液滴的大小随着总流速的增加也出现减小现象，但减小速度较为平缓。

为制备得到大小适合的微液滴，依据上述理论以及基于计算流体动力学模型得到的结果搭建微流控系统。其中，芯片为 PDMS 流动聚焦型微流控芯片，设置不同的流速参数（连续相流速、分散相流速分别为 1.3 mL/h、0.3 mL/h；1.5 mL/h、0.3 mL/h；1.7 mL/h、0.3 mL/h；1 mL/h、3 mL/h、0.5 mL/h；1.5 mL/h、0.5 mL/h；1.7 mL/h、0.5 mL/h）时，液滴的大小呈现出与数值分析模型中一致的规律（a：连续相流速、分散相流速分别为 1.3 mL/h、0.2 mL/h；b：连续相流速、分散相流速分别为 1.3 mL/h、0.3 mL/h；c：连续相流速、分散相流速分别为 1.5 mL/h、0.4 mL/h；d：连续相流速、分散相流速分别为 1.3 mL/h、0.4 mL/h）（图 2.65）。选择其中液滴生成大小合适的一个参数（连续相流速、分散相流速分别为 1.3 mL/h、0.3 mL/h），得到的液滴直径大小为 40~43 μm，与模型预测值呈现约 9.2% 的偏差。为建立能

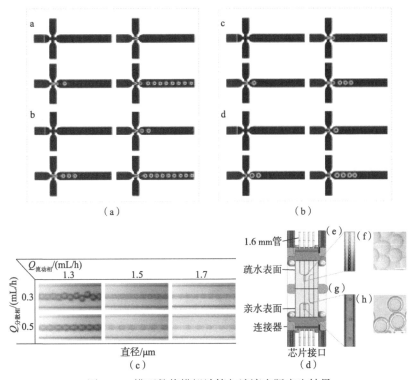

图 2.65　模型数值模拟计算与液滴实际产生结果

（a）保持连续相流速不变，改变分散相流速条件下的模型预测结果；（b）保持分散相流速不变，改变连续相流速条件下的模型预测结果；（c）控制不同的流速条件下液滴的产生结果；（d）微流控芯片结构；（e）油包水结构液滴在管道中的产生；（f）油包水结构液滴显微镜观察结果；（g）水-油-水结构液滴在管道中的产生；（h）水-油-水结构液滴显微镜观察结果

与流式细胞仪兼容的水-油-水二级结构液滴，采用了另一块亲水型的流动聚焦型芯片，外层的连续相与内层的分散相在疏水型芯片中发生流动聚焦作用生成油包水结构液滴，液滴再在亲水型芯片中与外层水相相遇，作用生成水-油-水二级结构液滴，基于流式细胞仪分析，得到的液滴大小较为均一，适合后续的筛选工作。

3. 高产菌株的筛选

1）诱变处理

为建立突变库，对含有 Agα 介导的表面展示系统的光滑球拟酵母分别进行ARTP 诱变和 EMS 诱变，从而在特定条件下获得相对较高的致死率（图 2.66）。ARTP 诱变：在氦气流量为 10 SLM，入射功率为 100 W，照射距离为 2 mm 条件下进行诱变处理。处理时间为 20 s 时，菌株已经受到损伤，达到近 50%的致死率；ARTP 诱变处理时间从 20 s 增加至 30 s，致死率从 50%左右急剧增加到近 80%；诱变时间从 30 s 增加值 40 s，诱变致死率继续增大，在诱变时间为 40 s 时，ARTP 对菌株的致死率为 96%，继续增大诱变处理时间，菌株发生了回复突变[图 2.66（a）]。研究报道，诱变致死率在 80%～90%以上的突变效果较好，因此，选择 ARTP 诱变处理时间为 30～40 s。EMS 诱变：随着 EMS 浓度增加，菌株致死率逐渐提高。EMS 浓度为 10 μL/mL 时，对光滑球拟酵母伤害较小，致死率只有 20%左右。EMS 浓度为 40 μL/mL 时，致死率达 80%左右。EMS 浓度达到50 μL/mL 时，对光滑球拟酵母的致死率达到 90%以上。EMS 浓度增大到 70 μL/mL时，对光滑球拟酵母的致死率已达到 100%。因此，选择 EMS 处理菌株浓度为 40～60 μL/mL。

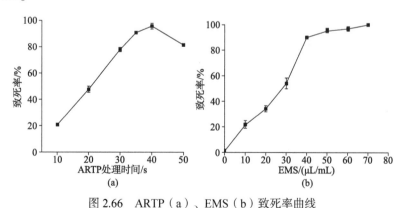

图 2.66　ARTP（a）、EMS（b）致死率曲线

2）基于流式细胞仪的超高速分选

总体筛选流程如图 2.67 所示。

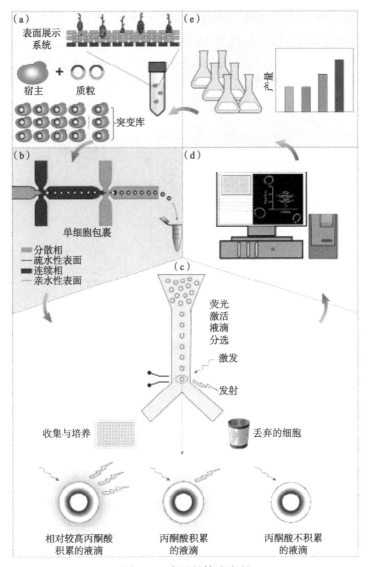

图 2.67 高通量筛选流程

（a）酵母表面展示体系的构建及突变体文库的构建；（b）基于数值模拟模型的微流控系统的构建及单细胞包裹；
（c）流式细胞仪超高速分选；（d）酶标仪计算荧光强度比例进行初筛；（e）摇瓶产量验证

　　将由 Agα 介导的表面展示有 pHluorin 的光滑球拟酵母微液滴上样分析。由于 pHluorin 的 395 nm 和 470 nm 双波长激发，以及随着 pH 的降低，最大激发波长从 395 nm 到 470 nm 迁移的特性，选择 488 nm 的蓝色激光器以及 FITC 通道收集荧光信号。在第一轮的筛选过程中，得到了约 4×10^7 个突变体菌株，流式分析结果显示，具有较高荧光强度的荧光信号约占总体的 19.4%[图 2.68（b）]。从较强的荧光信号部分中分选出 3000 个菌株至多孔板培养。培养一定时间后，分别从培养的多孔板吸取 200 μL 样品至黑色 96 孔板中进行荧光强度比率 R_i 的计算，选择较低荧光强度比值的菌株进行摇瓶发酵检测，将丙酮酸产量最高的光滑球拟酵母重新随机诱变处理进行新一轮的诱变筛选[图 2.68（c）]。

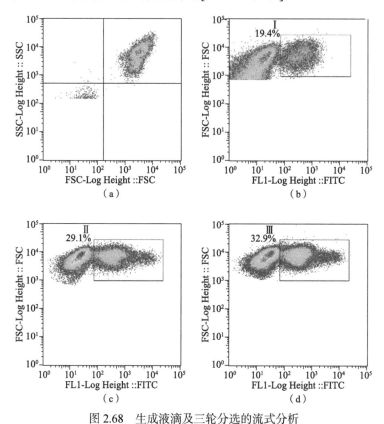

图 2.68　生成液滴及三轮分选的流式分析

（a）实验生成液滴的流式分析；（b）第一轮分选时的流式分析结果；（c）第二轮分选时的流式分析结果；
（d）第三轮分选时的流式分析结果

　　经过三轮流式后，具有明显较高荧光强度的信号从最初的 19.4% 提高至 29.1% 再到 32.9%，这一结果表明了筛选的有效性（图 2.69）。在蓝色激发器的激发状态下，荧光强度越高说明 pHluorin 更大程度向 470 nm 激发波长迁移，意味着丙酮酸的相对浓度更高。

　　3）初筛及摇瓶复筛结果

　　对 Agα 介导的表面展示系统的细胞依次进行了两轮的 ARTP 诱变处理和一轮的 EMS 诱变处理，根据计算流体动力学的数值仿真模型建立微流控系统，由流式细胞仪分选出具有较高荧光强度信号的细胞置于多孔板培养基中培养，酶标仪检

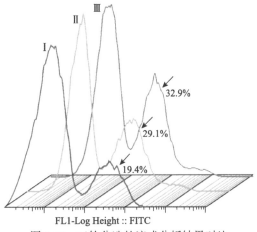

图 2.69　三轮分选的流式分析结果对比

测荧光强度比值 R_i，再将每轮计算得到的 R_i 值较低的菌株进行摇瓶复筛，结果如图 2.70 所示。随机挑选的一株经 ARTP 诱变但未经分选的菌株，其丙酮酸产量与出发菌株相当，而经过包裹分选与初筛和复筛后最终得到的菌株，产量相对出发菌株呈现不同程度的提高，说明从突变体文库中进行高速分选的必要性。第一轮筛选得到的菌株丙酮酸产量对比出发菌株至少有 15.2% 的提高；第二轮筛选得到的菌株丙酮酸产量对比出发菌株至少有 21.3% 的提升；第三轮筛选获得的菌株丙酮酸产量对比出发菌株至少有 25.6% 的提升，提升幅度相对前两轮有所下降，但是得到一株最好菌株 4H2，最终产量为（38.85±0.16）g/L，相对出发菌株丙酮

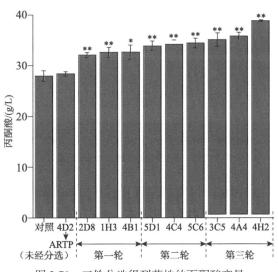

图 2.70　三轮分选得到菌株的丙酮酸产量

*表示存在差异；**表示差异显著

酸产量有 38.9%程度的提升。得到的突变菌株发酵相关参数如表 2.12 所示，其中 4H2 和出发菌株 250 mL 摇瓶发酵过程如图 2.71 所示，从中可以看出突变菌株和出发菌株 DCW 相差不明显，结果表明传统的基于微生物生长为筛选指标的流式细胞分选并不适用于该种情况。

表 2.12 突变菌株发酵参数对比

菌株	DCW/（g/L）	丙酮酸/（g/L）	生产强度/[g/（L·h）]	$Q_{丙酮酸/葡萄糖}$/（g/g）
对照	12.05 ± 0.12	27.96 ± 0.17	0.44	0.23
5D1	11.9 ± 0.16	33.87 ± 0.96	0.53	0.28
4C4	12.87 ± 0.49	34.15 ± 0.93	0.53	0.28
5C6	12.92 ± 0.28	34.43 ± 0.95	0.54	0.29
3G5	12.85 ± 0.15	35.06 ± 1.36	0.55	0.29
4A4	12.92 ± 0.53	35.86 ± 0.66	0.56	0.30
4H2	12.12 ± 0.15	38.85 ± 0.16	0.61	0.32

注：DCW 代表细胞干重。

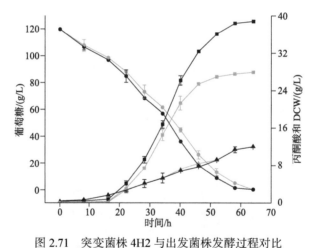

图 2.71 突变菌株 4H2 与出发菌株发酵过程对比

葡萄糖（●：原始菌株；●：4H2 突变体）；DCW（▲：原始菌株；▲：4H2 突变体）；
丙酮酸（■：出发菌株；■：4H2 突变体）

为进一步测定 4H2 中副产物多糖的含量，我们利用苯酚-硫酸法进行多糖成分的提取与检测。发酵液离心后吸取 1mL 上清液，加入 4 mL 95%的乙醇混匀，4℃保存 3～4 h 沉淀多糖及蛋白质。离心醇沉溶液弃去上清液，加入 2 mL 75%乙醇混匀离心弃去上清液，加入 4 mL 纯化水振荡复溶多糖，离心后吸取上清液 1mL，加入 1 mL 蒸馏水、1 mL 6%苯酚溶液，再迅速加入 5 mL 浓硫酸，混合均匀后沸水浴 20 min，冷却至室温；以 2.0 mL 水按同样显色操作为空白，同样品一起测定 490 nm

处的光密度，得到多糖标准曲线为 $Y=0.1317X+0.0003$ （$R^2=0.9987$）。应用上述方法，分别对 4H2 和出发菌株发酵液中的多糖进行提取并分析测定其含量，结果如图 2.72 所示，其中测定出发菌株多糖副产物浓度约为 33.2 g/L，4H2 菌株的多糖副产物浓度约为 11.6 g/L，相对降低 65.1%，这表明多糖是影响最终丙酮酸得量的一个因素，这也为之后对光滑球拟酵母进行理性改造强化丙酮酸的生产提供了思路。

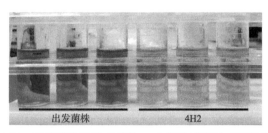

图 2.72　出发菌株及突变菌株 4H2 苯酚-硫酸法多糖的提取

4. 培养基优化及 15 L 发酵罐检测

更换种子培养基以及发酵条件为：葡萄糖 30 g/L，大豆蛋白胨 10 g/L，$MgSO_4\cdot 7H_2O$ 0.5 g/L，KH_2PO_4 1 g/L，调节 pH 为 5.5，培养 20～24 h 至 $OD_{660\,nm}$ 达到 18～20 时，以 10%的接种量进行转接发酵。由图 2.73 可看出，优化培养基后，最终筛选菌株 250 mL 摇瓶丙酮酸产量为 48.6 g/L，比优化前突变菌株产量提高约 10 g/L，52 h 葡萄糖含量即被耗尽，发酵时间比之前缩短约 12 h，转化率提高到 0.41，比优化前提高了 30%。由图 2.74 可知，菌株前中期比生长速率和产物的比生成速率均比培养基更换前有所提高。

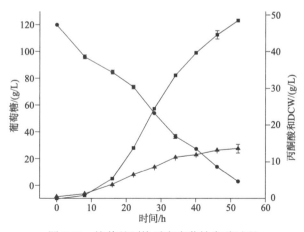

图 2.73　培养基更换后突变菌株发酵过程

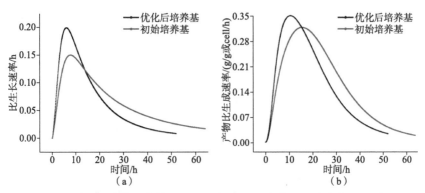

图 2.74　培养基更换前后菌株比生长速率（a）和产物比生成速率（b）的对比

基于上述结果，继续在 15 L 发酵罐中进行了发酵验证，发酵控制条件为：转速 600 r/min，初始装液量 9L/15 L，通风比 1vvm（9 L/min），8 mol/L NaOH 调节 pH 恒定在 5.5。发酵结果显示，70 h 时出发菌株的丙酮酸产量为 45.6 g/L，突变菌株丙酮酸的产量为 67.8 g/L，相比出发菌株提高了 48.68%（图 2.75）。

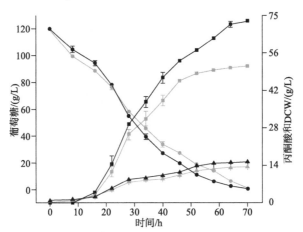

图 2.75　15 L 罐出发菌株和 4H2 突变菌株发酵过程变化

葡萄糖（●：原始菌株；●：4H2 突变体）；DCW（▲：原始菌株；▲：4H2 突变体）；

丙酮酸（■：出发菌株；■：4H2 突变体）

2.7　工业发酵微生物菌种高通量筛选技术展望

新一代发酵工程技术的主要内容之一是发酵微生物的高通量筛选。高通量筛选技术有效提高了发酵微生物菌株筛选过程的自动化程度和筛选规模，极大地降低了过程的劳动力投入，提高了筛选效率，在选育具有较好的环境耐受性、底物利用率和代谢物生产强度等优良性能的发酵微生物菌株方面取得了较好的成果。

对发酵微生物的高通量筛选过程进行总结，包括以下几个重要环节。

（1）微生物多样性获取的方法，包括物理化学诱变、适应性进化策略和基因工程等手段，其中，结合微液滴包裹技术和基因组改组技术等的适应性进化策略、多种定向进化策略和基于基因编辑技术和生物信息学开发的系列随机组装策略，极大地扩大了高通量筛选突变菌种库的规模和多样性，这为高通量筛选优良菌株提供了良好的基础。

（2）筛选过程中目标产物的快速定量方法，包括基于紫外-可见光光谱检测方法、荧光光谱检测方法、基于电化学传感器的检测方法、基于生物传感器的检测方法以及拉曼光谱、红外光谱和近红外光谱检测方法。建立的基于目标物质本身颜色或者荧光特性，以及通过染色或转化为有颜色或荧光物质的策略，尤其是多种基于生物传感器方法的构建，极大地扩大了高通量筛选的应用范围。

（3）基于不同筛选规模和筛选装备的高通量筛选流程构建及其应用实例举例，包括基于多孔板的高通量筛选技术、基于流式分选和多孔板筛选的高通量筛选技术和基于微流控和流式分选的高通量筛选技术，筛选过程结合微量滴定板、荧光激活细胞分选、液滴微流体等筛选平台实现了精准、快速和低成本进行优良菌株的筛选。

总之，相对于传统发酵微生物的筛选方法，高通量筛选技术从质与量上都实现了飞跃。但是，在目前的阶段，大部分高通量筛选方法还局限于对细胞代谢中特定的代谢产物、酶或者代谢路径的筛选，更加普遍的适用性还有待发展。

随着合成生物学和代谢工程策略在构建细胞工厂方面的发展，尤其是人工合成酵母的问世，研究者可以针对所需求的目标化合物的合成，更加理性、高效地对目标菌株进行人工设计和大片段基因重组，产生更多的基因型和表型，通过表型与基因型的相互关系更高效地实现菌株的快速进化。

因此，应进一步提高筛选方法应用的普适性和筛选效率，为筛选优良工业微生物过程中高通量筛选方法的建立提供有力的技术支撑，从而最终实现更多发酵产品工业化过程中高产量、高转化率和高生产强度的相对统一，以下工作是今后的发展趋势。

（1）目前，虽然许多有效的分析方法，特别是基于生物传感器的分析方法，被设计并用于高性能微生物细胞工厂的高通量过程，但这些筛选策略往往缺乏普遍适用性，一般只适用于某些特定的代谢产物或酶。因此，需开发更多的特异性响应小分子的生物传感器，以进一步提高生物传感器的精确度、准确度和适用性。

（2）微生物单克隆挑选系统、全自动化移液工作站、流式细胞分选仪、微流控系统、多功能酶标仪等自动化设备很好地降低了高通量筛选过程的人工操作过程，提高了筛选效率，但整合所有模块的全自动化筛选尚未实现。因此，结合人工智能的发展，可以进一步推动自动化筛选和自动化数据分析能力的进步。

（3）基于微液滴和多孔板筛选获得的优良菌株在工业生产中的性能不一定最佳，要想获得最佳性能需要再进行系统的过程优化，从而获得可以模拟工业生产条件的缩小比例的反应体系显得尤为重要。因此，可以基于互联网大数据平台的分析预测，结合模拟工业发酵规模的微反应器进行发酵过程的系统优化。

（周景文　曾伟主　陈坚）

参 考 文 献

程艳, 堵国成, 周景文, 等, 2017. 高通量筛选诱变菌株降低黄酒发酵氨基甲酸乙酯前体积累[J]. 微生物学报, 57: 1517-1526.

李红月, 曾伟主, 周景文, 2018. 高产吡咯喹啉醌扭脱甲基杆菌的高通量选育[J]. 生物工程学报, 34: 794-802.

AYMARD C, BONAVENTURA C, HENKENS R, et al., 2017. High-throughput electrochemical screening assay for free and immobilized oxidases: electrochemiluminescence and intermittent pulse amperometry[J]. Chemelectrochem, 4: 957-966.

CAO X, LUO Z, ZENG W, et al., 2018. Enhanced avermectin production by *Streptomyces avermitilis* ATCC 31267 using high-throughput screening aided by fluorescence-activated cell sorting[J]. Applied Microbiology and Biotechnology, 102: 703-712.

CHEN P, CHEN D, LI S, et al., 2019a. Microfluidics towards single cell resolution protein analysis[J]. TrAC Trends in Analytical Chemistry, 117: 2-12.

CHEN X, GAO C, GUO L, et al., 2017. DCEO biotechnology: tools to design, construct, evaluate, and optimize the metabolic pathway for biosynthesis of chemicals[J]. Chemical Reviews, 118: 4-72.

CHEN Y, LIU L, SHAN X, et al., 2019b. High-throughput screening of a 2-keto-L-gulonic acid-producing *Gluconobacter oxydans* strain based on related dehydrogenases[J]. Frontiers in Bioengineering and Biotechnology, 7: 385.

CHENG F, ZHU L, SCHWANEBERG U, 2015. Directed evolution 2.0: improving and deciphering enzyme properties[J]. Chemical Communications, 51: 9760-9772.

HAN H, ZENG W, DU G, et al., 2020. Site-directed mutagenesis to improve the thermostability of tyrosine phenol-lyase[J]. Journal of Biotechnology, 310: 6-12.

HU Y, WAN H, LI J, et al., 2015. Enhanced production of L-sorbose in an industrial *Gluconobacter oxydans* strain by identification of a strong promoter based on proteomics analysis[J]. Journal of Industrial Microbiology & Biotechnology, 42: 1039-1047.

HUANG P S, BOYKEN S E, BAKER D, 2016. The coming of age of de novo protein design[J]. Nature, 537: 320-327.

JAKOCIUNAS T, RAJKUMAR A S, ZHANG J, et al., 2015. CasEMBLR: Cas9-facilitated multiloci genomic integration of *in vivo* assembled DNA parts in *Saccharomyces cerevisiae*[J]. ACS Synthetic Biology, 4: 1226-1234.

JIAN X, GUO X, WANG J, et al., 2020. Microbial microdroplet culture system (MMC): an integrated platform for automated, high-throughput microbial cultivation and adaptive evolution[J]. Biotechnology and Bioengineering, 117: 1724-1737.

LEAVELL M D, SINGH A H, KAUFMANN-MALAGA B B, 2020. High-throughput screening for improved microbial cell factories, perspective and promise[J]. Current Opinion in Biotechnology, 62: 22-28.

LEE S Y, KIM H U, CHAE T U, et al., 2019. A comprehensive metabolic map for production of bio-based chemicals[J]. Nature Catalysis, 2: 18-33.

LIN J L, WAGNER J M, ALPER H S, 2017. Enabling tools for high-throughput detection of metabolites: metabolic engineering and directed evolution applications[J]. Biotechnology Advances, 35: 950-970.

LUO Z, ZENG W, DU G, et al., 2017. A high-throughput screening procedure for enhancing pyruvate production in *Candida glabrata* by random mutagenesis[J]. Bioprocess and Biosystems Engineering, 40: 693-701.

LV Y, CHENG X, DU G, et al., 2017. Engineering of an H$_2$O$_2$ auto-scavenging *in vivo* cascade for pinoresinol production[J]. Biotechnology and Bioengineering, 114: 2066-2074.

MA F, CHUNG M T, YAO Y, et al., 2018. Efficient molecular evolution to generate enantioselective enzymes using a dual-channel microfluidic droplet screening platform[J]. Nature Communications, 9: 1030.

QIN Y L, WU L, WANG J, et al., 2019. A fluorescence-activated single-droplet dispenser for high accuracy single-droplet and single-cell sorting and dispensing[J]. Analytical Chemistry, 91: 6815-6819.

SI T, CHAO R, MIN Y, et al., 2017. Automated multiplex genome-scale engineering in yeast[J]. Nature Communications, 8: 15187.

STAVRAKIS S, HOLZNER G, CHOO J, et al., 2019. High-throughput microfluidic imaging flow cytometry[J]. Current Opinion in Biotechnology, 55: 36-43.

STEYER D J, KENNEDY R T, 2019. High-throughput nanoelectrospray ionization-mass spectrometry analysis of microfluidic droplet samples[J]. Analytical Chemistry, 91: 6645-6651.

VALKONEN M, MOJZITA D, PENTTILA M, et al., 2013. Noninvasive high-throughput single-cell analysis of the intracellular pH of *Saccharomyces cerevisiae* by ratiometric flow cytometry[J]. Applied and Environmental Microbiology, 79: 7179-7187.

WANG L Y, HUANG Z L, LI G, et al., 2010. Novel mutation breeding method for *Streptomyces avermitilis* using an atmospheric pressure glow discharge plasma[J]. Journal of Applied Microbiology, 108: 851-858.

WANG X, LI Q, SUN C, et al., 2019. GREACE-assisted adaptive laboratory evolution in endpoint fermentation broth enhances lysine production by *Escherichia coli*[J]. Microbial Cell Factories, 18: 106.

WONG B G, MANCUSO C P, KIRIAKOV S, et al., 2018. Precise, automated control of conditions for high-throughput growth of yeast and bacteria with eVOLVER[J]. Nature Biotechnology, 36: 614-623.

ZENG W, DU G, CHEN J, et al., 2015. A high-throughput screening procedure for enhancing α-ketoglutaric acid production in *Yarrowia lipolytica* by random mutagenesis[J]. Process Biochemistry, 50: 1516-1522.

ZENG W, FANG F, LIU S, et al., 2016. Comparative genomics analysis of a series of *Yarrowia lipolytica* WSH-Z06 mutants with varied capacity for α-ketoglutarate production[J]. Journal of Biotechnology, 239: 76-82.

ZENG W, GUO L, XU S, et al., 2020. High-throughput screening technology in industrial biotechnology[J]. Trends in Biotechnology, 38(8): 888-906.

ZENG W, XU B, DU G, et al., 2019. Integrating enzyme evolution and high-throughput screening for efficient biosynthesis of L-DOPA[J]. Journal of Industrial Microbiology & Biotechnology, 46: 1631-1641.

ZHANG W, CHENG Y, LI Y, et al., 2018. Adaptive evolution relieves nitrogen catabolite repression and decreases urea accumulation in cultures of the Chinese rice wine yeast strain *Saccharomyces cerevisiae* XZ-11[J]. Journal of Agricultural and Food Chemistry, 66: 9061-9069.

ZHANG X, ZHANG C, ZHOU Q Q, et al., 2015. Quantitative evaluation of DNA damage and mutation rate by atmospheric and room-temperature plasma (ARTP) and conventional mutagenesis[J]. Applied Microbiology and Biotechnology, 99: 5639-5646.

ZHANG X, ZHANG X F, LI H P, et al., 2014. Atmospheric and room temperature plasma (ARTP) as a new powerful mutagenesis, tool[J]. Applied Microbiology and Biotechnology, 98: 5387-5396.

ZHOU S, ALPER H S, 2019. Strategies for directed and adapted evolution as part of microbial strain engineering[J]. Journal of Chemical Technology & Biotechnology, 94: 366-376.

ZHOU S, DING R, CHEN J, et al., 2017. Obtaining a panel of cascade promoter-5′-UTR complexes in *Escherichia coli*[J]. ACS Synthetic Biology, 6: 1065-1075.

ZHOU S, LIU P, CHEN J, et al., 2016. Characterization of mutants of a tyrosine ammonia-lyase from *Rhodotorula glutinis*[J]. Applied Microbiology and Biotechnology, 100: 10443-10452.

ZHOU S, LYU Y, LI H, et al., 2019. Fine-tuning the (2S)-naringenin synthetic pathway using an iterative high-throughput balancing strategy[J]. Biotechnology and Bioengineering, 116: 1392-1404.

ZHU Y, LIU J, LIU J, et al., 2012. A high throughput method to screen companion bacterium for 2-keto-L-gulonic acid biosynthesis by co-culturing *Ketogulonicigenium vulgare*[J]. Process Biochemistry, 47: 1428-1432.

第 3 章　基因快速编辑组装与表达调控技术

优良微生物菌种的获得是发酵工程技术的核心研究内容之一，而高效微生物细胞工厂的构建是新一代发酵工程技术的关键。传统优良微生物菌种的获得依赖于人工诱变与筛选。然而，效率低、劳动强度高、周期长等缺点限制了微生物菌种的改良，难以满足工业发酵生产需求。20 世纪 90 年代，随着基因组测序技术的发展，许多微生物尤其是传统的工业微生物菌种的基因组序列已全部测序。基于质粒表达系统的基因工程与理性的代谢工程，许多目标化合物的合成途径获得了理性强化与修饰。目前，许多基于正向与反向代谢工程改良的菌种已应用于氨基酸、生物多糖、维生素的发酵生产。

近年来，随着微生物基因组学、系统生物学与合成生物学的发展，工业微生物菌种改造技术也获得了飞速发展。基因快速编辑与组装技术、基因表达与调控技术、基因组合成与改造技术等新技术纷纷被报道。这些新技术实现了对基因或基因组的快速、理性、精准改造与可逆调控，实现了从细胞层面上对代谢网络的重新设计与重构，加速了优良微生物细胞工厂的构建。基于这些新技术，许多性状优良的工业微生物细胞工厂得以构建并应用于多个产品的高产量、高转化率、高强度的发酵生产中。新技术的出现加速了新一代发酵工程技术的发展。基因快速编辑组装与表达调控技术的快速发展为构建高性能的微生物细胞工厂、加速发酵工程技术的发展提供了强大的技术支撑。

3.1　微生物细胞基因工程改造技术概述

20 世纪 30 年代，尽管通过传统的化学诱变和高效的筛选技术可以获得工业发酵生产能力提高的突变菌株，但是这些传统的诱变育种方法存在较大的局限性。如菌株发酵产物种类有限，主要集中在乙醇、丁醇、丙酮、甘油、有机酸、氨基酸和抗生素等代谢物。此外，大多数菌株的发酵产物是多种化合物的混合物，目标产品的转化率通常比较低，最终导致目标化合物的分离、提取、纯化成本非常高。

20 世纪 70 年代，基因工程的问世从根本上改变了生物技术的研究和开发模式。利用基因工程技术，可以直接、有针对性地在 DNA 分子水平进行生物遗传性状的改造。通过转入外源基因，微生物和动物、植物细胞可以合成自身没有的蛋白质；利用 DNA 重组技术，可以实现一些低产量高附加值的小分子或大分子物质的低成本发酵生产。

3.1.1　基因工程技术

狭义的基因工程（genetic engineering），也称为重组 DNA 技术，是指将一种生物体的某个基因与载体在体外进行剪切重组，然后转入另一个生物体内，使之按照人们的意愿稳定遗传并表达出新产物或新性状的遗传学技术。广义的基因工程，是指重组 DNA 技术的产业化设计与应用，包括上游技术和下游技术两大组成部分。上游技术是指基因重组、克隆和表达的设计与构建（狭义的基因工程）；而下游技术则涉及基因工程菌或细胞的大规模培养以及基因产物的分离纯化过程（Trenkmann, 2017）。

3.1.2　基因工程的发展历程

根据发展历程，基因工程大致可划分为四个阶段：第一代基因工程，也是经典的基因工程，研究方向为蛋白多肽的高效表达，重组的人胰岛素就是最好的例证；第二代基因工程为蛋白质工程，主要研究方向为蛋白质编码基因的定向突变；第三代基因工程为代谢工程，研究方向为代谢途径的修饰与重构；第四代基因工程为合成生物学技术，主要研究方向为人工元件的设计合成、人工表达调控系统与网络的构建、人工基因组与细胞工厂的构建等（Burgess, 2017）。

1. 第一代基因工程

在第一代基因工程中，科技工作者十分重视基础研究，包括构建一系列商业化的克隆载体和相应的表达载体系统，建立不同物种的基因组文库和 cDNA 文库，开发新的工具酶、探索新的操作方法，使基因工程技术不断趋向成熟。

2. 第二代基因工程

20 世纪 80 年代，美国生物学家额尔默首先提出了"蛋白质工程"理念。蛋白质工程就是通过基因重组技术改变或设计合成具有特定生物功能的蛋白质。由于蛋白质工程是在基因工程的基础上发展起来的，在技术上拥有与基因工程技术相似的地方，因此蛋白质工程也被称为第二代基因工程。

3. 第三代基因工程

20 世纪末，随着工业的高速发展，伴随着环境破坏、人口快速增长、资源枯竭等，人们开始意识到人类盲目的生产及社会活动最终将危及人类自身。在可持续发展战略指导下，第三代基因工程——代谢工程（也称途径工程）应运而生。代谢工程是利用基因工程技术强化、改变或重组细胞的代谢系统，设计和构建新的代谢系统以改变其代谢流，提高目的代谢物的产量，合成新的代谢物或降解污染物。

4. 第四代基因工程

21世纪诞生的合成生物学以工程学理论为依据，设计和合成新的生物元件，或是设计改造已存在的生物系统。这些设计和合成的核心元件（如酶、基因电路、代谢途径等）具有特定的标准操作。小分子生物元件组装成大的系统，用于可再生生物能源和化合物的生产、药物前体合成、基因治疗等。合成生物学和传统的代谢工程在用于微生物发酵生产时目的是一样的，区别在于使用的技术方法。合成生物学相比于传统代谢过程有三大优势：①能减少遗传改造的时间，提高改造的可预测性和可靠性；②能创建可预测、可重复使用的生物元件，如表达系统和环境应答感应器等；③能有效地将多个生物元件组装成具有功能的装置。

3.1.3 基因工程技术的开发

1. 基因快速编辑工具

体外定点突变技术是当前生物技术领域中的一个重要实验手段，多运用于蛋白质改造、代谢工程和合成生物学领域基因体外的快速进化。基于引物介导的单点突变是一项成熟的定点突变技术。然而，研究中往往涉及同时对多个位点的突变。重复单点突变不能满足实验需要，也非常浪费时间。针对这个问题，本书作者开发了RECODE技术，实现了靶基因多位点与多区域的高效快速突变（Kang et al., 2018）。

2. DNA多片段快速组装工具

人工合成途径、代谢网络以及人造生命的构建得益于DNA大片段组装技术的突破。近年来，利用大肠杆菌、酵母与芽孢杆菌等菌种的高效同源重组（homologous recombination）能力，各种体内DNA多片段、大尺度的组装方法相继被开发，其中代表性的技术有DNA assembler、Inchworm method等。同时，为突破体外获取DNA大片段的局限性，以非典型酶切连接或序列非依赖的chew-back组装作为新理念，各种灵巧的体外组装方法如Biobrick\ Bglbrick、SLIC、Gibson与DATEL等也应运而生。这些体内、体外DNA组装方法的相继诞生，加速了合成生物学功能元件库、生物合成途径乃至酵母染色体的人工构建，促进了代谢工程、基因组编辑等领域的迅速发展。

3. 新型质粒表达系统

质粒作为游离于基因组的表达系统广泛应用于基因的扩增与表达。传统质粒的存在依赖于一种或多种抗生素的添加。然而，抗生素的添加不仅增加了发酵成本，还存在抗性基因平移的生物安全隐患问题；此外，抗生素残留已成为一个难以解决的问题。依赖于抗生素添加的表达系统难以应用于食品工业。实际上，即使添加抗生素，很多高拷贝的质粒丢失仍然严重。这是因为即使质粒丢失，转运或水解抗生素的酶已经获得表达，在此状况下，微生物宿主依然可以在含有抗生素的发酵液中代谢。因此，传统依赖于抗生素添加的质粒表达系统存在"后觉后知"的问题。因此，无抗生素选择表达系统的研发正在蓬勃发展，各种新颖巧妙的方法不断被开发，改变了现在使用抗生素筛选的格局。

4. 基因组高效编辑系统

近年来，基因组编辑工具获得迅猛发展，不少团队已实现了基因组的定点编辑功能。早期的基因组编辑依赖于传统的同源重组技术。后来，利用位点特异性重组（site-specific recombination）酶系统大大提高了效率，包括 Cre 蛋白和与之对应的 loxP 序列、Flp-FRT 系统、C31 整合酶-att 位点。这些系统首先需要 loxP、FRT、att 序列插入基因组上的特定位点，然后引入位点特异性重组蛋白，使得基因组 DNA 重排（Yadav et al., 2018）。近几年位点特异性切割蛋白得到了迅速发展，从大型核酸酶兆核酸酶（meganuclease）的应用，到锌指蛋白核酸酶 ZFN（zinc-finger nuclease）、转录激活因子样效应物核酸酶 TALEN（transcription activator-like nuclease）和 CRISPR（clustered regularly interspaced short palindromic repeats）等。这些工具的共同点是在细胞内引起 DNA 双链的断裂（double-strand breaks），然后通过细胞自身的非同源末端连接引起错误修复，或者额外加入同源重组模板进行重组修复的精确编辑。最近，CRISPR/Cas 系统由于其高效率、广谱性等优点受到全球科研工作者的关注，各种常见的微生物宿主中 CRISPR/Cas 编辑系统纷纷建立起来，为微生物细胞工厂的构建优化提供了强有力的技术。

5. 基因表达精准调控系统

基因表达精准调控在构建高效合成途径与微生物细胞工厂中至关重要。在过去几十年里，基因工程在代谢工程方面的应用主要体现在转录水平和蛋白质水平上。通过在转录水平和蛋白质水平上调节细胞相关代谢途径，实现目标合成途径的优化。其中，基因敲除是一种常用的方法。通过基因敲除使基因组上的相关代谢途径对应的基因缺失，从根本上消除相关竞争代谢途径（Tang et al., 2015）。然而，基因敲除是不可逆的，涉及的基因为必需基因时，基因敲除难以奏效。不仅如此，微生物细胞内的代谢在时时发生变化，简单的敲除难以实现对途径的动态调控，往往造成对细胞生长的抑制。因此，开发新型可逆的动态调控系统对精准调控基因表达、构建高效微生物细胞工厂起到至关重要的作用。

6. 最小基因组构建

　　构建最小基因组是研究基因功能以及构建"人工微生物细胞工厂"的基础。大肠杆菌（*Escherichia coli*）作为被广泛研究的原核模式生物，生长快速，遗传操作工具完备。对大肠杆菌在组学水平的大量研究技术及生物信息学分析和建模促进了对生物系统的理解，也为人类构建"超级微生物细胞工厂"奠定了基础。大肠杆菌的基因组有 4～5 Mbp，远比 1 Mbp 的支原体基因组大。通过 "自下而上"从头合成的方法来构建大肠杆菌简约基因组并进行测试很困难。以往大部分相关研究是通过"自上而下"的基因组删减途径来进行的。此外，酿酒酵母作为最简单的单细胞真核模式生物，其相关基因组的重新设计及人工合成研究对推动人类对生命理解及改造能力极为重要。"酿酒酵母基因组合成计划"（Sc2.0 项目）是人类首次尝试改造和从头合成真核生物。Sc2.0 项目由美国科学院院士 Jef Boeke 发起，由多国研究机构参与并分工协作，对真核模式生物酿酒酵母 16 条染色体进行人工重新设计和化学再造，是继原核支原体基因组合成项目之后，合成生物学领域的又一重大标志性国际合作项目。

3.2　DNA 体外快速编辑技术

　　定向进化是在实验室环境中模拟自然进化的过程。进化需要发生三件事：基因复制之间的差异，变异导致选择行为的适应性差异，并且这种变化是可遗传的。在定向进化中，单个基因通过迭代的诱变、选择或筛选和扩增来进化。通常需要重复这些步骤，使用最佳突变体作为下一轮编辑的模板以实现逐步改进。在过去的研究中，蛋白质定向进化技术得到越来越广泛的应用。通过蛋白质的定向进化技术对蛋白质进行分子改造，可以增强蛋白质的稳定性及底物特异性、改变或增强蛋白质的活性，这极大地促进了酶工程、代谢工程以及医药等很多领域的发展。定向进化综合了分子生物学的方法和高通量的筛选技术使其更具优势，可以简化实验过程，在短时间内完成自然界中成千上万年的进化，从而获得具有改进功能或全新功能的蛋白质。尽管定向进化技术已经取得了重大进展，工业发酵仍然迫切需要开发快速高效的基因体外编辑方法用于构建更小、更高质量的突变文库。

3.2.1　易错 PCR

　　国外研究人员 Leung 等于 1989 年首次提出了易错 PCR 技术，即在传统 PCR 技术的基础上，改变 PCR 的反应条件如提高 Mn^{2+} 离子浓度、降低 Taq DNA 聚合酶的保真度来实现基因的突变。由于 Taq DNA 聚合酶缺乏 3′至 5′外切核酸酶活性，因此其在扩增过程中会不可避免地产生少量碱基错配且不能自行纠正，这导致每次复制过程中每个核苷酸的错误率为 0.001%～0.002%。易错 PCR 基因突变的区域由上游和下游引物进行控制，而突变的程度随着基因扩增的次数增加而增加。易错 PCR 是基于单个基因创建组合文库的最常用方法，这是由于其技术的简单性和大多数实验旨在鉴定导致蛋白质稳定性或活性改善的少数位点（图 3.1）。

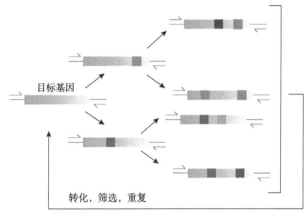

目标基因

转化，筛选，重复

图 3.1　易错 PCR 编辑方法

使用易错 PCR 最传统和最经济的方法是通过将 Mn^{2+} 加入反应缓冲液中以降低碱基配对特异性，或者通过改变反应体系中的 dNTP 的比例，增加 Taq DNA 聚合酶的固有错误率。通过改变模板 DNA 的初始浓度和扩增周期数，可以对突变率进行微调。在 Leung 等的最初实验中，标准 PCR 方法被修改为：①增加 Taq DNA 聚合酶的浓度；②聚合酶延伸时间延长；③Mg^{2+} 离子浓度增加；④dNTP 底物浓度增加；⑤反应体系中增加 Mg^{2+} 离子。在这些条件下，每个 PCR 反应中每个核苷酸位置发生随机突变的概率约为 2%。但是该方法会产生强烈的突变偏好，突变产生的文库包含大量 A→G 和 T→C 转换，得到的突变序列偏向高 G、C 含量。为了克服这一局限性，国外研究人员 Cadwell 和 Joyce（1992）开发了一种改良的易错 PCR 方法，该方法使用不平衡的核苷酸比率来最小化扩增序列中的突变偏差。该技术中每个 PCR 反应的每个核苷酸的错误率约 0.66%，并且突变序列没有明显的扩增偏差。传统的易错 PCR 方法在反应过程中使用少量模板，与之相比，当前的方法需要大量的起始模板和几个连续稀释步骤，其中一部分扩增体系（～10%）是连续的，每四个扩增周期后转移到一个新的 PCR 反应。因此，在避免 PCR 饱和问题的同时，随着突变程度的增加，很容易产生大量的变异。当完成 16 个连续稀释步骤后，该技术中每个 PCR 反应中每个核苷酸的平均错误率约为 3.5%；但是，需要注意的是，不同模板之间的这个数字可能不同。

合适的易错 PCR 条件会极大地影响有效突变体文库的构建，影响易错 PCR 效果的因素主要有 DNA 聚合酶的保真度、反应体系中 Mg^{2+} 及 Mn^{2+} 浓度、dNTP

比例以及 PCR 反应的循环数等。在 PCR 的反应体系中，Mg^{2+} 对 Taq DNA 聚合酶具有激活作用，Mg^{2+} 的浓度直接影响聚合酶的活性。一般 PCR 反应体系中 Mg^{2+} 的浓度在 1.5～2 mmol/L，Mg^{2+} 浓度的增加会提高聚合酶的扩增效率，但浓度过高则会降低 PCR 产物的特异性，因此易错 PCR 体系中 Mg^{2+} 的浓度一般控制在 3～7 mmol/L 之间。而反应体系中 Mn^{2+} 的加入会提高扩增过程中碱基的错配率。通过调整两种离子的浓度，可以改变 PCR 反应的保真度，从而控制易错 PCR 的突变率。易错 PCR 过程中的突变偏向于嘧啶与嘧啶或嘌呤与嘌呤之间的变化，且大多数突变为腺嘌呤和胸腺嘧啶之间的转换，这种偏好性严重限制了突变的多样性。通过改变反应体系中四种 dNTP 比例，如适当提高 dCTP 和 dTTP 的浓度，可有效改变不同种类碱基的掺入数量，在一定程度上纠正突变位点的选择偏好性，使产生的突变更随机多样。PCR 反应的循环数也是影响易错 PCR 效果的因素之一，循环数过低，扩增量不足，而循环数提高，扩增过程中的突变率也随之成倍提高。Chen 和 Arnold（1993）首先提出了多轮易错 PCR 的概念，即对目的基因进行连续多轮的易错 PCR，逐步积累正向突变。但通过改变循环数来控制突变率通常不能获得理想的效果，必须结合其他条件进行优化。

易错 PCR 的主要局限是它固有的随机性，远离活性位点的残基与靠近活性位点的残基都有可能发生突变，尽管前者在序列中占比更高，但后者的突变更可能产生性质改善的突变体。但是，易错 PCR 的随机性也会产生有利的一面，因为它不受限于哪些残基最有可能产生有益突变体的先入为主的观念，可以产生完全不可预测的突变，从而使蛋白质的适应性显著增加，如远离活性位点残基的突变可能改善底物进入、蛋白质溶解度和稳定性。

3.2.2　DNA 改组

1994 年，国外研究人员 Stemmer（1994）提出了一种基于重组的体外随机进化方法-DNA 改组（DNA shuffling）技术，并成功提高了 β-内酰胺酶的活性。如图 3.2 所示，首先，利用 DNase 将亲本基因片段随机切割成长度为 50～100 bp 的片段。然后，在不添加外源引物的情况下进行 PCR 反应，具有足够重叠同源序列的 DNA 片段互为模板及引物，通过 DNA 聚合酶进行延伸。在经过几轮 PCR 扩增，一些 PCR 产物达到亲本基因的大小后，加入亲本基因的末端引物，通过常规的 PCR 扩增得到与原基因同长的重构产物。引物可以在其 5′端添加额外的序列，如连接到克隆载体中所需的限制酶识别位点的序列。DNA 改组的前提是存在两个或多个亲本基因，它们之间的性质不同，并且碱基序列有一定的相似性，此时应用 DNA 改组比易错 PCR 更有针对性。DNA 改组常与易错 PCR 结合使用，从而构建更加丰富的突变文库。

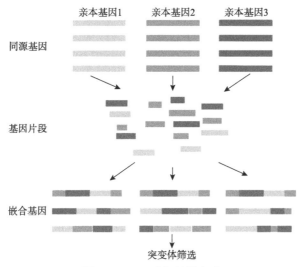

图 3.2　DNA 改组编辑方法

在随机重组 DNA 序列的同时，DNA 改组还以相对高的突变率引入新的点突变（0.7%）。虽然这些点突变可能为某些体外进化应用提供了有用的多样性，但它们对很多实验是不利的，特别是当突变率很高时，如长基因或整个操纵子（operon）的体外进化实验，重组已经鉴定的有益突变，或当该方法用于区分进化相关序列中的中性或有害突变。为了解决这个问题，Zhao 等对 DNA 改组技术进行了优化，提高了重组过程中的保真度，使得突变率降低至 0.05%。通过在 DNase 消化过程中加入 Mn^{2+}，使用限制性内切酶制备基因片段及选择高保真酶进行组装和 PCR 扩增，DNA 改组的突变率可以控制在一个较大的范围内（0.05%～0.7%）。

基于 DNA 改组的原理提出了交错延伸重组技术（staggered extension process，StEP）（Zhao et al., 1998），该方法是一种简化的 DNA 改组技术。StEP 重组是基于在聚合酶催化的引物延伸过程中扩增基因片段的交叉杂交，与 DNA 改组不同的是，其在将含不同点突变的模板混合进行 PCR 反应的同时，将常规的退火和延伸合并为一步，短暂的扩增时间和非最优条件的延伸温度限制了引物的延伸，从而只能合成出非常短的新生链，随之进行多轮变性和短暂复性/延伸反应，部分扩增的引物在多个循环内随机重新连接到不同的亲本序列，此过程反复进行直至获得全长基因。以第一步反应的产物作为模板，在第二个 PCR 中可以扩增出全长的重组产物。该方法已被用于重组具有一定序列同一性的模板，从单碱基差异到大约 80% 序列一致性的同源基因。

体外随机重组技术（random-priming in vitro recombination，RPR）也是在 DNA 改组的基础上发展起来的（Shao et al., 1998），该方法用随机序列引物引发模板多核苷酸并延伸以产生含有可控水平的点突变的短 DNA 片段库，在变性、退火和进一步的 DNA 聚合循环期间重新组装片段以产生全长序列文库。与 DNA 改组技术相比，体外随机重组技术有以下优势。①可以使用单链多核苷酸作为模板。②DNA 改组需要双链 DNA 模板的片段化（通常使用 DNase Ⅰ），在将片段重新组装成全长序列前，DNase Ⅰ 必须被完全去除。体外随机重组采用随机合成获得短 DNA 片段，基因的组装更加容易。此外，DNase Ⅰ 水解偏好在嘧啶核苷酸相邻位点水解双链 DNA，因此在使用其进行模板消化过程时，可能会引入序列偏好。③合成的随机引物具有同样长度，无序列倾向性。序列异质性允许它们在许多位置与模板 DNA 链结合形成杂交体，因此，在理论上，PCR 扩增时模板上每个碱基在延伸期间都会以相似的频率被复制或发生突变。④随机引发合成的 DNA 不受模板 DNA 长度的限制，小至 200 个碱基的 DNA 片段可以与大的 DNA 分子如线性化质粒或 λ DNA 一样引发。⑤由于亲本多核苷酸仅用于合成新生单链 DNA 的模板，亲本 DNA 的模板量为 DNA 改组的 1/20～1/10。

3.2.3　RECODE

近年来以单链 DNA（single-stranded DNA，ssDNA）介导的突变技术是继 DNA 改组技术后发展起来的一种被认为具有潜力的半理性突变方法。已有研究通过在突变引物中引入突变碱基用于 PCR 多点突变以增强突变频率，但需要制备单链模板或者应用常温 DNA 聚合酶和连接酶，这导致难以高效获得突变体多样性文库。以 ssDNA 突变文库的优势有效地构建组合交换频率更高、高通量筛选效率快和更小的突变体文库是目前迫切需要解决的问题，同时这一技术的构建也将促进代谢工程与合成生物学的发展。

基于长期从事分子生物学研究的积累，本书作者针对工业发酵微生物改造的需求开发了一种体外快速进化编辑 DNA 的方法，简称 RECODE（rapidly efficient combinatorial oligonucleotides for directed evolution）（Jin et al., 2016b）。RECODE 是在合成单链 DNA 内部引入突变碱基（简并碱基、碱基插入和删除等），结合耐热 DNA 聚合酶和 DNA 连接酶参与的 PCR 热循环反应，获得含有多样性极其丰富的组合突变文库，再利用体外重组技术构建突变筛选文库。此技术克服了上述随机突变多样性不足、DNA 改组技术同源序列和同源基因材料的限制等因素，易于获得丰富的突变体文库，结合蛋白质结构生物信息学和合成生物学，特别适合于蛋白质改造、代谢工程和合成生物学领域的基因体外快速进化应用。

1. RECODE 基本原理和特征

RECODE 技术采用合成单链 DNA 文库、耐热的高保真 DNA 聚合酶和连接酶实现在目标基因的多位点组合突变（图 3.3）。原理如图 3.3（a）所示，根据亲本基因序列需要编辑（突变）的位点，设计适当长度的突变引物，在引物内部引入突变碱基（简并碱基、碱基插入和删除）且引物两端各有 15～20 bp 的序列与亲本完全配对，所有的突变引物为同一方向。采用 PCR 热循环反应，变性退火后磷酸化的突变单链引物与单链模板随机结合；结合后留下的突变引物之间的间隙由 DNA 聚合酶扩增延伸，直至到达前方引物结合处停止，留下无缝的缺口；缺口处邻近的 5′端磷酸基团和 3′端羟基由 Taq DNA 连接酶补平，从而形成一条完整的突变单链；连续进行多个热循环（变性-退火-延伸-连接），在一轮进化中高效积累多样性极其丰富的单链突变文库。此外，上游锚定引物（upstream anchor primer，UAP）、下游锚定引物（downstream anchor primer，DAP）和锚定反向引物（antisense primer，AP）的独特设计用于突变链的 PCR 特异性扩增；同时可以避免亲本链的 *Dpn*I 酶消化步骤，方便下一步的 DNA 重组工作。

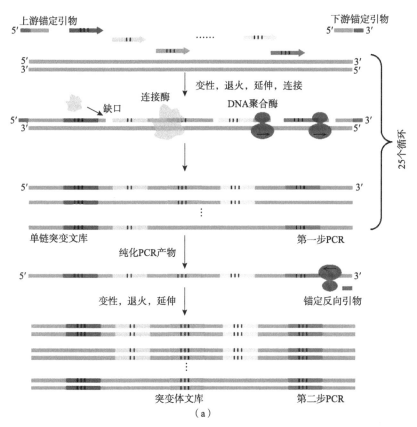

（a）

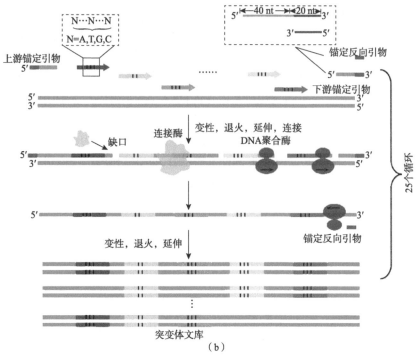

图 3.3　RECODE 两步（a）和一步（b）反应体系的原理示意图

2. RECODE 反应体系的优化

为了建立、评估和优化 RECODE 方法，首先在 *E. coli* DH5α 中构建了一个共表达半乳糖苷酶（编码基因 *lacZ*）和酯酶（编码基因 *estC23*）基因的指示系统。采用异丙基-*β*-D-1-硫代半乳糖苷（IPTG）诱导表达后，在含有底物丁酰甘油酯（tributyrin）和 5-溴-4-氯-3-吲哚-*β*-D-半乳糖苷（X-gal）的 LB 平板上可以观察到酯酶（水解透明圈）和半乳糖苷酶（蓝斑）的活性显性。

为了 DNA 扩增的保真性和避免 5′→3′外切酶活性（可能引入非特异性的突变和移除下游已结合在模板链上的单链引物），选择没有 5′→3′外切酶活性的高保真 DNA 聚合酶用于 DNA 延伸反应。在 RECODE 反应体系中，DNA 聚合酶和耐热 DNA 连接酶（分别为 2 mmol/L 和 10 mmol/L）的 Mg^{2+}工作浓度不兼容，研究进一步考察和优化了 RECODE 反应液中 Mg^{2+}浓度以兼顾两者酶的活性。研究发现当 Mg^{2+}浓度大于 7 mmol/L 或小于 3 mmol/L 时，突变产物的生成量非常少，这表明过高浓度的 Mg^{2+}会抑制 DNA 聚合酶的延伸活性，而过低浓度的 Mg^{2+}会阻碍耐热 DNA 连接酶的连接活性。因此，在优化的 RECODE 反应系统中推荐使用 5 mmol/L Mg^{2+}浓度兼容反应体系中的 DNA 延伸和连接反应。同时，也对 RECODE 反应的温度循环数进行了优化，结果表明随着循环数增加，突变产物的积累增加显著，因此优选 25 个温度循环。突变引物的退火温度（T_m）取决于与靶序列同源的两端区域，并在一个比较宽的退火温度范围内有效（40～66℃）。为了提高突变引物的重组频率，采用 T_m 值比较一致的突变引物的设计并优化了退火温度为 50℃。

通过比较与优化反应组分和反应循环数，首先建立了两步 PCR 的 RECODE 方法[图 3.3（a）]。基于此技术，对指示系统三个位点上（lacZ 一个位点、estC23 两个位点）设计了突变引物来引入终止密码子以评估两步 RECODE 的突变效率。在含有 tributyrin 和 X-gal 底物的 LB 平板上没有亲本显性（蓝斑和透明圈），大约 66.5% 的克隆（白色克隆）丧失了酯酶和半乳糖苷酶两种活性，其余全部为蓝斑克隆（仍保留半乳糖苷酶活性但失去酯酶活性）。DNA 测序结果显示，116 个蓝斑克隆中有 93 个同时在酯酶基因的两个位点引入致死突变，而 230 个白色克隆有 109 个在 lacZ-estC23 操纵子三个位点同时引入致死突变（47.5%）。特别指出的是测序结果未发现非特异性突变。为了简化操作过程，设计和建立了一步 RECODE 反应体系[图 3.3（b）]。为直接在同一体系中高效地特异性合成突变双链，DAP 引物被设计为 60 nt 长度包含 40 nt 匹配模板的互补序列和 20 nt 的锚定序列（与 AP 互补配对）[图 3.3（b）]；相对其他引物两倍过量的 AP 引物添加以保证所有的突变单链都被合成为双链。核酸电泳分析反应 DNA 产物显示，与两步 RECODE 反应体系相比，一步 RECODE 反应体系的突变产物生产量减少。然而指示系统 lacZ-estC23 突变结果表明白色克隆的比例与两步 RECODE 反应结果类似。进一步的 DNA 测序结果表明 45 个白色克隆中有 26 个在 lacZ-estC23 三个位点同时引入致死突变（57.8%），这一结果表明一步 RECODE 反应体系的重组效率要高于两步 RECODE 反应体系。以上研究结果表明，一步和两步 RECODE 反应体系均具有高效的 DNA 编辑能力。为进一步表征 RECODE 的应用，在调控元件改造、酶进化和代谢工程等方面进行了研究。

3. RECODE 在调控元件改造中的应用

启动子改造是代谢工程和合成生物学中一项强有力的策略，如转录 sigma 因子和启动子的改造已用于代谢途径的构建和优化。在研究工作中，采用 RECODE 技术对 E. coli 的 rpoS 基因（编码 sigma 38 因子）5′端非编码区域的 4 个启动子间隔区域（−35～−10 区域）进行改造，通过组合引入简并引物创造具有不同转录强度的突变文库。以绿色荧光蛋白编码基因 gfp 作为报告基因用于直接分析突变文库。经过一轮 RECODE 进化后，从突变文库中随机挑取 500 个不同荧光强度的克隆置于 96 孔板中培养并进行荧光强度表征。初筛获得与亲本菌株具有显著差异的突变菌株进一步进行摇瓶培养表征，结果显示 74 个突变菌株展现了一个广范围的荧光强度（为亲本菌株的 8%～460%）。DNA 测序结果表明引入的组合突变覆盖了候选的 4 个区域。

4. RECODE 在酶定向进化中的应用

研究选取了在毕赤酵母（*Pichia pastoris*）中实现分泌表达的水蛭透明质酸酶（HAase）基因 *LHyal*（无肝素酶活性）作为进化对象，实现快速进化提高水蛭 HAase 活性或者拓展对肝素底物特异性。根据水蛭 HAase 和肝素酶序列比对结果，选取 10 个候选的保守区域设计简并引物，经过一轮 RECODE 进化和高通量筛选技术，随机挑取 700 个克隆进行初筛。经过一轮进化，不仅获得了具有肝素酶活性的突变菌株，而且突变菌株对 HAase 和肝素底物表现出显著的活性差异。例如，突变菌株 M2D7 的水蛭 HAase 活性提高了 1.4 倍，且 M4A4 和 M5B4 突变菌株的水蛭 HAase 活性和肝素酶活性提高了。特别是突变菌株 M4A12 的水蛭 HAase 酶活性降低了但肝素酶活性高达 750 U/mL。进一步对突变菌株进行测序发现，产生突变的位点覆盖了所有的候选位点。特别是在一个突变菌株中同时引入了超过 30 个突变氨基酸（约占 LHyal 489 个氨基酸的 6.12%），这一结果证明了 RECODE 具有强大的能力用于酶的快速定向进化。

5. RECODE 在代谢工程中的应用

基于上述建立的 RECODE 方法，一种组合改造调控元件和途径酶的新技术被开发，用于优化目标产物的合成途径。选取血红素（heme）生物合成途径作为示例，同时在转录翻译和酶进化水平组合改造优化以实现中间代谢产物 5-氨基乙酰丙酸（5-aminolevulinic acid，ALA）的高效积累。选取了 heme 合成途径中三个关键基因 *hemA*、*hemL* 和 *hemF* 同时在调控水平和酶蛋白水平进行改造。经过一轮 RECODE 进化后随机从突变文库中挑取 1000 个克隆进行 96 孔板高通量培养和产量测定，突变文库中 ALA 的产量出现明显的显色反应差异。进一步挑选初筛的菌株进行摇瓶发酵验证，重组突变菌株在摇瓶发酵中的 ALA 产量最高可达到（2500 ± 120）mg/L。与出发菌株相比，提高了近 20 倍。

尽管定向进化技术在 30 年的发展中已经取得了重要的进步，但是突变效率较低和文库太大导致了现有筛选策略无法全面分析文库的多样性。因此，开发快速高效的方法能够进行理性设计和靶向改造构建更小、更高质量的突变文库仍然是一个迫切的需求。与以往报道的基于 ssDNA 改造技术不同，RECODE 结合耐热的高保真 DNA 聚合酶和 Taq DNA 连接酶应用，不仅可以采用任何形式的 DNA 模板（如双链 DNA 片段、质粒、基因组以及单链 cDNA 等），而且能够避免非特异性的突变引入和错误连接。特别是不同于其他采用常温 T4 DNA 聚合酶和 DNA 连接酶的突变方法（仅能进行一个循环突变），RECODE 技术由于采用耐热聚合酶和连接酶，一轮进化中可以进行 25 次热循环突变以实现组合突变频率的显著积累。此外，通过优化 RECODE 反应组分和条件以兼顾两种酶的作用活性，快速构建组合突变多样性丰富和更小的高质量突变文库。通过应用示例充分证明了

RECODE 技术在 DNA 改造（替换、插入和删除）、酶进化和生物合成途径的优化等方面高效的编辑能力，特别是在表达调控和酶水平上同时对合成途径的组合改造更易于实现途径强化和代谢流平衡，对于工业发酵具有重要价值。

DNA 编辑技术的发展加速了调控元件以及酶的定向进化与理性改造、调控元件库与酶库的构建，从而最终为构建高效的目标化合物合成途径以及微生物细胞工厂提供技术支撑。

3.3　高效 DNA 无缝组装技术

DNA 组装技术是快速重构感兴趣的代谢途径或遗传回路的最重要的基础之一。事实上，各种遗传片段的模块化和组合装配，特别是通过传统的限制酶切、消化连接方法组装无缝的大型 DNA 片段是非常困难的，新一代发酵工程技术的快速发展需要高效、灵活的 DNA 组装方法。为了解决这些问题，研究人员开发了一系列的组装方法，如环状聚合酶延伸克隆、非依赖序列和连接克隆、Golden Gate 组装、Gibson 组装、连接酶循环反应（ligase cycling reaction，LCR）、DATEL 组装，还有在酿酒酵母中利用同源重组进行 DNA 组装（Kang et al., 2015）。本节主要介绍经典的 Golden Gate、Gibson 组装以及最近开发的快速、可靠和无痕的 DATEL 组装方法。

3.3.1　Golden Gate 组装

限制性内切酶中存在一类 II S 型内切酶，其识别位点和切割位点不是同一个位置，因此可以根据需要放置内切酶的识别位点，以产生所需的黏性末端，用于多片段的无缝连接。2008 年，国外研究人员 Engler 等根据此原理设计了 Golden Gate 组装法，可在一个反应体系里面实现多片段的高效无缝连接，它是基于非同源重组的代表性技术，设计特异的突出序列可以同时组装多个片段，且酶切和酶联反应可以同时进行，其原理如图 3.4 所示。首先，扩增目的片段，在两端加上 *Bsa*I 识别序列，同时在识别序列内侧加上不同的 4 nt 组成的切割序列，相邻组装片段连接处的 4 nt 反向互补配对，一共可以设计 256 种突出的末端。将待连接片段与含有 2 个 *Bsa*I 酶切位点的载体混合，加入限制性内切酶 *Bsa*I 和 DNA 连接酶，同时进行酶切和连接反应，当正确连接时，组装产物由于缺乏 *Bsa*I 识别位点而不会被酶切。目前商业化的试剂盒可以组装多达 20 个 DNA 片段，适用于高 GC 含量或高重复性的序列。

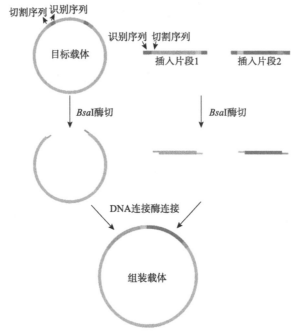

图 3.4　Golden Gate 组装法

Golden Gate 组装具有多个优点。①限制性内切酶的识别位点不依赖于目的基因的序列，并且在亚克隆后将被消除。②允许限制酶切和连接反应一起进行。③可以设计两个 *Bsa*I 限制性内切酶酶切位点以具有不同的切割位点序列，允许定向克隆并防止空载体的重新连接。④4 个核苷酸的突出末端可以设计成非回文的，这使得克隆非常有效，因为每个 DNA 片段都不能连接到同一分子的另一个拷贝。⑤没有缓冲液不相容的问题，因为同一种限制酶可以用于两个切割位点。

基于同样的思路，研究人员利用一种可识别甲基化序列 ^{m}CNNR(R=A 或者 G) 的限制性内切酶 *Msp*JI，开发了一种甲基化辅助末端连接方法(methylation-assisted tailorable ends rational ligation，MASTER)(Chen et al., 2013)，并利用该方法成功组装完成了 29 kb 的天蓝色链霉菌（ *Streptomyces coelicolor* ）放线紫红素生物合成基因簇。然而，它需要昂贵的甲基化引物，且 PCR 扩增长片段时可能出现错误。

3.3.2　Gibson 组装

Golden Gate 组装法是基于ⅡS 型限制性内切酶的连接方法，由于其产生的黏性末端碱基数量有限，不适用于大片段的连接。为了克服内切酶产生的黏性末端长度不足的缺点，Gibson 等（2009）使用 T5 核酸外切酶来产生黏性末端，并结合 DNA 聚合酶及 DNA 连接酶，开发了 Gibson 组装方法。Gibson 组装克服了限制酶切位点限制，可以实现无缝连接，不会有多余序列的残留，而且组装获得长达几百 kb 的片段，大大提高了 DNA 体外组装所能达到的量级，极大地简化了大DNA 分子的组装构建过程。

Gibson 组装方法的原理如图 3.5 所示，整个过程设计 T5 核酸外切酶、高保真DNA 聚合酶与 DNA 连接酶三种酶的共同作用。T5 核酸外切酶不会与 DNA 聚合酶竞争，组装所用的三种酶可以在一个等温反应中同时起作用。此外，反应可以富集环状产物，因为它们不被反应中的任意一种酶所加工。通过优化反应条件，选择在 50℃进行等温反应，T5 核酸外切酶从双链 DNA 的末端沿 5′→3′方向切割，产生单链互补突出端，因为 T5 核酸外切酶在该温度下会逐渐失活，可以保证形成的单链长度在一定范围内。互补的单链可以在 50℃条件下发生退火重组，完成初步的组装，之后利用 DNA 聚合酶沿着突出端进行延伸，最后由 DNA 连接酶补齐片段之间的缺口，形成闭合的环状质粒，完成组装。使用此方法，成功组装了生殖支原体 583 kb 的基因组。对于长 DNA 片段的组装，推荐长度超过 50 bp 的同源末端；对于短 DNA 片段，同源末端可短至 20 bp。Gibson 等（2010）使用Gibson 组装和酿酒酵母体内同源重组人工合成了 1.08 Mb 的丝状支原体基因组并转入去核的山羊支原体中，组成的细胞表现出了丝状支原体的性状。

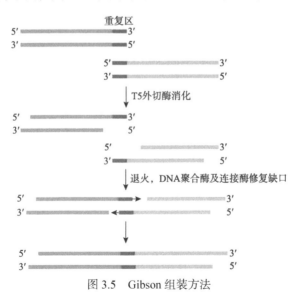

图 3.5　Gibson 组装方法

在 Gibson 组装方法的基础上，开发了一种简化的热融合组装方法（hot fusion）（Fu et al., 2014），它排除了 Gibson 组装中自连接的影响，并且不需要对载体进行纯化。热融合组装反应体系中不需要加入 Taq DNA 连接酶，而是利用大肠杆菌的体内连接能力有效地将一个或多个 DNA 片段克隆至质粒载体。多个片段在连接处基于 17～30 bp 的同源序列进行组装,大大简化了构建的设计。热融合在 50℃ 条件下一步单管反应 1 h, 然后冷却至室温, 克隆效率可以达到 90%～95%。

3.3.3　DATEL 组装

　　尽管 Golden Gate 组装能实现无缝克隆, 但受到限制性酶切位点 (BsaI) 的限制; 而 Gibson 组装技术在实际操作过程中 4 个以上的片段组装效率较低。为此, 本书作者开发了一种基于耐热 DNA 聚合酶和连接酶介导的 DNA 多片段组装技术 (DNA assembly method using thermal exonucleases and ligase, DATEL)(Jin et al., 2016a): 根据设定的 DNA 片段组装顺序, 在合成引物中引入相应的同源序列, 借助变性退火、DNA 聚合酶的外切酶活性和连接酶活性实现一次性快速无缝高效地组装 10 个 DNA 片段。DATEL 技术也可用于 DNA 突变文库的构建, 如蛋白质突变文库和代谢途径的突变文库。应用该技术在大肠杆菌中快速构建了一个 β- 胡萝卜素合成途径多样性文库, 通过高通量筛选获得的突变体在胡卜素产量上的差异达到 20 倍。这些结果证明此 DATEL 组装技术可以快速实施 DNA 的组装和优化。

　　为了构建 DATEL 组装反应系统, 作者采用了三种常用的酶 Taq DNA 聚合酶、Pfu DNA 聚合酶和 Taq DNA 连接酶。类似于 E. coli DNA 聚合酶 I, Taq DNA 聚合酶除含有 5′→3′DNA 聚合酶活性外, 还具备 5′→3′DNA 外切酶活性, 能够切除 5′端的核苷酸释放出寡聚核苷酸。相反, Pfu DNA 聚合酶在 DNA 聚合过程中带有校正功能, 具有 3′→5′DNA 外切酶活性。而 Taq DNA 连接酶能够专一性地催化杂交到同一互补靶 DNA 链上的两条契合寡核苷酸链的 5′-磷酸末端和 3′-羟基末端, 这个连接反应只有当两条寡核苷酸链与互补靶 DNA 完全配对并且两条寡核苷酸链之间没有空隙时才可发生。

　　1. DATEL 基本原理和特征

　　DATEL 反应原理示意如图 3.6 所示, 用于组装的 DNA 片段按组装顺序, 分别在片段两端引入与邻近 DNA 片段末端一致的同源臂, 且在中间的 DNA 片段 5′端进行磷酸化修饰。所有 DNA 片段在反应体系中混合后, 经过热变性和退火, 邻近 DNA 片段的同源臂进行杂交并形成分叉结构。被置换的 5′→3′和 3′→5′方向的 ssDNAs 分别被 Taq DNA 聚合酶和 Pfu DNA 聚合酶进行完全切除并形成毗邻 5′-磷酸基团和 3′-羟基末端的无间隙缺口。随后所有的缺口由 Taq DNA 连接酶修补形成完整的双链 DNA, 且在这一过程中不会引入任何疤痕序列。经历多次变性-退火-切割-连接的热循环反应后, 所有 DNA 片段能够持续地被组装形成完整的重组 DNA。在 DATEL 反应体系中采用了 Taq (5′-3′方向) 和 Pfu (3′-5′方向) DNA 聚合酶的外切酶活性(而不是 DNA 聚合酶活性)实现被置换 ssDNAs 的精准切除,避免了 ssDNAs 单链同源臂的制备步骤和 PCR 延伸修复间隙。因此，DATEL 组装技术是一种与现有组装方法原理概念不同的、不依赖序列和无 PCR 的组装方法，能够实现快速可靠和无痕的 DNA 组装技术。

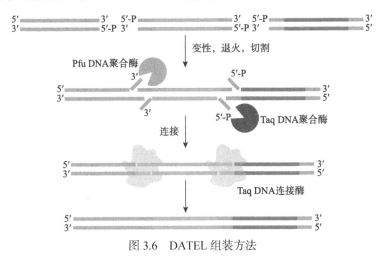

图 3.6　DATEL 组装方法

2. DATEL 反应参数优化

使用基因 *gfp*（编码绿色荧光蛋白）和线性化载体骨架 pUC19（2.6 kb）两个 DNA 片段用于优化 DATEL 反应系统和评估组装效率。为了优化退火结合-切割-连接反应条件，6 个不同长度的同源臂（20～70 nt）被设计在不同的切割时间下（5～30 min）评估 DATEL 组装效率，退火温度设定为 45℃ 和 5 个热循环反应。组装效率采用每微克 DNA（每个片段）组装反应后转化化学感受态所形成的克隆即菌落形成单位数（CFUs）来表征；组装准确率（克隆正确率，%）由 DNA 测序组装完全正确的克隆数所占的比例来表征。PCR 验证和 DNA 测序结果表明 *gfp* 和 pUC19 片段组装产生的克隆实现了 100%正确率。优化结果显示，同源臂长度与切割时间是影响组装效率的重要因素，通过比较 20～70 nt 长度的同源臂，发现采用 30 bp 的同源臂进行 DATEL 组装可以获得最高效率。特别是随着切割时间的延长，组装效率也显著提升，采用 30 bp 同源臂在 DATEL 组装反应中随着反应切割时间由 5 min 增加到 30 min，组装效率提高了约 87 倍。这一结果表明随着 ssDNAs 的增加需要更长的时间完成切割反应。因此从 DNA 构建成本和效率考虑，采用 30 bp 的同源臂用于 DATEL 反应。同时，对热循环（变性-退火结合-切割-连接）的次数进行比较发现，超过 3 个循环以上 DATEL 的组装效率并不会进一步增加。此外，对 DNA 片段的量（50～500 ng）和反应缓冲液组分（DMSO，betaine，K^+ 和 PEG-8000）也进行了分析，然而这些因素对组装效率并没有明显的影响。

3. DATEL 多片段组装

基于优化的参数条件，进一步采用 DATEL 对多片段的组装效率和正确率进行评估。采用四个 DNA 片段（*PrpoS*、*gfp*、*estC23* 和 *kan*）和一个载体 pBlueScript Ⅱ SK（＋）骨架分别进行 3 个、4 个、5 个和 10 个片段（5.8 kb）的组装。结果显示，组装效率与 DNA 片段数呈明显的相关性。当组装 3 个片段时，组装效率达到 3700 CFUs/μg，并且正确率高达 100%。然而，当分别组装 4 个、5 个和 10 个片段时组装效率明显降低，分别为 1580 CFUs/μg、740 CFUs/μg 和 147 CFUs/μg，但正确率仍维持在 74% 以上。这些结果表明 DATEL 用于多片段组装也具有较高的效率。同时，与 Gibson 组装方法进行比较，当超过 4 个片段以上时，Gibson 组装的效率急剧下降，特别是在组装 5 个片段时，克隆正确率降低到了 38%。这一结果表明 DATEL 在多个片段的组装能力上优于 Gibson 组装技术，当然 Gibson 组装技术在大片段基因组装上（>10 kb）具有其独特的优势。此外，为了获得更高的组装效率可以采用电转化操作。

4. DATEL 快速构建 β-胡萝卜素合成途径文库

合成生物学提供了一个理性的改造策略用于构建合成途径元件的多种组合和高质量的突变文库以满足所追求的目标。因此，为了证明 DATEL 组装方法在高通量组装构建和优化合成途径的潜能，以来源于 *Pantoea ananatis* 的胡萝卜素合成途径作为示例在 *E. coli* 中进行快速构建和优化。鉴于 RBS 改造策略的高效性，在 β-胡萝卜素合成途径的 5 个基因 *crtE*、*crtX*、*crtY*、*crtI* 和 *crtB* 的组装构建中同时引入简并的 RBS 序列（DDRRRRRDDDD；D=A，G，T；R=A,G）。因此，构建了一个 β-胡萝卜素合成途径不同组合 RBS 的突变文库并且采用高通量筛选，结果表明文库中 β-胡萝卜素的产量具有显著差异。经 PCR 验证和测序确认正确后，选取 9 个具有明显颜色差异显性的克隆进一步在摇瓶中培养考察 β-胡萝卜素的产量。突变株 Rcrt-2 的 β-胡萝卜素产量积累达到 3.57 mg/mL，是突变株 Rcrt-12 产量的 20 倍。同时，经 DNA 测序分析 RBS 序列的多样性并进行 RBS 翻译起始效率的预测，结果表明采用 DATEL 组装 RBS 突变文库产生了显著的多样性组合和不同的翻译效率。这些结果进一步证明了结合其他策略，DATEL 组装系统可以用于高效组装、优化酶和合成途径。

DNA 无缝组装技术实现了多个靶基因以及调控元件的组装，为快速构建优化目标化合物合成途径尤其是植物天然产物合成途径以及高效的微生物细胞工厂提供了技术支撑。采用 DNA 无缝组装技术，可以对多个基因以及调控元件进行任意设计、组装与优化，结合高通量筛选技术，实现了对靶向合成途径的组装优化筛选以及微生物细胞工厂的构建。DNA 无缝快速组装技术加速了新一代发酵工程技术的发展。

3.4　基于质粒系统的基因表达技术

3.4.1　质粒简介与分类

质粒（plasmid）是一种环状的双链结构的 DNA，多发现于细菌中，多具有独立于基因组 DNA 的进行独立复制的能力。质粒是生物技术领域在宿主内扩增以及表达外源基因的重要载体。质粒上一般天然存在一些有特定功能的基因。这些基因对菌体生长不是必需的，但是却能赋予菌体在特定情况下更好的生存能力。例如，很多质粒具有抗生素抗性基因，能够增加菌体对抗生素的耐受性。有的质粒则携带毒性蛋白质表达基因，可以帮助宿主细胞杀死竞争者，从而获得更好的生长优势。但是有些质粒并没有明显的功能，这些质粒称为隐性质（隐蔽）质粒（cryptic plasmids）（Summers, 1996）。

根据不同分类原则可以对质粒进行一系列的分类。根据复制类型可以将质粒分为游离质粒和整合质粒。游离质粒具有独立自主的复制能力，可以在宿主内部游离存在，独立地扩增复制。整合质粒不具备独立自主的复制能力，需要在基因组上进行整合，跟随基因组 DNA 的复制而完成自我的扩增。根据接合性转移的能力可以将质粒分为接合型质粒（转移性质粒）和非接合型质粒（非转移性质粒）。接合型质粒具有从一个细胞通过菌体的性菌毛转移到另外一个细胞的能力。接合型质粒是基因物质水平转移（非达尔文遗传的）的重要发生途径之一。非接合型质粒不具备基因水平转移的能力，只能从亲代细胞传递给子代细胞。

当进入利用质粒和人工构建质粒的领域，根据应用目的可以将质粒分为扩增（克隆）质粒、基因表达质粒、基因组改造质粒和基因表达调控质粒。扩增质粒主要是为了实现目的基因的快速扩增，不注重目的基因的表达，如常见的 T 载体。基因表达质粒则主要是实现目的基因在宿主内不同水平的表达，如在大肠杆菌 *E. coli* BL21（DE3）宿主中常用的 pET 系列的蛋白质高水平表达质粒系统。基因组改造质粒主要包括一些能够利用同源重组进行基因组的删除和异源整合的质粒，如谷氨酸棒杆菌中的 pK18mobSacB 质粒（Schafer et al., 1994），用于大肠杆菌基因组整合的 pTKRED、pTKS/CS 和 pTKIP 质粒系统（Kuhlman and Cox, 2010）。基因表达调控质粒包括一些能够表达发挥基因调控功能的非编码 RNA 的质粒，如能够表达 gRNA 进行 dCas9 介导的 CRSPR 干涉的基因表达调控质粒。

3.4.2　质粒的数据库与绘制软件

随着 DNA 合成技术与组装技术的发展，越来越多的重组质粒被构建出来。为了便于质粒的保存、标准化与学术共享，人们建立了质粒的数据库。其中比较

常见的数据库包括 Addgene（https://www.addgene.org/）和 BCCM/LMBP
（http://bccm.belspo.be/），这些数据库不但保存了相关质粒的序列信息，还提供质
粒的共享服务。此外，绝大部分的质粒序列在 NCBI 数据库里面都可以进行查询。

　　质粒软件不但能快速展示质粒的序列与组成原件（如筛选标记、复制子、启
动子、终止子、多克隆位点等），还能够辅助计算设计新的重组质粒。质粒的序列
展示与绘制的软件种类比较多。比较常用的质粒序列查看与绘制软件有
SnapGene、Clone Manager、ApE、VectorNTI、Genome Compiler、Benchling 等。

3.4.3　质粒表达系统在生物技术领域的应用

　　当代工业生物技术已经高度依赖于分子生物学和合成生物学技术。生物发酵
也不再仅仅着眼于天然生产菌的育种、进化与发酵工艺优化。考虑到培养的难度、
成本、生物安全性、生产效率等因素，在易培养、生物安全性高、遗传背景清楚
的微生物中重构目标生物产品的合成途径成为当代生物技术着力发展的方向。这
就涉及基因的异源表达。无论是代谢途径的改造与重构，还是生物催化转化或者
重组蛋白质的表达，都会涉及外源基因在宿主内的扩增与高水平的表达。这首先
涉及外源引入目的基因如何在细胞内进行扩增、遗传。最为便利的方式是将目的
基因通过 DNA 的酶切-连接或者 DNA 的组装等方法插入到有自主复制能力的质
粒中，使质粒带动目的基因的扩增与遗传。同时质粒上的启动子会带动目的基因
的转录进而实现目的基因的表达，这就形成了人工构建的质粒。

　　1. 穿梭质粒

　　由于大肠杆菌遗传背景清晰，繁殖速度快，因而是常用的重组质粒构建菌株。
其他宿主如枯草芽孢杆菌（*Bacillus subtilis*）、谷氨酸棒杆菌、酵母菌、链霉菌等
的质粒一般需要在大肠杆菌中率先构建、扩增后才能转化到最终的宿主菌中。因
此除大肠杆菌中的质粒以外，其他宿主菌中用的质粒多为穿梭质粒（shuttle
vector）：这些质粒既能在大肠杆菌中进行复制，又可以在对应的宿主菌中独立或
者整合基因组进行复制。穿梭质粒的分子生物学基础是其携带了大肠杆菌和最终
目的宿主中各自发挥复制功能的系统元件。

　　2. 质粒的筛选标记

　　外源基因的过量表达会造成宿主的代谢压力，使质粒载体倾向于丢失，进而
影响目的基因的表达。为了维持重组质粒的稳定存在，需要提供给宿主一定的筛
选压力，使没有丢失重组质粒的宿主菌有更高的相对生长优势，同时使在相同环
境中丢失质粒的宿主菌生长缓慢，甚至不能生长。最常见的筛选压力是抗生素。
绝大多数人工构建的质粒都含有抗生素抗性基因，如果在培养基中添加对应的抗

生素,那么丢失含有目的基因的重组菌就会因为同时丢失了质粒而被抗生素杀死。此外,营养缺陷互补基因也是较为常见的质粒筛选标记。例如,宿主基因组缺失了某种必需代谢产物的合成基因,在特定的培养基中宿主因不能正常合成必需的营养元素(如氨基酸、核苷酸等)而不能生长。如果在质粒上添加该合成基因,并把质粒转化进入营养缺陷型宿主,那么该质粒就会回补缺失的基因、合成必需的代谢产物从而使宿主菌在营养缺陷的培养基中正常生长。因为抗生素容易引起部分人群过敏反应、诱导产生耐药性、破坏人体正常菌群平衡等,在工业生物技术生产过程中常常需要最大限度地避免抗生素的添加,在生产的生物制品中也应当尽量避免抗生素的残留。而工业微生物的培养常常用到的是廉价的复杂培养基,难于形成营养缺陷的培养条件,因此工业生物技术生产过程中也很少用到营养缺陷筛选标记的质粒系统。

3. 质粒系统基因表达的调控

除了筛选标记以外,质粒上还有一个重要的元器件就是启动子。质粒上的启动子和基因组上的启动子一样,可以分为组成型启动子和诱导型启动子。启动子决定了目的基因的表达时机和表达水平。尤其是诱导型启动子可以灵活地控制目的基因在宿主细胞内的表达。常见的诱导型启动子包括大肠杆菌中的异丙基-β-硫代半乳糖苷(IPTG)诱导的 Ptac、Plac 和 Ptrac,以及阿拉伯糖诱导的 PBAD;枯草芽孢杆菌中 IPTG 诱导的 Pgrac、木糖诱导的 Pxyl;毕赤酵母中甲醇诱导的 P_{AOX1}。此外还存在一些压力诱导(如低 pH、高渗透压)物理因素(如光、温度)诱导的启动子。

3.4.4　新型质粒表达系统

1. 多宿主穿梭质粒表达系统

在工业生物技术生产中特定的生物制品需要有最适宜的宿主来合成。原核的宿主如大肠杆菌、枯草芽孢杆菌繁殖快速、培养工艺简单、遗传操作便捷,适合合成小分子的生物制品如氨基酸、琥珀酸、氨糖类产品等。但是原核生物缺乏蛋白质糖基化修饰系统,二硫键形成能力较弱,一般不适合表达需要糖基化的蛋白质类产品。真核的宿主如酿酒酵母、毕赤酵母相对于原核生物来讲繁殖速度偏慢、遗传操作复杂,但是它们能够更好地表达真核生物来源的基因,比较适合生产蛋白质或植物次级代谢产物(如黄酮类、萜类)产品。这意味着生产某类生物制品时需要首先筛选合适的表达宿主。

本节前面已经提到,不同的宿主有不同的质粒系统,非大肠杆菌宿主的质粒构建需要先形成在大肠杆菌内扩增的穿梭质粒。因为这些质粒只能在两种宿主内复制,在一种宿主内表达目的基因,这些质粒称为双穿梭质粒。为了能够更快地筛选目的基因的最佳表达宿主,本书作者构建了能够在大肠杆菌、枯草芽孢杆菌、酿酒酵母内均可复制、表达目的基因的三穿梭基因质粒 pEBS（图 3.7）（Yang et al., 2018a）。三穿梭质粒的实现需要以下几个基本条件：质粒能够在三种宿主内进行复制，筛选标记基因能够在三种宿主内表达并且发挥筛选功能，启动子能够在三种宿主中发挥启动基因转录的能力。

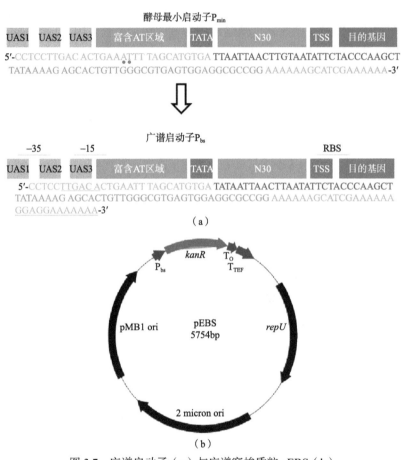

图 3.7　广谱启动子（a）与广谱穿梭质粒 pEBS（b）

为此，作者首先构建了广谱启动子 P_{bs}（图 3.7），对酿酒酵母最小启动子 P_{min} 进行理性设计，使其含有细菌启动子保守的−35 区（TTGACA）和−15 区（TATAAT），且二者间隔为 17 bp，获得在大肠杆菌、枯草芽孢杆菌和酿酒酵母中均有活力的启动子 P_{bs}。随后作者构建了 P_{bs} 控制的卡那霉素和遗传霉素抗性基因表达框。卡那霉素会在大肠杆菌和枯草芽孢杆菌中提供质粒筛选标记。而遗传霉素抗性基因会在酿酒酵母中提供质粒筛选标记。最后，作者加入了大肠杆菌的质粒复制原件 pMB1、枯草芽孢杆菌的 oriU 和酿酒酵母 2 μm 质粒的复制起始位点，形成了三穿梭表达质粒。

2. 食品级质粒表达系统

为了避免在工业生产过程中使用抗生素的同时防止质粒丢失，Yang 等（2016）利用枯草芽孢杆菌内的毒素-抗毒素系统（toxin-antitoxin，TA）构建了一套食品级的表达系统。枯草芽孢杆菌为革兰氏阳性细菌的模式菌株，被广泛用于酶制剂和代谢产物的生产（Zhang et al., 2013）。由于其被广泛认为是安全菌株（generally recognized as safe），且拥有强大的蛋白质分泌能力，枯草芽孢杆菌已经被当作表达食品级异源蛋白的优选宿主。细菌的毒素-抗毒素系统由一个稳定的毒素和一个相对不稳定的抗毒素组成。在枯草芽孢杆菌中，存在一套 EndoA-EndoB 毒素-抗毒素系统。EndoA 是核糖核酸内切酶，能特异性切割 RNA 上 5′- U*ACAU -3′序列（*表示切割位点），造成菌体自杀死亡。而在 EndoB 存在条件下，EndoA 与 EndoB 形成异源六聚体复合物，而失去核酸内切酶的活力（Simanshu et al., 2013）。因此 EndoB 可以解毒 EndoA。

本书作者通过人工调节内源性毒素-抗毒素系统 EndoA-EndoB 构建枯草芽孢杆菌食品级表达系统（图 3.8）（Yang et al., 2016）。将由木糖诱导型启动子调节的毒素 EndoA 表达框整合到基因组上，将由组成型启动子调控的抗毒素 EndoB 表达框组装在内源表达载体中。当质粒丢失时 EndoB 也会缺失，此时 EndoA 会发挥毒性，杀死丢失质粒的宿主菌。该质粒系统中所有的 DNA 片段均来自食品级微生物枯草芽孢杆菌，使得这个不依赖于抗生素的质粒表达系统能广泛应用于食品生物技术领域。目前，该食品级表达系统已经被德国 MoBitech GmbH 公司商业化。

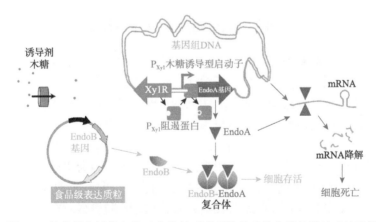

图 3.8　枯草芽孢杆菌中基于毒素-抗毒素系统构建的食品级质粒表达系统

3. 携带新型启动子的质粒表达系统

质粒上使用的启动子多为诱导型启动子，启动子的活化需要添加诱导剂，如 IPTG、阿拉伯糖、木糖。IPTG 价格比价昂贵，而阿拉伯糖和木糖会因为代谢阻遏的影响，在葡萄糖存在的情况下难以进入细胞发挥诱导剂效用。因此开发携带新型启动子的质粒尤为必要。而且由于合成生物学的发展，新的质粒系统不再只是含有一个简单的启动子结构，它可能包含了一个有逻辑判断能力的基因电路。质粒的表达也不再是简单的开启以后不能关闭，而是可以实现动态调控甚至是周期性的开启与关闭（Brophy and Voigt, 2014）。

　　例如，Ohlendorf 利用固氮菌的 YFI-FixJ 感光信号双组分系统设计了一套光诱导质粒系统。pDawn 质粒含有蓝光感测蛋白 YFI。当光线不存在时，YFI 自我活化并磷酸化 FixJ，磷酸化的 FixJ 与 FixK2 启动子结合，诱导噬菌体阻遏蛋白 cI 的转录。阻遏蛋白 cI 抑制噬菌体启动子 pR 的转录，阻止基因的表达。当没有光时，蓝光感测蛋白 YFI 处于非活性状态，非磷酸化 FixJ 和 FixJ 失活，cI 合成被关闭，启动子 pR 启动目的基因的表达（图 3.9）（Ohlendorf et al., 2012）。

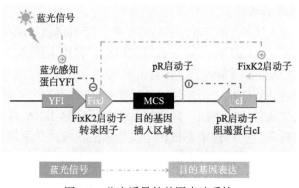

图 3.9　蓝光诱导的基因表达系统

　　质粒不像染色体基因那样能够稳定复制并且平均分配到子代细胞。工业生产过程中各种环境因素的波动会扩大质粒拷贝数的波动范围。为了让目的基因在宿主细胞内稳定表达，Segall-Shapiro 等（2018）设计了一种不受质粒拷贝数影响而稳定表达目的基因的新型启动子质粒表达系统。质粒表达系统的构建需要首先建立一个能够感知质粒拷贝数的基因回路，当质粒数目波动时该感知系统就会调控质粒上启动子的活性，使最终产生的基因表达强度不会因为质粒拷贝数（目的基因拷贝数）的变化而变化。研究人员选择了构建一个非一致前馈环（incoherent feedforward loop, iFFLs）的策略（Bleris et al., 2011）：阻遏蛋白在同一个质粒上以组成型启动子表达，阻遏蛋白的表达水平随着基因拷贝数降低时，就会自动降低对质粒上携带启动子的阻遏效应，进而上调启动子活性，回补因为拷贝数降低而减少的目的基因的表达，反之则会降低目的基因的表达（Segall-Shapiro et al., 2018）。

　　此外，为了保证在不利环境下质粒上基因表达水平的稳定性，本书作者将大肠杆菌不同的 sigma 因子的结合位点（−35 和 −10 区）进行组装，形成了耐受压力的人工合成启动子（图 3.10）（Wang et al., 2019）。sigma 因子是原核生物中辅助 RNA 聚合酶识别启动子的蛋白质。所有原核生物都有两大类 sigma 因子：第一类为持家 sigma 因子（house-keeping sigma factor），如大肠杆菌的 sigma 70。该 sigma 因子负责所有菌体生长所必需的基因的转录；第二类为非必需的 sigma 因子（alternative sigma factor），起到补充辅助的作用，该类 sigma 因子主要调控一些非必需基因的表达，使菌体对外界环境的波动做出适宜的响应和生长状态的调整，例如，Wang 等将包括大肠杆菌持家 sigma 因子在内的不同的 sigma 因子结合位点进行互锁，形成了可以应对不良生长环境的人工合成启动子。该类人工合成的启动子可以被不同的 sigma 因子引导的 RNA 聚合酶识别并启动转录。和单个 sigma 因子识别的启动子相比，合成启动子的结构能允许更高的转录起始频率。尤其是在压力响应情况下，相关 sigma 因子的浓度会应激性地提高，启动子的活性不但不降低，反而得到提高。该类启动子有助于降低目的基因表达水平在不同环境中的稳定性和鲁棒性（Wang et al., 2019）。

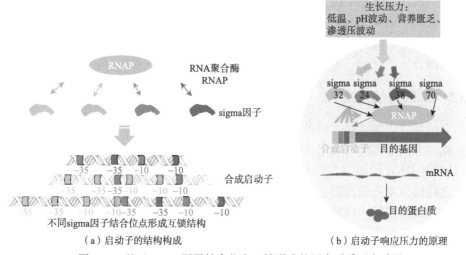

（a）启动子的结构构成　　　　　　　　　（b）启动子响应压力的原理

图 3.10　基于 sigma 因子结合位点互锁形成的压力耐受型启动子

3.4.5　未来质粒表达系统的展望

随着合成生物学的发展，我们相信未来的质粒表达系统会纳入基因回路系统而变得更加智能化，并具备更多的自我调节能力，最终可能产生"智能质粒表达系统"。目前质粒主要负责携带目的基因扩增、遗传和转录形成 mRNA。也就是说目前的质粒表达系统主要依赖于基因拷贝数和启动子转录强度来控制目的基因的表达。大部分的质粒设计并没有考虑到基因在翻译水平的调控以及产生的蛋白质速度和蛋白质折叠速度对最终呈现的目的基因表达水平的影响。这可能会产生多余的 mRNA 或者错误折叠的目的蛋白质。对于目的产品为代谢产物来说，质粒表达系统的设计则可能需要考虑感知中间代谢产物环节的协调性与细胞毒性问题，做到实时、动态、智能地调控目的基因的表达以达到目的产物的最优生产。新型表达系统为实现许多目标化合物的食品级发酵生产提供了技术支撑，同时，新型表达系统的构建与使用也降低了发酵成本。

3.5　基因敲除与基因整合技术

3.5.1　基因组改造

在生物技术领域对宿主基因组的改造主要用于改良宿主的某些特性，使其更加满足实际生产的需求，如减少不必要的代谢产物合成、增加生物安全性、增强基因组的稳定性以及实现不依赖于质粒的外源基因的表达等。传统的发酵工程中对基因组的改造多是间接发生的，主要是基于表型筛选的背景下发生的未知的基因组的改变。随着 DNA 测序以及分子生物学的发展，人们可以直接利用各种分子生物学技术手段对基因组进行定点的、理性的改造。这主要包括基因的敲除和基因的整合。

3.5.2　基因重组方式

在生物技术领域基因的敲除和整合所利用的原理主要包括三种：基因组的同源重组、非同源重组以及某些特定 DNA 原件如转座子和噬菌体的位点特异性重组。这三种 DNA 的重组方式在所有生物中都会发生。其中同源重组反应是在 DNA 分子之间同源序列的基础上，通过一些重组蛋白的作用实现 DNA 分子之间或者分子之内基因重排。同源重组为 DNA 最为常见的重组方式，广泛存在于各类生物中。在天然状态下，真核生物会进行同源染色体间的交换。细菌、病毒、噬菌体等也能通过多种形式实现 DNA 的同源重组。利用同源重组对宿主细胞基因组进行改造也是最为常用的技术。非同源重组发生在没有同源性的 DNA 片段之间。最常见的是 DNA 的末端非同源连接。DNA 末端非同源连接是修复 DNA 双链断裂损伤的重要应急措施。细菌中进行 DNA 非同源末端连接需要两种蛋白 Ku 同源二聚体以及有聚合酶、连接酶和核酸酶三种活性的 LigD 蛋白的参与。其中 Ku 蛋白会结合 DNA 断裂处，然后通过 LigD 对断裂处的双链 DNA 进行酶切、延伸和连接，将断裂处修复。位点特异性重组可以将目的基因插入基因组的特定位置。DNA 的位点特异性重组与同源重组和非同源重组的机理完全不同。它往往发生在 DNA 的特定序列位点，需要特殊的重组酶将基因组 DNA 进行切割，然后将目的 DNA 整合入基因组 DNA。位点特异性重组包含更多的 DNA 重组方式，除了整合和敲除以外，位点特异性重组还会引起 DNA 序列的颠倒和位置转移。这个过程中不存在 DNA 片段的合成或者 DNA 片段之间的同源交换，更像是两个环状 DNA 分子通过拓扑结构的变化融合为一个环状 DNA 分子。研究最为清楚的位点特异性重组事件是 Lambda 噬菌体整合入大肠杆菌基因组的过程。

3.5.3　基因敲除与整合技术

1. 基于自杀质粒的基因敲除与整合技术

基于自杀质粒的基因敲除和整合技术是适合宿主范围最为广泛的基因敲除技术。自杀质粒缺少在对应宿主中的独立复制能力，而不能游离于基因组外存在。同时它又携带了和基因组同源的片段，因此有发生和基因组同源重组情况的可能性。如果自杀质粒仅携带一个同源臂，同源重组事件仅包括一步质粒的插入，这个过程可引起插入位点被破坏而失活（基因敲除）或者可以将目的基因一同插入基因组（基因的整合）。如果自杀质粒携带两个同源臂，基因重组可以发生两次。自杀质粒可以任意一个同源臂进行第一次基因组整合。第二次同源重组可以发生在另一个同源臂，这样就会产生无痕的基因敲除效果。如果第二次重组和第一次发生的重组位置重叠，基因组编辑位点则会变回野生型（图 3.11）。

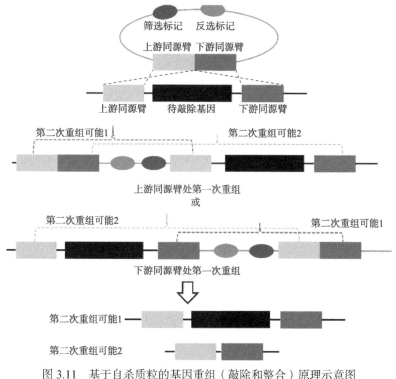

图 3.11　基于自杀质粒的基因重组（敲除和整合）原理示意图

2. Red 基因敲除与整合技术

大肠杆菌细胞内的 Red 重组系统是目前研究最多的不依赖于自杀质粒的同源重组技术。Red 同源重组系统是一种基于 λ 噬菌体中的三种重组蛋白 Exo、Beta、Gam 而逐步发展得到的一种基因改造技术（图 3.12）。Red 同源重组系统中的三种重组蛋白分别对应着不同的功能，其中 Gam 蛋白与宿主内部的核酸外切酶结合使其失活，从而保护外源导入的 DNA 片段，避免其被降解。Exo 蛋白在同源重组过程中与 DNA 双链结合并从 5′端向 3′端降解核苷酸，将双链 DNA 降解为单链 DNA。Beta 蛋白紧密结合单链 DNA 的 3′端，避免其被细胞内的单链核苷酸酶所降解，同时它还介导互补 DNA 链的复性。这个过程发生在复制叉延伸处。Red DNA 重组技术主要应用于大肠杆菌基因组的改造，既可以用于基因敲除又可以应用于基因整合。

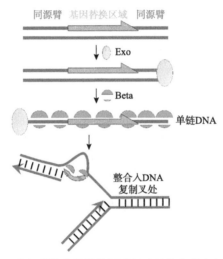

图 3.12　Red 重组系统介导的基因重组（敲除和整合）原理示意图

3. ZFN 技术

锌指核酸酶（ZFN）由锌指蛋白（ZFP）结构域和切割结构域（Fok I）两部分构成；锌指（zinc finger，ZF）是构成 ZFP 结构域的 DNA 结合基序（motif），含有 30 个左右的氨基酸残基（Xie et al., 2017）。Fok I 核酸酶主要来源于海床黄杆菌 *Flavobacterium okeanokoites*，与 ZFP 的 C 端融合构成 ZFN 单体。如图 3.13 所示，将 ZFN 的质粒或 mRNA 通过转染或注射细胞后，核定位信号引导 ZFN 进入细胞核，两个 ZFN 分子的 Fok I 结构域与目标位点结合，于两个结合位点的间隔区切割产生双链断裂切口。细胞可通过非同源重组或同源重组等方式可能出现的错误修复或者引入改变，造成 DNA 序列改变，从而实现基因的定向修饰操作。

　　ZFN 技术优势明显，可以应用到很多种生物中定点修饰基因。然而，在 ZF 模块设计中，由于上下游序列依赖效应，ZFNs 特异识别任意靶标序列的能力较差，导致一些 ZF 结构域缺乏特异性，结果出现脱靶现象，引起其他目的基因突变和染色体畸变。此外，ZFN 的设计筛选耗时费力，成本高，因此限制了其更加广泛的应用。

4. TALEN 技术

　　来自植物的致病菌黄单胞菌的转录激活样效应物（transcription activator-like effector，TALE）是一种位点特异性的 DNA 结合蛋白，可通过串联重复的中心区域直接结合目标 DNA。转录激活因子样效应物核酸酶（transcription activator-like effector nucleases, TALEN）由 N 端转运信号、中部 DNA 特异识别结合域、C 端核定位信号和转录激活结构域所构成（图3.13）。TALE蛋白一般由串联排列的33～35 个氨基酸所组成，除了第 12/13 个氨基酸位置上的两个高度可变的氨基酸重复可变直接系列 （repeat variable diresidues, RVD）之外，这些重复序列几乎是相同的。不同的 RVD 允许 TALE 识别特定的靶向 DNA 碱基。与锌指蛋白相比，构建长阵列的 TALE 以靶向基因组的特定位点时，其识别序列不受上下游序列的影响，可以识别任意目标序列。尽管 TALE-DNA 结合重复序列的单碱基识别提供了比锌指蛋白更大的设计灵活性，但 TALE 阵列的克隆有广泛相同的重复序列，其构建有较大难度。目前已形成了几种快速有效的方法：Golden Gate 分子克隆法、连续克隆组装法、高通量法、长黏末端的 LIC（ligation-independent cloning）组装法等。

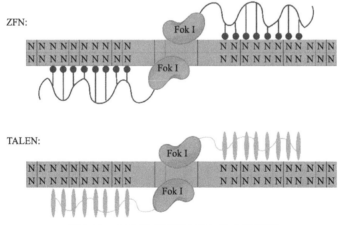

图 3.13　ZFN 技术和 TALEN 技术示意图

非特异性核酸内切酶 Fok I 与 ZFP 结构域或者 TALE 蛋白融合，形成二聚体时可切割双链 DNA

5. CRISPR/Cas 技术

CRISPR/Cas 是细菌和古细菌在长期演化过程中形成的一种适应性免疫防御系统,用来抵抗入侵的病毒及外源 DNA(Hsu et al., 2014)。crRNA(CRISPR-derived RNA)通过碱基配对与 tracrRNA(trans-activating RNA)结合形成 tracrRNA/crRNA 复合物, 通过人工设计, 此复合物可以改造形成具有引导作用的 sgRNA (single guide RNA), 引导核酸酶 Cas9 蛋白在与 crRNA 配对的序列靶位点剪切双链 DNA, 实现 Cas9 对 DNA 的定点切割。CRISPR 是规律成簇间隔短回文重复序列 (clustered regularly interspaced short palindromic repeat), 其序列由一个前导区 (leader)、多个短而高度保守的重复序列区 (repeat) 和多个间隔区 (spacer) 组成。重复序列的长度通常为 21～48 bp, 重复序列之间被 26～72 bp 间隔序列 (spacer) 隔开 (图 3.14)。CRISPR 就是通过这些间隔序列与靶基因进行识别。Cas (CRISPR associated) 位于 CRISPR 位点附近的保守区域, 是一种双链 DNA 核酸酶, 通常与 CRISPR 结构的重复序列相连, 能在指导 RNA (guide RNA) 引导下对靶位点进行切割。

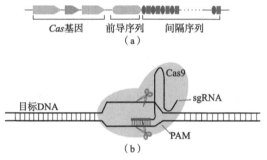

图 3.14　CRISPR 结构示意图 (a) 和 CRISPR/Cas9 工作示意图 (b)

在细菌中一共有三种类型的 CRISPR 系统。①Ⅰ型 CRISPR 系统。Ⅰ型系统中的 Cas 蛋白最多并且最复杂。在Ⅰ型系统的表达阶段, 由多个 Cas 蛋白形成的 CRISPR 相关病毒防御复合物 Cascade 复合体 (CRISPR associated complex for antiviral defense) 结合到 crRNA 前体上, 对其进行切割, 形成 5′端带有 8 个重复序列核酸, 3′端有发夹结构的成熟 crRNA。在干扰阶段, Cas3 蛋白与 Cascade 复合体在 crRNA 的指导下作用于靶标 DNA 并将其降解。Cas3 同时具有解旋酶以及 DNA 酶两种活性, 是Ⅰ型系统中干扰阶段的主要作用酶类。②Ⅱ型 CRISPR 系统。Ⅱ型系统最大的特点是, 它含有一种具有多种功能的 Cas9 蛋白, 既能加工 pre-crRNA 产生成熟的 crRNA, 也能切割降解外源 DNA。Ⅱ型系统的干扰过程除了需要 Cas9 蛋白、RNAseⅢ以及 crRNA 外, 还需要反式激活小 RNA (trans-activating RNA, tyans-encoded small RNA, tracrRNA) 的作用。③Ⅲ型

CRISPR 系统。在Ⅲ型系统中，Casl0 蛋白是特有的。Casl0 蛋白具有 RNA 酶活性和类似于Ⅱ型系统中 Cascade 的功能。主要参与 crRNA 的成熟和剪切入侵的外源 DNA。目前发现的Ⅲ型系统有两种亚型：ⅢA 型和ⅢB 型。两者的差别主要是ⅢA 型干扰的靶标是 mRNA，如激烈热球菌的 CRISPR/Cas 系统；而ⅢB 型干扰的靶标是 DNA，如表皮葡萄球菌（*Staphy lococcus*）的 CRISPR/Cas 系统（Makarova et al., 2011）。

　　研究者通过进行比较，发现Ⅱ型系统最适合用于基因组编辑，经过改造后，发展得到了现在的 CRISPR/Cas9 系统。Cas 基因编码的蛋白具有核酸相关的结构域，Cas 蛋白基因一般位于 CRISPR 位点下游，或者分散在基因组的其他地方，是一个较大的多态性家族蛋白。Cas 蛋白能够在 sgRNA 指导下通过位点特异性对靶位点进行特异性切割。最近的研究表明，Cas9 蛋白的目标识别需要 crRNA 中的一个"种子"序列和 crRNA 结合区上游保守的含有二核苷酸的前间区序列邻近基序（protospacer adjacent motif, PAM）。

　　在利用 CRISPR/Cas9 进行基因敲除时，sgRNA 的选择至关重要。sgRNA 序列的选择与基因编辑的效率及特异性紧密相关。在编码区的最前端接近起始密码子 ATG 的区域设计 sgRNA 进行编辑，移码突变会造成整个基因无法表达。如果编辑的位点过于靠近编码区的后端，蛋白 N 端仍有较长部分被表达，表达的部分蛋白依然可能保留功能。确定好编辑的区域后，在所选区域会有很多靶位点可以选择，需要选择一个最优的位点设计 sgRNA。

　　在做基因重组时，需要将一个与编辑位点同源的 DNA 供体和 CRISPR/Cas9 共同转入细胞中，首先 Cas9 蛋白在特定位点将 DNA 切开一个口子，然后细胞内的修复系统在修复双链断裂的 DNA 时，会将携带有外源基因的 DNA 模板整合到双链断裂处。这个供体模板可以是质粒 DNA，也可以是单链的 oligo DNA。用质粒 DNA 作为供体的优点是可以将大片段的转基因重组到细胞中，经过筛选后效率很高，缺点是构建载体比较麻烦，而且需要两步（重组和去除标记基因）才能得到细胞系。

　　6. 以 Flp-FRT 与 Cre-LoxP 为代表的位点特异性基因敲除与整合技术

　　生物技术领域用到的位点特异性重组酶主要包括三类。第一类：在 Lambda 噬菌体整合位点处整合外源基因。相比于同源重组，该位点能够更高效地接受大片段 DNA 的插入，适用的宿主范围也比较广。Diederich 等开发了一系列可以在大肠杆菌 *att*B 位点进行基因整合的质粒系统。第二类：Flp-FRT 位点特异性整合系统（图 3.15）。该系统来源于酿酒酵母的 2μ 质粒。Flp 为重组酶，而 FRT 为重组酶识别的特殊 DNA 序列。FRT 的最短有效序列为 34 bp。该重组系统在包括大肠杆菌等原核生物的基因组编辑领域有较多的应用。第三类：Cre-LoxP 位点特异性整合系统，该系统与 Flp-FRT 的作用机制类似。它来源于 P1 噬菌体。其中 Cre 为重组酶，它识别的特异性位点称为 LoxP 位点（DNA 序列），它也是含有 34 bp 的保守 DNA 序列。Cre-LoxP 重组系统已经广泛应用到真核生物如酿酒酵母、小鼠的基因组改造过程中。

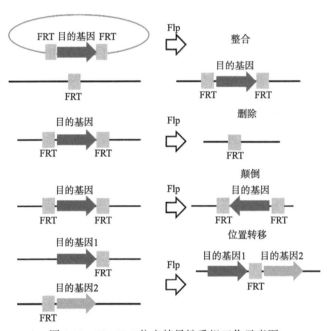

图 3.15　Flp-FRT 位点特异性重组工作示意图

　　基因敲除与基因整合技术的快速发展，为基因组水平的改造提供了技术支撑。通过直接在基因组上对相关基因进行敲除与整合，实现了对目标合成代谢途径的调控优化。此外，基因组水平的改造避免了游离质粒表达系统的不稳定等问题，最终有助于提高单个微生物细胞工厂的发酵生产能力。尤其是无痕的基因敲除与基因整合技术实现了对基因组的理性设计与改造，加速了性状优良的微生物细胞工厂的构建，显著提升了工业微生物菌种的产能。

3.6　基因的表达调控技术

　　在特定的调控机制下，基因经过转录和翻译过程，产生具有特异生物学功能的蛋白质分子的过程称为基因的表达。生物体所生存的环境总是在不断变化的，为了在不同环境下生存，所有活细胞都积极对外部环境的变化做出适当反应，调节机休代谢，以适应环境变化。生物体在适应环境过程中，对体内某一基因或一些功能相近的基因表达的开启、关闭和表达强度的直接调节称为基因的表达调控。

基因的表达调控可以表现在不同水平上，如转录水平（转录前、转录和转录后）或者翻译水平（翻译和翻译后）。原核生物由于其基因组和染色体结构相对简单，转录和翻译可以在同一时间和空间中进行，功能相近的基因可以组成一个转录单位协同表达。基因表达的方式分为组成性表达和调节性表达。这类稳定的几乎不用调节的表达方式称为组成性表达或基本性表达。根据环境变化，基因的表达水平出现增高的现象称为诱导，这类基因称为可诱导的基因。相反，随环境条件变化，基因表达水平降低的现象称为阻遏，相应的基因称为可阻遏的基因。本节以乳糖操纵子调控模型、细菌 sRNA 调控系统、MS-DOS 调控系统及 CRISPR-dCas9 调控系统为例，简要概述微生物中常见的代表性的调控手段。

3.6.1　乳糖操纵子调控模型

1961 年，法国两位科学家 Monod 和 Jacob 提出乳糖操纵子学说（Jacob and Monod, 1961）。在后续多年内经许多科学家的实验补充和修正，该学说逐步完善。操纵子模型可以很好地说明原核生物基因表达的调控机制。

操纵子是基因表达的协调单位，由启动子、操纵子区及其所控制的一组功能上相关的结构基因所组成。操纵子的全部结构基因通过转录形成一条多顺反子 mRNA，其控制部位可以接受调节基因产物的调节。现以大肠杆菌乳糖操纵子模型为例具体说明操纵子的作用机制。

大肠杆菌乳糖操纵子是第一个被发现的操纵子，包括启动子、操纵基因和三个结构基因 Z、Y 和 A（图 3.16）。Z、Y 和 A 基因分别控制表达 β-半乳糖苷酶、β-半乳糖苷透过酶和 β-半乳糖苷乙酰基转移酶。操纵基因 O 不编码任何蛋白质，它是调节基因 I 所编码阻遏蛋白的结合部位。阻遏蛋白是一种变构蛋白，当细胞中有乳糖等诱导物时，阻遏蛋白会与之结合，阻遏蛋白的构象发生改变从而无法结合到操纵基因 O 上，转录顺利进行，从而产生摄取和分解乳糖的酶。如果细胞中没有乳糖等诱导物，阻遏蛋白结合到基因 O 上，阻止 RNA 聚合酶从启动子 P 往后移动，转录终止，后面的结构基因无法实现表达。

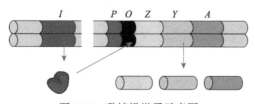

图 3.16　乳糖操纵子示意图

3.6.2　细菌 sRNA 在表达调控中的应用

一些非编码 RNA（non-coding RNA，ncRNA），如 siRNA 和 miRNA 等的发现，拓展了人们对 ncRNA 的认识。sRNA（small regulatory RNA，sRNA）作为 ncRNA 的一类，近年来被证实可以用作原核和真核生物的转录后调控过程（Kang et al.，2014; Oliva et al.，2015）。大肠杆菌基因 *ssrS* 编码的 6sRNA 是细菌中发现的第一个 sRNA，该 sRNA 是 1967 年在大肠杆菌中发现的一类高丰度的短链 RNA。对 sRNA 的研究，可揭示细菌基因转录后的表达调控机制，有利于进一步理解 RNA 在细菌的生命活动中发挥的调控作用。根据目前发现的 sRNA 的作用方式，sRNA 主要分为 4 大类：反式编码 sRNA、顺式编码 sRNA、调控蛋白活性的 sRNA 和 CRISPR sRNA。

1. 细菌 sRNA 的调控机制

通过对诸多 sRNA 分析发现，细菌转录调控的 sRNA 对靶基因的调控多数情况下是由 sRNA 与 mRNA 以碱基配对的形式介导完成（Na et al.，2013）。这种调控机制可以主要分为以下两种，即反式编码 sRNA 的调控和顺式编码 sRNA 的调控。反式编码的 sRNA 在染色体上的位置距离靶基因较远，与靶基因仅有部分互补，通过与靶基因 SD 序列或起始密码子碱基配对的方式与靶基因的核糖体结合位点结合，抑制翻译起始。也有部分反式编码的 sRNA 与 RNase E 形成核糖核蛋白复合体，作用于 mRNA 的核糖体结合位点（ribosome binding site，RBS），使 mRNA 降解，抑制翻译过程[图 3.17（a）]。Hfq 是一种 RNA 的伴侣分子，能够与 RNA 的 AU 含量高的区域结合，Hfq 被认为在 sRNA 与其靶 mRNA 的互补性有限的情况下，促进 RNA-RNA 相互作用，加速双链形成的速度。同时，Hfq 对 sRNA 的保护、稳定及招募也有贡献。顺式编码的 sRNA 能够与被调控的目的基因完全互补配对结合，从而影响核糖体与 mRNA 的结合，导

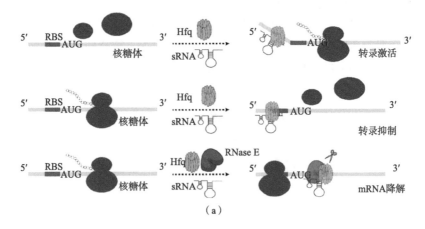

（a）

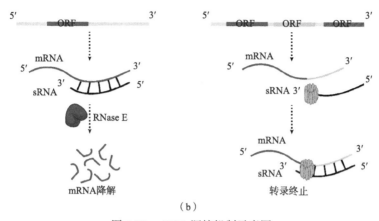

图 3.17　sRNA 调控机制示意图

（a）反式编码 sRNA 调控机制；（b）顺势编码 sRNA 调控机制

致 mRNA 的翻译终止或者 mRNA 二级结构的不稳定[图 3.17（b）]。另外，sRNA 还可以修饰或抑制靶蛋白的生物学活性，如 CsrB sRNA 通过隔离的方式调节蛋白的活性。

2. sRNA 对环境胁迫的调控

在自然界中，许多 sRNA 参与调控各种胁迫反应，包括包膜胁迫、温度胁迫和酸胁迫等。在大肠杆菌和沙门氏菌中，至少有 12 个 sRNAs，如 InvR、MicA、MicC、MicF、OmrAB、RprA、DsrA、RseX、SdsR、CyaR、VrrA 和 RankB，被认为是膜应激反应的调节因子。DsrA 是一种由 87 个核苷酸组成的 sRNA，在大肠杆菌中被认为是一种多功能遗传调节因子。一些研究表明这种 sRNA 在应对许多环境胁迫中起着至关重要的作用。工业发酵过程中，在有压力的条件下保持菌株健壮的活性和提高生产率是至关重要的。因此，提高菌株的耐受性将有利于生物加工应用。

在大肠杆菌中，全局转录调节因子 RpoS 在转录后被 sRNA DsrA、RprA 和 ArcZ 上调，并被 OxyS 下调。近年研究表明，DsrA、RprA 和 ArcZ 的同时过量表达显著提高了菌株的耐酸性，并在指数期提供了对羧酸和氧化应激的保护。同样，应用这种多转录后调控策略，本书作者构建了一个压力诱导系统，用于化学品（如聚羟基丁酸酯和 1,3-丙二醇）的高水平生产。因此，利用 sRNA 提高微生物对复杂环境的抗逆性是一种有效的策略。

3. sRNA 对糖代谢的调控

葡萄糖、葡萄糖-6-磷酸和葡萄糖酸盐是细菌在生长繁殖过程中的主要碳源，通过代谢路径可用于生成 ATP 和 NADH，在细胞内受到严格的调控。过量的磷酸糖能抑制细菌的生长，甚至可能损伤 DNA。Csr（carbon storage regulator）系统在多种细菌中参与碳代谢,在大肠杆菌中 CsrA 可以调控碳代谢和糖元的合成。而与 CsrA 相关的 CsrB 和 CsrC 这两个 sRNA 可以抑制相关的糖代谢。葡萄糖经磷酸转移酶系统从细胞外跨膜运输到胞内，催化生成葡萄糖-6-磷酸。葡萄糖-6-磷酸是胞内诸多糖代谢（无氧糖酵解、有氧氧化、磷酸戊糖途径等）的连接点，其过量积累会导致磷酸糖压力，进而诱导 sRNA SgrS 的转录。然后 SgrS结合到 ptsG mRNA 的核糖体结合位点，抑制转录起始，从而降低胞内葡萄糖-6-磷酸水平和抑制细菌对糖摄取。SgrS 不仅可以调节糖的摄取与消耗，还可以作用于 asd、adiY、folE 和 purR 4 个靶基因，通过抑制这些目的基因的表达，调节它们所涉及的代谢，提高细菌对磷酸糖压力的抵抗与恢复的能力。GlmY sRNA和 GlmZ sRNA 在大肠杆菌 K-12 中能够促进 glmS 的翻译，由 glmS 编码的酶是合成 N-乙酰氨基葡萄糖-6-磷酸的必需物质。Spot 42 是在大肠杆菌中发现的又一个可参与糖代谢的 sRNA，在存在糖原的环境下，Spot 42 会出现累积效应。galK是大肠杆菌半乳糖操纵子的第三个基因，是首个被发现的 Spot 42 的目的基因。Spot 42 能够结合到 galK 基因的 SD 序列，阻止核糖体的结合，抑制 galK 基因的翻译。

4. sRNA 在代谢工程中的应用

RNA 介导的调控机制及其在合成生物学和代谢工程中的潜在应用已被充分证明（Na et al., 2013）。RNA 分子通过碱基对互补性和反式激活作用可有效用于靶基因的全基因组筛选和精细流量控制。迄今，研究的大多数合成 RNA 都是顺式作用的合成核糖开关，需要对 mRNA 下游二级结构进行特定的、上下游的序列改变，使得它们很难应用于代谢工程。使用反义 RNA 策略的代谢工程已经在丙酮丁醇梭杆菌（Clostridium acetobutylicum）中进行了报道。通过表达反义 RNA，丁酸激酶、磷酸化转丁酰化酶和磷酸化转乙酰化酶的活性显著降低，从而导致丙酮和丁醇的产量增加。虽然已经应用了这种反义 RNA 策略，但这种反义 RNA 还没有就未知的特异性和可变效果进行彻底的研究。因此，短长度的 sRNA 在基因调控和通路工程中更具吸引力。

为了精确研究 sRNA 的功能与作用,本书作者在大肠杆菌中过量表达了 sRNARyhB，使得目标产物琥珀酸大幅度积累，表明具有特定功能的 sRNA 是大肠杆菌代谢工程的有力工具。通过比较在大肠杆菌 K-12（JM109 和 MG1655）和大肠杆菌 B （BL21）中的 sRNA SgrS 的水平，发现过量表达 SgrS 减少了大肠杆菌 K-12的乙酸盐分泌。

微生物代谢涉及的代谢网络庞大而复杂，细胞通过严格又复杂的监管网络进行体内各种物质的各种代谢平衡调节。近年来虽然在转录调控网络方面取得了巨大进步，但是转录后的调控架构是模糊的。许多 sRNA 被确定为全局调控因子，并在控制不同基因模块中发挥重要作用。因此，利用新设计的 sRNA 实现模块和全局调控是切实可行和有吸引力的。例如，大肠杆菌中的七个 sigma 因子，σ^{70}、σ^{38}、σ^{54}、σ^{24}、σ^{32}、σ^{28} 和 σ^{19}（分别由 *rpoD*、*rpoS*、*rpoN*、*rpoE*、*rpoH*、*fliA* 和 *fecI* 编码）是启动全部基因转录所需的元件。为了获得全局扰动菌株并构建突变体文库，Alper 等通过直接设计 sigma 因子，成功开发了一种改善细胞表型的全局转录机制的方法。

3.6.3　MS-DOS 调控系统

1. MS-DOS 调控机制与设计

随着合成生物学的发展，越来越多的研究需要人为在基因组上对基因的表达进行精确的调控。以往研究者通过使用诱导型启动子置换目标基因原有启动子的方式，对靶基因的表达进行精确调控。然而，在靶基因的上游区域插入启动子往往会使靶基因原有的调控模式失效，使靶基因的表达完全依靠诱导物的调控。最近，通过将 CRISPR/dCas9 系统引入枯草芽孢杆菌，研究者可以在不改造基因组的情况下对基因的表达进行精确的调控。但是，dCas9 蛋白的表达对宿主的生长往往是不利的，而且 sgRNA 与非靶基因的 DNA 结合并造成脱靶是经常发生的。

在转录后水平调节是枯草芽孢杆菌控制一些基因表达的重要方式。*bsrG*/SR4 是枯草芽孢杆菌中的一种Ⅰ型毒素-抗毒素系统，转录的 294 nt *bsrG* RNA 编码一种含 38 个氨基酸的有毒肽，该肽锚定在细胞膜上并导致细胞膜破裂。83 nt 的反义 RNA SR4 通过 125 个核苷酸与 *bsrG* mRNA 的 3'端特异重叠，并通过 RNase Ⅲ、内切核糖核酸酶 Y 和 3'→5'外切核糖核酸酶 R 作用引起 *bsrG* mRNA 的降解。进一步的研究表明，SR4 不仅破坏了 *bsrG* mRNA 的稳定性，而且通过改变核糖体结合位点附近 *bsrG* mRNA 的二级结构来抑制翻译起始。根据 *bsrG*/SR4 系统的调控机制，本书作者设计了在转录后水平下调目标基因的 MS-DOS（modulation via the sRNA-dependent operation system）调控系统（图 3.18）。首先敲除枯草芽孢杆菌 *Bacillus subtilis* 基因组中内源的 *bsrG*/SR4 位点，消除内源 SR4 的潜在的干扰。编码 *bsrG* mRNA 最后的 125 nt 的 opr 碱基序列被插入到目标基因的终止密码子后面。随着抗毒素 sRNA SR4 的过量表达，SR4 识别靶基因的 mRNA，与之结合一个双链 RNA，然后在双链处被核酸内切酶 RNase Ⅲ 切割，导致靶基因的表达被下调（Yang et al., 2018b）。

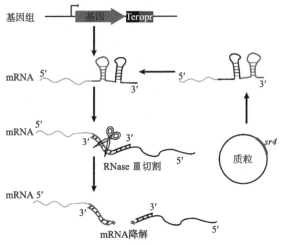

图 3.18　MS-DOS 工作原理示意图

2. MS-DOS 中 SR4 核心序列的鉴定

在 *bsrG*/SR4 系统中，SR4 影响 *bsrG* mRNA 的降解和翻译。相比之下，此处构建的 MS-DOS 仅取决于 SR4 和 *bsrG* RNA 之间的相互作用以及双链区域的 RNaseⅢ裂解。由于 RNaseⅢ识别位点和转录终止子都位于 SR4 的 3′端，我们从 5′端开始截断 SR4，以确定 SR4 的核心区域[图 3.19（a）]。构建并考察了五个 SR4 变体 SR4$_{51-183}$（133 nt）、SR4$_{91-183}$（93 nt）、SR4$_{111-183}$（73 nt）、SR4$_{121-183}$（63 nt）和 SR4$_{131-183}$（53 nt）。结果表明，所有 sRNA 截短变体都具有相似的抑制率，说明 SR4 截短至 53 nt 的 3′区仍然具有转录终止子，足以抑制基因的表达[图 3.19（b）]。

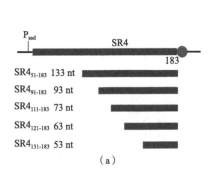

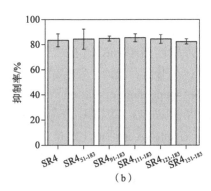

（a）　　　　　　　　　　　　　　（b）

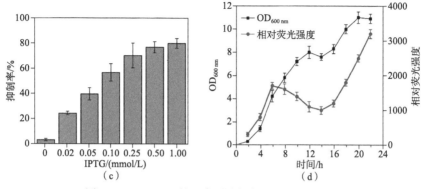

图 3.19　MS-DOS 核心序列分析与基因的诱导调控

（a）截短 SR4 突变体的示意图；（b）SR4 及其变体的相对抑制作用；（c）不同浓度 IPTG 对 MS-DOS 的
抑制作用；（d）生长曲线和相对荧光强度随 IPTG 的添加和消除而变化

3. MS-DOS 对基因的精准调控

基因组基因的可控调控对于不同环境下的基因功能分析和动态通路工程至关重要。在此，作者构建了重组质粒 pHT01-SR4，其中 SR4 的转录是由启动子 P_{groE} 经过 IPTG 诱导表达的。通过研究荧光蛋白 GFP 的表达来研究 SR4 的抑制率与 IPTG 浓度的关系。如图 3.19（c）所示，当添加 0.02 mmol/L、0.05 mmol/L、0.10 mmol/L、0.25 mmol/L、0.50 mmol/L 和 1.00 mmol/L IPTG 时，*B. subtilis* BSE4GFP/pHT01-SR4（以 *B. subtilis* BSE4GFP/pHT01 为对照菌株）中 GFP 表达的抑制率分别为 25.4%、40.9%、58.4%、72.1%、78.8% 和 82.0%。结果表明，通过控制诱导剂浓度，MS-DOS 可以实现对目标基因的定量调控。

此外，*B. subtilis* BSE4GFP/pHT01-SR4 在 6 h 进入中对数期时，向培养物中添加 IPTG，使最终浓度为 0.2 mmol/L。在 6～12 h 期间，生物量持续增加，但是由于 SR4 sRNA 的表达，相对荧光强度显著降低。14 h 时，收集细胞并用无菌生理盐水清洗，转移到新鲜的 LB 培养基进一步培养。随后，相对荧光得到快速回升，说明 MS-DOS 对基因的抑制是可逆的[图 3.19（d）]。

4. MS-DOS 对多基因的调控

某些特定的表型或代谢产物的合成往往由多个基因控制，在这些情况下，必须同时调节多个基因以对这些表型进行所需的修改。例如，*B. subtilis* 168 分泌中性蛋白酶、碱性蛋白酶和丝氨酸蛋白酶作为主要蛋白酶，它们占 99% 以上的胞外蛋白酶活性。研究人员利用 MS-DOS 系统抑制 *B. subtilis* 168 中主要的蛋白酶编码基因 *nprE*、*aprE* 和 *epr*，验证是否可以构建胞外无蛋白酶菌株。

B. subtilis BSA（nprE-opr⁴）、*B. subtilis* BSNA（nprE-opr⁴、aprE-opr⁴）和 *B. subtilis* BSNAE（nprE-opr⁴、aprE-opr⁴、epr-opr⁴）由 opr 片段的单、双或三重整合构建

[图 3.20(a)]。然后,通过比较脱脂奶粉琼脂平板上的透明圈的大小,比较 *B. subtilis* 168(亲本菌株)、*B. subtilis* WB600(6 个胞外蛋白酶基因缺失的菌株, 阳性对照)、*B. subtilis* BS (阴性对照)、*B. subtilis* BSN、*B. subtilis* BSNA 和 *B. subtilis* BSNAE 胞外蛋白酶活性的差异。在不引入 $SR4_{131-183}$ 表达的情况下,菌株 *B. subtilis* BSA、*B. subtilis* BSNA 和 *B. subtilis* BSNAE 显示出与 *B. subtilis*168 和 *B. subtilis* BS 相似的胞外蛋白酶活性[图 3.20(b)]。当 $SR4_{131-183}$ 被引入时,菌株 *B. subtilis* BSA、*B. subtilis* BSNA 和 *B. subtilis* BSNAE 的蛋白酶活性显著降低。特别是与阳性对照 *B. subtilis* WB600 相比,同时抑制 nprE、aprE 和 epr 的菌株 *B. subtilis* BSNAE 表现出相似的表型[图 3.20 (b)]。结果表明,通过 MS-DOS 系统可以有效地对微生物细胞进行多基因的同时调控。

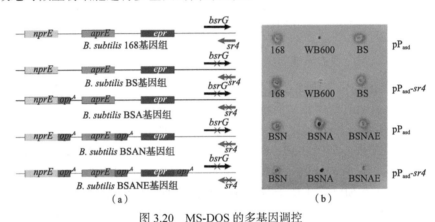

图 3.20　MS-DOS 的多基因调控

(a) 多基因调控重组菌株示意图; (b) 琼脂糖平板分析 MS-DOS 多基因抑制效果

5. MS-DOS 在代谢工程中的应用

代谢工程的理性设计已被广泛地用于优化生物合成途径。这一关键过程不仅需要过量表达一些关键酶,同时还需要精准动态调控一些必需基因的表达。近年来,*B. subtilis* 已被改造为通过相关途径的酶编码基因的调节和膜成分的修饰来生产 HA。为了进一步提高产量,寻找新的工程候选酶,特别是竞争途径酶,势在必行。在此,研究人员研究了 MS-DOS 是否可用于鉴定促进枯草杆菌 HA 生物合成的候选途径基因。因此,首先将编码透明质酸合成酶的外源基因 *hasA* 在 *B. subtili* 中直接过量表达,从而得到一个产生透明质酸的亲本菌株。为了确定需要抑制其表达以获得更高产量 HA 的基因,进一步对涉及磷酸戊糖途径、糖酵解途径和细胞壁多糖合成的基因组基因 *zwf*、*pfkA*、*galE*、*MurAA*、*MurAB*、*mnaA*、*alsD*、*alsS* 和 *nagA* 进行了分析。分别将各个基因与 opr 序列融合进行基因表达的抑制,在出发菌株中表达截短的 $SR4_{131-183}$ 作为对照。结果表明,抑制 *zwf*、*pfkA* 和 *galE* 对

HA 生物合成产生显著的影响。尤其是 *pfkA* 的下调导致 HA 产量最高（1.52g/L），是亲本的 1.6 倍。*MurAA*、*MurAB*、*mnaA*、*alsD*、*alsS* 和 *nagA* 的下调对 HA 的合成没有显著影响。具体来说，编码 6-磷酸果糖激酶的基因 *pfkA* 是糖酵解途径中的关键酶，*pfkA* 的失活会导致严重的生长缺陷。通过应用 MS-DOS，*pfkA* 基因可以在任何指定的时间点被抑制，以协调细胞生长和 HA 的生物合成。因此，MS-DOS 是一个方便的调控工具，用于识别和动态调节生物合成途径中的目标基因。

3.6.4　CRISPR/dCas9 调控系统

CRISPR/dCas9 调控系统是通过将 CRISPR/Cas9 系统中的 Cas9 蛋白改造成 dCas9（catalytically dead Cas9），从而得到具有转录调控功能的系统（图 3.21）。该系统与 CRISPR/Cas9 系统的不同之处在于，Cas9 蛋白具有与靶位点结合，但不对 DNA 进行切割的特点（Radzisheuskaya et al., 2016）。

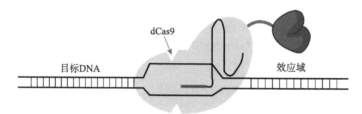

图 3.21　CRISPR/dCas9 示意图

Cas9 的核酸酶剪切活性取决于两个结构域——RuvC 和 HNH 核酸酶结构域以及与 sgRNA 接触的 α 螺旋叶。RuvC 和 HNH 这两个核酸酶结构域分别负责切割 DNA 链的两条链，并且可以通过人为突变这两个结构域得到具备单链切割能力的 Cas9 蛋白。当 RuvC 和 HNH 两个结构域同时失活时可得到失去剪切活性但可以靶向结合的 Cas9 蛋白，即 dCas9。由此，研究者们试图利用 dCas9 蛋白能与 DNA 序列结合的特性，将 dCas9 转化为能调控基因表达的转录因子。研究发现，dCas9 只有通过与其他蛋白融合，才可发挥转录因子的作用，可以实现基因的表达抑制或者激活。dCas9 通过招募相应的效应域，基于 dCas9 的人工反式转录因子几乎可以激活或抑制基因组中的每一个基因。

1. CRISPR 干扰

CRISPR 干扰（CRISPR interference, CRISPRi）在大肠杆菌中有诸多的报道。dCas9-sgRNA 复合物阻断 RNA 聚合酶和启动子 DNA 的结合从而抑制转录。在原核生物中，dCas9 蛋白通过 sgRNA 的引导结合到靶位点即可实现基因表达的抑制，但是在真核生物中，dCas9 蛋白不能明显地抑制基因表达，Cas9 蛋白需要和转录抑制蛋白结构域融合，从而抑制基因的转录。然而，由于 dCas9 阻断了 RNA 聚合酶的延伸，操纵子中下游基因的表达也同样会受到干扰，相对于基因组编辑来说，这是一个不可忽视的缺陷。

与原核系统不同的是，为了获得最大抑制效率的 CRISPRi，抑制结构域如 MXI1 或者 KRAB 是必要的。Qi 等最早将 dCas9 应用于 RNA 介导的转录，证明 dCas9 靶向结合在转录起始处，抑制了转录过程的延伸。当以酿酒酵母内源性 TEF1 启动子为靶点时，单独表达 dCas9 使得基因表达得到了 18 倍的抑制，而和 MXI1 结构域融合表达抑制效果增加到 53 倍。虽然 MXI1 结构域很常用，但这种哺乳动物的抑制结构域可能不是酵母 CRISPRi 的最佳结构域。因此，Lian 等筛选了一组内源性阻遏结构域，如 TUP1 和 MIG1 结构域，显著提高了酵母 CRISPRi 的抑制率。此外，通过将多个阻遏结构域融合在一起，CRISPRi 的效率会得到进一步的提高。

与传统的调控基因表达的技术相比，CRISPRi 的优势明显。第一，仅通过在 sgRNA 中插入一个新的 20 nt 碱基配对区域就可以很容易地抑制新靶点。第二，由于 CRISPRi 构建完成后只需要改变其中的 20 nt 就可以靶向不同的基因，因此可以使用合并克隆策略，将 20 nt 文库与 CRISPRi 载体整合进行文库构建。通过文库的构建，可以高通量地筛选出理想表型的菌株，并找到影响该表型的基因，从而进一步指导理性地改造菌株。第三，由于 CRISPRi 可以是诱导型的，所以它能够通过人为操作调控对目标基因的抑制强弱。

2. CRISPR 激活

CRISPRa（CRISPR activition）是一种基于 CRISPR/dCas9 的转录激活工具。CRISPR/dCas9 系统要实现转录激活，需要 dCas9 蛋白与转录激活因子融合或者在 sgRNA 的末端融合一段 scRNA（small cytoplasmic RNA）来募集能激活基因表达的 RNA 结合蛋白，从而激活或增强基因的转录。研究表明，CRISPRa 对弱启动子的激活效果更为明显。

大肠杆菌 CRISPRa 系统中，dCas9 与 RNA 聚合酶的 ω 亚基融合，在特异性的 sgRNA 引导下，RNA 聚合酶被聚集到启动子的上游，从而激活转录。真核微生物中有 SAM、SunTag 和 VP64-P65-RTA（VPR）等系统。通过理性设计的激活系统 VP64-P65-RTA 在包括酿酒酵母在内的多种生物体中显著提高了 CRISPRa 的效率。例如，dCas9-VPR 使 HED1 启动子和 GAL7 启动子分别激活 38 倍和 78 倍，DCAS9-VP64 对这两个启动子的激活倍数分别只有 9 倍和 14 倍。为了发挥 CRISPRa 最大的激活作用，研究人员测试了四种核酸酶缺陷的 CRISPR 蛋白（dSpCas9、dSaCas9、dst1Cas9 和 dLbCpf1）和三个激活域[VP64（V）、VP64-p65AD（VP）和 VP64-p65AD-Rta（VPR）]的所有可能组合。有趣的是，最佳激活域的确定依赖于 CRISPR 蛋白：对于 dSpCas9，激活结构域越强则导致 CRISPRa 激活效率越高（VPR>VP>V）；对于 dst1Cas9，激活效率顺序完全颠倒（V>VP>VPR）；

而对于 dLbCpf1，中等强度的激活域最好（VP>VPR>V）。根据 gRNA 设计的灵活性，确定 dSpCas9-VPR 和 dLbCpf1-VP 是酵母 CRISPRa 的最佳选择。

不同于上述将激活结构域或者抑制结构域与 dCas9 直接融合的方法，Zalatan 等用一种称为"RNA 支架"（scRNA）的方法来实现靶向的上调和下调。通过在 gRNA 的 3′端引入适配体（RNA 发卡序列，如 MS2、PP7 和 Com），构建了具有蛋白质募集能力的 scRNA。有趣的是，用带有 VP64 的 scRNA 激活的基因激活倍数提高了 20～50 倍，远远高于用 dCas9-VP64 激活的基因。此外，也可以将几个适配体组合在一个 scRNA 中，以实现更高的转录编辑。

由于细菌的多样性，CRISPR 技术在细菌中的应用不如哺乳动物中那么成熟。将 CRISPR/dCas9 系统应用到一株新的菌株中主要会经历系统的选择与构建、靶位点的选择和 gRNA 的设计 3 个过程。

不同强弱靶点基因的选择。CRISPR/dCas9 用于激活表达强的基因或者表达弱的基因效果都不明显。因此，利用 CRISPR/dCas9 探究某一基因的功能时，需要考虑将激活和弱化二者结合运用或许会有更好的效果。

设计有效的 sgRNA。sgRNA 的设计须符合两个标准：靶向具有 PAM 的区域和最小化的脱靶率。靶向 DNA 特异性位点首先需要 Cas9 识别 PAM 序列，然后通过 20 nt 左右的靶序列与 sgRNA 的间隔区碱基配对。虽然不完全匹配的靶位点仍然可以与 dCas9-sgRNA 复合物结合，但抑制效果最强的 sgRNA 都与 PAM 相邻靶位点完全匹配。在 sgRNA 的 3′端或与 PAM 序列相邻的 12 个核苷酸中的单个错配会明显降低 dCas9-sgRNA 对基因表达的抑制作用。sgRNA 与靶点之间的错配将进一步降低抑制的效果。抑制效果也可以通过改变靶点匹配所在基因内的位置来调整，这是由于目的基因的 3′碱基或 sgRNA 与模板链结合的位置都会影响抑制效果。

基因调控技术的构建实现了对基因组上任何位点靶向基因的精准可逆调控，实现了对目标合成代谢途径的动态调控，有助于优化微生物细胞工厂的生长与发酵合成在时间上的优化，有助于平衡细胞内代谢流的分配。通过采用新型的尤其是基于 sRNA 的基因表达调控系统，实现了对基因组多个靶基因的调控，为构建高效的微生物细胞工厂提供了新的工具。

3.7　基因组精简与基因组人工合成技术

生物学正经历着从破译生物物种基因组 DNA 序列信息到合成基因组时代的快速过渡，科学家希望通过对生命蓝图的重写，对生物系统有一个全面的掌握和更深入的了解，这种转变需要一个全新的生物学理解。基因组精简优化是构建微生物底盘细胞的重要策略，在保证微生物细胞正常代谢的条件下，细胞所需的最少基因群形成该微生物的最小基因组。获得微生物最小基因组的方法可分为两种：一种是"自上而下"的策略，在现有微生物基因组中删除非必需基因以获得最小基因组；另一种是"自下而上"的策略，采用人工从头合成基因组。微生物基因组精简一般选用遗传背景清晰的微生物为底盘细胞，在大肠杆菌、恶臭假单胞菌、枯草芽孢杆菌、谷氨酸棒杆菌、阿维链霉菌和酵母菌中广泛应用（Kuhlman and Cox, 2010）。基因组精简位置的确定和精简策略的设计是微生物基因组精简的关键。

合成基因组学是在 1970 年 Khorana 实验室的报告中提出的。该报告实现了从脱氧核糖核苷酸到人工酵母丙氨酸 tRNA 第一个基因的合成，之后 DNA 合成技术快速发展，尤其是在过去的二十年中，科学家们已经能够设计微生物中化学合成途径，人工合成病毒/噬菌体基因组，甚至构建合成微生物（Annaluru et al., 2015）（图 3.22）。病毒/噬菌体基因组的合成是化学合成基因组研究的里程碑。之后，人们在原核生物和真核生物基因组的合成中不断取得重大突破，并通过化学全合成基因组实现了对单细胞原核生物和真核生物生命活动过程的调控。

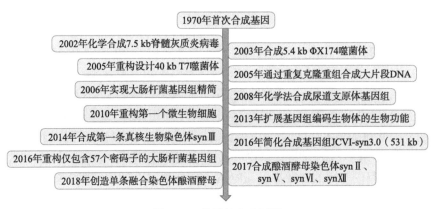

图 3.22　基因组合成历程

3.7.1　基因组精简策略

微生物基因组精简策略是构建合成生物学底盘细胞的关键所在，基因组精简主要基于同源重组、双链断裂修复（double strains break repair, DSBR）重组、位点特异性重组、转座重组（transpositional recombination）和噬菌体转导（transduction）技术，实现对微生物基因组的调控。双链断裂修复重组和位点特异性重组均建立在同源重组的基础上，目的是进一步实现基因敲除；噬菌体转导技术通过噬菌体侵染细胞，可以将各菌株的大片段突变型整合入一个受体菌中，提高基因组精简效率。同源重组和双链断裂修复重组可实现无痕敲除，而位点特异性重组和转座重组会有碱基残留。转座重组一般可循环敲除获得基因组精简菌株，其余重组可通过重复敲除或转导获得基因组精简菌株。

1. 基于同源重组的基因组精简

同源重组是指发生在非姐妹染色单体（sister chromatin）之间或同一染色体上含有同源序列的 DNA 分子之间或分子之内实现序列重组使得重组基因组稳定遗传。通过同源重组进行基因组精简时需要同时引入抗性筛选标记（Pm）和负筛选标记（Nm）。基于同源重组进行的基因组精简主要通过自杀式环形质粒[图 3.23（a）]与线性质粒[图 3.23（b）]来实现。自杀式环形质粒同源重组可通过同源单交换与同源双交换来实现，广泛应用于多种微生物。线性 DNA 片段含有目的基因同源臂，通过电转化将敲除片段导入宿主菌并与基因组发生同源重组，从而实现目的基因的替换。

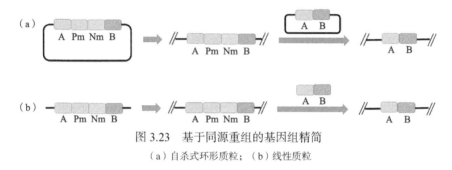

图 3.23　基于同源重组的基因组精简
（a）自杀式环形质粒；（b）线性质粒

2. 基于 DSBR 的基因组精简

DSBR 主要基于同源重组和基因组自修复机制实现基因组敲除与精简。1999年，Posfai 团队提出通过自杀质粒同源单交换在基因组中引入 I-SceI 识别位点 S，I-SceI 酶的表达导致基因组从 S 点处断裂，进而诱导胞内 SOS 应急系统并启动基因组自身修复机制，从而删除筛选标记，达到无痕敲除。此外，引入负筛的 DSBR 的基因组精简可提高筛选效率和准确性。

3. 基于位点特异性重组的基因组精简

位点特异性重组通过特异性酶识别相应位点以删除位点基因片段，该系统主要通过 Flp/FRT 和 Cre/LoxP（McLellan et al., 2017）两种方式来实现特异性重组系统，常与同源重组相结合并应用于多种微生物的基因组精简。Flp 和 Cre 是位点特异性识别酶，分别识别特异性位点 FRT 和 LoxP，FRT 和 LoxP 均含有两个反向的 13 bp 序列以及一个 8 bp 的中心区域，特异性酶识别同向的特异性位点并发生同源重组去除位点之间的 DNA 序列。该方法基因敲除效率更高，无须引入负筛选标记，且操作简单，广泛应用于多种微生物的基因敲除和基因组精简，但会残留特异性位点，不利于实现无痕敲除。

4. 基于转座重组的基因组精简

转座子在转座酶的催化下可随机插入到基因组不同位点，复合式转座子含有转座酶基因，而且带有其他抗性基因或宿主基因，两端通常有重复序列，转座酶与转座子两端及 DNA 靶序列结合后将双链 DNA 交错切割，同时在转座子的两端切断不同的单链，使产生的转座子游离端与靶序列游离端连接，利用复合式转座子的特点，最终实现基因组精简。该方法可以筛选得到较多的基因敲除突变株，效率高，但会在基因组残留若干对端部序列，随机性强，不易准确控制精简区域。

3.7.2　人工合成基因组

1. 病毒/噬菌体基因组设计和合成

1977 年，Sanger 和他的同事们完成了噬菌体 ΦX174 第一个基因组 DNA 的完全测序。18 年后，Venter 团队读取了一种自我渎职的细菌——流感嗜血杆菌的第一个完整的基因序列。在过去的几十年里，数字化快速读取基因组信息的能力不断提高，于是，通过化学合成来复制完整基因的系统被提出。2003 年，Venter 团队通过全基因组装配合成寡糖核苷酸 ΦX174 噬菌体（Smith et al., 2003）。2005 年，Chan 等重新设计了 T7 噬菌体，并改进了其内部结构以备重构，同时保持了外部系统功能，也就是说，将对噬菌体功能至关重要的主要遗传元素与对噬菌体的生存能力无关的重叠遗传元素从物理上分离开来。T7.1 噬菌体设计目标如下：第一，定义一组在 T7 噬菌体开发期间起作用的组件，并为每一个元素选择一个精确的 DNA 序列来编码其功能；第二，避免编码不同元素功能的 DNA 序列之间的重叠；第三，只给编码每个元素的 DNA 序列设置计算函数；第四，合并限制站点，以便精确和独立地操作每个元素；第五，重构 T7.1 基因组，编码一个可行的噬菌体；第六，每个功能元件都由启动子、蛋白质编码域、核糖体结合位点等构成。将 39937 bp 野生型噬菌体 T7 基因组的 5 个部分的 11515 bp 替换为 12179 bp 的工程 DNA，使用合成 DNA 片段和 PCR 扩增的 T7 片段，其中包含了 5 个末端加上限制性内切酶位点的所有遗传元素。由此产生的部分合成基因组编码了一种可行的噬菌体，这种噬菌体似乎保持了原噬菌体的关键特征，同时更容易建模，也更容易操纵编码功能的每个遗传元素（Chan et al., 2005）。T7.1 噬菌体的合成确立了编码自然生物系统的基因组大区域可以被系统地重新设计和构建。

虽然较小的病毒基因组，如 T7、支原体和衣原体，可以通过使用合成的或 PCR 扩增的前体 DNA 片段的标准重组 DNA 技术进行组装，但较大的细菌基因组的组装依赖于宿主体内前体 DNA 片段的重组，此外，供体和受体宿主之间的相融问题亟待解决。研究表明，微生物基因组只能在进化上在不同的宿主中组装（如枯草芽孢杆菌的 PCC6803 聚胞菌或酿酒酵母的生殖支原体）。在这种情况下，供体 DNA 在转录上需保持沉默，而不影响宿主的生存能力。日本 Itaya 研究小组利用这种方法，通过将前体 DNA 片段序列整合到枯草芽孢杆菌基因组中来组装细菌基因组。他们将含 3.57 Mbp 基因的集胞藻属 PCC6803 克隆出来，共分为四个独立的片段，每个片段 800～900 kbp，将前体片段串联并整合到枯草芽孢杆菌基因组。这项工作表明，利用体内组装可以将基因组片段成功在宿主细胞组装并克隆。后来，Itaya 小组使用相同的方法从 PCR 扩增的前体基因重建全长小鼠线粒体和水稻叶绿体基因组，并将最终合成的 DNA 产物以环状进行回收。 同样，霍尔特等实现了将流感嗜血杆菌的片段化供体基因组按照顺序重组为大肠杆菌，他们采用 λRed 重组，使用电穿孔的线性 DNA 和缺陷的 λ 噬菌体来提供重组所需的功能。使用该技术，该研究组重建了两个非连续的流感嗜血杆菌基因组区域，共 190 kbp（大约 10.4%的流感嗜血杆菌基因组）作为大肠杆菌宿主中的附加体。

2. 原核基因组设计与合成

近年来，DNA 合成和组装技术向着高通量、高保真度、低成本和高速度的方向发展，使快速重建基因组成为可能。Venter 研究所一直致力于从化学合成的寡核苷酸中完整合成和组装整个细菌（生殖器支原体）基因组。2010 年，该团队开发了一种策略，用于组装片段以产生 DNA 大分子，首先通过化学合成法合成支原体 DNA 片段，平均大小为 6 kb，之后通过体外酶促方法和酿酒酵母的体内重组方法将支原体基因组整合，整个合成基因组（582970bp）作为酵母着丝粒质粒（YCp）稳定生长，合成了世界上第一个有活性的人造支原体 JCVI-syn1.0 基因组。在这种情况下，最终的完整供体生殖支原体基因组在受体宿主酿酒酵母中组装。合成基因组基本上是野生型生殖支原体 G37 序列，除了用抗生素标记物破坏基因 M408 以阻断其致病性，还在基因间不同位点插入一些水印以鉴定基因组为合成的基因组。生殖器支原体基因组的合成分三步进行：①重叠的 5～7 kbp 的 DNA 片段由化学法合成的寡核苷酸组装而成；②5～7 kbp 的 DNA 片段通过体外重组连接得到大小分别为 24 kb、72 kb 和 144 kb 的中间体片段，克隆到人工合成的大肠杆菌染色体中；③通过酿酒酵母的同源重组组装到完整基因组中。尽管已经鉴定出一个具有正确序列的克隆体，但 Gibson 等并没有证明合成的基因组能够编码一个活的细菌。这项令人印象深刻的研究确定了染色体的 DNA 分子可以用化学合成的碎片构建。

随后，Gibson 等报道了由化学合成基因组控制的细菌细胞的产生。利用已知的基因组序列合成了 1.08 Mbp 支原体基因组；然后将其移植到一个密切相关的山羊支原体受体细胞中，形成一个完全由合成基因组控制的新型支原体细胞。与野生型 CP001668 相比，化学合成的基因组发生了若干变化，包括 4 个水印序列、1

个设计的 4 kbp 基因缺失和 20 个位点的核苷酸多样性，其中 19 个位点是装配过程中得到的安全突变。这 19 个序列的改变也是合成基因组和野生型基因组的多态性差异。新生成的细胞具有支原体 *M. mycoides* 预期的表型特征，并具有持续的自主复制能力。这项工作为基于计算机设计的基因组序列生产细胞提供了一项原理验证实验，尽管人工合成的基因组只对天然的支原体基因组进行了非常有限的修改。

2016 年，Venter 团队从头设计合成的 JCVI-syn3.0 将基因组由约 1 Mb 长度缩减至约 531 kb，删除了大量非必需基因，获得了仅包含 473 个基因以及功能成簇的人工基因组，大大拓展了人工基因组设计的深度（Hutchison et al., 2016）。Church 团队根据同义密码子替换原则重构了大肠杆菌基因组，只包含 57 个密码子。至此，整个染色体和基因组可以被设计、合成并整合到细胞中，从而产生合成生物体。然而，要创造一个真正有生命的细胞，通过从头开始的合成来分裂合成细胞，我们需要知道生命所需的基本基因的最小集合，清楚地了解每个基因的功能并了解协调基因功能所需要的调控机制。

3. 真核基因组设计与合成

人工基因组的设计是生命科学发展中的里程碑，是从认识生命到改写生命的探索。在"自下而上"的化学再造基因组设计原则中，基因组的稳定性和灵活性是两个重要特征。为了提高基因组稳定性，在设计基因组时删除了自然重复和不稳定的元素，包括转座子、tRNA 和亚端粒。2005 年，Chandra 小组在与 Boeke 教授的合作中提出设计和合成真核染色体，2011 年，Boeke 教授提出人工合成酵母基因组计划（Sc2.0 Project），对真核生物酿酒酵母人工基因组的设计深度进行了拓展，包括 tRNA 移除、插入重组位点、设计合成型标签等，将人工设计的深度拓展到序列设计和功能的匹配关联层面。首先，根据现有的酿酒酵母野生型染色体序列，设计包含所有预期变化的合成染色体。其次，将设计的染色体在 5′端、3′端包含独特的限制性位点，编译成约 10 kbp 的片段，使 10 kbp 片段进一步组装成 30～50 kbp 片段，利用商业寡核苷酸合成这些大约 10 kbp 的片段。最后，由于酵母具有高度的重组能力，使用交替的遗传标记的迭代策略，将野生型序列的每个 30～50 kbp 片段替换为相应的合成片段，每次替换一个片段，最终在酵母体内进行同源重组（图 3.24）。

2014 年，合成型三号染色体被 Chandra 研究室报道合成。2017 年，synⅡ、synⅤ、synⅤ、synⅩ 和 synⅦ在同期 *Science* 上报道，其中天津大学元英进课题组合成了 synⅤ 和 synⅩ（Xie et al., 2017），清华大学合成 synⅦ，华大基因与爱丁堡大学共同合成 synⅡ，纽约大学合成 synⅥ。至今，真核生物 6 条完整的合成型染色体已成功被设计与合成。

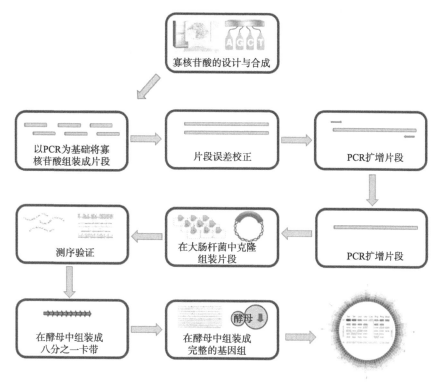

图 3.24　全基因组合成策略

合成酵母基因组的三个设计原则如下：①导致野生型表型和适应度；②缺乏不稳定因素，以避免合成酵母基因组不稳定或重排；③具有遗传灵活性。

3.8　本 章 小 结

基因快速编辑组装与表达调控技术的快速发展使得科研人员可以快速对基因组或基因的特定序列进行理性设计、置换、插入、缺失等编辑，以及快速的人工组合排列，实现对基因组或基因序列的人工改造。基因快速编辑组装与表达调控技术作为新一代发酵工程技术已实现了对工业微生物细胞工厂的快速理性改造，实现了从基因组层面优化微生物细胞工厂的性状，实现了目标产物的高产量、高转化率、高强度的发酵生产。未来，随着更多高效精准的基因编辑与调控技术的出现，"人工定制"特定性状的工业微生物细胞工厂将成为现实。

（康振　李江华　陈坚）

参 考 文 献

ANNALURU N, RAMALINGAM S, CHANDRASEGARAN S, 2015. Rewriting the blueprint of life by synthetic genomics and genome engineering[J]. Genome Biology, 16: 125.

BLERIS L, XIE Z, GLASS D, et al., 2011. Synthetic incoherent feedforward circuits show adaptation to the amount of their genetic template[J]. Molecular Systems Biology, 7: 519.

BROPHY J A, VOIGT C A, 2014. Principles of genetic circuit design[J]. Nature Methods, 11: 508-520.

BURGESS D J, 2017. Genetic engineering: CREATE-ing genome-wide designed mutations[J]. Nature Reviews Genetics, 18: 69.

CADWELL R C, JOYCE G F, 1992. Randomization of genes by PCR mutagenesis[J]. PCR Methods and Applications, 2: 28-33.

CHAN L Y, KOSURI S, ENDY D, 2005. Refactoring bacteriophage T7[J]. Molecular Systems Biology, 1: 1-10.

CHEN K, ARNOLD F H, 1993. Tuning the activity of an enzyme for unusual environments: sequential random mutagenesis of subtilisin E for catalysis in dimethylformamide[J]. Proceedings of the National Academy of Sciences of the United States of America, 90: 5618-5622.

CHEN W H, QIN Z J, WANG J, et al., 2013. The MASTER (methylation-assisted tailorable ends rational) ligation method for seamless DNA assembly[J]. Nucleic Acids Research, 41: e93.

ENGLER C, KANDZIA R, MARILLONNET S, 2008. A one pot, one step, precision cloning method with high throughput capability[J]. PLoS One, 3: e3647.

FU C, DONOVAN W P, SHIKAPWASHYA-HASSER O, et al., 2014. Hot fusion: an efficient method to clone multiple DNA fragments as well as inverted repeats without ligase[J]. PLoS One, 9: e115318.

GIBSON D G, GLASS J I, LARTIGUE C, et al., 2010. Creation of a bacterial cell controlled by a chemically synthesized genome[J]. Science (New York, N.Y), 329: 52-56.

GIBSON D G, YOUNG L, CHUANG R Y, et al., 2009. Enzymatic assembly of DNA molecules up to several hundred kilobases[J]. Nature Methods, 6: 343-345.

HSU P D, LANDER E S, ZHANG F, 2014. Development and applications of CRISPR-Cas9 for genome engineering[J]. Cell, 157: 1262-1278.

HUTCHISON C A, CHUANG R Y, NOSKOV V N, et al., 2016. Design and synthesis of a minimal bacterial genome[J]. Science (New York, N.Y), 351: 1414-1426.

JACOB F, MONOD J, 1961. Genetic regulatory mechanisms in the synthesis of proteins[J]. Journal of Molecular Biology, 3: 318-356.

JIN P, DING W, DU G, et al., 2016a. DATEL: a scarless and sequence-independent DNA assembly method using thermostable exonucleases and ligase[J]. ACS Synthetic Biology, 5: 1028-1032.

JIN P, KANG Z, ZHANG J, et al., 2016b. Combinatorial evolution of enzymes and synthetic pathways using one-step PCR[J]. ACS Synthetic Biology, 5: 259-268.

KANG Z, DING W, JIN P, et al., 2018. Combinatorial evolution of DNA with RECODE[J]. Methods in Molecular Biology (Clifton, N.J.), 1772: 205-212.

KANG Z, ZHANG C, ZHANG J, et al., 2014. Small RNA regulators in bacteria: powerful tools for metabolic engineering and synthetic biology[J]. Applied Microbiology and Biotechnology, 98: 3413-3424.

KANG Z, ZHANG J, JIN P, et al., 2015. Directed evolution combined with synthetic biology strategies expedite semi-rational engineering of genes and genomes[J]. Bioengineered, 6: 136-140.

KUHLMAN T E, COX E C, 2010. Site-specific chromosomal integration of large synthetic constructs[J]. Nucleic Acids Research, 38: e92.

MAKAROVA K S, HAFT D H, BARRANGOU R, et al., 2011. Evolution and classification of the CRISPR-Cas systems[J]. Nature Reviews Microbiology, 9: 467-477.

MCLELLAN M A, ROSENTHAL N A, PINTO A R, 2017. Cre-loxP-mediated recombination: general principles and experimental considerations[J]. Current Protocols in Mouse Biology, 7: 1-12.

NA D, YOO S M, CHUNG H, et al., 2013. Metabolic engineering of *Escherichia coli* using synthetic small regulatory, RNAs[J]. Nature Biotechnology, 31: 170-174.

OHLENDORF R, VIDAVSKI R R, ELDAR A, et al., 2012. From dusk till dawn: one-plasmid systems for light-regulated gene expression[J]. Journal of Molecular Biology, 416: 534-542.

OLIVA G, SAHR T, BUCHRIESER C, 2015. Small RNAs, 5′ UTR elements and RNA-binding proteins in intracellular bacteria: impact on metabolism and virulence[J]. FEMS Microbiology Reviews, 39: 331-349.

RADZISHEUSKAYA A, SHLYUEVA D, MULLER I, et al., 2016. Optimizing sgRNA position markedly improves the efficiency of CRISPR/dCas9-mediated transcriptional repression[J]. Nucleic Acids Research, 44: e141.

SCHAFER A, TAUCH A, JAGER W, et al., 1994. Small mobilizable multi-purpose cloning vectors derived from the *Escherichia coli* plasmids pK18 and pK19: selection of defined deletions in the chromosome of *Corynebacterium glutamicum*[J]. Gene, 145: 69-73.

SEGALL-SHAPIRO T H, SONTAG E D, VOIGT C A, 2018. Engineered promoters enable constant gene expression at any copy number in bacteria[J]. Nature Biotechnology, 36: 352-358.

SHAO Z, ZHAO H, GIVER L, et al., 1998. Random-priming *in vitro* recombination: an effective tool for directed evolution[J]. Nucleic Acids Research, 26: 681-683.

SIMANSHU D K, YAMAGUCHI Y, PARK J H, et al., 2013. Structural basis of mRNA recognition and cleavage by toxin MazF and its regulation by antitoxin MazE in *Bacillus subtilis*[J]. Molecular Cell, 52: 447-458.

SMITH H O, HUTCHISON C A, PFANNKOCH C, et al., 2003. Generating a synthetic genome by whole genome assembly: phiX174 bacteriophage from synthetic oligonucleotides[J]. Proceedings of the National Academy of Sciences of the United States of America, 100: 15440-15445.

STEMMER W P, 1994. Rapid evolution of a protein in vitro by DNA shuffling[J]. Nature, 370(6488): 389-391.

SUMMERS D, 1996. The biology of plasmids[J]. plasmids for Therapy & Vaccination: 1-28.

TANG P W, CHUA P S, CHONG S K, et al., 2015. A review of gene knockout strategies for microbial cells[J]. Recent Patents on Biotechnology, 9: 176-197.

TRENKMANN M, 2017. Genetic engineering: on the road to efficient gene drives[J]. Nature Reviews Genetics, 18: 704.

WANG Y, LIU Q, WENG H, et al., 2019. Construction of synthetic promoters by assembling the sigma factor binding −35 and −10 boxes[J]. Biotechnology Journal, 14: e1800298.

XIE Z X, LI B Z, MITCHELL L A, et al., 2017. "Perfect" designer chromosome V and behavior of a ring derivative[J]. Science(New York, N.Y.): 355.

YADAV R, KUMAR V, BAWEJA M, et al., 2018. Gene editing and genetic engineering approaches for advanced probiotics: a review [J]. Critical Reviews in Food Science and Nutrition, 58: 1735-1746.

YANG S, KANG Z, CAO W, et al., 2016. Construction of a novel, stable, food-grade expression system by engineering the endogenous toxin-antitoxin system in *Bacillus subtilis*[J]. Journal of Biotechnology, 219: 40-47.

YANG S, LIU Q, ZHANG Y, et al. 2018a. Construction and characterization of broad-spectrum promoters for synthetic biology[J]. ACS Synthetic Biology, 7: 287-291.

YANG S, WANG Y, WEI C, et al. 2018b. A new sRNA-mediated posttranscriptional regulation system for *Bacillus subtilis*[J]. Biotechnology and Bioengineering, 115: 2986-2995.

ZHANG J, KANG Z, LING Z, et al., 2013. High-level extracellular production of alkaline polygalacturonate lyase in *Bacillus subtilis* with optimized regulatory elements[J]. Bioresource Technology, 146: 543-548.

ZHAO H, GIVER L, SHAO Z, et al., 1998. Molecular evolution by staggered extension process (StEP) *in vitro* recombination[J]. Nature Biotechnology, 16: 258-261.

第4章　微生物细胞系统改造与精准调控

4.1　微生物细胞代谢过程及其调控机制

4.1.1　微生物细胞代谢过程概述

发酵工程以微生物的生命活动为中心，微生物的生理代谢特性决定其产物的生成效率。发酵过程中存在的产物产量低、产品转化效率差和生产过程强度小等问题往往是由细胞合成能力不足造成的。传统发酵工程技术一般通过诱变育种、原生质体融合等方法获得微生物突变株文库，随后通过繁重的筛选工作以获得发酵性能提高的菌种。传统的菌种改造方法在发酵工程研究的长期实践中具有一些成功的案例，但是该方法存在微生物菌株突变方向随机、菌种改造过程耗时费力等问题，这显著影响了发酵微生物改造的有效性和菌种开发的时效性。近年来基因工程技术、分子生物学和系统生物学的迅速发展为发酵微生物选育的技术升级和方法革新提供了重要支撑。基于代谢工程技术、系统生物学技术和合成生物学技术的微生物细胞的系统改造和精准调控已成为解决发酵微生物合成能力不足和提升发酵微生物选育效率的重要技术方法，是新一代发酵工程技术中的重要内涵之一。微生物细胞系统改造与精准调控主要包括微生物代谢过程的静态及动态精准调控、能量代谢与辅因子调控、基于亚细胞结构的微生物细胞精准调控以及生物信息学策略指导的微生物细胞系统改造。微生物细胞系统改造与精准调控能够解决细胞合成能力不足的问题，促使微生物能够积累更多的目的产物（高产量）、将原料更多地转化为产物（高转化率）、以最快速度发酵生产目的产物（高生产强度），达到高产量、高转化率和高生产强度三者相对统一，实现高水平工业发酵。

微生物的代谢是发生在微生物细胞中的分解代谢与合成代谢的总和。微生物的代谢为细胞生长和繁殖提供骨架物质和能量，是微生物生命的核心。微生物生长和繁殖需要吸收营养物质，然后平衡与协调细胞中心代谢途径，进行重要前体物质合成以及生物大分子合成。微生物细胞代谢过程的状态信息需要传递给其他细胞过程以便协调细胞可用的营养物质与能源在不同细胞生理过程中的分配，确保细胞正常功能。在微生物细胞中，不同代谢过程共同协调，主要代谢过程包括营养摄取、中心代谢、能量产生、氨基酸供应和蛋白质合成等。

4.1.2　碳吸收与分解代谢的调控

1. 碳源摄取

异养微生物在生长过程中需要摄取环境中的碳源和能量物质。以大肠杆菌为例，碳源吸收的调控依赖于胞内传感器，这些传感器通常是既能感知信号又能提供调节转运的转录调控因子。当外界存在的碳源物质浓度增加时，碳源物质利用途径中间代谢物浓度增加，转录调控因子进而通过感知中间代谢物浓度增加而上调转运蛋白和碳源物质利用途径关键酶的表达水平。典型示例是 *lac* 操纵子的阻遏物 LacI，其与胞内异乳糖结合后从 *lac* 启动子释放，上调乳糖吸收途径关键酶的表达水平。其他实例还包括大肠杆菌对葡糖胺、海藻糖、岩藻糖和麦芽糖的吸收过程，并且系统发育分析表明这种基于转录调控因子的调控模式是原核生物中的主要营养物感应机制。

2. 分解代谢物阻遏

在大肠杆菌中，最常见的偏好性碳源之一是葡萄糖，其通过磷酸转移酶系统（PTS）转运到细胞中。当 PTS 吸收葡萄糖时，PTS 组分之一的 EIIA 被去磷酸化并直接抑制几种非偏好性碳源的转运蛋白。这种机制称为碳源分解代谢阻遏。尽管分解代谢阻遏在某些情况下足以实现碳源优先利用，但大肠杆菌编码的另一系统可以下调非偏好性底物的转运和分解代谢基因的表达。该系统周围的转录因子环腺苷酸受体蛋白质（CRP），可以正调节多个碳摄取系统和与碳分解代谢相关的基因。

4.1.3　中心碳代谢途径及其调控

1. 中心碳代谢途径

（1）EMP：将葡萄糖和糖原降解为丙酮酸并伴随着 ATP 生成的一系列反应，是一切生物有机体中普遍存在的葡萄糖降解的途径（图 4.1）。EMP 在无氧及有氧条件下都能进行，是葡萄糖进行有氧或者无氧分解的共同代谢途径。EMP 具有提供 ATP、还原力（NADH）和前体化合物（如葡萄糖-6-磷酸、磷酸三碳糖、磷酸烯醇式丙酮酸、丙酮酸）的功能。

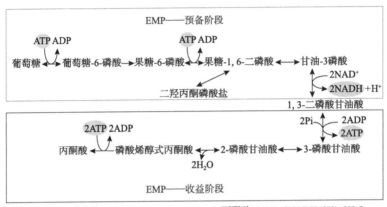

图 4.1　EMP 及其总反应式

（2）单磷酸己糖途径（hexose monophosphate pathway，HMP）：也称磷酸戊糖途径（pentose phosphate pathway）。HMP 可以分为两个阶段：氧化阶段产生磷酸戊糖和 NADPH，非氧化阶段将磷酸戊糖回收为葡萄糖-6-磷酸，并且 HMP 的启动受到 NADPH 的严谨调控（图 4.2 和图 4.3）。HMP 具有提供还原力（NADPH）、提供前体化合物[如核糖磷酸（包括 5-磷酸核糖-1-焦磷酸，PRPP）]及磷酸赤藓糖的功能。

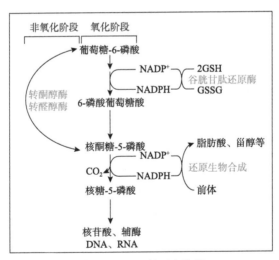

图 4.2　HMP 的两个阶段

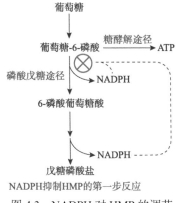

图 4.3　NADPH 对 HMP 的调节

（3）脱氧酮糖酸途径（entner-douderoff pathway，ED）：是 HMP 的 6-磷酸葡萄糖酸处的分支途径，它有两个特殊的酶——6-磷酸葡萄糖酸脱水酶和 2-酮-3-脱氧-6-磷酸葡萄糖酸（2-keto-3-deoxy-6 phosphogluconate，KDPG）醛缩酶，因此 ED 途径又称 KDPG 途径。在大多数假单胞菌中，ED 途径可能是葡萄糖降解的主要代谢途径，是存在于某些缺乏完整 EMP 的微生物中的一种替代途径，为微生物所特有。葡萄糖只经过 4 步反应即可快速获得由 EMP 须经 10 步反应才能够形成的丙酮酸。但是 ED 途径的产能水平较低，1 分子的葡萄糖分解为 2 分子丙酮酸时，只净得 1 分子 ATP 和 2 分子 NADH。

（4）磷酸解酮酶途径（phosphoketolase pathway，PK）：从单磷酸己糖 6-磷酸葡萄糖酸降解开始，经历 HMP 氧化部分的反应，生成木酮糖-5-磷酸后，被特有的酶裂解为 C_3 化合物（3-磷酸甘油醛）和 C_2 化合物（乙酰磷酸）。这种特有的酶称为磷酸酮解酶（phosphoketolase），因为这种酶而把这条 HMP 命名为磷酸酮解酶途径，简称 PK 途径。

（5）葡萄糖直接氧化途径：以上四种途径（EMP、HMP、ED、PK）的第一步反应均是在己糖激酶的催化下首先把葡萄糖激活生成葡萄糖-6-磷酸，然后才开始分解代谢；而有些微生物如假单胞菌属（*Pseudomonas*）和气杆菌属的某些种的细菌没有己糖激酶，只好用变通的办法：首先把葡萄糖直接氧化成葡萄糖酸，后者在葡萄糖酸激酶的催化下，生成 6-磷酸葡萄糖酸，形成葡萄糖直接氧化途径。葡萄糖直接氧化途径在有分子氧存在的情况下运行。

（6）三羧酸（TCA）循环：完全氧化生成 CO_2 并且产生还原当量，起重要作用的包括提供还原力（NADH 和 FADH）、提供能量（GTP）以及提供前体化合物（α-酮戊二酸、琥珀酸、草酰乙酸）。TCA 循环总反应式如下：

$$AcCoA+3NAD+FAD+GDP+Pi+2H_2O\longrightarrow 2CO_2+3NADH+FADH+GTP+CoA$$

2. 中心碳代谢途径关键调控机制

果糖-1,6-二磷酸（FBP）开关：最经典的中心碳代谢调控的实例——同时利用变构调节和转录调控的 FBP 开关。转录因子 Cra 主要负责抑制糖酵解酶，同时激活参与糖异生的酶。Cra 通过与糖酵解途径中间代谢物 FBP 结合，在糖酵解生长期间失活。FBP 是下游途径中丙酮酸激酶和磷酸烯醇式丙酮酸（PEP）羧化酶的变构激活剂，因此 FBP 起到糖酵解途径传感器的作用，用于平衡调控糖酵解上游糖酵解代谢通量与下游酶活匹配性。即使在包括人类在内的高等真核生物中，FBP 对丙酮酸激酶的变构激活作用也是保守的。同样，FBP 和糖酵解通量之间的关系与大肠杆菌一样也在酵母中存在，FBP 的作用是激活丙酮酸激酶。FBP 对丙酮酸激酶和 PEP 羧化酶的调节作用非常灵敏，两者都作用于共同的底物 PEP，导致 FBP 和 PEP 浓度之间成反比。因此，当糖酵解通量达到零时，葡萄糖耗尽并且 PEP 累积。这种积累可确保当葡萄糖再次利用时，有足够的 PEP 作为 PTS 系统磷酸化葡萄糖的底物。在酿酒酵母中，葡萄糖磷酸化不依赖于 PEP 作为磷酸供体，PEP 积累可能仅仅是存储 ATP 等价物的方式。PEP 还在氧化应激后在酿酒酵母中积累，PEP 通过抑制糖酵解途径中磷酸丙糖异构酶来提高磷酸戊糖途径代谢通量以生成氧化还原保护剂 NADPH。

4.1.4　能量代谢的调控

1. ATP 的核心作用

作为所有细胞过程的热力学驱动力，以 ATP 作为主要形式的生化反应能量是生命和细胞代谢的核心。碳源中的能量转换为 ATP 主要通过以下两个过程：一是底物水平的磷酸化（如在糖酵解中产生的 ATP）和氧化磷酸化（即呼吸作用）；二是从碳源氧化还原反应获得的电子被转移到细胞呼吸链还原氧气，或者在更特殊的情况下，还可以还原其他氧化物，如硝酸盐、亚硝酸盐或硫酸盐。这种呼吸过程每单位碳源产生的 ATP 分子多于底物水平的磷酸化，但也需要更多的蛋白质催化整个反应过程。因此，细胞可以通过两种方式对能量不足做出反馈：它们可以增加碳分解代谢的总量，或者引导更多的通量进行氧化磷酸化。糖酵解途径对 ATP 水平很敏感，ATP 水平是更直接的能量限制传感器。ATP、ADP 和 AMP 可调节许多酶的活性，但调节果糖-6-磷酸和 FBP 之间的反应尤为重要（图 4.4）。ATP 抑制磷酸化，而 AMP 抑制去磷酸化，这在低能荷条件下增强糖酵解途径的代谢通量。然而在很多情况下，尽管糖酵解通量存在很大差异，核苷酸磷酸盐浓度和能荷在大肠杆菌中仍可以保持相对恒定，这表明其他机制在调节糖酵解通量中也起到了关键作用。

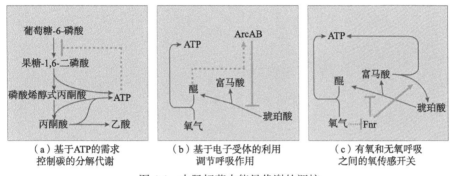

（a）基于ATP的需求　　　　（b）基于电子受体的利用　　　（c）有氧和无氧呼吸
　控制碳的分解代谢　　　　　　调节呼吸作用　　　　　　　之间的氧传感开关

图 4.4　大肠杆菌中能量代谢的调控

2. 转录调控三羧酸循环

与糖酵解相比，从 TCA 循环酶到电子转移链组分，呼吸作用需要更多种蛋白质参与。因此，转录调控在呼吸调控中起着关键的作用。大肠杆菌中的两个关键转录因子 Fnr 和 ArcA 可以协调 TCA 循环酶：Fnr 直接感知胞内氧气，抑制参与有氧呼吸的基因，并诱导那些在没有氧气的条件下参与无氧代谢的基因；ArcA 作为 ArcAB 双组分系统的一部分，响应呼吸链中与膜相关的载体的氧化还原状态，当呼吸作用受限时会累积。变构调节也可能将碳源转移到 TCA 循环，因此大肠杆菌可以使用有关碳、氧和能量来调节 TCA 循环与呼吸作用。

4.1.5　氮吸收与代谢的调控

在大多数条件下，大肠杆菌的偏好性氮源是铵，但其也可以利用多种有机含氮分子。大肠杆菌使用代谢物阻遏效应来强制实施碳源使用的偏好性，但在氮源使用中仅有个别示例存在这种偏好性。大肠杆菌编码复杂的系统以传输氮利用的信息，该系统的中心是信号转导蛋白 GlnB（也称为 PII），其通过磷酸化级联抑制转录因子 NtrC（也称为 NRI），NtrC 仅在氮源限制阶段激活各种氮源摄取和分解代谢酶的转录作用。这些信息可以通过谷氨酰胺的浓度进行传递，谷氨酰胺是主要铵同化反应的产物，是各种合成代谢过程的氮供体：谷氨酰胺浓度高时代表氮源充足，谷氨酰胺浓度低时代表氮源利用限制。谷氨酰胺通过阻止 GlnB 的失活修饰（即尿嘧啶）起作用，从而抑制 NtrC 的作用（图 4.5）。

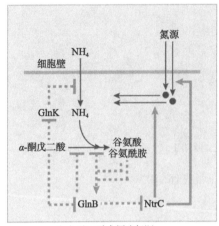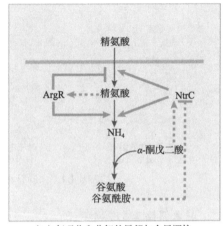

（a）基于需求摄取氮源　　　　　　　　（b）氮吸收和分解的局部与全局调控

图 4.5　大肠杆菌中氮代谢的调控

在谷氨酰胺浓度较高时，GlnB 也受到第二信号分子 α-酮戊二酸的抑制。因此，当谷氨酰胺浓度较低或 α-酮戊二酸浓度较高时，氮的分解代谢作用被激活。这些调节的相互作用证实了 α-酮戊二酸是一种关键物质，可以指示大肠杆菌中碳和氮代谢之间的平衡，并且可以激活氮源的同化并抑制碳源的同化。除了上述的 GlnB 调节之外，α-酮戊二酸在氮同化中还具有进一步的作用，因为它通过与 GlnK（GlnB 的同源物）结合而激活铵的摄取，并减轻其对高亲和力铵转运蛋白 AmtB 的抑制作用。与大肠杆菌一样，枯草芽孢杆菌和酿酒酵母都严重依赖谷氨酰胺的浓度来调节负责各种氮源吸收和代谢的全局转录因子的活性。酿酒酵母可以通过利用偏好性氮源，如谷氨酰胺和天冬酰胺，显著抑制非偏好性氮源的分解代谢作用。

4.1.6　氨基酸的摄取与代谢的调控

特定氨基酸生物合成和降解途径的协调主要通过终产物反馈抑制来实现，终产物反馈抑制是一种普遍存在的调节机制，其平衡特定氨基酸的产生，但对代谢过程中的其余部分影响较小。大肠杆菌中的所有 20 个氨基酸都可通过变构调节抑制其合成途径中的第一个步骤。该机制能够确保当某种氨基酸有较高需求时，氨基酸代谢途径能够快速响应调控，或响应于过量供给而抑制产物合成。由于抑制通常仅影响特定氨基酸的分支途径，因此调节分支途径大多可以独立进行。局部调控的方式也用于调控氨基酸合成的转录调节，至少十个氨基酸通过转录因子或转录抑制因子下调它们自身生物合成途径的转录。特定氨基酸途径转录调控也可以实现同时调控氨基酸合成途径与降解途径。例如，当精氨酸过量时，与精氨酸结合用来抑制精氨酸合成酶的转录因子 *argR* 也可以激活精氨酸降解酶。此类调节还受调控氮源吸收的转录因子 NtrC 的约束,从而将氮源需求传感器与精氨酸利用的局部传感器相结合。然而,并非氨基酸代谢的所有部分都清楚地分成特定分支,在变构和转录水平上存在一些干扰,氨基酸不仅影响自身的合成,还影响其他氨基酸的合成。此外,一些氨基酸还作为全局调控因子,影响着靶向数百个基因的转录因子的活性。大肠杆菌具备此功能的转录因子是 Lrp,其与亮氨酸结合的同时还调节数百种基因的表达,这些基因不仅参与氨基酸生物合成,还参与细胞进入稳定期的代谢调节。

4.1.7 蛋白质合成的调控

代谢的终点之一是将氨基酸组装成蛋白质。在快速生长的细胞中,蛋白质合成和核糖体合成消耗了大多数的营养和能量,在快速生长阶段有 75% 的细胞资源用于核糖体合成中。如果营养物质有限,大量细胞资源用于核糖体合成将不利于细胞生长,所以只有当蛋白质合成的资源丰富时,大肠杆菌才将资源用于核糖体合成。调控这一过程需要整合几种代谢信号,大肠杆菌以可以利用的能量(如 ATP 和 GTP)和氨基酸(蛋白质合成的主要底物)的多少来决定核糖体的生产速率。一方面,ATP 和 GTP 的浓度直接影响核糖体 RNA(rRNA)启动子的转录。此外,在饥饿条件下,ATP 水平的降低还通过抑制应激 σ 因子 RpoS 的降解间接地影响核糖体生产。另一方面,氨基酸利用的信号分子由鸟苷四磷酸[(p)ppGpp]引导,其合成由 tRNA 变构调节而被激活。然后信号分子(p)ppGpp 通过结合转录因子 DksA 直接抑制 rRNA 的转录。一些氨基酸合成酶的合成也由(p)ppGpp 诱导,因此其除了作为调节特殊途径的信号之外,还起到全局调控的作用。在酿酒酵母中,tRNA 的积累可以活化 Gcn2 激酶,使翻译起始因子 eIF2α 磷酸化。这通常会使翻译速度立刻减慢,但是却可以特异性地增加转录因子 Gcn4 的翻译,Gcn4 可激活许多氨基酸生物合成酶的表达。

因为细胞只能通过将表达一种蛋白质的资源用于另一种蛋白质的方式来调节总蛋白质分配,所以过量核糖体合成对细胞生长是有害的。由于核糖体蛋白和代谢酶是高生长率细胞的主要蛋白质,核糖体合成的减少将使酶的合成增加。同时,这种总蛋白质分配原则可以更好地解释,为什么快速生长的细胞主要依赖于糖酵解生成的能量,而不是依赖更多的蛋白质细胞呼吸途径。

4.2　微生物代谢过程的经典调控策略

4.2.1　微生物代谢经典调控策略概述

　　微生物的生命活动是由产能与生物合成中各种代谢途径组成的代谢网络相互协调来维持的。微生物细胞具有高度适应环境和繁殖的能力，细胞的各种机构能协调地进行工作，对环境的刺激和信息做出反应，进行自我调节。因此，细胞必须拥有适当的方法来平衡各种代谢途径的流量。如果要求微生物在胞内或胞外积累某种代谢产物，建立微生物发酵法高效合成特定产物，则必须对微生物的代谢流进行定向调控。调控过程的经典优化策略包括理性代谢工程、反向代谢工程和进化工程。

4.2.2　理性代谢工程

　　代谢工程是利用重组 DNA 技术或其他技术，有目的地改变生物中已有的代谢网络和表达调控网络，以更好地理解细胞的代谢途径，并用于化学转化、能量转移及大分子装配过程（Bailey, 1991; Stephanopoulos and Vallino, 1991）。代谢工程的主要目标是重新分配代谢途径代谢流，基本思想是根据已有的遗传和生化知识，找出限速步骤，进行遗传操作，促进发酵法生物合成过程的建立。以乳酸乳球菌发酵为例（图 4.6），该菌以同型发酵方式将 95% 以上的葡萄糖转化为 L-乳酸，将乳酸脱氢酶编码基因（*ldh*）敲除，然后再表达丙氨酸脱氢酶（LAlaDH），并敲除丙氨酸消旋酶编码基因（*alr*），可以将原来分配到 L-乳酸的碳流重新分配到 L-丙氨酸，实现同型乳酸发酵到丙氨酸发酵（Hols et al., 1999）。

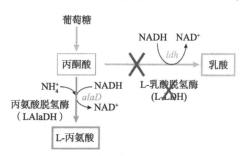

图 4.6　利用同型乳酸发酵生产丙氨酸

　　当微生物中已经存在目标化合物的代谢途径时，改造已有代谢途径是代谢工程主要方法之一。改变已有代谢途径（图 4.7）包括改变分支代谢途径的流向、阻断其他代谢产物的合成，以达到提高目标产物的目的。改变已有代谢途径的主要方法包括加速限速反应、改变分支代谢途径流向、构建代谢旁路和改变能量代谢途径等。

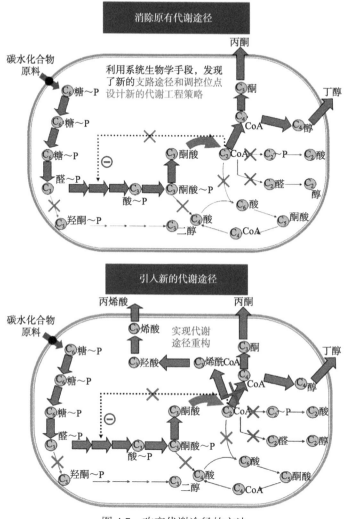

图 4.7　改变代谢途径的方法

1. 加速限速反应

　　最成功的一个例子是头孢霉素 C 的代谢工程菌的构建，如图 4.8 所示。在头孢霉素 C 的合成途径中，青霉素 N 是头孢霉素合成的中间体。头孢霉发酵过程中青霉素 N 积累，表明催化青霉素 N 生成头孢霉素 C 的反应是头孢霉素合成代谢中的限速步骤。因此克隆并表达了编码脱乙酰氧基头孢霉素 C 合成酶基因 *cefEF*，并导入顶头孢中，所得转化子的头孢霉素 C 产量提高了 25%，而青霉素 N 的积累量减少至原来的 1/16（Skatrud et al., 1989）。

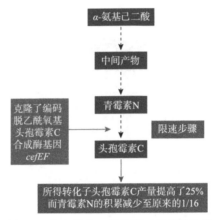

图 4.8　头孢霉素 C 的代谢工程菌的构建

2. 改变分支代谢途径流向

提高代谢分支点的某一代谢途径酶系的活性，在与另外的分支代谢途径的竞争中占据优势，也可提高目标代谢产物的产量。例如，赖氨酸合成途径改造中，选育解除反馈抑制和缺失高丝氨酸脱氢酶的突变株，提高了赖氨酸的产量，如图 4.9 所示。

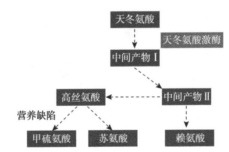

图 4.9　人工控制黄色短杆菌的代谢过程生产赖氨酸

由于许多目标化学物质不能通过天然代谢途径合成，所以需要重新构建合成途径，从而有效地形成目标化学物，并且进行发酵法高效合成。重构的代谢途径用到了许多自然界中的酶和合成途径。基因组和宏基因组测序数据的积累以及基因合成技术的进步使得这些资源更加丰富。基因组和酶信息可以使用来自不同生物和宏基因组的酶设计最有效的代谢途径。基于蛋白质结构信息的定向进化和理性蛋白质设计也有助于产生具有新催化功能的酶。因此，通过代谢工程制造化学品具有无限的多样性。

1）从头路径设计

重建非天然化合物的合成代谢途径的第一步是设计最佳途径。途径设计是进一步异源和/或组合引入源自不同生物或宏基因组的最佳候选酶来建立新的代谢途径的基础。通过代谢工程产生天然化合物的一个典型的例子是生产脂肪酸乙酯（FAEE）。FAEE 是一种替代柴油燃料，通过组合表达来自各种生物（包括植物和细菌）的基因的大肠杆菌工程菌，以半纤维素为原料进行发酵可以实现 FAEE 生产。在工程菌中设计和构建了 FAEE 合成途径，其中分别引入来自鲍氏不动杆菌的蜡酯合酶、来自植物的硫酯酶以及来自生产乙醇菌株的丙酮酸脱羧酶和醇脱氢酶，FAEE 产量达到 674 mg/L（Steen et al., 2010）。

2）计算机辅助代谢途径设计

为了准确设计合成途径，目前已经开发了几种用于分析目标化合物的所有可能途径的预测工具。这些工具使用基于代谢网络的途径分析，考虑从底物到产物途径的距离，并且考虑底物特异性和结合位点、反应机理、从底物到产物的结构变化以及热力学推动力。使用这些工具可以设计用于非天然化学品生物合成的多步合成途径。例如，使用已知特定化学方法转化官能团的算法来设计大肠杆菌能够生产 1,4-丁二醇（1,4-BDO），这是一种对生产聚酯和氨纶纤维具有工业重要性的化学品。该方法预测了以中心代谢途径的关键代谢物（乙酰辅酶 A、α-酮戊二酸、谷氨酸和琥珀酰辅酶 A）为前体合成 1,4-BDO 的 4～6 个步骤的 10000 多条可能途径。通过评估不同途径的 1,4-BDO 最大理论的产率、途径距离、热力学可行性、异源反应和新步骤的数量，最终选择了用于 1,4-BDO 生产的两种合成途径。通过在大肠杆菌中构建这些合成途径，实现了以葡萄糖为底物发酵法合成 18 g/L 的目标产物 1,4-BDO（Yim et al., 2011）。

3）酶工程和合成途径的创制

如果自然界中不存在参与生产非天然化合物的途径酶，那么就需要通过设计和改造以创制具有所需功能的新酶。常用的方法包括通过改造酶的底物特异性创制新酶和通过诱变及定向进化来开发新酶。例如，在设计与改造大肠杆菌合成非天然的可生物降解的聚合物聚乳酸（PLA）的过程中，通过多轮进化来自丙酸梭菌的丙酸 CoA 转移酶和假单胞菌的聚羟基脂肪酸酯（PHA）合酶，以便使这两个酶分别具有催化乳酸生成乳酰 CoA 和进一步催化乳酰 CoA 聚合为 PLA 的活性。表达进化后的丙酸 CoA 转移酶 PHA 合酶实现了一步 PLA 合成途径的创制（Jung et al., 2010）。上述实例证明，将代谢工程与进化蛋白质工程相结合能够用来创制天然和非天然化学品、燃料和材料的新途径，使微生物合成的产物更加多样化。

4.2.3　反向代谢工程

反向代谢工程首先通过鉴定、构建或计算目标表型菌株，然后分析赋予目标表型基因突变或者特定的环境因子改变，最后通过基因操作或环境改变赋予另一个菌株特定的表型（Bailey et al., 1996）。这种策略已经成功地应用于提高目标产物合成效率、提高微好氧微生物呼吸过程能量利用效率和降低细胞培养过程中生长因子的需求等方面。

　　研究人员对两株谷氨酸棒杆菌（一株是生长较差但能高产赖氨酸的突变株，另一株为生长良好的野生型）进行全基因组测序，找出突变株与野生型不同且有可能影响赖氨酸生产的突变基因，然后将这些突变导入野生型（图 4.10），成功构建了赖氨酸高效合成菌株，赖氨酸生产强度达到 3 g/（L·h），这是利用反向代谢工程研究的一个典型案例（Ohnishi et al., 2002）。

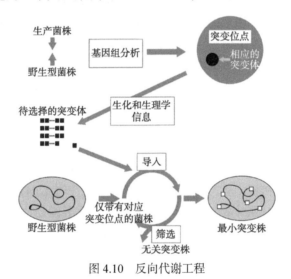

图 4.10　反向代谢工程

4.2.4　进化工程

　　进化工程通过选择针对特定表型的合适的选择压力，连续进行细胞培养，最终筛选获得进化后具有目标表型的菌株。进化工程是近年来广泛应用于改良菌株使其获得特定生理生化性质的一种方法。进化工程可以在一定时期内高效改变菌株的某些重要生理特性而维持其他的一些优良特性不发生改变。对于增强某种胁迫的适应能力来说，主要是在恒化培养系统中渐进性地增强这种胁迫的强度，随着时间的推移，菌种自身通过基因突变改变细胞内代谢和信号传导网络（如蛋白质、细胞膜和信号分子的改变等），甚至是基因组大规模变化以适应这种外界条件，而未突变的菌株在筛选压力下不能正常生长。通过这种方式可以得到具有一定耐胁迫能力特性的菌株，强化细胞产物发酵合成的特性（图 4.11）。

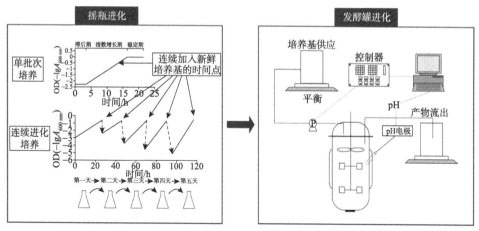

图 4.11　适应性进化的设计思路

适应性进化思路设计应注意以下问题。①初始胁迫强度确定：通过分批培养预实验确定适宜初始条件，避免初始胁迫强度过高或过低影响进化工程的效率；②摇瓶进化的转接时间控制：需在对数生长中期转接，并且每进化一段时间需重新测生长曲线，以确保转接时期一致；③发酵罐连续培养进化稀释率的确定：随着时间增加，菌株抗胁迫能力增强，需重新确定稀释率；④菌种保藏：每转接几代或每隔一周定期保藏甘油管，以避免染菌；⑤胁迫强度改变方式：胁迫强度的递进式增加，需根据生长曲线来判断。

4.3　微生物代谢过程的静态精准调控

4.3.1　代谢过程静态调控策略简介

基因工程的不断发展实现了通过改造微生物的代谢途径重新配置细胞的生化网络，并且合成高附加值的目的产物。但是在宿主细胞中引入外源代谢途径，通常会对宿主细胞自身代谢造成压力。例如，酶蛋白的过度表达影响细胞蛋白合成系统正常运转，中间代谢产物的过度积累会形成不必要的反馈抑制并且产生大量的副产物。这些不良后果会影响细胞正常生长，从而降低产物合成的效率。因此，代谢工程改造宿主细胞过程中，找到最佳的代谢通路平衡策略是至关重要的一步。而基于静态调控策略，通过基因缺失、上调、下调，是优化代谢途径和平衡代谢通路的重要方法，是构建和优化发酵微生物的重要手段。

静态调控策略主要包括：①启动子工程，例如，通过构建和筛选不同强度启动子表达途径关键酶以平衡外源途径酶表达强度，解决途径所需的合适表达强度问题；②核糖体结合位点（RBS）工程，通过改变 RBS 序列可以实现基因的精确简便的调控，广泛应用于代谢工程途径优化以及代谢工程元件的构建；③蛋白支架自组装策略，利用蛋白结构域和配体的互作使代谢途径关键酶空间上相互靠近，模拟底物通道效应，在降低外源途径酶表达量的前提下大幅度提高目的产物合成途径效率；④模块途径工程，在单一途径优化的基础上，通过将细胞生长、前体供给以及辅因子代谢途径等理性划分为若干模块，组合应用启动子和 RBS 工程，同时优化各个模块表达强度，实现细胞生长和产物合成的精确调控（图 4.12）。

蛋白支架
构建底物通道
下调分支途径
P
输入
强化合成途径
P
模块化工程
平衡前体供给
输出

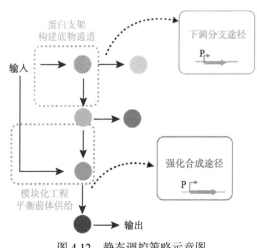

图 4.12　静态调控策略示意图

4.3.2　基于启动子工程的精准静态调控

启动子是基因组上能使得特定基因进行转录的脱氧核糖核苷酸序列，其可以被 RNA 聚合酶识别并结合，开始转录并合成 RNA。以枯草芽孢杆菌启动子为例（图 4.13），其共有结构包括相对于+1 转录起始位点的–35 区基序和–10 区特异序列。通常–35 区和–10 区之间的核苷酸间隔区具有 17 个碱基。在原核生物中，RNA 聚合酶的 σ 因子，不仅用于启动子识别和转录起始，也可识别启动子上游非翻译区序列（UP 序列）。作为一种富含 A 和 T 碱基的启动子共有区域，UP 序列可将基础启动子转录增加 90 倍。启动子作为最基本的表达元件，也是最为简便有效的调控方法，被广泛应用于代谢工程和合成生物学等领域。

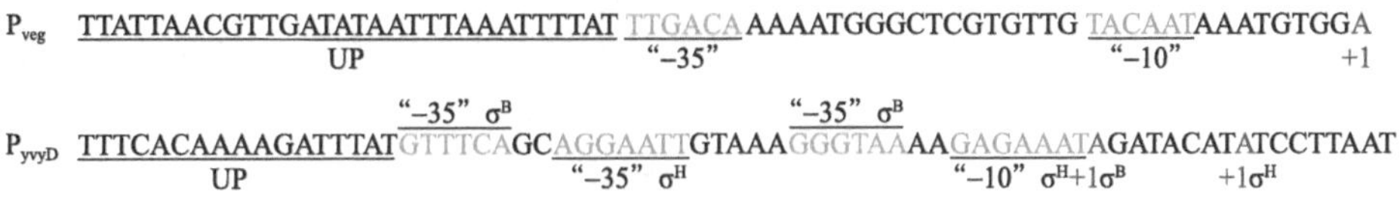

P veg　TTATTAACGTTGATATAATTTAAATTTTAT TTGACA AAAATGGGCTCGTGTTG TACAAT AAATGTGGA
UP　"–35"　"–10"　+1
"–35" σB　"–35" σB
P yvyD　TTTCACAAAAGATTTAT GTTTCA GC AGGAATT GTAAA GGGTAA AA GAGAAAT AGATACATATCCTTAAT
UP　"–35" σH　"–10" σH+1σB　+1σH

图 4.13　枯草芽孢杆菌中典型启动子示意图

细胞内代谢网络是一系列复杂并相互交织的代谢调控，涉及转录、翻译、蛋白质变构作用等的调控。改变代谢通量的基本途径之一是控制启动子水平的转录。由于不同基因所需的最佳表达水平可能是特异性的并且可能相差几个数量级，所以通过启动子调控基因表达水平需要具有包含不同表达能力启动子的文库。因此，代谢工程调控长期依赖于有效的启动子文库为其应用实现精细调控基因表达所需要的强度。目前，由于大肠杆菌研究背景清晰以及基因操作高效，因此大肠杆菌是最为常用的异源蛋白表达的宿主。在这些应用中，通常需要高强度的启动子以使蛋白质产量最大化。在大肠杆菌中，最为常用的强启动子是基于 T7 RNA 聚合酶启动子。但是，其异常高的转录能力在大肠杆菌宿主上产生过多的代谢负担，往往容易产生包涵体影响细胞代谢。相比于 T7 启动子，一些较低强度但仍然强的启动子，如 lac 和 tac 等启动子更常用。如上所述，高强度过量表达目的基因并不总是最佳的，因此一系列启动子强度文库是必需的。

启动子工程可分为以下几种。①易错 PCR 文库工程。通过易错 PCR 将随机突变引入特定启动子的 DNA 序列中。当易错 PCR 应用于整个启动子区域时，突变发生在整个启动子序列，可覆盖所有突变可能性。该方法能够保证产生新的启动子变体文库，但是往往其文库正向突变率较低，不易获取目标所需的启动子。②启动子间隔区域饱和突变的文库，保留启动子结构的共有区域–35 和–10 序列不变。这样在不严重影响启动子强度的前体下，可以获得正向突变率较高的启动子文库。③混合启动子工程。通过在选取已经验证的表达强度较高的启动子的基础上，将每个启动子截短为不同模块，相互之间自由组装形成启动子文库。这种策略结合了前面两种方法，具有高覆盖率和高正向率的特点。启动子工程在代谢工程和合成生物学静态调控领域有广泛的应用。在枯草芽孢杆菌中，通过构建启动子文库，获取表达强度覆盖 1000 倍的启动子文库，通过表达绿色荧光蛋白验证，进一步细分为不同时期、不同强度精准调控基因表达水平的启动子（Guiziou et al., 2016; Yang et al., 2017b）。同样，在大肠杆菌中诸多启动子文库也被构建、筛选和验证。

4.3.3　基于核糖体结合序列文库的精准静态调控

核糖体与 mRNA 的相互作用决定了它的翻译速率和转录后调控的影响，其中 RBS 序列的不同，对翻译速率影响显著（图 4.14）。通过 RBS 预测半理性设计构建相应文库进行实验验证，可以实现按比例合理控制最终蛋白质的表达强度。相

图 4.14　枯草芽孢杆菌中典型的核糖体结合位点示意图

比于启动子，RBS 作为翻译起始的有效控制元件，其操作便捷且调控强度范围大，在代谢工程中有重要应用。目前，基于热力学的预测模型，能较好预测 RBS 调控基因表达水平，工程化改造 RBS 序列成为代谢工程精准静态调控的重要工具之一（Salis et al., 2009）。例如，在枯草芽孢杆菌中，通过表达外源基因葡糖胺-6-磷酸-*N*-乙酰转移酶（CeGNA1）实现 *N*-乙酰氨基葡萄糖合成，进一步通过 RBS 工程优化关键基因 CeGNA1 的表达，可显著提高目的产物合成效率（Ma et al., 2019）。同样，在大肠杆菌中，通过选取 T7 强启动子配合合适的 RBS 用以强化途径酶的表达，可以有效提高基因表达和黄烷酮的合成（Hwang et al., 2003）。

4.3.4　基于蛋白支架自组装的精准静态调控

在宿主细胞中引入外源途径时，通常情况下为了尽可能高地获取转化和合成效率，往往会采用过量表达途径关键酶的方法。尽管过量表达途径酶在一定程度上可以提高目的产物的合成效率，但是大量过量表达外源酶蛋白，极易对宿主细胞带来较大的代谢压力，这往往会进一步侵占用于细胞生长的核苷酸和氨基酸等底物和其他相关前体物质，从而降低目的产物合成效率，并且诱导由蛋白质过量产生引发的应激反应造成宿主细胞生长缓慢、胞内形成大量没有活性的包涵体。这种情况严重限制了宿主细胞的生产性能。此外，引入外源酶蛋白时，我们希望其能专一作用于产物合成途径，但是细胞内源代谢网络极其复杂，外源酶容易参与到未知代谢网络中，影响代谢网络构建和分析。另外，对于产物所需的前体物质，特别是对细胞生长不利的有毒物质，需要尽可能多的前体物质积累以供高效合成，但同时过多的有毒中间体积累又对细胞造成沉重负担。

针对以上问题，借鉴细胞自身对于代谢过程控制的区域化或临近的底物效应，尤其是对于原核细胞这种无空间划分的细胞质环境也能实现复杂代谢网络的高效调节的思考，有学者提出了基于特定蛋白结构域和配体的蛋白自组装策略（图 4.15），以构建、模拟底物通道效应，在不改变酶量的情况下，提高催化效率，并可以减少中间产物的泄露以及避免有毒中间产物的积累（Dueber et al., 2009）。

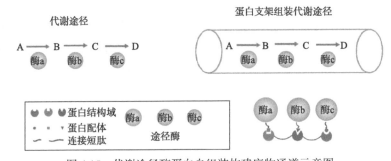

图 4.15　代谢途径酶蛋白自组装构建底物通道示意图

　　首次在合成生物学中应用蛋白自组装策略，是在大肠杆菌中构建甲羟戊酸和葡萄糖酸代谢途径。研究人员根据文献筛选出了 SH3、GBD 和 PDZ 这 3 种支架蛋白，首先在大肠杆菌中验证了 3 种支架可以相互作用，并且达到组装的效果。而后将 3 种途径酶通过 SH3、GBD 和 PDZ 支架进行空间上的共定位，模拟底物通道效应，实现目的产物合成效率的提高。在此基础上，进一步优化结构域和配体的连接方式以及结构域和配体的相互比例，优化途径酶在底物通道中的配比，可进一步提高目的产物合成效率。更为重要的是，在底物通道构建过程中，所需途径酶的表达量显著下降，这有助于缓解细胞蛋白合成系统的压力，提高了途径的转化效率（Dueber et al., 2009）。在此基础上，后续研究者将亮氨酸脱氢酶和甲酸脱氢酶，通过 PDZ 结构域及其配体进行自组装，形成 NADH 和 NAD^+ 还原力局部循环供给的通道结构，提高还原力循环效率，并进行扫描电子显微镜和原子力显微镜验证，发现组装形成层状结构，并分布于细胞的两级（Gao et al., 2014）。在酿酒酵母中，来源于金黄色葡萄球菌蛋白结合结构域的 58 个残基的非免疫球蛋白用于构建蛋白组装的脚手架工具。在甲羟戊酸途径应用中，有效改善了合成通量，并且在摇瓶中产量增加至 56%（Tippmann et al., 2017）。还有一个例子，使用 SH3 自组装支架以及蛋白融合技术，通过将 6-磷酸-3-己酮糖合成酶和 6-磷酸-3-己糖异构酶与甲醇脱氢酶有效偶联，组织形成超分子酶复合物，有效增强甲醇转化效率（Price et al., 2016）。

　　支架蛋白自组装策略提供了一种简单、灵活的方式用于限制通路流量向外扩散、改造合成途径的区域空间化行为和提高合成效率。最近有研究致力于寻找更多的组装元件，并开发简便快捷的组装效果验证方法，为自组装在代谢工程领域的应用提供更多的工具（Li et al., 2018）。蛋白自组装调控策略显示出其独特的优势：其一，防止中间体扩散进入分支途径，提高转化效率；其二，控制并且提高不稳定的中间体或易扩散到胞外的中间体的有效浓度；其三，通过模拟底物通道效应，可提高热力学上不利于反应进行的途径催化效率；其四，在实现高效催化的条件下，可有效降低外源蛋白的合成量，缓解细胞压力。

4.3.5　模块化工程

　　前面部分讲述了单一途径下的精准代谢调控元件和思路，通过启动子工程、核糖体结合序列文库以及途径酶蛋白自组装等策略，可以实现高效的发酵合成效率（图 4.16）。前面所述的启动子工程精确调控基因表达、RBS 工程精确控制翻译水平的蛋白质表达和通过蛋白自组装支架构建途径酶底物通道提高途径催化效率等都是针对局部代谢途径，而不是全局最优调控。针对复杂合成代谢网络进行代谢途径优化和不同代谢途径间的平衡调控是优化细胞代谢、实现高效发酵微生物构建的重要策略。

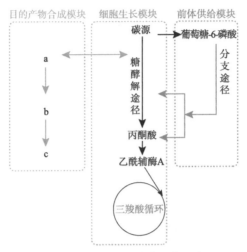

图 4.16　模块化精确静态调控示意图

　　模块途径工程通过设计并将代谢途径分成各种模块，进一步通过组装具有不同表达水平的模块以构建菌株文库。通过模块化途径工程进行一轮菌株库构建和筛选，便可以通过均衡的代谢通量全局优化代谢途径，从而避免在尝试克服一个代谢瓶颈时产生另一个瓶颈。基于模块途径工程的精准静态调控在代谢工程领域有着广泛应用，以作者所在团队针对枯草芽孢杆菌模块化精准调控为例具体介绍相关应用。在枯草芽孢杆菌中，N-乙酰氨基葡萄糖（GlcNAc）合成的代谢网络分成三个模块：GlcNAc 的目的产物合成模块、供给细胞生长的糖酵解模块以及必需基因途径的肽聚糖合成模块。首先，采用不同强度启动子，强化 GlcNAc 合成模块的氨基葡萄糖-6-磷酸合酶和编码 N-乙酰氨基葡萄糖-6-磷酸-乙酰转移酶，产物合成效率提高 32.4%。通过模块途径工程方法组装和优化具有各种强度的 GlcNAc、糖酵解和肽聚糖合成模块，最终在摇瓶中，将 N-乙酰氨基葡萄糖产量提高 120%左右（Liu et al., 2014）。同样在枯草芽孢杆菌中，在 N-乙酰氨基葡萄糖代谢网络的基础上，过量表达 N-乙酰葡糖胺-2-差向异构酶和 N-乙酰神经氨酸合成酶，可以实现 N-乙酰神经氨酸的合成和胞外积累。虽然这是在 N-乙酰氨基葡萄糖代谢网络的基础上的延伸，但是 N-乙酰神经氨酸合成途径增加了前体物质磷酸烯醇式丙酮酸。因此，模块化工程 N-乙酰神经氨酸合成模块重新分配成了 N-乙酰氨基葡萄糖和磷酸烯醇式丙酮酸供给模块，通过构建模块化文库平衡了前体物质供给，并进一步平衡细胞生长和产物合成途径，使得目的产物合成效率从 0.33 g/L 提高到 2.18 g/L（Zhang et al., 2018）。

4.4　微生物代谢过程的动态调控

4.4.1　代谢过程动态调控策略简介

动态调控本身是微生物天然代谢途径所共有的特征。例如,天然细胞中酶的变构调节以及下游代谢物对上游基因转录的抑制等,是细胞应对条件变化时维持通量或保证细胞生存所必需的重要机制。代谢过程动态调控主要是指通过引入一系列代谢物传感器,实现响应胞内特定条件的基因表达水平自动调控,进而实现代谢通量改变的调控策略。动态调控与上文介绍的静态调控各有其应用领域,在代谢工程中具有广泛的应用。但是,受限于对蛋白质结构理解的不足,虽然蛋白质水平的调控是最高效的也是最直接的调控策略,但是目前代谢工程领域的动态调控大部分是集中于基因和转录水平的调控。动态调控在静态调控受限情况下展现出重要的应用价值。例如,合成的产物对宿主细胞有毒害作用时,需要根据细胞生长状态适时调节目的产物合成通量;在细胞产物合成对培养条件变化较为敏感时,需要细胞适当调整代谢网络以适应变动的培养条件;为了提高目的产物发酵法合成效率,需要细胞根据自身群体浓度,将产物合成与细胞生长解偶联(图 4.17)。

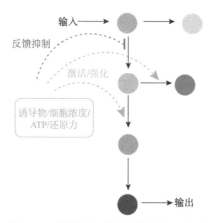

图 4.17　代谢过程动态调控策略示意图

根据响应模式的不同,代谢工程动态调控策略可分为:①外源诱导动态调控,如乳糖操纵子等;②内源中间代谢物响应,如响应葡萄糖酸的操纵子等;③特殊响应元件动态调控,如细胞群体响应、核酶以及胞内氧化还原状态等。

根据调控类型分类可分为单一激活-关闭动态调控、基于多响应元件的两段式动态调控以及基于双向响应元件往复式逻辑的动态调控。

4.4.2 基于响应外源添加诱导物的动态调控策略

动态调控是基于特定生物体元件的、符合预期的人工代谢网络逻辑模型。其基础在于生物体自身功能元件的发现，其中乳糖操纵子是研究最为透彻，也是最为经典的调控元件。乳糖操纵子分为调节基因、操纵基因和结构基因 3 个部分。当培养环境中没有乳糖存在时，调节基因转录并翻译成调节蛋白，结合到操纵基因上，以阻止启动子转录其后的结构基因；当培养环境中存在乳糖时，乳糖与结合在操纵基因上的调节蛋白结合，并使其从基因序列上脱落，从而激活启动子，开始转录代谢乳糖相关的结构基因（图 4.18）。

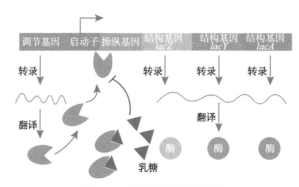

图 4.18　乳糖操纵子示意图

我们将添加诱导物激活或关闭基因表达的策略划为动态调控的初期阶段，因为这种两阶段策略本质上是将工程菌生产过程进行人为干预、调控，实现菌株生长和产物合成简单化的解偶联，以尽量减少合成目的产物对细胞生长造成的压力。这种策略简便易行，且往往具有良好的效果，尤其体现在重组蛋白质生产行业。因为过量的蛋白质生产会显著降低生产宿主的生长速率，因此，在达到最佳细胞密度后，用 IPTG 或其他诱导剂诱导开启生产阶段可显著提高目的蛋白生产效率（Rosano and Ceccarelli，2014）。

4.4.3 基于响应细胞自身中间代谢物浓度的动态调控策略

在工业化过程中，外源添加诱导物容易造成诸多问题。例如，首先是成本问题，IPTG 作为诱导物成本较高；其次，发酵过程中添加诱导物不易操作，易导致染菌污染；最后，添加诱导物可能对细胞造成一定毒副作用，影响细胞生长和产物合成。因此，响应胞内自身代谢物浓度的动态调控便成为更优的选择。虽然构建这样的调节系统的难度较大，且不易人工合成和构建响应于代谢调控所需的工具元件。但幸运的是，自然界本就是一个动态调控的工具箱，已经进化出了可用于感知生物合成中间体的各种细胞内在分子的传感器，通过筛选和人工优化，可以满足代谢工程领域动态调控的需要。

典型的例子是将响应目的产物的响应元件与细胞生长必需基因的表达相组装结合，形成致死性逻辑门。当菌株处于亚健康状态时，目的产物浓度下降，导致必需基因合成效率降低，从而使得细胞处于静止或死亡状态，以减少其对营养物质的无意义消耗（图 4.19）。另外的应用体现在，大肠杆菌中通过构建 Ntr 元件，感知细胞内代谢物乙酰磷酸，控制番茄红素合成中的两种关键酶的表达。该动态调控策略显著提升了番茄红素的产生，缓解了代谢失衡（Farmer and Liao, 2000）。动态调控策略也应用于在大肠杆菌中生产脂肪酸乙酯。脂肪酸合成途径的中间代谢物乙醇和脂肪酰基辅酶 A 的积累对细胞生长是有害的，为此加利福尼亚大学伯克利分校 Keasling 研究团队开发了一种基于响应脂肪酰基辅酶 A 的动态调节系统，仅当脂肪酰基辅酶 A 足够时，激活将脂肪酰基辅酶 A 和乙醇转化为脂肪酸乙酯的合成途径（Zhang et al., 2012）。还有一个典型的实例是利用压力响应型启动子实施动态调控：为了控制有毒中间体的浓度，加利福尼亚大学伯克利分校 Keasling 研究团队首先筛选了响应有毒中间体积累的启动子，通过基于该启动子的动态调控，使有毒中间产物浓度动态稳定在其毒性水平以下，同时使得紫穗槐二烯的产量显著提高（Dahl et al., 2013）。

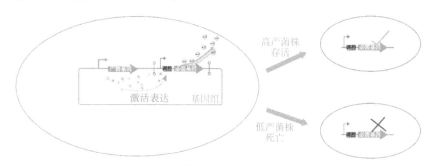

图 4.19　基于响应目的产物浓度致死性逻辑门的动态调控示意图

4.4.4　基于特殊元件或响应特殊条件的动态调控策略

区别于前文所述的响应外源添加底物或者某中间产物的调控元件，有一些响应特殊条件的动态调控元件适用于特殊情况下的动态调控（图 4.20），如核糖开关、蛋白质水平调控、氧化还原状态以及响应细胞密度等。例如，在大肠杆菌中开发的基于细胞浓度激活的动态调控元件，在细胞密度达到一定程度时自动激活所调控基因的表达，从而激活合成途径（Soma and Hanai, 2015）。

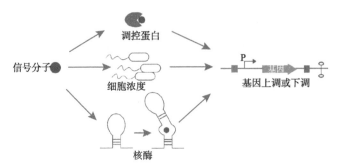

图 4.20　基于响应不同条件的动态调控示意图

　　核糖开关是通常在 mRNA 的非翻译区域中发现的结构元件，它们通过与小分子代谢物结合来调节基因表达。在迄今研究的所有实例中，这些 RNA 控制元件不需要蛋白质调控因子参与代谢物结合。大多数核糖开关可以大致分为两个结构域：适体和表达平台。适体结构域是高度折叠的结构，其选择性地结合靶代谢物。表达平台通过利用由配体结合引起的 RNA 折叠变化将代谢物结合事件转化为基因表达的变化。每个适体的独特序列和结构特征，可用于对每种新型核糖开关进行分类。在核糖开关中，代谢物结合诱导体内的构象变化影响转录或翻译的 RNA 基因。被研究最为清楚的核酶是谷氨酰胺-果糖-6-磷酸氨基转移酶核酶（*glmS* 核酶），其响应于氨基葡萄糖-6-磷酸浓度的增加而对谷氨酰胺-果糖-6-磷酸氨基转移酶基因的表达进行下调（Winkler et al., 2004）。

　　核酶在代谢工程动态调控方面有广泛的应用，作者所在研究团队在枯草芽孢杆菌宿主中，通过应用 *glmS* 核酶开关，将其整合到分支途径关键基因表达框中，调控分支途径和中心代谢途径强度，提高 *N*-乙酰氨基葡萄糖产量（Niu et al., 2018）。山东大学祁庆生教授团队在大肠杆菌中，首先通过已经报道的可以与 NeuAc 结合的核酶结构，与常用的颈环结构组装，成功构建 NeuAc 核酶复合体，当胞内有一定浓度的 NeuAc 存在时，其与 mRNA 前端的 NeuAc 核酶复合体结合，从而致使 mRNA 被自剪切，下游的四环素抗性基因被下调表达（Yang et al., 2017a）。由于表达四环素可以使细胞更加不耐受 Ni^{2+}，所以当 NeuAc 含量高时，四环素表达量减少，从而增加对 Ni^{2+} 的耐受性。如此便建立了 NeuAc 浓度和 Ni^{2+} 浓度的线性关系，用于筛选 NeuAc 合成过程中代谢流量分配最优的菌株。

　　蛋白质水平动态调控策略，可以实现更快速、更直接的代谢网络调控。依赖于目的基因的编码序列处添加 SsrA 降解标签以及额外识别蛋白 SspB 的表达，可以提高蛋白质水解的速率实现蛋白质水平的简便调控。例如，FabB 的诱导降解用于阻止脂肪酸的延长并改善辛酸的产生（Torella et al., 2013）。然而基于蛋白质水平的动态调控，导致了蛋白质不断产生和降解的无效循环，容易对细胞造成代谢压力，使其应用范围受限。

4.4.5　基于打开-关闭逻辑的两段式以及基于双向响应元件往复式逻辑的动态调控策略

基于打开-关闭逻辑的两段式动态调控，主要应用于实现细胞生长和产物合成解偶联的情况。例如，发酵过程前期细胞快速生长，在细胞快速生长结束后，加入 IPTG，激活目标产物异丙醇途径基因表达，以实现将代谢通量转向异丙醇合成途径（Soma et al., 2014）。

两段式动态调控策略在动态调控中有一个明显的状态切换过程。而基于双向响应元件往复式逻辑的动态调控策略，通常是连续式动态调控、具有能够动态感知环境条件并自行进行不同代谢途径循环往复切换的策略。双向响应元件往复式逻辑的动态调控策略典型的例子是由麻省理工学院 Stephanopoulos 团队研究人员开发的基于枯草芽孢杆菌的丙二酰辅酶 A 传感器的代谢途径动态调控（图 4.21）。该传感器基于响应丙二酰辅酶 A 的转录因子 FapR 调控细胞内丙二酰辅酶 A 浓度和细胞生长。丙二酰辅酶 A 途径的过度强化会抑制细胞生长，因此合成以丙二酰辅酶 A 作为前体的目标化合物时，需要平衡丙二酰辅酶 A 的供给和细胞生长。当细胞内丙二酰辅酶 A 处于低水平时，来自 P$_{GAP}$ 启动子的基因表达被激活，以启动丙二酰辅酶 A 合成途径，同时关闭丙二酰辅酶 A 利用途径关键基因的表达。而当细胞内丙二酰辅酶 A 浓度较高时，高浓度的丙二酰辅酶 A 使得 FapR 处于无活性状态，丙二酰辅酶 A 合成途径关键基因表达水平被下调，同时丙二酰辅酶 A 的利用途径被上调表达（Xu et al., 2014）。

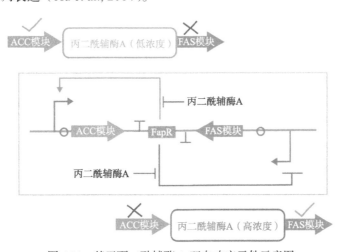

图 4.21　基于丙二酰辅酶 A 双向响应元件示意图

随着系统和合成生物学的不断发展，对于代谢网络调控的层次和范围要求也越来越高，这便使得动态代谢工程变得越来越有吸引力。虽然到目前为止，在基因水平、转录水平、翻译水平以及翻译后水平均有不同工具用于不同调控水平的动态调控策略。但是响应元件的精确性和时效性是急需解决的关键问题。由于目前的响应元件都是自然筛选所得，并且大多表现出极难改造优化的特性，对于精确性，如何解决响应元件在复杂的胞内环境中准确地响应目的产物是一个十分棘手的问题；响应元件的时效性也是一个关键问题，例如作为经典宿主的大肠杆菌的发酵时间一般在 100 h 以内，这就要求设计的复杂代谢逻辑需要在尽可能短的时间内响应到位，以切换到合适状态高效合成目的产物。

4.5　微生物代谢过程的能量代谢与辅因子调控策略

4.5.1　能量代谢与辅因子调控的重要性

能量代谢与辅因子代谢是维持微生物细胞系统中 DNA 复制、生物合成、蛋白质组装和物质转运等生命活动所必需的，同时也是维持目标化学品生产途径高效运转的必要条件。其中，ATP 与 NAD(P)H/ NAD(P)$^+$的高效代谢与平衡几乎对所有化学品的微生物合成都有重要的影响，因此成为能量代谢与辅因子代谢中研究最多的内容（Hara and Kondo, 2015）。ATP 是一种通用的生物能源，为细胞内生物合成反应提供了驱动力。因此 ATP 的生成与消耗是生物合成途径最关键的因素之一。开发具有可人工调节 ATP 供应的细胞工厂是提高代谢物产量的重要策略。在野生型微生物细胞中，ATP 的供应存在天然调节系统以维持细胞中恒定的 ATP 水平。然而在代谢改造的微生物中，引入异源代谢途径后 ATP 的产生和消耗之间的平衡可能被改变，此时应根据需要改善 ATP 供应以增加目的化学品的合成。例如，实现生物燃料的发酵生产时，代谢工程改造会导致 ATP 需求增加。因此，必须克服的障碍之一是增加 ATP 供应以维持工程菌的代谢平衡。

许多生物合成途径依赖于 NAD(P)$^+$，然而由于不平衡的 NAD(P) H/NAD(P)$^+$比率导致的氧化还原失衡，使目的化学品的生产被极大限制。同时，细胞代谢需要在任何时候都是氧化还原中性，当引入新的代谢途径时，过量产生的 NAD(P)H会参与其他代谢物的合成，导致 NAD(P)H 依赖性副产物的合成，或被氧化产生ATP，降低了底物的转化率。此外，NAD(H)通常与代谢通量高的代谢途径相关，即糖酵解、TCA 循环和氧化磷酸化，而 NADP(H)与代谢通量中低代谢途径相关，如磷酸戊糖途径（PPP）、氨基酸和核苷酸生物合成途径等。因此，大多数常用的工业微生物，如大肠杆菌和枯草芽孢杆菌，天然具有较低的 NADP(H)转换效率。而当使用微生物生产手性医药中间体和几种其他基于植物的天然产物时，由于这类产物通常具有多种复杂的分子结构，需要大量的 NADP(H)（Gu et al., 2019）。因此，需要微生物细胞工厂充分再生所需的 NADP(H)以有效合成这些天然产物。

因此，本节介绍了用于调控工程微生物 ATP、NAD(P)H/NAD(P)⁺的策略，以改善底物吸收、细胞生长、目标产物的合成和对有毒化合物的耐受性，优化细胞代谢与发酵特性，促进目标产物高效发酵合成。

4.5.2　调整碳源种类及改造碳源吸收途径以调控 ATP 的供给

细胞内 ATP 供应受到碳源的严格调控，碳源是异养细胞工厂的唯一能源，因此通过改变碳源可以调控胞内 ATP。同时，使用特定碳源，如柠檬酸，可以有效增加 ATP 的供应。另一个通过改变碳源以减少 ATP 消耗的例子来自枯草芽孢杆菌。枯草芽孢杆菌中基于磷酸烯醇式丙酮酸（PEP）依赖性磷酸转移酶系统（PTS）吸收蔗糖时，需要两分子 ATP 将一分子蔗糖转化为果糖-6-磷酸和葡萄糖-6-磷酸。而还存在一种非 PTS 蔗糖利用途径只需一分子 ATP 将一分子蔗糖转化为果糖-6-磷酸和葡萄糖-6-磷酸，将其引入枯草芽孢杆菌中可以减少 ATP 的不必要消耗（图 4.22）（Feng et al., 2017）。

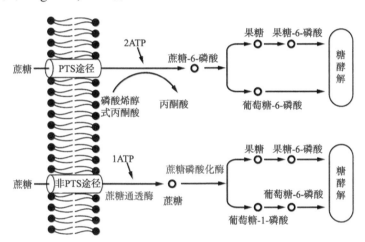

图 4.22　不同的蔗糖代谢途径

4.5.3　控制 pH 以调控 ATP 的供给

控制 pH 在酸性水平可以增强原核微生物细胞工厂中的细胞内 ATP 供应。当外部环境 pH 较低时，在细胞质膜的内表面和外表面之间会产生质子动力的优势，其可以驱动呼吸链 F_0F_1-ATP 合酶加速 ATP 的合成。例如，在出芽短梗霉的好氧培养过程中，pH 3.5～4.5 范围内细胞内 ATP/ADP 比例随外部酸度增加而成比例增加。此外，多种聚合物如多糖、多核苷酸、多元有机酸和多肽的合成需要大量的 ATP，可以调控培养环境的 pH 以适当增加产量。但在不同的细胞工厂中，在 ATP 生成和消耗之间发挥最佳平衡的最佳酸性条件是不同的，这取决于它们的耐酸性。因此，提高生产力和宿主对 pH 耐受性之间的权衡是十分重要的。

4.5.4　调控呼吸链反应强度调节 ATP 的供给

氧气供应水平对于增强呼吸链反应产生的 ATP 供应至关重要。ATP 供应是产乳酸酿酒酵母工程菌株生长和乳酸生成的限制因素，而氧气供应增加可以促进工程菌株的细胞生长和乳酸生产。同时，通过呼吸链增强 ATP 的合成可以增加细胞对有毒化合物的耐受性。例如，通过分析在丁醇胁迫条件下通过进化工程获得的耐丁醇酿酒酵母突变体，发现 34 种上调蛋白中的 21 种是线粒体的组分，包括 12 种呼吸链蛋白。这表明线粒体产生的 ATP 对于帮助酿酒酵母耐受丁醇是至关重要的（Ghiaci et al., 2013）。

4.5.5　代谢工程改造调节 ATP 的合成或消耗途径

过量表达 ATP 生物合成酶对于增加 ATP 供应和目标化合物的生产是一种十分重要的手段。有研究通过上调柠檬酸途径中柠檬酸裂解酶、苹果酸脱氢酶（MDH）和苹果酸酶编码基因的表达量，使 ATP 供应量增加了 10～120 倍，这种方式可以在一定程度上替代特定碳源的额外添加策略从而降低成本。同时，胞内多种可替代的竞争代谢途径中，有些酶促反应伴随 ATP 的合成，而相同功能的其他酶却没有伴随 ATP 合成。因此，通过阻断不产 ATP 的途径可以间接增强产 ATP 相关途径的通量从而提高胞内 ATP 水平。例如，通过敲除催化乙酸合成并且不伴随 ATP 合成的醛脱氢酶的编码基因后，细胞中催化乙酸合成并且伴随 ATP 合成的途径增强，ATP 的供应增多（Hara and Kondo, 2015）。

4.5.6　调控消耗 ATP 的无效循环提高化学品合成效率

有氧条件下促进 ATP 合成和消耗以促进某些化合物合成的策略已经被充分开发和利用。在厌氧发酵条件下，ATP 的合成和消耗作用同样是十分重要的。以厌氧条件下乳酸生物合成为例，额外生成的 ATP 会促进多种副产物如乙醇、甲酸、乙酸和琥珀酸的合成，这不仅造成了碳源的浪费，同时不利于产物的提取与纯化。例如，通过过量表达编码 PEP 合酶，宿主内源的丙酮酸激酶与 PEP 合酶一起形成了消耗 ATP 的循环，最终乳酸的产量提高 25%（图 4.23）。同时，多种副产物如乙醇、甲酸、乙酸和琥珀酸的合成几乎被完全阻断（Hadicke et al., 2015）。

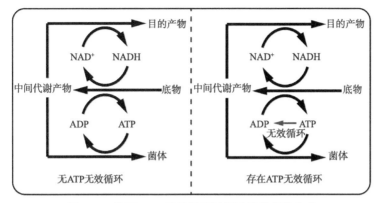

图 4.23　使用 ATP 无效循环以促进目的产物合成

4.5.7　使用 NADP(H)非依赖性反应维持细胞内辅因子平衡

在工程菌株中引入新的代谢途径可能导致 NADH 的过剩。有研究通过过量表达 NADH 氧化酶 YodC 来调控 NADH，但 NADH 氧化酶不合适的表达水平可能对产物合成同样不利。同时，通过表达 NADH 氧化酶来调控氧化还原代谢增加了对氧的需求，这会增加工业生产上好氧发酵过程的成本。因此，将目的代谢途径中产 NADH 酶替换为不产 NADH 酶能够实现氧化还原水平平衡。例如，作者所在研究团队在 N-乙酰氨基葡萄糖的合成途径优化过程中，第一，使用了来自蜡状芽孢杆菌的丙酮酸铁氧还蛋白氧化还原酶可以直接催化丙酮酸生化转化为乙酰辅酶 A，反应的副产物为还原铁氧还蛋白而不是 NADH；第二，使用了海藻甲烷球菌 KA1 来源的甘油醛-3-磷酸脱氢酶，其也伴随着还原铁氧还蛋白的合成而替代了 NADH；第三，来自蓝藻 PCC 8802 的固氮酶铁蛋白用于再生氧化铁氧还蛋白。对于异柠檬酸脱氢酶催化的反应，直接消除从异柠檬酸到氧代戊二酸反应中生成的 NADPH 具有挑战性，因此采用了两种非天然枯草芽孢杆菌生物合成途径反应的组合：首先，通过表达产孢梭菌来源的异柠檬酸脱氢酶催化异柠檬酸盐与 2-氧代戊二酸反应生成 NAD$^+$而非 NADP$^+$；其次，为了消除额外产生的 NADH，使用蜡状芽孢杆菌来源的苹果酸脱氢酶催化苹果酸盐到草酰乙酸的反应产生还原的醌替代了 NADH 的合成（图 4.24 和表 4.1）。通过使用 NADP(H)非依赖性酶维持胞内氧化还原的平衡，N-乙酰氨基葡萄糖的产量提高了 3.45 倍（Gu et al., 2019）。

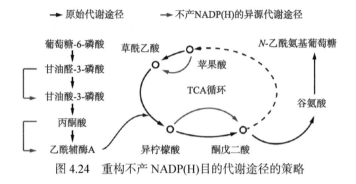

图 4.24 重构不产 NADP(H)目的代谢途径的策略

表 4.1 重构不产 NADP(H)目的代谢途径所用酶

序号	酶	基因	酶促反应
1	2-氧代铁氧还蛋白氧化还原酶	*porAB*	丙酮酸 + 辅酶 A + 2 氧化铁氧还蛋白 ⟶ 乙酰辅酶 A + CO$_2$ + 2 还原铁氧还蛋白 + 2H$^+$
2	甘油醛-3-磷酸铁氧还蛋白脱氢酶	*gor*	甘油醛-3-磷酸 + H$_2$O + 2 氧化铁氧还蛋白 ⟶ 甘油酸-3-磷酸 + 2H$^+$ + 2 还原铁氧还蛋白
3	固氮酶铁蛋白 NifH	*cyh*	8 还原铁氧还蛋白 + 8H$^+$ + N$_2$ + 16ATP + 16H$_2$O ⟶ 8 氧化铁氧还蛋白 + H$_2$ + 2 NH$_3^+$ 16ADP + 16 磷酸
4	异柠檬酸脱氢酶	*icd*	异柠檬酸 + NAD$^+$ ⟶ 2-氧代戊二酸 + CO$_2$ + NADH$^+$ + H$^+$
5	苹果酸脱氢酶	*mqo*	苹果酸 + 醌 ⟶ 草酰乙酸 + 还原醌
6	丙酮酸羧化酶	*BpycA*	ATP + 丙酮酸 + CO$_2$ ⟶ ADP + 磷酸盐 + 草酰乙酸

4.5.8 合理的途径设计维持辅因子平衡

在细胞工厂的构建过程中，引入细胞的代谢途径相关反应涉及 NAD$^+$或 NADH 时往往净产生一定量的 NAD$^+$或 NADH，这会直接导致胞内氧化还原的不平衡。但是，如果在代谢途径引入细胞之前，提前设计一条平衡的代谢途径，使合成和消耗的 NAD$^+$或 NADH 净量为零，则可最大程度减少对胞内氧化还原平衡的干扰。例如，从葡萄糖生产乙醇和异丙醇时，有研究设计了一条理想的代谢途径，其在分解代谢阶段合成了 2 mol NADH 并在合成代谢阶段消耗了 2 mol NADH，因此 NADH 的利用完全平衡（Guterl et al., 2012）。然而，在细胞工厂中设计辅因子平衡代谢途径也存在多种限制。首先，它限制了可以生产的化学品种类，因为并不是所有的化学品都可以找到一条辅因子平衡的代谢途径。其次，代谢途径在胞内并不是独立存在的，有许多 NADH 消耗反应或许会对其造成巨大的干扰。如果 NADH 存在任何自发氧化或者细胞自身的过度消耗，则这种平衡的代谢途径仍然会被打破而造成非预期的辅因子不平衡。

4.6 基于亚细胞结构的微生物细胞精准调控

4.6.1 基于亚细胞结构的微生物代谢调控概述

真核微生物具有许多已被充分解析的蛋白质定位标签将目的蛋白定位于不同亚细胞细胞器，包括线粒体、过氧化物酶体、高尔基体、内质网、液泡和细胞壁。其中每个亚细胞区室提供特定的生理化学环境、代谢物、酶和辅因子组成（图 4.25）。通过在较小的亚细胞区室内构建产物合成途径，不仅可以增加底物和酶的局部浓度，提供有利的物理化学环境，还可以抑制有毒中间代谢产物转移到细胞质中从而降低它们对细胞的毒性作用。因此，利用亚细胞细胞器对目标代谢途径区室化调控受到越来越多的关注。除了利用不同的细胞器特性之外，代谢途径区室化调控还能消除代谢交互干扰并且增强区室化途径代谢效率，从而促进发酵过程的强化（Hammer and Avalos, 2017）。

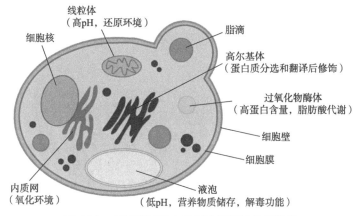

图 4.25 细胞器工程中常用亚细胞结构及特征

酵母是应用最广泛的工业微生物之一，主要是由于其对低 pH 的强耐受性、简单的营养需求、对病毒的强抵抗力、对底物和产物毒性的高耐受性、简易的基因操作方法、强翻译后修饰能力以及表达复杂异源酶的能力。基于亚细胞结构的代谢途径区室化调控已经在酵母中进行了广泛的应用并取得了良好的效果。因此，我们主要以酵母为例，讨论真核微生物亚细胞工程中的技术进展，并列举了目前在不同酵母物种中将生物合成途径靶向亚细胞区室（包括线粒体、过氧化物酶体、内质网和/或高尔基体、液泡和细胞壁）的成功实例，讨论基于亚细胞结构的微生物细胞精准调控目前仍面临的诸多挑战，如靶细胞器的选择、细胞器定位标签对酶活性的潜在负面影响和细胞器蛋白质容量的限制等。未来对于这些问题的解决可以大大扩展亚细胞器工程在构建高效微生物细胞系统中的应用范围。

4.6.2　线粒体工程

　　线粒体是一种在真核细胞中广泛存在的细胞器，是细胞进行有氧呼吸的主要场所。线粒体基质在双层膜的包被下，比胞质具有更高的 pH、更低的氧含量和更低的氧化还原电位。线粒体是负责血红素和铁-硫簇（ISC）生物合成的细胞器，其内部代谢途径主要包括氨基酸的生物合成、TCA 循环以及广泛的辅因子和代谢物[包括乙酰辅酶 A、NAD(P)H、NAD(P)$^+$、黄素腺嘌呤二核苷酸和 TCA 循环中间代谢产物]的生物合成。目前线粒体的 N 端定位标签已经被充分表征并能够将蛋白质靶向酵母线粒体，这促进了线粒体中生物合成途径的区域化构建（图 4.26）。目前已经将线粒体工程的多种优势应用于不同的高附加值产物的生产。

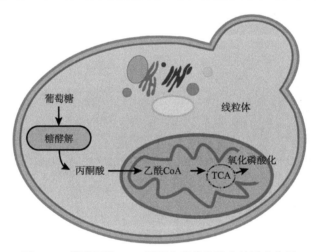

图 4.26　糖酵解及 TCA 循环在真核生物中的反应位置

　　利用线粒体内富集的代谢物提高目标产物产量：在酿酒酵母线粒体中，丰富的底物及辅酶可以帮助提高植物萜类化合物的产量，如瓦伦烯和紫穗槐二烯。在过量表达胞质非反馈抑制的 3-羟基-3-甲基戊二酰辅酶 A 还原酶（由 *tHMG1* 编码）以增强甲羟戊酸的合成后，将异源倍半萜合酶通过线粒体标签靶向至线粒体内，瓦伦烯和紫穗槐二烯的产量大幅提高。相对于倍半萜合酶在胞质内表达，瓦伦烯和紫穗槐二烯产量分别增加了 3 倍和 7 倍。该结果证实了酵母线粒体中存在异戊烯焦磷酸（IPP）、二甲基烯丙基焦磷酸（DMAPP）和法呢基二磷酸（FDP）且参与合成了目的产物（Farhi et al., 2011）。进一步将异源法呢基二磷酸合成酶（FDPS）和倍半萜合酶通过线粒体标签靶向至线粒体后，瓦伦烯和紫穗槐二烯的产量分别提高至 18 倍和 20 倍,这证明线粒体内富集的底物可以有效促进目的产物的合成。同时,紫穗槐二烯合酶(ADS)在酵母线粒体中的过量表达对于紫穗槐二烯合成的促进效果远强于在细胞质中的过量表达,这表明线粒体为 ADS 活性提供了一个更好的环境(Yuan and Ching, 2016)。在此过程中,线粒体提供了大量乙酰辅酶 A 参与目的代谢产物的合成。

利用线粒体工程减少副产物生产:在酵母中生物合成异戊二烯时,将具有八个基因的 FDP 生物合成途径以及异源异戊二烯合酶(ISPS)靶向定位至线粒体后,异戊二烯的产量相比于胞质内游离表达相同基因的对照菌株高出 1.7 倍。更重要的是,当整个异戊二烯合成途径位于线粒体内时,副产物角鲨烯的产量减少了 80%。这说明将目的代谢途径区室化可以大大减少副产物的合成。同时,在线粒体整合菌株细胞质中过量表达 tHMG1 并弱化 ERG20 后,异戊二烯产量从 108 mg/L 提高至 128 mg/L。而在未改造线粒体菌株中进行相同的细胞质改造后,异戊二烯产量为 25 mg/L(Lv et al., 2016)。这证明在利用线粒体乙酰辅酶 A 的同时叠加对细胞质内乙酰辅酶 A 的利用可以得到两种正向效果之和。

利用线粒体工程解除代谢物转运瓶颈:在乙偶姻的生物合成途径中,代谢物转运限制了乙偶姻的生产。在酵母中,乙偶姻生物合成途径因亚细胞区室化而受到限制,前体物质 α-乙酰乳酸在线粒体中合成,然后通过非酶促氧化脱羧(NOD)和丁二醇脱氢酶转运穿过线粒体膜形成乙偶姻,底物的转运瓶颈导致乙偶姻的产量较低(<500 mg/L)。尽管在细胞质中构建了完整的生物合成途径以缩短代谢中间产物转运的瓶颈,但是在细胞质中较低的底物浓度和较快的底物消耗速率限制了乙偶姻生产水平的进一步提高。通过将乙酰乳酸合酶(ALS)靶向至线粒体中,乙偶姻产量提高 59.8%(Li et al., 2015)。因此,将乙偶姻生物合成途径靶向线粒体可以解除真核微生物细胞中代谢物转运的瓶颈,增加前体物质的供应从而增强乙偶姻的生产力。

线粒体工程促进 TCA 循环中间代谢产物的生产:TCA 循环中的多种代谢产物均应用广泛,十分具有商业价值,如柠檬酸盐、富马酸盐和苹果酸盐。而在真核细胞中,TCA 循环的中间代谢产物大部分在线粒体中富集。以富马酸盐的生物合成为例,虽然富马酸盐已在细胞质中生产,但已有实验证明利用线粒体中高通量的 TCA 循环更加有利于富马酸盐在光滑念珠菌中的生物合成。在线粒体中过量表达与琥珀酰 CoA 合成酶(SUCLG2)的 β 亚基和琥珀酸脱氢酶黄素蛋白亚基(SDH1)融合的 α-酮戊二酸脱氢酶复合酶体(KGD2)的 E2 亚基后,酵母细胞可以产生 1.81 g/L 的富马酸盐。再经过启动子的优化、关键酶的过量表达后,富马酸盐产量更是提高至 15.76 g/L(图 4.27)(Chen et al., 2015)。

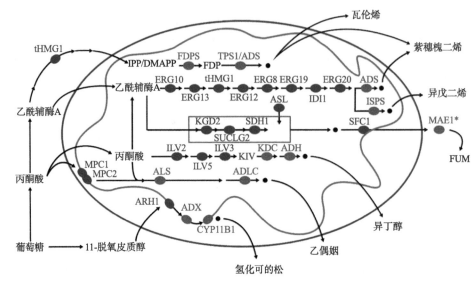

图 4.27　目前应用酵母线粒体工程生产的化学品

蓝色球体代表内源性过量表达酶；绿色球体代表异源表达酶。中部方形代表 TCA 循环。tHMG1，截短的 3-羟基-3-甲基戊二酰辅酶 A 还原酶；IPP，异戊烯焦磷酸；DMAPP，二甲基烯丙基焦磷酸；FDPS，法呢基二磷酸合成酶；FDP，法呢基二磷酸；TPS1，朱栾倍半萜合酶；ADS，紫穗槐-4,11-二烯合成酶；ERG10，乙酰辅酶 A 酰基转移酶；ERG13，3-羟基-3-甲基戊二酰辅酶 A 合酶；ERG12，甲羟戊酸激酶；ERG8，磷酸甲羟戊酸激酶；ERG19，甲羟戊酸焦磷酸脱羧酶；IDI1，异戊烯二磷酸异构酶；ERG20，法呢基焦磷酸合成酶；ISPS，异戊二烯合酶；KGD2，酮戊二酸脱氢酶复合物 E2 亚基；SUCLG2，琥珀酰辅酶 A 合成酶 β 亚基；SDH1，琥珀酸脱氢酶（SDH）黄素蛋白亚基；FUM，富马酸盐；ASL，精氨琥珀酸裂解酶；SFC1，线粒体琥珀酸-富马酸转运蛋白；MAE1，C4-二羧酸转运蛋白；ILV2，乙酰乳酸合酶；ILV5，酮醇酸还原异构酶；ILV3，脱羟酸脱水酶；KIV，α-酮异戊酸；KDC，α-酮酸脱羧酶；ADH，乙醇脱氢酶；MPC1/MPC2，线粒体丙酮酸载体；ALS，乙酰乳酸合成酶；ADLC，乙酰乳酸脱羧酶；ARH1，皮质铁氧还蛋白还原酶相关的同源蛋白；ADX，皮质铁氧还蛋白；CYP11B1，11β-类固醇羟化酶。*表示转运蛋白位于质膜中

4.6.3　过氧化物酶体工程

　　过氧化物酶体又称微体，是一种具有异质性的细胞器，普遍存在于真核生物的细胞中。其含有丰富的酶类，包括氧化酶、过氧化氢酶和过氧化物酶，一般具有降解胞内有毒代谢产物、调节氧浓度、代谢含氮物、进行脂肪酸的 β-氧化并为细胞器提供乙酰辅酶 A 的功能。目前，酵母对其自身过氧化物酶体在不同的生长条件下大小、数量和含酶量的动态过程已经得到了充分的研究（图 4.28）。蛋白质靶向信号 PTS1 和 PTS2 能够将代谢途径酶定位于过氧化物酶体基质。此外，过氧化物酶体对细胞生长不是必需的，这使其成为一种十分具有引入代谢途径潜力的细胞器。

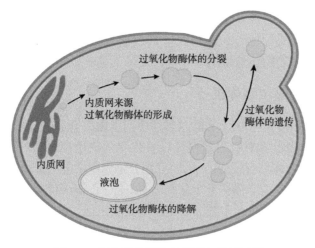

图 4.28　过氧化物酶体的形成与降解过程

利用过氧化物酶体生产脂肪酸衍生物：由于酵母过氧化物酶体会降解脂肪酸，因此其被用于生产脂肪酸衍生的化学物质，包括中链脂肪酸（MCFA）、脂肪醇、烷烃和烯烃。为了防止 MCFA 的降解，研究人员敲除了酿酒酵母中唯一的酰基辅酶 A 氧化酶（POX1）基因并过量表达了具有长链酰基辅酶 A 偏好性的解脂耶氏酵母来源的酰基辅酶 A 氧化酶（Aox2p），其不需要 PTS 标签便可定位于酿酒酵母过氧化物酶体。同时，过氧化物酶体肉碱-O-辛酰基转移酶（CROT）的表达使产物从过氧化物酶体中输出。与野生型酿酒酵母相比，MCFA 产量增加 3.34 倍，总脂肪酸产量增加 15.6%（Chen et al., 2014）。

利用过氧化物酶体丰富的脂酰辅酶 A 和 NADPH 促进烷烃及烯烃生产：为了避免醛中间体被细胞溶质醛还原酶（ALR）和乙醇脱氢酶（ADH）生产副产物而损失，瑞典查尔姆斯理工大学 Nielsen 教授团队研究人员将细菌醛-去甲酰化加氧酶（ADO）和羧酸还原酶（CAR）与 CAR 活化辅因子和细菌电子传递系统一起靶向定位至过氧化物酶体。与在细胞质内具有 ADO 和 CAR 的对照菌株相比，靶向定位至过氧化物酶体使得烷烃产量提高了 90%。类似地，当细菌 P450 脂肪酸脱羧酶（OleT）和电子转移系统被靶向定位至酵母过氧化物酶体时，相较于在胞质内表达，烯烃产量增加了 40%（Zhou et al., 2016）。因此，过氧化物酶体工程可能是开发高产脂肪酸衍生化学品酵母菌株的有效方案。

调整过氧化物酶体的大小和数量以提高产量：在生长培养基中添加不同成分或对过氧化物酶体分裂相关基因改造可以调控过氧化物酶体的大小和数量，若目的代谢途径包含过氧化物酶体相关途径，则可通过此方式提高微生物细胞系统的产量。例如，毕赤酵母在含甲醇培养基上生长时，过氧化物酶体变大且数量增多，从而造成细胞体积的改变。改变培养基组成的替代方案还有操纵 *PEX* 基因或发动蛋白相关蛋白（DRP），其分别调节过氧化物酶体的合成和过氧化物酶体裂变。其中，*PEX*基因已被用于增强烷烃生产。除 PEX34 的过量表达外，PEX31 和 PEX32 的缺失可使细胞的过氧化物酶体数量增加 6 倍，烷烃产量增加 3 倍（Zhou et al., 2016）。

4.6.4　内质网和高尔基体工程

在酵母中，内质网（ER）和高尔基体协同工作以合成、运输、修饰蛋白质与脂质。内质网的内腔具有针对蛋白质折叠优化的氧化环境和近似细胞质环境的 pH，而成熟高尔基体具有较低的 pH，且在分泌囊泡中 pH 低至 5.2。因此，靶向定位于内质网和高尔基体有益于涉及氧化的条件、逐渐降低的 pH、复杂的蛋白质折叠或修饰过程的途径。大多数分泌蛋白和膜蛋白通过共翻译机制靶向定位于内质网，在这个过程中需要额外的信号来保留内质网中的蛋白质或将它们继续靶向定位至高尔基体。

由于内质网固有的合成三酰基甘油酯（TAG）的能力，且其形成与脂质体形成十分接近，因此麻省理工学院 Stephanopoulos 研究团队将异源酶靶向定位至解脂耶氏酵母的内质网后，可以产生脂肪酸乙酯（FAEE）和脂肪烷烃。例如，将异源蜡酯合成酶（AftA）定位于内质网后，FAEE 的产量相较于将 AftA 在细胞质中表达增加了近 20 倍。类似地，将异源脂肪酰基辅酶 A 还原酶（ACR1）和细菌 ADO 靶向定位至内质网后，脂肪烷烃产量相较于不定位增加了 4 倍，同时稳定生产时间延长至 144 h（Xu et al., 2016）。

目前，途径区室化可以对化学品的合成途径产生显著影响的概念已经通过线粒体、过氧化物酶体、内质网和高尔基体、液泡、细胞壁等亚细胞结构进行了验证，其对于合成生物学和代谢工程改造的意义是重大的（表 4.2）。然而，作为一种新兴技术，酵母亚细胞工程想要实现更广泛的应用，仍然需要解决诸多困难，包括细胞器膜转运蛋白的鉴定、细胞器靶向定位标签的系统鉴定和优化、细胞器数量与形态工程的系统性研究、新亚细胞结构的开发与应用等。

表 4.2　细胞器工程生产化学品汇总表

工程细胞器	产物	酵母物种
线粒体	氢化可的松	酿酒酵母
	瓦伦烯和紫穗槐二烯（植物萜类化合物）	酿酒酵母
	异戊二烯	酿酒酵母
	异丁醇，异戊醇，2-甲基-1-丁醇	酿酒酵母
	乙偶姻	光滑假丝酵母菌
	富马酸	光滑假丝酵母菌

续表

工程细胞器	产物	酵母物种
过氧化物酶体	青霉素	多形汉逊酵母
	类胡萝卜素（番茄红素）	巴斯德毕赤酵母
	中链酰基辅酶 A	酿酒酵母
	中链脂肪醇	酿酒酵母
	烷烃和烯烃	酿酒酵母
	聚羟基链烷酸酯（PHAs）	巴斯德毕赤酵母，酿酒酵母，解脂耶氏酵母
内质网/高尔基体	脂肪酸乙酯和烷烃	解脂耶氏酵母
	阿片类药物（吗啡）	酿酒酵母
	糖蛋白	巴斯德毕赤酵母

4.7　生物信息学策略指导的微生物细胞系统改造

4.7.1　生物信息学对微生物细胞系统改造的重要性

生物信息学旨在通过结合生命科学和计算机科学，使用多种实验数据、高通量技术和计算方法揭示系统层次细胞现象。在微生物细胞系统改造过程中，应用比较广泛的生物信息学工具是基因组、蛋白质组的数据分析和微生物代谢网络模型。生物信息学的最大优势在于它可以更准确、更有效地为代谢工程提供基因组规模的靶点，从而加速微生物细胞工厂的构建。此外，生物信息学可以帮助确定通过诱变和筛选或适应性进化获得的菌株的突变位点，使细胞工厂的构建更加合理，确保细胞发酵生产过程更加高效。随着新一代高效的测序技术、计算方法及基因组工程工具的发展，生物信息学在构建高效的发酵微生物中发挥着越来越重要的作用。

4.7.2　基于组学的微生物细胞系统改造

以基因组学、转录组学、蛋白质组学、代谢组学和通量组学为代表的高通量分析方法迅速发展，组学数据的开发可以提供在各种基因型和环境条件下全面描述细胞内的所有组分的系统信息。在构建微生物细胞工厂的过程中，研究人员不仅可以使用单一组学信息解决代谢工程的问题，也可以采用多组学的方法来弥补单一组学数据的局限。当前的技术发展使得组学数据越来越容易获取，不仅可以通过高通量实验技术生成，而且可以通过访问公开的数据库获取，这使得其在微生物细胞系统的改造中应用越来越广泛。

1. 关键酶和代谢途径的鉴定

经过长期的进化与选择，在自然界中存在众多用于合成特定代谢物的合成途径与高效的酶。然而，在传统的细胞工厂构建过程中，这些巨大而宝贵的自然资源往往得不到有效的开发和利用。随着组学的发展，特别是基于新一代测序技术的基因组学和转录组学的发展，已经鉴定出越来越多具有潜在价值的酶和代谢途径，并已成功应用于微生物细胞工厂的构建（Dai and Nielsen, 2015）。

例如，通过对来自大麻素生物合成的主要部位——雌性大麻花腺毛的转录组的分析找到了橄榄醇酸（OA）环化酶（OAC），其可以催化 $C_2 \sim C_7$ 分子内的醛缩与羧酸盐形成 OA。对 OAC 的鉴定解析了大麻素生物合成途径，又显示了植物和细菌中聚酮化合物生物合成之间的进化相似性（Gagne et al., 2012）。这为代谢工程上使用微生物细胞工厂生产大麻素并开发各种人类健康问题的治疗方法起到了重要作用。除此之外，很多重要的药用化合物的代谢途径也是通过挖掘组学数据得到的。

2. 代谢通量的优化

构建生产所需化学品的微生物细胞工厂只是第一步，下一步优化代谢途径通量决定了微生物细胞工厂的效率。通过优化代谢途径通量可以提高细胞工厂的生产强度和产量。传统的代谢工程方法也可以优化代谢途径，但往往花费更多的时间和成本。因此，更精确和可预测地搜索与识别代谢途径中的关键点尤为重要。简单的解决方案是使用前体物质的添加来确定合成途径内的瓶颈。然而，仅通过前体物质的添加不能全面解析代谢途径特征和全面潜在的限速步骤，因此有必要更合理和准确地识别代谢瓶颈。在代谢工程中，有一种解决方案是通过组学数据开展合成途径中瓶颈的诊断和识别。

3. 基因组的解析

传统的微生物细胞工厂构建方法中，通过诱变和筛选以获得优良的生产菌株是非常普遍的。虽然筛选过程需要消耗大量的时间与人力成本，但是得到优良的菌株是可能的。这些菌株往往在基因组上存在关键位点的突变，但是由于测序技术的限制，基因组上的变化难以全面揭示。这不仅阻碍了人们对重要的代谢工程机理的解析，也无法将有益突变位点集成以获得更加优良的菌株，阻碍了细胞工厂的进一步构建。此外，潜在作为微生物细胞工厂的多种细菌可能拥有不同的耐受性和代谢特征，对其基因组的分析也可以帮助集成不同菌株的优势。由于新一代测序技术的发展，对于全基因组的测序已经变得低成本而高效。同时，多种计算工具如基因组比对工具、编码序列预测工具、基因功能注释工具也快速发展，这使得我们对目的细胞优势特征的解析变得越来越简便可靠。

对于基因组的解析，目前已发展了专门的学科，即比较基因组学。典型的例子是韩国科学技术院 Sang Yup Lee 教授研究团队通过比对分析 5 株 L-精氨酸生产菌株的 L-精氨酸生物合成途径的基因序列，找到关键基因 argF、argB 和 carB 存在的突变。集成有益突变基因不仅提高了细胞的生长速率，也使 L-精氨酸产量提高到 82 g/L（Park et al., 2014）。作者所在研究团队通过对野生型和耐酸的丙酸杆菌进行比较基因组和转录组学分析，揭示了发酵过程中细胞对酸胁迫的微生物响应途径，将其应用至工程菌株后大大提高了丙酸的生产水平（Guan et al., 2018）。

除了上述应用之外，多组学数据的最突出应用是它可以与计算建模方法相结合，构建基因组尺度代谢网络模型。基因组尺度代谢模型不仅能够用于诊断和代谢途径的优化，还能够有效地预测代谢途径并确定潜在的最优生产宿主（表 4.3）。

表 4.3　应用系统生物学工具和策略实例汇总

目的	工具/策略	菌株	产品	结论
了解细胞代谢状态、瓶颈或潜力	代谢组学/通量组学	酿酒酵母	乙醇	确定由木糖生产乙醇低效的原因是低糖酵解通量
	转录组/蛋白质组学	产琥珀酸曼氏杆菌	琥珀酸	揭示 fruA 缺失突变体同时利用蔗糖和甘油的潜在机制
	基因组学/蛋白质组学	酪丁酸梭菌		阐明了全基因组序列和独特的代谢特征
	基因组学/代谢组学/转录组学/建模方法	大肠杆菌	40 种化学品	在需氧和厌氧条件下评估了 7 种大肠杆菌菌株作为 40 种化学物质宿主的潜力
全基因组敲除靶基因识别	MOMA	酿酒酵母	紫穗槐二烯	鉴定新的 10 个基因敲除靶标，并将产量提高 8～10 倍
	OptKnock	大肠杆菌	1,4-丁二醇	敲除了预测得到的基因，敲除靶标（ldhA、pflB、adhE 和 mdhA）后提高了产量
全基因过量表达靶基因鉴定	通量响应分析	大肠杆菌	富马酸	将 ppc 基因鉴定为过量表达靶基因并使产率提高 2.8 倍
	FSEOF	大肠杆菌	番茄红素	将 idi 和 mdh 预测为过量表达靶基因并使产量增加 2.7 倍
	FVSEOF 与 GR	大肠杆菌	腐胺	成功预测了 5 个过量表达基因靶标（glk、acna、acnB、ackA 和 ppc）并使产量提高 20.5%
	tSOT	天蓝色链霉菌	放线菌紫素	过量表达核酮糖-5-磷酸-3-差向异构酶和 $NADP^+$ 依赖的苹果酸酶，分别使产量增加 2 倍和 1.8 倍
途径预测	代谢途径制作工具/PathTracer	大肠杆菌	1777 种化学品	通过添加已知的异源代谢途径，理论上可以使大肠杆菌合成 1777 种非天然产物

4.7.3 基因规模代谢网络模型

为了在细胞系统水平理解细胞代谢，研究人员已经开发了基因组尺度代谢网络模型，基于模型的计算和模拟技术已成为系统分析和预测细胞代谢的有力工具。多种典型模式微生物和重要工业微生物的基因组尺度代谢网络模型已经建立，包括大肠杆菌、枯草芽孢杆菌、谷氨酸棒杆菌、丙酮丁醇梭菌和酿酒酵母等。同时，能够将基因组学、转录组学、蛋白质组学和代谢组学数据与基因组尺度代谢网络模型整合的各种工具也已经开发和使用，包括 GIMME、iMAT、E-Flux、PROM、tSOT 和 GIMMEp 等（Kim et al., 2012）。

1. 代谢途径的预测

构建高效的微生物细胞系统不仅需要催化各步生物化学反应的酶以满足生成目的化学品的最低要求，还要求目标代谢途径具有更优的性能，如使用尽量少的反应步骤、平衡的辅因子代谢、热力学可行性和无反馈抑制等。在进行构建细胞工厂之前就已经能预测完整的较优的代谢途径将会大大节省实验构建和筛选所耗费的时间与人力。因此，目前研究人员已经开发了多种基于基因组尺度代谢网络模型的途径预测工具，用于预测各种未知的化学物的生物合成途径和扫描数据库来筛选高效代谢途径，包括代谢网络集成探索计算器（BNICE）、RetroPath、GEM-Path、OptStrain 和 DESHARKY（图 4.29）（Kim et al., 2015）。

2. 代谢途径的优化

宿主本身的代谢网络对于目标代谢途径往往具有双重作用：一方面，宿主本身的代谢网络可以为目标代谢途径提供能量和氧化还原辅助因子，如 ATP、NADH 或 NADPH；另一方面，宿主的天然代谢网络具有很强的鲁棒性和调节功能，往往会阻碍代谢流向目标代谢途径。因此，将目标化学品的代谢途径引入宿主后，减少宿主的天然代谢网络对于目标化合物生物合成的阻碍、消除代谢途径本身存在的限速步骤是必不可少的。这些都需要使用高效的基因组尺度代谢网络模型，通过识别代谢途径中需要敲除、过量表达的位点或存在变构调节的位点，进一步通过代谢工程改造使代谢通量重新分配。

研究人员已经开发了多种基于基因组尺度代谢网络模型用于鉴定基因敲除靶标以提高微生物细胞工厂的生产效率的计算模拟工具。例如，在代谢工程改造大肠杆菌的 L-缬氨酸研究中，通过使用基因组尺度代谢网络模型进行基因敲除模拟，韩国科学技术院 Sang Yup Lee 教授研究团队确定了 *aceF*、*mdh* 和 *pfkA* 基因作为敲除靶点，L-缬氨酸产量增加至 7.55 g/L（Kim et al., 2012）。这表明基于基因组尺度的代谢网络模型可以有效地预测代谢工程改造靶点。相关计算机辅助代谢工程和细胞工厂优化的工具算法还包括 Python-Cameo、FSEOF 和 FVSEOF。

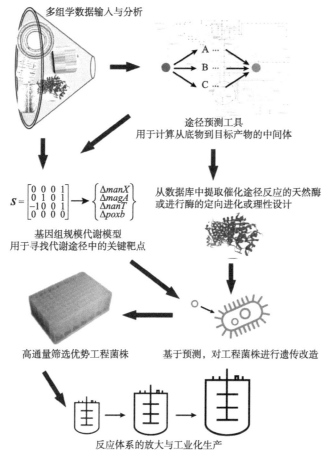

多组学数据输入与分析

途径预测工具
用于计算从底物到目标产物的中间体

$$S = \begin{bmatrix} 0 & 0 & 0 & 1 \\ 0 & 1 & 0 & 1 \\ -1 & 0 & 0 & 1 \\ 0 & 0 & 0 & 0 \end{bmatrix} \rightarrow \begin{cases} \Delta manX \\ \Delta magA \\ \Delta nanT \\ \Delta poxb \end{cases}$$

从数据库中提取催化途径反应的天然酶
或进行酶的定向进化或理性设计

基因组规模代谢模型
用于寻找代谢途径中的关键靶点

高通量筛选优势工程菌株　　　　基于预测,对工程菌株进行遗传改造

反应体系的放大与工业化生产

图 4.29　生物信息学策略指导的微生物细胞系统改造的工作流程

3. 潜在优势宿主的筛选

　　对于特定的化学品生物合成,宿主的选择对于其最终是否具有工业竞争力往往起到决定性作用。由于目的代谢途径往往会消耗大量碳源、氮源、能量和辅因子等,并且可能产生有毒的中间代谢产物,而不同的宿主对于不同辅因子的供应具有独特的优势,对于不同有毒中间产物可能具有不同的耐受性。因此,不同的宿主对不同代谢途径改造的有效性会产生显著影响。同时,目的代谢途径的部分反应往往属于宿主本身,如果胞内相应的原始酶促反应具有很高的效率,将有利于进一步的代谢工程改造。因此需要利用基因组规模的代谢模型解析宿主细胞的代谢网络并且指导宿主选择。已有研究使用开发出的 GEM-Path 算法预测了大肠杆菌生产化学品的潜力,并提出在大肠杆菌中合成 20 种大宗化学品的 245 种潜在合成途径(Campodonico et al., 2014)。此外,有研究开发了包括天然大肠杆菌反应和已知异源反应的综合代谢模型,以系统地评估大肠杆菌生产不同化学品的潜

在能力。模型预测结果表明，大肠杆菌中可以产生 1777 种非天然产物，其中 279 种具有商业应用价值，包括用于药品、食品、化妆品、香水、农业和制造业等（Zhang et al., 2016）。

综上所述，微生物细胞的系统改造与精准调控显著促进了发酵微生物合成能力的提升和发酵微生物选育效率的提高，已成为实现目标产物的高水平工业发酵的关键技术之一。大数据和人工智能技术发展与应用为未来发酵微生物改造技术的升级提供了新的思路和方法。利用生物元件大数据构建具有多重逻辑算法的基因回路，并且将复杂基因回路装载到微生物中，这有望实现能够自适应发酵过程的复杂变化的"智慧"发酵微生物的构建，提升整个发酵过程的生产水平。开发基于人工智能的微生物设计、构建和测试全流程微生物改造平台，将助力"智能"定制化发酵微生物的创制。

（刘延峰　张娟　堵国成）

参 考 文 献

BAILEY J E, 1991. Toward a science of metabolic engineering[J]. Science, 252: 1668-1675.

BAILEY J E, SBURLATI A, HATZIMANIKATIS V, et al., 1996. Inverse metabolic engineering: a strategy for directed genetic engineering of useful phenotypes[J]. Biotechnology and Bioengineering, 79(5): 568-579.

CAMPODONICO M A, ANDREWS B A, ASENJO J A, et al., 2014. Generation of an atlas for commodity chemical production in *Escherichia coli* and a novel pathway prediction algorithm, GEM-Path[J]. Metabolic Engineering, 25: 140-158.

CHEN L, ZHANG J, CHEN W N, 2014. Engineering the *Saccharomyces cerevisiae* β-oxidation pathway to increase medium chain fatty acid production as potential biofuel[J]. PLoS ONE, 9(1): e84853.

CHEN X, DONG X, WANG Y, et al., 2015. Mitochondrial engineering of the TCA cycle for fumarate production[J]. Metabolic Engineering, 31: 62-73.

DAHL R H, ZHANG F, ALONSO-GUTIERREZ J, et al., 2013. Engineering dynamic pathway regulation using stress-response promoters[J]. Nature Biotechnology, 31: 1039-1046.

DAI Z, NIELSEN J, 2015. Advancing metabolic engineering through systems biology of industrial microorganisms[J]. Current Opinion in Biotechnology, 36: 8-15.

DUEBER J E, WU G C, MALMIRCHEGINI G R, et al., 2009. Synthetic protein scaffolds provide modular control over metabolic, flux[J]. Nature Biotechnology, 27: 753-759.

FARHI M, MARHEVKA E, MASCI T, et al., 2011. Harnessing yeast subcellular compartments for the production of plant terpenoids[J]. Metabolic Engineering, 13: 474-481.

FARMER W R, LIAO J C, 2000. Improving lycopene production in *Escherichia coli* by engineering metabolic control[J]. Nature Biotechnology, 18: 533-537.

FENG J, GU Y, YAN P, et al., 2017. Recruiting energy-conserving sucrose utilization pathways for enhanced 2,3-butanediol production in *Bacillus subtilis*[J]. ACS Sustainable Chemistry & Engineering, 5: 11221-11225.

GAGNE S J, STOUT J, LIU E, et al., 2012. Identification of olivetolic acid cyclase from *Cannabis sativa* reveals a unique catalytic route to plant polyketides[J]. Proceedings of the National Academy of Sciences of the United States of America, 109: 12811-12816.

GAO X, YANG S, ZIIAO C, et al., 2014. Artificial multienzyme supramolecular device: highly ordered self-assembly of oligomeric enzymes *in vitro* and *in vivo*[J]. Angewandte Chemie, 53: 14027-14030.

GHIACI P, NORBECK J, LARSSON C, 2013. Physiological adaptations of *Saccharomyces cerevisiae* evolved for improved butanol tolerance[J]. Biotechnology for Biofuels, 6: 101.

GU Y, LV X, LIU Y, et al., 2019. Synthetic redesign of central carbon and redox metabolism for high yield production of *N*-acetylglucosamine in *Bacillus subtilis*[J]. Metabolic Engineering, 51: 59-69.

GUAN N, DU B, LI J, et al., 2018. Comparative genomics and transcriptomics analysis-guided metabolic engineering of *Propionibacterium* acidipropionici for improved propionic acid production[J]. Biotechnology and Bioengineering, 115: 483-494.

GUIZIOU S, SAUVEPLANE V, CHANG H, et al., 2016. A part toolbox to tune genetic expression in *Bacillus subtilis*[J]. Nucleic Acids Research, 44: 7495-7508.

GUTERL J, GARBE D, CARSTEN J, et al., 2012. Cell-free metabolic engineering: production of chemicals by minimized reaction cascades[J]. ChemSusChem, 5: 2165-2172.

HÄDICKE O, BETTENBROCK K, KLAMT S, 2015. Enforced ATP futile cycling increases specific productivity and yield of anaerobic lactate production in *Escherichia coli*[J]. Biotechnology and Bioengineering, 112: 2195-2199.

HAMMER S K, AVALOS J L, 2017. Harnessing yeast organelles for metabolic engineering[J]. Nature Chemical Biology, 13: 823.

HARA K Y, KONDO A, 2015. ATP regulation in bioproduction[J]. Microbial Cell Factories, 14: 198.

HOLS P, KLEEREBEZEM M, SCHANCK A, et al., 1999. Conversion of *Lactococcus lactis* from homolactic to homoalanine fermentation through metabolic engineering[J]. Nature Biotechnology, 17: 588-592.

HWANG E I, KANEKO M, OHNISHI Y, et al., 2003. Production of plant-specific flavanones by *Escherichia coli* containing an artificial gene cluster[J]. Applied and Environmental Microbiology, 69: 2699-2706.

JUNG Y K, KIM T Y, PARK S J, et al., 2010. Metabolic engineering of *Escherichia coli* for the production of polylactic acid and its copolymers[J]. Biotechnology and Bioengineering, 105: 161-171.

KIM B, KIM W, KIM D I, et al., 2015. Applications of genome-scale metabolic network model in metabolic engineering[J]. Journal of Industrial Microbiology & Biotechnology, 42: 339-348.

KIM T Y, SOHN S B, KIM Y B, et al., 2012. Recent advances in reconstruction and applications of genome-scale metabolic models[J]. Current Opinion in Biotechnology, 23: 617-623.

LI S, LIU L, CHEN J, 2015. Compartmentalizing metabolic pathway in *Candida glabrata* for acetoin production[J]. Metabolic Engineering, 28: 1-7.

LI T, CHEN X, CAI Y, et al., 2018. Artificial Protein Scaffold System (AProSS). An efficient method to optimize exogenous metabolic pathways in *Saccharomyces cerevisiae*[J]. Metabolic Engineering, 49: 13-20.

LIU Y, ZHU Y, LI J, et al., 2014. Modular pathway engineering of *Bacillus subtilis* for improved *N*-acetylglucosamine production[J]. Metabolic Engineering, 23: 42-52.

LV X, WANG F, ZHOU P, et al., 2016. Dual regulation of cytoplasmic and mitochondrial acetyl-CoA utilization for improved isoprene production in *Saccharomyces cerevisiae*[J]. Nature Communications, 7: 1-12.

MA W, LIU Y, WANG Y, et al., 2019. Combinatorial fine-tuning of GNA1 and GlmS expression by 5′-terminus fusion engineering leads to Ooverproduction of *N*-aAcetylglucosamine in *Bacillus subtilis*[J]. Biotechnology Journal, 14: 1800264.

NIU T, LIU Y, LI J, et al., 2018. Engineering a glucosamine-6-phosphate responsive glmS ribozyme switch enables dynamic control of metabolic flux in *Bacillus subtilis* for overproduction of *N*-acetylglucosamine[J]. ACS Synthetic Biology, 7: 2423-2435.

OHNISHI J, MITSUHASHI S, HAYASHI M, et al., 2002. A novel methodology employing *Corynebacterium glutamicum* genome information to generate a new L-lysine-producing mutant[J]. Applied Microbiology and Biotechnology, 58: 217-223.

PARK S H, KIM H U, KIM T Y, et al., 2014. Metabolic engineering of *Corynebacterium glutamicum* for L-arginine production[J]. Nature Communications, 5: 1-9.

PRICE J V, CHEN L, WHITAKER W B, et al., 2016. Scaffoldless engineered enzyme assembly for enhanced methanol utilization[J]. Proceedings of the National Academy of Sciences of the United States of America, 113: 12691-12696.

ROSANO G L,CECCARELLI E A, 2014. Recombinant protein expression in *Escherichia coli*: advances and challenges[J]. Front Microbiol Immunol, 5: 172.

Salis H M, Mirsky E A, Voigt C A, 2009. Automated design of synthetic ribosome binding sites to control protein expression[J]. Nature Biotechnology, 27: 946.

SKATRUD P L, TIETZ A J, INGOLIA T D, et al., 1989. Use of recombinant DNA to improve production of cephalosporin C by *Cephalosporium acremonium*[J].Nature Biotechnology, 7: 477-485.

Soma Y, Hanai T, 2015. Self-induced metabolic state switching by a tunable cell density sensor for microbial isopropanol production[J]. Metabolic Engineering, 30: 7-15.

SOMA Y, TSURUNO K, WADA M, et al., 2014. Metabolic flux redirection from a central metabolic pathway toward a synthetic pathway using a metabolic toggle switch[J]. Metabolic Engineering, 23: 175-184.

STEEN E J, KANG Y, BOKINSKY G, et al., 2010. Microbial production of fatty-acid-derived fuels and chemicals from plant biomass[J]. Nature, 463: 559-562.

STEPHANOPOULOS G, VALLINO J J, 1991. Network rigidity and metabolic engineering in metabolite overproduction[J]. Science, 252: 1675-1681.

TIPPMANN S, ANFELT J, DAVID F, et al., 2017. Affibody scaffolds improve sesquiterpene production in *Saccharomyces cerevisiae*[J]. ACS Synthetic Biology, 6: 19-28.

TORELLA J P, FORD T J, KIM S, et al., 2013. Tailored fatty acid synthesis via dynamic control of fatty acid elongation[J]. Proceedings of the National Academy of Sciences of the United States of America, 110: 11290-11295.

Winkler W C, Nahvi A, Roth A, et al., 2004. Control of gene expression by a natural metabolite-responsive ribozyme[J]. Nature, 428: 281-286.

XU P, LI L, ZHANG F, et al., 2014. Improving fatty acids production by engineering dynamic pathway regulation and metabolic control[J]. Proceedings of the National Academy of Sciences of the United States of America, 111: 11299-11304.

XU P, QIAO K, AHN W S, et al., 2016. Engineering *Yarrowia lipolytica* as a platform for synthesis of drop-in transportation fuels and oleochemicals[J]. Proceedings of the National Academy of Sciences of the United States of America, 113: 10848-10853.

YANG P, WANG J, PANG Q, et al., 2017a. Pathway optimization and key enzyme evolution of *N*-acetylneuraminate biosynthesis using an *in vivo* aptazyme-based biosensor[J]. Metabolic Engineering, 43: 21-28.

YANG S, DU G, CHEN J, et al., 2017b. Characterization and application of endogenous phase- dependent promoters in *Bacillus subtilis*[J]. Applied Microbiology and Biotechnology, 101: 4151-4161.

YIM H, HASELBECK R, NIU W, et al., 2011. Metabolic engineering of *Escherichia coli* for direct production of 1,4-butanediol[J]. Nature Chemical Biology, 7: 445-452.

YUAN J, CHING C B, 2016. Mitochondrial acetyl-CoA utilization pathway for terpenoid productions[J]. Metabolic Engineering, 38: 303-309.

ZHANG F, CAROTHERS J M, KEASLING J D, 2012. Design of a dynamic sensor-regulator system for production of chemicals and fuels derived from fatty acids[J]. Nature Biotechnology, 30: 354-359.

ZHANG X, LIU Y, LIU L, et al., 2018. Modular pathway engineering of key carbon-precursor supply-pathways for improved *N*-acetylneuraminic acid production in *Bacillus subtilis*[J]. Biotechnology and Bioengineering, 115: 2217-2231.

ZHANG X, TERVO C J, REED J L, 2016. Metabolic assessment of *E. coli* as a biofactory for commercial products[J]. Metabolic Engineering, 35: 64-74.

ZHOU Y J, BUIJS N A, ZHU Z, et al., 2016. Harnessing yeast peroxisomes for biosynthesis of fatty-acid-derived biofuels and chemicals with relieved side-pathway competition[J]. Journal of the American Chemical Society, 138: 15368-15377.

第5章 微型反应器与组合优化技术

几十年来，对微生物菌株的筛选和操作条件的优化一般是在125～250 mL 的摇瓶中和0.5～5 L 的搅拌釜生物反应器中实现的。21 世纪兴起的合成生物学技术使得对微生物基因的修改变得越来越方便。从基因重组到生产出目标产品，整个过程需要大量的发酵实验，如图 5.1 所示。优良菌株的获得常常需要从成百上千个候选菌株中筛选。从物料成本、时间成本和人力成本等角度考虑，使用摇瓶或者体积超过 1 L 的生物反应器进行发酵实验变得越来越不切实际。尤其是 21 世纪以来几次大的全球流行性疾病的突然暴发，使人们认识到快速、大量的筛选工艺与优化生产工艺是一个亟待解决的问题。同时，在以大数据和人工智能为代表的第四次工业革命之际，摇瓶或者传统实验室规模发酵罐产生数据的速度和质量不能满足机器学习、大数据挖掘等技术的需要，发酵工艺的优化仍处在比较原始的阶段。在这种背景下，自 20 世纪 90 年代以来，高通量微型生物反应器（工作体积在毫升级别且具有一定的在线检测与闭环控制的反应器）作为新一代发酵工程技术中的重要内容，得到了快速发展。随着高通量微型反应器的逐渐推广，基于微型反应器组合来模拟规模化反应器操作条件的技术将会大大促进人们对发酵过程的理解，进而推动发酵工艺的优化，提高生产效率，降低污染，产生更高的经济和社会效益。本章首先通过简单分析发酵过程优化的复杂性来体现微型反应器技术的核心优势；随后对微型反应器的类型及关键支撑技术进行介绍；在此基础上，对微型反应器配套软件和实验设计（DoE）算法进行了归纳总结，最终引出微型反应器的发酵工艺放大技术路线。

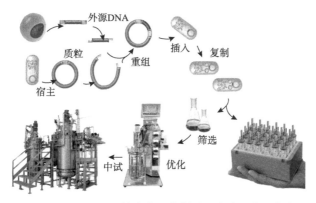

图 5.1 基于基因重组技术的生物制品及发酵工艺研发流程

5.1　发酵过程优化的复杂性与微型反应器技术

　　传统的微生物发酵主要是用来生产食品和副食品，对工艺虽然也有较高的要求，但是没有上升到工程和科学的高度。第二次世界大战期间兴起的青霉素大规模生产，是现代发酵工业的开端。八十多年来，得益于合成生物学等上游技术的进步，发酵技术产品涵盖了食品、药品、饲料、化工原料、燃料等，而且每年还有新产品涌现，种类已经难以准确统计（Doran, 2013）。但随着发酵产品合成途径的日益复杂，原材料和产品的价格越来越高，再加上微生物细胞本身对环境参数的敏感性，反应器的设计以及发酵过程的控制和优化的重要性也更加凸显。

　　最优的工艺条件，不但对产品质量、得率、下游分离提取的难易程度等关系经济效益的指标有直接影响，还能减少废物排放，节约能源和水源。发酵过程的优化指的是在给定生产菌株的情况下，通过对宏观操作参数的调整，改变微生物细胞周围及细胞内的微观环境，进而达到最优的发酵效果。在一般的发酵工艺中，过程优化的目标是目标产物产量、底物转化率（有时称利用率）或者生产强度（单位反应器体积单位时间内产品生成的量）。在常用的分批或分批补料操作中，由于发酵液最终体积固定，目标产物的产量与其浓度成正比。在选择性一定的情况下，底物转化率越高，发酵终点目标产物的产量越高，所以提高底物转化率和提高产量的目标通常是一致的。然而，很多发酵产物如醇、有机酸等，对生产菌的活性有抑制作用。同时，随着底物的消耗，生产强度也自然降低，所以生产强度和其余两个优化目标是互相矛盾的：较高的产量和转化率，必然带来较低的生产强度；反之亦然。最优的组合，取决于原材料、能源的价格以及设备折旧率与产品售价的关系，可通过技术经济模型和生命周期模型计算得到。在大规模发酵生产中，除了下游分离提取一般占生产成本的很大比例外，原材料对产品的成本影响最大，能耗次之，而作为一次性投入的设备影响最小。这解释了为什么传统发酵产业往往以追求最高的产量和转化率为目标，而以扩大反应器规模来弥补发酵强度的不足。在以批量订制为主要特征的第四次工业革命全面到来之后，这种粗放的生产模式可能会面临被淘汰的风险，或至少不再是生物产业的价值增长点。取而代之的是通过对从原材料到市场需求的大数据进行分析，以较小的规模、较高的时效性，针对细分的市场生产少量的高利润产品。将时间成本计算进去后，优化目标可能会发生偏移。

　　无论具体目标是什么，过程优化并非一件易事。这主要是因为操作参数和优化指标之间有着错综复杂的非线性关系，而且在实际运行过程中对这些关系的实时估测往往也缺乏廉价、可靠的手段。以最常见的搅拌釜反应器补料发酵为例，图 5.2 显示了主要操作条件如补料、空气流量和搅拌转速对传质速率、底物浓度等中间参数以及细胞生长、产物形成等发酵指标参数的影响。例如，在不造成气泛的情况下，提高搅拌转速和空气流量均可提高传质系数。若不存在溶氧抑制，则溶氧浓度和摄氧速率会随之上升。如果底物浓度不是限制因素，微生物的比生长速率也会提高。相反，如果生物反应受到底物浓度的限制，或者关键酶受到溶氧的抑制，则随着传质系数的提高，摄氧速率反而可能急剧下降。底物浓度的情况也类似，如果补料流量不足，则得不到最大的产量；底物浓度过高往往导致溢流代谢，增加副产物的合成。这些参数的互相影响，尤其是在流体力学、传质等方面，得益于与其他化工过程的相似性，人们的理解已经相当透彻。例如，对于鼓泡塔反应器，漂移流模型结合小规模实验数据可以十分准确地预测反应器内的气含量、传质系数、混合时间等参数（Clark et al., 1990）。对于更常见的搅拌釜式反应器，从小型设备上得到的经验关系式用到几何结构类似的大反应器上时，一般也相当可靠（Yawalkar et al., 2002）。即便是对高黏度或者非牛顿流体等复杂情况，计算流体力学（computational fluid dynamics，CFD）模型也能给反应器优化控制提供十分有价值的参考（Bach et al., 2017）。

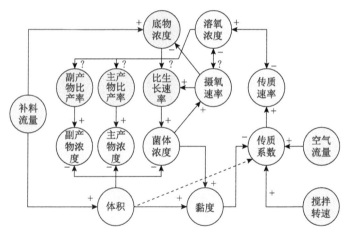

图 5.2　补料发酵过程主要操作参数与菌体生长与产物形成之间的相互影响

+表示一般情况下箭头所指方向为正作用；–表示一般为副作用；? 表示既可以是正作用，也可以是副作用。
蓝色表示操作参数；绿色表示如果上游参数已知，本参数可以准确预测；红色表示准确预测尚有困难；
黄色表示该参数是由生物体系和操作条件同时决定的，只有在特殊条件下才可以准确预测

　　然而，从图 5.2 可以看到，如果仅对传质系数进行预测，对发酵过程的优化和控制来说是远远不够的。它甚至不能决定传质速率。以全混流反应器中传氧为例，氧气在发酵液中的浓度随时间的变化可以用式（5.1）表示：

$$\frac{\mathrm{d}C}{\mathrm{d}t} = k_{\mathrm{L}}a\left(C^* - C\right) - r_{\mathrm{O}_2} \tag{5.1}$$

其中，C 为溶氧浓度$\left(\mathrm{mol}/\mathrm{m}^3\right)$；$t$ 为时间(s)；$k_L a$ 为体积传质系数$\left(\mathrm{s}^{-1}\right)$；$C^*$ 为与气体中氧气分压相平衡的溶氧浓度$\left(\mathrm{mol}/\mathrm{m}^3\right)$；$k_L a\left(C^*-C\right)$ 为传氧速率；r_{O_2} 为摄氧速率$\left[\mathrm{mol}/\left(\mathrm{m}^3\cdot\mathrm{s}\right)\right]$，等于细胞浓度 X（$\mathrm{kg/m}^3$）与单位质量的细胞的耗氧速率（即比摄氧速率）$q_{\mathrm{O}_2}\left[\mathrm{mol}/\left(\mathrm{kg}\cdot\mathrm{s}\right)\right]$的乘积。假设氧化反应可以用米氏方程来描述，摄氧速率与溶氧浓度的关系见式（5.2）：

$$r_{\mathrm{O}_2}=X\cdot q_{\mathrm{O}_2}=X\frac{q_{\max}C}{K_{\mathrm{M}}+C} \tag{5.2}$$

其中，$q_{\max}$ 为最大比摄氧速率$\left[\mathrm{mol}/\left(\mathrm{kg}\cdot\mathrm{s}\right)\right]$；$K_{\mathrm{M}}$ 为米氏常数$\left(\mathrm{mol}/\mathrm{m}^3\right)$。

在拟稳态时，即传氧速率=摄氧速率时，$\mathrm{d}C/\mathrm{d}t=0$。已知传质系数的情况下，可通过数值求解式（5.1）得到溶氧浓度与摄氧速率，如图 5.3 所示。通过调整操作参数使传质系数升高后，溶氧浓度和传氧速率沿着图中箭头所指方向变化，直至达到一个新的平衡。图 5.4 所示的数学模型，是溶氧浓度控制的现实和理论依据，其解释了在传质系数一定的情况下，菌体的生物活性降低而造成溶氧浓度升高的原理。一般通过实验找到最优的溶氧浓度，然后通过控制调节搅拌转速或空气流量来保持这个最优值。传统发酵产品工业化生产时为了节省设备成本，常常使用固定转速的电机，空气流量是调节溶氧浓度的主要手段。

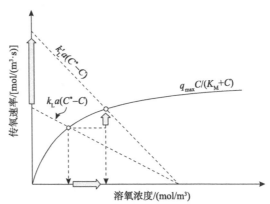

图 5.3　传氧速率、溶氧浓度与传质系数之间的关系

绿色箭头表示传质系数的增量；黄色箭头表示溶氧浓度的增量；蓝色箭头表示传氧速率的增量

前面例子中提到的宏观操作参数对溶氧浓度的影响虽然十分复杂，但是得益于溶氧电极的普及和其他领域对传质理论的支持，这一部分过程控制和工艺优化还是比较直接的。相比之下，底物浓度对发酵过程的影响则更加棘手。虽然葡萄糖酶电极已经十分成熟，但是一般只是用来离线测量，而少有在线控制。其中一

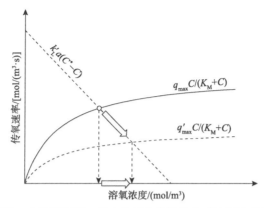

图 5.4　在传质系数一定的情况下，微生物细胞代谢状态对溶氧浓度和传质速率的影响

蓝色箭头表示耗氧量的下降；黄色箭头表示溶氧浓度的增加

部分原因是酶电极等生物传感器在高温灭菌时会失活，必须通过 γ 射线照射等特殊的方法进行灭菌，在规模化生产中无法推广。将酶电极作为一次性耗材使用对廉价的大宗发酵产品来说是不经济的，因此工业生产中大多采用的是开环控制，即根据实验室结果及过去的操作经验，按照提前给定的曲线进行补料。稍微细致一点的做法，是根据补料开始前的菌体浓度、比生长速率等参数，计算出一条补料曲线。例如，对于指数增长期，为了保持恒定的比生长速率 μ_{set}，底物流加速率曲线 $F(t)$ 可由式（5.3）计算：

$$F(t) = \frac{\mu_{set} X_0 M_0}{Y_{X/S}(S_f - S_0)} e^{\mu_{set}t} \qquad (5.3)$$

其中，S_f 为底物在料液中的浓度；S_0 为底物在反应体系中的浓度；X_0 为补料开始时的菌体浓度；M_0 为补料开始时反应体系的质量（或体积，取决于物理量所用单位）；$Y_{X/S}$ 为菌体对底物的得率系数。

式（5.3）的基本原理是假设 $Y_{X/S}$ 为常数，底物流量随着菌体浓度以及反应体系总体积而呈指数增长。这种做法，可以在一定程度上保证不同批次间较好的重现性，尤其对初始菌浓的波动有一定的补偿作用。但是对其他的扰动，如由上游工艺变化造成的料液浓度、质量的波动无法补偿，也谈不上优化。

事实上，大部分补料策略是基于实验室数据摸索出来的。如前所述，由于规模化生产反应器体积增加后，混合时间延长，反应体系内的底物浓度无法做到均一。对于高径比等于 1 的通用搅拌釜反应器，混合时间 θ_m (s) 可以通过式（5.4）计算（Nienow, 1998）：

$$\theta_m = 5.9T^{2/3}(D/T)^{-1/3}\epsilon^{-1/3} \qquad (5.4)$$

其中，ϵ 为反应器内单位质量能量耗散速率；D 为搅拌桨直径；T 为反应器内径。例如，Eppendorf DASbox 250 mL 小型反应器，D=23.8 mm，T=63.8 mm，在搅拌速率为 261 r/min 时，单位能耗为 4.48 W/kg，实测混合时间为 0.84 s，根据式（5.4）计算混合时间为 0.79 s，误差仅为 0.05 s。对于高径比大于 1 的深层发酵罐，混合时间随着反应器液层高度与搅拌桨直径的比值增加而增加，$\theta_m \propto (H/D)^{2.34}$。例如一个内径 5.5 m、液层高度 13 m、体积 400 m³ 的大型生物反应器，在单位能耗相同的前提下，混合时间延长到 204 s。反应器内的底物浓度、溶氧、pH、温度等都会出现梯度。在常见的反应器设计中，葡萄糖等底物一般是从顶部流加，而空气是从反应器底部进入。在反应器底部，氧气分压较高而葡萄糖浓度较低，细胞受到底物不足和溶氧过量的双重影响。当微生物细胞在搅拌的作用下转移到反应器顶部时，情况则相反，如图 5.5 所示。所以，即便是通过实验室数据得出的最优通气量和补料流速，应用到大型反应器上时也未必得到同样的结果。Xu 等（1999）在 20 m³ 工业规模反应器内使用 E. coli 进行混合酸发酵时，发现在"相同"的操作条件下，细胞得率比实验室降低了 12%而副产物甲酸却出现了积累现象。一般来说，甲酸只有在缺氧和葡萄糖过量的情况下才会产生，但是反应器上的溶氧电极并未显示缺氧，而根据反应器总体积计算的补料速度也并不至于使葡萄糖过量。缩小实验研究发现，大型反应器内若有 10%的工作体积供氧不足即可造成上述问题。可见，大型反应器只在局部安装少量溶氧电极，或者只在某一位置取样测量底物浓度，其测量值并不一定能代表整体情况。

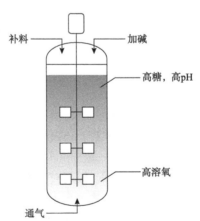

图 5.5　大型生物反应器补料发酵过程中底物与溶氧浓度不均匀情况示意图

对于大型发酵过程的优化和控制，目前最先进的做法是利用流场模拟、反应动力学、代谢通量分析相耦合的模型。但是由于该方法计算量大、参数多、模型复杂、分析周期长，目前科学研究仅停留在针对个别反应体系的阶段（Haringa et al.,

2016; Haringa et al., 2018; Chen et al., 2018; Li et al., 2019）。研究这个问题比较切实有效的方法，还是通过缩小模型在实验室规模的设备上模拟大型设备上可能出现的情况，然后结合冷模实验、流场模拟等手段，优化反应器设计，并给出控制策略，其工作流程如图 5.6 所示。而传统上直接套用实验室操作条件的做法，在生产实践中已被证明是无法达到最优效果的。长久以来，由于缺乏对这个问题本质的认识，人们得出"放大意味着减产"的结论。在接下来的小节里，我们将首先对微型反应器技术本身进行一个总结性的介绍，然后会回到工艺放大的话题，引出基于微型反应器的发酵工艺放大的方案。

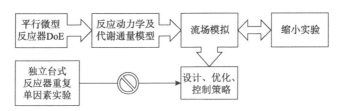

图 5.6　利用实验室数据对大规模发酵过程控制和优化进行指导的思路

5.2　微型生物反应器技术

5.2.1　微型生物反应器的类型

目前市面上较为成功的微型反应器均由国外厂家设计、生产。其代表性产品都已经具备 pH、温度、溶氧、OD 等参数的在线测量和闭环控制，同时集成了磁力搅拌、多种气体成分独立控制、自动液体试剂操作系统、自动取样、补料等功能。

图 5.7 是 m2p-labs BioLector®专业版带有微流控补料和 pH 控制的 48 孔板平行反应器。每个花瓣型微孔可以装填 0.8～2.4 mL 培养液，通过 BioLector 振荡提供搅拌，体积传质系数可达 25～600 h^{-1}，与普通的台式生物反应器相当。培养腔为密闭环境，湿度控制减少液体蒸发，气体成分如氮气、空气、二氧化碳组分亦可调节。孔板上配有透气薄膜，既可以持续进行供氧和排放二氧化碳，又可防止起沫交叉污染。主动降温系统可以将培养温度控制在室温以下 5℃。图 5.7 所显示的 48 孔板中，左边 32 个孔（8×4）为培养孔，右边 16 个孔（8×2）为补料存储孔，可以盛装 2 种不同的溶液，如碱液和葡萄糖液。在培养过程中，微流控泵可将溶液从存储孔中打入培养孔，进行补料操作或者 pH 控制。孔板的材料为高纯度聚苯乙烯，每个微孔的底部都配有独立的光学传感器，可以在线测量溶氧和 pH，并进行闭环控制。菌体浓度或者荧光强度可以直接透过微孔透明的底部进行测量。该设备的结构决定其不能分别控制每个孔的操作参数，所以最适合相同条件下菌株筛选、培养基优化等操作。其材质的化学性质决定了设备对有机溶剂如丙酮、

甲醇、乙醇等缺少耐性。此外,在线检测的光学传感器精度有限,例如,溶氧的误差为±5%,pH的误差在标定点处为±0.1个单位,偏离标定点后则误差更大,所以对操作条件要求严格的菌株可能不适用。该设备也无法胜任黏度较大或者流变特性较为复杂的培养液。同时,由于培养体积太小,对于需要取样进行离线分析的胞外产物也很难操作。

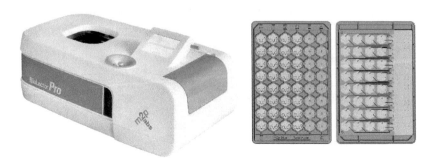

图 5.7　m2p-labs BioLector® Pro 及其配套的花瓣型 48 孔板

其中 32 孔为培养孔,16 孔为补料存储孔。培养孔与存储孔之间通过微通道相连,通过气压操作的膜瓣泵实现补料或者 pH 控制

鉴于微孔反应器的固有限制,一些厂家推出了更接近传统搅拌釜反应器的微型反应器。图 5.8 是 sartorius stedium ambr® 系列的 15 mL 微型生物反应器系统及配套一次性反应器容器。每个 15 mL 微型反应器都配有独立的搅拌和供气系统,可以像常规尺寸的搅拌釜反应器一样通过搅拌、调节空气流量以及气体成分等多种方式对溶氧进行控制,经与摇瓶相比其实验数据对工艺的放大更有意义。由于体积稍大,补料、取样等操作也能更容易、更精确地进行。事实上,该设备可以通过反应容器底部的取样孔完成自动取样并进行冷藏。借助该设备,一个实验员可以同时进行 24 组实验,能够大大提高菌株筛选、培养基组分优化甚至初步工艺

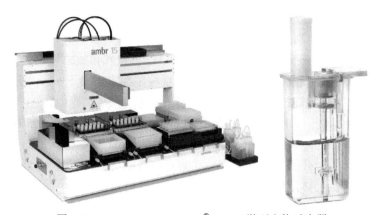

图 5.8　sartorius stedium ambr® 15 mL 微型生物反应器

优化的效率。24 个微型反应器所需的药品总量以及产生的废液体积与两个 250 mL 摇瓶相当,其生命周期内的总成本与传统摇瓶以及台式反应器系统相比更具优势。sartorius stedium ambr® 系列微型反应器仍然是通过光学传感器进行 pH 和溶氧测量,准确度和测量范围与传统的电极或离线分析相比仍有差距。

m2p-labs BioLector® 和 sartorius stedium ambr® 系列产品是生物反应器微型化的两个有代表性的思路。类似的微型搅拌釜反应器还有德国 2mag AG 的 bioREACTOR,微孔板微型反应器则更多,如荷兰 EnzyScreen 的 Growth Profiler。Pall 还推出了 Micro-24 微型鼓泡塔反应器。除了上述商品化的微型反应器外,很多研究人员和爱好者也在开发并维护基于开源软件、硬件和 3D 打印技术的廉价微型反应器,例如,Wong 等(2018)开发的 eVOLVER 和 Gopalakrishnan 等(2019)开发的 EVE。这些设备使用市面上随处可见的 50 mL 左右的玻璃瓶为容器,使用廉价的红外二极管和光电二极管进行菌体浓度的估测,缺少 pH、溶氧等在线测量和控制,也无法进行较高密度的培养,一般仅用来研究菌体本身的耐药性等性质,而较难用于发酵过程的优化。文献报道中也有很多体积更小的、基于微通道和微流控的微型反应器,但多是用于酶催化、聚合酶链式反应、体外合成蛋白质、脱氧核糖核酸、多肽以及基于这些操作的分析、诊断、筛选等应用和化学反应(Yao et al., 2015; Žnidaršič- Plazl and Plazl, 2017),而不是微生物发酵,尤其不适用于微生物发酵工艺的优化。比 sartorius stedium ambr® 系列再大一个数量级的微型反应器一般称作小型反应器或者迷你反应器,代表性产品包括 Eppendorf 的 DASbox 系列、sartorius stedium ambr® 250 系列以及国产迪必尔生物工程(上海)有限公司的 Minibox 系列。其反应器罐体体积为 250~350 mL,工作体积为 60~200 mL,得益于模块化的设计以及控制软件的支持,可以实现大规模平行运行。同时,小型生物反应器的构造与常规台式十分接近,同时兼容符合工业标准的分析检测设备,其数据对过程放大来说更可信。强有力的搅拌系统、温度控制系统等,仍能胜任黏度较大的体系。也可以添加菌体截留装置,或者产品在线提取,实现高密度培养以及连续操作。这些是微型反应器目前无法做到的。但是随着反应器技术的进一步发展,微型反应器和小型反应器之间的界限也必将愈加模糊,功能也必将更加完善。

5.2.2　微型生物反应器技术简介

通过前面的例子可以看到,生物反应器的微型化不仅仅是体积的缩小,更重要的是功能的增强。实现这一目标要依赖合适的材料及其加工技术、紧凑且可靠的传感器、在微小体积内对过程参数进行控制的执行器件以及与之配套的自动化和数据处理软件。

1. 材质

由于微型生物反应器大多是一次性容器，透明的聚苯乙烯是常用的材料。文献报道中还有使用玻璃、硅、全氟烷氧基树脂以及钢材制作的微型反应器，但这些一般用于较为剧烈化学反应的研究，而不是微生物发酵。材料与反应体系的化学兼容性问题是显而易见的。即便化学兼容，发酵产品或者培养基成分如果可以吸附在材料表面，也会对培养和分析结果产生影响。鉴于微型容器巨大的比表面积，材料的表面特性如亲水疏水性质以及纯度等都不可忽视。低品质的材料可能含有重金属或者在加工过程中由于热化学变化产生对微生物有害的物质，影响培养的效果。这个问题在动物细胞培养中尤其突出，微生物发酵则有较好的耐受性。在化学反应中，某些金属材料甚至会起到催化剂的作用（Mills and Nicole, 2005），这些是微型反应器生产厂家和最终用户都需要考虑的问题。此外，由于生物质浓度、pH、溶氧等过程参数一般是采用光学方法透过培养容器进行测量的，材料的透光性能对检测结果也有一定的影响，例如，高纯度聚苯乙烯的透光率可达92%，折射率约为1.60。

很多人对一次性微型反应器产生的固体废物对环境可能产生的影响存有疑虑。但是从产品的整个生命周期来看，一次性微型反应器比可重复使用的钢铁、玻璃等材料制成的传统反应器更加环保。较小的反应器体积可以节省大量的土地面积，节约昂贵的试剂，产生微量的废水，这是显而易见的。如果管理得当，塑料材质的回收利用并不困难。相比之下，钢铁和玻璃是传统的重污染工业，其加工制造也直接或间接消耗更多的能源，产生更多的污染。这还不包括重复使用反应器设备蒸汽灭菌会消耗大量的水、电以及原位清洗产生大量的高浓度烧碱废液。但是，由于钢铁、电力、自来水等企业得到国家财政的补贴，用户对其真实的成本可能没有直观的感受。相信在我国不断进行技术革新和产业转型的大趋势下，一次性微型反应器会得到更多重视。

2. 加工技术

可用于加工微型反应器的技术有很多，包括微加工、湿蚀刻、注塑、激光消融微成型、光刻、热压花、纳米压印、电铸和微电放电加工等，具体选择取决于所用材质，也可以多种技术组合使用。采用玻璃、金属等材料的微型反应器（多为微通道）一般采用微加工或者湿蚀刻。用于微型生物反应器的聚苯乙烯材料最经济的生产方式是注塑。聚苯乙烯在95℃左右开始软化，190℃成为熔体，270℃以上开始分解。该材料的比热容较低，加热流动速度较快，流动性好，塑化效率较高，容易成型；但在模具中冷却硬化也较快，模塑周期较短。综合考虑制品的机械性能和透明度，注塑温度一般控制在180～245℃，而模具本身温度一般控制在60～80℃。聚苯乙烯冷却后体积收缩率一般在0.4%左右，可以做到较高的精度，成品稳定性较高。对于较为复杂的微结构，在注塑成型后还要通过其他的工艺进一步加工或者组装。由于聚苯乙烯不能蒸汽灭菌，基于这个材质的微型生物反应器一般都是在生产厂家通过 γ 射线照射进行灭菌后进行无菌封装，且只能一次性使用。

3. 传感器技术

对溶氧、pH、二氧化碳、葡萄糖、温度等过程参数的测量和控制，是微型生物反应器中最重要的技术，甚至可以说是制约微型反应器发展的关键技术。非侵入性的光学传感器是微型生物反应器的最佳选择，无须取样即可连续测量和记录整个发酵过程中参数的变化趋势。此外，基于光信号的监测系统的感应元件与检测电路可以彻底分开，这对一次性使用的微型生物反应器来说也是必要的。图 5.9 是 m2p-labs 花瓣微孔板反应器底部集成溶氧和 pH 传感器的示意图。除了这种集成的传感器外，荧光物质还可以直接添加到反应体系内，通过透明的底部进行激发和强度测量。图 5.9 还显示了用于存储补料溶液或者碱液/酸液的存储孔，以及仪器从存储孔通向培养孔的微流控管道。

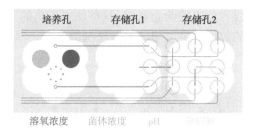

图 5.9　m2p-labs 花瓣微孔板反应器底部集成溶氧和 pH 传感器的示意图

1）溶氧

目前微型生物反应器上应用最多的溶氧测量是基于氧气的荧光或磷光猝灭作用，即荧光或磷光物质发光强度在氧原子的作用下加速减弱的现象。该现象在 19 世纪 30 年代就被发现，但是由于反应体系内其他物质以及环境的温度和光照等因素都有荧光或磷光猝灭作用，它一直没有成功用于溶氧浓度测定。19 世纪 80 年代人们发现固定在硅胶薄膜内的荧光物质颗粒在薄膜的保护作用下，稳定性和对溶氧的灵敏度大大提高（Lubbers and Opitz, 1983; Wolfbeis et al., 1985），此后基于这个原理的光学溶氧传感器获得广泛应用。

在不存在猝灭物质的情况下，荧光物质受激发后，其荧光强度 I 以指数趋势从初始强度 I_0 开始下降。

$$I(t) = I_0 e^{-kt} \tag{5.5}$$

其中，k 为衰减系数，其倒数常称为该荧光物质的寿命 τ_0，以纳秒计（Fraiji et al., 1992）。

当有猝灭物质存在时，荧光强度衰减的速度加快，与猝灭物质的浓度[Q]之间的关系为

$$I(t) = I_0 e^{-(k+k_q[Q])t} \tag{5.6}$$

其中，k_q 为该物质的猝灭常数。由于猝灭物质的浓度在指数项上不方便计算，在关联溶氧浓度和荧光强度 I_q 时常常使用 Stern-Volmer 关系式，即

$$I/I_q = 1 + k_q \tau_0 [Q] \tag{5.7}$$

需要注意的是，对于溶氧浓度的测量来说，式（5.7）中的[Q]为氧气的分压。若要获得浓度单位，需要根据溶解度来进行转换计算。式（5.7）中的常数以及氧气的溶解度（亨利常数）均受温度影响，因此还需要根据温度对数据进行校正。

2）pH

在大部分生物反应体系内，pH 有着和溶氧同样的重要性。这个参数关系到酶的活性以及产物、底物的稳定性等。典型的光学 pH 传感器是基于颜料在质子化或者去质子化时吸收或者放出的荧光强度。这些颜料发出的荧光强度一般随着 pH 的增加而降低，具体的数值关系可用玻尔兹曼函数表示，即

$$I = \frac{A_1 - A_2}{1 + e^{(pH-pK_a)/k}} + A_2 \tag{5.8}$$

其中，I 为荧光强度；A_1 和 A_2 均为标定参数；k 为荧光强度对 pH 在表观 pK_a 处的斜率。因为式（5.8）有三个可调参数，即 A_1、A_2、k，标定这个传感器需要至少三个点。图 5.10 是根据式（5.8）绘制的一种称为 aza-BODIPY 的颜料的荧光强度

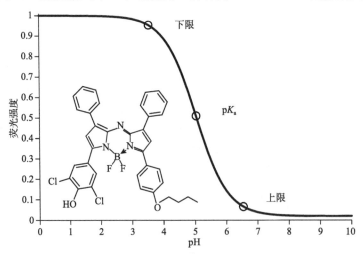

图 5.10　aza-BODIPY 颜料典型的荧光强度响应曲线

对 pH 的响应曲线。其中，$A_1 = 1$，$A_2 = 0.02$，$k = 0.5$，$pK_a = 5.03$。它的表观 pK_a 可以通过替换羟基两侧的氯原子为氢原子，以及替换对称位置苯环上的丁氧基为其他分子而调整，可调范围在 $4.25 \sim 8.47$（Gruber et al., 2017b）。

由图 5.10 可见，aza-BODIPY 颜料的线性范围较好的区域约是 pK_a 两侧各 1 个 pH 单位，±1.5 单位勉强可以接受，超过这个范围时信噪比将大打折扣。这代表了这一类材料的一般水平。虽然对大部分生物反应来说，这个范围是足够的，但是有些有机酸发酵 pH 范围会超过 4 个单位或更宽，这种情况下则需要混合颜料或者多个 pH 传感器。这种做法有文献报道（Gruber et al., 2017a），但是商业化应用较少见。因此，在选用一次性微型生物反应器时，pH 范围格外重要。此外，有一些 pH 敏感颜料还受溶液离子强度的显著影响，目前这仍是分析化学领域的研究对象（Jokic et al., 2012）。

3）二氧化碳、葡萄糖、温度

除了直接测量 pH 之外，对 pH 敏感的颜料也被用来间接测量溶解的 CO_2。这是基于碳酸氢根解离平衡来实现的。市面上有根据碳酸氢根解离平衡制成的标准尺寸的 CO_2 电极，但是集成到微型反应器的目前尚未有成功的例子。

葡萄糖测量目前最成熟的手段是基于酶电极。理论上酶电极也可以缩微化，瑞士的 C-CIT Sensors AG 推出了集成葡萄糖酶电极的摇瓶瓶盖，用于在线测量葡萄糖浓度并可进行闭环控制。虽然该产品也是一次性使用，但目前还没有看到类似的技术应用到微型反应器上。一个原因是这种测量方法本身会消耗葡萄糖，对微型反应器尤其是维持较低葡萄糖浓度的微型反应器可能会有一定的影响。另外，它是电化学传感器而非光学传感器，需要有导线连接到信号处理元件，虽然可行，但是制造成本会大幅上升。

在微型反应器内，准确的温度测量和控制有着两方面的重要性。首先，它是众所周知的微生物培养的重要操作条件。其次，温度还决定了其他传感器测量的准确性，如前所述的溶氧和 pH 传感器，都需要根据温度进行校正。由于微生物反应一般比较温和，温度的测量是相对容易和廉价的。对于基于微孔板的微型反应器，巨大的比表面积和很小的反应体积意味着很高的传热效率，一般仅需要维持培养室内整体温度即可。对于像 sartorius stedium ambr® 15 系列这样 10 mL 以上的微型反应器，每个反应器容器有独立的腔室，依靠容器壁传热也可以保持内外温度相等，所以无须将温度传感器集成到反应器上。

微型传感器毋庸置疑是支撑微型生物反应器技术发展的重要支撑。除了上面介绍的测量原理之外，微型传感器与微型反应器的整合也是需要考虑的问题。无论是溶氧传感器还是 pH 传感器，光敏颜料一般都是以微颗粒的形式包裹合适的聚合物材料，制成薄膜后再贴附到微型反应器容器内。颗粒与聚合物的结合以及薄膜与反应器容器的贴合，都要照顾到可靠性、通透性、热稳定性以及化学稳定性。

4. 自动液体试剂处理系统及实验设计与数据分析软件

微型生物反应器除了体系微小之外的另一大特点就是高通量，即多个微型反应器同时运行。对微生物发酵应用来说，单个微型反应器的意义不大。微型化和高通量这两个特点决定了手动进行装液、取样等操作几乎不可能完成。因此，微型生物反应器一般配有额外的液体试剂处理系统，如 m2p-labs 的 RoboLector®，或者是集成的液体试剂处理系统，如 sartorius stedium 的 ambr®系列。这些系统本质上都属于工业机器人。借助于实验设计软件，实验人员无须手工进行计算，只需简单输入范围并指定要使用的微型反应器数量，机器手臂即可自动完成初始底物浓度等参数的配置。同时，微型生物反应器所配套的控制软件也越来越多地集成数据可视化与分析功能。这与传统台式生物反应器基于可编程逻辑控制器（PLC）或嵌入式系统开发的人机交互界面（HMI）相比要方便和快捷许多。前者适合工艺定型的工业化生产，而后者更适合实验室研发环境。高度自动化保证了结果的可重复性；多个反应器平行运行可以在短时间获得大量数据；强大的数据可视化和数据处理软件，使实验结果一目了然。这些都是高通量微型生物反应器重要的支撑技术。5.4 节会对用于微型反应器的实验设计与数据分析软件进行进一步介绍。

5.3 微型生物反应器流体力学分析方法

由于搅拌式微型生物反应器（如 sartorius stedium ambr®）与振荡型（如 m2p-labs BioLector®）有着完全不同的流体力学特性及独特的分析方法，我们在本节对两种设备分别进行讨论。

5.3.1 搅拌式微型生物反应器的流体力学特性

通过 5.1 节的讨论可以看到，发酵的效果，尤其是发酵强度、发酵周期等指标，与反应器的传质、混合能力密切相关。尤其是高产菌株高密度培养时，反应器的传质效率往往对过程所能达到的最高产率有着决定性的作用。这一点，在使用微型反应器进行菌种筛选和工艺优化时同样适用。5.1 节简单介绍了反应器的体积传质系数 $k_L a$ 如何与反应体系的摄氧速率共同决定溶氧浓度。当时，$k_L a$ 是作为一个参数来处理的。事实上，$k_L a = k_L \cdot a$ 是两个参数的乘积。其中，k_L（m/s）为液膜传质系数；a（m²/m³）为比表面积。之所以二者常常以乘积的形式同时出现，一方面是为了应用的方便，另一方面是由于在常用的搅拌釜反应器中，操作条件对二者的影响不易分别考察，如图 5.11 所示。其中，宏观的操作条件、反应器尺寸以及物料性质与传质系数之间，除了通气量vvm对气含量 ε_G 有直接影响之外，其余均是通过影响能量耗散速率 ϵ 而达成的。能量耗散速率对气泡大小和传质系数的影响，可以通过柯尔莫哥洛夫微尺度来表征（Kolmogorov, 1941）。一般认为，搅拌体系内能稳定存在的最大气泡大小，与柯尔莫哥洛夫微长度相关 $\eta = \left(v^3 / \epsilon\right)^{0.25}$。其中，$v$ 为流体的运动学黏度，$v = \mu / \rho$。直径大于 η 的气泡，在湍流的作用下破碎成为更小的气泡。直径小于 η 的气泡，在碰撞时能否聚并还取决于体系的性质。微生物发酵液本身含有大量表面活性物质，属于非聚并性质体系，气泡碰撞时不易聚并。但是发酵过程中为了防止泡沫产生，通常添加大量消泡剂，抵消表面活性物质的作用，促进气泡聚并。能量耗散速率对传质系数的影响，可以直接通过结合 Higbies 穿透理论（Higbie, 1935）与柯尔莫哥洛夫微观时间尺度 $\tau_\eta = \left(v / \epsilon\right)^{0.5}$ 来计算，即

$$k_{\mathrm{L}} = 2\sqrt{\frac{D}{\pi\tau_\eta}} = 2\sqrt{\frac{D}{\pi}}\left(\frac{\epsilon}{v}\right)^{0.25} \tag{5.9}$$

其中，τ_η 为液体与气体的接触时间。需要注意的是 τ_η 并不是气泡在液体中的停留时间。以一辆汽车从甲地运动到乙地做类比，气泡停留时间相当于甲乙两地的距离除以汽车运动的速度，而接触时间是车身长度除以汽车运动的速度。这一点区别，在稍后讨论微孔板微生物反应器的传质系数时尤为重要。对于气相以气泡形式

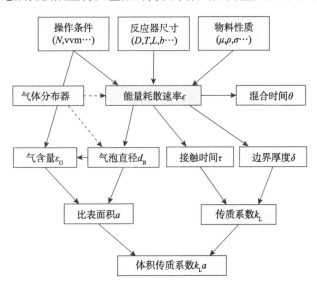

图 5.11　搅拌釜反应器中宏观参数对传质系数的影响

N：搅拌转速；vvm：通气量；D：搅拌桨直径；T：反应釜内径；L：液位；b：桨叶宽度；μ：液体黏度；ρ：液体密度；σ：表面张力。实线表示关系明确，虚线表示特定情况下有影响

分散在液相中的混合体系来说，传质比表面积 a 与气泡直径 d_B 和气含量 ε_G 之间存在着简单的几何关系，即

$$a = \frac{6\varepsilon_G}{d_B} \tag{5.10}$$

显然，反应器内的气泡大小并不均一，所以气泡直径常用索特平均直径 $d_{32} = \sum d_i^3 / \sum d_i^2$ 来表示，其中 d_i 为样本中各个气泡的直径。式（5.10）中，气泡大小除了直接决定比表面积 a 之外，还通过影响气泡上升速度决定气含量 ε_G。较小的气泡上升速度慢、停留时间长，气含量则高；反之亦然。在微孔板反应器以及摇瓶等靠液面传质的反应容器中，式（5.10）并不适用，这在下面详细讨论。

对于搅拌釜生物反应器，能量耗散速率对发酵操作和工艺放大有着至关重要的作用，因此受到很多研究者的重视。理论上说，反应器的平均能量耗散速率等于搅拌桨输入的能量除以反应器工作体积（或液体体积），即单位体积能耗，或称功率密度（kW/m^3），即

$$\epsilon = P / V \tag{5.11}$$

其中，P 为搅拌桨有效输入功率；V 为反应器体积。对于传统尺寸的反应器，宏观参数与 P 之间的关系有非常成熟的经验/半经验公式（Nienow, 1998；Furukawa et al., 2012）。常规的做法是将搅拌桨的功率准数 N_P 与搅拌桨雷诺数 Re 相关联，

$$N_P = \frac{P}{\rho N^3 D^5} \tag{5.12}$$

$$Re = \frac{\rho N D^2}{\mu} \tag{5.13}$$

图 5.12 给出了常见搅拌桨的功率准数与雷诺数的双对数坐标关系曲线。工业用微生物发酵生物反应器一般操作在 $Re > 10^4$ 的湍流区。体积为 3 L 的台式发酵罐，搅拌桨直径一般为 7.5 cm 左右，搅拌转速为 600 r/min 时，$Re = 5.6 \times 10^4$，已经处于完全湍流区。artorius stedium ambr® 15 mL 微型反应器，搅拌桨直径为 11.4 mm，搅拌转速为 300～1500 r/min 时，Re 为 6.5×10^2～3.2×10^3，处于接近湍流区的过渡区。相比之下，Eppendorf DASBox 350 mL 小型反应器可以在更高的雷诺数也更能接近大型设备内的流体运动情况下操作。由式（5.12）可知，即便是在相同的功率准数下，功率输入仍然和反应器内径的 5 次方成正比。微型反应器即便是在 1500 r/min 的高速搅拌下操作，其功率密度也无法达到常规尺寸台式反应器和工业规模反应器的水平。

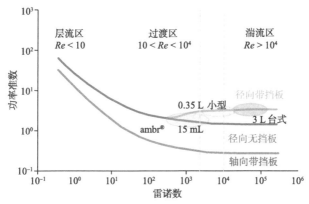

图 5.12　搅拌桨功率准数与雷诺数的关系及 sartorius stedium ambr® 15 mL 微型反应器与
Eppendorf DASBox 350 mL 小型反应器及常用 3 L 台式反应器操作区间比较

图 5.13 将 sartorius stedium ambr® 15 mL 微型反应器在不同装液量（13 mL 或 15 mL）和不同搅拌转速（300～1500 r/min）下的混合时间及功率密度与 Eppendorf DASBox 350 mL 小型反应器数据进行了比较。可以看到,在各自的"正常"转速范围内，两种反应器的混合时间和功率密度均不在同一个数量级。在 1500 r/min 时，15 mL 微型反应器内的混合时间仍长达 5 s，是 350 mL 小型反应器的 10 倍,而功率密度(单位能耗)仅为 1/40 左右。由于较低的功率输入, ambr® 15 mL 微型反应器的传质系数 $k_L a$ 仅为 2～13 h^{-1}，远远低于常用台式或工业规模微生物反应器的 100～600 h^{-1}。这些差别，在菌种筛选或者工艺优化时须引起注意。

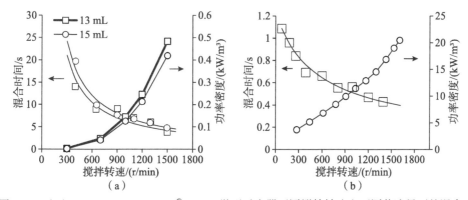

图 5.13　（a）sartorius stedium ambr® 15 mL 微型反应器不同搅拌转速和不同装液量下的混合时间和功率密度（Nienow et al., 2013）；（b）Eppendorf DASBox 350 mL 小型反应器典型操作条件下（200 mL 工作体积）混合时间和功率密度（焦鹏, 2015）

5.3.2 搅拌式微型生物反应器能量耗散速率的测量与模拟

鉴于搅拌功率的重要性，人们在科学研究和生产实践中开发了多种对有效搅拌功率进行测量的方法（Ascanio et al., 2004），其中最简单直接的是通过测量电机的输出功率进行测量。然而，由于轴承、密封圈、传动装置（齿轮变速箱、三角带）以及电机自身的效率问题，这种方法误差很大。很多情况下，系统的机械损耗甚至超过有效功率，即机械效率低于50%。解决这个问题的方法是将有负载时测得的功率减去空载时（即反应器内没有液体）的功率。这种方法无须特殊的设备，非常适合大型生物反应器在线测量。其缺点是系统的机械效率并非恒定，而是和负荷有关，因此需要提前绘制效率-负荷的关系曲线。还有一种测量搅拌功率的方法可完全避免机械效率带来的误差，那就是通过测量反应体系在搅拌作用下温度的变化进行测量。根据能量守恒原理，通过搅拌桨输入的机械能，最终都转换成热能，因此反应器内的液体、反应器本身的温度都会随之升高。在绝热的环境里，原则上可以通过体系温度的上升速率来估算搅拌功率。然而，由于完全绝热无法做到，这种方法其实并不常用。在台式及小型生物反应器上，最常用的方法是通过扭矩计算。根据牛顿第三定律，即作用力与反作用力定律，当搅拌桨给反应器内的流体施加一个扭矩的时候，流体也给搅拌桨一个大小相等、方向相反的扭矩。这个扭矩可以通过集成到搅拌桨转轴中的测力计直接测量出来（Qiu et al., 2019），进而求得搅拌功率。目前市面上销售的台式生物反应器一般都集成了扭矩测量，包括前面提到的 sartorius stedium ambr® 15 mL 微型反应器。然而，限于微型反应器的尺寸，这些方法的准确度都不能令人满意。图 5.13 中的数据是 Nienow 等（2013）将 ambr® 15 mL 微型反应器的搅拌桨拆卸下来后装到特殊设备上测定的。他们同时对 ambr® 15 mL 微型反应器进行了计算流体力学（CFD）模拟，发现虽然反应器内的流体流动处于层流和湍流之间的过渡区，基于 k-ε 湍流模型的 CFD 计算搅拌功率时只有 7%的误差。从图 5.14 的 CFD 模拟结果可以看到，在 1500 r/min 的搅拌转速下，ambr® 15 mL 微型反应器内的液体流动和能量耗散主要集中在搅拌桨周围一个较小的区域内，靠近液面处液体流动速度迅速下降，这与通过示踪剂对混合情况考察的结果一致。Li 等（2018）对 ambr® 15 及 ambr® 250 进行了更加详细的 CFD 模拟，认为 CFD 模拟结果可以用于指导反应器放大。但同时也指出，由于 ambr® 15 内的流动处于从层流到湍流的过渡区，使用湍流模型进行 CFD 模拟会有较大误差。Villiger 等（2018）通过 CFD 模拟将 ambr® 15 放大到 15 m³ 用于动物细胞培养。虽然不是非微生物发酵，但从流体力学、传质方面来看二者并无本质区别，而仅是操作区间不同。

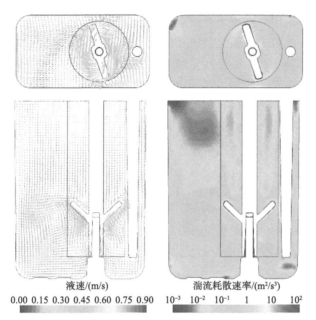

液速/(m/s)

0.00　0.15　0.30　0.45　0.60　0.75　0.90

湍流耗散速率/(m²/s³)

10^{-3}　10^{-2}　10^{-1}　1　10　10^2

图 5.14　sartorius stedium ambr® 15 mL 微型反应器内液体流速与湍流耗散速率的 CFD
模拟云图（Nienow et al., 2013）

搅拌桨为 45°向上推进，搅拌转速为 1500 r/min

5.3.3　振荡型微型生物反应器内流体力学特性

由于振荡型微型生物反应器更多被用来进行菌种筛选而非工艺条件优化，人们对其流体力学特性的研究相对较少。基于较大的摇瓶数据而得到的类似于式（5.12）和式（5.13）的无因次数（Buchs et al., 2000a；Buchs et al., 2000b；Buchs et al., 2001）并不能完整地定量描述更小的微孔板反应器内的情况。例如，摇瓶的功率准数 N'_p 及雷诺数 Re' 均是根据摇瓶的最大内径 d 定义的，如式（5.14）和式（5.15）所示，而振荡的圆周直径（或者振幅）对摇瓶内的能量耗散速率、传质系数均无明显影响（Buchs et al., 2001），而对微孔板反应器、振荡圆周直径（或者振幅）影响明显（Hermann et al., 2003；Zhang et al., 2008；Durauer et al., 2016）。

$$N'_\mathrm{p} = \frac{P}{\rho N^3 \, d^4 \, V_\mathrm{L}^{1/3}} \tag{5.14}$$

$$Re' = \frac{\rho(2\pi N)}{\mu}\frac{d^2}{4}\left(1 - \sqrt{1 - \frac{4}{\pi}\left(V_\mathrm{L}^{\frac{1}{3}}\right)^2}\right)^2 \tag{5.15}$$

到目前为止，文献中还没有适用于微孔板反应器的完整数学描述。但这对于此类微型反应器来说，倒也不是严重的问题。因为微孔板反应器与传统搅拌釜反应器相比，最大优势之一就是其统一的尺寸标准，这也是其实现自动化、平行化的条件之一。得益于此，生产厂家或者个别研究者提供的实验数据，用于分析微孔板反应器实验结果一般是足够的。如 5.3.1 所介绍，气液传质效率取决于传质系数 k_L 和比表面积 a。由于微孔板反应器内没有气泡，比表面积 a 完全取决于液面面积，而后者由振荡产生的离心力 F_a 与液体表面张力 σ 作用间的平衡所决定。离心力为物体质量 m、圆周运动角速度的平方 ω^2 和运动半径 r 的乘积，即

$$F_a = m \cdot \omega^2 \cdot r = \rho \cdot V_L \cdot (2\pi N)^2 \cdot \frac{d_O}{2} \tag{5.16}$$

其中，d_O 为振荡直径。液面在离心力的作用下半径由 R 增加 dR，其表面积增加为 $dA = \pi \cdot R \cdot dR$。表面张力做功为 $\sigma \cdot dA$，离心力做功为 $F_a \cdot dR$，根据能量守恒原理可得

$$\sigma \cdot \pi \cdot R \cdot dR = \rho V_L \cdot (2\pi N)^2 \cdot r_O \cdot dR \tag{5.17}$$

由式（5.17）求解搅拌转速 N 可得液面刚刚开始变形时的临界转速 N_{crit}

$$N_{crit} = \sqrt{\frac{\sigma \cdot D}{4\pi \cdot \rho \cdot V_L \cdot d_O}} \tag{5.18}$$

注意到圆柱形微孔内的液体体积可用微孔直径 D 和液体深度 L 表示，即 $V_L = \pi D^2 \cdot L / 4$，代入式（5.18）可得

$$N_{crit} = \frac{1}{\pi} \sqrt{\frac{\sigma}{\rho \cdot D \cdot L \cdot d_O}} \tag{5.19}$$

Hermann 等（2003）用水在 96 孔板实验发现，在振荡直径为 25 mm 时，振荡频率达到 200 r/min 时肉眼才可以清晰观察到液面的形变[图 5.15（a）]，这与式（5.19）计算的值（162 r/min）有很好的吻合。Kensy 等（2005）在用 48 孔板实验时也得出了同样的结论。由式（5.19）可知，反应器尺寸（D，L）与振荡直径（d_O）越大，溶液表面张力越小，液面发生形变所需振荡频率也越低。在同样的向心加速度（$\omega^2 \cdot r$）下，液面形变也越明显[图 5.15（b）]。因此，如果微生物对混合和传质要求较小，使用直径较大的孔板会更容易满足微生物的需要。

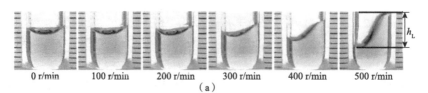

| 0 r/min | 100 r/min | 200 r/min | 300 r/min | 400 r/min | 500 r/min |

（a）

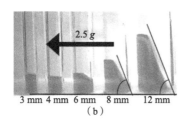

（b）

图 5.15　（a）96 孔平板在不同振荡频率（0～500 r/min）下的液面形状（Hermann et al., 2003），微孔直径为 6.6 mm，振荡半径为 25 mm，装液量（水）为 200 μL；（b）不同内径（3～12 mm）的微孔在同样的向心加速度（2.5 g）下液面变形情况（Duetz et al., 2010）

实验数据显示，对于圆柱形微孔，在振荡搅拌作用下 $k_L a$ 的增加主要来自由于液面增大带来的 a 的提高，而 k_L 基本保持恒定，为 5.56×10^{-5} m/s 左右。在 $N \leqslant N_{crit}$ 时，传质面积等于微孔的横截面积，传质系数可以直接由 k_L 与 a 的乘积求得。例如，内径 6.6 mm 的微孔横截面积为 34.2 mm^2，如果装液量为 200 μL，则比表面积 $a = 171.0$ m^2/m^3，$k_L a = 34.2$ h^{-1}。如果装液量为 400 μL，则 a 和 $k_L a$ 均减半。96 孔平板在不同装液量下的液面形状见图 5.16。

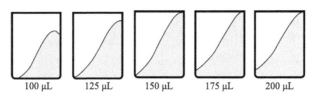

100 μL　　125 μL　　150 μL　　175 μL　　200 μL

图 5.16　96 孔平板在不同装液量下的液面形状

振荡半径为 50 mm，转速为 300 r/min

遗憾的是，$N \leqslant N_{crit}$ 时的比表面积太小，传质与混合效果不佳，而通过物性和操作参数直接计算 $N > N_{crit}$ 时的液面高度及面积却并非易事。而且，对于截面积为方形或者花瓣形（图 5.9）的微孔，微孔内壁还起到挡板的作用，提高振荡频率时，k_L 也会因额外的能量输入升高。但即便是在 $N > N_{crit}$ 的条件下，振荡对传质的增强作用仍然主要来自液面面积的增加，液体体积越大，比表面积越小，传质与混合的效果越差。同时，装液量过高还会因为溢出而限制最高转速，进一步限制了传质效率。所以在微孔板微型反应器使用过程中，应该根据微生物的耗氧量[式（5.1）和式（5.2）]，选择合适的装液量、振荡半径及振荡频率。图 5.17 给出了 m2p-labs 花瓣微孔板在不同振荡频率和装液量下能达到的最高传氧速率。

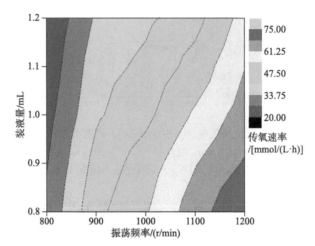

图 5.17　m2p-labs 花瓣微孔板在不同振荡频率和装液量下能达到的最高传氧速率

5.3.4　振荡型微型生物反应器内流体力学研究

由于微孔板反应器的气液传质主要发生在液面处，而与液体内部的能量耗散速率关系不大，因此，较好的气液传质并不一定保证足够的液相的混合。这与图 5.11 中气体分布器直接影响气泡大小进而改变体积传质系数 $k_L a$ 的原理类似。对于微孔板反应器内液面形状的研究，最方便的就是利用高速摄像直接观察。摄像机可以是固定的，也可以是与微孔板同步运动的。传质速率的测量，采用的是经典的亚硫酸在二价钴离子催化作用下进行的氧化反应（Hermann et al., 2001; Hermann et al., 2003; Kensy et al., 2005; Ramirez-Vargas et al., 2014）。由于体积微小，反应的进行是根据亚硫酸被氧化成硫酸后溶液 pH 的变化来判断的。

对于微孔板反应器内混合情况的研究相对较少，主要原因是体积微小带来了测量难度。Weiss 等（2002）利用 pH 和荧光指示剂对 96 孔板内的混合时间进行了研究，发现添加指示剂的方式、剂量、频率、位置都会给混合时间的测量带来影响，因此测量结果最多只有一位有效数字。实验测得的混合时间从数秒钟到数分钟之间，也远远大于普遍预期。除了直接测量混合时间之外，还可以对反应器内的湍流耗散速率进行（间接）测量。5.3.2 节介绍了搅拌釜反应器常用的一些测量方法。对于较大振荡式反应器，也可以通过测量扭矩来获得平均能量耗散速率（Buchs et al., 2000a; Buchs et al., 2000b）。但是对于微孔板，由于体积太小，这种方法无法实行。还有一类基于柯尔莫哥罗夫微尺度的方法，用体系内能够稳定存在的最大固体（黏土/聚合物）或者胶体（油/水）颗粒直径来衡量能量耗散速率（Walther et al., 2014; Durauer et al., 2016）。Durauer 等（2016）利用该方法将 6 孔板、24 孔板、96 孔板与台式及中试反应器做了比较，并结合振荡作用下液体温度上升得到的能量耗散速率，发现微孔板反应器无法达到台式及中试反应器的混合水平，不同规格的平板之间，也有很大的区别。

与实验检测相比，计算流体力学 CFD 模拟要相对容易（Zhang et al., 2008；Pouran et al., 2012；Wutz et al., 2018）。图 5.18 是 Zhang 等（2008）利用 CFD 技术对 24 孔板微型反应器内液体流动状况的模拟结果。该模型可以同时计算传质系数、剪切速率和能量耗散速率。然而，由于 CFD 模型本身也需要通过实验数据进行验证，在缺少确凿的测量数据的情况下，CFD 模拟也只能用来定性解释实验结果。

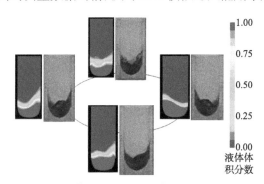

图 5.18　24 孔平板在 1000 r/min 振荡转速下的 CFD 模拟与实验结果对比（Zhang et al., 2008）

总之，微孔板反应器的传质机理与工业生产中常用的搅拌釜反应器有着较大的不同，能量耗散速率、混合时间等工程参数的测定和模拟计算仍存在较大的不确定性，在这方面还有很多工作要做。

5.4　基于微型生物反应器的发酵条件组合优化技术

由于缺少对操作参数的实时检测和控制，微型反应器最初多用于菌种筛选和培养基优化（Lattermann and Buchs, 2016）。随着微型反应器所依赖的检测和微流控技术的进步，微型反应器在可控性上已经和台式反应器十分接近（5.2 节），也越来越多地用到发酵操作条件的优化上。考虑到操作参数之间的相互作用（图 5.2），发酵过程的优化如果仅在少量反应器上反复进行多次单因素实验往往不能得到整体的最优值。即便是采用先进的实验设计（DoE）策略进行多因素实验，从计划到执行再到分析实验数据仍是一个漫长而繁重的过程，存在大量人为错误的可能以及其他不确定因素。微型平行反应器的诞生，以它与实验设计、数据分析软件的无缝衔接，把科学工作者从重复性的劳动中解放出来，让他们可以集中精力在对实验结果的阐释上。马克思主义政治经济学认为，生产工具是生产力发展水平的标志。一定程度上说，微（小）型生物反应器及其周边技术，代表了微生物发酵技术的发展水平。

5.4.1　实验设计

析因设计是一种基于统计学理论的实验设计方法,自 20 世纪初就有了系统性的总结 (Mandenius and Brundin, 2008)。析因设计的优势在于可以通过尽可能少的实验次数获取被研究体系多参数之间的相互作用,为系统优化提供指导。

图 5.19 以对微生物发酵中常见的两个参数温度、pH 的优化为例,展示了单因素实验与析因设计的重要区别。顾名思义,在进行单因素实验时,其他参数是固定的。在图 5.19 所示的单因素实验的例子中,首先考察了固定的 pH 下,五个温度水平对发酵效果的影响,得出最优温度为第二个水平的结论。然后,把温度固定,再考察 5 个不同的 pH 的影响,选取"最优温度"下的最适 pH。由于温度和 pH 的相互作用,经过十次单因素实验得到的操作条件离系统级别的最优值还很远。如果要靠单因素实验得到真正的最佳操作条件,则需要进行 $5^2=25$ 次实验。如果再加上溶氧、底物浓度,则需要进行的实验数量增加到 $5^4=625$ 次实验。如果再考虑到培养基成分、接种量,单因素实验的工作量呈指数增长,即便是用高通量微型反应器也是不切实际的。相比之下,通过析因设计,同时改变两个以上的操作参数,并用统计学模型对实验结果进行拟合,则可以在较少的实验次数下,迅速找到最优的参数组合。在图 5.19 的例子中,温度和 pH 两个因素各有两个水平互相组合,共四次实验得到响应曲面的斜率后,沿着发酵指标上升的方向再进行四次实验,就已经接近最优的实验条件组合,比 5^2 单因素实验效率高很多。

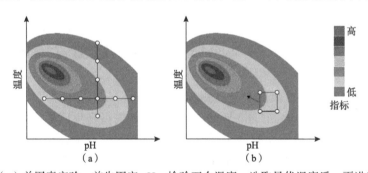

图 5.19　(a)单因素实验:首先固定 pH,检验五个温度,选取最优温度后,再进行五个水平的 pH 实验;(b)析因设计:同时改变温度和 pH
等温线表示发酵指标的水平

图 5.19 本质上展示的是中心复合实验设计在两个因素时的表现形式。类似地,图 5.20 展示了三个因素、两个水平的中心复合设计。其中,温度、pH、DO 三个参数分别用正方体的三个维度表示,正方体的八个顶点,代表了三因素两水平的八种可能的组合。为了增加结果的分辨率,尤其是为了捕捉到曲线和曲面等细节,在八次实验的基础上,中心复合设计增加了正方体面心的六种组合[图 5.20 (a)]。

同时，将正方体中心的实验条件重复三次，用以确定实验数据的可重复性和检测误差。这种设计称为中心复合表面设计（CCF），本质上每个参数有 3 个水平。另外一种常用的中心复合设计称作中心复合序贯设计（CCC），它是将中心复合表面设计中轴心上的点从正方体的表面上脱离，如图 5.20（b）所示。轴心点与正方体表面的具体距离可以调整，其中"可旋转"的设计所有组合均匀地分布在以正方体中心为圆心的一个球面上。CCC 在实验次数不变的情况下，每个因素增加到五个水平，可以捕捉更加复杂的细节，较中心复合表面设计更有优势，是 MATLAB 等实验设计软件的默认选项。在有些软件如 JMP 中，各个参数的水平可以使用带有物理单位的数值。但是大部分软件用–1 表示参数的"低"水平，+1 表示参数的"高"水平，0 表示中心水平。

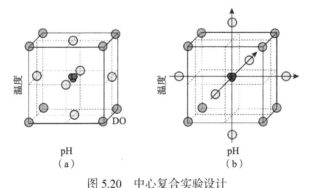

图 5.20　中心复合实验设计

（a）中心复合表面设计；（b）中心复合序贯设计

当需要检验的参数数量超过 3 个时，在三维空间无法呈现，但其数学原理是一样的。例如，五个因素的 CCC 设计顶点数为 2^5 个，五个轴心对应十个额外的组合，再加上中心的三次重复实验，总实验数为 32+10+3=45 次。其中，32 个顶点对应的值为五个因素的高、低值的组合，从（–1，–1，–1，–1，–1）到（1,1,1,1,1）。中心点对应（0,0,0,0,0）水平组合。轴心点的计算用到五维几何，有很多商用及开源的工具软件可以使用。表 5.1 是 Python 下的 dexpy 开源软件包生成的五因素可旋转 CCC 十个轴心点的水平值。dexpy 采用的是 StatEase® 旗下 DesignExpert 软件的算法。

表 5.1　五因素（$X1\sim X5$）可旋转中心复合序贯设计轴心点的参数水平*

	0	1	2	3	4	5	6	7	8	9
$X1$	–2.38	2.38	0	0	0	0	0	0	0	0
$X2$	0	0	–2.38	2.38	0	0	0	0	0	0
$X3$	0	0	0	0	–2.38	2.38	0	0	0	0

续表

	0	1	2	3	4	5	6	7	8	9
$X4$	0	0	0	0	0	0	-2.38	2.38	0	0
$X5$	0	0	0	0	0	0	0	0	-2.38	2.38

*数据使用的 dexpy 命令为 dexpy.ccd.build_ccd(5,'rotatable',3),与 MATLAB 的 ccdesign(5, 'fraction', 0, 'center',3)等效。MATLAB 的 ccdesign 函数默认使用 CCC 设计。

根据实验设计得到的结果一般是通过响应曲面法来分析的。其中，一阶响应的表达式为

$$y = \beta_0 + \sum_{i=1}^{N} \beta_i x_i + \delta \qquad (5.20)$$

其中，β_0 为截距；β_i 为各个参数的系数；x_i 为被考察参数；δ 为拟合的残差；N 为被考察因素的数量。式（5.20）在二维空间是一条直线，在三维空间是一个平面，是不存在最大值的，只能表示 y 的趋势。这对使用较为宽泛的实验条件进行粗略分析来说是可以的。当实验条件已经接近最优值时，响应曲面需要用更高阶的方程来拟合，如式（5.21）是常用的含有三个变量的三阶多项式。

$$y = \beta_0 + \sum_{i=1}^{3} \beta_i x_i + \sum_{i=1}^{3} \beta_{ii} x_i^2 + \sum_{1 \leq i < j}^{3} \beta_{ij} x_i x_j + \beta_{123} \prod_{i=1}^{3} x_i \qquad (5.21)$$

当然，也不是回归方程越复杂，准确度就越高。由于这些方程本身不涉及反应体系的任何机理，过于复杂的回归方程容易造成过度拟合，将简单问题复杂化。无论采用何种设计、何种模型，各因素的上下限仍然需要研究人员根据经验或者现有数据来确定。不合理的设置，会使实验数据的有效性大打折扣。

5.4.2　实验设计软件与微型反应器系统整合

实验设计软件虽有多种选择，但是需要将设计软件给出的操作条件无须人工干预地传送给微型反应器的控制系统才能发挥其作用。否则，手动设定成百个参数仍然需要消耗大量的时间，而且容易出错。理论上实验设计功能可以集成到生物反应器的上位机软件数据采集与监视控制系统（SCADA），但是这会增加上位机软件的复杂程度，降低其稳定性，能够实现的功能有限。更常见的做法是使用独立的实验设计软件，通过开放的通信接口如 OPC 协议与微型反应器的控制系统进行通信，典型的代表是 Umetrics 公司的 MODDE®软件与 sartorius stedim ambr®系列微型反应器及 BIOSTAT®平行生物反应器上位机软件 MFCS/win 的整合（Fricke et al., 2013）。还有一种较为松散的整合方式，就是将实验设计软件产生的操作条件导出为计算机文件。上位机软件读取该文件后，将数据发送给反应器控制系统。采用这个方式的例子有 Eppendorf 的 DASWare 与 SAS 公司的统计软

件 JMP 之间的交互。鉴于科研人员的使用习惯，以及个人喜好的不同且其中不乏开源软件的拥护者，这种松散的整合方式相对来说更加灵活、更具有活力。我国的迪必尔生物工程（上海）有限公司生产的平行生物反应器，也是采用的这种松散的整合模式。图 5.21 给出了这种整合模式的工作流程。

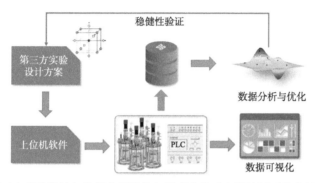

图 5.21　第三方实验设计与数据分析软件与微型生物反应器控制系统之间的整合方式

5.4.3　发酵条件组合优化实例

在微型反应器商业化之前，实验设计在发酵优化中就已经有了广泛应用，包括培养基成分优化和操作条件优化。Mandenius 和 Brundin（2008）较为完整地总结了 20 世纪末到 21 世纪初实验设计在生物工程领域的典型应用，此处不再赘述。虽然文献报道众多，这些研究一般都停留在零散的应用研究方面，没有系统的、标准的方法。微型反应器的出现，尤其是其带来的平行化和自动化的操作，使发酵条件优化本身的自动化和标准化也成为可能。

Ellert 和 Grebe（2011）在 *Nature Methods* 上发表了利用析因设计对两株同时表达胞内、胞外两种蛋白的基因重组大肠杆菌的发酵参数进行优化的操作步骤。微生物反应器操作在恒化模式下，菌的比生长速率通过稀释率进行控制，优化的目标为胞外可溶性蛋白的产量。他们首先考察了稀释率、培养温度和引物浓度对两个菌株产蛋白能力的影响。稀释率的两个水平为 $0.17 \, h^{-1}$ 和 $0.25 \, h^{-1}$，培养温度的两个水平为 26.5℃ 和 31℃。通过对每个菌株进行 12 次实验，筛选出了较高产的一株，并得出引物浓度对目标产物无明显影响的结论。同时，响应曲面显示较低的温度和较高的稀释率能够促进目标蛋白的表达，如图 5.22 所示。据此，又进行了 12 个批次的优化实验，最终确定最佳培养温度与稀释率的组合为 28℃ 和 $0.21 \, h^{-1}$。Fricke 等（2013）使用相同的策略针对一商业菌株 *Pichia pastoris* KM71H 生产疟疾疫苗进行了优化。被优化参数包括培养温度、pH 和引物浓度。经过 18 次实验，获得了高于初始条件两倍的产物浓度。又经 6 次实验验证，确认了最优操作条件的稳健性能。值得一提的是，在这项研究中，灭菌、接种、培养、收获

全部由系统自动完成,全程无须人工干预。Rohe 等(2012)利用 m2p-labs BioLector®
也实现了发酵过程全自动优化。

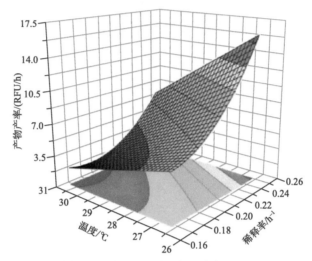

图 5.22　通过析因设计优化培养温度和稀释率的响应面（ Ellert and Grebe, 2011 ）

5.4.4　其他基于微型反应器的发酵条件优化方法

析因设计是应用最为广泛和成熟的发酵过程优化实验设计方案，但不是唯一
的方案。随着计算机硬件越来越廉价，使用机器学习算法对发酵过程优化也屡有
报道。Silva 等（2012）将中心复合实验设计与人工神经网络相结合，通过神经网
络来预测系统的响应，对基因重组大肠杆菌生产人类儿茶酚-O-甲基转移酶进行了
优化，获得了高于标准操作条件 4 倍的产量。被优化的参数包括搅拌转速、pH 和
温度。这种做法本质上是用人工神经网络代替了响应曲面常用的多重线性回归[式
（5.20）和式（5.21）]，可以在较宽的范围内对体系的非线性行为进行模拟，理
论上说，可以描述参数间更加复杂的非线性相互作用。

Brinc 和 Belic（2019）使用遗传算法，在 48 个 sartorius stedim ambr® 15 mL
微型反应器上对哺乳动物细胞生产多种产品进行了优化，如图 5.23 所示。优化参
数包括了培养基成分（如葡萄糖浓度）和操作参数（如 pH）等。初始操作条件完
全随机产生,经过六代遗传、杂交后,得到了较好的结果。虽然 Brinc 和 Belic(2019)
研究的对象是动物细胞，但是该方法完全可以用于微生物发酵。Bapat 和 Wangikar
（2004）就利用多种机器学习算法，包括遗传算法，对发酵生产利福霉素 B 的培
养基进行了优化，但发酵是在 38 个平行的 250 mL 的摇瓶里进行的。遗传算法中
的"变异"完全随机，在效率方面不如通过实验设计有针对性地改变操作条件。
所以这种方法适合在缺少先验知识的情况下对实验条件进行初步优化。

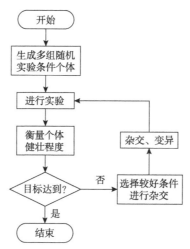

图 5.23　通过遗传算法对发酵操作条件进行优化流程的简单示意图

图中的"杂交""变异"均是指遗传算法里的虚拟"个体"，即不同操作条件的组合

5.5　微型生物反应器支撑的发酵过程放大技术

5.5.1　发酵过程的放大和缩小

发酵过程放大所涉及的工作中有很大一部分是在小规模实验设备上衡量放大后可能出现的问题对发酵过程的影响，并以此为依据对工艺和设备的设计进行优化，以期最大程度降低工艺放大的风险。这就需要在微型反应器的物料性质、传质速率、混合时间、控制策略等多个方面与工业规模反应器相匹配，是一个先缩小、再放大的过程（图 5.24），人们因此提出了"缩小模型的概念"。严格意义上的缩小模型是指利用动态改变操作条件，或者将多个同一类型或不同类型的反应器串联来模拟大规模反应器内可能出现的操作条件在时间和空间上的波动。

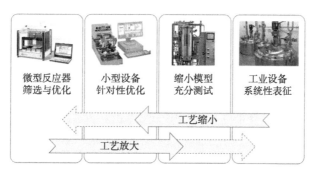

图 5.24　基于微型生物反应器的发酵工艺开发路线图

　　一个理想的缩小模型应该为微生物提供一个与工业规模接近的环境，使其表现出相同的生理指标。表 5.2 是发酵工艺和反应器放大时常用的一些参数。在这些参数中，除了速度（表观气速、叶尖速度）和时间（混合时间）之外，其他参数都是单位体积的量。例如，k_La 中，k_L 的单位是 m/s；a 是单位体积内的传质面积，单位为 m^2/m^3。OTR 是单位时间单位体积内从气相传到液相的氧气的物质的量。从表面上看，如果保持这些参数相同，好像就能从一个体积放大/缩小到另一个体积。可惜的是，在不同规模的反应器之间缩放时，是无法保证所有参数全部一致的。例如，混合时间和传质系数均受搅拌输入功率的影响。如果在不同尺寸的反应器上保持相同的单位能耗，传质系数可以做到接近，但混合时间却随着反应器体积增加而增加。尤其是由于微型反应器可供调节的参数相对较少，简单地缩小反应器体积进行实验时，往往仅能保持某一个参数不随反应器尺寸变化。较为宽松的定义也将这种实验称为缩小模型。

表 5.2　生物反应器放大/缩小常用的参数

参数	常用符号或缩写	对发酵过程的影响
体积传质系数	k_La	在传质动力相同时，较高传质系数可以达到较高的传氧速率，支持较高的菌体浓度；大型生物反应器中，整体/局部体积传质系数较低常常是限制因素
传氧速率	OTR, OUR	如果传氧速率是限制因素，较高的传氧速率可以达到较高的发酵水平
溶氧浓度	DO	微生物一般有一个较优的溶氧范围。在大型反应器中保持溶氧浓度均一几乎是不可能的
通气量	vvm	在一定范围内，提高通气量可以提高传质系数。但随之而来的是较高的能耗和发泡的可能性
表观气速		相同的通气量，高径比较高时表观气速会较高，体积传质系数也较高
单位能耗	P/V	也称能量密度。对传质速率、混合时间有着决定性作用，是反应器设计中最重要的参数。某些体系内可以直接影响细胞的形态
叶尖速度		叶尖速度较高可能会对某些细胞造成物理损害
混合时间		在放大/缩小的过程中，混合时间是最难保持恒定的，是首先被牺牲掉的一个参数

　　注：P/V 代表单位体积的搅拌功率。

　　在放大或缩小时保证某一个参数恒定本是由于现实情况的制约而采取的一个折中方案，但常被误认为只要保持这一个参数一致即可完成工艺放大，进而忽视了其他参数的影响。这种情况不仅在微生物发酵研究中存在，在细胞培养领域也很常见。Janakiraman 等（2015）使用 Sartorius Stedim ambr^{TM} 微型反应器进行缩小和放大研究时，只保证了通气量（vvm）和二氧化碳分压与 5 L 台式和 15 m^3 大型反应器一致。虽然实验获得了和大型反应器接近的细胞生长和产品质量，但这种做法并不具有通用性。主要是因为与微生物发酵的反应相比，动物细胞培养的操作条件要温和许多，体积也相对较小，因此容易保持相似和均一。在微生物发酵中，多数情况下放大后的工艺达不到预想实验的效果（Neubauer et al., 2013; Ladner et al., 2017; Tajsoleiman et al., 2019）。反应器放大也不是只有负面作用。George 等（1998）通过实验确定了一个 215 m³ 的鼓泡塔反应器内存在的底物浓度梯度，并将一个搅拌釜反应器与一个活塞流反应器串联构建了一个缩小的物理模型对该梯度浓度进行模拟。在缩小模型中，面包酵母在不同底物浓度区域之间循环，造成菌体减产 6%～7%。但是这些酵母产品的发面能力和产甜味物质的能力却得到了提高。Lin 和 Neubauer（2000）在使用缩小模型研究一株生产葡萄糖苷酶大肠杆菌时也发现，不同频率的底物浓度波动对该菌有不同的影响。与大型反应器内情况相当的高频率大幅度波动减少了质粒丢失的情况，而低频、平缓的波动或者恒定的底物浓度则有较为严重的质粒丢失现象。这些看似"高于实验室水平"的结果，恰恰也说明了小设备不能完全代表大反应器，进而使工艺优化没有做到位。在工业生产中，这种不确定性对发酵操作本身以及上下游单元操作的衔接都是有负面影响的。

5.5.2　基于微型反应器的发酵工艺放大

利用微型反应器数据直接进行工艺放大在动物细胞培养上的应用较多（Delouvroy et al., 2015; Janakiraman et al., 2015; Wutz et al., 2018; Villiger et al., 2018）。这主要得益于动物细胞培养体系操作条件相对温和，耗氧量低，培养液黏度低，不需要（也不能承受）高强度搅拌；并且由于动物细胞培养主要用来生产价格昂贵的医药制品，即便是商业规模的反应器，体积也不是很大，放大相对容易。微生物发酵大部分耗氧量巨大，需要大量通气和剧烈搅拌。很多发酵液黏度很大甚至是非牛顿流体，这在微型反应器中不易操作。有些发酵所用原料含有大量固体颗粒如谷壳、玉米粉等，微型反应器也无法处理。Velez-Suberbie 等（2018）比较了 sartorius stedim ambr® 15 mL 微型反应器与 1 L 台式搅拌釜反应器内两株大肠杆菌生产疫苗的情况。在相同单位能耗的情况下，两种不同尺寸的反应器内菌体生长和产物生产都很接近。然而这个结论有一个重要的前提条件被这些研究人员一语带过：在该反应体系内，气液传质不是限制因素。从图 5.11 可以看到，单位能耗对体积传质系数有着决定性的作用。所以 Velez-Suberbie 等（2018）其实是使用了高于最经济转速的搅拌，才保证了两个反应器有相似的表现。换句话说，由于功率输入在两个规模的反应器上都很高，传质、混合等已经不是发酵效果的限制因素，生物反应速率本身才是，因此体现不出反应器之间的区别。这种做法，在经济上不具有可行性，或者至少不是最优的设计。与 Velez-Suberbie 等（2018）恰恰相反，Kensy 等（2009）比较微孔板反应器和 1.4 L 的台式搅拌釜反应器时，只关注了气液传质，而将单位能耗情况完全忽略，

也得到了几乎完全相同的发酵结果。两组研究人员（Kensy et al., 2009;
Velez-Suberbie et al., 2018）都把"放大倍数"作为衡量放大效果的表征，这是没
有任何理论和现实意义的，因为混合时间和压力梯度等参数，是随着反应器的体
积增加连续增长的（图 5.25）。从 1 mL 到 1 L 和从 1 m³ 到 1000 m³ 均是 1000 倍
的放大，但是两者几乎没有任何可比性。无论是保持相同单位能耗，还是保持
相同传质系数，从毫升级别放大到升的级别大部分研究人员都有信心。但是从
升到吨级再到百吨、千吨级别，只根据微型反应器的数据来做工艺和设备的放
大是无从下手的。

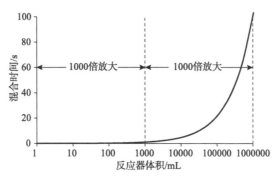

图 5.25　相同单位能耗时下反应器内混合时间与反应器体积的关系

　　由于上述原因，直接利用微型反应器数据进行发酵工艺的放大目前还很难
实现，很多工作还要在传统台式反应器或与其更接近的小型设备上完成。在进
行工业化生产之前，还要经过中试规模的测试。当然，即便是在传统台式反应
器上进行了严谨的缩小实验，中试也往往是不可缺少的。这是由发酵工艺的复
杂性决定的（5.1 节），而不是微型反应器本身的缺点。事实上，微型反应器的
出现，尤其是可以进行补料操作以及 pH、溶氧控制的高端产品，与传统上使
用的没有传感器、不能补料、无法控制培养条件的摇瓶和微孔板培养相比，大
大提高了发酵工艺放大的可靠性。图 5.26 在数据质量、丰度、数量和获取速度
方面比较了传统的发酵工艺放大路径与基于微型生物反应器的放大路径。可以
看到，微型生物反应器在数据的获取速度和数据的数量方面，与传统的摇瓶、
孔板不相上下。数据的质量、丰度可以和台式甚至小试系统相媲美。在传统的
放大途径中，菌种筛选、培养基优化、操作条件优化往往在不同的设备上进行。
发酵是微生物和培养环境，包括培养基和操作参数互相作用的过程，如果菌株
筛选的培养环境和最终工业化生产的培养环境差别很大，则无法保证筛选出来
的菌株是最优的，这是传统发酵放大途径最大的弊病。基于微型生物反应器的
工艺放大途径，得益于其微小体积、高度的自动化，可以在同一个反应器中完
成菌种、培养基、操作条件的同时优化，不但大大缩短了研发的周期，更重要

的是不会因为培养环境的不同而选出劣等的菌株。在图 5.26 右侧的示意图中,不同的颜色表示了不同的培养环境和菌株不同的特性。在传统的放大途径中,最适合工业化生产的菌株(橙色)由于和初选的培养条件(绿色)不匹配被淘汰。

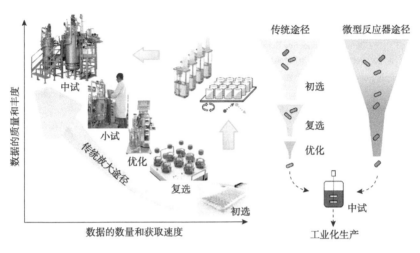

图 5.26　微型生物反应器支撑的发酵工艺放大途径与传统途径的比较

5.5.3　微型反应器的发展方向

由上面的讨论可见,微型反应器对发酵工艺放大的支撑作用目前主要还是体现在加速工艺开发,而不是指导反应器放大设计本身。微型反应器结合了摇瓶的高通量与台式反应器的在线分析、检测能力与可控性,这两方面的优势大大缩短了发酵工艺放大的周期。然而,若要实现严格意义上的缩小模型用于考察放大对发酵过程的影响,需要在时间和空间上准确模拟大型反应器里可能出现的情况。限于微型反应器的体积,这在目前较难实现,短时间内可能也不是微型反应器技术的重点。此外,发酵工艺也不仅仅是控制温度、pH、溶氧和补料这几个操作参数。很多发酵过程,尤其是存在产物抑制等反馈调控的体系,需要进行发酵与分离提取相耦合的操作,或者多级发酵(Freeman et al., 1993)。这些特殊的设计也与微型反应器目前所追求的标准化、平行化思想相悖。但是,得益于微型反应器及其相关分析检测技术的普及,以及物联网、3D 打印等技术的平民化,越来越多的研究人员开始利用廉价的配件在自己的实验室构建具有特殊功能的微型生物反应器(Wong et al., 2018;Gopalakrishnan et al., 2019),就如现在大规模商品化生产的微型反应器起源于 20 世纪 90 年代的实验室一样。在以“规模化订制”为特点的第四次工业革命之际,可以允许最终用户自由组合的模块化的微型生物反应器可能是未来发展的方向。

(李雪良　房峻　陈坚)

参 考 文 献

焦鹏, 2015. 一种基于微小生物反应器的新型菌株复筛和前期发酵工艺开发平台[J]. 生物产业技术, 1: 17-23.

ASCANIO G, CASTRO B, GALINDO E, 2004. Measurement of power consumption in stirred vessels-a review[J]. Chemical Engineering Research and Design, 82: 1282-1290.

BACH C, YANG J, LARSSON H K, et al., 2017. Evaluation of mixing and mass transfer in a stirred pilot scale bioreactor utilizing CFD[J]. Chemical Engineering Science, 171: 19-26.

BAPAT P M, WANGIKAR P P, 2004. Optimization of rifamycin B fermentation in shake flasks via a machine-learning-based approach[J]. Biotechnology and Bioengineering, 86: 201-208.

BRINC M, BELIČ A, 2019. Optimization of process conditions for mammalian fed-batch cell culture in automated micro-bioreactor system using genetic algorithm[J]. Journal of Biotechnology, 300: 40-47.

BUCHS J, LOTTER S, MILBRADT C, 2001. Out-of-phase operating conditions, a hitherto unknown phenomenon in shaking bioreactors[J]. Biochemical Engineering Journal, 7: 135-141.

BUCHS J, MAIER U, MILBRADT C, et al., 2000a. Power consumption in shaking flasks on rotary shaking machines: I. Power consumption measurement in unbaffled flasks at low liquid viscosity[J]. Biotechnology and Bioengineering, 68: 589-593.

BUCHS J, MAIER U, MILBRADT C, et al., 2000b. Power consumption in shaking flasks on rotary shaking machines: II. Nondimensional description of specific power consumption and flow regimes in unbaffled flasks at elevated liquid viscosity[J]. Biotechnology and Bioengineering, 68: 594-601.

CHEN J, DANIELL J, GRIFFIN D, et al., 2018. Experimental testing of a spatiotemporal metabolic model for carbon monoxide fermentation with *Clostridium autoethanogenum*[J]. Biochemical Engineering Journal, 129: 64-73.

CLARK N N, VAN EGMOND J W, NEBIOLO E P, 1990. The drift-flux model applied to bubble columns and low velocity flows[J]. International Journal of Multiphase Flow, 16: 261-279.

DELOUVROY F, SIRIEZ G, TRAN A V, et al., 2015. ambr™ Mini-bioreactor as a high-throughput tool for culture process development to accelerate transfer to stainless steel manufacturing scale: comparability study from process performance to product quality attributes[J]. BMC Proceedings, 9: 78.

DORAN P M, 2013. Chapter 1–Bioprocess Development: An Interdisciplinary Challenge[M]. London: Academic Press.

DORAN P M, 2012. Bioprocess Engineering Principles[M]. 2nd ed. New York: Academic Press: 3-11.

DUETZ W A, CHASE M, BILLS G, 2010. Miniaturization of fermentations, manual of industrial microbiology and biotechnology[M]. 3rd ed. New Jersey: Wiley.

DURAUER A, HOBIGER S, WALTHER C, et al., 2016. Mixing at the microscale: power input in shaken microtiter plates[J]. Biotechnology Journal, 11: 1539-1549.

ELLERT A, GREBE A, 2011. Process optimization made easy: design of experiments with multi-bioreactor system BIOSTAT® Qplus[J]. Nature Methods, 8(4): 360.

FRAIJI L K, HAYES D M, WERNER T C, 1992. Static and dynamic fluorescence quenching experiments for the physical chemistry laboratory[J]. Journal of Chemical Education, 69: 424-428.

FREEMAN A, WOODLEY J M, LILLY M D, 1993. *In situ* product removal as a tool for bioprocessing[J]. Nature Biotechnology, 11: 1007-1012.

FRICKE J, POHLMANN K, JONESCHEIT N A, et al., 2013. Designing a fully automated multi-bioreactor plant for fast DoE optimization of pharmaceutical protein production[J]. Biotechnology Journal, 8: 738-747.

FURUKAWA H, KATO Y, INOUE Y, et al., 2012. Correlation of power consumption for several kinds of mixing impellers[J]. International Journal of Chemical Engineering, 2012: 106496.

GEORGE S, LARSSON G, OLSSON K, et al., 1998. Comparison of the Baker's yeast process performance in laboratory and production scale[J]. Bioprocess Engineering, 18: 135-142.

GOPALAKRISHNAN V, KRISHNAN N, MCCLURE E, et al., 2019. A low-cost, open source, self-contained bacterial EVolutionary biorEactor (EVE)[J]. bioRxiv, 72: 94-134.

GRUBER P, MARQUES M P C, SULZER P, et al., 2017a. Real-time pH monitoring of industrially relevant enzymatic reactions in a microfluidic side-entry reactor (μSER) shows potential for pH control[J]. Biotechnology Journal, 12: 1600475.

GRUBER P, MARQUES M P C, SZITA N, et al., 2017b. Integration and application of optical chemical sensors in microbioreactors[J]. Lab on a Chip, 17: 2693-2712.

HARINGA C, TANG W, DESHMUKH A T, et al., 2016. Euler-lagrange computational fluid dynamics for (bio)reactor scale down: an analysis of organism lifelines[J]. Engineering in Life Sciences, 16: 652-663.

HARINGA C, TANG W, WANG G, et al., 2018. Computational fluid dynamics simulation of an industrial *P. chrysogenum* fermentation with a coupled 9-pool metabolic model: towards rational scale-down and design optimization[J]. Chemical Engineering Science, 175: 12-24.

HERMANN R, LEHMANN M, BuCHS J, 2003. Characterization of gas-liquid mass transfer phenomena in microtiter plates[J]. Biotechnology and Bioengineering, 81: 178-186.

HERMANN R, WALTHER N, MAIER U, et al., 2001. Optical method for the determination of the oxygen-transfer capacity of small bioreactors based on sulfite oxidation[J]. Biotechnology and Bioengineering, 74: 355-363.

HIGBIE R, 1935. The rate of absorption of a pure gas into a still liquid during short periods of exposure[J]. Transactions of the AIChE, 31: 365-389.

JANAKIRAMAN V, KWIATKOWSKI C, KSHIRSAGAR R, et al., 2015. Application of high-throughput mini-bioreactor system for systematic scale-down modeling, process characterization, and control strategy development[J]. Biotechnology Progress, 31: 1623-1632.

JOKIC T, BORISOV S M, SAF R, et al., 2012. Highly photostable near-infrared fluorescent pH indicators and sensors based on BF$_2$-chelated tetraarylazadipyrromethene dyes[J]. Analytical Chemistry, 84: 6723-6730.

KENSY F, ENGELBRECHT C, BUCHS J, 2009. Scale-up from microtiter plate to laboratory fermenter: evaluation by online monitoring techniques of growth and protein expression in *Escherichia coli* and *Hansenula polymorpha* fermentations[J]. Microbial Cell Factories, 8: 68.

KENSY F, ZIMMERMANN H F, KNABBEN I, et al., 2005. Oxygen transfer phenomena in 48-well microtiter plates: determination by optical monitoring of sulfite oxidation and verification by real-time measurement during microbial growth[J]. Biotechnology and Bioengineering, 89: 698-708.

KOLMOGOROV A N, 1941. Dissipation of energy in locally isotropic turbulence[J]. Doklady Akademiia Nauk SSSR: 32.

LADNER T, GRÜNBERGER A, PROBST C, et al., 2017. Application of mini- and micro-bioreactors for microbial bioprocesses// LARROCHE C, SANROMÁN M Á, DU G, et al. Current Developments in Biotechnology and Bioengineering[M]. Netherlands: Elsevier: 433-461.

LATTERMANN C, BUCHS J, 2016. Design and operation of microbioreactor systems for screening and process development// MANDENIUS C F. Bioreactors: Design, Operation and Novel Applications[M]. Weinheim: Wiley-VCH Verlag GmbH & Co. KGaA: 35-76.

LI X, GRIFFIN D, LI X, et al., 2019. Incorporating hydrodynamics into spatiotemporal metabolic models of bubble column gas fermentation[J]. Biotechnology and Bioengineering, 116: 28-40.

LI X, SCOTT K, KELLY W J, et al., 2018. Development of a computational fluid dynamics model for scaling-up ambr bioreactors[J]. Biotechnology and Bioprocess Engineering, 23: 710-725.

LIN H Y, NEUBAUER P, 2000. Influence of controlled glucose oscillations on a fed-batch process of recombinant *Escherichia coli*[J]. Journal of Biotechnology, 79: 27-37.

LUBBERS D W, OPITZ N, 1983. Opticl fluorescence sensors for continuous measurement of chemical concentrations in biological systems[J]. Sensors and Actuators, 4: 641-654.

MANDENIUS C F, BRUNDIN A, 2008. Bioprocess optimization using design-of-experiments methodology[J]. Biotechnology Progress, 24: 1191-1203.

MILLS P L, NICOLE J F, 2005. Multiple Automated Reactor Systems (MARS). 2. Effect of microreactor configurations on homogeneous gas-phase and wall-catalyzed reactions for 1,3-butadiene oxidation[J]. Industrial & Engineering

Chemistry Research, 44: 6435-6452.

NEUBAUER P, CRUZ N, GLAUCHE F, et al., 2013. Consistent development of bioprocesses from microliter cultures to the industrial scale[J]. Engineering in Life Sciences, 13: 224-238.

NIENOW A W, 1998. Hydrodynamics of stirred bioreactors[J]. Applied Mechanics Reviews, 51: 3-32.

NIENOW A W, RIELLY C D, BROSNAN K, et al., 2013. The physical characterisation of a microscale parallel bioreactor platform with an industrial CHO cell line expressing an IgG4[J]. Biochemical Engineering Journal, 76: 25-36.

POURAN B, AMOABEDINY G, SAGHAFINIA M S, et al., 2012. Characterization of interfacial hydrodynamics in a single cell of shaken microtiter plate bioreactors applying computational fluid dynamics technique[J]. Procedia Engineering, 42: 924-930.

QIU F, LIU Z, LIU R, et al., 2019. Experimental study of power consumption, local characteristics distributions and homogenization energy in gas-liquid stirred tank reactors[J]. Chinese Journal of Chemical Engineering, 27: 278-285.

RAMIREZ-VARGAS R, VITALJACOME M, CAMACHOPEREZ E, et al., 2014. Characterization of oxygen transfer in a 24-well microbioreactor system and potential respirometric applications[J]. Journal of Biotechnology, 186: 58-65.

ROHE P, VENKANNA D, KLEINE B, et al., 2012. An automated workflow for enhancing microbial bioprocess optimization on a novel microbioreactor platform[J]. Microbial Cell Factories, 11: 144.

SILVA R, FERREIRA S, BONIFACIO M J, et al., 2012. Optimization of fermentation conditions for the production of human soluble catechol-O-methyltransferase by *Escherichia coli* using artificial neural network[J]. Journal of Biotechnology, 160: 161-168.

TAJSOLEIMAN T, MEARS L, KRUHNE U, et al., 2019. An industrial perspective on scale-down challenges using miniaturized bioreactors[J]. Trends in Biotechnology, 37: 697-706.

VELEZSUBERBIE M L, BETTS J P J, WALKER K L, et al., 2018. High throughput automated microbial bioreactor system used for clone selection and rapid scale-down process optimization[J]. Biotechnology Progress, 34: 58-68.

VILLIGER T K, NEUNSTOECKLIN B, KARST D J, et al., 2018. Experimental and CFD physical characterization of animal cell bioreactors: from micro- to production scale[J]. Biochemical Engineering Journal, 131: 84-94.

WALTHER C, MAYER S, TREFILOV A, et al., 2014. Prediction of inclusion body solubilization from shaken to stirred reactors[J]. Biotechnology and Bioengineering, 111: 84-94.

WEISS S, JOHN G T, KLIMANT I, et al., 2002. Modeling of mixing in 96-well microplates observed with fluorescence indicators[J]. Biotechnology Progress, 18: 821-830.

WOLFBEIS O S, POSCH H E, KRONEIS H, 1985. Fiber optical fluorosensor for determination of halothane and or oxygen[J]. Analytical Chemistry, 57: 2556-2561.

WONG B G, MANCUSO C P, KIRIAKOV S, et al., 2018. Precise, automated control of conditions for high-throughput growth of yeast and bacteria with eVOLVER[J]. Nature Biotechnology, 36: 614-623.

WUTZ J, STEINER R, ASSFALG K, et al., 2018. Establishment of a CFD-based k_La model in microtiter plates to support CHO cell culture scale-up during clone selection[J]. Biotechnology Progress, 34: 1120-1128.

XU B, JAHIC M, BLOMSTEN G, et al., 1999. Glucose overflow metabolism and mixed-acid fermentation in aerobic large-scale fed-batch processes with *Escherichia coli*[J]. Applied Microbiology and Biotechnology, 51: 564-571.

YAO X, ZHANG Y, DU L, et al., 2015. Review of the applications of microreactors[J]. Renewable and Sustainable Energy Reviews, 47: 519-539.

YAWALKAR A A, PANGARKAR V G, BEENACKERS A A C M, 2002. Gas hold-up in stirred tank reactors[J]. The Canadian Journal of Chemical Engineering, 80: 158-166.

ZENG W, DUO L, CHEN J, et al., 2020. High-throughput screening technology in industrial biotechnology[J]. Trends in Biotechnology, 38(8): 888-906.

ZHANG H, LAMPING S R, PICKERING S C R, et al., 2008. Engineering characterisation of a single well from 24-well and 96-well microtitre plates[J]. Biochemical Engineering Journal, 40: 138-149.

ŽNIDARŠIČ-PLAZL P, PLAZL I, 2017. 2.29-Microbioreactors//MOO YOUNG M. Compre- hensive Biotechnology[M]. 3rd ed. Oxford: Pergamon: 414-427.

第6章　基于多参数检测分析与组学技术的发酵过程实时动态优化与控制

　　随着发酵工程工艺的进步和应用领域的不断扩展，对生物发酵产品产量与精细化的需求也日益提高，为满足这种日益提高的需求，就需要不断提高对发酵过程控制与优化的水平（张嗣良，2009），即在已经获得的高产菌种或基因工程菌的基础上，在发酵罐中通过操作条件的控制或发酵装备的改型改造，在不改变现有发酵工艺条件和增加能耗的前提下，尽可能增加发酵产物产量，降低生产成本，提高设备的使用效率，从而提高发酵工业的整体经济效益。最大可能实现发酵过程生产的高产量、高转化率与高生产强度。利用过程控制和优化的方法，将发酵过程控制在最优环境或操作条件下，是提高整体发酵水平的一种简单的方法。

　　传统的发酵过程优化方法主要有基于微生物反应原理的培养环境优化技术、基于微生物生理代谢特性的分阶段培养技术、基于反应动力学的优化控制技术、基于代谢流分析的过程优化技术等。这类基于发酵过程参数检测的模型普遍存在难以适应或描述发酵过程的时变性特征和非线性特征，模型参数多、物理化学意义不明确且难以计算确定、建模费时费力、通用性能不强等诸多缺点，这严重制约了建立在上述模型基础上的过程控制和最优化系统的有效性和通用能力。其中最重要的也是限制最大的条件就是发酵过程参数的检测，发酵过程的参数是否可以被准确地测量是确保模型准确性和实现发酵过程优化控制的先决条件。研究者对发酵过程中参数检测系统的研究也越来越多，在发酵生产中，人们可以利用检测所得到的信息深入了解整个发酵的进程，达到对发酵过程进行控制和优化的目的。组学技术的普及和广泛应用，为发酵过程的优化控制提供了一种新的路径，越来越多的发酵过程开始基于这类技术进行过程优化。目前有关组学的发酵过程优化方法主要为基于代谢组学的过程优化。代谢物是细胞生命活动过程的整体响应物，代表细胞对整个代谢流的最终调控结果。细胞的多种功能是在代谢物和代谢网络的水平上进行调节的。因此，采用代谢组学技术表征微生物的发酵过程以确定优化策略，是进行生物加工过程优化的有效手段。当研究者获得越多、越准确的发酵过程参数，结合代谢组学数据的应用，将会越有利于精确地控制整个发酵进程，可以更好地指导工作人员对发酵生产过程进行更加合理的操作，有助于达到更高的经济效益，发酵过程实施自动控制和优化操作的可能性越大（南忠良等，2003）。

6.1　发酵过程中的过程参数的检测方法

随着国内外研究的不断发展，越来越多的适用于发酵过程的检测技术将会被不断地研究和开发出来，并且被应用到许多实际发酵生产过程中。对于发酵过程中的易测变量如温度、压力、pH、溶解氧等可以直接采用传感器进行在线测量，并且也开发出来各种耐受高温高压的传感器。对于发酵过程不可测变量可以采用测量与之相关的变量，然后通过一定的模型进行计算得出变量数值。

传统的发酵参数检测技术，是利用传感器及检测仪表实现对发酵参数的检测。通过各种传感器可以得到发酵过程中随时间变化的发酵罐内温度、压力、pH、溶解氧等参数的情况，并给予实时控制，使得发酵菌种长期处于适宜产物合成的环境之中。而根据传感器放置位置的不同，传感器又可分为离线传感器、在线传感器和原位传感器。①离线传感器：是指没有安装在发酵罐内的传感器，由人工取样进行手动或者半自动的测量工作，最后人工将结果输入计算机。②在线传感器：是指连接于自动取样系统，可以实现对过程变量的自动、连续在线检测，可以被看作发酵设备的一部分的传感器。③原位传感器：是指直接接触发酵液，可以连续测量信号，一般被安装在发酵罐内的传感器。

由于发酵生产的特殊性，其对于检测所用的传感器有着一些特殊的要求：①传感器不能染菌，尤其是对于一些周期性较长的发酵产物而言更为重要，因此一旦染菌会造成极大的浪费；②稳定性和可靠性，发酵使用的传感器必须具有长期的稳定性和高度的可靠性，这样可以减少重新校正或者替换传感器的麻烦，也有助于降低生产成本。③高特异性，传感器只检测被测参数而不受周围环境变化与发酵过程中其他参数的影响。

根据发酵过程中参数是否可在线测量，又可以将发酵过程控制分为两类：离线控制和在线控制。离线控制是一种典型的开回路-前馈控制方式，其最大的特点就是不需要测量任何状态变量，只利用已知的动力学模型或其他方式来计算和确定控制变量来调控发酵过程。例如，经常在发酵过程中使用的指数流加法就是一种经典的离线控制方法。这一方法是通过控制底物流加速率，使其随发酵时间呈指数形式变化，让细胞按照指数规律生长，同时保持底物浓度恒定。离线控制的方法不需要对发酵过程参数进行实时在线测定，但是，这一方法必须严格要求描述过程动力学的模型的准确性。然而在实际发酵过程中，由于环境因素的改变，过程动力学特性会发生变化和偏移，离线控制的效果会产生不同程度的变化，使得不能达到最优的结果，发酵过程优化的目标也就无法实现。由于离线控制的劣势，在线控制方法越来越受到研究者们的青睐。在线控制是典型的闭回路-反馈的控制方式。在反馈控制中，至少要有一个状态变量可以在线测量。根据被控状变量测量值与其设定值之间的偏差，反馈控制器按照一定的方式，自动地对操作变量进行修正调整，使得测量值能够迅速和稳定地被控制在其设定值附近。反馈控制器的建立与调整，实际上就是通过确定和改变控制器的控制参数，使得反馈控制器具有良好的稳定性。

对于一般的发酵系统而言，需要检测的相关参数可以分为三类：物理参数、化学参数和生物参数（Wu et al., 2011）。

6.1.1　物理参数

发酵过程相关的物理参数包括发酵罐的压力、发酵罐的温度、发酵液的体积、发酵罐电机转动的速度、泡沫等。目前这些物理参数的在线检测技术已经相当成熟，可以在实验室和工厂条件下的发酵罐中安装适当的仪器或者传感器以实现原位自动检测，确保微生物处于发酵的最佳环境中，提高产量，降低能耗。

6.1.2　化学参数

发酵过程中的化学参数包括溶氧量、pH、氧化还原电位、气相成分、底物浓度、副产物浓度和产物浓度等。溶氧量对于发酵过程中菌体的健康生长和生成相应的代谢参数具有极其重要的作用，目前在实验室和部分工厂均已实现了对溶氧量的实时在线检测。pH 在生物过程中也有着非常重要的作用，不同的 pH 会影响微生物的生长甚至导致微生物死亡，并且不同的微生物生长的最佳 pH 不同，有些微生物在发酵的不同阶段对于最适 pH 的范围也会发生变化，并且微生物的某些代谢物质也会影响环境中的 pH 变化，因此在发酵过程中，pH 必须作为一个全程在线检测并实时控制的参数。目前在发酵过程中都可以实现原位实时检测 pH，根据检测的结果，发酵中一般采用酸碱物质流加和补料速率调控等方式来进行 pH 的在线调控，对发酵过程进行优化调控。氧化还原电位可通过 ORP 电极在线测量，由于 ORP 电极中的氧化还原电对的极性较强，即使在微量氧存在时也可以进行精确测量，所以，在一些厌氧发酵、兼性好氧发酵和低溶氧发酵的生物过程中，这一电极也常常用于测定发酵环境中的溶氧量。研究者利用这一策略对柠檬酸发酵过程和木糖醇进行了优化，极大地提高了产物的得率（Berovic, 1999; Kastner et al., 2003）。

对于气相成分，如 N_2、O_2、CO_2 等，目前已经有可以在线检测的过程质谱仪和电子鼻等设备。基于四极杆的过程质谱仪由于具有多通道、性能稳定的优势在生物工程领域占有较大的市场。其工作原理是：当发酵罐中的气体样品进入进样检测系统之后，气体分子受到离子源的轰击形成不同的带电离子，然后在磁场的作用下，散落在检测器的不同位置，从而实现在线的全谱扫描。过程质谱仪具有精度高、漂移小、需样量小的优点，可实现快速连续精确测量，检测过程如图 6.1

所示。利用过程质谱仪对发酵过程中的尾气进行检测分析，可以得到表征细胞呼吸代谢强度的氧气摄取速率（oxygen uptake rate, OUR）、二氧化碳释放速率（carbon dioxide evolution rate, CER）和反映微生物胞内代谢变化的呼吸熵（respiratory quotient, RQ）。我国的学者利用过程质谱仪对脱氮假单胞菌的维生素 B_{12} 工业发酵生产过程中的尾气成分进行测定，并且对测定的数据进行进一步的加工处理，结合溶氧量、OUR、CER 和 RQ 等多参数进行相关性分析，研究生产菌株对氧的亲和能力以及二氧化碳对副产物合成的影响，建立了基于生理代谢参数为指导的过程优化工艺，提高了产品的产量（Wang et al., 2016）。

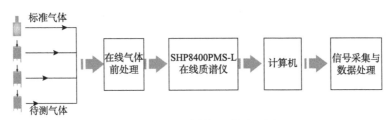

图 6.1　过程质谱仪工作流程图

电子鼻与过程质谱仪类似，是一种快速检测发酵中气体成分的在线检测仪。气敏膜材料为金属氧化物半导体 SnO_2，在接触气体时，涂在陶瓷表面的 SnO_2 气敏膜电阻随着气体种类和浓度的变化而变化，当传感器与被测气体接触时，在工作电压保持不变的前提下，与传感器串联的负载电阻两端的电压就相应地发生变化，从而实现对不同气体的成分和含量进行定性和定量的检测。电子鼻具有高灵敏度、快速响应的特点，可以对发酵过程气体的微量成分进行测定，部分电子鼻的灵敏度甚至可以到达 100 ng/L。电子鼻工作示意图如图 6.2 所示。国内研究者

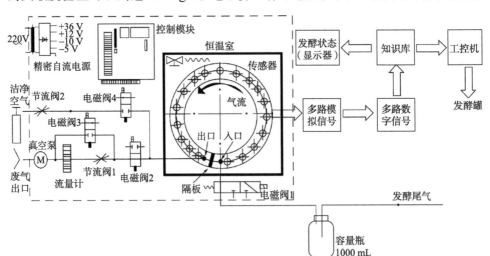

图 6.2　电子鼻工作示意图

利用电子鼻对红霉素的发酵过程进行了优化控制（Zhao et al., 2016），通过对发酵过程中重要产物的合成前体正丙醇的残留量进行实时精确的检测，结合其他组分及过程参数在发酵过程中的影响，研究最终将发酵液内的正丙醇浓度维持在一定的范围内，既避免了正丙醇含量不足、补料不及时，又避免了正丙醇含量过高影响发酵菌的生产，依靠这一技术成功对红霉素生产进行了发酵过程优化。

　　发酵过程中底物浓度和代谢物浓度的检测是掌控发酵过程中细胞代谢的重要参数，底物浓度影响细胞的生长代谢和产物的合成。目前底物和产物的浓度检测主要有离线和在线两种方式，其中离线测定方法常见的有比色法、液相法、液质法、气相法和气质法等技术，但是离线操作分析往往需要一定的时间进行操作，信息存在滞后性，不能及时和实时反映微生物细胞的生长状况和代谢特性，因而对发酵过程优化控制的指导性和参考性具有较大的局限性。此外，研究人员使用此信息对发酵过程进行优化调控严重地影响了发酵的正常进行，降低了发酵的性能。因此，在线实时检测的方法越来越受到广大发酵行业研究者的青睐。近年来，国内外许多研究都使用近红外光谱法和中红外光谱法通过傅里叶变换红外光谱仪(FTIR)对发酵液中的底物和产物浓度进行实时测定。FTIR 由光源、干涉仪、样品室、检测器和计算机组成，其最核心的技术是干涉仪及准直系统（谢非等，2015）。FTIR 具有透射和吸收两种检测方式，由于发酵过程都是在水相中进行的，而水对于红外光有强烈的吸收作用，因此在发酵过程中采用的是吸收的方式，利用衰减全反射(ATR)技术通过样品表面的反射信号获得样品表层化学成分的结构信息，这一方法使得传统投射法不能测量或者制备复杂、难度较大的测试成为可能，并且此方法在测试过程中不需要对样品进行任何处理，对样品没有任何损坏。在线傅里叶变换红外光谱仪整体结构设计如图 6.3 所示，其中干涉系统设计原理如图 6.3 虚线框中所示；衰减全反射原理如图 6.4 所示（谢非等，2015）。

　　近红外和中红外均具有检测快速、无破坏性等特点，可以在短时间内获取发酵液中物质浓度的信息。我国的研究者使用克雷伯氏杆菌发酵生产 1,3-丙二醇中使用实时近红外光谱在线检测底物甘油变化量，研究设计的在线监测实验平台如图 6.5 所示。研究首先对高浓度的 1,3-丙二醇和甘油进行建模，之后采取实验验证，通过 1,3-丙二醇发酵过程底物甘油浓度的在线监测数据和离线参考数据分析发现这两组数据之间具有良好的相关性，最终结果表明研究者建立了一套可以对 1,3-丙二醇发酵过程有效实时在线监测的系统，可以将此检测方法和建立的模型应用于连续发酵过程中底物甘油的反馈流加控制，从而提高发酵过程的价值（王路，2017）。

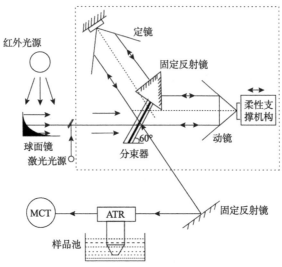

图 6.3　傅里叶变换红外光谱仪（谢非等, 2015）

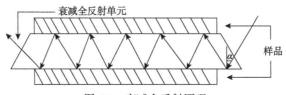

图 6.4　衰减全反射原理

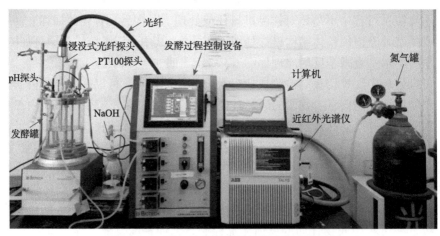

图 6.5　1,3-丙二醇发酵过程在线监测实验平台

6.1.3　生物参数

　　生物参数基本上是发酵过程中独有并且非常重要的一些参数，包括菌体的浓

度、菌体的生长速度和细胞形态等。与之前两种参数相比，生物参数的检测难度更高。目前出现的一些生物参数检测的仪器由于其价格较高而未得到普及，目前在实验室和工厂条件下使用较多的是离线检测。因此，无论在国内还是国外，发酵过程中的生物参数在线检测始终是一个难题。

　　菌体的浓度即细胞量是生工发酵过程中最为关键的阐述，它是整个发酵过程的核心，并且细胞量与细胞的生长代谢和产物的生产有着密切的关系。目前测量细胞量的方法也是两种，即离线和在线。常见的离线方法有细胞干重法（DCW）、光密度法（OD）等，这些离线方法耗时耗力，受人为操作影响大并且不能够区分活菌与死菌的数量，进而不能用于分析发酵过程中相关参数的可靠数据。近年来，细胞量在线测定的方法不断发展，涌现出一批优良的检测技术，在这里我们主要介绍活细胞传感器。活细胞传感器利用电容的原理，可以对细菌、酵母菌、放线菌、霉菌等发酵过程中的活细胞进行准确测定，是生物过程监测分析技术中极具前途的工具（Baldi et al., 2007）。目前国内使用的在线传感器主要购自国外，主要分为四针式和四环式（图 6.6），其工作原理一致，其中一对电极在培养基中产生交变电场（交变电场的频率为100kHz～20MHz）时，具有完整原生质膜的活菌细胞会产生极化现象，这时候可以将其视为极小的电容器，另一对电极用于测定培养基中的电容信号，再经过前置放大器的信号处理和计算机的软件分析计算，就可以得到所需的电容值。在线活细胞传感器可以在发酵过程中直接、实时、在线获得可靠的活细胞数量、活力、细胞平均直径和细胞大小的分布信息。

（a）四针式电极　　　　（b）四环式电极

图 6.6　活细胞传感器电极

　　在发酵过程中，细胞形态与发酵产物的产生有着极其重要的关系。目前对发酵过程中细胞形态的观察主要存在两类：离线检测和在线检测。离线检测中研究者可以使用光学显微镜和电子显微镜进行细胞形态的观察，使用电子显微镜离线观察具有分辨率高、成像清晰等优势，但是对于发酵过程中细胞形态的实时变化无法测定，尤其是与细胞形态联系非常紧密的次级代谢物的生产。目前已经出现了可用于发酵过程菌体检测的在线显微摄像技术，这一技术对于进行过程细胞形态的统计分析和对工艺的调控具有极大的指导意义。高清晰在线显微摄像仪由于其高分辨率和自动抓拍的功能而受到广大研究人员的认可（图 6.7）。在线显微摄像仪可以将所拍到的菌体图片进行分析处理，得到细胞大小分布等信息，对于根据细胞形态进行发酵过程优化具有重要的意义。

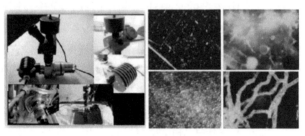

图 6.7　在线显微摄像仪在微生物培养过程中的应用

　　目前，随着实时检测技术和工具的快速发展，发酵智能化技术和装备体系及发酵智能化工业新模式是发酵工程领域的重要发展趋势（陈坚，2019），建立发酵底物、前体、产物等关键环境参数在线检测以及细胞生长、生产、呼吸等关键生理参数在线计算的代谢全方位实时监测体系，突破传统离线检测方法过程烦琐、结果滞后的限制，实现关键指标参数获取从小时级向秒级的跨越（图 6.8）。未来，随着生物技术的进一步发展，对细胞内包括基因组、转录组、蛋白质组和代谢组等微观代谢参数进行快速离线检测或者在线检测也是完全可能的。这些不同类型的传输可以由宏观和微观等多个层次刻画发酵过程的特征，构建生物过程优化和控制研究的信息源，找出各个参数之间的联系，实现不同尺度分析微生物代谢过程，达到优化生物过程的目的。

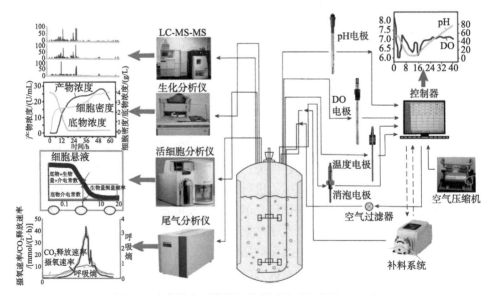

图 6.8　多参数实时检测与控制系统（刘龙等，2014）

6.2　基于多参数过程分析技术的发酵过程
实时与动态优化

微生物发酵是生物工程的重要组成部分，是促进国民经济发展的重要技术之一，是解决可持续发展问题的热点领域。发酵工程科学是一门致力于从分子、细胞和系统不同层次解析工业环境下发酵微生物行为的基本规律，提高生物制造和生物工艺效率，实现高产量、高转化率和高生产强度的相对统一的学科（刘延峰等，2019）。微生物自身的代谢状态显著影响着发酵过程的生产强度和经济性，但微生物的代谢状态又对发酵环境极其敏感。现在许多发酵产品仍无法大规模工业化生产，原因主要有两点：一是生产菌株的代谢物合成能力不足；二是发酵过程的控制条件不佳。对于生产菌株自身的代谢能力不足，可以通过对其生理特性和代谢能力的解析，在分子水平上进行改造从而获得优良的生产菌株，随着基因编辑技术的迅猛发展，获得遗传性优异、工业化潜力强的生产菌株变得日益简单。但一块璞玉如何打磨成和氏璧，就关系到后面的发酵过程优化技术。发酵过程控制优化指的是在已具有良好生产菌株的基础上，对发酵过程进行全局动态的优化与控制，保证发酵过程状态稳定、有序、定向和高效，最终实现目标代谢产物生产的高产量、高产率与高生产强度的统一。利用过程控制优化技术将微生物发酵过程控制稳定在最佳的环境条件下，是提高发酵产量的重要途径，其关键性绝不亚于分子水平上的基因改造。

6.2.1　传统发酵过程控制与优化技术

传统的发酵过程控制优化技术主要包括以下几种：一是基于微生物反应原理的培养环境优化技术；二是基于微生物代谢特性的分阶段培养技术；三是基于反应动力学的流加发酵优化技术；四是基于代谢通量分析的发酵过程优化技术（陈坚等，2009）。

1. 基于微生物反应原理的培养环境优化技术

对于微生物发酵过程的优化，首先需要掌握生产菌株的反应原理，即生产菌株需要利用何种底物，以何种运输方式到胞内，进行何种生化反应，最后产物以何种方式排出。这是控制优化微生物发酵过程的前提基础，只有理解生产菌株的工作方式以及底物代谢流向，才能对症下药。培养环境的优化主要分为培养基和发酵环境的控制优化。对于发酵培养基，首先需要保证微生物发酵的必需营养物质以及特定目标代谢产物所需的额外物质，其次添加的底物浓度需适度，过高的底物浓度反而会对微生物的发酵产生抑制（Rodriguez et al., 2017），如过高的碳源浓度会导致明显的阻遏效应。底物浓度过高也会导致副产物的增加，造成后续提取成本的上升。优化好的培养基就像是各种精心挑选的原料，但只有原料对于做出美味佳肴还远远不够，还需要精湛的"厨艺"。发酵环境的优化则是对"厨艺"的锤炼。发酵环境的优化主要是研究发酵温度、pH、转速和溶氧等对发酵的影响。优化这些参数的目的在于保证细胞在发酵过程中处于最适宜的环境之下，进而达到预期的发酵水平。

2. 基于微生物代谢特性的分阶段培养技术

发酵过程中，细胞生长与目标产物代谢之间往往会存在一定程度的底物与能量竞争关系。因此，若能够降低细胞生长与目标代谢产物对底物能量的竞争性，提高底物对目标代谢产物的转化率，则就可以提高目标代谢物的发酵产量。但控制优化发酵过程的最终目的是实现高产量、高转化率和高生产强度的统一，单纯地使底物与能量都流向代谢途径会导致细胞生长的迟缓。因此传统的发酵过程控制优化技术最常采用的方法就是分阶段培养，即在一定程度上将细胞生长阶段与产物合成阶段分开。传统的发酵过程控制优化技术主要是通过控制发酵过程参数（温度、pH、溶氧、转速）来达到预期效果，即发酵过程前期最大化地使底物和能量用于微生物自身的生长繁殖，等到发酵中后期生产菌株的生物量达到一定程度后，调控发酵参数进而使底物和能量改变途径流向，主要用于目标产物的合成。分阶段培养技术能够较好地降低细胞生长与代谢合成之间的竞争关系，也是目前发酵工程领域应用最为广泛的控制优化技术。且随着技术的不断更新，这种分阶段培养的思维也被成功借鉴到分子改造上。例如，较为常见的诱导型启动子，将诱导型启动子用于控制代谢途径，从而可以人为控制代谢合成的开始阶段。群体响应（quorum sensing）系统则是更加自主、双向的升级技术。Cui 等（2019）在枯草芽孢杆菌中成功构建出 Phr60-Rap60-Spo0A 群体响应系统并应用至维生素 K_2 的代谢网络调控，最终在 15 L 发酵罐规模中使 MK7 的发酵产量达到了 200 mg/L。

3. 基于反应动力学的流加发酵优化技术

微生物发酵在发酵形式上可以分为分批发酵和补料发酵。分批发酵过程中，细胞、基质和产物浓度都会随着发酵时间的变化而变化，但基质或者产物的积累会对细胞的生长产生一定的抑制作用，生产水平较低。补料分批发酵是易于实现细胞高密度发酵的一种培养方式。流加培养能使发酵过程中基质的浓度保持在一个较低的水平，这样不仅可以消除碳源等基质浓度过高而带来的阻遏效应，维持发酵罐内适宜的发酵条件，而且可以起到稀释发酵液降低黏度的作用。

热力学、动力学和化学计量学是生物化学过程的三大基本原理。热力学主要用于表征一个封闭系统内能量、物质、功和热能之间的联系性，可以衡量一个生化反应的可行性。但是，热力学研究几乎不考虑生化反应时间这一关键因素，其结论只侧重于反应的可行性，因此在发酵工程领域的应用具有一定的局限性。与热力学研究相比，动力学研究主要侧重于研究生化反应的时间，动力学研究策略采用微分方程描述状态变量的改变，典型的代表有描述细胞生长的 Monod、Logistic 方程和描述物质变化的 Luedeking-Piret 方程，这些方程可对较难处理的分批发酵过程进行简便建模，用以计算生长和产物合成动力学数据（Garnier and Gaillet, 2015），最终确定微生物发酵过程中流加培养操作方法。基于线性微分方程组的发酵过程动力学模型已被成功应用于指导某些典型发酵产品的发酵过程优化与控制（Slininger et al., 2014）。

4. 基于代谢通量分析的发酵过程优化技术

调控代谢通量是控制优化微生物代谢的重要方式之一。建立一个工业发酵体系完整动力学模型的另外一种有效方式是系统化学计量学研究，其中就包括了代谢通量分析这一方法。代谢通量分析依据微生物代谢路径中各生化反应的计量关系，以及发酵过程中某些底物、代谢产物的通量和细胞组成等确定整个代谢网络的通量分布，再利用代谢通量分析方法，通过测定细胞和代谢产物浓度的变化速率，计算出胞内代谢途径的通量变化，分析目标代谢物合成途径中主要代谢节点性质。当知晓目标代谢物合成途径的主要代谢节点时，可以通过调整过程参数和补料发酵来对代谢网络进行针对性的控制优化，使整个微生物发酵过程实现高产、高效、低能耗。Liu 等（2009）在对兽疫链球菌产透明质酸的发酵过程进行优化时，建立了透明质酸的代谢网络，并通过控制发酵 pH 和流加培养策略改变了兽疫链球菌的产能途径，使其发酵产量提高了 30%。

6.2.2 发酵过程控制与优化技术的发展与趋势

传统的发酵过程控制与优化的技术很大程度上促进了发酵工程领域的迅猛发展，在许多生物制品成功工业化的道路上起到了无法替代的作用。但时代的局限性使它在应用过程中逐渐暴露出些许不足，如传统的基于代谢通量分析的发酵过程优化技术更多的是基于准稳态的假设下进行的（刘龙，2009），但是工业化生产过程中大量涉及非代谢稳态条件，因此其很难应用到实际的工业生物过程中。只有不断引入先进的思维技术，不断完善、更新、发展，才能够保证发酵过程控制与优化技术的时代性与应用性。随着多学科交叉发展的大趋势，控制自动化、计算数学等学科进入发酵工程领域，发酵过程控制与优化技术也有了新方向的发展——基于多参数实时检测和代谢控制的发酵过程控制与优化技术应运而生。

基于多参数实时检测和代谢控制的发酵过程控制与优化技术主要包含以下三

个思路：一是在多参数实时在线检测的基础上，实时分析与联动控制；二是计算流体力学模拟混合、传质过程，结合细胞生理特性进行过程优化；三是应用统计学方法建立多元模型，进行参数预测、目标优化和风险评估。

1. 多参数实时在线检测，实时分析与联动控制

知己知彼才能百战百胜。想要对微生物发酵过程进行控制优化，必须对发酵过程进行细致的监测，再逐步进行控制优化。发酵参数是衡量发酵过程的重要标准，主要的发酵参数包括温度、转速、pH、溶氧、活细胞密度、发酵产量等，其中温度、转速、pH 和溶氧则是最重要的基础过程参数。过程参数是微生物生长代谢的重要外在表现形式，通过对这些参数的收集分析，可以准确掌握当前发酵过程的真实状态，系统地获得细胞在生物反应器中的过程宏观代谢特性，摸索出发酵过程中存在的规律，从而使控制优化技术更具有科学性、准确性和针对性。发酵过程参数可以分为离线参数和在线参数。20 世纪我国的发酵工艺较为落后，发酵过程基本为"黑箱"，许多基础过程参数的检测都不够及时准确，从而导致在优化控制发酵过程时基本依靠经验式，也无法及时避免发酵过程的风险性。在发酵过程领域，过程变量的监测尤其是连续实时的监测至关重要，它是实现细胞高效生产的基础，原位实时地监测关键工艺参数对监测、确定、优化和控制发酵过程来说是很有必要的。近些年来，随着检测与在线传感技术的不断发展突破，越来越多的离线参数变得可以在线实时检测（Xia et al., 2009）。

发酵过程参数的获取不仅是为了表征当前发酵过程的状态，更是为实时优化控制提供依据。较早的在线检测调控方法主要包括溶氧转速联动和 pH 自控。溶氧转速联动可以通过调节转速的高低从而保证发酵过程中溶氧始终保持在较为稳定的设定范围内。而 pH 自控更是具有划时代的重要意义。早期发酵过程中 pH 的检测只能取样后离线检测，并在离线参数基础上添加酸碱溶液进行调控。这种操作不仅时效性低，而且频繁的取样会对整个发酵体系的稳定造成一定程度的破坏，增加发酵过程染菌的风险性。pH 在线检测自控则完美地解决了这些弊端。随着生物反应器与多种在线检测仪器的联用，动态调控也变得更加具有全局性。例如，生物传感分析仪与生物反应器相连，可以实时在线检测各发酵节点发酵体系中葡萄糖、乙醇、氨基酸等物质的浓度，尤其是使用广泛的葡萄糖，当生物传感分析仪在线检测出葡萄糖浓度后，可以实时控制补料泵的添加速度，保证发酵环境的适宜性。尾气分析仪与生物反应器相连，可以实时在线检测发酵尾气中 O_2 与 CO_2 浓度，进而获得 OUR 和 RQ，以此来表征细胞生理状态，继而对发酵过程进行调控。

2. 计算流体力学模拟混合、传质过程，结合细胞生理特性进行过程优化

许多生物制品在实验室规模发酵时往往具有工业化潜能，但是在中试放大试

验时，却往往不尽如人意。中试放大不是简单的几何缩放，发酵过程的参数条件并不能直接照搬，这涉及混合与传质特性问题。发酵体系的流变特性将影响其质量和热量传递及混合程度，进而影响微生物发酵过程。具有一定黏度的发酵液在发酵时，由于黏度梯度的原因，远离搅拌器中心的流体流动性急速下降，同时黏度也使搅拌器的泵送能力下降，使得混合问题更为复杂。这种效应使得气体在生物反应器中难以被打碎成细小气泡，并会导致搅拌死角的存在，形成"有效搅拌区域"现象[33]。这种现象在实验室规模的生物反应器中可能并不会产生，但是在大型的反应器中却是无法避免的情况。CFD 则能够很好地解决这一难题（Wang et al., 2009）。CFD 模型能够表征生物反应器内流体动力学状态，且 CFD 遵循控制流体质量、动量和能量守恒的基本原理，已被成功应用到工业规模扩大所涉及的瓶颈的研究中。

大型生物反应器中，由于发酵体系均匀度差，不同位点的过程参数往往会呈现出一定的差异性，这会给发酵过程调控造成误导，而多点检测又会造成发酵成本的大幅上升。Spann 等（2019）则对大型生物反应器中多位点的 pH 梯度进行了研究。研究者首先建立了 *Streptococcus thermophilus* 700 L 发酵规模的单相 CFD 模型，再通过脉冲示踪实验和多位点 pH 在线检测验证了该生物反应器的流体力学模型的可信度。然后建立 *S. thermophilus* 细胞生长、基质消耗和乳酸代谢合成的动力学模型，并将其集成到经过验证的 CFD 模型中，进而预测发酵过程中的 pH 梯度并用以指导发酵过程的优化控制。Zou 等（2012）通过 CFD 模拟比对不同规格的生物反应器中的流体动力学，发现氧传递速率（oxygen transfer rate，OTR）会随着体积的增加而降低，这一结论也揭示了许多生物制品在中试放大过程中发酵产量下降的原因。

抗生素发酵生产工艺中，大豆油是一类常见碳源，但是由于大豆油的溶解性差，从发酵罐顶部注入时如果混合不均匀，则会产生"碳源浓度梯度化"现象，进而影响整个发酵结果。为了解决这一问题，Yang 等（Xia et al., 2009；Yang et al., 2012）在 12 T 生物反应器规模上，使用 CFD 模拟预测了常规径向叶轮以及径向、轴向叶轮混用的微生物发酵产头孢菌素的过程。通过对比结果发现，过程参数 RQ 值存在明显的差异，也直接表征了大豆油消耗率的不同。在发酵过程的最初 50 h 里，RQ 值较为一致，待到发酵后期时，RQ 值出现了不同的趋势，使用径向、轴向叶轮混用的反应器中 RQ 值更加接近于理论值，这表明由于其更有效的混合能力，在径向、轴向叶轮混用组合下形成了更均匀的大豆油浓度。此外，新组合产生的流体动力学环境可能有利于形成分散的分节孢子而不是菌丝，从而提高了头孢菌素的发酵产量。

3. 建立多元模型，进行参数预测、目标优化和风险评估

　　由于发酵过程的复杂性，所获得的过程参数也会表现出离散、非线性、混杂等特性。计算科学与分析统计学的出现很好地解决了这一难题。多参数生物反应器系统能够通过计算机实现过程参数的在线检测和采集。一方面，数据采集与反应器的计算机自动控制形成完整的控制系统；另一方面，研究人员从大量的数据中挖掘发酵过程调控所需的依据也是重要的研究内容。将数据转变为数据模型并且预测发酵过程曲线是发酵过程控制和优化的重要手段（Wang et al., 2019）。现发酵工程领域的数学模型主要分为三类：机理模型、黑箱模型和混合模型。

　　机理模型：基于发酵动力学机理的建模方法，也称为白箱建模，它是研究微生物发酵过程中微生物生长、基质消耗和产物合成三者之间关系及其内在规律的一门学科。前文所提及的 Monod、Logistic 和 Luedeking-Piret 方程皆属于此类数学模型。如按照建立数学模型的假定条件再细分的话，机理建模又可以分为非结构非隔离建模、非结构隔离建模、结构非隔离建模和结构隔离建模。应用广泛的 Monod 方程属于非结构非隔离模型，该方程在建模时，基础假设为生物反应器内的环境是均匀的，没有考虑流体力学，也不考虑细胞个体之间的差异。机理模型能够表征细胞生长的一般趋势，应用广泛。但是由于其基础假设的完美性、各参数之间的关联性以及生化过程机理的不确定性，建立的数学模型的可信度并不高，无法充分表征微生物发酵过程的特性。

　　黑箱模型：又称为经验建模，在建模时不需要考虑发酵过程机理，是建立在统计学基础上的数学模型。黑箱模型代表性的方法为人工神经网络（artificial neural network，ANN）技术，ANN 技术以经验风险最小化为原则，理论上可以接近任意非线性函数，显现出很强的非线性特点，非常适用于高度非线性化和不确定性的发酵过程。虽然 ANN 技术的适用性强，但在建模时需预先指定神经网络的网络结构，再辅以大量的输入值和输出值进行训练，无法观测到学习过程，输出结果较难解释，缺乏可信度。

　　混合模型：机理建模能够从本质上表征发酵过程规律，可信度高，但是对于复杂的发酵过程而言，建立的机理模型精度不高。黑箱建模则是基于统计学的基础，依据输入输出值直接建模，无须理解复杂的发酵机理，但其解释性差，需要大量数据训练。机理建模和黑箱建模呈现出高度的互补性，因此研究者将其组合使用，从而形成了混合建模方法。混合建模不仅可以表征发酵过程规律，又能够利用已有参数进行黑箱建模，继而对机理建模做出有效的补充，可以实现更高的精度、更少的迭代次数和更低的应用成本。目前，混合模型已被公认为生物过程分析的一种经济有效的方法，最常用的混合模型是基于质量平衡方程与人工神经网络反应动力学模型相结合的方法。

　　通过数学建模的方式可以较好地拟合预测出微生物的发酵过程。但目前数学

模型的应用更多是停留在离线层面上，对微生物发酵过程的控制与优化具有一定的滞后性，无法最大化、时效性地应用。如何将其及时准确地应用至发酵过程的控制与优化，过程分析技术（process analytical technology，PAT）的出现很好地解决了这一问题。PAT 通过即时测量原料、过程中物料以及过程本身的关键技术指标来实现过程设计、分析和控制，目的是保证过程的可靠性，确保最终产品的质量（Rathore and Kapoor, 2009）。通过 PAT 可以对发酵过程参数进行有效的管理分析，建立合适的动态数学模型，继而对发酵过程中的重要参数实时检测并预测评估发酵结果，进而动态、及时、全局调控发酵培养条件和补料方式，最终达到高产量、高转化率和高生产强度的相对统一。

PAT 系统（图 6.9）主要可以分为发酵过程系统和在线数据采集与控制系统。发酵过程系统需要联合使用在线的检测传感器来获取实时、连续的发酵过程参数。在线数据采集与控制系统则需要与先进的数学方法和经过验证性能的高级控制元器件组合使用，先进的数学方法可以保证过程参数得到准确、系统的分析，对发酵过程进行合理的预测与风险评估，输出需要维持或调控的发酵环境变量，进而命令过程控制元器件完成特定的操作；具有高度可靠性和自动化的高级控制元器件可以在维护关键发酵过程参数方面发挥重要作用，从而保证发酵产品的重要参数稳定性并提高发酵过程鲁棒性。

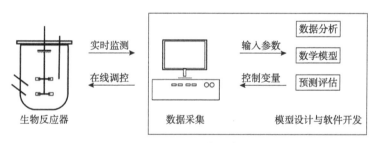

图 6.9　PAT 系统示意图

前文所提及的 pH 自控系统可以看作是 PAT 的基本雏形。随着各种在线检测技术的发展，包括代谢产物、基质浓度、细胞浓度等发酵参数都可以进行实时检测，研究人员可以依据特定发酵过程的重要参数进行系统的设定，继而实现实时的在线调控。相比之前的离线检测调控，PAT 可以使得整个生物反应器内的发酵环境趋于理论值。

6.2.3　基于 PAT 平台优化糖基化毕赤酵母产人类干扰素 α2b 的发酵过程

人类干扰素 α2b（human interferon alpha 2b，huIFNα2b）是具有广泛生物学特性的 I 型干扰素，具有抗病毒、抗增生和调节免疫等效果。相比于细菌表达系统，毕赤酵母作为甲基营养型酵母的一类，在表达异源蛋白领域具有明显的优势。在真核系统特别是酵母系统中，细胞的比生长速率 μ 与蛋白质合成表达能力具有显著的相关性，发酵过程的 μ 值大小显著影响着胞内的转录水平。因此，控制发酵过程中的关键参数 μ 有望显著提高异源蛋白的表达量（Katla et al., 2019）。

基于 PAT 平台进行发酵过程的优化技术，首先需要解决关键参数的在线检测。研究者基于电介质光谱法检测发酵体系的电容 C 和电导率 G，发现在发酵过程的各个阶段（如指数生长阶段、甲醇诱导阶段），电容与生物量之间呈现出显著的相关性，如图 6.10 所示。

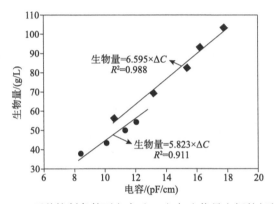

图 6.10　两种控制条件下电容（ΔC）与生物量之间的相关性

对电容值的变化速率进行数学建模，得到实时的比生长速率 μ_{est}，之后利用生物量离线计算比生长速率验证了实时比生长速率检测的可信度。至此研究者建立了高可信度的实时检测发酵过程关键参数 μ_{est} 的方法，即利用参考频率减去测到的 C 值，得到 ΔC，并通过式（6.1）计算得到比生长速率 μ_{est}。

$$\mu_{est} = \frac{\ln\left(\Delta C_{t,n}\right) - \ln\left(\Delta C_{t,n-1}\right)}{t_n - t_{n-1}} \tag{6.1}$$

其中，t_n 和 t_{n-1} 均为检测时间。

其次，研究者对 *Pichia pastoris* 发酵过程特性做了研究。在发酵前期甘油作为发酵碳源。研究人员对 *Pichia pastoris* 进行分子改造时，使用 AOX 启动子对产物合成途径进行调控，因此在发酵前期绝大部分碳源都被用于菌株的生长繁殖。CER、OUR 信号降低，DO 急剧上升时，表明发酵体系中的甘油已经被消耗殆尽。之后研究人员采用脉冲补料策略添加甲醇。当甲醇刚加入生物反应器内时，发酵体系内的活细胞会减少，直接表现为 ΔC 的信号下降。此时持续进行脉冲补料，直至 ΔC 的信号走势正常。该阶段被认为是碳源适应阶段，在该阶段内 AOX 的转录机制被激活，甘油在碳同化作用下转变为甲醇。研究人员考察了不同脉冲补料量（20 g 和 30 g）对发酵的影响，结果如表 6.1 所示。

表 6.1　甲醇诱导发酵阶段脉冲补料对比生长率 μ_{est} 的影响

补料速率	菌体干重 /(g/L)	μ_{gly}/h^{-1}	μ_{met}/h^{-1}	$Y_{X/gly}$/(g/g)	人类干扰素 α2b/(mg/L)	容积生产率[a] r_p/[mg/(L·h)]	$Y_{X/met}$/(g/g)
分批补料（20g 甲醇）	158.4	0.213	0.02718	0.772	436	6.22	0.129
分批补料（30g 甲醇）	133.12	0.204	0.0262	0.822	627	10.11	0.109

a r_p 仅在诱导阶段计算。

由表 6.1 可知，过量脉冲补料（30 g）时，细胞生物量出现下降，μ_{met} 值几乎没有变化，但人类干扰素 α2b 的发酵产量却提升较为显著。结合甲醇的消耗速率及补料节点与 ΔC 信号的波动，更加验证了建立的在线估算 μ 值方法即使在发酵诱导期依然具有高度的精确性。研究人员分析认为该现象的原因为甲醇对细胞膜合成和 DNA 复制具有抑制作用，从而导致细胞生物量下降；同时对合成途径的能量通量（由于甲醇利用）调节，进而导致发酵产物产量的提高。

PID 是目前使用最为广泛的控制算法，与要求高度复杂数学分析的高级控制方法相比，PID 具有适用性广、操作简便、性能高效等优点（图 6.11）。

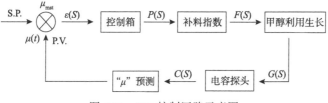

图 6.11　PID 控制回路示意图

该案例中，PID 系统通过在线检测到关键参数 μ_{est} 后，会与设定参数 μ_{sp} 进行比对，从而自主、动态地开启甲醇流加，其流加速率可通过式（6.2）～式（6.5）计算得出：

$$F_{fb} = F_0 e^{(PIDO/P) \cdot t} \tag{6.2}$$

$$PIDO / P = K_p \cdot \varepsilon(t) + \frac{1}{\tau_1} \cdot \int_0^t \varepsilon(t) \cdot dt + \tau_D \cdot \frac{d}{dt} \cdot \varepsilon(t) \tag{6.3}$$

$$\varepsilon(t) = \mu_{sp}(t) - \mu_{est}(t) \tag{6.4}$$

$$F_0 = \frac{X_0 V_0 \mu_{sp}}{S_{met} Y_{X/met}} \tag{6.5}$$

其中，F_{fb} 为 PID 控制的补料甲醇流加速率（mL/h）；F_0（mL/h）为前馈元件；PIDO/P 为 PID 输出；t 为发酵时间；K_p 为比例控制器增益；τ_1 为积分时间；τ_D 为微分时间；X_0 为甘油相中生物量浓度；V_0 为反应釜体积；S_{met} 为补料时甲醇的浓度。

在发酵时间为 26 h 左右时，甘油会被完全消耗，此时的细胞生物量可达 35～40 g/L。通过数据分析发现超过 80% 的底物都被用于细胞的生长繁殖，这也间接地为之后提高发酵产量提供了契机——高密度发酵。在诱导初始阶段，研究人员又使用指数补料策略使甲醇的积累浓度稳定在 15 g/L，之后采用连续补料策略使得发酵关键参数 μ 保持在预先设定的范围内（μ_{sp} 分别为 0.015 h^{-1}、0.03 h^{-1}、0.04 h^{-1} 和 0.06 h^{-1}）。通过发酵实验数据（表 6.2）对比发现，指数补料速率可以较好满足细胞的生长和异源蛋白的合成代谢，且当 μ_{sp} 为 0.04 h^{-1} 时，人类干扰素 α2b 的发酵产量达到 1483.7 mg/L，这也是目前所见报道中的最高产量。

表 6.2　不同设定比生长率（μ_{sp}）水平下反馈控制对发酵过程的影响

μ_{sp}/h^{-1}	细胞干重 /(g/L)	r_X/[g/(L·h)]	μ_{gly}（在线）^{a}/h^{-1}	μ_{met}（在线）^{a}/h^{-1}	$Y_{X/gly}$/(g/g)	人类干扰素 α2b/(mg/L)	容积生产率 $^b r_p$/[mg/(L·h)]	$Y_{X/met}$/(g/g)
0.015	119.8	1.61	0.233	0.0181	0.853	550.3	13.75	0.154
0.03	135.76	2.088	0.229	0.0378	0.817	980.4	25.8	0.157
0.04	185.52	2.892	0.252	0.0464	0.88	1483.7	39.04	0.262
0.06	124	2.005	0.245	0.063	0.858	536.2	15.77	0.176

a 生长阶段估计的最大比生长速率。
b r_p 仅在诱导阶段计算。

同时为了验证 PID 控制回路系统的准确性，对在线计算参数 μ_{est}、离线计算参数 $\mu_{offline}$ 和设定参数 μ_{sp} 进行了比较计算误差，结果如表 6.3 所示。设定参数与在线检测参数误差较小，证明了该 PID 系统具有较高的可信度。

表 6.3　不同 μ_{sp} 条件下 PID 准确性验证

μ_{sp} / h^{-1}	μ_{est} / h^{-1}	$\mu_{offline}$ / h^{-1}	平均监测误差 ^{a}/%
0.04	0.038±0.0044	0.0412	5
0.06	0.0578±0.0064	0.0597	3.7
0.015	0.0163±0.0011	0.0153	8.7
0.03	0.0342±0.01	0.029	14

a 平均监测误差 = $\dfrac{|\mu_{sp} - \mu_{est}| \times 100}{\mu_{sp}}$。

在该实验的 PID 中，调节器增益 K_c 是建立稳定控制器输出的重要因素，是甲醇补料速率与 μ_{est} 的比值。在动态控制时，K_c 值大小需保持在 1 以下，从而避免甲醇浓度过高对细胞造成毒性影响（当 μ_{sp} 为 0.06 h^{-1} 时，K_c 设置为 4.8）。

综上所述，研究者首先发现了生物量与电容信号 ΔC 之间的线性关系，建立了在线检测关键发酵过程参数 μ 的方法，并验证了其可信度；其次构建了具有高度准确性、稳定性的 PID 控制回路系统；之后联合 PID 系统，基于数学模型对关键参数进行实时动态调控，最终显著提高了目标代谢产物的发酵产量（图 6.12）。

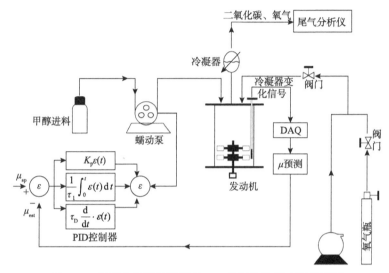

图 6.12　基于电容信号检测的 PID 控制生物反应器示意图

6.3　基于代谢物组学分析的发酵过程优化技术

作为当今科研的热点，代谢物组学以系统生物学的观点阐释了生物体代谢反应的全部信息，为发现代谢标志物、进一步阐明代谢机理提供了新的方法和思路。微生物代谢物组学在代谢调控分析、发酵控制以及和其他组学结合进行菌种改良等方面取得了迅速的发展（Dietmair et al., 2012; Du et al., 2012）。代谢物是细胞生命活动过程的整体响应物，代表细胞对整个代谢流调控的最终结果。生物系统具有复杂的调控机制，在不同的环境下细胞代谢物随不同的功能需要发生改变。因此，相对基因、蛋白质的变化，代谢物更能直接反映细胞调控作用的结果。代谢组学对不同的样品有更高的无偏性，可提供微生物基因表达与蛋白质调控的整体水平的直观描述，真正反映菌株的表型特性（Arbona et al., 2013）。研究表明，细胞的多种功能是在代谢物和代谢网络的水平上进行调节的。由于生物体特性不仅与其遗传基因有关，也与细胞所处的微观及宏观环境密切相关，因此，对菌种的改良要结合实际的环境条件，采用组学技术进行表型表征，以满足包括环境条件在内的整个生物加工过程优化的需要。代谢物是细胞调控的终产物，基因和蛋白质表达的微小变化会在代谢物上得到放大，发酵环境的变化将会影响代谢物的种类并在代谢物中得到较好的表现，发酵过程中代谢物种类较多，有了代谢物组数据，研究者可以很快找到代谢瓶颈并建立合适的调控策略，或者寻找靶点，设定合理的代谢工程目标。

代谢物组学是系统生物学的重要组成部分，是蛋白质组、转录组和基因组总体表达的结果，直接反映发酵过程中细胞的生化状态，能比较灵敏地刻画细胞机体内和环境中的各种变化，对阐明发酵过程中的复杂体系具有极为重要的意义。在发酵过程中，工业生物过程的优化和放大需要检测大量参数，而代谢物种类要远少于蛋白质和基因的数量，因此利用代谢物组学作为研究手段有助于加快工业化进程，可以更加精准地对发酵过程进行优化和控制，同时可靠的胞内代谢物和代谢通量分析是揭示细胞真实代谢状态的直接证据，对于提高代谢工程和工业发酵过程优化的理论水平也具有重要意义。

6.3.1　代谢物组学及其相关技术

代谢物组学又称代谢组学，是 20 世纪 90 年代中期发展起来的一门对某一生物或细胞所有低分子量代谢产物进行定性和定量分析的一门新学科，其研究的物质大多数为分子量在 1000 以内的小分子物质，其被定义为"在给定的一组生理条件下存在于细胞中的低分子量代谢物的定量补体"（Kell et al., 2005）。代谢组学是关于生物体系内源代谢物质种类、数量及其变动规律的科学，研究生物整体、系统或器官的内源性代谢物质及其与内在或外在因素的相互作用及机体代谢物谱的变化，借助高通量、高灵敏度与高精确度的现代分析技术，寻找代谢物与生理病理变化的相对关系，分析细胞、组织和其他生物样本，如血液、尿液、唾液和体液中内源性代谢物整体组成，并通过其复杂、动态变化从整体上反映代谢物组成，其在系统生物学研究中占据着极其重要的地位。代谢组学根据不同的研究目的，可以笼统划分为靶标代谢组学与非靶标代谢组学；从应用技术层面上又可以分为代谢靶标分析（target analysis）、代谢轮廓分析（metabolic profiling analysis）、代谢指纹分析（metabolic fingerprinting analysis）及代谢组学（metabolomics）等 4 个层次；从研究内容又可分为胞内代谢组学与胞外代谢组学。

代谢组学研究的基本策略包括样品制备、利用先进的技术手段对代谢物进行分离和鉴定、代谢物的定量分析、数据分析与模型建立、生物学信息的挖掘（Wang et al., 2006）。代谢产物的分离、检测及分析鉴定是代谢组学技术的核心部分，到目前为止已经开发了许多用于代谢组学的相关技术，分离技术包括气相色谱（GC）、液相色谱（LC）和毛细管电泳（CE）；常用的检测和鉴定技术有核磁共振、质谱、光谱、电化学等。目前，色谱-质谱联用技术是代谢组学研究中的主流检测技术，常用仪器包括毛细管电泳-质谱联用（capillary electrophoresis-mass spectrometry,CE-MS)、气相色谱-质谱联用(gas chromatography-mass spectrometry, GC-MS)和液相色谱-质谱联用(liquid chromatography-mass spectrometry, LC-MS)等(张凤霞和王国栋, 2019)。CE-MS 多用于检测目标代谢物, 检测范围相对较窄; GC-MS 有较高的检测灵敏度和分辨率, 且有标准谱图库可供参考, 因此能实现峰的自识别与鉴定, 但主要适用于挥发性物质的检测; LC-MS 也具有高分辨率, 且分析领域宽, 选择性和灵敏度高, 样品的预处理与制备操作简单, 近年来在代谢组学的研究中应用广泛。代谢组学得到的数据是多维数据, 为了从代谢组学的海量数据中发现潜在的代谢标记物, 研究者们通过采取一系列的数学和统计学方法获得足够有用的信息, 主要分为有监督方法和无监督方法。有监督方法可以由已知推测未知, 而无监督方法不需要有关样品分类的任何背景信息。目前常用的是有监督方法中的偏最小二乘法（PLS）和神经网络（NN）以及无监督方法中的主成分分析（PCA）、非线性影射（NLM）。

6.3.2 基于代谢物组学分析的丙酸发酵过程优化

为了揭示产酸丙酸杆菌原始菌株 *P. acidipropionici* CGMCC 1.2230 和基因组改组菌株 *P. acidipropionici* WSH1105 丙酸合成过程中代谢物的差异, 对两株菌株进行了比较代谢组学的分析, 结合 PCA 模型预测鉴定影响产酸丙酸杆菌丙酸合成的关键代谢物和代谢节点, 对丙酸的发酵过程进行优化。研究是由江南大学管宁子博士等完成的（Guan et al., 2015; 管宁子, 2015）。

研究以 LC-MS 检测的代谢组数据进行多元统计分析, 以散点分布得到的差异代谢物为指标进行主成分分析, 以样品在第 1、第 2 和第 3 主成分的得分作为 X、Y、Z 轴构建三维空间的样品分布图, 即 PCA 得分图[图 6.13（a）], 图中每个点

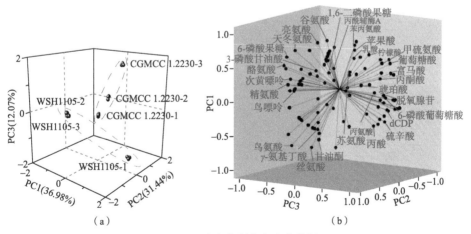

图 6.13 胞内代谢物主成分分析

（a）得分图；（b）载荷图

代表一个样品，三个主成分的贡献率分别为36.98%、31.44% 和12.07%。由得分图可以看到三个平行可以很好地聚集在一起，说明这一方法适合于这一研究。

在 PCA 载荷图中，每个点代表一种特定的代谢物，根据其对区分不同样品的贡献度的大小，挑选出有较大贡献的物质，即为产酸丙酸杆菌丙酸合成过程的代谢标记物。如图 6.13（b）所示，糖酵解途径的中间体（如 6-磷酸果糖）、TCA 循环中间体(如琥珀酸)和氨基酸(如精氨酸)等在原始菌株 *P. acidipropionici* CGMCC 1.2230 和改组菌株 *P. acidipropionici* WSH1105 的区分中起重要作用。除了参与中心碳代谢的代谢物，另有 8 个代谢物对两株菌的分类有较大贡献，即葡萄糖酸、脱氧腺苷、6-磷酸葡萄糖酸、二磷酸脱氧腺苷（dCDP）、硫辛酸、甘油酮、鸟嘌呤和次黄嘌呤，说明这些代谢物对丙酸的高产可能存在潜在的影响。

根据上述的研究结果，研究者选择糖酵解途径、TCA 循环和氨基酸代谢中的关键差异代谢物进行重点分析。与丙酸合成密切相关的代谢物在原始菌株 *P. acidipropionici* CGMCC 1.2230 与改组菌株 *P. acidipropionici* WSH1105 的相对含量列于表 6.4。

表 6.4　不同时期产酸丙酸杆菌丙酸合成途径关键胞内代谢物的相对含量

代谢物		对数中期		对数后期		发酵结束	
		P[a]	S[b]	P	S	P	S
糖酵解途径	6-磷酸果糖	1.00±0.04[c]	1.74±0.15	1.08±0.06	1.74±0.02	0.55±0.04	0.48±0.02
	1,6-二磷酸果糖	1.00±0.06	1.49±0.14	0.05±0.00	0.03±0.00	0.06±0.00	0.30±0.01
	3-磷酸甘油酸	1.00±0.04	1.99±0.16	0.93±0.04	9.96±0.47	2.86±0.05	2.09±0.03
	丙酮酸	1.00±0.03	2.87±0.21	2.68±0.16	1.38±0.02	2.87±0.12	2.82±0.11
	乳酸	1.00±0.03	2.57±0.22	1.80±0.10	3.52±0.16	2.45±0.19	3.22±0.24
TCA 循环	苹果酸	1.00±0.02	2.30±0.16	0.92±0.04	1.93±0.04	1.35±0.05	1.52±0.09
	富马酸	1.00±0.05	2.05±0.12	1.23±0.02	1.88±0.15	1.93±0.07	2.85±0.03
	琥珀酸	1.00±0.04	1.14±0.09	1.67±0.03	6.08±0.43	6.25±0.35	3.70±0.06
	丙酰辅酶 A	1.00±0.08	2.55±0.17	1.78±0.05	4.22±0.17	1.81±0.05	3.12±0.23
	柠檬酸	1.00±0.06	3.88±0.30	2.76±0.05	2.96±0.08	3.35±0.06	3.75±0.04
	乙酸	1.00±0.05	0.46±0.04	1.48±0.08	0.98±0.04	2.25±0.05	1.36±0.06
氨基酸代谢	丙氨酸	1.00±0.03	2.87±0.18	2.02±0.06	0.89±0.03	0.67±0.01	0.76±0.02
	亮氨酸	1.00±0.03	2.79±0.25	1.70±0.12	2.66±0.19	2.05±0.11	0.91±0.05
	瓜氨酸	1.00±0.07	2.80±0.09	0.99±0.04	1.90±0.04	0.13±0.00	0.13±0.00
	苏氨酸	1.00±0.09	5.84±0.29	5.33±0.45	2.30±0.10	6.34±0.01	1.44±0.02
	甲硫氨酸	1.00±0.08	1.76±0.08	0.60±0.02	2.02±0.04	0.52±0.05	1.44±0.02

续表

代谢物		对数中期		对数后期		发酵结束	
		P[a]	S[b]	P	S	P	S
氨基酸代谢	精氨酸	1.00±0.04	1.41±0.13	0.36±0.01	0.82±0.07	0.06±0.00	0.04±0.00
	谷氨酸	1.00±0.03	2.60±0.16	1.81±0.03	2.77±0.10	3.74±0.32	2.91±0.23
	天冬氨酸	1.00±0.04	3.18±0.20	2.01±0.16	1.94±0.10	2.27±0.04	2.05±0.19
	酪氨酸	1.00±0.01	2.50±0.17	1.79±0.07	4.54±0.11	5.28±0.27	4.91±0.24
	苯丙氨酸	1.00±0.08	0.28±0.01	1.04±0.03	0.13±0.00	0.23±0.01	0.26±0.01
	丝氨酸	1.00±0.03	1.53±0.13	8.89±0.28	4.27±0.36	1.09±0.03	1.01±0.01
	γ-氨基丁酸	1.00±0.09	4.69±0.24	0.26±0.01	0.51±0.01	0.53±0.04	0.54±0.02

a P 代表原始菌株 *P. acidipropionici* CGMCC 1.2230。

b S 代表高产改组菌株 *P. acidipropionici* WSH1105。

c 以原始菌株对数中期的胞内代谢物含量为参考（设为 1.00），其他样品中该代谢物的含量为与其的比值。

在丙酸积累的过程中，糖酵解途径的中间代谢物在改组菌株中含量较高。以甘油为碳源，6-磷酸果糖、1，6-二磷酸果糖和 3-磷酸甘油酸都是中心碳代谢的中间体，含量较高表明改组菌株细胞的生长代谢旺盛，能提供更多的能量与前体（Chen et al.，2013）。另外，葡萄糖酸和 6-磷酸葡萄糖酸来源于 6-磷酸葡萄糖，而甘油酮由 3-磷酸甘油醛转化而来，因此，糖酵解途径的活性受这些化合物代谢的影响。在整个发酵过程中，改组菌株中胞内乳酸的含量一直维持在较低水平。乳酸的代谢对丙酸的合成至关重要，作为丙酮酸的前体，它可以促进丙酮酸的合成，并调节丙酮酸代谢的碳流量，促进其流向丙酸的支路。乳酸含量的差异与转录组分析中乳酸脱氢酶的表达差异相互验证。与原始菌株相比，高产改组菌株在对数生长期时丙酮酸含量明显较高，但在发酵结束时改组菌株细胞内丙酮酸的水平与原始菌株基本持平。丙酮酸作为代谢途径的关键节点物质对有机酸的合成和氨基酸代谢有重要影响。本研究中以丙酮酸为前体有三个主要的代谢分支：丙氨酸代谢、乙酸合成和丙酸合成。菌体通过调节丙酮酸代谢流量的比例维持氧化还原平衡。转录组结果表明，丙酮酸脱氢酶和乙酰辅酶 A 合成酶在两株菌种的表达有显著差异，另外受糖代谢差异的影响，改组菌株中更多的丙酮酸转化成丙酸，同时导致胞内乙酸含量的降低。

TCA 循环的多个中间代谢物在高产改组菌株与原始菌株中的含量也具有显著差异。作为柠檬酸合成酶表达上调的结果，柠檬酸在改组菌株中大量积累，在一定程度上削弱了乙酸的代谢。在丙酸合成阶段，改组菌株胞内苹果酸、富马酸和琥珀酸的含量都是原始菌株的 2 倍以上，在发酵结束时又降低到与原始菌株类似的水平。Wood-Werkman 循环是产酸丙酸杆菌丙酸合成的主要途径。苹果酸、富马酸和琥珀酸是 Wood-Werkman 和 TCA 循环共有的代谢中间体，它们的胞内水平是琥珀酰辅酶 A（丙酸的直接前体）合成的关键限制因素。高浓度的苹果酸、富马酸和琥珀酸确保了琥珀酰辅酶 A 的合成，进而加强了丙酸的合成。丙酰辅酶 A 在改组菌种中的大量积累进一步证实了此推测。另外，在转录组分析中，琥珀酰辅酶 A 合成酶、琥珀酰辅酶 A 连接酶、琥珀酰辅酶 A：乙酸辅酶 A 转移酶、甲基丙二酰辅酶 A 变位酶、丙酰辅酶 A 羧化酶基因在改组菌株与原始菌株中的表达均存在显著差异，与代谢物水平的差异结果一致。因此增加胞内苹果酸、富马酸和琥珀酸的浓度可能是提高丙酸产量的有效方法。

　　氨基酸对于微生物细胞生长和蛋白质合成有着至关重要的作用。研究共检测出 12 种氨基酸在高产改组菌株和原始菌株中的含量有显著差异。它们在微生物代谢中起重要作用，包括合成蛋白（如亮氨酸、苏氨酸、甲硫氨酸和苯丙氨酸）、调节基因表达（如精氨酸和亮氨酸）、调节渗透压（如瓜氨酸和脯氨酸）、调控酶的活性（如丙氨酸和亮氨酸）、转氨作用（如天冬氨酸、丙氨酸和谷氨酸）、脱氨作用（如瓜氨酸、精氨酸和谷氨酸）等（Wu, 2009）。如图 6.14 所示，氨基酸代谢通过多条途径以一种复杂的方式影响产酸丙酸杆菌发酵生成丙酸。一方面，部分氨基酸通过糖酵解进入 TCA 循环的分支调节碳流向。例如，谷氨酸来自 α-酮戊二酸，然后代谢成为精氨酸、脯氨酸和 γ-氨基丁酸；缬氨酸、丙氨酸和亮氨酸来自丙酮酸；草酰乙酸则是天冬氨酸和苏氨酸的前体。并且这些氨基酸之间也存在复杂的相互作用。另一方面，氨基酸通过氧化分解和 TCA 循环可以生成丙酰辅酶 A 和甲基丙二酰辅酶 A。此外，氨基酸代谢还能帮助产酸丙酸杆菌抵御酸性环境，其在微生物细胞耐酸中的作用也经过微环境水平和蛋白组学分析的反复印证（Lu et al., 2013）。精氨酸通过精氨酸脱亚胺途径产生 NH₃ 和 ATP，谷氨酸通过谷氨酸

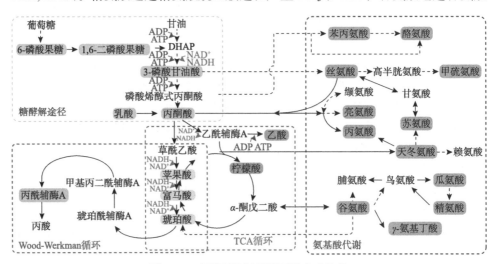

图 6.14　产酸丙酸杆菌的丙酸合成途径

脱羧酶系统消耗 H⁺生成 γ-氨基丁酸，天冬氨酸结合 H⁺转化成丙氨酸，都是产酸丙酸杆菌耐酸的重要机制。另外，一些氨基酸还参与嘧啶和嘌呤的合成（如天冬氨酸和苏氨酸），导致脱氧腺苷、鸟嘌呤、次黄嘌呤和 dCDP 在两株菌中的代谢差异（Wu, 2009）。

经过分析，一些检测出的差异代谢物对丙酸的代谢和积累具有重要的调节作用。因此设计一种外源添加的策略，考察这些代谢物在产酸丙酸杆菌发酵生产丙酸的过程中的调节作用，以期提高丙酸产量。分别在厌氧瓶中观测乳酸、丙酮酸、柠檬酸添加之后对于丙酸产量的影响，结果发现只有乳酸可以显著增加丙酸产量[图 6.15（a）]，其他两种物质的外源添加无显著影响。在产酸丙酸杆菌的代谢途径中，丙酰辅酶 A、甲基丙二酰辅酶 A 和琥珀酰辅酶 A 作为丙酸的直接前体，是影响丙酸合成的关键因素。本研究通过在培养基中外源添加富马酸、苹果酸和琥珀酸提高这三种辅酶 A 前体在细胞内的浓度。在产酸丙酸杆菌发酵过程中，富马酸、苹果酸和琥珀酸通过进入 Wood-Werkman 循环得以有效利用，加强了丙酸的合成[图 6.15（b）～（d）]。

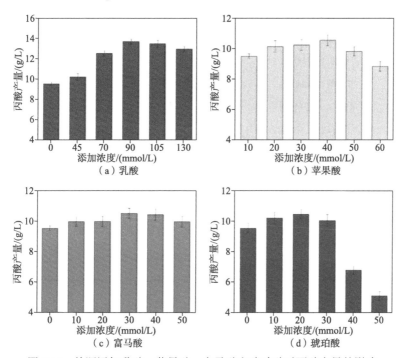

图 6.15　外源添加乳酸、苹果酸、富马酸和琥珀酸对丙酸产量的影响

研究考察了亮氨酸、苏氨酸、γ-氨基丁酸、瓜氨酸、甲硫氨酸和丝氨酸的外源添加对丙酸产量的影响。结果显示，外源添加这些氨基酸后，产酸丙酸杆菌的丙酸产量没有明显的变化。这可能是由于氨基酸代谢与丙酸合成途径之间联系相

对较远，其间的代谢步骤过多，因此，多重调控后外源添加氨基酸导致的关键代谢节点的变化较微小，不足以影响丙酸合成过程。

外源添加验证表明乳酸、富马酸、苹果酸和琥珀酸对于丙酸的积累有促进作用，在厌氧瓶中进行初步的发酵优化，考察这几种代谢物的复合添加在产酸丙酸杆菌发酵生产丙酸过程中的效果，以确定最优添加组合及各组分的浓度。以单因素添加实验结果为依据，分别将 90 mmol/L 乳酸、30 mmol/L 富马酸、40 mmol/L 苹果酸和 20 mmol/L 琥珀酸进行组合，厌氧瓶水平的丙酸产量见表 6.5。结果显示，苹果酸+乳酸、苹果酸+富马酸+乳酸、苹果酸+富马酸+琥珀酸、富马酸+乳酸、富马酸+乳酸+琥珀酸的组合添加使产酸丙酸杆菌的丙酸产量均高于对照的结果，其中最优的添加组合为同时添加 90 mmol/L 乳酸、30 mmol/L 富马酸和 20 mmol/L 琥珀酸，丙酸的产量最高为 16.99 g/L。

表 6.5 复合添加代谢物确定最佳组合

组合	丙酸产量/（g/L）
对照	9.61±0.15
苹果酸+富马酸	7.71±0.28
苹果酸+乳酸	14.38±0.06
苹果酸+琥珀酸	10.59±0.32
苹果酸+富马酸+乳酸	15.99±0.18
苹果酸+富马酸+乳酸+琥珀酸	11.06±0.21
苹果酸+富马酸+琥珀酸	15.73±0.27
苹果酸+乳酸+琥珀酸	13.81±0.28
富马酸+乳酸	15.47±0.07
富马酸+琥珀酸	10.44±0.32
富马酸+乳酸+琥珀酸	16.99±0.026
乳酸+琥珀酸	13.55±0.38

对最佳组合中乳酸、富马酸与琥珀酸的添加浓度进行优化，结果见表 6.6。当乳酸、富马酸和琥珀酸的外源添加浓度分别为 105 mmol/L、20 mmol/L 和 30 mmol/L 时，丙酸产量最高，达到 17.58 g/L。综上所述，最终确定外源添加 105 mmol/L 乳酸、20 mmol/L 富马酸和 30 mmol/L 琥珀酸最有利于产酸丙酸杆菌合成丙酸。

表 6.6　优化复合添加的代谢物浓度

乳酸、富马酸和琥珀酸的添加浓度/（mmol/L）	丙酸产量/（g/L）	乳酸、富马酸和琥珀酸的添加浓度/（mmol/L）	丙酸产量/（g/L）
对照	9.61±0.15	90，30，20	15.77±0.26
70，20，10	14.76±0.38	90，30，30	14.38±0.29
70，20，20	15.36±0.29	90，40，10	16.18±0.34
70，20，30	14.22±0.27	90，40，20	14.30±0.28
70，30，10	15.53±0.27	90，40，30	8.99±0.12
70，30，20	15.42±0.30	105，20，10	16.23±0.30
70，30，30	13.62±0.29	105，20，20	16.43±0.33
70，40，10	14.07±0.34	105，20，30	17.58±0.39
70，40，20	14.51±0.23	105，30，10	17.04±0.34
70，40，30	8.28±0.33	105，30，20	15.03±0.38
90，20，10	16.16±0.37	105，30，30	10.45±0.18
90，20，20	17.16±0.30	105，40，10	14.72±0.26
90，20，30	15.87±0.35	105，40，20	10.07±0.20
90，30，10	16.40±0.45	105，40，30	8.23±0.32

在产酸丙酸杆菌中，琥珀酸向琥珀酰辅酶 A 的转化由丙酰辅酶 A：琥珀酸辅酶 A 转移酶催化，除琥珀酰辅酶 A 外，乙酸也是产物之一。这样，琥珀酸浓度的提高将促进反应的进行，从而导致乙酸含量的上升。作为一种重要的副产物，乙酸的积累不利于丙酸的生产。另外，琥珀酸和苹果酸作为 TCA 循环的中间代谢物，其添加也可能会加强 TCA 循环的代谢。这样，Wood-Werkman 循环就会受到抑制从而导致丙酸产量的下降。类似地，当代谢物以某些浓度和组合外源添加时，丙酸的产量反而降低。

对以上发酵体系在 3L 发酵罐中进行放大，考察代谢物添加策略对产酸丙酸杆菌 P. acidipropionici CGMCC 1.2230 丙酸产量的影响。采用分批补料的发酵模式，105 mmol/L 乳酸、20 mmol/L 富马酸和 30 mmol/L 琥珀酸在发酵开始前添加到初始培养基中。发酵曲线如图 6.16 所示。与未添加代谢物相比，添加 105 mmol/L 乳酸、20 mmol/L 富马酸和 30 mmol/L 琥珀酸后，P. acidipropionici CGMCC 1.2230 的细胞干重从 2.5 g/L 提高到 4.4 g/L；丙酸的产量由 23.1 g/L 提高至 35.8 g/L，提高了 55.0%。另外，添加乳酸、富马酸和琥珀酸后，碳源甘油的消耗量及消耗速率明显增大，据推测这可能是由于这些关键中间代谢物的添加在一定程度上缓解了产酸丙酸杆菌代谢途径中的一些瓶颈节点的限制，使代谢途径更加通畅从而促进了对底物的利用。

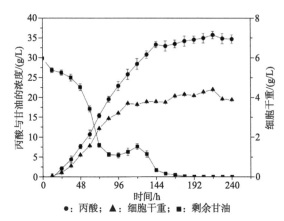

图 6.16　添加代谢物后 *P. acidipropionici* CGMCC 1.2230 分批补料发酵曲线

6.3.3　小结

　　目前，系统生物学研究方法被广泛应用于发酵工程当中。随着测序工作的广泛应用与代谢组学的发展，代谢物数据将会越来越快地获得，这可以大大提高实验通量，大大加快了工业生物技术的优化与放大过程，并且有助于揭示发酵工业过程中的生化网络和生理调控机制，从而提供理论基础和强大的数据支持。此外，随着核磁共振技术的引入以及质谱成像技术的发展，我们将逐渐对发酵过程有更加清晰和明朗的认知，这将为实现更加高效的发酵过程优化与控制奠定良好基础。

6.4　基于过程分析技术的发酵过程自动控制

　　PAT 提供了一个观察发酵生产过程的窗口。理想的产品质量产生于运行良好的生产过程。通过 PAT，影响关键质量属性（CQA）的关键过程参数（CPP）得到在线检测，原本需要在运行结束后才能获取的发酵效果得以在发酵过程中实时展现给操作人员，有助于采取有意义的补救措施，从而确保最终产品质量的 CQA。现代化 PAT 的实施给传统发酵过程的检测、控制、监控和优化等带来了巨大的影响。

6.4.1　发酵过程检测的转变：从点源数据到面源数据

　　发酵过程常规变量包括温度、pH、DO 等，均基于测量探头的电响应进行原位测量：温度测量一般采用的 PT100 温度探头是一种电阻温度计，将过程中温度的变化与灵敏元件的电阻关联起来；pH 探头则检测电极内参比液与反应器环境之间的电化学势；DO 探头是由透氧膜和铂阴极组成的安培电极（Clark 极谱电极）。

还有一些 CPP，如细胞对营养物质的消耗（底物浓度）、细胞的占比（菌体浓度）以及细胞的代谢（产物浓度）等，没有即用型的传感器，为避免探头受到发酵灭菌高温的损坏，一般需要通过离线或在线分析得到。例如，以液相质谱分析仪和 YSI700 为代表的生化分析仪，将一种或者多种酶固化在聚碳酸酯薄膜层和醋酸纤维素薄膜层之间，底物与酶的反应过程产生的过氧化氢会通过纤维素薄膜层到达铂阳极进行分解，根据数据直接换算为目标物的浓度。

上述的无论是常规检测还是分析仪检测，其检测参数的功能单一，均直接反映过程中特定的理化值，是一种点源数据。

随着传感技术的发展，通过模仿人的视觉、嗅觉和味觉等的拟人监测方法开始用于发酵参数检测，包括机器视觉、电子鼻、电子舌等。同时，光谱技术通过光谱来鉴别物质及其化学组成和相对含量，分析过程不消耗材料且不破坏样品，具有巨大的应用前景。与常规检测不同，这类检测并非直接输出样品理化值结果，而是与试样某些特性有关的信号模式，数据冗余度大，包含了大量的信息。例如，细胞形态的图像，呈现的是整个图像上所有像素点的灰度值，大量的数据表征了细胞生长状态的一个特征物理量；又如，近红外光谱仪，输出的是一整条光谱所有波长的吸光度，不仅反映反应液中目标理化值的变化，而且包含了水分、颗粒、pH、温度等多种参数的信息。这类测量的特点是通过大量数据反映一个或若干个少量的目标理化值，输出的是面源数据。

除此之外，还存在一种软件检测方式，即软测量。软测量通过易测变量对难测变量进行估计，实现"软件测量"的功能。由于传感技术的限制，或者出于节省成本的考量，发酵过程中总存在一些 CPP/CQA 无法在线检测。同时，各种理化参数间耦合严重，相关性大，有些参数可以在线或原位实时检测，如果能够通过这些参数，实时估计出 CPP/CQA，则势必会提高监控和控制效果。软测量给发酵过程 CPP/CQA 的测量开辟了新的思路。

三种检测方式均需要将感知信息转换为目标参数，但由于感知信息的不同，转换方法上也有所不同。

1. 两点标定

在常规检测中，点源数据与目标参数一对一线性相关（严格意义上为非线性关系，但是在一定检测范围内，基本可认为是线性关系）。只要能够找到探头电信号与目标参数之间的对应线性关系，即可通过插值法得到不同电信号下的目标参数。因此，通常采用两点法对传感器进行标定（校正）。

例如，在 pH 检测中，一般采用标准溶液标定 pH=4 和 pH=6.86 两点；温度一般用冰水和沸水标定 0℃和 100℃；DO 一般标定 0%和 100%。在实际应用过程中，当检测值超出标定范围后，检测效果会有不同程度的恶化，可以采用最小二乘拟合等方法对线性关系进行修正。另外，经过标定后的传感器在长时间运行过程中可能会出现漂移，因此需要定期标定。

2. 校正模型

与点源数据不同，面源数据与目标参数的对应关系不直观，需要建立两者间的校正模型。主要步骤如下。

（1）收集高质量的校正数据集。点源数据中，只需要拟合两个变量（电信号和目标参数）之间的线性关系，因此通过至少两个测量点得到两个测量方程，即可标定测量模型。在面源数据中，数据维度高，与目标参数之间是高维的线性关系，待定参数多，因此需要大量的测量数据。校正数据集的质量对校正模型至关重要。为使校正模型具有较好的通用性和鲁棒性，数据集应覆盖指定的目标参数范围，并涉及各种测量环境，捕获预期的变化水平（Doherty and Lange, 2006）。

（2）数据的预处理。在发酵过程中，随着生物质的生长、产物的合成，不同时段溶液的黏稠度、颗粒物、光照、搅拌、温度等都会发生变化，给检测带来了大量的干扰信息。恰当的数据预处理能够最大程度消除干扰影响，凸显有用信号，提高信噪比。常见的预处理技术有：标准化方法（解决目标参数较小不显著的问题）、平滑处理（减少随机噪声）、基线校正（消除系统变化）、一阶导数和二阶导数（解决分辨率以及背景干扰等问题）。

（3）建模数据的选择。面源数据包含的信息量非常大，但很多与目标参数无关，对建模数据进行选取能够减少冗余，提高建模的效果。常用的建模数据选择方法有：无信息变量消除法、遗传算法、间隔偏最小二乘法、联合区间偏最小二乘法等。

（4）校正模型的建立。主成分回归（PCR）和偏最小二乘（PLS）回归是应用最广的两种化学计量学方法，常用于建立校正模型，很多分析仪器都配有 PCR 和 PLS 回归的功能块。PCR 首先对面源数据进行压缩，找到包含面源数据主要信息的特征变量，然后建立特征变量和目标参数之间的回归模型；而 PLS 回归则将面源数据的压缩与表征目标参数结合起来，使特征变量兼顾对面源数据信息和目标参数信息的解释，提高拟合效果。

在实际过程中，建模是一个反复的实验过程。建立校正模型后，还需要选择建模以外的数据对模型进行验证，然后在实际过程中进行应用验证。如果验证效果不理想，则需要重复上述步骤，重新建立模型或者修正模型，直到达到满意的效果。

3. 软测量建模

软测量模型表征过程其他参数与目标参数之间的相关关系。软测量建模实质上与面源数据的校正建模相同，都需要首先找到与目标参数相关的变量（参数），然后建立两者之间回归模型。不同的是，软测量需要根据过程的机理知识，从过程已知/已测的变量中确定建模的变量；而在面源数据的校正建模中，建模变量则从面源数据中选择，其中面源数据不是过程已知/已测变量，而是加入分析仪器后，额外产生的变量。此外，从建模变量个数上看，面源数据的变量更多。目前，软测量技术已经在发酵过程中得到了一定的应用。

有研究考虑了初始条件、在线测量和模型参数的不确定性，在嗜热链球菌发酵的监测中，结合了生物动力学模型和混合弱酸/碱模型，并根据氨的添加量和 pH，更新模型参数，估计了生物量、乳糖和乳酸浓度等变量的概率分布（Sharma and Tambe, 2014）。另有研究基于遗传规划，开发了软传感器，可以根据样本数据优化或搜索适当的线性/非线性软测量模型结构和参数，用于估计细胞外脂肪酶的生产和细菌生产 3-羟基丁酸酯-co-3-羟基戊酸酯共聚物。考虑发酵过程的时变性和非线性，有研究引入深度学习实现了链激酶、青霉素等关键参数的软测量，并可融入未标记的数据的信息（Gopakumar et al., 2018）。在纤维素酶发酵生产中，开发了基于多阶段人工神经网络的动态软测量器，通过 pH、底物浓度和搅拌转速等变量估计不溶性底物存在下菌体浓度，其中不同的阶段采用不同的 ANN 模型提高了模型的精度（Murugan and Natarajan, 2019）。

6.4.2　发酵过程控制：从结果控制到过程控制

发酵产品 CQA 只能在发酵结束后才能通过分析获取。要保障产品 CQA，对生产过程 CPP 的控制至关重要。但是，发酵生产机理复杂，中间环节众多，从最初的菌种选育、原材料、配料，到发酵过程，再到蒸馏、分离、结晶、提纯等，各个环节都会影响产品 CQA。同时，发酵过程中干扰因素非常多，不同的批次中生物反应也存在较大差异。这些都给 CPP/CQA 的控制带来了挑战。

1. 检测仪表的集成

受限于传感技术的发展，发酵过程中在线检测的变量主要有温度、pH 和 DO 等常规参数，现有发酵过程控制系统也主要针对常规参数进行采集、显示与控制。实验室规模的发酵生产一般配备直接数字控制（DDC）系统，温度、pH 和 DO 等主要以 4～20 MA，或者 1～5 V 的电信号的形式，并通过模数转换的方式将数据传给控制系统，原始电信号到目标参数的转换等都在控制系统中进行。

与模拟式的温度、pH 和 DO 等传感器不同，数字式传感器一般具有计算功能，首先通过内置程序将原始电信号转换为温度、pH 和 DO 等真实参数，然后通过数字通信的方式，将真实参数传输给控制系统。目前数字通信方式有很多，常用的有 Modbus 协议和各种现场总线协议等。传感器可以通过 RS232 或 RS485 转 RS232 接口与计算机进行连接，然后采用 Modbus 协议将数据传递给控制系统。相比

Modbus，现场总线协议更为完备，一般涉及通信两端的软硬件规范、相互的交互，通常应用智能传感器。通常情况下，一般的控制系统会留有通信协议接口，进行一些组态设置即可实现通信。

先进的分析仪器相对复杂，内部单元或者需要的单元比较多，需要配置一套控制系统协调内部各单元的运行，包括取样、处理、分析以及计算等环节。例如，美国 YSI 系列葡萄糖分析仪 YSI2700 的检测范围有限，并且其探头无法适应灭菌高温，因此通常采用在线分析方式，需要设计控制系统对取样单元、分析单元以及配置的取样泵和稀释泵进行协调控制，并对分析的结果进行还原处理；Waters 公司的液相质谱仪同样采用在线分析方式，该分析仪将所有单元封装成一套检测系统，用户只需要通过 Waters 公司提供的操作软件进行设置和分析，便可直接得到过程参数；近红外光谱仪配置耐高温耐腐蚀的蓝宝石探头，可以实现原位检查，并通过适配软件实时获得发酵过程的光谱信息，但是，要转换为感兴趣的 CPP，需要建立校正模型。其中，在线分析中分析仪器离发酵生产现场有一定的距离，同时为了尽量减少溶液的损失，取样速度不宜过大，因此一般得到的分析结果具有一定的滞后性；原位分析的检测不存在这些滞后性。

上述分析仪器，准确地说是分析系统，为发酵生产提供了准确的分析值。在将这些值传输给发酵生产的控制系统时，涉及控制系统与分析系统之间的信息交换。常用的信息交换方法有 Modbus 协议和 OPC 协议等。例如，布鲁克近红外光谱仪为 DCS 同时提供了 OPC 服务器和 Modbus 通信接口。Waters 的液相质谱仪可以选配 OPC 协议，用户通过 OPC 协议与现有控制系统进行连接，根据现有控制系统的需求，实现采样和分析，并周期性地将分析数据传输给控制系统。

2. 开环控制

一般的发酵过程中，温度、pH 和 DO 等常规参数实施闭环控制，以保证微生物生长的外部环境。但是，对菌体浓度、底物浓度和产物浓度等 CPP 参数，由于缺乏在线传感分析仪器，无法闭环控制。

大多数工业发酵过程以补料分批模式进行。在这种情况下，为了实现对 CPP 的控制，流加是过程优化操作的重点，直接影响代谢活动。工艺人员往往根据丰富的运行经验或者过程动力学模型，离线计算流加速率，进而调整反应器中的基质浓度，属于开环控制，主要以恒速流加、变速流加、指数流加为主（Mears et al., 2017）。控制框图如图 6.17 所示。

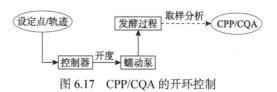

图 6.17　CPP/CQA 的开环控制

恒速流加是以恒定速率流加，属于粗放式控制；变速流加则考虑了不同阶段，菌体对营养物质的需求不同，采用梯度、阶段或线性等方式流加；指数流加则根据菌体生长时密度指数增加的规律，认为菌体按指数倍消耗营养，为菌体提供了按指数增加的营养物质。根据菌体生长的不同阶段，设计不同的流加方式，获得了高产量的谷胱甘肽：在菌体生长阶段，采用指数流加方式；在产物合成阶段，采用恒速流加（Lin et al., 2004）。

但是，开环控制取决于工艺人员的专家知识，参数调整与真实的 CPP/CQA 无关（无法检测），无法根据控制的效果及时调整控制策略，调整基于调节参数与 CPP 和 CQA 之间的相关关系，预先设定一定的调节基准，至于是否达到了预定的调整效果，则只能在发酵生产结束后才能确定，无法用到 CPP 和 CQA 的实时信息。而发酵过程干扰大，并且具有时变性和不确定性，开环控制往往很难得到满意的控制效果。

3. 经典闭环控制

与开环控制不同，在闭环控制中，被控量（CPP/CQA）能够被检测，并用于控制策略的设计中：被控量测量值与设定点/轨迹的偏差被用于下个时刻的调整计算中，闭环控制框图如图 6.18 所示。

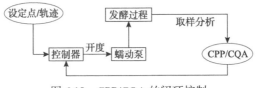

图 6.18　CPP/CQA 的闭环控制

闭环控制首先测量被控量的当前值，然后将系统的当前状态与所需状态进行比较。控制器决定调整量，以消除实际值和期望值之间的任何差异。控制器中常用的控制算法是比例、积分和微分（PID）算法。PID 按照控制偏差的比例、积分和微分通过线性组合构成控制量，是工业过程中最常用和最成功的控制算法，现有流程工业中，有90%以上的控制回路采用 PID 算法。德国贝朗、瑞士比欧、美国 NBS 和荷兰 Applikon 等国内外主流的发酵装备厂家在控制系统中都配置 PID 控制功能。

温度、pH、DO 等常规参数一般都采用 PID 控制算法：发酵罐体内温度通常根据实测温度与设定温度的偏差，按照 PID 算法，计算出加热管/冷却水的开度；采用 PID 算法计算加酸量/加碱量，补偿实测 pH 与设定值的偏差；在 DO 控制中，有电机搅拌速度、空气流量以及流加量等三种模式，在选定模式的情况下，通过 PID 算法计算出该模式下操作量的调整。

在发酵过程 CPP 的闭环控制中，由于 CPP 的检测一般以人工离线取样分析为主，检测周期以数小时计，如果直接采用闭环控制对 CPP 进行控制，则会造成较大的波动，控制效果非常差，影响发酵产物。考虑到 CPP 的变化对其他参数的影响，通常采用间接控制方法。其他参数的变化能够间接地反映出 CPP 的变化，因此可将其他参数作为 CPP 的间接测量值用于闭环控制。例如，DO-Stat 和 pH-Stat 法利用了发酵罐糖耗与 DO 和 pH 的关系，根据当前 DO 和 pH 的检测值判断发酵液中残糖浓度的大小，从而确定流加量（Peng et al., 2010）。呼吸熵 RQ 法根据糖耗与氧耗以及 CO_2 尾气的比例关系，通过测定发酵尾气中的 O_2 和 CO_2 的比值，反过来推算出糖耗量及补糖量。实际上，只要找到能够反映 CPP 变化的在线易测量参数，即可根据该参数的实时检测值，对 CPP 进行间接控制。

随着在线过程分析仪器的逐渐应用，CPP 的在线检测值开始直接应用于发酵生产中。如前所述，在线过程分析仪器输出的检测值分为两种情况：一种是原位分析检测，不存在取样滞后，只有可忽略不计的分析滞后，获得的是在线实时检测值；一种是在线自动取样分析检测，获得的是在线滞后检测值。显然，在前一种情况下，对 CPP 的控制，与温度、pH、DO 等常规参数的控制一样，直接采用 PID 控制，即可获得较好的控制效果（Arango et al., 2020）。但是，在后一种情况下，如果采用 PID 控制，由于检测值具有大的滞后，检测值无法准确反映当前状态，则无法保证控制偏差的准确性，从而导致调整量不准确，可能导致系统不稳定，控制效果差。为解决这个问题，需要寻求模糊控制、预测控制等先进控制算法。

4. 发酵过程预测控制

PID 控制是流程行业的主要控制算法。但是，PID 控制存在以下缺点：PID 控制器是单输入单输出（SISO）控制器，主要应用对象是线性、低阶动态的过程。但是，发酵过程机理复杂，变量众多，并且变量之间耦合严重，给 PID 控制的实施带来了一定的难度。例如，发酵过程中 DO 与搅拌转速、空气流量以及补料速率均有关，可以分别通过控制搅拌转速、空气流量以及补料速率对 DO 进行控制。PID 算法只能选择其中一种操作量，与 DO 形成单变量控制闭环回路。显然，如果同时应用这三个变量对 DO 进行控制，效果会比单回路 PID 更好。另外，对搅拌转速、空气流量以及补料速率的调节，也会影响到除 DO 以外的其他变量，而 DO 的变化又会影响到菌体的生长，从而影响到菌体浓度、基质浓度以及产物浓度。在变量耦合严重的情况下，即使针对单个变量的控制效果理想，得到的发酵效果也可能会适得其反，需要从整体上考虑多变量之间的协调控制。

PID 控制对上述问题无能为力，需要寻求先进过程控制方法。

模型预测控制（MPC）算法是应用最成功的先进过程控制算法，该方法目前在石油、化工等行业得到了广泛的重视和应用，为企业带来了巨大的经济效益和社会效益（Qin and Badgwell, 2003）。目前，美国 Aspen、美国 Honeywell、日本横河、浙江浙大中控信息技术有限公司和利时集团股份有限公司等国内外主流的 DCS 厂商都提供 MPC 模块，极大地推动了连续化工生产。MPC 框图如图 6.19 所示。

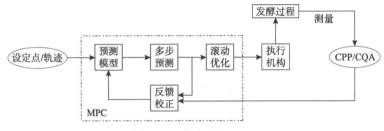

图 6.19　发酵过程 MPC

MPC 的三要素是预测模型、滚动优化和反馈校正。任何具备预测功能的模型均可作为预测模型，可分为线性模型和非线性模型。实际应用中，MPC 通常采用非参数模型，如阶跃响应模型和脉冲响应模型，此类模型在过程中易于识别，并且可用于描述多变量之间的交互作用。根据预测模型，考虑前一时刻的预测偏差作为校正，预测未来若干时刻的被控量，并优化预测值与设定轨线的偏差，从而计算出当前时刻调整量。由于反馈校正的存在，线性模型作用于非线性过程的误差可以得到适当的补偿，因此线性 MPC 可以应用于线性或弱非线性流程过程。对一些复杂生产过程，需要采用非线性 MPC，预测模型通常采用多线性模型、神经网络模型等。PID 不依赖系统模型，利用控制偏差计算控制量，是一种事后调节，而 MPC 则利用预测的控制偏差进行控制器设计，是一种事前调节。同时，MPC 试图在预测范围内使目标函数最小，可以将过程中的不确定性和不稳定信号对参数的短期影响降至最低，并且对过程交互进行建模的能力使 MPC 的性能优于需要单独调整的多个 PID 控制回路。MPC 适合处理过程中固有的测量噪声、较大的滞后时间、多变量控制、约束条件等问题。根据目标函数的不同，MPC 在发酵过程中主要有两方面的用法，分别是事后和事前调节。

定点控制或设定轨线的跟踪控制。发酵过程中，过程参数之间耦合严重，操控量的调整会同时影响多个过程参数，很难通过 PID 方法对各个变量进行分开跟踪调控，需要综合协调。MPC 能够根据被控量对所有操控量的表达式，从整体上考虑所有被控量跟踪误差的优化，计算出操控量，目标函数表达如式（6.6）所示。

$$\min_{U} J = \sum_{i=1}^{P} \left\| \hat{y}(k+i) - w(k+i) \right\|^2 + \sum_{i=1}^{M} \left\| u(k+i) \right\|^2 \tag{6.6}$$

其中，$\hat{y}(k+i)$ 为被控量在第 $k+i$ 时刻的预测值，与操控量 $u(k+i)$ 有关；$w(k+i)$ 为设定点或设定轨线；P 为预测时域（预测时长）；M 为控制时域（控制时长）。

式（6.6）右边第一项为预测时域内每个变量的跟踪误差，第二项为对操控量的软约束。在每个采样时刻，通过优化目标函数，计算出当前到未来共 M 时刻的操控量，并对过程施加当前时刻的操控，在未来采样时刻重复执行，达到滚动优化。

针对发酵过程中残糖浓度在线检测周期较长的问题，选择补糖速率作为操控量，建立了残糖浓度的预测模型，应用 MPC 对发酵过程中的残糖浓度进行定点控制，能够很好地克服过程干扰以及测量噪声等问题（Craven et al., 2014）。基于底物浓度、菌体浓度以及培养量的动力学模型，选择底物进料作为操控量，采用 MPC 调整菌体浓度，使其跟踪设定的轨线。在大肠杆菌补料分批进料过程中，葡萄糖和乳糖的摄取率为被控量，采用 Monod 动力学模型，以葡萄糖和乳糖的流加速率为调节量，通过 MPC 控制葡萄糖和乳糖的摄取率在设定值，MPC 在设定值发生变化时也能迅速跟踪。MPC 基于对对象特性的理解，具有很好的预测性和目标函数的灵活性（Ulonska et al., 2018）。

产品质量和产量最大化或者运行成本最小化。这种情况下，被控量一般选为 CQA，由于设定值未知，MPC 的目标则是通过调整操控量，使其达到最优，目标函数如式（6.7）所示。

$$\max_U J = \left\| \hat{y}(t_f) \right\|^2 \tag{6.7}$$

其中，$\hat{y}(t_f)$ 为产品 CQA 参数，调节量一般包括初始体积、初始菌体浓度、发酵时间以及流加速率、溶解氧、pH 和温度的操作轨迹等。

在青霉素发酵过程中，基于机理模型，以冷水流加和酸/碱流加为 MPC 的操控量，目标函数为产品浓度最大化（Ashoori et al., 2009）。需要注意的是，在 MPC 中，预测模型表征了被控量与操控量之间的关系，使得控制效果更有针对性。在 PID 中，操控量和被控量之间的关系没有用于操控量的计算中。在乙醇发酵中，目标函数是乙醇量最大，操控量为流加速率和溶解氧，用于保证发酵中的残糖浓度，溶解氧用于适应微生物在生长期间的好氧要求以及乙醇合成期间的厌氧要求，预测模型根据质量平衡和底物吸收守则建立（Chang et al., 2016）。由于涉及实时优化，MPC 的在线实施占据一定的计算资源，特别是当操控量和被控量较多时，因此一般情况下，MPC 不作为底层控制器，而是作为上层优化，经典 PID 算法则作为保证跟踪效果的底层控制器。

从微观上，发酵控制的实质是控制微生物的生长、代谢和消亡，宏观变量只是微观信息在宏观上的定量反映。如果能够建立宏观信息到微观代谢流之间的关系，则可以直接将微观信息作为目标函数，通过调整宏观信息进行控制。

动态酶代谢平衡分析模型（deFBA）涉及宏观的补料和微观的代谢，可描述细胞的生长，将该模型用于发酵过程的补料预测控制中，以目标产品产率为优化目标，获得补料分批操作策略，包括底物进料等宏观调节。但是，这些模型中虽然集成了代谢微观信息，但还是存在不确定性，并且生物的变异性也影响了模型的有效范围。为此，基于动态通量分析模型，将滚动时域估计（MHE）方法与MPC 结合使用，以便在线估计不同代谢模式下基础模型的不确定参数，对预测模型进行参数调整，以解决模型不确定性问题，实现对生物过程的自适应和灵活控制，在处理过程中解决不同生物状态以及处理相关不确定性方面的问题。

5. 发酵过程智能控制

生物反应涉及微生物生命体的生长和繁殖，与一般工业流程相比，机理更微妙、过程更精细、对生产操作条件更敏感，生物的不确定性以及微观与宏观相互作用的复杂性，都给发酵过程控制带来了挑战。如前所述，经典 PID 控制虽然不依赖过程模型，但是存在诸多缺点。以 MPC 为代表的先进控制技术依赖过程模型，应用中也存在一些瓶颈，如诸多生化参数待定且时变、初始工艺条件不能保持恒定等，很难实现精确的工艺再现性，并且工艺人员大量的专业知识无法模型化。智能控制是发酵过程控制中一个新兴的领域。智能控制模拟人类的直觉推理和试错等智能，并加以形式化，用于控制器的分析与设计中，使控制器具有拟人的智能化。智能控制器是自适应控制器，无须事先了解这些变化即可自动适应工厂和环境的变化。发酵过程中常用的智能控制方法有模糊控制、神经网络控制和试探控制等。

相比 PID 算法，模糊控制能够处理非线性、多输入、多输出的控制问题。发酵过程控制方法的发展其实是不断将人的知识具体化，从而模型化，并最终规范化和系统化的过程。模糊控制不需要过程模型，用简单的 IF-THEN 规则系统化了丰富的专家知识，即将过程状态进行分类，不同的类型下采用不同的控制策略。在谷氨酸发酵过程中，糖蜜的流加策略和青霉素添加的时间极大地影响着谷氨酸的产生，但是，缺乏糖浓度影响以及谷氨酸生产机理的定量信息，因此很难确定过程模型。采用模糊控制方法分阶段确定了糖蜜的流加策略（Kitsuta and Michimasa, 1994）。pH 对酸或碱的添加具有高度的非线性响应，并且发酵过程中微生物存在时变性，再加上溶液体积变化，都增加了不同发酵状态下 PID 参数的整定难度，通过模糊推理在线调整 PID 控制器的增益，能够提高控制器的鲁棒性。在面团发酵时，将面团大小设置为被控量，将温度选为调节量，采用模糊控制对面团大小进行控制，取得了优于 PID 控制的效果。在处理多变量控制时，模糊控制规则过于庞杂，可能引起过程的振荡响应，基于 Takagi-Sugeno（T-S）推理方法的模糊逻辑控制在"THEN"采用精确函数代替常规模糊控制的常数，可以有效地减少模糊规则个数，处理复杂的模糊推理问题。应用 T-S 模糊控制器有效控制了面包酵母发酵过程中的进料速率（Hussain and Ranachandran, 2003）。在酒精发酵过程中，设计了温度控制的 T-S 模糊控制器，能够较好地处理非线性特征（Flores-Hernandez et al., 2018）。在无法采用模型准确描述过程运行状态时，可以尝试模糊控制，但是前提条件是必须有行之有效的 IF-THEN 类型的专家知识。

神经网络、遗传算法是目前进化算法控制的两种主要方法。神经网络具有处理复杂和高度非线性系统方面的能力，基于常规变量的大量输入输出数据样本，通过自我学习和调整，建立关联输入和输出变量之间的确定对应关系的发酵智能模型，在此基础上实施最优控制；基于神经网络模型，采用遗传算法求得最优的控制变量时间轨迹，提高目的产物产率；结合遗传和粒子群两种算法，完成青霉素发酵中补料和生物质、基质进料流率的优化控制；建立了聚羟基丁酸酯发酵的非构造非隔离式模型，采用遗传算法优化补料流率（Peng et al., 2013）；遗传算法也被用于结晶过程的粒子平均大小、产率、操作时间、纯度异差系数等多目标优化控制问题（Bhat and Huang, 2009）。最近随着人工智能的重新兴起，机器学习方法在发酵过程中得到了一些应用，主要用于对生物大数据的分析上，以便能够对生物工艺参数进行优化（Kim et al., 2020），在控制上的应用尚无报道。

6.4.3 发酵过程监控：从两端化的监控到过程预警

PAT 打开了发酵过程生产的一扇窗。透过这扇窗，操作人员可以感知生产过程的各种运行参数，了解生产的趋势走向，从而确定生产所需，引导生产向好的方向运行。如果不对过程进行分析，则无法了解发酵生产的中间状态（发酵过程），只感知发酵生产的初始状态/条件、发酵产品等两端的信息，无法指导生产运行。随着生产质量管理理念由质量检测到质量保证的转变，工业界对生产的管控逐渐从两端向中间延展。保障过程受控，即保证产品质量受控，生产过程的监控受到了极大的重视。在发酵过程中，PAT 的应用使生产管控遍布于整个生产过程。

1. 单变量监控

根据发酵过程中可感知的检测参数，并结合发酵过程的运行机理，工艺人员可根据专业知识判断过程运行状态。其中，专业知识通常固化为各个参数的上下限的正常运行范围，而对过程运行状态的判断，简化为判断参数是否在正常运行的范围内。当参数超出上下限时，判断过程运行出现故障。这种上下限报警的方法简单易行，应用于绝大部分流程工业。DCS 制造商对此进行扩展，在控制系统中设置了上下限报警、上上限报警和下下限报警等方式。目前，大部分通过 PAT 获得的 CPP/CQA，均以通信方式集成于企业的 DCS 控制系统中，最终经过与正常范围的比较，判断过程的运行状态。

但是，上下限报警方法只有当产品质量受到影响时，才能给出报警提示，实质是一种产品保障技术，无法实现对过程的保障。统计过程控制（SPC）方法从检测数据的变化中发现问题：当过程正常运行时，检测数据满足一定的统计规律（正态分布），而当检测数据不再符合该统计分布时，生产过程不再受控，产品质量无法得到保证，需要做出调整。基于该准则，SPC 对检测数据的统计规律进行分析，包括检测数据的均值、中位数、标准差等，并使用诸如 Shewhart、CUSUM 和 EWMA 等图表的方式监控单个变量，给出了过程运行状态的判断规则（Chiang et al., 2006）。单变量统计监控示意图如图 6.20 所示。

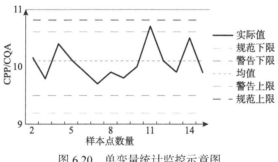

图 6.20 单变量统计监控示意图

SPC 在机械加工行业取得了巨大的成功，结合对生产、管理、经营等各方面的要求和规范，已经形成了一套完备的质量管理体系，其理念对各行各业的生产产生了巨大的影响。在发酵过程中，结合 SPC，PAT 不局限于经验知识，便可将过程数据转换为过程知识，对加深工艺人员对过程的理解具有重要的意义，可根据参数的变化趋势在产品质量发生变化之前给出前期预警。

但是，需要注意的是，虽然实际生产中大多采用单变量监控，但是 SPC 存在较大的缺陷。首先，发酵过程中，参数众多，监控工作量大，工艺人员的负担重，并且容易出错。其次，变量之间耦合严重，各个变量的正常工作区域受其他变量的影响，单变量监控无法根据变量之间的相关关系，对该变量的运行做出判断，误报和漏报现象较严重。图 6.21 为 pH 和温度的监控效果图。

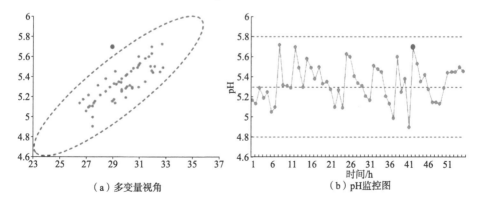

（a）多变量视角 （b）pH 监控图

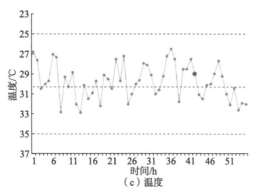

图 6.21　pH 和温度的监控效果图

图中，pH 和温度的检测值都在正常范围内，但是从多变量视角看，红点和其他采样值不一样，此时刻过程运行不正常。因此，判断过程的运行状态，需要综合分析不同参数，产品是不同参数在一定时间内相互作用的结果，抛开参数的相互作用，对过程的分析和理解都是片面的。

2. 多变量监控

给定多参数检测值，按照单变量监控方法，首先对每个参数进行单独的监控，然后监控参数之间的相关关系，两者中任意一种超出控制限，都认为发酵过程运行不正常。但是，随着 PAT 的发展，人们可以从多层次、多维度去感知发酵过程，能够检测的参数越来越多，监控量会随着参数个数呈指数倍增长。为此，多变量统计过程控制方法（MSPC）被引入过程监控中。MSPC 首先采用化学计量学方法构建参数之间的相关模型，并提取出参数的特征变量，这些特征变量相互无关，实现了数据的压缩，能够大大减少数据的维数。检测数据由特征变量线性组合加上一定的噪声产生。MSPC 将对检测数据的分析转换为对特征变量和噪声的分析。为了减少监控工作量，MSPC 将所有特征变量的信息综合为一个指标（T^2 指标），将噪声综合为另一个指标（SPE 指标）。其中，MSPC 认为过程正常运行时，检测数据满足正态分布，由此可得出 T^2 指标和 SPE 指标的统计分布。T^2 指标和 SPE 指标为两个新建变量，代表了所有参数的信息，对这两个指标实现单变量监控即相对于对所有变量实现多变量监控。两个指标的监控示意图如图 6.22 所示。

在发酵过程 MSPC 中，常用的化学计量学方法有多向 PCA、多向 PLS 等。PCA 和 PLS 主要用于连续过程。在连续过程中，产品连续不断地产出，一个时刻的产品对应一个时刻的参数，如果该时刻参数的相关关系和特征信息出现异常，则可能无法获得理想的产品质量。因此，在连续过程 MSPC 中，PCA 和 PLS 以每个采样时刻为单位提取出过程变量的特征信息，只要分析当前时刻参数的特征信

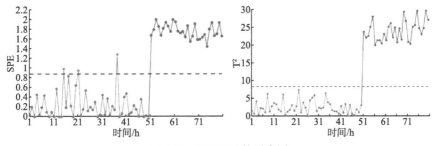

图 6.22　MSPC 监控示意图

息和噪声，即可实现过程监控。但是，在间歇发酵过程中，产品质量由整个批次所有时刻的参数决定，当批次所有时刻所有变量之间的相关关系和特征信息发生变化时，生产过程才能被认为出现不正常。多向 PCA 和多向 PLS 主要用于建立间歇过程所有时刻所有变量之间的相关性，并以批次为单位提取特征信息（Nomikos and Macgregor, 1994）。此外，在对发酵过程进行实时监控时，每个采样时刻都处于批次运行过程中，无法得到整个批次的所有时刻所有的变量，通用的解决方法一般是对未来时刻变量的值进行估计或填补（Nomikos and Macgregor, 1994）。

　　MSPC 与 PAT 仪器结合使用在过程控制中正变得越来越重要，Zhu 等首次采用化学计量学对 HPLC 的数据进行分析，实现了 MSPC 通过在线 HPLC 监测稳态反应器运行。对于每个色谱图，经过色谱比对、基线校正、峰检测等预处理后，可以得到多个峰值表（Zhu et al., 2007）。应用 MSPC 方法对峰值表进行分析，以确定哪些样本失控，并可以通过贡献图法对反应偏离正常工作区的原因进行分析，如判断过程是否引入了新的反应物，或是否出现了杂质或副产物等。为确保最终产品质量，葡萄酒的生产过程依赖于生产结束后的评估和实验室取样分析，结合了便携式 ATR-MIR 光谱仪和多变量分析来控制酒精发酵过程，并检测葡萄酒发酵状态（Cavaglia et al., 2020）。发酵是巧克力生产中的关键步骤，而低分子量碳水化合物（LMWC）分布在可可豆发酵前后的变化非常明显。采用 PCA 分析碳水化合物与干物质、pH 等理化参数之间的相关性，并监视相关性的变化，可确定在未发酵可可豆中产生明显变化所需的发酵时间（Megias-Perez et al., 2020）。

　　MSPC 与 PAT 的结合实质是采用 MSPC 提取出正常情况下 PAT 各参数中包含的特征信息，这些特征信息由各参数相互作用产生，然后通过定量或定性的方式判断特征信息在过程运行中的变化，结论是变化显著的点与其他点之间存在不一样的运行模式。但是，特征信息的提取大多基于 PAT 参数之间的线性相关性，而实际上，PAT 参数之间很多满足非线性相关，给特征信息的提取带来了挑战。由此，多模型、核特征模型等开始得到应用。多个线性模型可以模拟过程的非线性特征（Liu et al., 2018），核模型则需要将数据投影到高维空间，使数据线性化，然后采用核技巧提取高维空间特征（Lee et al., 2004）。

总体而言，多变量监控是发酵过程监控的一种发展趋势，如果预计过程会偏离指定的控制极限，则可以在达到控制极限之前进行调整以纠正过程。其对提高发酵产品的一致性具有积极的作用，可以减少批次间差异，提高产品质量，更好地理解过程。

6.4.4　发酵过程持续改进：从产品保证到产品提升

发酵产品取决于初始条件、初始状态、原材料、发酵过程保证以及下游的提纯与分离等因素。在发酵过程控制与监控中，主要侧重于对发酵过程的保证，能够优化或确保当前初始条件和初始状态下的产品产量及质量。为了持续改进发酵过程，必须从初始条件、初始状态、原材料和发酵过程等整体生产进行考虑，有以下两个方法。

1. QbD（quality by design）

QbD 根据初始条件、初始状态、原材料和过程参数与 CQA 的相关关系，确定不同 CQA 下的生产条件和参数。QbD 从 CQA 的角度出发，有助于更好地理解和控制生产条件及参数的不确定性。产品设计空间是 QbD 中的一个重要概念，该空间由生产条件和参数组成，在该空间内，任何的改变都被认为是可接受的，都能产生期望的产品，对产品质量控制和过程调控具有重要指导意义。用户可以根据需求，在该空间内选择不同的生产条件和参数。例如，如果要求能量消耗最少，则可以在该空间内找到温度较低的生产条件；如果原材料发生变化，则可以选择该原材料条件对应的其他生产条件和参数。

根据发酵生产在不同 CQA 下的生产条件和参数，建立了 CQA 与生产条件与参数之间的潜变量模型，然后根据期望的 CQA，通过模型反演的方法，得到了生产条件和参数的组合，以及该 CQA 的设计空间（Jaeckle and Macgregor, 2000）。改进了潜变量模型，从而使设计空间的维度更高，增加了生产的灵活性（Zhao et al., 2019b）。更进一步，提出一种调整空间的概念，适用于生产过程中生产条件发生变化时其他参数的调整，在该调整空间内，任意的调整均可获得理想的产量和质量。Zhao 等（2019a）设计了青霉素发酵过程生产的原始状态和操作轨迹，并根据运行情况，对青霉素发酵过程的操作轨迹进行在线调整，克服了干扰的影响。

目前，基于潜变量模型的产品设计方法在制药生产中得到了广泛的重视和成功的应用，并分别解决了模型不确定和非线性模型情况下的产品设计问题。

Gao 等（2018）建立微宏观信息的模型，对细胞代谢网络中的糖酵解、三羧酸循环、呼吸链等主要代谢途径进行分析，按微生物前期菌体生长阶段和后期产物合成阶段菌体、酶、产物等物质的生理特征变化，根据各阶段中主要中间代谢物的代谢要求设计优化目标，优化青霉素发酵过程的底物流加速率和 pH。

2. 批次运行整体的监控与追溯

发酵过程的监控保证过程生产的正常运行，评估发酵过程是否按照设定的模式运行，最终的目的是克服不确定性干扰，提高产品产量和质量的一致性，无法对发酵过程进行优化。但是，如果不局限于单个发酵批次，而是从整体上看不同的发酵批次，则可以发现不同的发酵批次产品 CQA 不同。对不同批次数据从整体上进行分析，找到影响产品 CQA 的系统性原因，根据生产专家经验对过程进行调整，可使产品 CQA 向好的方向发展。多批次整体数据构成数据集，建立批次过程运行条件和参数与产品 CQA 之间的潜变量模型，画出不同批次的潜变量监控效果，标识出每个批次所对应的产品 CQA，从而追溯其生产条件和参数等条件，便可对过程进行反复调整，逐渐优化，持续改进产品质量。批次运行整体监控示意图如图 6.23 所示。

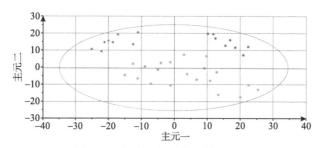

图 6.23　批次运行整体监控示意图

其中，椭圆表示过程的正常运行范围，该范围内，任何批次均能得到合格的产品 CQA。但是，不同批次可以聚为若干类（图中一种颜色代表一类），可以根据这些类批次最终的产品 CQA，查找优化的途径。

目前，关于批次整体的监控应用还很少，绝大部分工作是对批次内部运行状态的统计监控。将监控指标引入 MPC 中，作为优化目标，则可以通过调整操控量，保证过程正常运行，从而提高产品 CQA 的一致性（Zhang and Lennox, 2004）。首先建立初始条件和葡萄糖流加速率与青霉素产量之间的 PLS 模型，然后根据初始条件，最小化青霉素产量与期望产量之间的误差，得到当前批次的葡萄糖流加速率，再根据当前批次数据更新 PLS 模型，依次反复，使产量从一个批次到下一个批次更接近其设定点(Duran-Villalobos et al., 2020; Duran-Villalobos and Lennox, 2016)。实际上，多变量统计监控综合考虑了生产条件和参数，不是对特定的变量单独分析，非常适合对批次过程进行整体监控，从而对产品进行持续改进。

（刘龙　赵忠盖　堵国成）

参 考 文 献

陈坚, 2019. 发酵工程与轻工生物技术的创新任务和发展趋势[J]. 水产学报, 43: 206-210.

陈坚, 刘立明, 堵国成, 等, 2009. 发酵过程优化原理与技术[D]. 北京: 化学工业出版社.

管宁子, 2015. 产酸丙酸杆菌耐酸机制解析及代谢调控研究[D]. 无锡: 江南大学.

刘龙, 2009. 兽疫链球菌发酵生产透明质酸过程控制与优化[D]. 无锡: 江南大学.

刘龙, 李江华, 堵国成, 等, 2014. 发酵过程优化与控制技术的研究进展与展望[C]. 中国生物工程学会学术年会暨全国生物技术大会.

刘延峰, 李雪良, 张晓龙, 等, 2019. 发酵过程多尺度解析与调控的研究进展[J]. 生物工程学报, 35: 2003-2013.

南忠良, 严新忠, 董惠钧, 2003. 发酵过程实时监测与控制系统的研究[J]. 测控技术, 22: 18-20.

王路, 2017. 基于近红外光谱检测的微生物发酵监测与建模[D]. 大连: 大连理工大学.

谢非, 吴琼水, 曾立波, 2015. 面向生物过程的在线式傅里叶变换红外光谱仪[J]. 光谱学与光谱分析, 35: 2357-2361.

张凤霞, 王国栋, 2019. 现代代谢组学平台建设及相关技术应用[J]. 遗传, 41: 883-892.

张嗣良, 2009. 工业生物过程优化与放大研究中的科学问题——生物过程环境组学与多尺度方法原理研究[J]. 中国基础科学, 11: 27-31.

ARANGO O, TRUJILLO A J, CASTILLOM, 2020. Inline control of yoghurt fermentation process using a near infrared light backscatter sensor[J]. Journal of Food Engineering, 277: 109885.

ARBONA V, MANZI M, OLLAS C D, et al., 2013. Metabolomics as a tool to investigate abiotic stress tolerance in plants[J]. International Journal of Molecular Sciences, 14 (3): 4885-4911.

ASHOORI A, MOSHIRI B, KHAKI-SEDIGH A, et al., 2009. Optimal control of a nonlinear fed-batch fermentation process using model predictive approach[J]. Journal of Process Control, 19(7): 1162-1173.

BALDI L, HACKER D L, ADAM M, et al., 2007. Recombinant protein production by large-scale transient gene expression in mammalian cells: state of the art and ftiture perspectives[J]. Biotechnology Letters, 29(5): 677-684.

BEROVIC M, 1999. Scale-up of citric acid fermentation by redox potential control[J]. Biotechnology and Bioengineering, 64: 552-557.

BHAT S A, HUANG B, 2009. Preferential crystallization: multi-objective optimization framework[J]. Aiche Journal, 55(2): 383-395.

CAVAGLIA J, SCHORNGARCIA D, GIUSSANI B, et al., 2020. ATR-MIR spectroscopy and multivariate analysis in alcoholic fermentation monitoring and lactic acid bacteria spoilage detection[J]. Food Control, 109: 106947.

CHANG L, LIU X, HENSON M A, 2016. Nonlinear model predictive control of fed-batch fermentations using dynamic flux balance models[J]. Journal of Process Control, 42: 137-149.

CHEN F, FENG X, XU H, et al., 2013. Propionic acid production in a plant fibrous-bed bioreactor with immobilized *Propionibacterium freudenreichii* CCTCC M207015[J]. Journal of Biotechnology, 164(2): 202-210.

CHIANG L H, LEARDI R, PELL R J, et al., 2006. Industrial experiences with multivariate statistical analysis of batch process data[J]. Chemometrics and Intelligent Laboratory Systems, 81(2): 109-119.

CRAVEN S, WHELAN J, GLENNON B, 2014. Glucose concentration control of a fed-batch mammalian cell bioprocess using a nonlinear model predictive controller[J]. Journal of Process Control, 24(4): 344-357.

CUI S, LV X, WU Y, et al., 2019. Engineering a Bifunctional Phr60-Rap60-Spo0A quorum-sensing molecular switch for dynamic fine-tuning of menaquinone-7 synthesis in *Bacillus subtilis*[J]. ACS Synthetic Biology, 8(8): 1826-1837.

DIETMAIR S, HODSON M P, QUEK L E, et al., 2012. Metabolite profiling of CHO cells with different growth characteristics[J]. Biotechnology and Bioengineering, 109 (6): 1404-1414.

DOHERTY S J, LANGE A J, 2006. Avoiding pitfalls with chemometrics and PAT in the pharmaceutical and biotech industries[J]. Trends in Analytical Chemistry, 25(11): 1097-1102.

DU J, ZHOU J, XUE J, et al., 2012. Metabolomic profiling elucidates community dynamics of the *Ketogulonicigenium vulgare-Bacillus megaterium* consortium[J]. Metabolomics, 8 (5): 960-973.

DURAN-VILLALOBOS C A, GOLDRICK S, LENNOX B, 2020. Multivariate statistical process control of an industrial-scale fed-batch simulator[J]. Computers & Chemical Engineering, 132: 106620.

DURAN-VILLALOBOS C A, LENNOX B LAURI D, 2016. Multivariate batch to batch optimisation of fermentation processes incorporating validity constraints[J]. Journal of Process Control, 46: 34-42.

FLORES-HERNANDEZ A A, REYESREYES J, ASTORGAZARAGOZA C M, et al., 2018. Temperature control of an alcoholic fermentation process through the Takagi-Sugeno modeling[J]. Chemical Engineering Research and Design, 140: 320-330.

GAO Y, ZHAO Z, LIU F, 2018. DMFA-based operation model for fermentation processes[J]. Computers & Chemical Engineering, 109: 138-150.

GARNIER A, GAILLET B, 2015. Analytical solution of Luedeking-Piret equation for a batch fermentation obeying Monod growth kinetics[J]. Biotechnology and Bioengineering, 112(12): 2468-2474.

GOPAKUMAR V, TIWARI S, RAHMAN I, 2018. A deep learning based data driven soft sensor for bioprocesses[J]. Biochemical Engineering Journal, 136: 28-39.

GUAN N, LI J H, SHIN H, et al., 2015. Comparative metabolomics analysis of the key metabolic nodes in propionic acid synthesis in *Propionibacterium acidipropionici*[J]. Metabolomics, 11(5): 1106-1116.

GUOYAO W, 2009. Amino acids: metabolism, functions, and nutrition[J]. Amino Acids, 37 (1): 1-17.

HUSSAIN M A, RANACHANDRAN K B, 2003. Design of a fuzzy logic controller for regulating substrate feed to fed-batch fermentation[J]. Food and Bioproducts Processing, 81(2): 138-146.

JAECKLE C M, MACGREGOR J F, 2000. Industrial applications of product design through the inversion of latent variable models[J]. Chemometrics and Intelligent Laboratory Systems, 50(2): 199-210.

KASTNER J R, EITEMAN M A, LEE S A, 2003. Effect of redox potential on stationary-phase xylitol fermentations using *Candida tropicalis*[J]. Applied Microbiology and Biotechnology, 63: 96-100.

KATLA S, MOHAN N, PAVAN S S, et al., 2019. Control of specific growth rate for the enhanced production of human interferon α2b in glycoengineered *Pichia pastoris*: process analytical technology guided approach[J]. Journal of Chemical Technology & Biotechnology, 94(10): 3111-3123.

KELL D B, BROWN M, DAVEY H M, et al., 2005. Metabolic footprinting and systems biology: the medium is the message[J]. Nature Reviews Microbiology, 3(7): 557-565.

KIM G B, KIM W, KIM H U, et al., 2020. Machine learning applications in systems metabolic engineering[J]. Current Opinion in Biotechnology, 64: 1-9.

KITSUTA Y, MICHIMASA K, 1994. Fuzzy supervisory control of glutamic acid production[J]. Biotechnology and Bioengineering, 44(1): 87-94.

LEE J, YOO C, LEE I, 2004. Fault detection of batch processes using multiway kernel principal component analysis[J]. Computers & Chemical Engineering, 28(9): 1837-1847.

LIN J, TIAN J, YOU J, et al., 2004. An effective strategy for the co-production of *S*-adenosyl-L-methionine and glutathione by fed-batch fermentation[J]. Biochemical Engineering Journal, 21(1): 19-25.

LIU J, LIU T, CHEN J, 2018. Sequential local-based Gaussian mixture model for monitoring multiphase batch processes[J]. Chemical Engineering Science, 181: 101-113.

LU P, MA D, CHEN Y, et al., 2013. L-glutamine provides acid resistance for *Escherichia coli* through enzymatic release of ammonia[J]. Cell Research, 23(5): 635-644.

MEARS L, STOCKS S M, SIN G, et al., 2017. A review of control strategies for manipulating the feed rate in fed-batch fermentation processes[J]. Journal of Biotechnology, 245: 34-46.

MEGIASPEREZ R, MORENOZAMBRANO M, BEHRENDS B, et al., 2020. Monitoring the changes in low molecular weight carbohydrates in cocoa beans during spontaneous fermentation: a chemometric and kinetic approach[J]. Food Research International, 128: 108865.

MURUGAN C, NATARAJAN P, 2019. Estimation of fungal biomass using multiphase artificial neural network based dynamic soft sensor[J]. Journal of Microbiological Methods, 159: 5-11.

NOMIKOS P, MACGREGOR J F, 1994. Monitoring batch processes using multiway principal component analysis[J]. Aiche Journal, 40(8): 1361-1375.

PENG J, MENG F, AI Y, 2013. Time-dependent fermentation control strategies for enhancing synthesis of marine bacteriocin 1701 using artificial neural network and genetic algorithm[J]. Bioresource Technology, 138: 345-352.

PENG Z, FANG J, LI J, et al., 2010. Combined dissolved oxygen and pH control strategy to improve the fermentative production of L-isoleucine by *Brevibacterium lactofermentum*[J]. Bioprocess and Biosystems Bngineering, 33(3): 339-345.

QIN S J, BADGWELL T A, 2003. A survey of industrial model predictive control technology[J]. Control Engineering Practice, 11(7): 733-764.

RATHORE A S, KAPOOR G, 2009. Process analytical technology: strategies for biopharmaceuticals[J]. Encyclopedia of Industrial Biotechnology: Bioprocess and Cell Technology: 1543-1565.

RODRIGUEZ A, WOJTUSIK M, MASCA F, et al., 2017. Kinetic modeling of 1,3-propanediol production from raw glycerol by *Shimwellia blattae*: influence of the initial substrate concentration[J]. Biochemical Engineering Journal, 117: 57-65.

SHARMA S, TAMBE S S, 2014. Soft-sensor development for biochemical systems using genetic programming[J]. Biochemical Engineering Journal, 85: 89-100.

SLININGER P J, DIEN B S, LOMONT J M, et al., 2014. Evaluation of a kinetic model for computer simulation of growth and fermentation by *Scheffersomyces* (Pichia) *stipitis* fed D-xylose[J]. Biotechnology and Bioengineering, 111(8): 1532-1540.

SPANN R, GLIBSTRUP J, PELLICERALBORCH K, et al., 2019. CFD predicted pH gradients in lactic acid bacteria cultivations[J]. Biotechnology and Bioengineering, 116(4): 769-780.

ULONSKA S, WALDSCHITZ D, KAGER J, et al., 2018. Model predictive control in comparison to elemental balance control in an *E. coli* fed-batch[J]. Chemical Engineering Science, 191: 459-467.

WANG G, CHU J, ZHUANG Y, et al., 2019. A dynamic model-based preparation of uniformly-^{13}C-labeled internal standards facilitates quantitative metabolomics analysis of *Penicillium chrysogenum*[J]. Journal of Biotechnology, 299: 21-31.

WANG Q, WU C , CHEN T , et al., 2006. Integrating metabolomics into a systems biology framework to exploit metabolic complexity: strategies and applications in microorganisms[J]. Applied Microbiology and Biotechnology, 70(2): 151-161.

WANG Y, CHU J, ZHUANG Y, et al., 2009. Industrial bioprocess control and optimization in the context of systems biotechnology[J]. Biotechnology Advances, 27(6): 989-995.

WANG Z J, SHI H L, WANG P, 2016. The online morphology control and dynamic studies on improving vitamin B_{12} production by *Pseudomonas denitrificans* with online capacitance and specific oxygen consumption rate[J]. Applied Biochemistry and Biotechnology, 179: 1115-1127.

WU D, YU X W, WANG T C, et al., 2011. High yield rhizopus chinenisis prolipase production in *Pichia pastoris*: impact of methanol concentration[J]. Biotechnology and Bioprocess Engineering, 16: 305-311.

XIA J, WANG Y, ZHANG S, et al., 2009. Fluid dynamics investigation of variant impeller combinations by simulation and fermentation experiment[J]. Biochemical Engineering Journal, 43(3): 252-260.

YANG Y, XIA J, LI J, et al., 2012. A novel impeller configuration to improve fungal physiology performance and energy conservation for cephalosporin C production[J]. Journal of Biotechnology, 161(3): 250-256.

ZHANG H, LENNOX B, 2004. Integrated condition monitoring and control of fed-batch fermentation processes[J]. Journal of Process Control, 14(1): 41-50.

ZHAO H, PANG K, LIN W, et al., 2016. Optimization of the *n*-propanol concentration and feedback control strategy with electronic nose in erythromycin fermentation processes [J]. Process Biochemistry, 51(2): 195-203.

ZHAO Z, WANG P, LI Q, et al., 2019a. Input trajectory adjustment within batch runs based on latent variable models[J]. Industrial & Engineering Chemistry Research, 58(34): 15562-15572.

ZHAO Z, WANG P, LI Q, et al., 2019b. Product design for batch processes through total projection to latent structures[J]. Chemometrics and Intelligent Laboratory Systems, 193: 103808.

ZHU L, BRERETON R G, THOMPSON D, et al., 2007. On-line HPLC combined with multivariate statistical process control for the monitoring of reactions[J]. Analytica Chimica Acta, 584(2): 370-378.

ZOU X, XIA J, CHU J, et al., 2012. Real-time fluid dynamics investigation and physiological response for erythromycin fermentation scale-up from 50 L to 132 m^3 fermenter[J]. Bioprocess and Biosystems Engineering, 35(5): 789-800.

第 7 章　发酵产品的联产技术

7.1　发酵产品联产的必要性

发酵工业是国民经济的重要组成部分，与人们日常生活密切相关，工业发酵产品包括大宗化学品、精细化学品、酶制剂产品、食品与配料、营养化学品和生物能源等。随着生物技术的进步和发展，越来越多的产品可以通过生物发酵进行生产。发酵工业产品向各个领域扩散，已涵盖食品、化工、能源、酶制剂、医药、材料等很多领域。各种新的能源（如燃料乙醇等）、药品（如抗体、抗生素等）、材料（如聚乳糖等）已开始通过工业微生物发酵实现大规模的生产，以满足人们生产、生活的需要（Becker and Wittmann, 2015; Gong et al., 2017）。

目前，工业发酵一般以微生物生产某一特定目标产品，通常将所使用的微生物称为细胞工厂。为了实现微生物细胞工厂发酵生产目标产品的最大输出，研究人员从细胞水平通过解析微生物的生理特性和代谢调控机制，进而从工程水平通过发酵过程优化获得最佳发酵条件，并确保生长和代谢的最优平衡。然而，在这一发酵过程中，往往很难做到目标产品高产量、高转化率和高生产强度的统一（Chen et al., 2018）。以单一产物为目标的传统发酵过程有时候存在如下一些问题。

（1）发酵过程以单一产物为目标，并以此评价产量、转化率和生产强度，较难做到三者兼顾。产量、转化率和生产强度通常被认为是衡量一个发酵工艺经济性的重要指标。在大部分工业微生物以单一产物为目标的发酵生产过程中，高产量一般可以通过补料流加的方式获取，由于细胞不需要额外的底物进行生长，所以底物转化率一般也会相应提高。但是，补料模式也会相应延长整个发酵周期，且随着补料的进行，菌体合成目标产品的能力会降低，因此，整个过程会以相对较低的生产强度为代价。然而，在分批发酵过程中，一般容易获得较高的生产强度，但目标产品的产量和底物转化率往往会比较低。因此，在工业生产过程中，通常会从原材料成本、能耗、人工以及产品价值等方面综合考虑，对生产过程产量、转化率和生产强度评估，选取相对经济的发酵工艺。

（2）微生物发酵是一个生理代谢过程，实际的发酵过程不可避免会产生副产物，一味地追求消除副产物会显著降低转化率或生产强度。在微生物发酵生产某一目标产物过程中，为了尽可能地降低副产物并提高目标产物的积累，开展了大量的研究工作。应用系列组学技术解析相关微生物的生理机制，构建系列基因操作工具，从强化目标产物合成的关键基因、增大向目标产品的代谢通量、弱化或阻断目标产物的进一步代谢、重构细胞内目标产物的合成途经、辅因子工程调控微生物细胞的生长及目标产物的合成、加快细胞对底物或产物的转运等方面进行改造。通常情况下，这些策略可以在一定程度上消除目标产物合成过程中的某些副产物。然而，追求大量地消除副产物通常需要组合系列技术，而过多改造易加重细胞负荷，往往会以牺牲发酵过程的底物转化率或生产强度为代价。

（3）发酵过程中有些副产物较难去除，且具有一定的价值，如果直接作为污废物处理，将影响整个发酵过程的经济性。众所周知，微生物的合成代谢过程是一个生命活动过程，会产生大量的代谢产物。在某一目标产品的合成过程中，有些副产物通常是目标产物的前体、下游代谢产品或衍生物，而这些副产物往往又是主要的副产物。代谢工程改造或发酵过程优化等策略可以在一定程度上降低这些副产物的积累量，但是，由于代谢途径中这些副产物与目标产物的合成关系，想要完全消除基本不太可能。另外，在以单一产物为目标的发酵过程中，开发的提取工艺主要是为获得目标产品，副产物往往由于积累量相对较低直接以废弃物形式进行处理。值得注意的是，有些副产物可能也具有一定的经济价值，可通过较简单的提取工艺或者合理改进原有的提取工艺获得。

随着新一代发酵工程技术的发展，研究者提出了联产发酵模式。即在以单一产品为目标的传统发酵模式中，通过基因工程、代谢工程和过程优化等手段，对所应用的细胞工厂的代谢网络和生产能力进行调控，在不影响主产品产量的前提下，提高具有一定附加值的副产物的积累量，从而实现单一发酵过程中多产品的共同生产（图7.1）。目前，已有不少研究报道了相关发酵产品的联产模式，如 α-酮戊二酸和丙酮酸的联产（Zeng et al., 2017）、S-腺苷-L-甲硫氨酸（S-adenosyl-L-methionine，SAM）和谷胱甘肽的联产（徐若烊等，2018）、L-精氨酸与聚-β-羟基丁酸酯的联产（秦敬儒等，2016）、丙酸和维生素 B_{12} 的联产（Wang et al., 2012）、1,3-丙二醇和3-羟基丙酸的联产（李清等，2014）、琥珀酸与5-羟基亮氨酸的联产（Dengyue et al., 2019），等等。但是，为实现多目标产品的高效合成及工业化生产，以多产物联产为目标的发酵技术也面临一些需要解决的问题，例如：①开发以多产物联产为目标的代谢工程改造策略，如多产物联产的代谢网络模型的构建和多产物联产的系统代谢工程方法的开发；②解析多产物联产内在的调控机制，如联产过程中辅因子/能量代谢补偿机制的解析和中间代谢产物协同积累机制的解析；③建立以多产物联产为目标的发酵系统，如基于发酵过程中多产物实时监测，针对性地设计发酵过程优化与调控策略，合理平衡菌体生长和多目标产品高效积累；④开发以多产品联产为目标的分离纯化策略，在原有的针对单一目标产品的提取工艺基础上，合理设计、整合和优化针对联产产品的提取工艺，有效地降低多产物提取的成本。

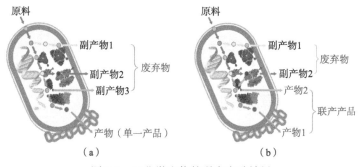

图 7.1　工业微生物的联产发酵效果

（a）单一产品为目标；（b）联产产品为目标

　　本章主要以解脂亚洛酵母联产 α-酮戊二酸和丙酮酸、钝齿棒杆菌（Corynebacterium crenatum）联产 L-精氨酸与聚-β-羟基丁酸酯以及丙酸杆菌联产丙酸和维生素 B_{12} 为例进行详细介绍。

7.2　解脂亚洛酵母联产 α-酮戊二酸和丙酮酸

7.2.1　α-酮戊二酸和丙酮酸的应用

　　α-酮戊二酸又称 2-氧代戊二酸，是一种重要的二元羧酸，参与微生物体内的三羧酸循环和氨基酸代谢，在调节碳氮平衡的中间代谢过程中起着至关重要的作用，在食品、制药、精细化学以及动物饲料行业具有广泛的应用。在临床上，α-酮戊二酸具有改善肠道形态和功能、消除创伤引起的免疫缺陷等作用，并且在损伤修复代谢中发挥重要的作用。在食品营养方面，α-酮戊二酸和 L-精氨酸的混合物也称精酮合剂，作为一种十分受欢迎的营养强化剂，常添加到功能性饮料中，在运动过程中主要具有增强肌肉中血液的流动、减少分解代谢、增加蛋白质合成的功能。在农业方面，α-酮戊二酸和肼的衍生物用于生产哒嗪，而哒嗪具有很高的抗害虫性、抗病毒性和抗细菌性（Zeng et al., 2015; Guo et al., 2016）。

　　丙酮酸又称 2-氧代丙酸和 α-酮基丙酸，是一种重要的氧代羧酸。丙酮酸作为糖酵解的终产物，在细胞营养和能量代谢中起着重要枢纽作用。它可以在细胞质中还原脱氢生成乙醇、乳酸等，也可以进入三羧酸循环生成柠檬酸、苹果酸等，并且在氧化脱氢过程中为细胞提供能量。丙酮酸同时具有羧酸和酮的性质，决定了它可以广泛应用于多种行业。在医药方面，丙酮酸可以作为 L-多巴、维生素 B_6 和维生素 B_{12} 多种药物和氨基酸的前体物质；临床上丙酮酸可以用于治疗抑郁症和创伤性脑损伤,改善糖尿病患者体内胰岛素的分泌状态;丙酮酸化合物也具有重要作用,例如,丙酮酸乙酯可以减缓氧化对细胞的损伤。在化工方面,丙酮酸可作为丙酮酸乙酯、乙烯聚合物和神经酰胺等多种复杂化合物的重要原料。在食品方面,丙酮酸可以作为一种食品添加剂,有利于提高体能;而丙酮酸钙作为一种很好的减肥产品,可以加速人体内脂肪酸的代谢(Luo et al., 2017a, 2017b)。

7.2.2 α-酮戊二酸和丙酮酸的生产方法

目前,α-酮戊二酸和丙酮酸在市场上的价格约为 12 $/kg,其市场价格显著高于其他有机酸,如柠檬酸(0.5 $/kg)、乳酸(1.5 $/kg)和衣康酸(2 $/kg)等。化学合成法和生物技术法是生产酮酸常用的方法,其中生物技术法作为一种新的方法,可分为酶转化法和微生物发酵法两种方法。

1. 化学合成法

α-酮戊二酸和丙酮酸的工业化生产主要以化学合成法为主。α-酮戊二酸通常以丁二酸和草酸二乙酯为原料进行多步合成,产品收率约为 75%。然而,在化学合成过程中,存在氰化物等危险性化合物、有毒废物的产生以及甘氨酸和有机酸等副产物的大量积累而导致的产品选择性低等问题,限制了 α-酮戊二酸在制药、食品领域的广泛应用。丙酮酸的生产主要采用酒石酸脱水脱羧法,该方法工艺简单,产品收率为 50%~55%。在 220℃下,通过蒸馏酒石酸和硫酸氢钾的混合物获得丙酮酸粗品,获得的粗酸再经过真空蒸馏最终获得丙酮酸产品。高昂的生产成本以及环境污染严重等不可避免的缺点限制了丙酮酸的工业化生产。

2. 酶转化法

酶转化法具有生产成本低、环保、消耗能量低等优点。采用酶转化法生产 α-酮戊二酸的酶主要有三种,分别为氨基酸脱氢酶、氨基酸转移酶和氨基酸脱氨酶。其中,从变形杆菌(Proteus sp.)中提取的 L-氨基酸脱氨酶已经被确定为生产 α-酮戊二酸的最佳酶。但是,该酶包含一个跨膜螺旋,跨膜结构域的疏水性通常使这些蛋白质在功能上难以表达和纯化,这导致了酶转化法生产 α-酮戊二酸收率低。并且以 L-谷氨酸为底物进行酶转化生产时,底物转化率仍需加强,另外 L-谷氨酸与 α-酮戊二酸在后期分离提取方面也存在较大的问题。

1989 年,有研究利用醋酸杆菌(Acetobacter sp.)氧化 D-乳酸生产丙酮酸,获得很高的底物转化率。然而很难将这个过程商业化,因为 D-乳酸比 L-乳酸更贵。接着,有研究发现多形汉森酵母(Hansenula polymorpha)中的乙醇酸氧化酶能够高效催化 L-乳酸生产丙酮酸,但是过程中产生的过氧化氢能将丙酮酸进一步氧化生成乙酸。在毕赤酵母中,表达过氧化氢酶可用于去除乳酸氧化过程中产生的过氧化氢，从而获得高产量的丙酮酸。相比化学合成法，酶转化法具有大幅度降低污染和较高的底物转化率等优势，但是由于底物成本较高等条件限制，实现工业化生产仍存在较大困难。

　　3. 微生物发酵法

　　微生物发酵法生产酮酸已有较长时间的研究。α-酮戊二酸生产的微生物有细菌和酵母两大类。细菌主要包括芽孢杆菌、谷氨酸棒状杆菌和荧光假单胞菌（*Pseudomonas fluorescens*）等。酵母菌主要包括解脂亚洛酵母、毕赤酵母以及白念珠菌（*Candida* spp.）。目前常用的生产菌株为解脂亚洛酵母。早在 1976 年，就有研究报道通过采用 10%石蜡（$C_{13} \sim C_{18}$）作为唯一碳源并利用解脂亚洛酵母生产 α-酮戊二酸，产量高达 185 g/L。后来，以乙醇作为唯一碳源生产 α-酮戊二酸，产量高达 49 g/L。利用甘油作为碳源生产 α-酮戊二酸，α-酮戊二酸的产量高达 66.2 g/L。以菜籽油为原料时，在最适培养基条件下用 *Y. lipolytica* VKMY-2412 可以得到 102.5 g/L 的 α-酮戊二酸。但是在整个发酵过程虽然积累高浓度的 α-酮戊二酸，但也会积累大量的副产物丙酮酸。

　　发酵法生产丙酮酸的主要微生物有光滑球拟酵母、谷氨酸棒杆菌、大肠杆菌和酿酒酵母（*Saccharomyces cerevisiae*），这些微生物主要是利用糖酵解途径从葡萄糖转化获得丙酮酸。目前常用的菌株为光滑球拟酵母，研究报道，已采用了一些代谢工程改造、高通量筛选和适应性进化等策略来提高菌株的丙酮酸积累能力。通过构建 NADH 再氧化途径，提高了光滑球拟酵母细胞中 NAD^+ 的水平，从而加快了糖酵解速率，最终丙酮酸产量提高了 38%。另外，基于建立的高通量筛选方法，应用 ARTP 等诱变育种技术处理，获得了高产丙酮酸的突变菌株，其产量增加 35.4%，发酵过程优化后，其产量提高至 75 g/L。值得注意的是，研究表明应用光滑球拟酵母发酵生产丙酮酸过程中，若采用 NaOH 调节发酵过程 pH，过程中也可积累 1.3 g/L 的 α-酮戊二酸，而当以碳酸钙作为 pH 缓冲剂时，在丙酮酸浓度基本不变的情况下，α-酮戊二酸的积累量将近 13 g/L（Liu et al., 2007a）。

　　相比化学合成法和酶转化法，微生物发酵法可以利用多种廉价的可再生碳源生产 α-酮戊二酸和丙酮酸等有机酸产品，大幅降低生产成本，而且能够提高产品的安全性，同时降低生产过程中的污染，是一种更加环保经济的生产方法，因而也引起越来越多的关注和研究。但是微生物发酵法的缺点同样明显：副产物较多、生产强度和底物转化率较低。

7.2.3　解脂亚洛酵母联产 α-酮戊二酸和丙酮酸的必要性

　　在微生物发酵生产 α-酮戊二酸过程中，碳源物质首先通过主动运输等方式转运进入细胞内，通过糖酵解等途径生成丙酮酸。丙酮酸在丙酮酸脱氢酶、丙酮酸羧化酶（PYC）、柠檬酸合成酶等酶的作用下生成柠檬酸，进入三羧酸循环。柠檬酸进一步在顺乌头酸酶、异柠檬酸脱氢酶的催化下生成 α-酮戊二酸（图 7.2）。解脂亚洛酵母是硫胺素营养缺陷型菌株，硫胺素作为 α-酮戊二酸脱氢酶的辅因子，对于 α-酮戊二酸的积累具有重要意义。发酵过程中微量的硫胺素可以满足细胞的正常生长代谢，当硫胺素消耗尽后，α-酮戊二酸脱氢酶的活性会受到抑制，阻碍了 α-酮戊二酸的进一步代谢，使 α-酮戊二酸大量积累。但硫胺素不仅是 α-酮戊二酸脱氢酶的辅因子，同时也是丙酮酸脱氢酶的辅因子，在硫胺素耗尽后，丙酮酸脱氢酶的活性同样也会受到抑制，阻碍丙酮酸的进一步代谢，使丙酮酸作为副产物得到积累。

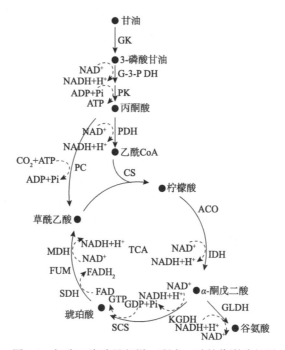

图 7.2　解脂亚洛酵母积累 α-酮戊二酸的代谢路径图

GK，甘油激酶；G-3-P DH，磷酸甘油醛脱氢酶；PK，丙酮酸激酶；PDH，丙酮酸脱氢酶；CS，柠檬酸合酶；ACO，乌头酸酶；IDH，异柠檬酸脱氢酶；KGDH，酮戊二酸脱氢酶；SCS，琥珀酰 CoA 合成酶；SDH，琥珀酸脱氢酶；FUM，富马酸酶；MDH，苹果酸脱氢酶；GLDH，谷氨酸脱氢酶；PC，丙酮酸羧化酶

　　作者所在研究室选育到一株以甘油为唯一碳源能够积累 α-酮戊二酸的解脂亚洛酵母菌株 Y. lipolytica WSH-Z06，当底物总甘油浓度为 130 g/L 时，α-酮戊二酸产量可以达到 66.3 g/L，但是发酵结束时有 26.2 g/L 的丙酮酸积累（Yu et al., 2012）。通过强化乙酰 CoA 合成基因 ACS1、柠檬酸裂解酶基因 ACL 的表达和强化胞内丙酮酸羧化途径等，降低了丙酮酸的积累量。尽管通过代谢调控和发酵过程调控优化等策略在一定程度上降低了丙酮酸的积累，但是在甘油耗尽时仍有大量的丙酮

酸残留,在 α-酮戊二酸的生产过程中想完全消除丙酮酸的积累是很难实现的(Zhou et al., 2012)。另外,在底物甘油耗尽后继续延长发酵周期,虽然菌体可以进一步利用丙酮酸转化为 α-酮戊二酸,但是随着丙酮酸的消耗,pH 会上升,为了维持菌种积累 α-酮戊二酸的最适低 pH,需要向发酵液中补加硫酸。这就给这一转化过程带来了其他的问题:延长发酵周期,导致了物料资源和人力资源等的过多消耗;硫酸的补加引入了新的杂质,会增加后提取工艺的步骤,从而增加提取过程的成本;丙酮酸转化为 α-酮戊二酸过程中菌体需要利用部分丙酮酸维持生命活动,从而降低底物的转化率。因此,在 α-酮戊二酸发酵生产过程中,丙酮酸的积累是不可避免的,即使通过延长发酵周期的方法将丙酮酸进一步转化为 α-酮戊二酸,也并不是一种高效经济的方法 (Zeng et al., 2017)。

　　既然将丙酮酸作为副产物并通过延长发酵周期将其进一步转化为 α-酮戊二酸不是一种高效经济的生产方法,那么为何不将 α-酮戊二酸和丙酮酸同时作为产物进行联产? 前期研究之所以尝试各种方法降低 α-酮戊二酸发酵过程中丙酮酸的积累,原因在于 α-酮戊二酸和丙酮酸均为短链酮酸,在理化性质方面相似,导致下游处理中很难将二者分离。但是,随着现代分离技术的发展,膜技术、减压蒸馏等新型技术的大规模应用, α-酮戊二酸和丙酮酸已经能够实现较好的分离。另外,丙酮酸同样具有较高的商业价值, α-酮戊二酸和丙酮酸市场价格均在 10～12 \$/kg 之间,远高于其他有机酸类产品的价格。综合考虑,利用解脂亚洛酵母以甘油为碳源联产 α-酮戊二酸和丙酮酸具有较好的工业应用前景。

7.2.4　解脂亚洛酵母联产 α-酮戊二酸和丙酮酸的基因工程改造

　　α-酮戊二酸和丙酮酸是解脂亚洛酵母代谢过程中两个关键的中间代谢产物,可以通过代谢工程手段对糖酵解途径和三羧酸循环进行调控,增大细胞内流向丙酮酸和 α-酮戊二酸的碳代谢流,并且在不影响细胞正常代谢的前提下尽可能地限制丙酮酸和 α-酮戊二酸的进一步代谢,即“开源”和“节流”。ATP、NADH 和辅酶 A 等辅因子对中心代谢途径具有重要的调控作用。辅因子调控能有效调节微生物细胞的生长及其代谢,针对辅因子代谢的改造也能较大程度地影响丙酮酸和 α-酮戊二酸的合成。

　　另外, α-酮戊二酸和丙酮酸等短链羧酸是一类弱酸,根据它的溶解常数和溶液的 pH,它在溶液中会以分子和阴离子这两种形式存在。细胞要利用这一类短链羧酸,必须先将这一羧酸转运到细胞内部。分子形式的羧酸分子可以通过简单扩散作用跨过磷脂双分子层,到达细胞内部;然而阴离子形式的羧酸分子,必须借助细胞膜上可调控的跨膜机制实现运输。因此,强化 Y. lipolytica 发酵生产酮酸过程中酮酸转运显得至为重要。真核微生物胞质中的 pH 为 6.8 左右,而在线粒体等亚细胞器内的 pH 为 8.0 左右;丙酮酸和 α-酮戊二酸的 pK_a 分别为 2.49

和 4.22，根据公式 $pH = pK_a + \lg(A^-/HA)$，在细胞内环境为中性条件下，胞内积累的丙酮酸和 α-酮戊二酸会以解离形式存在。大量阴离子形式存在的丙酮酸和 α-酮戊二酸必须借助细胞膜上的通道蛋白实现从胞内至胞外的跨膜运输。因此，本节主要介绍解脂亚洛酵母对胞内积累的丙酮酸和 α-酮戊二酸运输至细胞外的机制，基于此改造生产菌株，实现丙酮酸和 α-酮戊二酸在细胞外积累（Guo et al., 2015）。

1. *Y. lipolytica* WSH-Z06 全基因组范围酮酸转运蛋白预测与筛选

对 *Y. lipolytica* WSH-Z06 全基因组编码的 6540 个蛋白质序列进行跨膜螺旋结构预测，解析得到 1104 条蛋白质序列至少含有一个跨膜螺旋结构（图 7.3）。应用已报道的真菌酮酸转运蛋白特征序列 NXXS/THXS/TQDXXXT 与可能的跨膜蛋白进行 Blast 搜寻，发现编号为 YALI0B19470p、YALI0C15488p、YALI0C21406p、YALI0D24607p、YALI0D20108p 和 YALI0E32901p 的蛋白质序列中包含真菌酮酸转运蛋白特征序列。将这 6 条蛋白质序列与其他真菌来源的酮酸转运蛋白进行多重序列比对，验证了这些真菌酮酸转运蛋白特征序列高度保守存在于已报道的酮酸转运蛋白中。

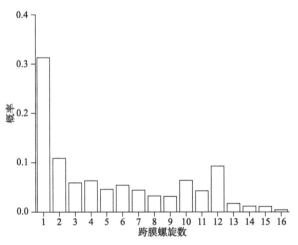

图 7.3 预测跨膜螺旋数在可能的跨膜蛋白中分布

羧酸转运蛋白特征性序列不仅与转运能力相关，而且与底物的偏好性有关，据文献报道该序列位于转运蛋白的跨膜区域中。然后对 YALI0B19470p、YALI0C15488p、YALI0C21406p、YALI0D24607p、YALI0D20108p 和 YALI0E32901p 的预测的跨膜拓扑学结构进行可视化观察，并考察来源于 *Y. lipolytica* WSH-Z06 的酮酸转运蛋白中特征性序列的位置，发现羧酸转运蛋白特征性序列都位于这 6 条蛋白的跨膜螺旋区域附近（图 7.4）。

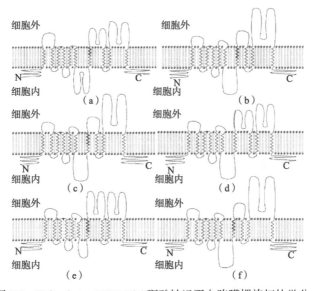

图 7.4　*Y. lipolytica* WSH-Z06 酮酸转运蛋白跨膜螺旋拓扑学分析

（a）YALI0B19470p；（b）YALI0C15488p；（c）YALI0C21406p；（d）YALI0D24607p；（e）YALI0D20108p；
（f）YALI0E32901p。羧酸转运蛋白特性性序列用红色表示

2. 酮酸转运蛋白功能鉴定及底物特异性测定

依次将 *S. cerevisiae* CEN.PK2-1D 基因组编码的内源酮酸转运蛋白编码基因 *JEN1* 和 *ADY2* 敲除。*JEN1* 敲除的 W1 菌株仍然能在含有乳酸、乙酸、丙酮酸、马来酸和 α-酮戊二酸为唯一碳源的培养基中生长，但与出发菌株相比生长弱。*JEN1* 和 *ADY2* 同时敲除的 W2 菌株在含有乳酸、乙酸、丙酮酸、马来酸和 α-酮戊二酸为唯一碳源的培养基中可能生长。出发菌株、W1 和 W2 菌株都不能在含有柠檬酸为唯一碳源的培养基中生长。然而，通过 pY13-TEF1 质粒将 YALI0B19470g、YALI0C15488g、YALI0C21406g、YALI0D24607g、YALI0D20108g 和 YALI0E32901g 分别异源引入 W2 菌株细胞后的 W3、W4、W5、W6、W7 和 W8 菌株都能恢复在含有乳酸、乙酸、丙酮酸、马来酸和 α-酮戊二酸为唯一碳源的培养基中生长（图 7.5）。结果表明这 6 条转运蛋白都具有将胞外酮酸转运至细胞内的功能。菌株在系统进化过程中通过基因组复制，保留了这 6 条多功能的转运蛋白，实现了细胞对酮酸的大量转运。

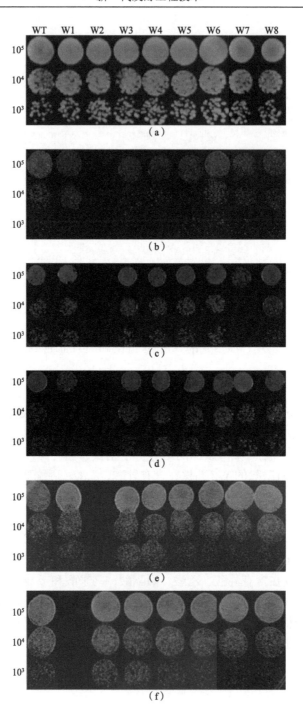

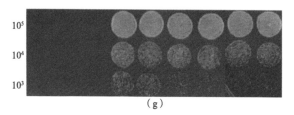

图 7.5　酮酸转运蛋白功能验证

（a）YPD 培养基；（b）YPA 培养基；（c）YPL 培养基；（d）YPP 培养基；（e）YPM 培养基；
（f）YPK 培养基；（g）YPC 培养基

为了测定这些转运蛋白的底物特异性，将经饥饿处理的 *S. cerevisiae* CEN.PK2-1D 菌株及其 8 株重组菌株细胞分别接种于 20 mL 的 YPA、YPL、YPP、YPM、YPK 和 YPC 培养基中 30℃温育 2 h，离心收集细胞，测定细胞内的羧酸含量。如表 7.1 所示，出发菌株中的乳酸、丙酮酸、马来酸和 α-酮戊二酸的含量分别为（2.22±0.21）μmol/mgDCW、（0.94±0.12）μmol/mgDCW、（3.14±0.24）μmol/mgDCW 和（1.29±0.12）μmol/mgDCW，而乙酸和柠檬酸未能检测到。与此相比，在 W2 菌株细胞内都未能检测出酮酸，说明内源 *JEN1* 和 *ADY2* 影响了细胞对乳酸、丙酮酸、马来酸和 α-酮戊二酸的转运。在 W3 重组菌株细胞中检测到了单羧酸和三羧酸的积累；在 W4、W5、W6、W7 和 W8 菌株细胞中都能检测到单羧酸、二羧酸和三羧酸积累。结果表明，这 6 个转运蛋白不但以单一的羧酸为底物，而且能将细胞外多种羧酸转运至细胞内，是多功能转运蛋白。

表 7.1　*S. cerevisiae* CEN.PK2-1D 及其重组菌株细胞内酮酸积累　　（单位：μmol/mgDCW）

菌株	乙酸	乳酸	丙酮酸	马来酸	α-酮戊二酸	柠檬酸
WT	/[*]	2.22±0.21	0.94±0.12	3.14±0.24	1.29±0.12	/
W1	/	/	/	0.05±0.01	0.86±0.08	/
W2	/	/	/	/	/	/
W3	/	/	/	0.15±0.01	0.09±0.01	0.04±0.01
W4	0.81±0.07	/	0.17±0.03	0.11±0.01	1.41±0.19	0.08±0.01
W5	/	0.53±0.04	/	0.09±0.01	0.77±0.06	0.04±0.01
W6	/	/	/	0.09±0.01	0.56±0.02	0.05±0.01
W7	/	0.67±0.09	/	/	0.38±0.04	0.09±0.01
W8	0.66±0.04	/	/	0.11±0.01	0.39±0.03	0.03±0.01

*酮酸含量少于 0.005μmol/mgDCW 或未检测到。

3. 强化酮酸转运蛋白对酮酸积累的影响

通过整合型 p0（hph）质粒在 *Y. lipolytica* 过量表达这 6 条多功能酮酸转运蛋

白，发酵培养过量表达酮酸转运蛋白的重组菌株测试酮酸转运蛋白对胞外酮酸积累影响。如图 7.6 所示，分别单一表达多功能酮酸转运蛋白后，重组菌株 T1、T3、T5 和 T6 菌株细胞外 α-酮戊二酸含量从 36.6 g/L 分别上升至 46.7 g/L、38.6 g/L、44.0 g/L 和 39.0 g/L；然而过量表达 YALI0C15488g 和 YALI0D24607g 基因的 T2 和 T4 细胞外 α-酮戊二酸含量没有发生明显改变；T2、T3、T4、T5 和 T6 菌株细胞外丙酮酸含量从 17.8 g/L 分别提高至 20.2 g/L、21.0 g/L、21.1 g/L、23.5 g/L 和 21.8 g/L。因此，通过代谢工程手段强化转运蛋白能力后，有效提高了解酯亚洛酵母联产 α-酮戊二酸和丙酮酸的产量。

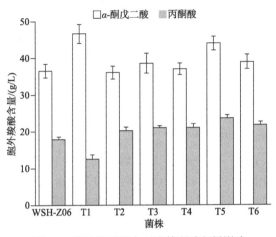

图 7.6　酮酸转运蛋白对胞外酮酸积累影响

7.2.5　解脂亚洛酵母联产 α-酮戊二酸和丙酮酸发酵过程优化

碳源作为培养基的主要组成成分，为微生物生长代谢提供碳骨架，对菌体生长和产物生产都具有重要的影响，其种类和浓度的变化都会影响细胞代谢。理想的碳源不仅能够满足菌体生长代谢，而且要利于目的产物的积累，同时要价格低廉，利于工业化生产。解脂亚洛酵母可以利用多种碳源物质，但其种类对菌体的生长和产物的积累具有重要的影响。本节主要研究发酵过程中底物甘油的浓度及补加模式对解脂亚洛酵母联产 α-酮戊二酸和丙酮酸的影响（Zeng et al., 2017）。

1. 甘油浓度对酮酸联产的影响

在作者前期研究以积累 α-酮戊二酸为单一目标产物时，最佳初始甘油浓度为 100 g/L。当联产两种酮酸时最佳初始甘油浓度可能发生变化。比较了不同初始甘油浓度对菌体生长和产酸的影响。当初始甘油浓度为 100 g/L 时，菌体浓度达到最大，为 9.3 g/L。当初始甘油浓度在 50～180 g/L 范围内，酮酸产量随着初始甘油浓度的增加而增大，但当初始甘油浓度超过 180 g/L，酮酸产量逐渐减低，所以当初始甘油浓度为 180 g/L 时，酮酸产量最高。但是当甘油浓度高于 150 g/L 时，会导致较低的菌体浓度和较高的残留甘油浓度（图 7.7）。此外，初始甘油浓度为 150 g/L 时，底物转化率达到最高，为 0.47 g/g，生产强度为 0.31 g/（L·h）（表 7.2），α-酮戊二酸和丙酮酸产量分别为 34.2 g/L 和 17.3 g/L。因此，初始甘油浓度为 150 g/L 时最有利于酮酸的生产。

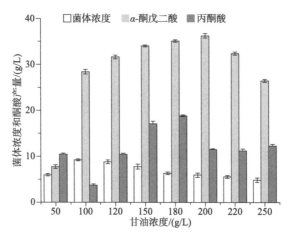

图 7.7　不同初始甘油浓度对酮酸生产的影响

表 7.2　不同甘油浓度对发酵参数的影响

初始甘油浓度/（g/L）	底物转化率/（g/g）	生产强度/[g/（L·h）]
100	0.32	0.27
120	0.40	0.25
150	0.47	0.31
180	0.46	0.32
200	0.44	0.28
220	0.41	0.26
250	0.42	0.23

　　在发酵罐中进一步验证 150 g/L 初始甘油浓度的发酵效果，由图 7.8 可知。在发酵过程中菌体生长缓慢，发酵至 84 h 达到稳定期。α-酮戊二酸在整个发酵过程中持续积累，但是丙酮酸在 60 h 前可以持续积累，60 h 后浓度有所下降，并且维持在一个较低的水平。发酵结束后，α-酮戊二酸和丙酮酸浓度分别为 61.5 g/L 和 14.2 g/L，底物转化率约为 0.5 g/g。此外，甘油在前期消耗速率较慢，前 48 h 甘油仅消耗 28.1 g/L，导致发酵周期显著延长。在发酵罐中 150 g/L 的初始甘油浓度

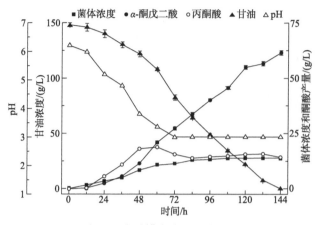

图 7.8　发酵罐中分批发酵过程

并不利于酮酸联产。导致这种情况的原因可能为较高的初始甘油浓度抑制了菌体的生长和产酸。高浓度底物通常会抑制菌体生长和产物积累,当葡萄糖作为碳源时,80 g/L 的葡萄糖就会导致底物消耗速率减慢和产品浓度降低。解脂亚洛酵母以甘油作为底物发酵生产赤藓糖醇过程中,高浓度的甘油同样会抑制菌体生长,通过流加甘油并分阶段控制渗透压的方式则可以促进菌体生长和产物的积累,总甘油浓度可以达到 325 g/L。因此,在酮酸生产过程中较高的初始甘油浓度可能也会抑制菌体生长,导致底物消耗速率和产品积累速率减慢。比较了在不同初始甘油浓度下菌体的比生长速率,发现菌体的比生长速率随着初始甘油浓度的升高而降低,当初始甘油浓度为 50 g/L 时,菌体的比生长速率可达到 0.11 h^{-1},但当初始甘油浓度为 150 g/L 时,菌体比生长速率降低为 0.04 h^{-1}。因此,较低的初始甘油浓度有利于菌体的生长,从而有利于整个发酵过程。

2. 3 L 发酵罐优化酮酸联产

为进一步比较甘油浓度对菌体生长和产酸的影响,在 3 L 发酵罐中进行了不同的甘油浓度的比较。当初始甘油浓度为 150 g/L 时,发酵前 36 h 甘油浓度在 130～150 g/L 范围之内;当初始甘油浓度为 100 g/L 时,发酵前 36 h 甘油浓度在 60～100 g/L;当初始甘油浓度为 50 g/L 时,发酵前 36 h 甘油浓度在 10～50 g/L。三种条件下 36 h 时的菌体浓度、α-酮戊二酸浓度、丙酮酸浓度和残留甘油浓度见表 7.3。当甘油浓度范围为 10～50 g/L 时,菌体量和酮酸浓度均高于其他两种条件下的相应浓度。虽然底物转化率是在初始甘油浓度为 150 g/L 时最高,但是在此条件下甘油消耗速率太慢,会降低整个发酵过程的效率。

表7.3　不同甘油浓度范围对酮酸生产的影响

初始甘油浓度 /（g/L）	菌体浓度 /（g/L）	α-酮戊二酸 浓度/（g/L）	丙酮酸浓度 /（g/L）	残留甘油浓度 /（g/L）	底物转化率 /（g/g）
150	5.1±0.1	5.5±0.4	10.8±0.6	129.3±2.9	0.79
100	6.3±0.2	8.2±0.6	14.1±1.1	61.6±2.4	0.58
50	8.2±0.6	10.4±0.7	17.3±1.2	12.5±0.6	0.74

　　比较三种条件下的菌体生长速率、α-酮戊二酸和丙酮酸积累速率、甘油消耗速率（图 7.9）。三种条件下菌体生长速率变化趋势相似，最高生长速率均在 13 h左右达到；当甘油浓度范围为 10～50 g/L 时，菌体生长速率最高，为 0.39 g/（L·h），而且在 0～36 h 之间菌体生长速率一直高于其他两种条件下的菌体生长速率；上述结果再次证明了低甘油浓度有利于菌体生长。α-酮戊二酸和丙酮酸积累速率变化趋势相似，值得注意的是最高产酸速率出现滞后于最高菌体生长速率，其原因为菌体只有在硫胺素耗尽后才能大量积累酸。当甘油浓度范围在 10～50 g/L 范围时，α-酮戊二酸和丙酮酸产酸速率均为最高，最大值分别为 0.33 g/（L·h）和0.66 g/（L·h）；而且随着甘油浓度的升高，产酸速率逐渐降低。以上结果都表明

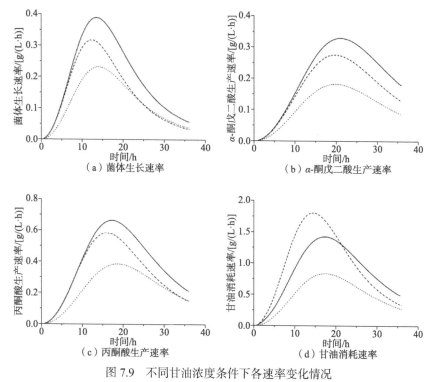

（a）菌体生长速率　　（b）α-酮戊二酸生产速率　　（c）丙酮酸生产速率　　（d）甘油消耗速率

图 7.9　不同甘油浓度条件下各速率变化情况

—— 初始甘油浓度 150g/L；- - - 初始甘油浓度 100g/L；⋯⋯ 初始甘油浓度 50g/L

低甘油浓度有利于菌体产酸。此外，当甘油浓度较高时，甘油消耗速率明显降低，远低于其他两种条件，较低的甘油消耗速率会延长发酵周期。降低甘油浓度可以提高菌体生长速率和产酸速率，这样可以缩短发酵周期，同时提高酮酸产量。

低甘油浓度有利于整个发酵过程，在保持总甘油浓度不变的前提下，补料发酵是最佳的方式。补料方式可降低发酵过程中甘油浓度，从而有利于菌体生长和产酸。前期研究表明甘油浓度在 10～50 g/L 时最利于发酵，设置了不同初始甘油浓度（20 g/L、30 g/L、40 g/L、50 g/L），在发酵至 24 h 时，通过一次性补加甘油的方式使总甘油浓度达到 150 g/L。发现菌体浓度随着初始甘油浓度的减少而降低，其原因可能为前期太低的初始甘油浓度在发酵初期不能够满足菌体生长代谢，其中初始甘油浓度 20 g/L 时，24 h 时甘油浓度已经消耗为 0 g/L。发酵周期随着初始甘油浓度降低而延长，其原因可能为发酵过程中一次性补加大量的甘油会导致产生一段延滞期。当初始甘油浓度为 50 g/L 时，α-酮戊二酸和丙酮酸产量最高，分别达到 42.7 g/L 和 13.3 g/L，而且底物转化率也达到最高，为 0.37 g/g（表 7.4）。

表 7.4　分批发酵过程中不同初始甘油浓度对酮酸生产的影响

初始甘油浓度 / (g/L)	菌体浓度 / (g/L)	α-酮戊二酸浓度 / (g/L)	丙酮酸浓度 / (g/L)	发酵周期 /h	底物转化率 / (g/g)
50	8.5±0.7	42.7±1.3	13.3±0.6	156	0.37
40	7.9±0.8	40.4±0.9	13.1±0.5	168	0.36
30	7.7±0.6	38.7±0.8	13.2±0.7	168	0.35
20	6.4±0.4	36.1±0.8	12.9±0.5	192	0.33

另外，补料过程中维持的底物浓度对于发酵的影响同样很重要，而补加甘油的速度会影响底物维持的浓度。为了确定一个适宜的甘油维持浓度，比较了不同的底物维持浓度范围对发酵的影响。当初始甘油浓度为 100 g/L 时，在 3 L 发酵罐中发酵至 60 h 甘油残留约 25 g/L。通过补料使甘油浓度在 72～96 h 期间维持在 10～20 g/L、20～30 g/L 和 30～40 g/L（图 7.10）。结果表明，残留甘油浓度为 20～30 g/L 时，α-酮戊二酸和丙酮酸产量均为最高，底物转化率 0.67 g/g。尽管三种条件下底物转化率相差很小，但是当甘油浓度为 20～30 g/L 时，甘油消耗速率较快，更有利于酮酸积累，同时也可以加快底物消耗（表 7.5）。

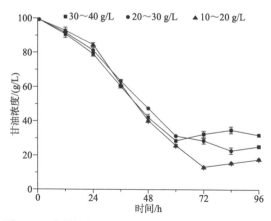

图 7.10　分批补料发酵过程中残留甘油浓度变化情况

表 7.5　不同甘油浓度范围对酮酸生产的影响

残余甘油浓度 /（g/L）	α-酮戊二酸产量 /（g/L）	丙酮酸产量 /（g/L）	甘油消耗量 /（g/L）	底物转化率 /（g/g）
10～20	12.7±0.7	3.6±0.2	25.3±1.1	0.64
20～30	16.9±0.9	5.3±0.1	33.3±1.2	0.67
30～40	14.4±0.8	4.5±0.3	30.6±0.9	0.62

　　因此，建立了一种恒速补料的发酵策略，即保持总甘油浓度为 150 g/L 前提下，降低初始甘油浓度为 50 g/L，后期通过恒速补料使甘油浓度保持在 20～30 g/L。由图 7.11 可知，降低初始甘油浓度为 50 g/L 后菌体生长速率加快，延滞期明显缩短，菌体在 60 h 达到稳定期。α-酮戊二酸和丙酮酸产量也明显提高，α-酮戊二酸和丙酮酸在甘油耗尽前均可以一直持续积累。α-酮戊二酸和丙酮酸产量在 144 h

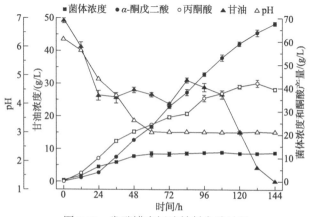

图 7.11　发酵罐中恒速补料发酵过程

达到最大，分别为 67.4 g/L 和 39.3 g/L，底物转化率高达 0.71 g/g，生产强度也显著提高，达到 0.74 g/（L·h）。

为了进一步比较不同发酵方式下菌体产酸的能力，计算并比较了分批发酵过程中和恒速补料发酵过程中 α-酮戊二酸和丙酮酸的比生产速率的区别（图 7.12）。由图 7.12 可知，α-酮戊二酸的比生产速率在两种发酵方式下变化趋势相似，在发酵初期比速率达到最大值，然后迅速下降，在 24 h 后缓慢下降至发酵结束。因此，在两种发酵方式下 α-酮戊二酸都可以持续积累至发酵结束，且最终产量没有显著区别。由图 7.12 还可知，在恒速补料发酵过程中，丙酮酸比生产速率达到最大值所需时间明显较短，而且远大于分批发酵过程中的丙酮酸比生产速率的最大值。此外，恒速补料发酵过程中丙酮酸比生产速率在 48 h 之后，由 0.04 h^{-1} 缓慢降低至 0.01 h^{-1}，但分批发酵发酵过程中的丙酮酸比生产速率在 48 h 为 0.05 h^{-1}。这就导致了丙酮酸在恒速补料过程中可以持续积累至发酵结束，而在分批发酵过程中丙酮酸在 48 h 后停止积累并且保持在一个较低的水平。

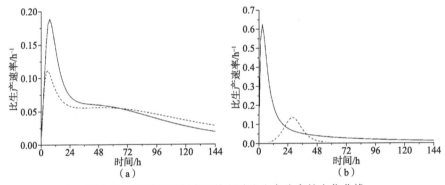

图 7.12　不同发酵方式下的酮酸比生产速率的变化曲线
（a）分批发酵；（b）补料发酵；实线：α-酮戊二酸比生产速率；虚线：丙酮酸比生产速率

两种发酵方式下，α-酮戊二酸产量没有明显区别，但丙酮酸产量差异较大。恒速补料方式下，丙酮酸产量提高了约 1.74 倍。导致这种情况的原因可能为甘油浓度会影响代谢途径中一些酶的活性。研究报道指出，在以甘油为碳源生产 1,3-丁二醇的过程中，甘油浓度可以影响三个关键酶的活性：甘油脱氢酶（GDH）、甘油脱水酶和 1,3-丙二醇氧化还原酶；在此基础上，研究人员又通过调控发酵过程中不同阶段的甘油浓度来提高 1,3-丁二醇的产量。此外，发现甘油浓度会影响丙酮酸激酶的活性，当甘油浓度较高时，丙酮酸激酶的活性会受到底物、辅酶 ADP 等因素的抑制；而丙酮酸激酶作为糖酵解途径中的重要限速酶之一，其酶活直接影响磷酸烯醇式丙酮酸通向丙酮酸的流量，导致高甘油浓度，在很大程度上抑制了糖酵解过程中丙酮酸的积累。根据上述结果可推测低甘油浓度有利于提高丙酮酸激酶的活性，从而提高丙酮酸产量。

酮酸联产作为一种新的发酵方式，与单独发酵生产 α-酮戊二酸和丙酮酸相比，具有明显的优势。利用同样的恒速补料发酵方式发酵生产 α-酮戊二酸，发酵至 144 h 时甘油耗尽后，需要延长发酵周期使丙酮酸进一步转化为 α-酮戊二酸，同时需要向发酵液中补加硫酸以控制 pH。发酵至 192 h 时丙酮酸浓度降低为 6.2 g/L，α-酮戊二酸产量达到 73.1 g/L，但是底物转化率仅为 0.53 g/g。与酮酸联产相比，转化率和生产强度分别降低了 25.4% 和 44.6%；而且发酵周期的延长和硫酸的加入会加大物料和人力的消耗。利用光滑球拟酵母 *T. glabrata* CCTCC M202019 发酵生产丙酮酸时，以 120 g/L 葡萄糖作为底物，发酵至 62 h 时丙酮酸产量为 68.7 g/L。虽然此过程中丙酮酸生产强度达到 1.11 g/（L·h），但是底物转化率仅为 0.57 g/g，比酮酸联产的转化率降低了 19.7%（表 7.6）。因此，酮酸联产可以有效提高底物转化率和生产强度，在工业化生产中具有良好的应用前景。

表 7.6　不同发酵模式下各发酵参数比较

发酵参数	单独生产 α-酮戊二酸	单独生产丙酮酸	酮酸联产
底物浓度/（g/L）	150（甘油）	120（葡萄糖）	150（甘油）
发酵时间/h	192	62	144
α-酮戊二酸/（g/L）	73.1±1.5	0	67.4±1.3
丙酮酸/（g/L）	6.2±0.3	68.7±1.6	39.3±0.6
酮酸/（g/L）	79.3±1.8	68.7±1.6	106.7±1.9
底物转化率/（g/g）	0.53	0.57	0.71
酮酸生产强度/[g/（L·h）]	0.41	1.11	0.74

3. 50 L 发酵罐放大优化联产酮酸

为实现解脂亚洛酵母发酵联产酮酸的工业化生产这个最终目标，将在 3L 发酵罐水平优化得到的补料工艺在 50 L 发酵罐上进行了放大发酵。结果如图 7.13 可知，发酵前期 pH 下降速度明显加快，发酵至 48 h 时 pH 就降低为 3.0，此后菌体生长速度明显减慢，达到稳定期时菌体浓度约为 8.5 g/L。此外，甘油消耗速率明显加快，发酵至 144 h 时甘油耗尽。α-酮戊二酸和丙酮酸产量分别为 43.7 g/L 和 49.1 g/L，总酮酸产量达到 92.8 g/L，总转化率达 61.9%。将此工艺进行放大后，发现发酵过程仍能保持较高的底物转化率和生产强度。

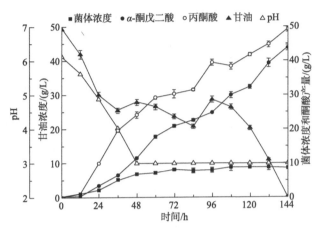

图 7.13　50 L 发酵罐中恒速补料发酵过程

在初始甘油浓度为 50 g/L 时，尽管酮酸总产量达到 92.8 g/L，但是转化率还有提升的空间。另外，可以发现，在这一过程中丙酮酸产量高于 α-酮戊二酸产量，结合前期的研究数据，分析原因可能是在较低的初始甘油浓度下，菌体快速生长，pH 迅速降低，从而导致发酵过程中较低的菌体浓度，而发酵液中溶氧效果较好时，更有利于丙酮酸的大量积累。为了提高发酵过程的菌体浓度，将初始甘油浓度提高至 100 g/L，同时将 pH 缓冲剂碳酸钙的浓度增加至 20 g/L，以减缓 pH 下降速度，延长菌体生长时间，过程中甘油总浓度保持 150 g/L。结果如图 7.14 所示，pH 在 60 h 下降至 3.0，菌体浓度达到稳定期时约为 12.5 g/L，甘油消耗速率也略有加快。发酵至 144 h 时甘油耗尽，α-酮戊二酸和丙酮酸产量分别为 69.6 g/L 和 30.6 g/L，酮酸总产量为 100.2 g/L，底物转化率和生产强度分别达到 66.8 % 和 0.70 g/（L·h）。相比初始甘油浓度为 50 g/L 的补料发酵工艺，提高底物浓度的补料发酵过程，总酸产量、底物转化率和发酵生产强度都有提高。

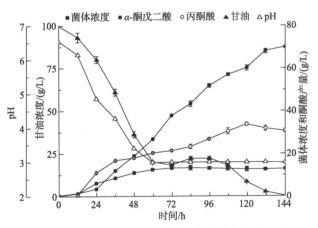

图 7.14　优化后的 50 L 发酵罐中恒速补料发酵过程

7.2.6　α-酮戊二酸和丙酮酸联产的耦合分离提取

1. 蒸馏结晶法

根据两种酮酸的理化性质的不同继续进行探索，α-酮戊二酸从发酵液中结晶相对容易，因为它在室温下以固体形式存在，而丙酮酸沸点是 165℃，在高真空条件下可以快速蒸馏（表 7.7），因此，提出了一种能进一步降低生物技术路线生产两种酮酸成本的分离方法。研究分析了过程中不同处理步骤对 α-酮戊二酸和丙酮酸分离纯化的影响，包括预处理、酸化、提取、结晶等（Zeng et al., 2018）。

表 7.7　丙酮酸的沸点、绝对压力和真空度

沸点/℃	真空度/（10^3Pa/MPa）	绝对压力/10^3Pa
165	0	101.3
106.5	−87.97（−0.0868）	13.332
85.3	−98.634（−0.0974）	2.666
57.9	−99.967（−0.0987）	1.333
45.8	−100.633（−0.0993）	0.667
21.4	−101.167（−0.0993）	0.133

1）萃取溶剂的筛选及萃取条件的优化

萃取是分离过程主要的步骤，因为在有机溶剂中两种酮酸都能以很高的浓度溶解。培养液中的其他成分，如小分子碳水化合物、有色化合物和无机盐等，高度溶于水但不易溶于有机溶剂，可通过这一步骤去除。在纯化过程中，用有机溶剂从微生物发酵液中提取有机酸是一个很好的选择，因为低沸点的有机溶剂很容易以低成本回收。已有相关报道应用该方法从发酵液中分离出了乙酸和 L-乳酸。因此，考察了四种在水中溶解度较低的常规有机溶剂萃取剂，即乙酸乙酯、乙酸丁酯、丁醇和磷酸三丁酯，以确定最佳萃取效率。基于预实验过程将联产酮酸的发酵液进行离心、超滤、浓缩、阳离子树脂交换和酸化等处理后的两种酸浓度，配制了含有 200 g/L α-酮戊二酸和 100g/L 丙酮酸的标准样品溶液，在室温下以萃取剂体积为样品体积的 3 倍进行萃取。结果表明，丁醇的提取效率较低，而乙酸乙酯、乙酸丁酯和磷酸三丁酯的提取效率较高（图 7.15）。另外，考察了乙酸乙酯、乙酸乙酯、丁醇和磷酸三丁酯萃取液完全分层所需时间。最终，考虑到完全分层的成本和所需时间，乙酸乙酯被确定为最合适的萃取剂。

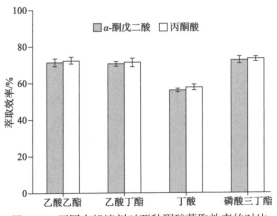

图 7.15　不同有机溶剂对两种酮酸萃取效率的对比

2）酸化过程中 pH 对萃取效率的影响

　　水溶液的 pH 是影响回收效率的主要因素之一，因为氢离子在有机酸离子和有机酸分子之间的化学平衡中起着独特的作用。当酮酸以其未解离的形式存在时，可以在低 pH 下更有效地提取酮酸，即低于相应酸的 pK_a。盐酸、硫酸和磷酸是常用的无机酸，用于调节水溶液的 pH。由于高浓度氯离子对设备具有腐蚀性，且磷酸价格较高，因此硫酸为最佳选择。需要注意的一点是，浓度高于 60% 的硫酸容易引起碳化。将 *Y. lipolytica* 联产的酮酸发酵液进行离心、超滤、浓缩和阳离子树脂交换处理，然后用硫酸将收获的预处理溶液调整为不同的 pH，再用 3 倍体积的乙酸乙酯三次萃取。结果表明，两种酮酸的萃取率随 pH 的下降而增加。当 pH 下降至 1.5~3.0，萃取效率迅速提高，但这一趋势在 pH 在 0.5~1.5 时逐渐放缓，而当 pH 调整到 0.5 以下时，萃取率几乎保持不变。α-酮戊二酸和丙酮酸的最高萃取率分别为 97.8% 和 98.1%，乙酸乙酯对丙酮酸的萃取效率略高于 α-酮戊二酸（图 7.16）。

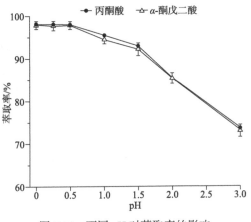

图 7.16　不同 pH 对萃取率的影响

3）预处理过程的优化

目前，从发酵液中获得的生化产品可分为不同的类别，如食品添加剂、生物燃料、骨架物质和药品。微生物发酵液有许多特点：①发酵液中产品浓度低，而其他成分（多为水）占 90%以上；②发酵液中含有大量微生物和其他可见固体，增加了发酵液的黏度，不利于过滤；③发酵液中含有色素等其他杂质、中度残留物和无机盐，这对萃取工艺和产品质量也有一定影响。因此，对发酵液进行适当的预处理，在分离纯化过程中具有重要意义。

分离纯化联产 α-酮戊二酸和丙酮酸的预处理步骤包括离心、超滤、浓缩和阳离子树脂交换。离心分离是分离微生物和其他可见固体的常规操作。超滤、浓缩和阳离子树脂交换的过程会影响产品的回收或纯度，本节研究了提取过程中各因素对超滤、浓度和阳离子树脂交换过程的影响。表 7.8 显示了分离、纯化发酵液的整个过程的结果，超滤和阳离子树脂交换主要影响 α-酮戊二酸的收率和丙酮酸的纯度，这可能是由于溶液中含有杂质，如细胞碎片、色素、脂质、蛋白质和多糖或高价阳离子。α-酮戊二酸和丙酮酸的收率明显受浓缩步骤的影响，但纯度与其他过程基本相同。

表 7.8　超滤、浓度和阳离子树脂交换对酮酸收率和纯度的影响

超滤	浓缩	阳离子交换	α-酮戊二酸		丙酮酸	
			收率/%	纯度/%	收率/%	纯度/%
+	+	+	79.8±0.6	99.3±0.2	80.6±0.5	99.5±0.1
−	+	+	81.7±0.7	96.2±0.3	65.2±0.5	99.3±0.2
+	−	+	74.8±0.8	99.4±0.1	70.3±0.4	99.6±0.1
+	+	−	80.4±0.5	97.8±0.2	72.7±0.4	99.5±0.1

注：+表示进行此步骤；−表示未进行此步骤。

4）α-酮戊二酸结晶过程的优化

结晶是溶质从液相或气相以结晶状态沉淀出来的过程，过程中晶体形成条件非常严格，因为结晶不仅是净化得到产物的过程，也是将产物从溶解状态直接转化为固态的过程。根据形成晶体的目标产物的性质，结晶法已成为一种常用的分离方法，在柠檬酸、乳酸和琥珀酸等有机酸的分离过程中应用较多。为了提高目标物质的收率，结晶条件如温度、时间、pH 和目标物质浓度需要进行优化。在前文中已提到，α-酮戊二酸和丙酮酸具有高度相似的理化性质，如相似的极性、高水溶性和弱酸性，这使得两种酮酸的常规分离很困难。幸运的是，两种酮酸之间仍然存在差异，其中一个最重要的区别是，α-酮戊二酸在室温下以固体形式存在，而丙酮酸则以液体形式存在。理论上讲，容易将 α-酮戊二酸从两种酸的混合物中

结晶出来。将 α-酮戊二酸和丙酮酸的联产发酵液依次进行离心、超滤、浓缩、阳离子树脂交换、酸化和萃取等处理，蒸馏去除萃取剂乙酸乙酯得到最终浓度 ≥ 200g/L 的 α-酮戊二酸。考察结晶过程的温度、时间等主要因素对 α-酮戊二酸结晶的影响发现，温度对 α-酮戊二酸结晶的影响比较明显。当在低温条件下延长结晶时间时，可获得较高的结晶效率；在室温下放置 24 h，α-酮戊二酸不能从混合物中结晶出来，放置 72 h 结晶效率仍低于 20%（表 7.9）。

表 7.9　不同条件下 α-酮戊二酸的结晶效率　　　　　　（单位：%）

时间/h	效率					
	0℃	5℃	10℃	15℃	20℃	25℃
16	48.1±0.7	42.1±0.5	30.5±0.4	12.6±0.2	0.8±0.1	0
24	69.1±0.5	65.1±0.6	56.2±0.3	28.2±0.4	2.3±0.2	0
32	89.3±0.6	84.1±0.5	78.5±0.6	42.8±0.6	12.1±0.3	4.4±0.4
40	92.1±0.3	92.0±0.5	91.8±0.3	54.1±0.5	28.1±0.3	8.6±0.4
48	92.2±0.4	91.8±0.3	92.1±0.2	76.3±0.6	48.1±0.5	13.8±0.3
60	91.9±0.3	92.1±0.3	91.9±0.5	84.3±0.4	56.2±0.6	16.2±0.2
72	92.3±0.5	92.0±0.4	92.2±0.4	86.2±0.7	62.2±0.4	19.5±0.3

5）α-酮戊二酸和丙酮酸浓度的影响

将 α-酮戊二酸和丙酮酸的联产发酵液进行分离提取实验，经过一系列步骤，包括离心、超滤、浓缩、阳离子树脂交换、酸化、萃取、蒸馏、结晶和精炼，得到了高纯度的 α-酮戊二酸样品（99.3%），其回收率为 79.8%；另外，也获得了透明浅黄色的高纯度丙酮酸样品（99.5%），其回收率为 80.6%；每个处理步骤的回收率见表 7.10。又进一步考察有机酸混合物中（总酮酸 100 g/L）不同比例的 α-酮戊二酸和丙酮酸的结晶情况。所有样品以初始溶液浓缩 4 倍，以 3 倍体积的乙酸乙酯萃取 3 次，然后蒸馏乙酸乙酯，在 10℃ 条件下结晶 48 h，将晶体离心，得到结晶效率（表 7.11）。发现当混合酸中的 α-酮戊二酸比例过低时，α-酮戊二酸不能从混合物中结晶，而当 α-酮戊二酸与丙酮酸的比例为 2∶1 时，结晶率达到 91.8%。当 α-酮戊二酸和丙酮酸的比例增加到 2.5∶1 和 3∶1 时，结晶效率超过 92%。

表 7.10　整个提取过程中 α-酮戊二酸和丙酮酸的回收率

处理步骤	回收率/%	
	α-酮戊二酸	丙酮酸
离心	99.8±0.2	99.7±0.2
超滤	96.5±0.4	97.2±0.3

续表

处理步骤	回收率/%	
	α-酮戊二酸	丙酮酸
浓缩	97.6±0.3	95.7±0.2
阳离子交换	97.3±0.2	96.8±0.4
酸化	100	100
乙酸乙酯萃取	98.2±0.7	98.9±0.7
蒸馏乙酸乙酯	98.6±0.2	97.4±0.3
蒸馏丙酮酸	/	93.2±0.4
精制 α-酮戊二酸	90.1±0.3	/

表 7.11　不同酮酸比例对分离过程的影响

比例（α-酮戊二酸∶丙酮酸）	0.5∶1	1∶1	1.5∶1	2∶1	2.5∶1	3∶1
结晶效率/%	0	10.5±0.2	56.3±0.3	91.8±0.4	92.6±0.3	93.7±0.5

综上，提取联产 α-酮戊二酸和丙酮酸时，丙酮酸的存在会影响 α-酮戊二酸的结晶，尤其是在较高比例丙酮酸时。在常温条件下，丙酮酸的沸点较低，只有 165℃，α-酮戊二酸为固体。因对，对于含有较高比例的丙酮酸的酮酸混合物，也可以建立一个合理的分离方法同时分离纯化分离 α-酮戊二酸和丙酮酸。根据整个研究结果，提出了从发酵液中同时分离纯化 α-酮戊二酸和丙酮酸的方案（图 7.17）。基于高真空减压蒸馏设备的应用，该方案可用于从含有不同比例的 α-酮戊二酸和丙酮酸浓度的发酵液或酶转化溶液中同时分离纯化出 α-酮戊二酸和丙酮酸。

2. 微生物转化法分离解脂亚洛酵母联产的丙酮酸和 α-酮戊二酸

解酯亚洛酵母发酵生产 α-酮戊二酸的过程中，有大量丙酮酸的产生，而丙酮酸是一种重要平台化合物，可以继续转化为 L-酪氨酸和 L-DOPA 等。基于此，建立了一种微生物转化法分离发酵液中酮酸的方法：以酮酸联产发酵液中的丙酮酸作为底物，利用 TPL 全细胞催化的方法，消耗酮酸联产发酵液中的丙酮酸来合成 L-酪氨酸，使得反应液中只含有 L-酪氨酸和 α-酮戊二酸，再经过离心、阳离子交换树脂分离、减压旋转蒸馏和布氏漏斗过滤等方法成功将 α-酮戊二酸与 L-酪氨酸分离和纯化，得到从丙酮酸和 α-酮戊二酸转化到 L-酪氨酸和 α-酮戊二酸的高效分离过程（Lei et al., 2019）。

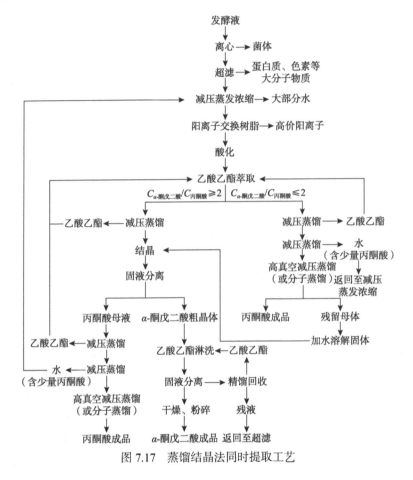

图 7.17　蒸馏结晶法同时提取工艺

　　L-酪氨酸微溶于水（0.045 g/L，25℃），是一种重要的芳香族氨基酸，是所有生物体中蛋白质合成所必需的，被广泛应用于食品、医药、化工和化妆品等领域，作为平台型化合物可合成多种高附加值衍生物，具有广泛的应用前景和开发价值（图 7.18）。利用 TPL 催化丙酮酸、苯酚和氯化铵合成 L-酪氨酸，在不需破碎细胞的前提下直接利用全细胞作为酶催化剂，实现细胞内的多级酶联反应。因此，该方法将分离两种性质相近的酮酸变为分离两种性质差异较大的物质，更容易实现产品的有效分离。另外，L-酪氨酸同样具有较高的市场价值，不会降低生产的效益。下面针对此方法的构建和优化作相关介绍。

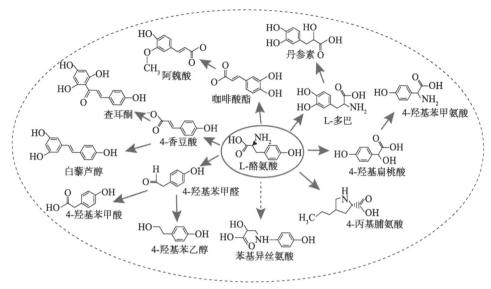

图 7.18　L-酪氨酸作为平台型化合物合成高附加值衍生物

1）TPL 的表达优化

　　TPL 酶的活性及表达情况会影响合成 L-酪氨酸的产量，因此考察了不同诱导时间及培养时间对 TPL 活性和 L-酪氨酸产量的影响。将细胞分为 3 组，分别在转接 TB 培养基 2 h、2.5 h 和 3 h 后在 25℃ 进行诱导，3 组分别培养 10 h、12 h 和 14 h，收集菌体进行全细胞催化合成 L-酪氨酸实验。由图 7.19 结果可知，在转接 TB 培养基 2.5 h 后进行诱导并培养 12 h 时，L-酪氨酸有最高产量。

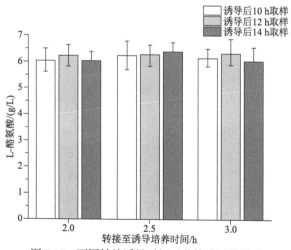

图 7.19　不同转接诱导时间对菌体酶活的影响

2）TPL 转化酮酸发酵液的条件优化

为了最佳利用 TPL 活性合成 L-酪氨酸，考察了多次补料次数对 L-酪氨酸产量的影响，每次补料底物相同，分别进行 3 次、4 次、5 次补料，结果如图 7.20 所示。当增加补料次数（4 次和 5 次）时，L-酪氨酸产量没有明显提高，说明补料 3 次完成后，TPL 酶活已经显著降低，再加底物已无法合成 L-酪氨酸。

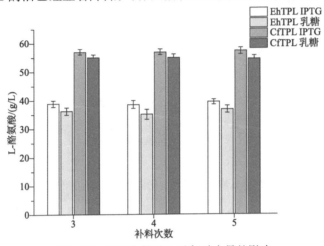

图 7.20　补料次数对 L-酪氨酸产量的影响

因为过量苯酚对细胞生长具有毒害作用，会减少产物 L-酪氨酸的合成，因此保证其余底物相同，分别以丙酮酸发酵液为底物、α-酮戊二酸钠（30 g/L）和丙酮酸钠（30 g/L）标准样品混合物为底物和酮酸联产发酵液（pH 至 8.0 左右）作为底物，在补料过程中，考察了不同浓度苯酚（0.025 mol/L、0.05 mol/L、0.075 mol/L、0.1 mol/L 和 0.125 mol/L）对 L-酪氨酸产量的影响。根据图 7.21 可知，三种结果

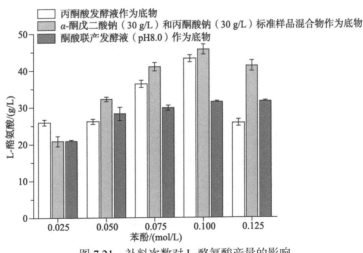

图 7.21　补料次数对 L-酪氨酸产量的影响

均显示补料苯酚浓度为 0.1 mol/L 时，L-酪氨酸有最高产量，因此分批补料过程中，最佳苯酚浓度为 0.1 mol/L。

3）α-酮戊二酸和 L-酪氨酸的分离、纯化过程的优化

在全细胞催化过程中，酮酸联产发酵液中的丙酮酸被完全消耗用于 L-酪氨酸合成。为了更好地分离和纯化 α-酮戊二酸与 L-酪氨酸，设计了分离和纯化方案（图 7.22）。在含有 α-酮戊二酸和 L-酪氨酸的反应液中加入 50%（V/V）H_2SO_4 以完全溶解 L-酪氨酸。将反应溶液离心除去细胞，得到上清液。浓缩后，将反应溶液装入预处理好的 732 阳离子交换柱中，收集含有 α-酮戊二酸的穿透液。随后，用蒸馏水洗涤交换柱，并收集含有 α-酮戊二酸的水洗脱液。将穿透液和水洗脱液进行过滤，旋转蒸发和干燥，得到 α-酮戊二酸纯粉末。然后，用 25%（V/V）氨水洗脱 732 阳离子交换柱，收集含有 L-酪氨酸的氨水洗脱液。因为 L-酪氨酸可与 Folin-Phenol 试剂反应形成深蓝色产物，以此作为氨洗脱终点的指示剂。当最后一

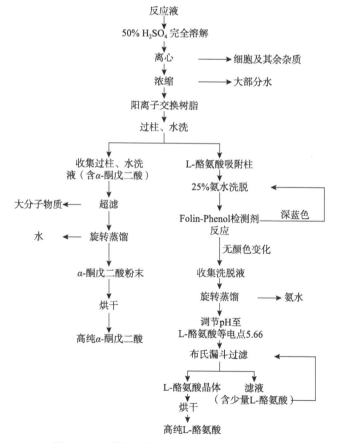

图 7.22　α-酮戊二酸和 L-酪氨酸分离纯化方案

滴氨洗脱液不能将试剂变成深蓝色时停止洗脱。然后将氨洗脱液进行旋转蒸发，并将其 pH 调节至 L-酪氨酸的等电点（5.66），并沉淀出 L-酪氨酸晶体。使用布氏漏斗分离 L-酪氨酸晶体和上清液。用水洗涤 L-酪氨酸沉淀物并干燥，得到 L-酪氨酸粉末。通过高效液相色谱法测量 α-酮戊二酸和 L-酪氨酸的纯度。结果表明，阳离子交换柱可有效分离 α-酮戊二酸和 L-酪氨酸，该步的回收率分别为 99.31%和98.92%；分离纯化后，得到的 α-酮戊二酸和 L-酪氨酸的纯度分别为 98.16%和98.19%，整个提取过程 α-酮戊二酸和 L-酪氨酸的回收率分别为 78.68%和73.46%（表 7.12）。因此，基于这两种化合物的性质不同，可以通过阳离子树脂有效且容易地分离，从而实现酮酸联产相关产物的分离。

表 7.12　分离过程中各步骤的回收率和产物纯度

步骤	α-酮戊二酸		L-酪氨酸	
	质量/g	回收率/%	质量/g	回收率/%
反应液	0.1596±0.03	/	0.4194±0.04	/
过柱、水洗	0.1585±0.04	99.31±0.02	0.0043±0.03	/
25%氨水洗脱	0	/	0.4149±0.05	98.92±0.03
旋转蒸馏、布氏漏斗过滤分离	0	/	0.0361±0.02	/
L-酪氨酸粉末	/	/	0.3081±0.03	73.46±0.03
α-酮戊二酸粉末	0.1256±0.03	78.68±0.04	/	/

7.3　钝齿棒杆菌联产 L-精氨酸和聚-β-羟基丁酸酯

7.3.1　L-精氨酸与聚-β-羟基丁酸酯的应用

L-精氨酸（L-arginine）是一种碱性氨基酸，是人体半必需氨基酸，在生物体内具有重要的生理功能：①具有降血压的作用，能够调节血管弹性和修复血管膜；②有调节血糖的作用，能够减少身体中脂肪酸的生产，维持体内血糖正常水平；③具有保护肝脏的作用，能够将血液中的氨转变为尿素而排出体外；④能增强人体免疫力，提高机体免疫功能；⑤作为精子蛋白的主要成分，可以促进精子生成，提高精子活力从而促进生殖功能。此外，L-精氨酸能刺激免疫系统及促进释放生长激素，调节细胞快速生长，能帮助伤口复原，促进伤口愈合。基于以上功能，其在食品、药品、化妆品行业得到广泛应用。另外，L-精氨酸在畜禽生产中也应用广泛，主要应用于猪、家禽、反刍动物及水生动物等的生产养殖。在饲料中添加适量的精氨酸，可以提高畜禽养殖的品质，对动物养殖业产生重大影响。

聚-β-羟基丁酸酯（PHB）是聚羟基链烷酯（PHA）的典型代表。PHA 是一种高分子聚合物，是原核微生物在碳、氮营养失衡的情况下作为碳源和能源储存而合成的一类热塑性聚酯。目前已经发现 PHA 至少有 125 种不同的单体结构。PHB 是 PHA 中发现最早、研究最多的一种，由于其具有良好的生物可降解性和生物相容性，可用来制作可降解容器及手术缝合线等，目前已经初步进入商品化生产阶段。在生产抗癌新药中，PHB 可作为中长期药物控制释放载体。PHB 也可作为药物基质植入人的体内，用来控制药物的释放速率。PHB 会自然降解，其最终降解产物为 β-羟基丁酸。另外，PHB 本身具有生物可降解性，是石油质塑料最有潜力的替代品。在农业方面，PHB 可以用作农药和肥料的杀菌载体，如除锈剂、杀虫剂等。由于 PHB 的生产不依赖石油化工行业，国内外对这种可降解的生物材料的研究十分重视。

7.3.2　L-精氨酸与聚-β-羟基丁酸酯的生产方法

L-精氨酸的生产方法主要有蛋白质水解法、化学合成法和微生物发酵法。蛋白质水解法是用强酸水解动物蛋白，从而得到不同的氨基酸，该方法与化学合成法都存在着操作耗时长、产量和收率低、成本高等问题，而且还严重污染环境，不符合未来生产发展的方向，不适用于大规模的生产。化学合成法合成精氨酸过程复杂，会产生有毒物质污染环境。微生物发酵法则是通过诱变、筛选从而选出相应的营养缺陷型及氨基酸结构类似物抗性突变株，再经过发酵培养、下游分离纯化，最终达到大量生产 L-精氨酸目的的一种方法。微生物发酵法具有环保、反应条件温和及生产过程稳定的优点。

微生物发酵法生产 L-精氨酸，关键是获得性能稳定的高产精氨酸菌株。国内对发酵法生产 L-精氨酸进行了大量的研究，目前主要的生产菌株有黄色短杆菌（*Brevibacterium flavum*）、谷氨酸棒杆菌、大肠杆菌和钝齿棒杆菌等。研究表明，在谷氨酸棒杆菌和钝齿棒杆菌发酵 L-精氨酸的过程中，细胞内通常会积累相当量的 PHB 等相关副产物，从而降低底物的转化率。为了提高 L-精氨酸的产量及底物转化率，已开展了大量的菌种选育工作，如物理化学诱变和基因工程改造等。在这些微生物体内，L-精氨酸的合成主要起源于 L-谷氨酸，经过多种酶的催化最终生成 L-精氨酸。根据乙酰化作用的不同，其合成途径分为两种形式：①线性途径，*argA*～*H* 八个基因编码相应的酶，L-谷氨酸依次在这些酶的催化作用下生成 L-精氨酸；②经济循环途径，乙酰鸟氨酸转移酶（OAT，由 *argJ* 编码）催化乙酰鸟氨酸生成 L-鸟氨酸，同时乙酰基转移到 L-谷氨酸上生成乙酰谷氨酸，乙酰基团被循环利用，因此，该途径又称为经济循环途径。该途径与线性途径区别在于不存在乙酰谷氨酸合成酶（NAGS，由 *argA* 编码），OAT 同时具有线性途径中 NAGS

以及乙酰鸟氨酸酶（AO，由 *argE* 编码）两个酶的功能，从而使乙酰基团在 L-精氨酸合成途径中循环利用。目前 L-精氨酸生产菌株多采用经济循环途径来合成L-精氨酸（图 7.23）（Liu et al., 2007b）。

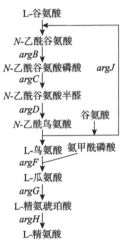

图 7.23　微生物体内 L-精氨酸和合成途径

　　研究发现，能积累 PHB 的微生物种类较多，研究较多的微生物主要有假单胞菌属(*Pseudonomas* spp.)、红螺菌属(*Rhodospirillum* spp.)、产碱杆菌属(*Alcaligenes* spp.）和固氮菌属（ *Azotobacter* spp.）等，其中以真养产碱杆菌研究得最多，主要集中在诱变育种和发酵过程优化方面。在不同的微生物细胞内，PHB 的合成途径也不尽相同。总的来说，PHB 微生物合成途径分为三步法和五步法两种。其中，三步法为：乙酰 CoA 在 β-酮基硫解酶（PhbA）作用下生成乙酰乙酰 CoA，乙酰乙酰 CoA 又在 NADPH 依赖型的乙酰乙酰 CoA 还原酶（PhbB）作用下还原得到 *R*-羟基丁酰 CoA，最后经 PHB 合成酶（PhbC）催化聚合成 PHB。五步法主要存在于深红红螺菌中，与三步法的差别在于，乙酰乙酰 CoA 被还原成为 L（＋）-3-羟基丁酰 CoA，再经烯酰 CoA 解酶的催化生成 D（＋）-3-羟基丁酰 CoA。目前，已构建工程菌高效合成 PHB，即应用基因工程手段，对菌株的遗传特性进行改造，拓宽菌株的底物谱和提高产量，主要表现为：在可利用廉价底物的菌株中导入 PHB 合成关键酶基因；在 PHB 生产菌株中转入底物利用关键基因。已有研究采用基因工程技术得到重组菌株用于 PHB 的生产，实现了 PHB 的工业化生产。

　　研究表明，将 PHB 的合成途径引入微生物中，可以影响整个菌株的代谢网络，同时，这一过程又赋予了细胞一定的抗逆性并促进目标产物的积累，从而实现 PHB 和相应目标产物的联产。在谷氨酸棒杆菌（ *C. glutamicum* ）中，应用 Ptrc 启动子构建了含 *phb*CAB 的质粒 pTRC-*phb*，实现了谷氨酸和 PHB 的联产。由于

PHB 在胞内的积累,相比原始菌,在摇瓶水平上,谷氨酸的产量提高了 39%～68%,放大到发酵罐后, 谷氨酸的产量提高了 23%。在大肠杆菌中, 共表达了琥珀酸和 PHB 的合成途径, 实现了胞外琥珀酸和胞内 PHB 的联产, 分批发酵后发现, 联产模式不仅促进了琥珀酸的产量,同时也降低了副产物丙酮酸和乙酸盐的积累量。同样,研究报道在大肠杆菌中构建合成途径实现了胞内 PHB 和胞外色氨酸的联产, 定量 PCR 分析结果表明, 相比于对照菌株, 色氨酸操纵子的转录水平提高了 1.9～4.3 倍, 当添加木糖作为辅底物时, PHB 和 L-色氨酸的产量都得到了提高。综上, 不难发现, 在相关微生物中引入 PHB 的合成途径, 可以有效地促进相应产物的合成。同时, 在一个菌株中生产两种具有价值的产物, 节省了成本, 提高了底物利用率, 创造了更多的价值。基于此, 将外源 PHB 合成途径引入高产 L-精氨酸的钝齿棒杆菌 C. crenatum SYPA 中, 用于增强 L-精氨酸的合成, 同时实现菌株胞外 L-精氨酸和胞内 PHB 的联产 (Xu et al., 2012 ; Xu et al., 2016)。

7.3.3　联产 L-精氨酸与聚-β-羟基丁酸酯的钝齿棒杆菌的构建及调控

钝齿棒杆菌是一株棒状、无芽孢革兰氏阳性菌株, 在国内, 已被应用于氨基酸的工业生产。研究通过逐级诱变筛选得到 L-精氨酸高产菌株 C. crenatum SYPA 5-5, 并完成了钝齿棒杆菌的基因组测序, 可根据其基因组序列对钝齿棒杆菌进行代谢工程改造, 构建联产 L-精氨酸与聚-β-羟基丁酸酯的钝齿棒杆菌工程菌 (图 7.24)。

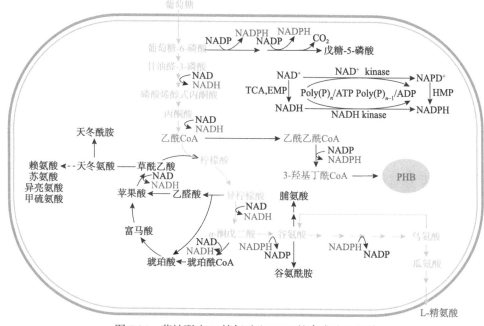

图 7.24　菌株联产 L-精氨酸和 PHB 的合成途径设计

1. 联产 L-精氨酸和 PHB 的重组钝齿棒杆菌构建

研究报道，质粒 pBHR68 中含有来自 *Ralstonia eutropha* H16 的 PHB 合成操纵子基因 *phbCAB*。应用限制性内切酶 *Bam*HI 和 *Eco*RI 处理 pBHR68 质粒，得到 PHB 合成操纵子基因 *phbCAB*，与经过 *Bgl*II 和 *Eco*RI 处理大肠杆菌-棒杆菌的穿梭表达载体 pDXW-10 重组（图 7.25）。将重组质粒 pDXW-10-*phbCAB* 转入宿主 *C. crenatum* SYPA 5-5 中，构建具有 PHB 合成能力的重组菌株 SYPA 5-5/pDXW-10-*phbCAB*。分析 PHB 合成关键酶的酶活，相比原始菌，重组菌中 *phbC* 的酶活提高了 13 倍，*phbA* 和 *phbB* 也分别提高了 28 倍和 10 倍左右。这表明构建的重组菌成功地表达了具有活性的三个 PHB 合成关键酶。以葡萄糖为底物进行发酵，结果表明，相比于原始菌，重组菌中 L-精氨酸的产量达到了 43.21 g/L，比原始菌增加了 20.5%，重组菌中 PHB 含量提高了 4 倍，占细胞干重的 12.8%。

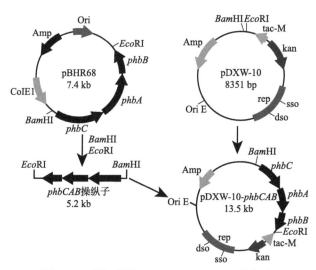

图 7.25　重组质粒 pDXW-10-*phbCAB* 的构建

2. 联产 L-精氨酸和 PHB 重组钝齿棒杆菌中的辅酶水平调节

以葡萄糖为底物，一方面，葡萄糖经过 EMP 途径、TCA 循环，得到 L-精氨酸的前体底物谷氨酸，再经过一系列 L-精氨酸合成关键酶 Arg C～H 催化作用，最终得到产物 L-精氨酸；另一方面，葡萄糖经过 EMP 途径合成乙酰 CoA，再经过 PHB 合成三个关键酶作用，最终得到产物 PHB。在 L-精氨酸合成过程中，谷氨酸脱氢酶（GDH）和乙酰谷氨酸半醛脱氢酶（NAGSD）需要辅酶 NADPH，同时，PHB 合成过程中，*PhbB* 为 ADPH 依赖型，两种产物在合成过程中存在一定的辅酶竞争关系，这对产物产量有负面影响。因此，考虑从调节菌体胞内辅酶水平来强化 L-精氨酸和 PHB 的联产,继续在已经构建的重组钝齿棒杆菌中过量表达菌株自身来源的 NAD 激酶的基因 *ppnK*（图 7.26 ）。

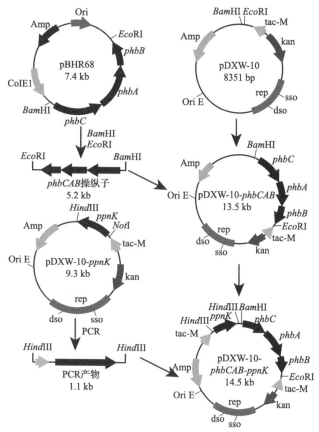

图 7.26　重组质粒 pDXW-10-*phbCAB-ppnK* 的构建

　　分析 PHB 合成关键酶的酶活,在过量表达 NAD 激酶的重组菌株 SYPA 5-5/pDXW-10-*phbCAB-ppnK* 中,PHB 合成关键酶的酶活也保持相似水平,表明三个 PHB 合成基因簇在重组的钝齿棒杆菌中均有较好的表达。对于 NAD 激酶,在 *C. crenatum* SYPA 5-5 和 SYPA 5-5/pDXW-10-*phbCAB* 中表现出相同的酶活水平,而在 SYPA5-5/pDXW-10-*phbCAB-ppnK* 中,以 ATP 和多聚磷化合物为底物的 NAD 激酶的比酶活分别提高了 21 倍和 16 倍,表明 NAD 激酶基因 *ppnK* 在钝齿棒杆菌中表达良好,从而会改善菌体胞内的辅酶水平。发酵结果也表明,重组菌 SYPA 5-5/pDXW-10-*phbCAB-ppnK* 中 L-精氨酸和 PHB 的含量得到了进一步的提高,分别达到 45.49 g/L 和占细胞干重的 14.5 %。

7.3.4 重组钝齿棒杆菌联产 L-精氨酸与聚-*β*-羟基丁酸酯的过程优化

重组钝齿棒杆菌发酵后得到两种目标产物，即胞内的 PHB 和胞外 L-精氨酸。PHB 是在较高碳氮比的条件下形成的，采用增加碳源、限氮等策略来达到 PHB 产量的增加。L-精氨酸是一种含氮量较高的氨基酸，在生物发酵合成过程中需要较高的氮源。另外，L-精氨酸在生物合成过程中对氧气要求较高，通过调节转轴的搅拌转速来改善发酵液中溶氧，以期找到最佳搅拌转速。在发酵末期添加碳源以延长发酵周期，观察菌体的生长及两种产物产量的变化。

1. 碳氮比对联产 L-精氨酸和 PHB 的影响

碳氮比的高低直接影响到 PHB 在胞内的积累量，高碳氮比有利于 PHB 在胞内的积累，但是在 L-精氨酸的合成过程中需要大量氮元素，故需要补充足够的氮源。因此，联产 L-精氨酸和 PHB 这两种产物，选择一个最佳碳氮比尤其重要。针对重组菌 YPA 5-5/pDXW-10-*phbCAB-ppnK*，在已确定初始葡萄糖浓度基础上，加入碳氮比分别为 7：1、8：1、9：1 和 10：1 的硫酸铵，可考察不同碳氮比对联产 L-精氨酸和 PHB 的影响。如图 7.27 所示，当碳氮比为 7：1 时，胞内 PHB 的产量最高，当碳氮比为 10：1 时，胞内 PHB 的产量最低；L-精氨酸的产量随着碳氮比的增加而增加。综合两种产物的产量及节省原料角度，最佳碳氮比为 9：1。

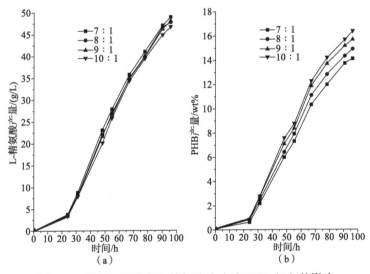

图 7.27 碳氮比对联产 L-精氨酸（a）和 PHB（b）的影响

2. 搅拌转速对联产 L-精氨酸和 PHB 的影响

L-精氨酸在生产过程中对氧气需求很高，发酵过程中溶氧高低对 L-精氨酸的产量有很大影响，因此在发酵过程中可通过调节搅拌桨的转速改变溶氧效果，可研究不同搅拌转速对联产 L-精氨酸和 PHB 的影响。如图 7.28 所示，随着搅拌转速的增加，L-精氨酸的产量逐渐增加，但产量增加不明显；胞内 PHB 的产量也是如此，而当搅拌转速为 700 r/min 时，胞内 PHB 的产量稍有下降。因此，综合两种产物的产量及节省原料角度，最佳搅拌转速为 600 r/min。

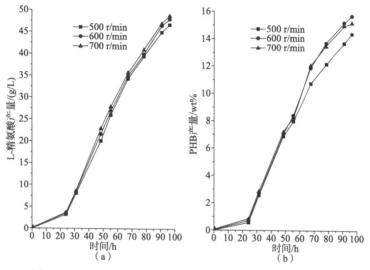

图 7.28　搅拌转速对联产 L-精氨酸（a）和 PHB（b）的影响

3. 补料-分批发酵对联产 L-精氨酸和 PHB 的影响

研究发现，在联产 L-精氨酸和 PHB 过程中，当葡萄糖耗尽时菌体生物量仍然保持上升趋势，且仍在分泌生产 L-精氨酸。是否可以考虑延长发酵时间，加强菌株的产酸能力？如图 7.29 所示，在 96 h 和 117 h 分别补加葡萄糖延长发酵时间，菌体量有所增加，但增加缓慢并降低，菌体进入稳定后期和凋亡期；发酵至 137 h，L-精氨酸仍然可以维持较高的得率，L-精氨酸产量达到最高值，随后逐渐降低；而胞内 PHB 产量在 102 h 达到最高，随后逐渐降低。可见适当延长发酵时间，有助于 L-精氨酸和 PHB 的联产。

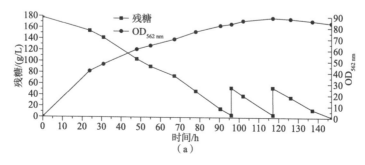

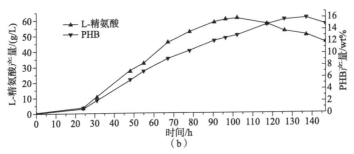

图 7.29　补料-分批发酵对菌体含量（a）以及联产 L-精氨酸和 PHB（b）的影响

7.3.5　联产 L-精氨酸和聚-β-羟基丁酸酯的分离提取

通常情况下，应用钝齿棒杆菌等微生物发酵生产的 L-精氨酸为胞外产物，而过程中联产的 PHB 为胞内产物，基于此，通过简单的离心或过滤处理即可进行联产的 L-精氨酸和 PHB 的粗分离，后续可分别按照目前工业上单一发酵生产 L-精氨酸和 PHB 的提取工艺进行产品的精提取。目前，工业上 L-精氨酸的提取大多采用沉淀法、吸附法、离子交换法、膜过滤法、活性炭脱色法和结晶等工艺。工业上 PHB 常用的提取方法有溶剂提取法、酶法、次氯酸钠氯仿提取法、高压匀浆法、珠磨法和螯合剂提取法。

7.4　丙酸杆菌联产丙酸和维生素 B₁₂

迄今，对丙酸杆菌属（*Propionibacterium* spp.）细菌的使用已进行了大量研究。这些研究表明，丙酸杆菌属细菌能够合成具有经济价值的代谢物，如丙酸、维生素 B₁₂、细菌素和海藻糖。这表明它们是一个重要的微生物群，在工业生物发酵领域具有良好的应用前景。丙酸杆菌属细菌的主要优势在于，它们能够在含有不同工业废物的基质上生长和合成代谢产物，这大大提高了生物技术工艺的经济效益。丙酸杆菌属及其代谢物（丙酸、维生素 B₁₂）广泛用作化妆品、制药、食品工业以及牲畜饲料的添加剂。因此，需要了解丙酸杆菌属细菌及其代谢产物（如丙酸、维生素 B₁₂）在不同行业中的当前和潜在用途；研究丙酸和维生素 B₁₂ 的生物合成过程；利用基因工程等手段调控改进目标代谢产物的生产工艺，以实现获取目标代谢产物的最大化。

7.4.1　丙酸杆菌属细菌的表征及应用

20 世纪上半叶，研究人员对丙酸杆菌属细菌进行了分离和描述，他们将该属划分为放线菌纲、放线菌目和丙酸杆菌科。丙酸杆菌属细菌根据其生境分为两类：

皮肤类（生境：痤疮）和经典类（生境：乳制品）。第一类以病原微生物为主，包括存在于人类皮肤和口腔及胃肠道黏膜上的菌群，如痤疮丙酸杆菌（*Propionibacterium acnes*）、贪婪丙酸杆菌（*Propionibacterium avidum*）、丙酸丙酸杆菌（*Propionibacterium propionicum*）、颗粒丙酸杆菌（*Propionibacterium granulosum*）和嗜淋巴丙酸杆菌（*Propionibacterium lymphophilum*）。第二类的经典菌株又可细分为两个类群，第一类群由嗜酸丙酸杆菌（*Propionibacterium acidipropionici*）、詹森丙酸杆菌（*Propionibacterium jensenii*）组成；第二类群分为两个亚种，包括弗氏丙酸杆菌亚种（*Propionibacterium freudenreichii*）、薛氏丙酸杆菌亚种（*Propionibacterium shermanii*）。弗氏丙酸杆菌亚种和薛氏丙酸杆菌亚种在降低硝酸盐的能力和代谢乳糖的能力这两个代谢方面略有不同，弗氏丙酸杆菌亚种细菌菌株能还原硝酸盐，但不具有乳糖发酵能力；而薛氏丙酸杆菌亚种可以代谢乳糖（含有 β-D-半乳糖苷酶的基因），但不能还原硝酸盐（Guan et al., 2015）。

丙酸杆菌属为革兰氏阳性杆菌，无鞭毛，不具有运动性，不产生细菌孢子，过氧化氢酶阳性，长度为 1～5 μm。丙酸杆菌是厌氧菌或相对厌氧菌，在厌氧条件下呈球形；在有氧条件下，它们表现出多形性，呈棒状、字母 V 和 Y 等形式。大多数丙酸杆菌属为嗜中性，最佳 pH 在 7.0 左右，生长的最佳温度是 30℃，主要碳源是糖类（如葡萄糖、乳糖、果糖、核糖和半乳糖）和有机酸（乳酸），可以从肽、氨基酸、铵盐和胺中获得氮源。丙酸细菌具有显著的增长偏好，除了生长所需的碳源和氮源外，还需要适当补充微量营养素（铁、镁、铜、锰、氨基酸、维生素 B_7 和维生素 B_5 以及 L-半胱氨酸盐酸盐）。丙酸杆菌在固体培养基上生长非常缓慢，只有在严格的厌氧条件、30℃的温度和最佳 pH 下才能生长。当在添加葡萄糖的乳酸培养基上培养时，其生长期长达 2 周。固体培养基上的丙酸杆菌菌落可能是奶油色、橙色、红色或棕色，具体形态取决于菌种，在液体培养基中，呈纤维颗粒状。

丙酸杆菌属具有许多有价值的特性，可以利用乳糖和乳酸作为碳源，分泌细胞内肽酶和细胞壁相关蛋白酶，合成具有防腐特性的化合物（细菌素、丙酸和乙酸），产生具有香气和味道的化合物（脯氨酸氨肽酶释放脯氨酸，有助于产生奶酪的甜味），具有将游离氨基酸转化为芳香化合物的能力，并且能够产生维生素 B_{12}。重要的是，一些丙酸细菌具有公认的安全（GRAS）和合格的安全假设（QPS）状态。研究人员运用比较基因组学手段，在弗氏丙酸杆菌中未鉴定出编码痤疮丙酸杆菌（*Propionibacterium acnes*）中的神经酰胺糖内切酶、唾液酸酶、溶血素、CAMP因子和毒力因子等。这意味着如果弗氏丙酸杆菌没有经过基因改造，那么活的细菌细胞及其代谢产物就可以添加到食品/饲料产品中。

丙酸杆菌属的所有经典细菌都具有发酵能力，是丙酸、维生素 B_{12} 等有价值代谢物的主要来源。丙酸细菌可用于生产奶酪、泡菜、青贮饲料，是动物营养中的益生菌。这些细菌在奶酪生产中的作用是基于乳酸发酵生成丙酸和乙酸，从而使最终产品具有一种特殊的香味。由丙酸细菌和乳酸菌[植物乳杆菌（*Lactobacillus plantarum*）、嗜酸乳杆菌（*Lactobacillus acidophilus*）]组成的发酵剂提高了发酵过程的速度，保护最终产品不受霉菌和腐烂的影响，除此之外，用这种发酵剂制作得到的泡菜富含维生素 B$_{12}$，具有更好的口感和营养特性。弗氏丙酸杆菌可作为益生菌菌剂，添加到动物饲料中，能够调节肠道菌群，刺激双歧杆菌的生长，并通过产生细菌素保护机体免受病原微生物的侵害，同时能够刺激免疫系统，降低粪便酶的诱变作用，还能产生海藻糖、维生素 B$_{12}$ 和叶酸。此外，科研人员正在研究奶类制品（如芝士及酸奶凝乳芝士）、水果及蔬菜制品以及"烘焙"产品中，使用活性丙酸细菌代替防腐剂，以促进健康饮食。

7.4.2　丙酸的生物合成

丙酸（C$_2$H$_5$COOH）是羧酸类有机化合物，无色水溶性液体，在室温下具有刺激性气味。目前，近 80% 的丙酸用于食品和动物饲料工业，是纤维素纤维、除草剂、香水和药物的重要成分。丙酸主要用作防腐剂，抑制酵母和霉菌的生长。丙酸的最大推荐浓度为最终产品的 3000 mg/kg。

丙酸的生物合成有三种已知途径。第一条合成途径（图 7.30 途径一），在丙酸梭菌（*Clostridium propionicum*）、栖瘤胃拟杆菌（*Bacteroides ruminicola*）和埃氏巨型球菌（*Megasphaera elsdenii*）中，通过糖酵解得到的丙酮酸在 L-乳酸脱氢酶作用下转化为乳酸，然后由丙酸 CoA 转移酶活性产生乳酰 CoA，通过脱水酶活性转化为丙烯酰 CoA，最后在丙烯酰 CoA 还原酶催化下，将丙烯酰 CoA 还原为丙酰 CoA。环境中丙烯酰 CoA 的存在，使乙酸与丙酸的摩尔比增大，甚至增大到 1∶1（理论上应为 1∶2，这样的发酵曲线是由于需要在细菌细胞中保持平衡的氧化还原状态）。因此，丙烯酰 CoA 可能以丙酸为代价促进乙酸的生成，导致该途径丙酸的生物合成效率较低。从工艺角度来看，在丙酸生产过程中，维持乙酸生物合成的低效率是非常重要的（Guan et al., 2013; Guan et al., 2014）。

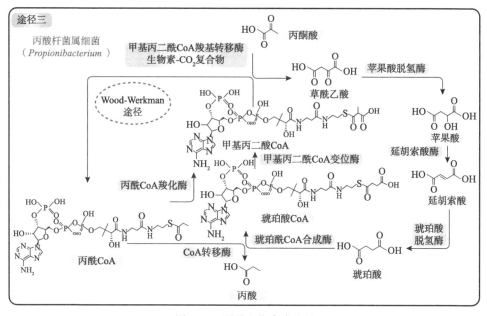

图 7.30　丙酸生物合成途径

　　丙二醇发酵是丙酸生产中另一种已知的生物合成工艺（图 7.30 途径二）。来自肠沙门氏菌（*Salmonella enterica*）和罗氏伊琳妮佛伦菌（*Roseburia inulinivorans*）以及来自乳酸杆菌属（*Lactobacillus genus*）的细菌，可以利用脱氧糖（如岩藻糖和鼠李糖）、二羟丙酮和乳酸合成 1,2-丙二醇。在生物合成过程中合成的乳酸在脱氢酶的作用下转化为 1,2-丙二醇，再转化为丙醛，最后转化为丙酸。其中，1,2-丙二醇发酵过程中丙酸的生产效率取决于所用碳的来源。以葡萄糖为碳源时，主要发酵产物为乙酸、甲酸和乳酸。在这种情况下，丙酸在生成的代谢物中所占比例很小。当岩藻糖或鼠李糖作为碳源时，丙酸的产量会增加，但乙酸仍然是主要的代谢产物。

　　丙酸杆菌属细菌利用 Wood-Werkman 途径生产丙酸，是丙酸生物合成的第三条途径，也是最主要的合成途径。该途径的副产物是甲基丙二酰 CoA、琥珀酰 CoA 和 CO_2。丙酸细菌中 Wood-Werkman 循环的一个关键特征是转羧反应，催化这个反应的酶是甲基丙二酰 CoA 羧基转移酶，将羧基从甲基丙二酰 CoA 转移到丙酮酸中，生成草酰乙酸和丙酰 CoA（图 7.30 途径三）。

Wood-Werkman 途径从糖酵解过程中产生的丙酮酸在甲基丙二酰 CoA 羧基转移酶和生物素-CO_2 复合物作用下转化为草酰乙酸开始。然后，草酰乙酸通过苹果酸和延胡索酸还原为琥珀酸。紧接着，琥珀酰 CoA 合成酶将琥珀酸乙酰化为琥珀酰 CoA，琥珀酰 CoA 经辅酶维生素 B_{12}（钴胺基）和甲基丙二酰 CoA 变位酶协同转化为甲基丙二酰 CoA，进而生成丙酰 CoA。在 CoA 转移酶作用下，丙酰 CoA 释放 CoA，转化为丙酸。除来自丙酸杆菌属细菌外，该途径也存在于产碱韦荣菌（*Veillonella alcalescens*）和反刍月形单胞菌（*Selenomonas ruminantium*）等细胞中。

与前两种途径相比，Wood-Werkman 途径中发酵的主要产物是丙酸，与乙酸和其他副产物相比，丙酸的合成效率非常高。这一途径还具有广泛的碳源应用的特点（丰富的丙酸杆菌酶系统强化了这一效果），同时所有中间产物对菌体本身没有直接的细胞毒性。但是，在发酵过程中，丙酸的累积会导致发酵环境酸化，会抑制微生物的进一步生长，从而降低丙酸的产量。

7.4.3　丙酸杆菌中丙酸生物合成途径的调控

目前，丙酸主要通过石化工艺生产，但是，越来越多的人对通过发酵可再生生物能源来获得这种化合物感兴趣。从工业角度来看，利用丙酸杆菌属细菌进行丙酸生物合成的工艺效率较低。因此，尝试通过基因工程工具强化发酵过程。

研究人员从嗜酸丙酸菌 ATCC 4875 基因组中删除编码乙酸激酶 ack 基因，导致乙酸的生产被抑制，从而增加了丙酸的产量。而在研究丙酸细菌对酸性条件的耐受时，将嗜酸丙酸菌突变株（不含编码乙酸激酶的基因）固定在纤维床反应器上，经过约 3 个月的连续诱变，发酵液中丙酸的浓度达到 100 g/L，远远高于野生型菌株（71 g/L）的代谢物浓度。这是由于固定化突变体的氢质子- ATP 酶基因的活性和表达增加，菌株酸敏感性降低，这与质子泵传送和细胞控制其胞内 pH 梯度的能力有关。另外，有研究者通过基因工程表达编码 GDH、MDH 和延胡索酸水合酶(FUM)的基因,提高了丙酸的产量。这些酶在突变菌株中的活性从 2.91 U 提高到 8.12 U，高于野生株詹森丙酸杆菌，而转录水平从 2.85 提高到 8.07，GDH 和 MDH 的共表达使丙酸的产量从 26 g/L 提高到 39 g/L。

研究报道指出，通过分析三种生物素依赖酶，即 PYC、甲基丙二酰 CoA-脱羧酶(MMD)和甲基丙二酰 CoA 羧基转移酶(MMC)的过量表达对 Wood-Werkman 途径碳通量的影响，与野生型弗氏丙酸杆菌相比，过量表达 MMC 和 MMD 的突变体具有丙酸合成增加、乙酸和琥珀酸产量减少的特点，而过量表达 PYC 的突变体生长较慢，产生了更多的琥珀酸，丙酸生物合成效率降低 12%。另外，研究人员考察了天然丙酰 CoA/琥珀酸 CoA 转移酶（CoAT）在薛氏丙酸杆菌细胞中过量表达对葡萄糖和甘油生产丙酸的影响。结果表明，突变菌株产生丙酸的效率提高了 10%，这可能是 CoAT 的过量表达导致了碳流量直接进入丙酸合成途径，从而提高了丙酸的合成效率。此外，通过从大肠杆菌中克隆了编码磷酸烯醇式丙酮酸羧化酶（phosphoenolpyruvate carboxylase, PPC）的基因，并将其转化进入弗氏丙酸杆菌中。在 CO_2 存在下，PPC 催化草酰乙酸转化为磷酸烯醇式丙酮酸，PPC 的过量表达显著改变了弗氏丙酸杆菌的丙酸发酵过程。与野生型相比，PPC 过量表达突变体更有效地利用甘油并更快地产生丙酸酯。这可以归因于 CO_2 更有效地结合和 C_4 途径的变化。

木糖是一种富含木质生物质的糖，但弗氏丙酸杆菌不能利用木糖作为其碳源。研究人员鉴定了嗜酸丙酸菌中木糖分解代谢途径的 3 个基因，包括木糖异构酶（*xylA*）、木糖转运体（*xylT*）和木糖激酶（*xylB*）。利用表达载体 pKHEM01，将这些基因在弗氏丙酸杆菌亚种——薛氏丙酸杆菌中过量表达。即使在葡萄糖的存在下，突变株也能有效利用木糖。所产生的突变体具有相似的葡萄糖、木糖和葡萄糖/木糖混合物发酵动力学特征。因此，薛氏丙酸杆菌可能是工业生产丙酸和其他木质纤维素生物质高附加值产品的潜在替代菌株。

丙酸的生物合成受丙酸杆菌属细菌反馈机制的控制。利用系统生物学方法提高细菌对酸的抗性是提高丙酸杆菌生物量和丙酸合成的最有效策略。比较基因组学和转录组学的技术可用于引入其他细菌中识别出的对酸产生抗性的基因元件，获得在 DNA 水平上耐酸性菌株；而蛋白质组学和代谢组学可用于识别关键蛋白质和代谢产物，以及负责特定特征的通路。为了实现这一点，有研究者使用了适应性进化和基因组重组技术。其中，精氨酸脱氨酶（EC 3.5.3.6）和谷氨酸脱羧酶（EC 4.1.1.15）在嗜酸丙酸菌中被确定，通过在詹森丙酸杆菌 ATCC 4868 中过量表达编码谷氨酸脱氢酶和精氨酸脱氨酶的 5 个基因（*Arca*、*ARCC*、*gadB*、*GDH* 和 *ybaS*），起到抑制酸的作用。结果表明，过量表达谷氨酸脱羧酶 *gadB*（编码谷氨酸脱羧酶）对细菌对丙酸的抗性及其生产效率的影响最大。詹森丙酸杆菌突变株的抗酸能力较野生型菌株提高了 10 倍以上，丙酸合成效率达到 5.92 g/g 甘油，提高了 23.8%。研究结果表明，通过基因工程过程表达 *gadB* 导致了氨基酸库的改变，从而影响了细胞中其他基因的表达，这可能正是有助于丙酸合成效率增加的因素。这一利用丙酸杆菌属细菌提高丙酸产量的有效策略也可用于生产其他有机酸（Guan et al., 2016）。

由于缺乏有效的基因组操作工具和各种限制修饰体系的存在，丙酸菌的代谢工程改造还面临着诸多挑战。这些系统协调限制性和修饰酶的活性，可以区别外来 DNA 和宿主 DNA，从而保护细胞免于引入外来的遗传物质入侵。近年来，基于 CRISPR-Cas9 蛋白构建（CRISPR，簇状规则间隔短回文重复）的 DNA 修饰方法，可以突破丙酸细菌细胞中限制修饰系统的局限性。该系统利用细菌和古生菌的获得性免疫因子，对噬菌体感染和新遗传物质的遗传转化做出反应。微生物将外源 DNA 的片段插入其基因组中的 CRISPR 基因座，从而能够快速识别并感染；Cas9 可用于在基因修饰过程中引入稳定的基因组变化（敲除和敲入），尤其是选定基因的激活或沉默。通过对酿酒酵母（*Saccharomyces cerevisiae*）进行丙酸（浓度控制在 15～45 mmol/L 之间）耐受能力驯化，成功分离出耐受性提高了 3 倍以上的突变菌株。另外，利用全基因组测序和 CRISPR-Cas9 介导的反向工程技术，发现编码高亲和性钾离子转运蛋白 TRK1 的特异性突变可以提高菌株的丙酸耐受性。

7.4.4　维生素 B$_{12}$ 的生物合成

维生素 B$_{12}$ 又称为钴胺素（cobalamine），是一类含有钴的咕啉类化合物的通称。维生素 B$_{12}$ 分子由 3 部分组成：中心咕啉环、中心环轴向 Coβ 配基部分及含有核苷酸环的 Coα 配基。中心咕啉环由四个吡咯亚单位（A～D）组成，第一亚基通过 Cα—Cα 化学键与第四亚基直接共轭连接，形成大环结构，金属离子 Co^{2+} 螯合在大环结构中心。咕啉环轴向上的配基不同（即 Coβ 配基不同），则会产生不同形式的钴胺素。钴胺素包括四种基本的化学形式：氰钴胺素（钴被 CN—基团取代）、羟钴胺素（钴被 OH—取代）、甲基钴胺素（钴被 CH—取代）以及脱氧腺苷钴胺素（钴被 5-脱氧腺苷氨基取代）（图 7.31）。维生素 B$_{12}$ 只能在细菌和古细

氰钴胺素
（C$_{63}$H$_{88}$CoN$_{14}$O$_{14}$P）

羟钴胺素
（C$_{62}$H$_{90}$CoN$_{13}$O$_{15}$P）

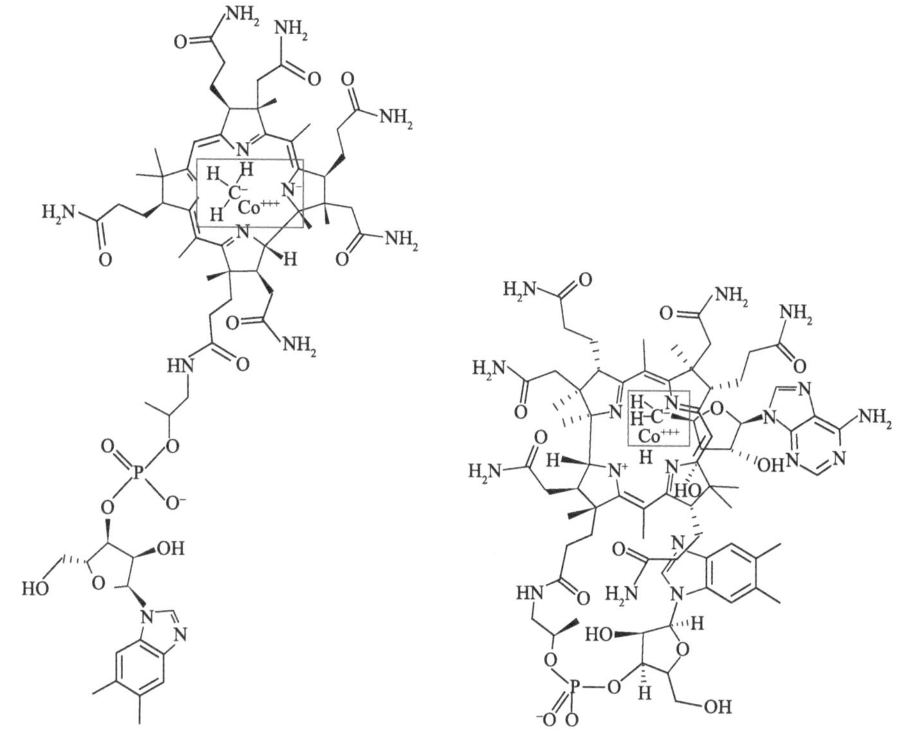

甲基钴胺素
（$C_{63}H_{91}CoN_{13}O_{14}P$）

脱氧腺苷钴胺素
（$C_{72}H_{100}CoN_{18}O_{17}P$）

图 7.31　维生素 B_{12} 的四种基本的化学形式

菌细胞中生物合成，主要包括土壤微生物、人和动物消化道的微生物群。人体缺乏维生素 B_{12} 时，会引发贫血、动脉粥样硬化、心脏病、神经系统疾病以及 DNA 对损害的易感性增加、甲基化变化等相关疾病。由于人体自身无法合成维生素 B_{12}，只能通过日常摄取动物源食品来满足新陈代谢需求。通常情况下，建议的钴胺素摄入量取决于摄取对象的年龄和生理状况。医师推荐剂量：正常男女（年龄 $\geqslant 14$ 岁）的最佳日剂量为 2.4 μg，孕妇和哺乳期妇女的最佳日剂量为 2.6～2.8 μg。

自然界中维生素 B_{12} 主要有两种合成途径：①好氧途径，如假单胞菌属细菌中由 cob 基因参与合成的途径；②厌氧途径，如芽孢杆菌属（Bacillus）和沙门氏菌属（Salmonella）细菌中的 cbi 基因参与合成的途径。然而，丙酸杆菌属细菌合成维生素 B_{12} 既需要厌氧条件，又需要好氧条件，因为丙酸杆菌基因组中同时包含 cbi 基因和 cob 基因。下面以丙酸杆菌属细菌合成腺苷钴胺素为例，分 4 部分概述维生素 B_{12} 生物合成过程（图 7.32）（Falentin et al., 2010; Fang et al., 2017）。

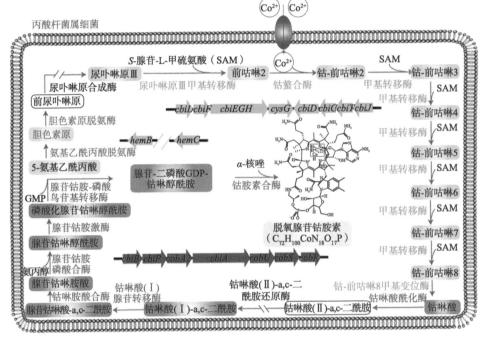

图 7.32　维生素 B_{12} 的生物合成

1. 5-氨基乙酰丙酸（前体物质）的合成

植物、古生菌和大多数细菌中所有四吡咯衍生物的生物合成都始于谷氨酸 C_5 骨架。在谷氨酰胺-tRNA^{Glu} 合成酶的作用下，将谷氨酸加入 tRNA 中，同时将 1 分子 ATP 水解成 AMP 和 PPi。然后由谷氨酰胺- tRNA 还原酶催化，并将 tRNA^{Glu} 还原为谷氨酸-L-半醛。在谷氨酸-L-半醛氨基转移酶的作用下，谷氨酸-L-半醛被转化为 5-氨基乙酰丙酸。5-氨基乙酰丙酸是目前已知的四吡咯衍生物合成过程的第一个通用前体。

2. 5-氨基乙酰丙酸脱水缩合形成尿卟啉原Ⅲ

在氨基乙酰丙酸脱氢酶（hemB）的催化下，5-氨基乙酰丙酸分子发生二聚化，产生胆色素原。在胆色素原脱氨酶（hemC）的作用下，四分子胆色素原聚合，形成前尿卟啉原。经过尿卟啉原Ⅲ合成酶（hemD）催化，前尿卟啉原发生环化反应，生成具有生物活性的尿卟啉原Ⅲ，这是中心卟啉环结构的前体。尿卟啉原Ⅲ的合成，标志着维生素 B_{12} 中心环碳骨架初步形成。

3. 尿卟啉原Ⅲ合成腺苷钴啉胺酸

尿卟啉原Ⅲ甲基转移酶是维生素 B_{12} 合成的关键酶，可以催化 S-腺苷-L-甲硫氨酸上的 2 个甲基转移到尿卟啉原Ⅲ分子 C2 和 C7 位置上，从而形成前咕啉 2。后续反应在厌氧条件下进行，主要由带有 cbi 前缀的基因编码的酶催化。在 ATP 非依赖型钴螯合酶（cysG/cbiX）的作用下，前咕啉 2 发生钴螯合反应。咕啉环中心的钴原子带有 1 个正电荷，直接介导中心咕啉环 A 环分子重排，导致 A、D 环的碳原子以乙醛的形式氧化后被脱掉。在中心卟啉环发生缩合反应时，在甲基转移酶的作用下，S-腺苷-L-甲硫氨酸作为甲基供体，钴-前咕啉 2 连续发生 3 次甲基化反应，生成重要的中间产物钴-前咕啉 6。在甲基转移酶、甲基变位酶（cbiC）及酰化酶（cbiA）的作用下钴-前卟啉 6 再经过甲基化、甲基重排和酰胺化反应生成咕啉酸（Ⅱ）-a,c-二酰胺。后续反应在有氧条件下进行，因为它们是由 cob 前缀基因编码的酶催化。在咕啉酸（Ⅱ）腺苷转移酶（cobA2）的作用下，腺苷基团与咕啉酸（Ⅱ）-a,c-二酰胺中的钴离子连接，形成腺苷咕啉酸-a,c-二酰胺。在咕啉胺酸合酶（cobQ）作用下，与咕啉酸（Ⅱ）-a,c-二酰胺相连的 4 个羧基再次发生酰胺化反应，生成腺苷咕啉胺酸。反应至此，带有腺嘌呤核苷酸的中心咕啉环合成完毕。

4. 催化腺苷钴啉胺酸，最终合成腺苷钴胺素

经腺苷钴胺磷酸合酶（cobD）催化，氨丙醇的氨基与腺苷咕啉胺酸咕啉环（D 环）的羧基共轭连接，形成腺苷咕啉醇酰胺。随后，在腺苷钴胺激酶（cobU）的作用下，连接在咕啉环上的氨丙醇的羟基端发生磷酸化反应，生成磷酸化腺苷咕啉醇酰胺。在腺苷钴胺-磷酸鸟苷基转移酶（cobU）的作用下，鸟嘌呤核苷酸（GMP）与磷酸化腺苷咕啉醇酰胺磷酸化侧链连接，形成腺苷-二磷酸 GDP-咕啉醇酰胺。烟酰胺单核苷酸的磷酸核糖基部分转移到 5,6-二甲基苯并咪唑（DMBI）上产生 α-核唑。然后，在钴胺素合酶（cobS）的作用下，α-核唑附着在腺苷-二磷酸 GDP-咕啉醇酰胺上，从而释放出 GMP，最终形成具有生物学活性的腺苷钴胺素。

另外，活性维生素 B_{12} 与假性维生素 B_{12} 的不同之处在于 DMBI 作为下配体，DMBI 负责维生素 B_{12} 在人体中的治疗特性。研究发现，弗氏丙酸杆菌基因组具有融合酶 BluB/CobT2，其与产生维生素 B_{12} 的活性形式有关。DMBI 是由 BluB 酶催化核黄素-5-磷酸（FMN）还原生成的。生成的 DMBI 随后激活 CobT2 酶，CobT2 负责选择性 DMBI 引入咕啉醇酰胺，从而产生 α-核唑磷酸盐，然后将其连接到大环上，产生具有活性形式的维生素 B_{12} 分子。

7.4.5　丙酸杆菌中维生素 B_{12} 生物合成途径的调控

由于维生素 B_{12} 化学合成的复杂性（大约 70 个阶段）和高成本问题，其工业生产完全是基于微生物的发酵过程。工业生产维生素 B_{12} 时经常添加钴和 DMBI，因为它们分别是形成卟啉环和分子的低配体所必需的，并且被认为是维生素 B_{12} 合成中的限制因素。然而，这两种底物都不允许在食品中添加。在生产维生素 B_{12}

的典型微生物中，弗氏丙酸杆菌是唯一已知具有合成 DMBI 能力的食品级细菌，因此，它成为食品发酵过程中原位生产维生素 B_{12} 的可行候选菌株。

为了提高弗氏丙酸杆菌中维生素 B_{12} 生物合成效率，研究人员研究了过量表达来自弗氏丙酸杆菌中参与合成维生素 B_{12} 的 hem、cob 和 cbi 基因家族的相关基因，结果表明，在过量表达 cobA、cbiLF、cbiEGH 的弗氏丙酸杆菌突变株中，相比野生菌株，维生素 B_{12} 产量分别提高了 1.7 倍、1.9 倍、1.5 倍。另外，将编码球形红杆菌(Rhodobacter sphaeroides)的 δ-氨基酮戊酸(ALA)合成酶的外源 hemA 基因和编码薛氏丙酸杆菌 IFO12424 胆色素原（PBG）合成酶的内源 hemB 基因，在薛氏丙酸杆菌 IFO12426 中表达，结果表明，重组菌株积累了大量的 ALA 和 PBG，其产生的卟啉原（如尿卟啉原和粪卟啉原）的产量比野生型高 28～33 倍，维生素 B_{12} 生物合成含量提高了 2.2 倍。

基因组重组技术是一种快速改善微生物表型的有效方法。基于灭活原生质体融合，通过基因组重组，提高了薛氏丙酸杆菌维生素 B_{12} 的产量。将高产菌株蛋白质组学进行比较分析发现，与亲本品系相比，38 种蛋白质在基因组重组菌株中的表达水平存在显著差异。其中，在上调的 22 种蛋白质中，有 6 种蛋白质[谷氨酰胺-tRNA 合成酶（GlnS）、δ-氨基乙酰丙酸脱水酶（HemB）、甲硫氨酸合成酶（MetH）、核黄素合成酶（RibE）、磷酸果糖激酶（PfkA）和异柠檬酸脱氢酶（Icd）]参与维生素 B_{12} 生物合成途径，它们可能是维生素 B_{12} 生物合成的关键酶。

众所周知，利用转基因微生物生产代谢物预防人类健康是一个相当有争议的问题。因此，许多研究使用未经遗传修饰的丙酸杆菌属细菌，以优化维生素 B_{12} 的生物合成。这些研究主要致力于寻找以天然高效维生素 B_{12} 生物合成或培养方法为特征的菌株（表 7.14）。此外，为了保证产物有效生产，通常在维生素 B_{12} 生物合成的培养基中添加一些重要的化合物或前体，如甘氨酸、苏氨酸、5-氨基乙酰丙酸、甜菜碱和胆碱。

表 7.14　丙酸杆菌属菌株生产维生素 B_{12}

生产菌种	碳源	维生素 B_{12} 产量
P. shermanii PZ-3	葡萄糖	52 mg/L
P. freudenreichii CICC 10019	葡萄糖，玉米提取物	42.6 mg/L
P. acidipropionici DSM 8250	甜蜜素	34.8 mg/L
P. shermanii OLP-5	葡萄糖	31.67 mg/L
P. acidipropionici DSM 8250	芦苇糖蜜	28.8 mg/L
P. shermanii DSM 20270	豆腐渣	10 mg/L
P. freudenreichii NCIB 1081	葡萄糖	4.3 mg/L
P. shermanii FRDC Pɪ1	乳酸	1.8 μg/L

7.4.6 丙酸与维生素 B₁₂ 的联产及分离提取

1. 丙酸与维生素 B₁₂ 的联产

利用食品级弗氏丙酸杆菌生物合成丙酸和维生素 B₁₂ 过程中，丙酸对维生素 B₁₂ 的合成具有反馈抑制作用。在丙酸合成过程中，维生素 B₁₂ 被丙酸细菌用作酶反应的辅助因子，辅酶 B₁₂ 和甲基丙二酰 CoA 变位酶将琥珀酰 CoA 转化为甲基丙二酰 CoA。随着丙酸产量的增加，钴胺素的消耗增加，导致维生素 B₁₂ 的产量降低。同时，合成丙酸的累积，导致细胞外环境酸化，最终造成维生素 B₁₂ 的低产。

为了减少丙酸对维生素 B₁₂ 的反馈抑制，研究人员利用膨胀床吸附生物反应器原位产物去除（*in situ* product removal，ISPR）技术，对未过滤的发酵液进行半连续循环，有效回收了丙酸，消除了丙酸的反馈抑制。采用 EBA 系统进行补料分批发酵，丙酸浓度为 52.5 g/L，维生素 B₁₂ 浓度为 43.04 mg/L。又进一步整合 ISPR 系统和共底物发酵强化策略，通过逐步添加共发酵底物甘油和葡萄糖，提高了丙酸和维生素 B₁₂ 的产量（丙酸浓度 42.7g/L；维生素 B₁₂ 浓度 43.2 mg/L）。另外，研究了在弗氏丙酸杆菌维生素 B₁₂ 生物合成过程中的副产物丙酸和 5,6-二甲基苯并咪唑（DMBI）对维生素 B₁₂ 生物合成的影响。结果表明，早期培养基中丙酸的浓度低于 10～20 g/L，晚期高于 20～30 g/L，可有效改善维生素 B₁₂ 的生物合成。通过使用丙酸和 DMBI 控制方法，用膨胀床吸附生物反应器获得维生素 B₁₂ 浓度为 58.8 mg/L（Wang et al.，2014；Wang et al.，2015）。

2. 丙酸与维生素 B₁₂ 的分离提取

应用丙酸杆菌等微生物发酵联产的丙酸和维生素 B₁₂，具有同应用钝齿棒杆菌等微生物发酵生产 L-精氨酸和 PHB 一样的特点，过程中产生的丙酸为胞外产物，维生素 B₁₂ 为胞内产物。因此，同样通过简单的离心或过滤处理即可将丙酸发酵液和含有维生素 B₁₂ 的菌体进行粗分离，后续再分别按照工业上单一发酵生产丙酸和维生素 B₁₂ 的提取工艺进行产品的精提取。目前，丙酸提取方法主要有电渗析法、萃取法、蒸馏法、膜分离法、离子交换法和反渗透法等，维生素 B₁₂ 提取的方法主要有树脂吸附法和膜分离法等。另外，根据丙酸和维生素 B₁₂ 联产的特点，建立了一种新型的以扩张床原位吸附为特征的生物反应过程。在发酵过程中对丙酸进行原位提取，实现了半连续方式对发酵液中丙酸的有效提取，这一过程能有效地消除丙酸对发酵过程的抑制，从而提高了菌株联产丙酸和维生素 B₁₂ 的生产能力（Wang et al.，2015）。

7.5　发酵产品联产技术的展望

发酵产品联产技术是新一代发酵工程技术的重要内容之一，主要是指通过强化高价值副产物的合成途径或者发酵过程优化策略等，能够在一个菌株中发酵生产两种或多种具有价值的产物，并通过设计合理的分离纯化工艺，实现多目标价值产物的联合生产。联产发酵模式可显著提高底物利用率，并节省了生产成本，创造出更大的经济效益。

对微生物联产发酵多目标产品进行总结，包括以下几个重要环节。

（1）微生物积累特定目标化学物时，某一种或几种有价值的副产物存在一定积累量，完全消除副产物具有相当难度，或者需要通过延长发酵周期显著降低发酵过程的生产强度才可实现，基于此，可以考虑发酵联产模式。

（2）微生物发酵过程中，积累的副产物与目标产品的理化性质存在明显差异，目标产品与副产物的分离可以采用较简单的提取工艺进行分离，在此情况下，可以理性改造和过程优化强化副产物的积累，提高发酵过程的经济性。

（3）联产发酵的多目标产物在理化性质较为相近的情况下，需要设计更合理的分离提取工艺，或者将积累量相对较少的副产物利用生物转化的方式转变成其他理化性质差异较大的联产产品，再有效分离新的联产产品。

总之，相对传统的单一产品的微生物发酵生产模式，联产发酵模式可以提高底物的利用率，从而提高发酵经济性。但是，在目前的阶段，联产发酵模式还局限于特定目标产品发酵过程，联产过程的多产物内在的调控机制不够清晰、针对联产产品的分离提取工艺不够成熟。

随着合成生物学和代谢工程策略在构建细胞工厂方面的发展和新一代分离提取设备及工艺的开发，研究者可以针对特定化合物的合成过程，更加理性、更加合理地进行代谢网络重构，在不影响目标产品合成效率的情况下，对目标菌株进行理性设计，强化某些难以完全消除的高价值副产物的合成，从而实现多产品联产，提高发酵过程的经济性，以下工作是今后的发展趋势。

（1）应用合成生物学技术，在微生物细胞中已实现了基因线路、酶、代谢途径等的标准化以及合理组装，高效地合成需求的目标代谢产物，同样可以构建高效积累多目标产品的细胞工厂。应用转录组学、代谢组学等系统生物学手段解析微生物细胞内的目标联产产物合成的调控机制，并理性改造进一步提高底物利用率，从而提高发酵过程的经济性。

（2）目前，在大肠杆菌等模式微生物中，重组表达了不同来源的蛋白质，构建了大量的全细胞催化反应体系，实现了某些特定目标产物的全细胞体外催化合成。基于此，可以在这些易进行基因操作的模式微生物细胞中构建高效的酶级联催化体系，将具有特定关联的酶催化反应进行偶联，应用全细胞催化转化的模式，实现多目标产品的定制化联合生产。

（3）发酵产品的分离提取一直是工业生物发酵过程的一大难点，而对于多产品联产发酵过程来说这一问题显得更为突出，膜分离、分子蒸馏等新型技术和装备在一定程度上缓解了这一问题，但远远不够。因此，可以顺势工业 4.0 的发展，在工业发酵领域，开发更先进的装备和构建智能化的控制系统，设计更合理的分离提取工艺，实现联产产品的高效分离。

（曾伟主　周景文　陈坚）

参 考 文 献

李清, 黄艳娜, 李志敏, 等, 2014. 重组肺炎克雷伯菌发酵联产 3-羟基丙酸和 1,3-丙二醇[J]. 过程工程学报, 14: 133-138.

秦敬儒, 徐美娟, 张显, 等, 2016. 一株联产 L-精氨酸和聚羟基丁酸酯的重组钝齿棒杆菌的构建[J]. 食品与生物技术学报, 35: 240-246.

徐若烨, 王大慧, 许宏庆, 等, 2018. 丙酮酸钠促进 S-腺苷蛋氨酸和谷胱甘肽联合高产及其生理机制[J]. 食品工业科技, 39: 113-118.

BECKER J, WITTMANN C, 2015. Advanced biotechnology: metabolically engineered cells for the bio-based production of chemicals and fuels, materials, and health-care products[J]. Angewandte Chemie International Edition, 54: 3328-3350.

CHEN X, GAO C, GUO L, et al., 2018. DCEO biotechnology: tools to design, construct, evaluate, and optimize the metabolic pathway for biosynthesis of chemicals[J]. Chemical Reviews, 118: 4-72.

FALENTIN H, DEUTSCH S M, JAN G, et al., 2010. The complete genome of Propionibacterium freudenreichii CIRM-BIA1T, a hardy actinobacterium with food and probiotic applications[J]. PLoS One, 5: e11748.

FANG H, KANG J, ZHANG D W, 2017. Microbial production of vitamin B_{12}: a review and future perspectives[J]. Microbial Cell Factories, 16: 15.

GONG Z W, NIELSEN J, ZHOU Y J, 2017. Engineering robustness of microbial cell factories[J]. Biotechnology Journal, 12: 1700014.

GUAN N Z, LI J, SHIN H D, et al., 2016. Metabolic engineering of acid resistance elements to improve acid resistance and propionic acid production of Propionibacterium jensenii[J]. Biotechnology and Bioengineering, 113: 1294-1304.

GUAN N Z, LIU L, SHIN H D, et al., 2013. Systems-level understanding of how Propionibacterium acidipropionici respond to propionic acid stress at the microenvironment levels: mechanism and application[J]. Journal of Biotechnology, 167: 56-63.

GUAN N Z, SHIN H D, CHEN R R, et al., 2014. Understanding of how Propionibacterium acidipropionici respond to propionic acid stress at the level of proteomics[J]. Scientific Reports, 4: 6951.

GUAN N Z, ZHUGE X, LI J H, et al., 2015. Engineering propionibacteria as versatile cell factories for the production of industrially important chemicals: advances, challenges, and prospects[J]. Applied Microbiology and Biotechnology, 99: 585-600.

GUO H W, LIU P R, MADZAK C, et al., 2015. Identification and application of keto acids transporters in Yarrowia lipolytica[J]. Scientific Reports, 5:8138.

GUO H W, SU S J, MADZAK C, et al., 2016. Applying pathway engineering to enhance production of α-ketoglutarate in Yarrowia lipolytica[J]. Applied Microbiology and Biotechnology, 100: 9875-9884.

LEI Q Z, ZENG W Z, ZHOU J W, et al., 2019. Efficient separation of α-ketoglutarate from *Yarrowia lipolytica* WSH-Z06 culture broth by converting pyruvate to L-tyrosine[J]. Bioresource Technology, 292: 121897.

LIU L M, LI Y, ZHU Y, et al., 2007a. Redistribution of carbon flux in *Torulopsis glabrata* by altering vitamin and calcium level[J]. Metabolic Engineering, 9: 21-29.

LIU Q, OUYANG S, KIM J, et al. 2007b. The impact of PHB accumulation on L-glutamate production by recombinant *Corynebacterium glutamicum*[J]. Journal of Biotechnology, 132: 273-279.

LUO Z S, LIU S, DU G C, et al. 2017a. Identification of a polysaccharide produced by the pyruvate overproducer *Candida glabrata* CCTCC M202019[J]. Applied Microbiology and Biotechnology, 101: 4447-4458.

LUO Z S, ZENG W Z, DU G C, et al. 2017b. A high-throughput screening procedure for enhancing pyruvate production in *Candida glabrata* by random mutagenesis[J]. Bioprocess and Biosystems Engineering, 40: 693-701.

SUN D Y, LIU X, ZHU M L, et al., 2019. Efficient biosynthesis of high-value succinic acid and 5-hydroxyleucine using a multienzyme cascade and whole-cell catalysis[J]. Journal of Agricultural and Food Chemistry, 67: 12502-12510.

XU M J, QIN J R, RAO Z M, et al., 2016. Effect of polyhydroxybutyrate (PHB) storage on L-arginine production in recombinant *Corynebacterium crenatum* using coenzyme regulation[J]. Microbial Cell Factories, 15: 15.

WANG P, JIAO Y J, LIU S X, 2014. Novel fermentation process strengthening strategy for production of propionic acid and vitamin B_{12} by *Propionibacterium freudenreichii*[J]. Journal of Industrial Microbiology & Biotechnology, 41: 1811-1815.

WANG P, WANG Y S, LIU Y D, et al., 2012. Novel *in situ* product removal technique for simultaneous production of propionic acid and vitamin B_{12} by expanded bed adsorption bioreactor[J]. Bioresource Technology, 104: 652-659.

WANG P, ZHANG Z W, JIAO Y J, et al., 2015. Improved propionic acid and 5,6-dimethylbenzimidazole control strategy for vitamin B_{12} fermentation by *Propionibacterium freudenreichii*[J]. Journal of Biotechnology, 193: 123-129.

XU M J, RAO Z M, YANG J, et al., 2012. Heterologous and homologous expression of the arginine biosynthetic argC~ H cluster from *Coryenbacterium crenatum* for improvement of L-arginine production[J]. Journal of Industrial Microbiology & Biotechnology, 39: 495-502.

YU Z Z, DU G C, ZHOU J W, et al., 2012. Enhanced α-ketoglutaric acid production in *Yarrowia lipolytica* WSH-Z06 by an improved integrated fed-batch strategy[J]. Bioresource Technology, 114: 597-602.

ZENG W Z, DU G C, CHEN J, et al., 2015. A high-throughput screening procedure for enhancing α-ketoglutaric acid production in *Yarrowia lipolytica* by random mutagenesis[J]. Process Biochemistry, 50: 1516-1522.

ZENG W Z, XU S, DU G C, et al., 2018. Separation and purification of α-ketoglutarate and pyruvate from the fermentation broth of *Yarrowia lipolytica*[J]. Bioprocess and Biosystems Engineering, 41: 1519-1527.

ZENG W Z, ZHANG H L, XU S, et al., 2017. Biosynthesis of keto acids by fed-batch culture of *Yarrowia lipolytica* WSH-Z06[J]. Bioresource Technology, 243: 1037-1043.

ZHOU J W, YIN X X, MADZAK C, et al., 2012. Enhanced α-ketoglutarate production in *Yarrowia lipolytica* WSH-Z06 by alteration of the acetyl-CoA metabolism[J]. Journal of Biotechnology, 161: 257-264.

第8章 典型发酵产品的流程重构技术

8.1 传统产品发酵流程重构的必要性

食品、医药、化工等领域需要的产品种类多样。现代发酵工程发展成熟以来，除了从农业社会继承下来的基本的生活资料以外，大部分的生活和生产资料主要依赖于天然提取法，如从植物、动物和矿物中提取各种色素，从植物和动物中获得含有酶的体液或分泌物，从海水和井水中提取盐与其他各种矿物质，从植物中萃取具有特定功能的药物成分、香精香料和表面活性剂，从甘蔗和甜菜中提取蔗糖、从植物种子中提取油脂作为食物和燃料等。19 世纪下半叶，随着大规模制造化学产品的生产过程的发展，现代化学工业得到了长足的发展，成为现代工程学科之一。化学工程学科体系形成的关键在于单元操作和"三传一反"（动量传递、热量传递、质量传递和反应工程）概念的提出。基于化学科学的积累，化学工业可以利用石油和煤炭资源，生产出自然界中绝大多数已知的化合物，并能够合成一些自然界中从来不存在的化合物。

近一个世纪以来，人类对自然资源日益增长的需求和自然资源供给相对有限的矛盾日趋突出，对世界格局和人类可持续发展带来了巨大影响。如何实现人类的可持续发展、减少对自然资源和化石能源的依赖，成为摆在人类面前的切实问题。生物技术作为一种可持续发展的支撑技术越来越多地用于实现多种生产生活资料的生产，并被用于重构原有基于天然提取法或化学合成法的工艺路线。与此同时，传统发酵产品的生产过程也同样面临着如何更好地整合新技术，提升现有发酵生产过程经济性和可靠性的问题。生物化学、化学、工程学等的快速发展和不断交叉融合，催生出许多新知识、新理论、新方法、新工具；社会、经济的快速发展，人民生活质量要求的不断提高，也对发酵工业高质量发展提出了更高的要求，特别表现在对工业发酵产品质量、安全和生产过程的高效节能及环境友好性方面。

发酵工程技术发展的同时，也伴随着很多相关支撑学科的发展。在前述的章节中，我们已经知道，发酵工程技术利用高通量筛选、基因快速编辑与 DNA 组装方法、微生物细胞系统改造与精准调控等实现了发酵微生物生产目标产物种类和生产效能，结合微型反应器与组合优化技术和基于组学技术的发酵过程优化与控制，实现了多种重要发酵产品产量、转化率和生产强度的极大提升。当前发酵工程发展过程中存在的主要问题：一方面新知识在工业发酵过程的应用还远远不够，另一方面研究人员对发酵工业中存在的关键问题还不能准确把握。为此，新一代发酵工程技术的目的在于，如何改进传统发酵过程，基于对传统发酵过程的理解，借助最新的理论与方法，强化发酵微生物合成目标产物的代谢过程，系统优化发酵过程的传质、传热，提升关键环节的生产效能，有效提升发酵过程的产量、转化率、生产强度。基于上述技术，重构原有发酵过程，甚至采用原来天然提取法或化学合成法的制备过程，或用一步发酵替代原有的多步发酵或酶催化过程，实现部分单元甚至全过程的发酵法替代原有的生化反应、产物合成、过程转化单元，解决已有生产过程的瓶颈问题，提高整个发酵产品的制造水平。

采用直接发酵法实现原有天然提取法获得的动植物来源的天然产物的生产，如多糖、黄酮、萜类、激素等，不仅可以产生显著的效益，也可以降低由植物种植和含量低造成的土地占用、农药使用和溶剂消耗等问题，以及从动物中提取造成的成本高、病毒和过敏源污染等问题；采用发酵法替代原有的化学合成工艺，如 L-甲硫氨酸、泛酸，可以有效解决对化石资源的依赖，并且解决化学法难以实现手性合成的问题，也可以替代以往采用酶法拆分导致的原材料利用率低的问题；采用更为精简和集约化的方法替代传统发酵的多步发酵和自然接种过程，如维生素 C 的三菌两步发酵法和传统酿造食品的发酵过程，可以实现发酵过程经济性、安全性和稳定性的全面提升。

传统产品的发酵流程重构，主要包括三种类型：①过程强化。例如，采用筛选获得的具有更强发酵性能的霉菌、酵母和乳酸菌，强化原有酱油发酵过程中自然接种的菌株，从而实现酱油发酵过程原料利用率和安全性的稳步提升。②单元替代。例如，在柠檬酸发酵生产过程中，采用菌丝球分割循环技术、发酵液分割循环技术和糖化酶多级流加技术，替代原有的传统分批补料过程，从而实现整个柠檬酸发酵过程的强化；在泛酸合成过程中，采用酶法拆分技术，替代原有的基于色谱法的分离过程，提高拆分过程的选择性和产物收率。③整个流程的替代。例如，采用酶法合成左旋多巴，替代原有的植物提取法或化学合成法过程；在维生素 C 发酵过程中，采用一菌一步发酵法，替代原有的三菌两步发酵过程等，实现缩短发酵周期、降低能耗的目的；采用直接发酵法生产 L-甲硫氨酸，替代原有的需要腈化物等危险化学品的化学合成过程。已有的大量研究实例表明，通过整合相关学科的支撑技术，实现一系列传统产品发酵流程重构，可以显著提高资源利用，减少污染和能耗，实现生产生活资料的绿色制造、环境友好，引领发酵相关产业的发展，提高我国发酵技术水平，占据世界发酵技术高地，扩大我国发酵产业的国际影响。

8.2　酱油：从自然接种的混菌发酵
到可控的安全发酵体系

8.2.1　酱油发酵与酱油微生物

　　酱油是我国与东亚多个国家生产并广泛食用的利用传统发酵技术生产的调味品。酱油的生产源自酱的发酵，最早起源于中国，至今已有三千多年的历史。酱油生产发展的初期是以动物蛋白为原料在陶罐、陶缸中进行自然发酵，现在有了以鱼为原料生产的鱼露和以富含蛋白的植物（大豆）为主要原料生产的酱油（Gao et al., 2019）。现代酿造酱油的生产主要以大豆或豆粕、面粉、麸皮或小麦为生产原料，通过接种米曲霉（*Aspergillus oryze*），制备成曲，再加入盐水进行 1～6 个月的发酵，通过压榨制得（图 8.1）。酿造酱油生产广泛采用的工艺主要分为低盐固态和高盐稀态发酵工艺。前者采用较低盐度（6%～13%）在较高温度（40～55℃）下发酵 25～40 d，成品酱油颜色深红，酱香浓郁；后者采用高盐度（16%～20%）

图 8.1　酱油的生产工艺

在较低温度（16～30℃）下发酵 90～180 d，成品酱油中氨基酸含量高且鲜味突出，具有酱香和酯香等多种风味。随着酱油规模化生产进程的推进和提升酱油品质消费需求的日益增加，酱油生产过程已逐渐采用机械化生产技术。例如，使用圆盘制曲替代曲槽通风制曲，采用严格控温发酵替代"日晒夜露"式的非严格控温发酵，在发酵过程中通过强化某类微生物（产醇或增香酵母）赋予酱油独特风味（生产高端酱油、日式酱油）等（Sulaiman et al., 2014）。

1. 酱油发酵过程

无论是低盐固态酱油还是高盐稀态酱油的生产，发酵过程都包含将米曲霉接种到大豆与小麦混合物进行培养的"米曲霉发酵"和将成曲与盐水混合后在设定温度下发酵的"盐水发酵"两个阶段。

1）米曲霉发酵

用于酱油发酵的原料（大豆或豆粕）经高温处理冷却后，即可接种酱油曲精（米曲霉）进行发酵。这个发酵过程也称为制曲过程，一般在 37℃下培养 24～48 h。制曲结束后原料与米曲霉孢子混合均匀呈现黄绿色，蛋白酶活性也达到较高水平。此时制得的曲称为成曲，将用于下一步的盐水发酵。此阶段中，米曲霉生长繁殖，一方面产生果胶酶、纤维素酶、半纤维素酶分解植物细胞壁，便于蛋白酶作用；另一方面米曲霉产生蛋白酶和淀粉酶用于分解原料中大分子物质，如蛋白质和淀粉等，可在释放肽类、氨基酸、糖类的同时，也为体系中其他微生物的生长和代谢提供营养物质。

2）盐水发酵

成曲与盐水混合后进行入池发酵（一般为低盐固态工艺）或入罐发酵（高盐稀态工艺）的阶段称为盐水发酵阶段。盐水发酵阶段是生产酱油用原料中蛋白质和淀粉进一步分解以及风味物质合成的过程。在这个过程中，米曲霉产生的蛋白酶和淀粉酶进一步水解原料，生成肽类和糖类；酱醪中的耐盐细菌（主要为乳酸菌）在盐水发酵阶段初期产生乳酸使酱醪 pH 下降，为耐盐酵母（接合酵母和假丝酵母）提供合适的生长条件。盐水发酵阶段，酱醪中蛋白质和肽类被水解生成氨基酸，有机酸、醛类、酚类等酱油风味物质也逐渐生成。

2. 参与酱油发酵的微生物

酱油发酵是一个由多种微生物参与发酵、分解原料中大分子物质（淀粉、蛋白质）生成还原糖、游离氨基酸、肽等营养物质以及有机酸、酯类、醛类等风味物质的过程。酱醪中由于添加了盐（氯化钠），降低了微生物生长所需的适宜水分活度，抑制了不耐盐的腐败细菌和真菌的生长。酱醪中的微生物主要包括米曲霉、耐盐酵母和耐盐细菌（图 8.2）。米曲霉是参与酱油发酵的主要真菌和优势菌，可分泌蛋白酶、淀粉酶等水解酶类。酱醪中的酵母主要包括接合酵母（*Zygosaccharomyces*）、假丝酵母（*Candida*）、克鲁维酵母（*Kluyveromyces*）和毕赤酵母等，它们对酱油中醇类、酯类、酚类等风味物质的合成有重要作用。酱醪中的细菌主要是耐盐的乳酸菌，包括魏斯氏菌（*Weissella*）、足球菌（*Pediococcus*）、四联球菌（*Tetragenococcus*）、链球菌（*Streptococcus*）、乳球菌（*Lactococcus*）、肠球菌（*Enterococcus*）和乳杆菌（*Lactobacillus*）。葡萄球菌和芽孢杆菌也是酱醪中细菌的主要组成部分。上述细菌也是参与酱油发酵的重要微生物菌株，对酱油中有机酸、氨基酸和酯类物质的合成有重要的贡献（O'Toole, 2019）。

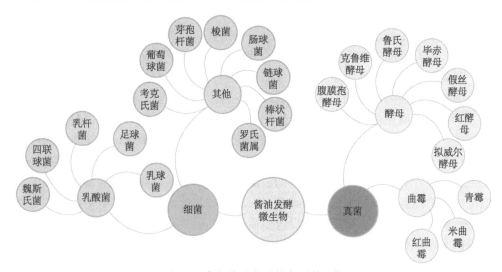

图 8.2　参与酱油发酵的主要微生物

8.2.2　酱油中微生物代谢产生的氨（胺）类危害物

　　食品发酵的过程也是微生物利用原料中的营养素进行物质代谢的过程。发酵过程中微生物代谢产生的代谢物组成了发酵食品的骨架物质（氨基酸、酸、醇、酯等）和风味物质。然而在特定环境因素影响下，微生物代谢也会合成危害物或其前体。例如，由于微生物优先选择偏好性氮源导致某些氨（胺）类物质没有被利用而积累下来（如酵母优先利用偏好型氨基酸导致培养体系中尿素积累），或者在环境因素影响下（渗透压、pH 等）启动某些氮代谢途径，利用非常用氮源生成氨（胺）类物质[如细菌通过精氨酸脱亚氨酶（arginine deiminase, ADI）途径利用精氨酸生成瓜氨酸和鸟氨酸并获得能量]。酱油中由微生物代谢直接产生的氨（胺）类危害物是生物胺，微生物代谢产生危害物前体（尿素或瓜氨酸）再间接生成的危害物是氨基甲酸乙酯。

　　生物胺可造成过敏反应，过量摄入会引起头晕、恶心、腹泻等症状，严重时可能危及生命。因此，国内外对食品和酒类中生物胺的含量均有限量标准：发酵食品中生物胺总量不得超过 1000 mg/kg，其中组胺含量应低于 100 mg/kg；鱼类及其制品中组胺含量不得超过 50 mg/kg，酒中组胺的含量不得高于 10 mg/L（Chen et al., 2017）。氨基甲酸乙酯在人体内代谢通过细胞色素 P450 羟基化或氧化的产物可引起 DNA 损伤进而诱发癌变。因此国际癌症机构将其归类为可能致癌的物质类别。世界卫生组织及欧美多个国家和地区对酒中氨基甲酸乙酯的含量均有明确限定标准：蒸馏酒中氨基甲酸乙酯含量不得高于 100～150 μg/L，日本清酒中氨基甲酸乙酯含量应低于 100 μg/L。我国农业行业标准《绿色食品 黄酒》（NY/T 897—2017）规定：黄酒中氨基甲酸乙酯含量不得高于 400 μg/L。目前没有明确公布的对酱油中氨基甲酸乙酯含量的限量标准，但是各国海关对进口发酵食品检验合格的要求之一是食品中未检出氨基甲酸乙酯或其含量低于 20 μg/L。

生物胺是在氨基酸含量丰富的食品体系中（鱼、肉制品、酱油、黄酒等）由具有氨基酸脱羧酶的细菌对氨基酸脱羧产生的。氨基甲酸乙酯不是由微生物代谢直接产生的，而是由微生物代谢产生的前体（尿素、瓜氨酸等）与乙醇自发反应生成的。通过此反应生成氨基甲酸乙酯的速率受多种因素影响，如加热、光照等条件可加速氨基甲酸乙酯的生成。由于氨基甲酸乙酯的生成需要有乙醇参与反应，因此只有含乙醇（日式工艺酱油）的酱油中有氨基甲酸乙酯。酱油发酵过程中，酱醪中含有尿素和瓜氨酸这两种氨基甲酸乙酯的前体。其中瓜氨酸是酱油中氨基甲酸乙酯的主要前体，由瓜氨酸反应生成的氨基甲酸乙酯占酱油中氨基甲酸乙酯总量的 80%。研究证实，用于酱油生产的鲁氏接合酵母在代谢过程中不利用精氨酸，因此不会通过降解精氨酸生成并积累尿素和瓜氨酸，反而能够利用瓜氨酸和尿素。在偏好型氮源甘氨酸、丙氨酸和天冬酰胺的存在下，鲁氏接合酵母对 EC 前体瓜氨酸和尿素的利用不受抑制，其偏好氮源甘氨酸和丙氨酸还能分别促进其对尿素和瓜氨酸的利用。当环境中存在 18% NaCl 时，鲁氏接合酵母对瓜氨酸利用受到了强烈的抑制，对尿素的利用则完全被阻遏。

酱油中氨基甲酸乙酯的主要前体瓜氨酸是细菌通过 ADI 途径对精氨酸的不完全利用产生的。酱油发酵过程中瓜氨酸的合成和积累有两个时期：乳酸发酵时期和乙醇发酵时期（图 8.3）。乳酸发酵时期，耐盐细菌嗜酸乳酸足球菌（*Pediococcus acidilacitci*）在盐胁迫条件下通过 ADI 途径利用精氨酸并转化生成瓜氨酸是瓜氨酸积累的主要原因和形成途径。盐胁迫（18% NaCl）使得嗜酸乳酸足球菌 ADI 途径的 *arc* 基因簇中基因 *arcA*（编码精氨酸脱亚胺酶）和 *arcB*[编码鸟氨酸转氨甲酰酶（OTC）]转录水平不等比例下调。其中 *arcA* 下调水平低于 *arcB*，进而造成细胞内由 ADI 催化的瓜氨酸合成速率大于由鸟氨酸转氨甲酰酶催化的瓜氨酸分解速率，最终导致胞内和胞外瓜氨酸的积累。乙醇发酵时期，具有 ADI 途径的细菌都可以利用精氨酸合成并积累瓜氨酸，其中葡萄球菌是这一时期主要的瓜氨酸产生菌株。这些具有 ADI 途径的细菌在普通培养基中的精氨酸到瓜氨酸的转化率显著低于在乙醇发酵时期酱醪中的转化率。研究发现，酱油发酵过程中由酵母产生的乙醇促进了酱醪中游离脂肪酸的溶解。溶解的游离脂肪酸可使细菌的细胞膜通透性增强，便于细胞内瓜氨酸向胞外的渗漏和转运，从而造成瓜氨酸的积累。因此，乙醇造成的游离脂肪酸溶解度的提高是这一时期葡萄球菌和其他细菌精氨酸到瓜氨酸转化率显著提高的重要影响因素。

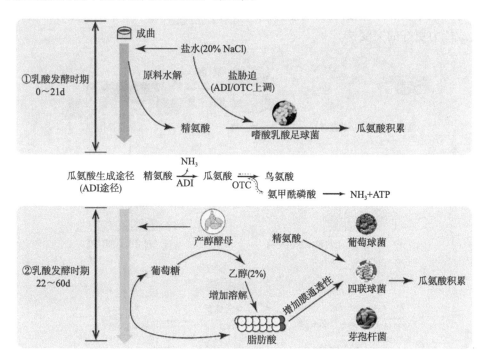

图 8.3　酱油发酵过程氨基甲酸乙酯前体瓜氨酸的积累机制

8.2.3 可代谢危害物菌株的高通量筛选

酱油发酵过程是多种微生物参与的混菌食品发酵过程。由于食品的特殊性，其生产或加工过程不允许使用基因工程菌。因此，无法通过使用敲除与某类代谢特性相关基因的基因工程菌进行发酵来实现减控酱油中参与酱油发酵的微生物代谢危害物生成的目的。此外，在酱油生产过程中，合成并积累氨基甲酸乙酯前体瓜氨酸的菌株不是单一菌株而是多个菌属的菌株。它们中的很多菌株具有与食品发酵相关的功能。能否成功实现对这些菌株的全部改造并使它们在混菌体系中发挥作用，以及菌株改造是否会给食品发酵带来不良影响均无法预知。利用微生物菌株物质代谢特性和能力的不同这一特点，从酱油发酵体系（酱醪）中筛选可高效利用精氨酸（瓜氨酸的前体）且不积累或低积累瓜氨酸（氨基甲酸乙酯前体）

的菌株，有望通过在酱油发酵过程中添加此菌来减少氨（胺）类危害物前体瓜氨酸的生成。张继冉等利用高通量操作技术平台，提出了利用精氨酸且不积累氨基甲酸乙酯前体瓜氨酸菌株的高通量筛选策略（图 8.4）。通过采用此高通量筛选策略，成功从酱油的酱醪中筛选到一株耐盐细菌解淀粉芽孢杆菌 JY06。同酱醪中其他细菌相比，此菌可高效利用精氨酸并生成鸟氨酸，几乎不积累瓜氨酸。在此基础上，利用相同的筛选策略通过紫外诱变和等离子诱变等工业微生物育种技术获得了精氨酸利用能力进一步提高且瓜氨酸较少积累的减控危害物生成能力更好的突变株。

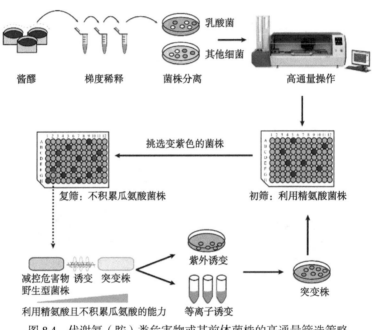

图 8.4　代谢氨（胺）类危害物或其前体菌株的高通量筛选策略

8.2.4　可控的酱油安全发酵体系

传统发酵食品多为开放、半开放发酵体系，即在发酵过程中不是单一微生物纯种进行发酵的体系，而往往是以一种菌株为主并有其他多种有益微生物参与的混菌发酵体系。传统酱油发酵技术严重依赖天然微生物群落，存在发酵周期长且产品的稳定性不易控制、品质较难保持等问题。通过科学研究已经阐明了参与酱油发酵的主要微生物及它们的相应功能，为更好地理解并且控制它们以保证生产品质一致的产品奠定了理论基础。现代酱油发酵技术采用圆盘制曲技术与装备，不仅提高了生产过程的机械化程度和制曲效率，更显著减少了制曲过程中杂菌的带入，为保证酱油品质稳定提供了有力保障。然而，有些参与酱油发酵的功能微生物会产生生物胺、氨基甲酸乙酯等氨（胺）类代谢危害物。新一代酱油发酵技术，需要在保证食品品质稳定的基础上，实现发酵过程的安全控制，即在不影响食品发酵过程和食品风味的基础上减少微生物代谢危害物的生成（Devanthi and Gkatzionis, 2019）。

　　酱油发酵体系是一个混菌发酵体系，如果产生代谢危害物的菌株是人工接种的主醇菌，则可以通过菌种诱变、定向进化等微生物遗传育种的方式改变菌株的相关特性来减少酱油发酵过程中有害代谢物的生成。然而，如果产生危害物的菌株是发酵过程中从环境中获得的并参与酱油发酵，则较难通过去除这类菌株或菌种改造的方式来实现其代谢危害物的减少。研究表明，通过在酱油发酵过程中强化酵母菌（鲁氏接合酵母）可以使酱油中醇类、酯类含量增加，强化耐盐乳酸菌可使有机酸、氨基酸含量增加并对酵母的生长和酱油中风味物质合成有促进作用。新一代酱油发酵技术可以通过微生物扰动或干预混菌代谢调控技术，建立可控的酱油安全发酵体系。

　　利用 8.2.3 小节中所述高通量筛选代谢氨（胺）类危害物或其前体菌株的技术与策略，将筛选到的利用精氨酸且不积累氨基甲酸乙酯前体瓜氨酸的解淀粉芽孢杆菌 JY06 用于酱油发酵过程。通过酱油发酵理化指标比较，发现添加解淀粉芽孢杆菌 JY06 的酱油在品质上与对照并无显著差别。为了进一步验证该菌株是否能在工业化生产中同样有效降低氨基甲酸乙酯前体积累，在实验室小试（2 L）和中试（60 L）发酵的基础上进一步进行工业化试验。经过工业发酵罐（90 m^3）试验取发酵结束压榨后的酱油原油进行氨基甲酸乙酯前体物质瓜氨酸及其前体精氨酸含量的检测，结果发现应用微生物干预（10^6 CFU/g 解淀粉芽孢杆菌 JY06）的酱油发酵新技术，酱油中瓜氨酸含量比对照少 51%以上。用此工艺生产的酱油原油杀菌后，氨基甲酸乙酯含量可降低 38%以上，且酱油成品中氨基甲酸乙酯含量为 19 μg/L，小于 20 μg/L 的国际海关限量标准。采用此技术进行酱油发酵的工业化生产应用，对酱油中氨基酸态氮、总糖等主要理化指标未产生影响。感官评定测试比较发现，添加解淀粉芽孢杆菌 JY06 可以提高酱油的酯香味和口感。

　　通过对酱油的混菌发酵体系中微生物代谢危害物形成机制的解析、代谢危害物菌株的高通量筛选策略的提出和技术建立，从实验室小试、中试到工业规模酱油发酵验证，逐步形成了利用微生物干预减控微生物代谢危害物的酱油安全发酵新体系。

8.3　柠檬酸：从传统分批发酵到菌球分割多级流加发酵

8.3.1　柠檬酸性质与应用

柠檬酸又称枸橼酸，化学名称为 2-羟基丙烷-1,2,3-三羧酸（$C_6H_8O_7$），分子量为 192.13，化学结构式如图 8.5 所示。柠檬酸常带有一分子结晶水（$C_6H_8O_7 \cdot H_2O$），分子量为 210.12，是自然界中广泛存在的三羧酸类化合物，它含有三个电离常数，分别为 3.13、4.76、6.40，是一种较强的有机酸，也具有较宽的 pH 缓冲范围（2.5～6.5）。柠檬酸是动植物体内的一种天然成分和生理代谢的中间产物，在室温下呈无色透明或半透明的晶体或（微）粒状粉末，无臭，具有强烈酸味，是食品、医药、化工等领域应用最广泛的有机酸之一。柠檬酸同时具有羟基和羧基，极易溶于水，溶解度随温度升高而增大；微溶于乙醚，不溶于四氯化碳、苯、甲苯等有机溶剂。

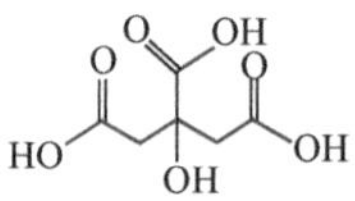

图 8.5　柠檬酸的化学结构式

柠檬酸是三羧酸循环的中间代谢产物，是一种附加值非常高的产品，广泛应用于食品行业（75%）、医药行业（10%）及其他工业领域（15%）（图 8.6）。柠檬酸具有令人愉快的酸味，入口爽快、无后酸味，安全无毒；它在水中溶解度极高，

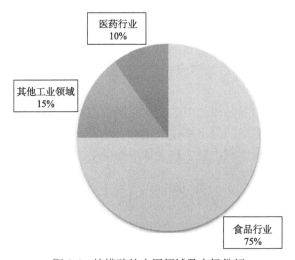

图 8.6　柠檬酸的应用领域及市场份额

能被生物体直接吸收代谢；基于此优良的特性，广泛应用于食品行业中。同时，柠檬酸也是化学合成的中间体，是非常重要的平台化合物。另外，由柠檬酸衍生生产的盐类、酯类和衍生物也各具特色，用途极为广泛；伴随着技术进步，其应用新领域也不断开拓。

柠檬酸是多功能的、无毒的（GRAS，一般公认为安全的），被联合国粮食及农业组织/世界卫生组织（FAO/WHO）专家委员会认定为安全的食品添加剂，被称为第一食用酸味剂。在饮料工业与酿造酒中，不仅能赋予产品水果风味，而且还有增溶、缓冲、抗氧化等作用，使色素、香气、糖分等成分交融协调，形成调和的口味及香气，同时能增强抗微生物防腐效果。柠檬酸作为酸味剂具有酸味圆润滋美的特点，广泛用于汽水、果汁、水果罐头等。通常使用量为 0.1%～0.5%，具体使用量视品种和需要而定。柠檬酸可感觉酸味的最低浓度为 0.0025%～0.08%。在某些果蔬制品中可以通过柠檬酸和糖来调节制品的糖酸比，改善制品的风味。柠檬酸在果酱与果冻中的作用主要在于赋予产品酸味，调节 pH 至适于果胶凝胶最窄的范围内；在冷冻食品、脂肪和油类中，具有螯合及调节 pH 的特点，加强抗氧化剂作用和酶失活，提高冷冻食品的稳定性。在蔗糖液中添加适量柠檬酸可使其转化为转化糖，可提高蔗糖的饱和度与勃度，增大渗透压。因此可以防止糖制品的蔗糖返砂，还可增加糖制品的保藏性和改善制品的质地。柠檬酸在罐头、果酱、果冻等制品中，可使 pH 降低，抑制腐败微生物的繁殖。当 pH 小于5.5 时，大部分腐败细菌可被抑制。通过柠檬酸调整 pH 还可达到改善品质和风味的目的。在医药行业，如发泡剂，柠檬酸与碳酸钠水溶液共同反应产生大量 CO_2（即泡腾），可使药物中活性配料迅速溶解并改善味觉能力；在化妆品与发蜡的制备过程中，作为金属离子螯合剂，同时可增强发蜡的防腐作用。在面食制品中添加小苏打疏松剂时，制品往往碱度增大，口味变劣，若柠檬酸和小苏打同时使用，可使小苏打分子在反应过程中产生的二氧化碳被吸收，不致使碳酸钠积累，从而降低面制品的碱度，改善口味。切去皮后的果蔬原料在 0.1%的维生素 C 溶液中浸渍后，可防止氧化变褐。在使用时一般以柠檬酸作增效剂，以控制酚酶的活性，防止酶褐变。柠檬酸作为一种弱有机酸，能有效去除金属表面氧化物；作为高效螯合清洗剂，有效去除钙、镁、铬、铜等污垢。其钠盐能增强去污性能，在去垢剂中添加可加快生物降解，替代磷酸盐应用于洗衣粉与去污剂中，同时可作为纺织品的软化剂。柠檬酸能够生产广泛的金属盐，如遇铜、铁、镁、锰和钙等生成络合物，形成的盐使得它在工业过程中作为掩蔽剂和抗氧化剂等获得应用。

柠檬酸是目前世界上产量最大的发酵产品之一，而我国是世界上最大的柠檬酸生产与出口国，2018 年的产能已经超过 170 万 t，约占世界总产量的 70%。尽管化学法理论上可以实现柠檬酸合成，但无法进行规模化生产；迄今柠檬酸生产主要采用微生物发酵法。

8.3.2　发酵法生产柠檬酸的历史与现状

柠檬酸被瑞典化学家 Carl Scheele 于 1784 年首次从柠檬汁中分离出来，是一种分布广泛的中间代谢产物，它的轨迹几乎遍布所有动植物中；研究初期，柠檬酸主要从柠檬汁中分离提取；Wehmer 于 1891 年发现霉菌能够生产有机酸，但由于菌种易退化、易感染杂菌等原因未能实现生产；随后，柠檬酸首次被认定为霉菌代谢的产物；Zahorsky 于 1913 年获得了第一个黑曲霉生产柠檬酸的发明专利；Szücs 于 1925 年发现黑曲霉以糖蜜为原料生产柠檬酸。柠檬酸在最初工业化生产中存在发酵周期长、染菌等问题，一直未获得成功。直至 Currie 于 1916 年从大量菌株中分离获得黑曲霉，积累大量柠檬酸；其中，他获得最重要的发现是，黑曲霉能够在低 pH（2.5～3.5）条件下生长，同时高浓度底物能够获得高的柠檬酸产量，为柠檬酸工业化生产奠定了基础。1919 年，比利时一家工厂首次成功进行了浅盘法生产柠檬酸；美国 Pfizer 公司于 1923 年采用黑曲霉浅盘发酵糖蜜实现了工业化生产柠檬酸；Szucs 于 1944 年首次尝试机械搅拌通风发酵方式，以纯蔗糖工业化生产柠檬酸；随后，Buelow 和 Johnso 于 1952 年通过对发酵条件的控制，增加通气量，明显缩短了发酵周期；美国 Miles 公司于 1952 年成功应用深层发酵法工业化生产柠檬酸，替代了传统浅盘发酵工艺，有力地推动了世界柠檬酸工业的蓬勃发展。

发酵法生产柠檬酸的方式，从培养方法方面，分为浅盘发酵（surface fermentation）、固态发酵（solid fermentation）与液态深层发酵（submerged fermentation）三种方式。浅盘发酵方式设备简单、易操作，但劳动强度大且空间利用率低，是柠檬酸生产最初的生产模式。固态发酵方式是近年来研究热点，此发酵方式在固体介质中进行而不需要游离液体，仅需要维持一定湿度；此方式具有能耗低、废水产量少等优势；它能够以工农业加工废料为底物，可以降低原料成本，同时能够减少环境污染，是一种非常具有发展前景的发酵模式；但此发酵方式自动化程度较低，废料成分复杂，造成产品分离提取困难，难于实现规模化运营。液态深层发酵方式具有劳动强度小、生产效率高、占用空间小、自动化程度高等优势，是柠檬酸工业化生产的最主要方式，超过 80%的柠檬酸产品是通过此发酵方式获得的。

分批发酵模式是柠檬酸最主要的发酵方法，但存在能效低、辅助时间长、设备利用率偏低等缺陷，发酵模式已成为制约柠檬酸产能扩大的瓶颈。目前，半连续或连续发酵柠檬酸研究主要集中在酵母菌，黑曲霉连续培养的研究鲜有报道；黑曲霉特殊的菌丝体结构在连续培养过程中，会造成溶解氧运输受到限制，进一步造成细胞代谢与柠檬酸合成异常。基于以上问题，开发一种安全、可靠的方法连续培养黑曲霉，具有较大的挑战。尽管如此，研究者提出了采用固定化方式，固定化黑曲霉细胞,控制了菌丝球大小。但在固定化反应体系中存在副反应,更重要的是,产物合成的限速性步骤(传质速率)受到固定化系统限制;在细胞逐渐老化及细胞未能更新的条件下,很难维持培养液菌丝球高的细胞活性,因而限制了此方法的进一步应用。因此,如何有效控制连续培养过程中菌丝球形态,保持细胞活力是实现黑曲霉连续发酵的一个重要课题(Arzumanov et al., 2000)。

此外,在工业化生产中,柠檬酸发酵采用精制糖如葡萄糖、蔗糖能够获得较高产量,但生产成本较高;相比较而言,淀粉质原料替代精制糖发酵更经济也更具有竞争力,但淀粉质原料需经液化、糖化等工艺,才能获得可发酵性糖。作为蛋白质生产的细胞工厂,黑曲霉可以高效分泌蛋白质,并且是天然的多糖降解酶(如糖化酶、淀粉酶)的高产菌种。为降低生产成本,工业化生产中集成淀粉糖化过程、发酵过程一体化(同步糖化发酵);此发酵模式能降低成本消耗,解决高糖抑制细胞生成问题,此方式已成功应用于有机酸发酵,如乳酸、衣康酸与富马酸、酒精发酵中。黑曲霉自身能分泌大量糖化酶(高达 10 g/L),以淀粉质为原料的柠檬酸发酵,普遍采用同步发酵方式合成糖化酶。然而,在其发酵过程中,伴随着柠檬酸积累,发酵 pH 显著下降,特别当 pH 降至 2.00 以下时,糖化酶活性被破坏,造成葡萄糖供应速率减缓而降低产物合成速率,发酵残总糖含量偏高。高发酵残糖问题明显降低了底物与产物之间转化率,同时会进一步造成产物分离与纯化步骤的困难,因此需要大量投资如膜分离与柱层析等复杂设备用于解决高发酵残糖引起的分离提取问题。为降低发酵残糖浓度,改善发酵效率,提高发酵液糖化酶活性是一种有效方法;基因工程技术手段在降低发酵残糖方面已经取得一定进展,Huang 通过过量表达 *A. terreus* 糖化酶基因生产衣康酸,提高了衣康酸产量同时降低了发酵残糖;同样地,Wang 在黑曲霉中过量表达糖化酶,提高了柠檬酸产量,降低了发酵液残糖含量;但重组工程菌的稳定性制约了其规模化应用,同时产品安全性有待进一步考察。发酵过程控制技术如 pH 控制、溶氧控制、前体补偿等方式,能够更好地适应菌种生物学特性与目标产物合成特点,能够有效提升发酵产率,已经成功应用于氨基酸与有机酸发酵生产中。总之,上述阶段控制策略的发展,为有效解决柠檬酸发酵过程中糖化酶活性损失引起的系列问题提供了启发(Wang et al., 2016)。

8.3.3 柠檬酸连续发酵关键技术 1——菌丝球分割培养技术

柠檬酸发酵采用黑曲霉二级发酵方式,首先培养成熟的种子,然后转接发酵培养。黑曲霉种子培养过程首先需要培养成熟的孢子,然后孢子接种培养。工业化生产中,需要制备大量成熟的孢子,培养方式采用固态培养,需经平板筛选、斜面培养、茄子瓶培养,最后麸曲桶培养等逐级扩大培养过程(图 8.7),制备过程烦琐且周期长(一批成熟孢子制备周期 30 d 以上),消耗大量辅助时间与生产成本。事实上，种子制备过程成本在整个柠檬酸生产过程中占据比较大的比例。此外，孢子制备方式——固态培养方法有固有的缺陷，由于缺乏精确评价孢子活力的方法，因此，实时监控培养过程中孢子活力比较困难。在传统培养模式下，制备的孢子活力通常呈现多样性，从而导致后续发酵过程波动。因此，现有孢子制备模式与接种方式已经不能满足工业化生产的实际需求。如果黑曲霉种子可以采用连续培养方式，那么由种子活力造成的发酵波动性以及柠檬酸工业生产成本引起的压力会减小。

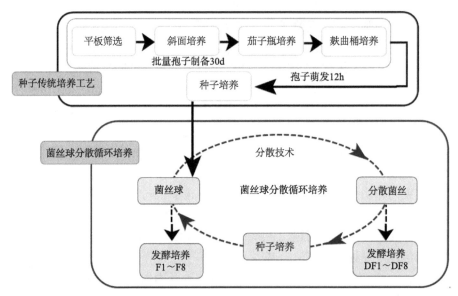

图 8.7　基于传统培养工艺与菌丝球分割循环工艺培养种子流程图

F1～F8 分别表示分割循环发酵 10 批次；DF1～DF8 分别表示分散菌丝发酵 8 批次

　　丝状真菌在液态培养过程中的形态一直是研究的热点，其在整个生命周期中呈现复杂的形态学特征，如高度游离的菌丝、疏松的菌丝团以及菌丝缠绕紧密的菌丝球，这会显著影响发酵产率。由于丝状真菌菌丝体形态学的重要性，定量描述真菌形态的技术与手段取得进展，提供了精细的形态学参数，为深入理解形态学特征与产物合成速率提供了依据。对于一种给定的丝状真菌，它的形态主要受到液态过程参数的影响，特别是机械搅拌引起的剪切力；剧烈搅拌会改变菌体主体形态学特征并诱导产生菌丝碎片。Belmar-Beiny 等在液态培养 *Streptomyces clavuligerus* 生产克拉维酸过程中，发现了一个有趣的现象，高速搅拌引起的菌丝碎片会重新生长用于合成克拉维酸。Papagianni 等（2004）在液态培养黑曲霉生产柠檬酸时也发现了类似的现象，由于机械剪切力作用，菌丝球表面部分菌丝被打散形成菌丝碎片，它从菌丝球表面滑落至发酵液中，并重新发育成菌丝球。Xin 等（2012）开发了一种采用菌丝碎片（用研钵将菌丝球磨碎成菌丝碎片）培养菌丝球的方法，培养的菌丝球成功用于污水处理。上述丝状真菌整个生命周期形态学特性的研究进展，为精确控制与有效利用黑曲霉菌丝结构提供了启示。

丝状真菌形态在液态培养中更容易受到通气、机械搅拌等产生的剪切力影响；由于机械剪切力作用，菌丝球表面部分菌丝被打散形成菌丝碎片，它从菌丝球表面滑落至发酵液中，并重新发育成菌丝球（Foerster et al., 2007）。基于黑曲霉在液态培养暴露于机械环境时的形态学特性，引入分散技术处理菌丝球，控制逐渐增长的菌丝球大小；将菌丝球分散处理后（分散菌丝）用于接种培养，并构建了一种新颖的种子循环培养工艺。针对种子（孢子）传统制备过程烦琐且周期长，以及种子连续培养过程中特殊的菌丝球形态的限制，提出了基于菌丝球分割技术的简化种子连续培养工艺，如图 8.7 所示，即模拟工业化培养过程中，孢子制备方式经平板筛选、斜面培养、茄子瓶培养、麸曲桶培养等逐步扩大培养模式（孢子制备周期超过 30 d），然后制备成熟的黑曲霉孢子悬液，接种种子培养基，培养一定时间（孢子萌发 12 h），获得成熟种子（种子传统培养模式）；将成熟的菌丝球经分散器处理，获得分散菌丝，分散菌丝接种种子培养基，培养一段时间，获得成熟的菌丝球，菌丝球再经分割器处理获得分散菌丝，重复上述操作，获得菌丝球分散循环培养工艺。基于这种菌丝球分割策略，种子培养连续循环 8 批次，分散菌丝会重新发育成菌丝球，如图 8.8（d）所示；种子液中的柠檬酸产量与生物量明显提高。柠檬酸产量由初始批次 4.6 g/L 提高至第 8 批次的 11.0 g/L，提高 139%，如图 8.8（a）所示；循环培养批次种子（第 2～8 批）的生物量平均为 32.1 g/L，与初始对照（27.0 g/L）相比，提高 19%，如图 8.8（b）所示。特别指出的是，与菌丝球循环培养相比，采用分散菌丝循环培养方式制备的 8 批次种子菌丝球大小稳定，菌丝球直径明显改善，如图 8.8（c）和（d）所示。以上结果表明，应用开发新颖的方法——菌丝球分割策略，能够成功控制菌丝球大小，并能保持种子活力。基于菌丝球分割策略，进一步构建了新颖的种子循环培养工艺，未发现种子生长明显抑制现象。在此基础上，将菌丝球分割处理后，以分散菌丝接种发酵培养，柠檬酸产量在循环 8 批次发酵中比较稳定，平均产量达到 130.5 g/L，比较分批发酵的对照组，提高了 3.1 g/L，提高 2.4%；发酵液中残总糖降低，由初始批次的 8.1 g/L 到第 8 批次降至 7.2 g/L，下降 11.1%。这一研究结果表明，菌丝球分割培养技术，明显简化了传统种子培养模式，同时提高了柠檬酸产量，便于工业化应用，同时此方法为丝状微生物为主体的发酵过程提供了借鉴。

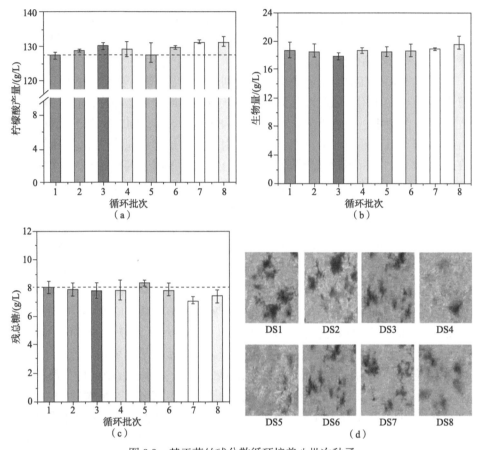

图 8.8　基于菌丝球分散循环培养八批次种子

以分散菌丝形态接种发酵的柠檬酸产量（a）、生物量（b）、残总糖（c）与分散菌丝镜检图像（d）
随培养批次变化（DS1~DS8 分别代表 8 批次种子分散菌丝）

8.3.4　柠檬酸连续发酵关键技术 2——发酵液分割循环技术

分批发酵方式一直是柠檬酸发酵的主流方式，如图 8.9 所示。为了进一步提高产酸效率，缩短发酵周期，增加设备利用率，国内外柠檬酸研究人员开始对现行成熟的发酵工艺进行改进（Morgunov et al., 2019）。连续发酵工艺无疑是解决此问题的良好途径。然而，柠檬酸连续发酵生产过程比较困难，这是因为柠檬酸合成是部分生长偶联型，且黑曲霉特殊的菌丝结构不利于连续过程的形成。国内外关于柠檬酸连续发酵或半连续发酵文献集中在酵母菌。Arzumanov 等开发了一种 *Yarrowia lipolytica* VKM Y-2373 发酵柠檬酸工艺，分离出发酵液中的酵母细胞，添加新鲜培养基，发酵一定时间仍然能够保持稳定；同样地，Rywińska 等采用 *Yarrowia lipolytica* Wratislavia AWG7 发酵生产柠檬酸，并发了新颖的发酵方式，发酵培养至一定阶段,排出一定量发酵液并添加新鲜培养基继续发酵,重复上述操作方式,当40%新鲜培养基被替代时,酵母细胞能够较长时间维持细胞活力。但是发酵过程产生的大量异柠檬酸(5%～10%)给柠檬酸分离纯化造成困难,限制了其规模化应用。近年来,基因工程在菌种改造中的应用一定程度上减少了副产物的积累,但鉴于重组工程菌的稳定性,特别指出的是,当其应用于食品添加剂与医药等领域时,柠檬酸的安全性有待于进一步考察。

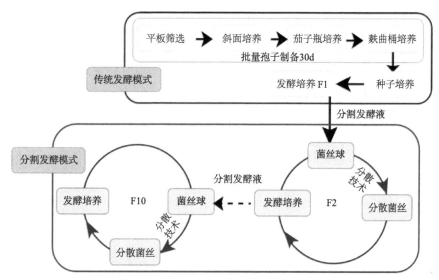

图 8.9　基于传统培养工艺与菌丝球形态控制分割发酵模式流程图

F1～F10 分别表示分割循环发酵十批次

黑曲霉具有酶系丰富、发酵效率高、副产物少等优势,仍然是实现柠檬酸发酵的最优选择。这一类丝状真菌在液体培养时整个生命周期中特殊的形态学特征一直是研究的热点,菌丝体形态容易受到过程参数如能量输入(通气与搅拌)影响,而呈现多样性,从菌丝缠绕紧密的菌丝球到高度游离的分散菌丝。为此,针对柠檬酸合成方式为部分生长偶联型,提出了分割发酵模式,将柠檬酸合成与微生物成长部分分离;针对连续分割发酵过程中菌丝球形态限制柠檬酸积累的问题,采用菌丝球分割技术控制菌丝球形态;进一步耦合分割发酵模式与菌丝球形态控制策略,建立并优化了分割循环发酵工艺,如图 8.9 所示。即首先模拟工业化生产中,经平板筛选、斜面培养、茄子瓶培养、麸曲桶培养等孢子逐步扩大培养方式,制备成熟孢子;依据传统发酵方式,成熟孢子接种制备成熟种子,成熟种子转接发酵培养 F1;发酵培养至一定阶段,分割出一部分发酵液,将菌丝球进行分割处理,获得分散菌丝,分散菌丝接种下一级发酵培养 F2,而 F1 剩余发酵液继续培养至发酵结束;重复上述操作,连续循环分割发酵 10 批次。

　　菌丝球分散策略虽然有效提高了分割发酵过程中柠檬酸产量与生物量，连续分割发酵 6 批次，柠檬酸产量达到 94.4 g/L，仍然比对照低 13.6%。对于连续发酵过程，维持一定浓度生物量非常重要，较低的生物量会降低柠檬酸产量。分割连续发酵过程中较低的生物量影响柠檬酸的合成，分割发酵条件需要进一步优化。分割发酵条件考察在 250 mL（装液量 40 mL）摇瓶中进行，连续分割发酵两批次；首先，成熟种子液接种 FM1 发酵培养，培养至一定阶段，分割发酵液，并收集于 250 mL 蓝盖瓶（装液量 100 mL），用分散器进行分散处理，分割条件为 S18N-10G 分散刀头，分散条件 2.0×10^4 r/min，分割处理 5 min；发酵培养条件，35℃，300 r/min，72 h。为强化分割发酵过程中柠檬酸合成，分别对分割发酵液比例、分割发酵培养基中豆粕粉添加量以及分割时机进行考察。首先考察分割比例对分割发酵的影响，在豆粕粉添加量为 15 g/L、分割时机为 24 h 时，以不同分割比例（1/10、2/10、3/10、4/10、5/10，V/V）在摇瓶中进行发酵培养。结果如图 8.10（a）和（b）所示，分割比例在一定范围内会显著影响柠檬酸产量，分割比例为 1/10（V/V）时，柠檬酸产量与生物量比对照分别低 11.1% 与 5.3%；当分割比例在 2/10～5/10（V/V）

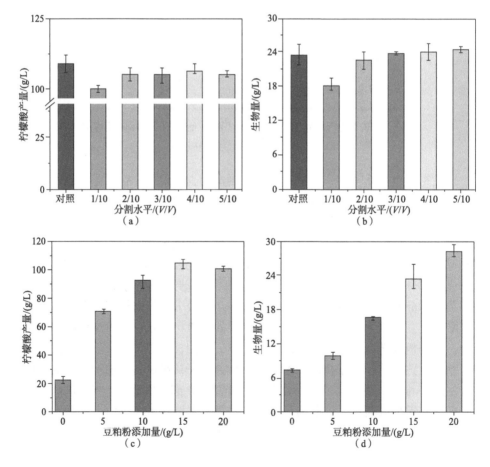

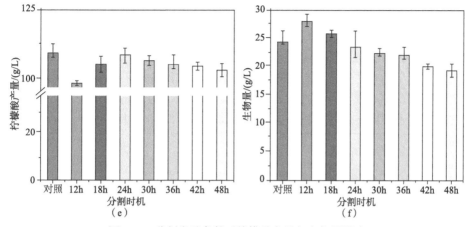

图 8.10　分割发酵条件对柠檬酸产量与生物量影响

（a）和（b）分割水平（豆粕粉添加量 15g/L，分割时机 24 h）；（c）和（d）豆粕粉添加量（分割水平 2/10，
V/V；分割时机 24 h）；（e）和（f）分割时机（分割水平 2/10，V/V；豆粕粉添加量 15g/L）

变化时，柠檬酸产量稳定，接近对照组甚至略有增加，生物量也相应提高与对照组基本持平；分割更多发酵液会降低初始发酵培养基 pH，有利于柠檬酸合成。

柠檬酸是能量代谢产物，柠檬酸过量积累仅发生在氮源限量供应条件下，而菌体生长与繁殖在此条件下会受到抑制；对于连续发酵过程，维持一定浓度的菌体量对于实现柠檬酸快速积累非常重要。为了考察限制性氮源添加量对柠檬酸的影响，分别考察了不同氮源添加量对柠檬酸发酵的影响，结果如图 8.10（c）和（d）所示。氮源添加量在 5~15 g/L 范围内变化时，柠檬酸产量呈现逐渐上升的趋势，且氮源浓度在 15 g/L，柠檬酸产量超过对照；当继续增加氮源浓度至 20 g/L，柠檬酸产量明显下降，而菌体生物量呈现上升的趋势，氮源添加量为 20 g/L，生物量明显超过对照组，柠檬酸产量明显下降，此条件下更多的葡萄糖用于生物量合成。因而柠檬酸发酵过程，控制限制性氮源添加量对于平衡生物量生长与柠檬酸积累非常重要。

依据菌丝体特殊的形态学特性与生理学特性，引入分散技术改变菌丝体形态，获得了更适宜发酵生产的菌体形态，耦合分割发酵策略，将菌体生长与柠檬酸合成过程部分分离或完全分离，能解除菌体生长与产物合成偶联，连续发酵 10 批次，菌种能保持较高的活力，提高了发酵效率。在优化的分割发酵条件下，基于菌丝球形态控制进行分割发酵，连续发酵 10 批次，分别发酵 60 h，发酵结果如图 8.11 所示。整个发酵过程中生物量变化稳定，满足连续发酵过程，发酵至第 10 批次，柠檬酸产量达到 115.1 g/L，甚至比初始发酵对照组要高，整个发酵过程中柠檬酸平均产量为 112.7 g/L，比对照组提高了 1.26% [图 8.11（a）]，而总糖消耗量明显低于对照组，降低 10.01%[图 8.11（b）]，这是由于分割发酵过程中，更多的营养用于柠檬酸合成，因而提高了单位糖消耗的柠檬酸合成量。发酵过程参数如表 8.1 所示，在整个连续发酵过程中，单位体积柠檬酸产量 Q_{CA} 与柠檬酸比生产速率 q_{CA} 相对稳定。柠檬酸对底物产率 Y_{CA} 明显增加，由初始对照组 0.83 g/g 增加至 0.96 g/g，提高了 15.7%，显著提高了柠檬酸生产效率。上述研究结果表明，分割循环发酵工艺的连续发酵过程中菌种能保持较高的代谢产酸活力，此技术策略，更可以较方便地应用于不同的丝状真菌或类似微生物为主体的发酵过程。

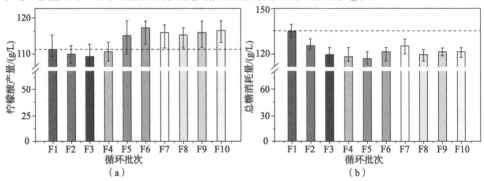

图 8.11　基于菌丝球形态控制的分割循环发酵过程中柠檬酸产量（a）与总糖消耗量（b）

表 8.1　分割循环发酵不同发酵批次过程参数

循环次数	Q_{CA}/[g/（L·h）]	q_{CA}/[×10 g/（g·h）]	Y_{CA}/（g/g）
F1	1.86 ± 0.31	0.76 ± 0.03	0.83 ± 0.07
F2	1.83 ± 0.24	0.83 ± 0.04	0.88 ± 0.12
F3	1.82 ± 0.42	0.83 ± 0.02	0.90 ± 0.09
F4	1.84 ± 0.34	0.75 ± 0.04	0.92 ± 0.07
F5	1.91 ± 0.29	0.94 ± 0.03	0.96 ± 0.18
F6	1.93 ± 0.16	0.90 ± 0.01	0.95 ± 0.07
F7	1.91 ± 0.32	0.78 ± 0.02	0.92 ± 0.13
F8	1.89 ± 0.26	0.82 ± 0.03	0.96 ± 0.20
F9	1.91 ± 0.09	0.80 ± 0.05	0.96 ± 0.13
F10	1.92 ± 0.11	0.79 ± 0.04	0.96 ± 0.08

8.3.5　柠檬酸连续发酵关键技术 3——糖化酶多级流加技术

工业生产中，柠檬酸发酵采用精制糖如葡萄糖、蔗糖能够获得较高产量，但生产成本较高；相比较而言，淀粉质原料替代精制糖发酵更经济也更具有竞争力，但淀粉质原料需经液化、糖化等工艺，才能获得可发酵性糖。同步糖化发酵是一种高效发酵方式，能解决高浓度糖抑制问题并减少生产成本，普遍应用于乙醇、有机酸生产中。柠檬酸传统同步发酵方式是基于生产菌种自身分泌的糖化酶用于原料糖化过程；因此，从淀粉质原料直接提供葡萄糖用于发酵，尤其是在柠檬酸积累造成的低 pH 发酵体系中，糖化酶活性起着至关重要的作用（Straathof, 2014）。

为降低发酵残糖浓度，改善发酵效率，提高发酵液糖化酶活性是一种有效方法。通过过量表达糖化酶基因，A. terreus 发酵淀粉液化液，衣康酸产量获得明显提高；同样地，Wang 等在黑曲霉中过量表达糖化酶基因，提升了柠檬酸产量。基因工程技术手段虽然在降低发酵残糖方面取得一定进展，但特别需要指出的是，当应用于食品添加剂与医药等领域，重组工程菌所产柠檬酸的安全性有待进一步考察。阶段控制策略如 pH 控制、转速与溶氧控制等方式，能够更好地适应菌种生物学特性与目标产物合成特点，能够有效提升发酵产率，已经广泛应用于氨基酸与有机酸发酵生产中。总之，上述阶段控制策略的发展，为有效解决柠檬酸发酵过程中糖化酶活性损失引起的系列问题提供了启发。

基于低廉成本与丰富营养成分等优势，玉米液化液广泛应用于柠檬酸发酵过程中。然而，玉米淀粉不能直接用作碳源，必须首先被水解成低分子葡萄糖才能被吸收利用。由于黑曲霉能够生产与分泌多种水解酶类，尤其如糖化酶与淀粉酶，其是发酵生产柠檬酸的重要菌种。传统意义上的同步糖化发酵工艺虽然已经应用于柠檬酸生产过程中，但发酵体系 pH 急剧下降造成糖化酶活性大量失活，发酵结束仍然存在大量残糖（残糖浓度高达 20 g/L）。

为降低发酵残总糖浓度，提高可发酵糖含量，提出了预糖化发酵工艺（pre-saccharification fermentation, PSF），即在发酵开始前预加糖化酶，60℃糖化2 h，然后进行正常发酵，发酵结果如图 8.12 所示。与传统发酵方式[图 8.12（c），16.5 g/L]相比，经预糖化处理的初始葡萄糖浓度显著提高至 102.5 g/L。正如预料的一致，发酵结束时，柠檬酸产量提高 1.2 g/L，发酵周期缩短 2 h；然而，高浓度葡萄糖会引起细胞内渗透压不平衡，抑制细胞生长；伴随着发酵液中葡萄糖浓度下降与菌种适应性，这种抑制效应逐渐削弱；发酵 24 h 后，随着可发酵性糖含量提升，柠檬酸合成速率逐渐超过对照组[图 8.12（f）]。发酵初始阶段，糖化酶活性迅速增加；伴随着发酵体系 pH 的急剧下降，糖化酶活性开始明显降低，结果如图 8.12（d）和（e）所示。在预糖化发酵方式下初始预加糖化酶，部分糖化酶会残留在发酵液中。高活性糖化酶会降低发酵液残总糖含量，在预糖化模式下，发酵结束时，发酵液残总糖含量下降 10.4%，同时提高了柠檬酸产量，缩短了发酵时间，提高了发酵效率。然而，在发酵中后期，糖化酶活性急剧下降，这会限制柠檬酸合成速率进一步提升。总体来讲，在预糖化模式下，尽管在发酵初始阶段，高浓度葡萄糖抑制了细胞生长与降低了产物合成速率，但纵观整个发酵过程，它一定程度上提高了柠檬酸合成速率。为进一步提升柠檬酸产量，需在发酵过程中适时补偿酶活性损失。

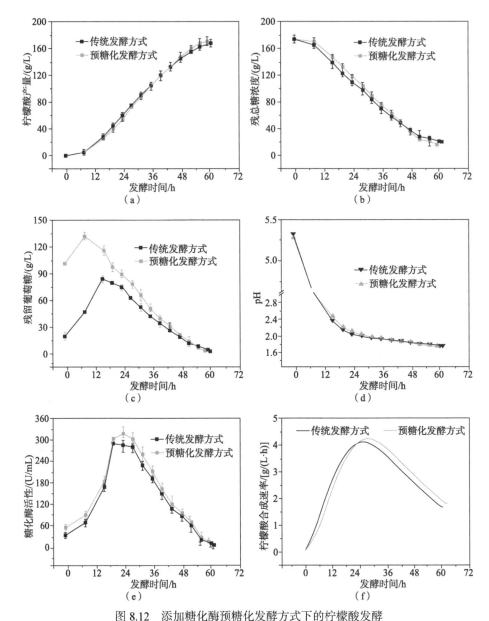

图 8.12　添加糖化酶预糖化发酵方式下的柠檬酸发酵

（a）柠檬酸产量；（b）残总糖；（c）残葡萄糖；（d）pH；（e）糖化酶活性；（f）柠檬酸合成速率

糖化酶多级流加技术（阶段加酶策略）可以解决以上问题。在基于淀粉质原料的柠檬酸发酵过程中，提高糖化酶活性非常重要，它有助于提高可发酵性糖浓度；多级流加技术有助于适时补偿 pH 急剧下降造成的糖化酶活性损失，同步促进产物积累发酵过程。柠檬酸合成速率明显增加[图 8.13（f）]，发酵周期明显缩短

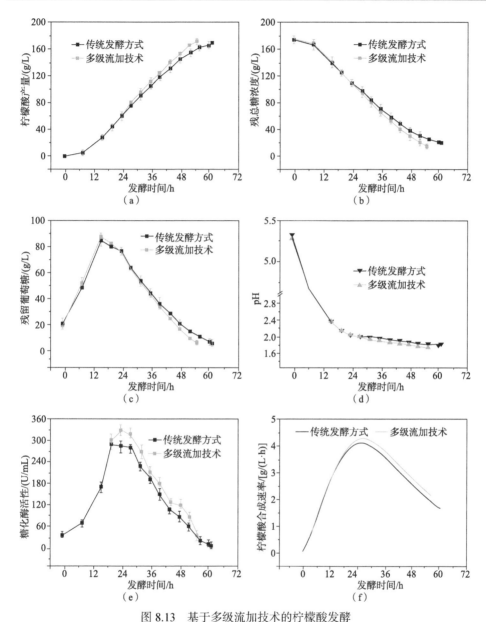

图 8.13 基于多级流加技术的柠檬酸发酵

（a）柠檬酸产量；（b）残总糖；（c）残葡萄糖；（d）pH；（e）糖化酶活性；（f）柠檬酸合成速率

6 h，柠檬酸产量也明显增加，比对照增加 3.8 g/L[图 8.13（a）]；这些研究结果与先前文献报道的一致，提高淀粉质原料发酵过程中糖化酶活性，明显提高了富马酸与衣康酸产量。进一步地，发酵液残总糖含量明显下降，由 19.2 g/L 降至 13.2 g/L，下降 31.3%，明显提高了淀粉质原料转化效率；发酵液残糖含量的下降，会明显简化后期发酵产物分离与纯化工艺。总体来看，糖化酶阶段加酶策略提高了柠檬酸得率，同时节约了产品纯化成本。

　　比较不同发酵策略，包括传统发酵方式、预糖化策略、多级流加策略，结果如表 8.2 所示。与传统发酵方式相比，预糖化策略与多级流加技术更具优势，柠檬酸产量分别提高了 1.2 g/L 与 3.8 g/L，发酵周期分别缩短 2 h 与 6 h，发酵液残总糖含量分别降低 10.4% 与 31.3%；由此表明，添加糖化酶可提高发酵性糖含量，有助于提高发酵效率。特别指出的是，多级流加技术显著提升了发酵效率，发酵强度由 2.78 g/（L·h）提高至 3.15 g/（L·h），提高 13.3%，显著降低生产成本。结果表明，糖化酶多级流加策略对实现高效合成柠檬酸是可行的。

表 8.2　不同发酵模式下的发酵参数

发酵模式	柠檬酸 / (g/L)	残总糖 / (g/L)	发酵周期/h	生产强度/[g/ (L·h)]
对照	169.4 ± 5.4	19.2 ± 1.6	61 ± 3.0	2.78 ± 0.11
预糖化	170.6 ± 6.2	17.2 ± 3.1	59 ± 2.6	2.89 ± 0.14
多级流加	173.2 ± 4.1	13.2 ± 2.8	55 ± 2.0	3.15 ± 0.09

8.4　维生素 C：从化学合成到三菌两步发酵再到一菌一步发酵

　　维生素 C 又称抗坏血酸，是六碳糖衍生物，分子式为 $C_6H_8O_6$。天然存在的维生素 C 是 L 型，广泛存在于各种蔬菜水果中，具有强抗氧化性。维生素 C 是人体必需维生素。人类和灵长类动物均不能合成维生素 C。维生素 C 的缺乏会使人体免疫力降低并诱发坏血病，也因此为大众熟知。维生素 C 极易被氧化，具有清除自由基、抗毒素甚至抗癌的作用，是天然安全的抗氧化剂，广泛应用于食品、药品、保健品和饲料添加剂等领域（Camarena and Wang, 2016）。

8.4.1　维生素 C 的化学合成（莱氏法）

　　早在 20 世纪 30 年代以前，与许多其他有价值的植物天然产物一样，维生素 C 是从植物中直接提取的，价格非常昂贵，并且远远不能满足市场需求。为了摆脱维生素 C 来源的局限，研究人员开始寻找可用于工业化规模生产的可行途径。1933 年，德国 Reischstein 等用化学合成法成功获得了维生素 C，后来通过改进发展形成经一步生物转化和多步化学合成来生产维生素 C 的工艺,俗称"莱氏法"。在这一过程中,包括五步化学催化和一步生物转化(图 8.14):首先,D-葡萄糖通过氢化作用生成 D-山梨醇,在氧化葡萄糖酸杆菌(*Gluconobacter oxyans*)中山梨醇脱氢酶(SLDH)的作用下,D-山梨醇转化为 L-山梨糖,再经过两步化学过程转化成维生素 C 的前体物质 2-酮基-L-古龙酸(2-KLG),最后经过进一步的酯化作用生成维生素 C。

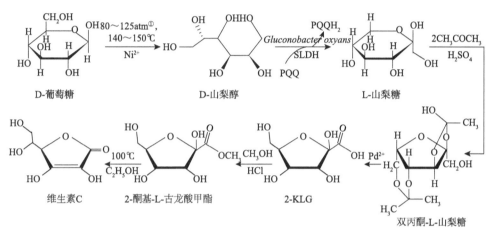

图 8.14　"莱氏法"生产工艺流程图

莱氏法成功替代了植物提取法,实现全球维生素 C 产能的大幅度提高,曾经是国外主要维生素 C 生产商如 Roche、BASF/Takeda、Merck 采用的主要生产工艺。虽然经过几十年的发展,莱氏法具有生产原料简单易得、工艺技术成熟、产品质量佳、收率高等优点,但该方法工艺程序烦琐、难以实现连续化且需要消耗大量有毒、易爆、易燃的化学物质,不仅本身具有危险性而且污染环境。自 20 世纪 60 年代起,研究人员开始致力于莱氏法的改进,但是无法从根本上解决化学合成法的上述缺陷。随着能源价格的上涨及各国对环境问题的关注,科学家开始探索以微生物合成法代替莱氏法。因为一直未发现能够合成维生素 C 的菌种,所以精力主要集中在利用细菌来发酵生产中间产物,特别是维生素 C 的直接前体 2-KLG。

8.4.2　维生素 C 的三菌两步发酵

20 世纪 70 年代初,我国科学家尹光琳发明了三菌两步发酵法用以生产维生素 C 前体 2-KLG,并很快在全国推广使用,该成果于 1983 年被国家科学技术委员会正式核准授予国家技术发明等二等奖。三菌两步发酵法主要包括两个相对独

① 1 atm = 1.01325×10⁵ Pa。

立的发酵过程，一般被称为经典两步发酵法（图 8.15）。该法很大程度上简化了莱氏法的生产程序，并使产品生产成本降低，转化率提高，因此得到了国内外维生素 C 生产厂家的大力推广。在这一过程中，D-葡萄糖首先经过高压加氢转化成 D-山梨醇，D-山梨醇由氧化葡萄糖酸杆菌转化为 L-山梨糖。L-山梨糖作为底物再由包括普通生酮基古龙酸菌（*Ketogulonigenium vulgare*）和巨大芽孢杆菌（*Bacillus megaterium*）构成的混菌发酵体系转化为维生素 C 前体 2-KLG，最终 2-KLG 通过化学酯化和内酯化反应转化为维生素 C。经典两步发酵法有效提高了 2-KLG 生产得率，使维生素 C 产能大幅度提升，成为维生素 C 生产主导方法。

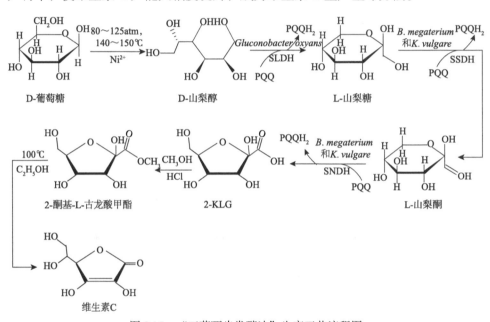

图 8.15　"三菌两步发酵法"生产工艺流程图

　　在三菌两步发酵法中，第一步发酵是利用氧化葡萄糖酸杆菌将 D-山梨醇转化为 L-山梨糖。在此过程中，山梨醇脱氢酶起主要作用。通过基因组分析，氧化葡萄糖酸杆菌中通常具有多个山梨醇脱氢酶。例如，氧化葡萄糖酸杆菌 WSH-003 共有三种山梨醇脱氢酶，分别为 SldBA1、SldBA2 和 SldSLC。其中，SldBA1 和 SldBA2 同源性很高，均包括大小两个亚基（SldA 和 SldB），以吡咯喹啉醌（pyrroloquinoline quinone，PQQ）为辅酶。SldSLC 以 FAD 为辅酶，包括三个亚基，分别为大亚基 SldL、小亚基 SldS 和细胞色素 C 亚基 SldC。据相关报道，SldBA1 和 SldBA2 可以催化 D-山梨醇生成 L-山梨糖，而 SldSLC 可以催化 D-山梨醇生成 D-果糖。第二步发酵是由普通生酮基古龙酸菌和巨大芽孢杆菌构成的混菌发酵体系将 L-山梨糖转化为 2-KLG。该混菌发酵过程中，主要起作用的酶为来源于普通生酮基古龙酸菌的山梨糖/山梨酮脱氢酶和山梨酮脱氢酶（SNDH）。不同普通生酮基古龙酸菌菌株可能含有不同种类的山梨糖/山梨酮脱氢酶或山梨酮脱氢酶。据报道，普通生酮基古龙酸菌 WSH-001 中共有 5 种山梨糖/山梨酮脱氢酶和 2 种山梨酮脱氢酶。5 种山梨糖/山梨酮脱氢酶的同源性很高，以 PQQ 为辅酶，可能直接催化 L-山梨糖生成 2-KLG。山梨酮脱氢酶同样以 PQQ 为辅酶，可能催化 L-山梨酮生成 2-KLG。

1. 混菌发酵过程中两菌相互作用

三菌两步发酵法已应用于维生素 C 工业生产近 50 年，其中包含的混菌发酵过程在发酵工业中具有很强的代表性。有研究表明，L-山梨糖转变为 2-KLG 的这一混菌发酵系统中，普通生酮基古龙酸菌为产酸菌，是一种典型的革兰氏阴性细菌，负责将 L-山梨糖转变为 2-KLG，其单独培养时生长微弱，几乎不产酸；巨大芽孢杆菌为伴生菌，是一典型的产芽孢革兰氏阳性细菌，不直接参与 D-山梨糖向 2-KLG 转化过程中的相关酶催化反应过程，但可为普通生酮基古龙酸菌提供多种辅因子、氨基酸等营养物质，能在混菌体系中显著促进普通生酮基古龙酸菌生长和 2-KLG 的积累。有研究通过基因组测序及代谢途径分析，发现普通生酮基古龙酸菌多条代谢途径缺陷，包括 TCA 循环、氨基酸合成途径、叶酸合成途径和硫酸盐代谢途径。但和物质转运相关的基因相对丰富，这与普通生酮基古龙酸菌生长弱、巨大芽孢杆菌促进普通生酮基古龙酸菌生长的事实相符（Zou et al.，2012）。

事实上，巨大芽孢杆菌生长过程中产生的某些蛋白质和氨基酸对普通生酮基古龙酸菌的生长具有明显的促进作用。如果将巨大芽孢杆菌从发酵体系中移除，普通生酮基古龙酸菌的生长速率会显著下降，并几乎完全失去合成 2-KLG 的能力。天津大学元英进团队利用气相色谱-飞行时间质谱联用仪（GC-TOF-MS）确定了巨大芽孢杆菌和普通生酮基古龙酸菌之间可产生交换的多种代谢物，包括赤藓糖、赤藓醇、鸟嘌呤和肌醇。在混菌发酵过程中，这些代谢物由巨大芽孢杆菌分泌到环境中并由普通生酮基古龙酸菌消耗，从而促进普通生酮基古龙酸菌生长。另外，本课题组前期研究发现，消除巨大芽孢杆菌内生质粒将会影响混菌发酵产酸，暗示巨大芽孢杆菌和普通生酮基古龙酸菌还存在其他相互作用机制。有研究表明，在 2-KLG 的发酵中，普通生酮基古龙酸菌的存在也对巨大芽孢杆菌的生长具有显著的促进作用。随着高通量测序技术的发展，巨大芽孢杆菌和普通生酮基古龙酸菌基因组数据日趋完善，建立基因组规模的代谢模型同样有利于深入理解混菌相互作用机制。

2. 三菌两步发酵法中混菌发酵过程优化

随着对三菌两步发酵法中混菌发酵过程的理解日益深入，很多研究致力于优化该混菌发酵过程以提高 2-KLG 生产效率。巨大芽孢杆菌可为普通生酮基古龙酸菌提供多种营养物质以促进普通生酮基古龙酸菌生长。有研究通过额外添加辅助因子或碳氮源，如叶酸、半胱氨酸、谷胱甘肽、玉米浆、动物明胶和蔗糖等营养物质以促进普通生酮基古龙酸菌生长，最终使混菌产酸能力得到提高。另外，在混菌发酵过程中，通过控制巨大芽孢杆菌芽孢生成或者添加裂解酶使巨大芽孢杆菌裂解也可促进普通生酮基古龙酸菌生长及产酸。张静等通过在混菌发酵过程中添加裂解酶消化巨大芽孢杆菌细胞壁，释放胞内物质，使普通生酮基古龙酸菌菌体浓度和 2-KLG 产量分别提高 27.4%和 28.2%。相对于大多数工业菌株，普通生酮基古龙酸菌生长极为缓慢。促进混菌发酵过程中普通生酮基古龙酸菌的生长是促进发酵产酸的有效途径。

除了直接优化混菌发酵过程以外，仍有其他策略可以促进混菌发酵产酸。①对普通生酮基古龙酸菌进行诱变以筛选优良菌种：Yang 等通过航天诱变育种获得突变株 *K.vulgare* 65。利用该突变株与巨大芽孢杆菌混合发酵 L-山梨糖产 2-KLG，糖酸转化率可达到 94.4%。②代谢工程改造普通生酮基古龙酸菌：通过在普通生酮基古龙酸菌中过量表达山梨糖/山梨酮脱氢酶，同时强化 PQQ 合成，在混菌发酵条件下最终使 2-KLG 产量提高 20%。另外，通过表达相关合成基因修复普通生酮基古龙酸菌苏氨酸和叶酸合成途径，可使 2-KLG 产量分别提高 25%和 35%。③寻找新的伴生菌或混菌进行发酵产 2-KLG：Mandlaa 等将巨大芽孢杆菌和蜡样芽孢杆菌共同作为伴生菌和普通生酮基古龙酸菌混合进行发酵产 2-KLG。相对于巨大芽孢杆菌单菌伴生，双菌伴生使 2-KLG 产量至少提高 7%且发酵时间明显缩短。该团队还通过适应性进化获得 L-山梨糖耐受的伴生菌株，进一步提高了 2-KLG 产量且缩短了发酵时间。同时这也暗示了可能存在其他更合适的伴生菌或混菌可以提高 2-KLG 产量。另外，对维生素 C 经典两步发酵法的调控和优化研究，不仅可以直接提高维生素 C 生产能力，对于类似的混菌发酵同样具有指导意义。

我国科研工作者对该工艺的发酵优化研究从未间断，已在培养基优化、两菌关系、细胞融合、生态调节、单菌发酵等方面做了大量工作，进一步提高了工艺稳定性、产量和产率。

3. 新两步发酵合成 2-KLG 的途径

除以 D-山梨醇起始的 2-KLG 合成途径以外，在微生物中还存在以 D-葡萄糖起始的 2-KLG 合成途径。该途径以 D-葡萄糖为底物，经过 D-葡萄糖酸、2-酮基-D-葡萄糖酸（2-KDG）、2,5-二酮基-D-葡萄糖酸合成 2-KLG。利用该途径合成维生素 C 前体 2-KLG 的方法被称为新两步发酵法（图 8.16）。该方法同样包括两步发酵过程，其中第一步是利用欧文氏菌[典型代表是草生欧文氏菌（*Erwinia herbicola*）]将 D-葡萄糖转化为 2,5-二酮基-D-葡萄糖酸，第二步是通过谷氨酸棒杆菌将 2,5-二酮基-D-葡萄糖酸转化为 2-KLG。新两步法不涉及混菌发酵过程，且以更廉价的 D-葡萄糖为碳源。然而，该发酵过程转化率较低，且中间物 2,5-二酮基-D-葡萄糖酸具有热不稳定性，这些因素极大地限制了新两步法的工业化应用。尽管如此，该途径仍然为维生素 C 发酵研究提供了一种简洁新颖的合成策略（Gao et al., 2014）。

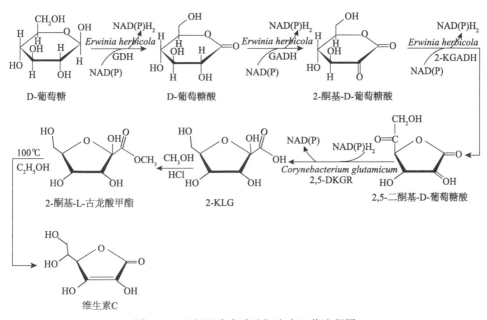

图 8.16　"新两步发酵法"生产工艺流程图

8.4.3　维生素 C 的一菌一步发酵

随着对三菌两步发酵法的研究日益深入，继续提高其发酵性能已经非常困难；另外，两步发酵过程所带来的时间、物料和能量的消耗问题也越来越突出。为了彻底避免两步发酵过程，研究人员越来越倾向于通过基因工程和代谢工程手段构建重组菌株实现一步发酵产维生素 C。一步发酵法是以两步发酵法的菌种为基础，利用基因工程等技术构建产酸率高的一步发酵工程菌，实现从葡萄糖或山梨醇到 2-KLG 的一步发酵，从而有利于控制维生素 C 生产过程的稳定性，有效降低生产成本。对于维生素 C 工业而言，这将是具有重大意义的技术进步，可为维生素 C 产业增加巨大效益。与经典的两步发酵法相比，一步发酵法生产 2-KLG 具有以下优点：①避免两次灭菌从而减少能耗；②避免两次发酵过程从而减少物料的损失；

③缩短发酵周期；④降低发酵调控难度；⑤有利于基因工程育种。一步发酵的实现将会很大程度上降低维生素 C 的生产成本，并对全球维生素市场有重大的影响。对一步发酵法的尝试大致可以分为 3 部分：①以三菌两步法为基础的一步发酵路线；②以新两步法为基础的一步发酵路线；③其他可能的一步发酵路线。

1. 以三菌两步法为基础的一步发酵路线

虽然经过多年在工业生产中的实践，利用混菌体系发酵生产维生素 C 的技术已经较为成熟，但是混菌体系导致的一系列问题仍然给维生素 C 工业的发展带来诸多限制。①菌种选育困难。菌种选育通常是以单菌的某些表型作为参照来进行筛选的，而针对混菌发酵体系的操作到目前为止尚未找到合适的方法。②代谢工程操作难以实施。由于 *K. vulgare* 单菌生长非常困难，导致目前尚无合适的方法得到目标转化子。③生产工艺复杂性增加。在实际生产过程中，无法对混菌体系中两菌比例进行快速检测，而这一比例又对 2-KLG 生产有显著影响。④噬菌体污染问题。*B. megaterium* 广泛存在于土壤中，对多种噬菌体均较为敏感。由噬菌体问题导致的倒罐是维生素 C 生产过程中一个难以忽视的问题。⑤能耗物耗较高、成本高。

在两步发酵法中，依次在 L-山梨醇脱氢酶、L-山梨糖脱氢酶（SDH）及 L-山梨酮脱氢酶的作用下，可以有效地将 D-山梨醇转化为维生素 C 的前体物质 2-KLG（图 8.17）。因此，将 3 个关键酶同时表达于一株微生物中，可能会实现单菌一步发酵生产 2-KLG，这样就会解决由两步发酵法中混菌发酵过程带来的诸多缺陷。进行一步发酵菌株的构建首先是对关键酶的鉴定，在早期研究工作中采用常规的生化方法，一系列与维生素 C 生产途径相关的酶得到纯化，其基因也被克隆。Sugisawa 等从葡糖杆菌（*Gluconobacter melanogenus*）UV10 中得到了 SDH；Hoshino、Shinioh 又分别从 *G. melanogenus* UV10 和液化醋杆菌（*Acetobacter*

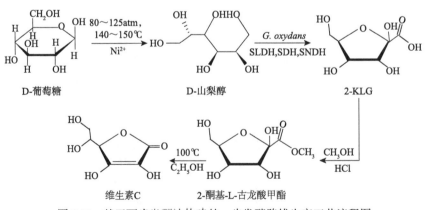

图 8.17　基于两步发酵法构建的一步发酵路线生产工艺流程图

liquefaciens)IFO12258 中提纯得到了 SNDH。国内也有关于纯化 2-KLG 还原酶（KGR）的报道，研究了小菌转化山梨糖产生 2-KLG 的机制，确定两步发酵工艺中山梨糖的代谢不同于国外业已阐明的山梨酮途径，用构建小菌基因文库的方法分离得到了小菌山梨糖脱氢酶基因，对该基因进行了高表达，体外转化实验结果证明，表达产物山梨糖脱氢酶能够催化 L-山梨糖到 2-KLG 的转化，是维生素 C 两步发酵糖酸转化的关键酶。

近些年来，新一代高通量测序技术的发展和普及为获得三菌两步发酵法中生产菌株的全基因组序列提供了机遇。国内几大维生素 C 生产厂商纷纷与科研院所合作，对其生产菌株进行全基因组测序与分析，为进一步了解产酸菌的遗传背景、研究混合培养过程中两菌的相互作用机制、重要代谢途径中的功能基因及构建高性能产酸工程菌提供了重要依据。目前已公开报道 3 株 *K. vulgare* 和 1 株伴生菌 *B. megaterium* WSH-002 的全基因组信息。3 株产酸菌 *K. vulgare* WB0104、*K. vulgare* Y25 和 *K. vulgare* WSH-001 的基因组组成结构、大小及 G+C 百分比都非常接近，但是预测的开放阅读框（ORF）有一定的差异。WB0104、Y25 及 WSH-001 自应用于生产以后均采用不同的方法进行过几十次的突变可能会导致其有显著差异。基因组信息表明，3 株菌均编码多个与转化山梨糖生成 2-KLG 相关的脱氢酶基因，*K. vulgare* 较强的山梨糖转化能力可能与此有关。

维生素 C 生产的"两步发酵法"中，L-山梨糖由 SDH 催化转化为 L-山梨酮，再由 SNDH 催化生成 2-KLG。据报道，*G. oxydans* T-100 以 5%的山梨醇单独发酵可以产生 2-KLG，但产量和转化率很低，分别为 7.0 mg/mL 和 13.1%。Saito 等从 *G. oxydans* T-100 中分离纯化得到 SDH 和 SNDH，以已知的 SDH 序列作为引物，T-100 的基因组 DNA 为模板，经 PCR 扩增得到一个 180 bp 的产物，以其为探针构建 T-100 的基因组文库。同时以探针克隆 DNA 序列并将此序列在大肠杆菌中表达，发现大肠杆菌同时具有 SDH 和 SDNH 的活性。以 T-100 中的质粒和质粒 pHSG298 构建一个穿梭型载体并与克隆的 DNA 连接形成表达型质粒载体 pSDH155，将其导入 *G. oxydans* T-100 的突变株 G624，以 5%的山梨醇为底物发酵的产酸量和转化率分别提高到 16 mg/mL 和 30%。进一步用化学诱变手段阻断 L-艾杜糖途径，用大肠杆菌的 tufB 启动子替换原有的启动子，得到的重组菌株转化 10%山梨醇为 2-KLG 的产量和转化率分别达到 88 mg/mL 和 82.6%。但是从 20 世纪 90 年代至今就没有基于三菌两步发酵法的一步发酵路线的研究报道了，而且在本实验室研究中表明，SDH 和 SNDH 基因在 *G. oxydans* 中表达并优化后得到 2-KLG 的产量不超过 5 g/L。另外，根据现有的文献报道及基因组信息没有生化分析表明在 *G. oxydans* 中有 L-艾杜糖醛酸的生成。

高丽丽等通过在氧化葡萄糖酸杆菌 WSH-003 中过量表达来自普通生酮基古龙酸菌的山梨糖/山梨酮脱氢酶和山梨酮脱氢酶实现单菌发酵 D-山梨醇生产

2-KLG，而产量仅为 5.0 g/L。通过融合表达山梨糖脱氢酶和山梨酮脱氢酶并且强化 PQQ 合成，最终发酵 168 h 可使 2-KLG 产量达到 39.8 g/L。尽管如此，重组菌 D-山梨醇的转化效率很低，仅为 26.7%，远远低于三菌两步发酵法中 D-山梨醇转化率（达 90%）。据报道，来源于普通生酮基古龙酸菌的山梨糖/山梨酮脱氢酶可能催化 D-山梨醇生成 D-葡萄糖或 L-古洛糖。在氧化葡萄糖酸杆菌中直接表达山梨糖/山梨酮脱氢酶可能使重组菌利用 D-山梨醇生成 D-葡萄糖或 L-古洛糖。D-葡萄糖可以进入糖酵解途径被进一步利用,而 L-古洛糖极有可能积累形成副产物,造成重组菌 L-山梨糖合成能力下降，进而影响 2-KLG 的合成。因此，在氧化葡萄糖酸杆菌中异源表达普通生酮基古龙酸菌山梨糖/山梨酮脱氢酶或其他类似脱氢酶时，需要考虑脱氢酶的底物特异性，尤其是对 D-山梨醇是否具有催化能力，以免影响氧化葡萄糖酸杆菌自身高效的 L-山梨糖合成过程。

2. 以新两步法为基础的一步发酵路线

相对于三菌两步发酵法,新两步发酵法没有实现工业化应用且研究基础较弱。但新两步法直接以 D-葡萄糖为底物，省略了将 D-葡萄糖加氢转化为 D-山梨醇的步骤，其 2-KLG 合成途径简单，因此仍然具有研究价值和开发潜力。以新两步发酵法为基础的一步发酵路线可以消除从 D-葡萄糖加氢转化为 L-山梨糖的成本，所以相比以三菌两步发酵法为基础的构建而言更经济。各国的科学家积极探索了从葡萄糖直接发酵产生 2-KLG 的途径。Anderson 等在欧文氏菌（*Erwinia herbicola*）ATCC 21998 中表达来源于棒状杆菌 ATCC 31090 的 2,5-DKG 还原酶基因，用表达质粒 ptrp1～35 构建的重组菌株在饱和的葡萄糖溶液中发酵得到 1 mg/mL 的 2-KLG。林红雨等把欧文氏菌和棒状杆菌（*Corynebacterium*）进行原生质体融合，得到重组细胞的 2-KLG 产量为 2.07 mg/mL，转化率低，终产物浓度也很低，实现工业化存在很大难度。因此，以经典两步发酵法为基础的一步发酵路线的构建更具有竞争性（图 8.18）（Anderson et al., 1985）。

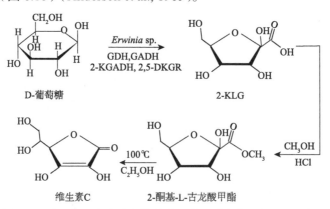

图 8.18　基于新两步发酵法构建的一步发酵路线生产工艺流程图

新两步发酵法中，欧文氏菌可将 D-葡萄糖高效转化为 2,5-二酮基-D-葡萄糖酸，而外源 2,5-二酮基-D-葡萄糖酸还原酶活性低，无法高效转化 2,5-二酮基-D-葡萄糖酸生成 2-KLG。因此，挖掘高活性 2,5-二酮基-D-葡萄糖酸还原酶成为构建一步发酵菌株的关键。自 2005 年起，大多数关于新两步发酵法的研究均集中在鉴定和表达 2,5-二酮基-D-葡萄糖酸还原酶。有公司声称基于新两步法构建重组菌，可产 2-KLG 浓度达到 100 g/L，但并没有文献或专利报道。虽然在目前文献报道中，基于新两步法构建的一步发酵重组菌株产 2-KLG 效率较低，但新两步法的潜力同样毋庸置疑。在基于新两步法的一步发酵路线中，开发高活性 2,5-二酮基-D-葡萄糖酸还原酶或其他相关酶是构建重组菌实现一步发酵产 2-KLG 的关键。

3. 其他可能的一步发酵路线

酵母曾长时间被认为具有维生素 C 合成能力，然而不久即发现，酵母疑似维生素 C 的产物实际上是异维生素 C。异维生素 C 是维生素 C 的类似物，虽然和维生素 C 一样具有抗氧化性，但并不具有同样的生理功能。鉴于酵母异维生素 C 合成途径和植物中维生素 C 合成途径的相似性，有研究人员通过代谢工程改造策略，在乳酸克鲁维酵母中导入来源于植物的维生素 C 合成基因，成功实现了维生素 C 的直接合成。

大部分的动物和植物都可以通过一系列的酶促反应转化 D-葡萄糖合成维生素 C，如图 8.19 和图 8.20 所示。在真核生物中，维生素 C 可以通过两个不同的生化途径合成。在鼠类及其他的哺乳动物中，葡萄糖通过一个复杂途径转化成 L-古洛糖酸-1,4-内酯。这一途径是由终端酶 L-古洛糖酸-1,4-内酯氧化酶在动物界中的普遍存在推断而来的。而在人类及其他一些动物中，编码 L-古洛糖酸-1,4-内酯氧化酶的基因发生了突变，造成其合成维生素 C 能力的丧失。大多数的植物细胞中都有大量维生素 C 的合成，它在过氧化物、臭氧及自由基的解毒方面起着至关重要的作用。另外，维生素 C 在通过水溶性抗氧化剂（α-生育酚）、玉米黄质和 pH 介导的 PSⅡ活性的再生调节光合作用的过程中是必不可少的。植物细胞可以积累大量的维生素 C，特别是在绿色组织和储藏器官中。因为在植物细胞中存在由 D-半乳糖生成维生素 C 的完整合成途径，目前研究人员已经开始尝试利用植物细胞或微藻培养物通过发酵生产维生素 C。据报道，Running 等分离得到的小球藻突变体产维生素 C 的产量从 0.64 mg/g 干细胞提高到 45 mg/g 干细胞，但是这与工业上采用的经典两步发酵法的高产量尚无竞争性。进一步提高利用植物细胞或藻类一步生产维生素 C 的产量需要进行系统的代谢工程改造，然而植物中维生素 C 合成途径的研究进展非常缓慢使得代谢工程改造很难操作。

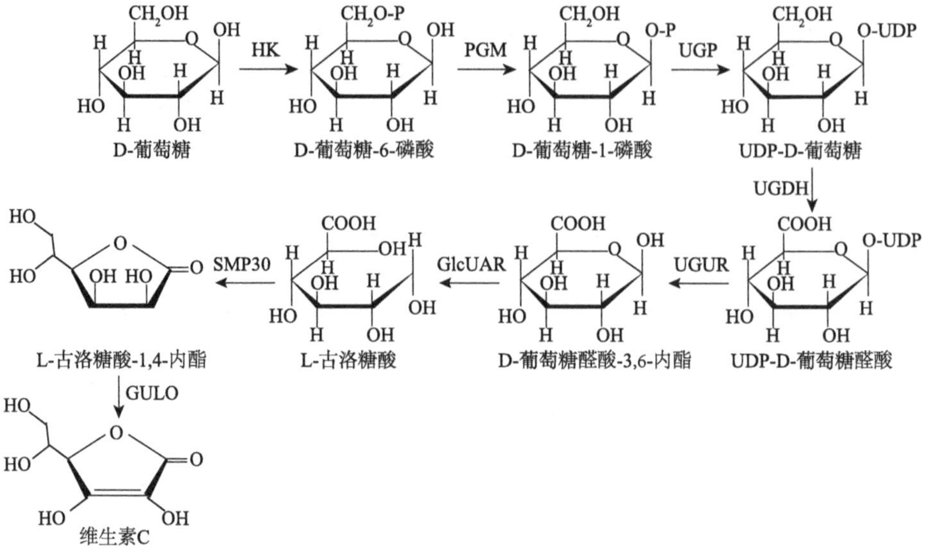

图 8.19　动物中维生素 C 合成途径

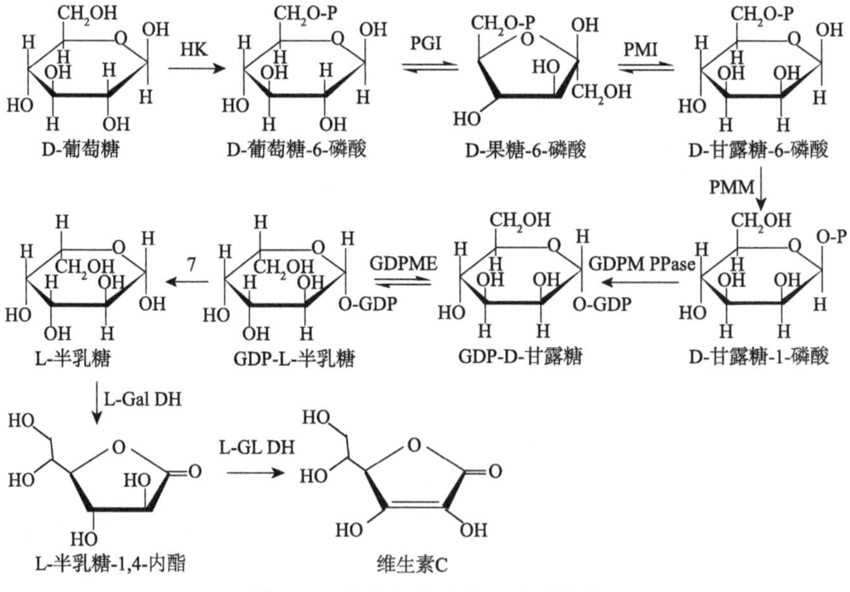

图 8.20　植物中维生素 C 合成途径

植物中初始的维生素 C 合成模型是根据动物中的合成机理建立的。然而，植物细胞中是不含 L-古洛糖酸-1,4-内酯氧化酶的，多年来一直未得到植物中维生素 C 合成途径的直接证据，直到后来利用拟南芥中影响维生素 C 生物合成突变体的鉴定，提出了经过 GDP-甘露糖和 L-半乳糖的维生素 C 从头合成途径。在随后的几年间，研究者提出了植物细胞中还可能存在一些其他的维生素 C 合成途径，但目前对这些新合成途径的认识比较有限。植物中维生素 C 合成途径的发现使得实现由葡萄糖、淀粉或者纤维素直接发酵生产维生素 C 成为可能。但是由于来源于植物或者动物的有关维生素 C 合成的酶只有较低的催化效率，所以如何提高包含高等生物中维生素 C 合成途径的重建生物的生产率是其瓶颈问题。此外，虽然由 D-葡萄糖直接生产维生素 C 似乎是非常理想的生产路线，但是众所周知维生素 C 非常不稳定，很容易就会被氧化变性，在发酵过程中积累的维生素 C 会被不断降解。一些维生素 C 的衍生物，如 2-*O*-α-D-葡萄糖基-L-抗坏血酸（AA-2G）是相对稳定的，并对人类起到和维生素 C 几乎相同的生理功能，所以 AA-2G 目前在高价位的化妆品和一些饮料中得到广泛应用。综上所述，在维生素 C 的发酵过程中同时进行糖基化是维生素 C 生产更好更直接的方法。

8.4.4　一步发酵法生产维生素 C 面临的问题

1. 2-KLG 合成过程中相关醇糖脱氢酶的鉴定

醇糖脱氢酶在经典两步发酵法及新两步发酵法中均发挥着重要作用。经典两步发酵法主要包括 3 种重要的脱氢酶系，分别为 SLDH、SDH、SNDH。在 *K. vulgare* 中，已经证实有一种脱氢酶可以将 L-山梨糖转化为 L-山梨酮，再进一步将 L-山梨酮转化为 2-KLG，同时也存在另一种脱氢酶仅能催化 L-山梨酮到 2-KLG 的转化。这两种酶应该均为 PQQ 依赖性的脱氢酶，但是均未最终证实。所以，这些醇糖脱氢酶的鉴定对于构建高效生产 2-KLG 的一步发酵工程菌是至关重要的。另外，上述脱氢酶仅在醋酸杆菌属如 *G. oxydans* 和 *K. vulgare* 中经鉴定后获得。如今随着生物技术的发展，越来越多的菌株得到了基因组序列，很多和 SLDH、SDH、SNDH 具有较高同源性的脱氢酶可以在 NCBI、KEGG 或者 BRENDA 等数据库中检索到，但是大部分的脱氢酶均未经过鉴定。在这些酶中应该会存在具有高催化效率的脱氢酶更适用于一步发酵菌株的构建（Asakura and Hoshino, 1999）。

对于新两步发酵法来说，研究不是很顺利，在前期的有关新两步发酵法的研究中，Anderson 等纯化鉴定了一个 2,5-DKG 还原酶并且得到了 N 端 40 个氨基酸残基。随后通过基于人工探针的原位杂交的方法，获得了完整的 2,5-DKG 还原酶 I（2,5-DKGRI）的基因，然后在 *E. herbicola* ATCC 21998 中采用 trp 启动子和人工合成的核糖体结合位点得到了成功的表达。1987 年，Hardy 等鉴定得到了另外一个 2,5-DKG 还原酶 II（2,5-DKGRII），将此酶在 *E. herbicola* SHS2003 中过量表达后经过 1L 发酵罐发酵得到 2-KLG 的产量提高到了 20 g/L。1986 年，Lazarus 等第一次得出 *Erwina* 中由 D-葡萄糖转化为 2,5-DKG 的代谢途径。D-葡萄糖是通过定位在周质空间的三个膜结合脱氢酶转化为 2,5-DKG 的。第一个酶是葡萄糖脱氢酶

（GDH），将葡萄糖转化为葡萄糖酸；第二个是葡萄糖酸脱氢酶（GADH），将葡萄糖酸转化为 2-酮基-D-葡萄糖酸；第三个是 2-KDG 脱氢酶（2-KDGDH），将 2-KDG 脱氢酶催化生成最终的产物 2,5-DKG。然而早期的研究表明，将来源于 *Erwina* 中的三个酶 GDH、GADH 和 2-KDGDH 组合表达并不是最佳选择，相比而言，来源于 *Bacillus* 属的 GDH 具有更高比酶活。

因此，基于经典两步发酵法和新两步发酵法进行一步发酵路线构建的过程中，对目前已知菌株中的醇糖脱氢酶进行酶学性质分析及对一些新的醇糖脱氢酶进行鉴定，从而得到更高催化效率的脱氢酶系对提高一步发酵法生产 2-KLG 的产量是至关重要的。

2. 醇糖跨膜转运系统研究

在传统的两步发酵法中，D-山梨醇经过一系列脱氢酶的氧化还原反应生成 2-KLG。研究表明，这些反应发生在周质空间，这就意味着 D-山梨醇需要跨过细胞外膜与 SLDH 启动一系列氧化还原反应，而最终积累的 2-KLG 同样需要跨过外膜分泌到培养基中。另外，有报道称在细胞质中也存在 SNDH（cSNDH）可以将 L-山梨酮转化为 2-KLG，但是在细胞质中积累的 2-KLG 会被降解为 L-艾杜糖醛酸，这一步转化是不可逆的，所以会造成 2-KLG 产量的降低。基于经典两步发酵法构建的一步发酵菌株中 2-KLG 合成与分解代谢途径见图 8.21。

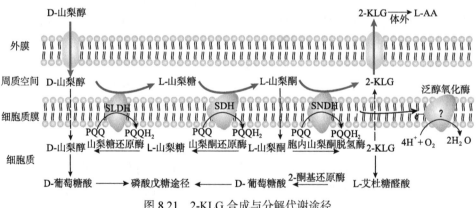

图 8.21　2-KLG 合成与分解代谢途径

在新两步发酵法中，以 D-葡萄糖为底物的氧化还原反应也发生在周质空间中，这说明 D-葡萄糖和 2-KLG 同样需要跨膜运输。此外，2,5-DKGR 存在于细胞质中，所以 2,5-DKG 又需要进入细胞质中完成最后一步的转化。2,5-DKG 和 2-KLG 的跨膜运输被认为是新两步发酵法及以其为基础构建的一步发酵法的瓶颈问题。虽然 *K. vulgare*、*G. oxydans* 及 *Erwina* 中的醇糖代谢途径已经得到合理的阐释，但是转运过程中涉及的大部分基因仍是未知的，这就限制了一步发酵菌株的构建及进一步优化。

3. 2-KLG 降解途径研究

据报道，在 *K. vulgare* 中合成的 2-KLG 会被 2-KLG 还原酶（2-KLGR）降解为 L-艾杜糖醛酸，所以在三菌两步发酵法代谢工程改造的早期研究中对编码 2-KLG 还原酶的基因进行了敲除。Satio 等采用亚硝基胍突变阻断 L-艾杜糖醛酸途径后得到一株 *K. vulgare* NB6939 突变菌株，2-KLG 的产量提高到 31 g/L，是野生菌株产量的 2 倍。在假单胞菌 ATCC 21812 和生黑葡糖杆菌（*Gluconobacter melanogenus*） IFO 3293 的混菌发酵过程中也发现了一个以 NAD（P）H 为辅酶的酶可以转化 2-KLG 为 L-艾杜糖醛酸。在对基因组序列进行分析的基础上，在 *K. vulgare* WB0104 中也发现了类似的酶。但是根据目前的文献报道却没有得到对 2-KLGR 进一步的生化分析。此外，在草生欧文氏菌（*Erwinia herbicola*）SCB125 中发现了 2-糖醛酸还原酶（2-KR）A 和还原酶 B 可以降解 2,5-DKG 和 2-KLG。这些下游降解途径会阻碍 2-KLG 的进一步积累，所以敲除这些基因对 2-KLG 产量的提高是十分必要的。Chen 等用链霉素抗性基因敲除了 *thrA* 基因，成功降低了 *Erwina* SCB125 中 2-KLG 的降解。

4. 辅酶 PQQ 的合成与再生研究

D-葡萄糖或者 D-山梨醇转化生成 2-KLG 涉及一系列需要不同辅酶的脱氢酶，包括 SLDH、SDH、SNDH、2,5-DKGR 以及 2-KLGR 等。研究发现不同菌株中的 SDH 多以 PQQ 作为辅酶，来源于 *G. melanogenus* UV10 中的 SNDH 以 NAD（P）作为辅酶，来源于棒状杆菌 ATCC 31090 中的 2,5-DKGR 和来源于 *K. vulgare* 中的 2-KLGR 以 NAD（P）H 作为辅酶。

PQQ 是一种不同于黄素核苷酸(FMN、FAD)和烟酰胺核苷酸(NAD$^+$、NADP$^+$)的新辅酶，它作为电子的受体或供体参与酶催化的氧化还原过程，依赖 PQQ 为辅酶的脱氢酶系转化效率更高。另外，以 PQQ 依赖性的酶代替 NAD 依赖性的酶应用到生物传感器取得了重大的进步。迄今已知能够产生 PQQ 的生物仅限于某些革兰氏阴性细菌，在 Salisbury 等测定了 PQQ 的结构以后，大约有 20 多种依赖 PQQ 作为辅酶的酶得到鉴定，如来源于弱氧化葡萄糖酸杆菌（*Gluconobacter suboxydans*）中的 SLDH、来源于乙酸钙不动杆菌（*Acinetobacter calcoaceticus*）中的 GDH、来源于甲基营养菌（*Methylotrophs*）的甲醇脱氢酶等，这一类以 PQQ 及其类似物 topaquinone（TPQ）、lysinetyrosylquinine（LTQ）和 tryptophantryptophylquinine（TTQ）为辅酶的氧化还原酶统称醌酶，随后一些依赖 PQQ 的醌酶也相继测定了结构（Holscher and Gorisch, 2006）。

关于 PQQ 生物合成的研究已有 20 多年，但是整个合成途径尚未阐明，调控机制的研究更为缺乏。目前取得的研究结果包括：明确了酪氨酸和谷氨酸为 PQQ 合成的前体物质；对基因簇中各基因表达产物的功能有了不同程度的了解，推测出 PQQ 生物合成是由 5～6 步酶促反应组成的多步过程。另外，关于 PQQ 的再生系统也尚未阐明，目前研究主要集中在具有 PQQ 再生系统的菌株上，如 *G. oxydans* 和脱氮副球菌（*Paracoccus denitrificans*）。为了实现一步发酵法生产 2-KLG，辅因子的平衡也是一个不可忽视的重要因素，理性地调控辅因子的平衡对提高 2-KLG 的产量具有重要的作用。在经典两步发酵法和新两步发酵法中，2-KLG 的合成都是一系列的氧化过程，大量还原状态的辅因子如 NAD（P）H_2 和 $PQQH_2$ 均应该迅速再生用于后面的氧化过程。这就意味着在一步菌株构建的过程中引入的外源脱氢酶会增加菌株的代谢网络负担，但是在早期一步菌株构建的研究中从未考虑辅因子的问题。

5. 2-KLG 合成途径在其他模式菌株中的构建

目前用于 *G. oxydans*、*K. vulgare* 及 *Erwinia* 的基因操作方法与 *E. coli*、枯草芽孢杆菌或者酿酒酵母等模式菌株相比而言还很不成熟。对于 *G. oxydans*、*K. vulgare* 及 *Erwinia* 中成功的代谢工程改造的报道很少。*G. oxydans*、*K. vulgare* 中大多数的脱氢酶定位在细胞膜上，原核生物与真核生物的区别使得 *S. cerevisae* 不合适作为宿主，所以将关键的脱氢酶及与辅酶 PQQ 代谢途径相关的酶表达于 *E. coli* 中可能会实现一步发酵菌株的构建由 D-山梨醇生产 2-KLG。据报道通过将来源于 *G. oxydans* 中的 PQQ 基因簇 *pqq*ABCDE 表达于 *E. coli* 中已经实现了 PQQ 的合成。

随着合成生物学的发展，越来越多的研究者采用这些模式菌株进行一些代谢途径的合成，最常用的模式菌株就是 *E. coli*，基于代谢工程与合成生物学，研究者已经在 *E. coli* 中成功合成了多种曾经由其他微生物如谷氨酸棒杆菌和 *B. subtilis* 生产的化学产品。2-KLG 未在模式菌株中得以尝试主要是由于缺乏对葡萄糖或山梨醇到 2-KLG 的转化过程中关键基因及酶的了解。随着一些相关菌株完成了基因组测序，如 *B. megaterium*、*K. vulgare*、*G. oxydans*、*Erwinia* 及 *C. glutamicum*，大部分脱氢酶及与辅因子代谢相关的基因得到了鉴定，这些关键基因的获得使得由 *E. coli* 等模式菌株实现 2-KLG 的一步发酵生产成为可能。

6. 代谢网络的全局优化

在之前代谢工程改造一步发酵生产 2-KLG 的尝试中，几乎都是简单地将一个菌株中的一个或者两个关键酶直接表达于另一个包含途径中剩余关键酶的菌株中。尽管可以实现一步发酵生产 2-KLG，但是产量及产率都太低而无法应用到工业化生产中。细胞代谢是一个复杂的系统，涉及大量成分以动态的方式相互作用。

除了醇糖脱氢酶,其他密切相关的因素如脱氢酶之间的平衡、辅因子的供给、细胞对氧化还原平衡的响应、醇糖跨膜系统的响应等均应加以考虑来实现 2-KLG 的最大积累。这些因素对理性地进行一步菌株的改造提高 2-KLG 产量具有很大的挑战性。

在代谢网络的全局优化中,采用数学模型的建立对代谢网络进行系统分析可以显著提高代谢工程策略的可靠性。目前,基于采用高通量测序技术获得微生物全基因组序列而发展的全基因组规模代谢网络重构,使得大量数据的整合比从前容易了很多。邹伟等在 *K. vulgare* WSH-001 基因组序列的基础上,建立了该菌基因组规模的代谢网络并且应用到了 2-KLG 的过程优化中。然而,考虑到代谢网络、辅因子再生过程及调控网络的复杂性,代谢网络的全局优化方法仍要进一步提高。随着这些问题的解决,模拟及推测出的结果有望更接近生化方法得到的数据,从而可以得到更可靠的代谢工程策略。较基于生物信息学的代谢网络优化,以生物学实验为基础的优化过程要更加昂贵和耗时。模型可靠性的改进可以提高研究者的吸引力而专注于开发更适合的优化方法并应用这些工具来达到最终的一步发酵法生产 2-KLG。

8.5　左旋多巴:从酶法拆分到酶法合成

左旋多巴呈白色,如图 8.22 所示,易溶于酸,不易溶于水,是人和动物体内合成去甲肾上腺素和多巴胺的前体之一。1970 年,左旋多巴被美国食品药品监督管理局批准为治疗帕金森综合征的药物,在 2007 年世界畅销药中排名前 100 名,2008 年销售金额即已突破 9000 万美元。2015 年,左旋多巴的产量已经达到了 600 吨每年。预计左旋多巴的市场将会从 2014 年的 21 亿美元增长到 2021 年的 32 亿美元,四款新的左旋多巴药物制剂将于近期进入市场,加强左旋多巴的生产具有广阔的发展前景。据统计,帕金森病在普通人群中的发病率为 0.1%,在 60 岁以上的老龄人群中发病率为 1%,在 80 岁以上的老龄人群中发病率上升为 2%。其临床表现主要包括静止性震颤、运动迟缓、肌强直和姿势步态障碍,同时患者可伴有抑郁、便秘和睡眠障碍等非运动症状。药物治疗是帕金森病最主要的治疗手段,而一般的辅助检查多无异常改变。左旋多巴是多巴胺的前体。外周补充的左旋多巴可通过血脑屏障,在脑内经多巴脱羧酶的脱羧转变为多巴胺,进而发挥治疗帕金森综合征的作用。苄丝肼和卡比多巴是外周脱羧酶抑制剂,可减少左旋多巴在外周的脱羧,增加左旋多巴进入脑内的含量并减少其外周的副作用。经过生物技术改造过的微生物,左旋多巴的产量可以达到 106.1 g/L。随着合成生物学的发展,构建代谢工程微生物,发酵生产左旋多巴是一种高效、环境友好的新方法,具有良好的应用前景。

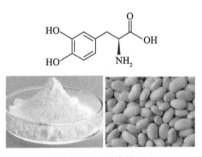

图 8.22　左旋多巴

左旋多巴天然存在于蚕豆的种子、豆荚、豆瓣，藜豆的根、种子，猫豆等植物中，如图 8.23 所示，因此初始阶段采用植物提取法来提取左旋多巴。但是，由于受到来源少、产量小的限制，因此成本高，难以实现大规模生产，远不能满足市场需求。在 19 世纪 70 年代，首次采用化学异构法合成左旋多巴，因此化学合成方法合成的左旋多巴占领了大部分的市场。工业化学合成法生产左旋多巴多以香草醛和乙内酰脲为原料，经过 8 步反应制得。尽管目前商品化左旋多巴主要通过不对称化学法合成，但是因为化学合成法较差的转化率以及较低的对映选择性，而且在合成过程中需要大量的金属催化物，并且过程烦琐，产物的转化效率和旋光活性均较低，同时具有成本高、环境污染严重等问题，不符合可持续发展理念。生物合成法最早起源于日本，研究团队采用表达酪氨酸酚裂解酶的 *Erwinia herbicola* 菌株进行全细胞催化反应，以 5-磷酸吡哆醛为辅因子，以邻苯二酚、丙酮酸钠、铵盐为底物，亚硫酸钠和 EDTA 为抗氧化剂在 16℃条件下反应 48 h 后获得 58.5 g/L 的左旋多巴，相比于植物提取法、化学合成法，生物法合成左旋多巴具有产量高、转化率高、对映选择性好、反应步骤简单、条件温和等优势，而且属于环境友好型。

蚕豆　　蚕豆花

猫豆　　藜豆

图 8.23　提取左旋多巴的植物

8.5.1　左旋多巴的国内外研究状况

目前，左旋多巴的合成主要采用化学法和生物技术法。江南大学李华钟教授团队首次将酪氨酸酚裂解酶的表达基因导入大肠杆菌，成功地进行了表达，酶活比原始菌株提高了 24 倍，经过优化，左旋多巴产量为 15.36 g/L，而且将来自 *Citrobacter freundii* ATCC 8090 的酪氨酸酚裂解酶的表达基因导入大肠杆菌，经过优化表达和全细胞反应体系优化，最终反应 14 h 左旋多巴最高产量为 55.2 g/L，对邻苯二酚的转化率为 88.2%（李华钟等，2000）。天津大学化工学院的赵广龙教授团队通过易错 PCR，采用快速筛选法获得左旋多巴生产菌株，通过生物信息学确定了关键催化活性的氨基酸位点；浙江工业大学的郑裕国团队主要研究将来自 *Fusobacterium nucleatum* 表达酪氨酸酚裂解酶的基因成功克隆至大肠杆菌并表达，其酶活为 2.69 U/mg，最佳催化温度和 pH 分别为 60℃和 8.5，经过全细胞催化反应其左旋多巴产量为 110 g/L，对底物邻苯二酚的转化率为 95%。近几年，由于生物法合成左旋多巴具有产量高、转化率高、对映选择性好、反应步骤简单、条件温和等优势，而且属于环境友好型。因此，生物法合成左旋多巴越来越受欢迎，但是反应底物丙酮酸、邻苯二酚浓度高于 0.1 mol/L 会对酪氨酸酚解酶酶活产生抑制作用，可以采用底物连续流加方式，以克服高浓度初始底物的抑制作用。所以，进一步优化全细胞催化法合成左旋多巴，在国内实现工业化生产是一个急需解决的课题。

针对全球市场对左旋多巴的需求问题，目前左旋多巴的生产方法主要为化学合成法和生物法，但是化学合成法具有成本高、对映选择性差、污染环境的缺点。生物法主要采用酪氨酸酶和酪氨酸酚裂解酶这两种方法，由于酪氨酸酚裂解酶的底物具有低成本的优势被广泛应用。Surwase 团队首次使用细菌表达酪氨酸酶，以酪氨酸为底物、铜离子为辅因子合成左旋多巴，酪氨酸的转化率高达 95%；为了提高左旋多巴产量，采用响应面方法优化反应体系，在 pH 5.2 的反应条件下，以 1.55 g/L 的胰蛋白胨、4.21 g/L 的酪氨酸、0.037 g/L 的 $CuSO_4$ 3.36 g/L 为底物，左旋多巴的最高产量为 3.36 g/L。Ikram-ul 和 Ali 以 *Yarrowia lipolytica* NRRL-I43 为宿主，异源表达酪氨酸酶，反应体系由 2.5 g/L 的酵母细胞、2.68 g/L 的酪氨酸、5 g/L 的维生素 C 组成，经过 15 min 的反应后左旋多巴的产量为 2.96 g/L。

8.5.2　左旋多巴的应用价值

左旋多巴是氨基酸的一种衍生物，也是从 L-酪氨酸到儿茶酚或黑色素的生化代谢途径过程中的重要中间产物，又称 3,4-二羟基苯基丙氨酸，是一种重要的活性物质。左旋多巴是新型的生化药品，在食品、医药和保健品等领域都具有广泛应用。左旋多巴的衍生物——多巴胺是一种重要的神经递质，由于多巴胺不能透过血脑屏障进入脑组织，所以不能通过补充多巴胺来治疗帕金森病，而左旋多巴可以通过血脑屏障，并在脑组织中脱羧形成多巴胺，从而使脑组织中多巴胺含量增加而达到治疗的目的。Birkmayer 于 1961 年用左旋多巴治疗帕金森病获得明显疗效。左旋多巴及复方左旋多巴（如美多芭）已成为治疗常见老年病——帕金森病的主要药物。左旋多巴还可用来治疗弱视；利用酪氨酸酶将 L-酪氨酸转化，经与左旋多巴反应形成黑色素，可用于毛发染色；此外，人们还发现左旋多巴有抗衰老的功效。基于左旋多巴在医药卫生、保健美容等诸多领域的显著功效，左旋多巴的生产很早就被人们所关注。

8.5.3　植物提取法获取左旋多巴

天然豆科植物中存在的多巴都是左旋（L）型的，早在 1913 年就有人从蚕豆籽、苗种、豆荚中提取获得左旋多巴，在 1949 年从野生植物藜豆中提取获得左旋多巴，国内于 1972 年从豆科植物藜豆种子中提取左旋多巴获得成功。1974 年从猫豆中提取获得的左旋多巴作为商业化产品投放市场，但是由于受到产品源头植物资源的限制以及得率低、产量低的原因，其产量远远不能够满足市场的需求。

8.5.4　化学合成法制备获取左旋多巴

Monsanto 首次建立了非对称法合成多巴的方法，也是目前市场上主要的化学合成法，以香草醛和内酰脲为原料，以不对称合成法经过八步化学反应得到多巴产物。化学合成法途径很多，但是限制其发展的瓶颈问题是化学合成法转化率低、旋光性低，其得到的多巴产物是左旋与右旋两种异构体混合形式存在的，而且在反应过程中需要铅、汞等重金属作为辅因子，这不仅增加了成本而且污染环境，不符合可持续发展的理念。

8.5.5　酶法制备获取左旋多巴

生物合成法主要涉及微生物或者酶，具有转化率高、旋光性好、反应过程温和、经济成本低、无污染、对环境友好的优势。目前微生物发酵法和酶催化法主要涉及酪氨酸酶、酪氨酸酚裂解酶、酪氨酸酶。

酪氨酸酶可直接以酪氨酸作为底物，通过一步邻位羟基化催化反应合成左旋多巴，如图 8.24 所示。该酶同时具有单酚氧化酶和二酚氧化酶氧化还原作用，其中单酚氧化酶催化单酚羟基化，二酚氧化酶可将二酚类化合物氧化为醌类化合物。为了防止左旋多巴继续被氧化可引入化学还原剂，如抗坏血酸。该反应需要铜离子作为催化剂，而且以酪氨酸为底物成本较高，由于酪氨酸和左旋多巴结构的相似性，下游产品分离提取困难，操作工艺较复杂，不利于产业化。Krishnaveni 团队利用真菌 *Acremonium rutilum* 表达的酪氨酸酶转化酪氨酸合成左旋多巴，在

25℃、pH 5.5 条件下连续培养 120 h，最大产量为 0.89 g/L。Surwase 团队利用 *Brevundimonas* sp. SGJ 酪氨酸酶转化酪氨酸合成左旋多巴，在 40℃、在 pH 8.0 的条件下获得左旋多巴产量最高，为 3.81 g/L（Krishnaveni et al., 2009）。

图 8.24　酪氨酸酶酶法合成左旋多巴

酪氨酸酚裂解酶催化可逆的 β 消旋反应，该反应可将酪氨酸降解为丙酮酸钠、铵盐、邻苯二酚，同时，反应具有可逆性，可将邻苯二酚替代苯酚经催化反应合成左旋多巴，如图 8.25 所示。该酶广泛存在于假单胞菌属、真菌、链霉菌等微生物中，其中草生欧文氏菌、弗氏柠檬酸菌（*Citrobacter freundii*）中的酪氨酸酚裂解酶活性较高。Foor 团队通过在 *E. coli* 中异源表达来自 *E. herbicola* 的酪氨酸酚裂解酶作为催化剂合成左旋多巴，经过 6 h 的发酵获得 105 mmol/L 的左旋多巴。野生菌株 *E. herbicola* 表达酪氨酸酚裂解酶需要向培养基中加入酪氨酸作为诱导剂来诱导酶的表达，添加酪氨酸不仅会带来增加成本的问题，而且由于酪氨酸与左旋多巴结构相似，会增加下游左旋多巴产品分离提取的难度。为了避免添加酪氨酸诱导剂，Katayama 团队通过对来自 *E. herbicola* 的 *tyrR* 基因进行随机突变，建立 *tyrR* 基因突变库，采用高通量筛选的方法获得突变蛋白 TyrR，能够在无外源添加酪氨酸的条件下增强酪氨酸酚裂解酶基因的启动子，从而成功构建一株不需要添加酪氨酸作为诱导剂的酪氨酸酚裂解酶过量表达的重组菌株 *E. herbicola*，在 15℃、pH 8.0 条件下左旋多巴的生产强度由野生菌株的 0.375 g/（L·h）提高到 11.1 g/（L·h），并通过合成工艺优化将左旋多巴产量提高到了 58 g/L，因此该重组菌大大地降低了左旋多巴的生产成本，并于 2003 年在味之素公司投入商业化生产。Lee 团队通过克隆来自嗜温菌株 *Symbiobacterium* 的热稳定型酪氨酸酚裂解酶，以丙酮酸钠、邻苯二酚、氯化铵为底物，反应条件为 37℃、pH 8.3，反应 6 h，产物左旋多巴达到 29.8 g/L（Lee et al., 1996）。李华钟团队通过在 *E. coli* 中异源表达来自柠檬酸杆菌（*Citrobacter freudii*）的酪氨酸酚裂解酶作为催化剂合成左旋多巴，反应液为 10 g/L 丙酮酸、12 g/L 邻苯二酚、20 g/L 乙酸铵、1 g/L EDTA、2 g/L 亚硫酸钠，利用酪氨酸酚

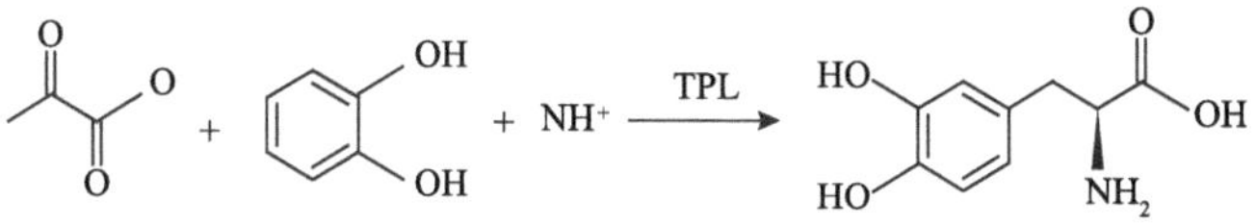

图 8.25　酪氨酸酚裂解酶酶法合成左旋多巴

裂解酶酶法合成左旋多巴,在 pH 8.0、15℃的条件下反应 16 h 后,获得左旋多巴 16.5 g/L,再经全细胞反应优化,底物分批补料优化后获得左旋多巴 55.2 g/L(Zheng et al., 2018)。

对羟基苯乙酸酯 3-羟化酶(p-hydroxyphenylacetate 3-hydroxylase, PHAH, E.C. 1.14.14.9),该酶催化反应的底物较多,如 3-羟基苯乙酸、苯酚、对甲酚、对苯二酚。如图 8.26 所示,以酪氨酸为底物催化合成左旋多巴,催化 3-羟基苯乙酸生成 3,4-双羟基苯乙酸,该反应为需氧反应,需要外源添加烟酰胺腺嘌呤二核苷酸(NADH)作为辅酶。Muñoz 团队利用 E. coli 表达对羟基苯乙酸酯 3-羟化酶,并采用代谢工程改造积累转化底物酪氨酸,左旋多巴产量为 1.51 g/L。Lee 和 Xun 团队采用异源表达 PHAH 的 E. coli ATCC11105 菌株,以酪氨酸为底物合成左旋多巴,由于反应需要细胞代谢产生的 NADH 作为辅酶,向反应体系加入 5%的甘油作为细胞的能量补充以维持胞内的 NADH 再生,经过在反应器中的连续补料优化,最终获得 48 mmol/L 的左旋多巴。Muñoz 通过代谢工程手段改造异源表达 PHAH 的大肠杆菌,调控从葡萄糖代谢合成酪氨酸的碳代谢通路,相比于对照菌株,胞内酪氨酸积累提高了 8.6 倍,以 50 g/L 的葡萄糖作为碳源,在细胞生长稳定期获得 1.51 g/L 左旋多巴产物。与酪氨酸酶相比,PHAH 同样以酪氨酸为底物催化合成左旋多巴,但是 PHAH 催化的反应需要 NADH 作为辅酶参与其中,NADH 价格较高,高成本是目前 PHAH 催化合成左旋多巴方法应用于工业化生产的瓶颈问题,需要通过有效的辅酶 NADH 再生系统来降低生产成本(Munoz et al., 2011)。

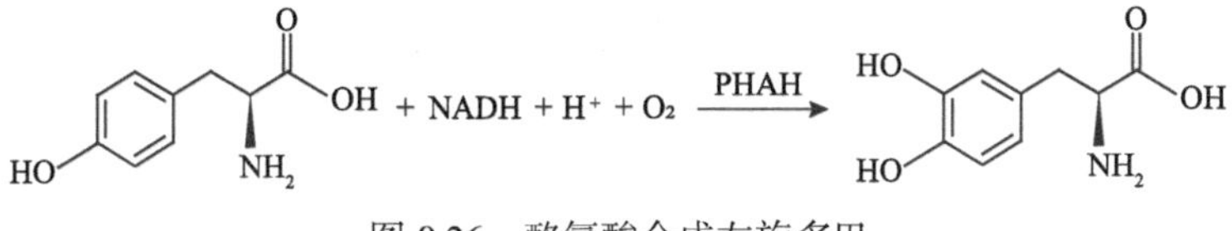

图 8.26　酪氨酸合成左旋多巴

采用聚酰胺膜、聚丙烯酰胺膜、交联酶聚合(CLEAs)等酶固定化法固定酪氨酸酶一步法催化合成左旋多巴,催化条件为中性 pH、室温,反应条件温和,操作简便,然而产量低是限制酶固定化法合成左旋多巴工业化生产的关键。酶固定化法具有易于产物分离的优势,可实现酶的重复再利用。Ates 团队采用铜离子凝胶固定法固定酪氨酸酶,在分批的反应器中,固定酶填充层通氧气的条件下,左旋多巴的生产强度为 110 mg/(L·h)。Pialis 团队采用尼龙 6 膜固定酪氨酸酶,在分批反应器中左旋多巴的生产强度为 1.7 mg/(L·h),固定化的酪氨酸酶 14 d 后相对于初始酶活依然保持 80%的催化活性,固定化酪氨酸酶法适合应用于长期操作。为了防止酪氨酸酶催化酪氨酸合成的左旋多巴进一步氧化,Algieri 团队采用不对称的管状聚酰胺材料固定酪氨酸酶制作成连续膜生物反应器以增强抗坏血酸的抗氧化作用,而且该反应器能够及时地分离产物左旋多巴以防止生成醌类复合物,在该反应器连续操作的条件下左旋多巴的生产强度为 1.2 mg/（L·h）。Seetharam 团队通过共价结合法将酪氨酸酶固定在铝硅酸盐中，在分批反应器中左旋多巴的生产强度为 34 mg/（L·h），固定化的酪氨酸酶经 40～48h 的催化反应其催化活性几乎无损失。Xu 团队采用交联法将酪氨酸酶与戊二醛结合，在搅拌型反应器和填充层反应器中左旋多巴的生产强度分别为 103 mg/（L·h）和 48.9 mg/（L·h）。即使采用了不同的固定化法，低生产率仍是限制酶固定化法合成左旋多巴的限制性因素，而且通常情况下儿茶酚酶活性高于甲酚酶活性，产物左旋多巴很容易被酪氨酸酶再一步氧化成多巴醌类复合物，这是无法避免的也是导致转化率低的根本原因。即使向反应系统中加入还原剂，如抗坏血酸、NADH，但是随着反应的进行还原剂被消耗，还原剂量不足，转化率和生产率并没有较大的提高。

以上酶法转化合成左旋多巴的路线中以酪氨酸酚裂解酶活性最高，最适合应用于工业化生成左旋多巴，但研究表明当反应底物之一邻苯二酚浓度高于 10 g/L 时，其对酪氨酸酚裂解酶活性具有一定的抑制作用，对细胞也具有一定的毒性，目前主要采用底物流加补料策略，因此，解除邻苯二酚的抑制作用和毒性是实现酪氨酸酚裂解酶酶法制备左旋多巴产业化的关键。

本书作者优化了酪氨酸酚裂解酶基因密码子，并构建了大肠杆菌表达系统，通过优化全细胞催化体系，实现了左旋多巴高校累计。

1. 构建表达酪氨酸酚裂解酶的大肠杆菌

酪氨酸酚裂解酶主要来源于 *C. freudii* 和 *E. herbicola*，采用野生菌发酵生产的酪氨酸酚裂解酶催化活性很低，因此，对酪氨酸酚裂解酶的表达基因进行密码子优化，以 pET 系列质粒为表达载体，以大肠杆菌（*Escherichia coli* BL21）为表达宿主。大肠杆菌是一种革兰氏阴性菌，它作为一种模式微生物已经应用于诸多氨基酸的工业化发酵生产中，如谷氨酸、缬氨酸等。近年来学者们开始研究利用大肠杆菌全细胞转化法生产非氨基酸物质。大肠杆菌具有高安全性、低致病性、高抗逆性，而且受噬菌体污染的概率较低等优点，因此它在生物技术领域发挥着重要作用。在大肠状杆菌中因为不存在酪氨酸酚裂解酶，不存在通过丙酮酸钠、邻苯二酚和铵盐为底物合成左旋多巴的途径，因此，构建一种能够高效表达外源酪氨酸酚裂解酶基因的大肠杆菌，对于左旋多巴的生产应用具有重要的意义（Surwase et al., 2012）。

对来源于 *C. freudii* 的酪氨酸酚裂解酶基因 *cfTPL* 进行密码子优化，基因合成并克隆到质粒 pET-28a（+），获得重组质粒 pET-28-TPL 并转化到 *E. coli* BL21 感受态细胞，构建酪氨酸酚裂解酶的表达系统，胞内的酪氨酸酚裂解酶表达与纯化如图 8.27 所示，条带 1 为空白对照，条带 2 为酪氨酸酚裂解酶粗酶液，条带 3 为酪氨酸酚裂解酶纯化酶液。

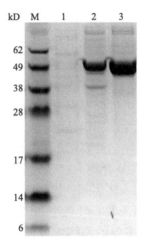

图 8.27 酪氨酸酚裂解酶的表达与纯化

2. 优化全细胞反应体系生产左旋多巴

研究发现，全细胞催化合成左旋多巴的过程中，在反应的初始阶段较快的反应速率会明显提高左旋多巴的产量。在有足够酶（细胞）存在的情况下，提高底物丙酮酸钠和邻苯二酚的浓度可以加快酶促反应的初始速率。但是实验表明反应体系中过多的底物丙酮酸钠能够与产物左旋多巴结合生产副产物，造成底物的浪费和成本的增加。反应体系中过多的底物邻苯二酚不仅会对酪氨酸酚解酶的催化活性产生抑制作用，而且对大肠杆菌细胞的生长产生抑制和毒性作用。为提高初始反应速率以及左旋多巴产量，又不至于使底物对酪氨酸酚解酶酶活产生明显的抑制作用，对合成左旋多巴反应体系较适的底物浓度进行了考察。大部分的左旋多巴会结晶析出并沉积于反应容器底部，反应体系液相中左旋多巴的浓度因其大部分析出成为固体而降低，这有利于反应向生成产物左旋多巴的方向进行。由此，可以采用补加底物的方法使反应时间延长提高左旋多巴产量。但如果补料时一直维持底物浓度在较高的状态，会因高浓度底物抑制酶活以及丙酮酸钠与左旋多巴形成大量副产物而影响左旋多巴的产量以及转化率。采用底物连续流加法来维持低的邻苯二酚浓度，通过优化丙酮酸钠浓度、邻苯二酚浓度以及丙酮酸钠与邻苯二酚的流加速率来探究丙酮酸钠浓度、邻苯二酚浓度对全细胞催化合成左旋多巴速率的影响，优化全细胞反应体系以提高左旋多巴产量。由于底物邻苯二酚和产物左旋多巴见光均易分解，反应过程需要避免光照。

优化丙酮酸钠浓度：反应液组成为邻苯二酚 12 g/L、硫酸铵 30 g/L、亚硫酸钠 4 g/L、乙二胺四乙酸 2 g/L，控制其中丙酮酸为 2～24 g/L，用氨水将 pH 调至 8.5，反应温度为 15℃，50 mL 摇瓶的全细胞转化体系的反应液装液量为 10 mL。

优化邻苯二酚浓度：反应液组成为丙酮酸 18 g/L、乙酸铵 30 g/L、亚硫酸钠

4 g/L、乙二胺四乙酸 2 g/L，控制其中邻苯二酚为 1～15 g/L，用氨水将 pH 调至 8.5，反应温度为 15℃，50 mL 摇瓶的全细胞转化体系的反应液装液量为 10 mL。

优化丙酮酸钠与邻苯二酚的流加速率：基于实验得知全细胞反应过程中控制丙酮酸钠浓度应该低于 18 g/L，邻苯二酚浓度应该低于 10 g/L，因此通过调控丙酮酸钠和邻苯二酚的连续流加速率来控制反应体系的底物浓度。配制丙酮酸钠和邻苯二酚的高浓度母液，如 200 g/L，分别控制丙酮酸钠和邻苯二酚的连续流加的终浓度分别为 12～16 g/（L·h）和 4～10 g/（L·h），经过在 15℃、200 r/min 的条件下反应 5 h 后，合成左旋多巴的产量为 106.1 g/L，左旋多巴的生产强度为 21.22 g/（L·h），发酵液如图 8.28 所示，白色沉淀为左旋多巴晶体。

图 8.28　发酵法生产左旋多巴

8.6　泛酸：从化学合成到酶法拆分再到直接发酵生产

8.6.1　泛酸概述

泛酸又称遍多酸、维生素 B_3，是辅酶 A 的组成部分，参与糖、脂肪、蛋白质代谢。辅酶 A 是泛酸与 3-磷酸腺苷、焦磷酸和巯基乙胺结合的复合分子，因此，泛酸的作用即辅酶 A 的生理功能是：参与体内脂肪酸降解、脂肪酸合成、柠檬酸循环、胆碱乙酸化（一种神经冲动传导物质）、抗体的合成等代谢，泛酸的存在有利于各种营养成分的吸收和利用。由于泛酸对热、碱、酸均不稳定，其商品形式主要为 D-泛酸钙。

泛酸分子式为 $C_9H_{17}O_5N$，化学式为 $HOH_2C—C(CH_3)_2CHOH—CO—NH—(CH_2)_2—COOH$，由一分子泛解酸和一分子丙氨酸组合形成，具有旋光性质，但是只有 D 型（$[\alpha]$=+37.50）具有生物活性。纯的泛酸为淡黄色油状物，显酸性，易溶于水和乙醇,具有脂不溶性;只在中性条件下较稳定,对酸、碱、热皆不稳定。

泛酸是一种重要的食品添加剂,在食品中用作营养增补剂。通常其钙盐与其他 B 族维生素一起用于补充营养。临床上泛酸一直用于治疗一些疾病,与其他 B 族维生素一起用于治疗维生素 B 缺乏症、周围神经炎、手术后肠梗阻、链霉素中毒及类风湿等。泛酸也是一种重要的饲料添加剂,D-泛酸钙作为维生素饲料添加剂大量用于饲料工业,在畜禽养殖中具有重要的作用,供应不足时会使畜禽出现各种代谢、神经、肠胃等方面生理机能的紊乱。

泛酸或其盐作为食品和饲料添加剂的需求量很大。目前世界 D-泛酸钙年产量 600~700 吨,年需求量 8000~10000 吨,产品供不应求。随着食品和饲料工业的发展,需要大规模增加 D-泛酸钙的生产能力和产量。为了扩大生产市场、维持市场平衡,继传统化学合成方法、酶法拆分技术后,经济、有效的直接发酵生产泛酸技术逐渐投入生产中(Postaru et al., 2015)。

8.6.2 化学合成泛酸

泛酸钙的化学合成是用泛解酸内酯与 β-丙氨酸缩合然后进行拆分获得 D-泛酸钙。其合成路线如图 8.29 所示。

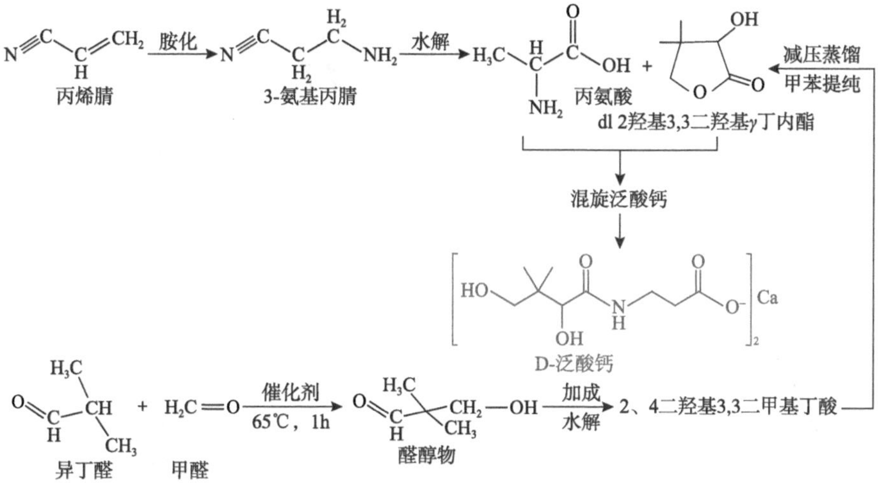

图 8.29 泛酸钙化学合成过程

泛解酸内酯有两种光学异构体,即 D-泛解酸内酯与 L-泛解酸内酯。国内生产是采用混旋 DL-泛解酸内酯与丙氨酸钙缩合制得混旋泛酸钙,然后拆分得 D-泛酸钙。而国外大多采用 D-泛解酸内酯与丙氨酸钙缩合直接制得 D-泛酸钙的生产方法。

目前主要采用对 DL-泛解酸内酯进行化学拆分的方法制备 D-泛解酸内酯(图 8.30)。采用手性拆分剂:手性胺、奎宁化合物、二甲马钱子碱等。先将 DL-

泛解酸内酯在碱性条件下开环、酸化得 DL-α,γ-二羟基-β,β-二甲基丁酸，然后用具有活性的氨基物为拆分剂进行拆分、分离得 D-β-二甲基丁酸·拆分剂复盐，再中和回收拆分剂进行拆分、分离得 D-β-二甲基丁酸，最后将其内酯化得 D-泛酸解内酯。将拆分得到的 L-β-二甲基丁酸经内酯化得 L-泛解酸内酯，进行消旋化得 DL-泛解酸内酯，重复用于循环拆分。

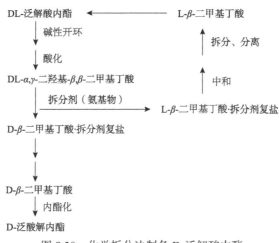

图 8.30　化学拆分法制备 D-泛解酸内酯

　　但这些手性拆分剂存在价格昂贵、拆分成本高、分离困难、严重环境污染和毒性等问题，使得该法难于推广应用。国内有人对拆分剂进行研究，制备了价格相对低的有机碱类拆分剂 4-二甲氨基吡啶，用于 DL-泛解酸内酯的拆分，单程拆分收率为 79.7%，循环拆分收率为 90%（按 D-泛酸计算），拆分剂 L-DMPA 的回收率在 90% 以上。在国内还有采用物理方法诱导结晶法拆分泛酸钙，在 DL-泛酸钙甲醇溶液中，加入 D-泛酸钙晶体，可诱导溶液中 D-泛酸钙结晶出来，但诱导结晶法工业收率低、光学纯度差、成本高、生产量少，因此该方法只能用于结晶生产泛酸钙，无法用于其他泛酸衍生物如泛醇、泛硫乙胺等的生产。

8.6.3　酶法转化或拆分

　　微生物酶法主要的过程是将合成的中间体 DL-泛解酸内酯及其类似物，在特异性非常强的酶作用下，不对称催化得到 D-泛解酸内酯，再与 β-丙氨酸钙缩合产生 D-泛酸钙。这种方法相比于化学合成法，具有经济、对环境友好等诸多优点。其中微生物酶法拆分具体有以下几条路线（King and Strong, 1951）。

1. 不对称还原酮基泛解酸内酯路线

1974 年，美国 Raymond P. Lanzilotta 等报告了 190 株不同属的霉菌、酵母、

细菌和放线菌筛选结果，他们用筛选得到的 *Byssochlamys fulva* 催化还原酮基泛解酸，用 30 mg/mL 酮基泛解酸内酯物反应 48h，转化率达到 90%，提取后的 D-泛酸解内酯几乎接近纯的 D-（−）-泛解酸内酯。到 20 世纪 80 年代，不对称还原酮基泛解酸或内酯的方法成为众多学者研究的热点，相继发表了数十篇文章和专利。

2. 用微生物不对称还原酮基泛解酸内酯制备 D-泛解酸内酯

1984 年，Shimizu 等首次在公开文章中报道了用微生物不对称还原酮基泛解酸内酯为 D-泛解酸内酯。他们发现，许多不同种属的微生物可不对称还原酮基泛解酸内酯，得到 D-泛解酸内酯。它们可以是细菌、放线菌、酵母、霉菌和担子菌，但不同微生物菌种的产物光学纯度有所不同。他们认为催化此不对称还原反应的主要酶是酮基泛解酸内酯还原酶（EC 1.1.1.168）。

以后的进一步研究发现，这是一组微生物羰基还原酶，而酮基泛解酸内酯是这些酶作用的良好底物。许多微生物菌株中的羰基还原酶仅对成对（共轭）的聚酮化合物的一种有活性，例如，毛霉 *Mucor ambiguus* 的酶转化酮基泛解酸内酯得到 L-（+）-泛解酸内酯，而假丝酵母 *Candida parapsilosis* 和酿酒酵母 *Saccharomyces cerevisia* 酶的反应产物为 D-（−）-泛解酸内酯。认为假丝酵母 *Candida* 的酶是制备 D-泛解酸内酯的一种很有实际意义的催化剂。

在实际的拆分实验中筛选到立体选择性较好的菌株近平滑假丝酵母 *Candida parapsilosis* 及小红酵母 *Rhodotorula minuta*。用其菌体作为催化剂，葡萄糖作为能源，进行还原反应，在 28℃、pH 4~6 下反应 2d，还原率达到 100%，反应液中产品 D-泛解酸内酯的浓度达到 90~50 g/L，光学纯度达到 94%~98% e.e.。

可能是由于在还原反应过程中需要 NADPH，在拆分过程中必须加入葡萄糖等糖类作为能源以产生 NADPH，还原反应才得以进行。另外，该反应时间较长（3d），基质浓度较低（5%），所以，虽然该工艺简单、放大容易，但在实际生产中还没有太多的应用。

1）用微生物不对称还原酮基泛解酸得到 D-（−）-泛解酸内酯

1990 年，清水昌等发现许多微生物具有不对称还原得到 D-泛解酸的能力，而高活性转化酮基泛解酸为泛解酸的菌株主要为细菌。尤其是农杆菌属 *Agrobacterium* 的微生物，从中发现了几株高产菌，其中一株从土壤中分离出来的 *Agrobacterium* sp. S-206 在反应中转化率达到 90%，光学纯度达到 98% 以上。酮基泛解酸内酯自发水解开环为酮基泛解酸，催化反应实际上是将酮基泛解酸不对称还原成 D-（−）-泛解酸，该反应是利用泛酸的微生物合成途径中的一种酮基泛解酸还原酶（EC1.1.l.169），而不是酮基泛解酸内酯还原酶（EC 1.1. 1.168）。

用农杆菌 *Agrobacterium* sp. S-206 实验，菌体量为 320mg/mL，2mL 底物溶液，加

酮基泛解酸钾 144 mg，加果糖 15%，温度 28℃反应 3 d。结果产 D-泛解酸 119 mg/mL，还原反应的摩尔转化率为 90%，得到产物 D-泛解酸的光学纯度为 98% e.e.。

与以前所报道的酮基泛解酸内酯还原方法相比较，酮基泛解酸还原方法具有以下优点：①许多属的微生物具有酮基泛解酸内酯还原酶的活性，而高酮基泛解酸还原酶的产生菌都属于 *Agrobacterium* 属；②酮基泛解酸还原酶的光学选择性很高（98% e.e. 以上），而酮基泛解酸内酯还原酶的光学选择性与产生该酶的微生物的属或种无关。这些结果表明催化酮基泛解酸还原的酶为单一酶（可能是酮基泛解酸还原酶），而还原酮基泛解酸内酯的酶可能是多种不同光学选择性的还原酶的共同作用。

从实际应用角度看，使用 *Agrobacterium* 的细胞进行拆分与使用 *Cundida* 细胞进行拆分比较，具有下列优点：产量（119 mg/mL）、转化率（90%）和产品的光学纯度（大于 98% e.e.）都比 *Candida* 细胞拆分效率高（分别为 81.1 mg/mL、99% 和 80.4% e.e.）。酮基泛解酸内酯还原法的底物浓度不可以超过 5%，而酮基泛解酸还原法则没有这个限制。这些特征说明酮基泛解酸还原法更适用于实际。

与酮基泛解酸内酯不对称还原法一样，酮基泛解酸还原酶也是一种需要 NADPH 才能发生作用的酶，还原反应时需要活细胞，要加糖作为能源。

2）不对称氧化和还原两步酶法转化消旋泛解酸内酯

L-泛解酸内酯或泛解酸盐可以由微生物选择性氧化生成酮基泛解酸内酯或酮基泛解酸盐，并且在反应中能同时转化为 D-泛解酸内酯或泛解酸盐。用 *N. asteroides* IFO3384 细胞与 DL-泛解酸内酯 28℃反应 2 d，产物为 18% D-泛解酸内酯、1% L -泛解酸内酯和 81%酮基泛解酸内酯。

此后，1987 年 Shimizu 等报道了用具有氧化酶的 *Nocardia asteroides* AKU 2103 和还原酶的 *Candida parapsilosis* IFO 0784 两种微生物对 DL-泛解酸内酯底物进行反应，*Nocardia asteroides* 可以不对称氧化 DL-泛解酸内酯中的 L 型成酮基泛解酸内酯，酮基泛解酸内酯又可以由 *Candida parapsilosilosis* 不对称还原成 D-泛解酸内酯。在这个两步酶催化反应体系中，80 g/L 的消旋泛解酸内酯溶液经过反应后可以得到 72 g/L D-泛解酸内酯。

Agrobacterium radiobacte 也可以用来代替 *Candida parapsilosis*，与 *Nocardia asteroides* 共同进行反应，80 g/L 的消旋泛解酸内酯溶液经过反应后可以得到 71 g/L D-泛解酸内酯。反应用洗涤重悬的细胞在同一生物的反应器内一步转化完成。

上述两步酶催化步骤还可以由一种微生物 *Rhodococcus erythropolis* 单独完成。*Rhodococcus erythropolis* 具有与 *Nocardia asteroides* 相同的酶，可以不对称氧化 DL-泛解酸内酯中的 L 型成酮基泛解酸内酯，并且有酮基泛解酸还原酶，可以在酮基泛解酸内酯迅速自发水解为酮基泛解酸后，催化酮基泛解酸不对称还原成 D-泛解酸。

　　该转化反应被认为由以下步骤组成：①L-（＋）-泛解酸内酯酶氧化为酮基泛解酸内酯；②酮基泛解酸内酯快速地自发水解为酮基泛解酸；③酮基泛解酸酶还原为 D-（－）-泛解酸。反应后的 D-（－）-泛解酸可用酸处理方法内酯化。在整个反应过程中，消旋泛解酸内酯中的 D-（－）-泛解酸内酯未发生任何修饰变化。催化该反应的酶与 *Candida parapsilosis* 的酶不一样，被认为是酮基泛解酸还原酶，因为 *Rhodococcus erythropolis* 细胞不能利用酮基泛解酸内酯作为基质（孙志浩和汤一新，2002）。

8.6.4　直接发酵法

　　由于微生物发酵泛酸含量极低，长期以来未见成功发酵的报道。直到 1990 年，日本专利报道了 Miki Hiroshi 等将 *Eshcherichia coli* IF03301 的泛酸合成基因，用 *E. coli* C600 营养缺陷型互补的方法克隆，携带克隆基因的 *E. coli*，在 DL-泛解酸和 β-丙氨酸存在下培养，得到了 D-泛酸。1994 年，Hikichi Yuichi 等进一步开发培养了能从葡萄糖合成 D-泛解酸的基因重组微生物的方法，仅添加 β-丙氨酸，直接发酵葡萄糖生产 D-泛酸（Tigu et al.，2018）。

　　随着生物技术的快速进步，泛酸在微生物体内的合成路径已经被阐明（Zhang et al.，2019），具体代谢途径如图 8.31 所示。

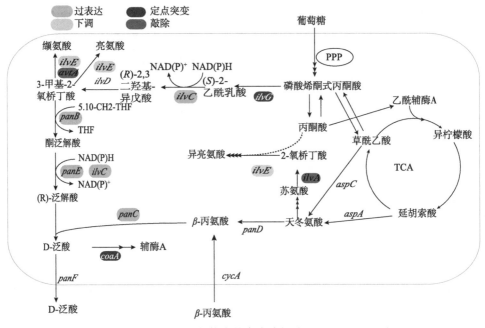

图 8.31　泛酸在微生物体内的合成路径（Zhang et al.,2019）

微生物中的泛酸合成大多是以 β-丙氨酸和泛解酸作为底物，其中最具有代表性的代谢途径由 β-丙氨酸代谢、泛解酸代谢、泛酸合成 3 部分组成。以 L-天冬氨酸为底物，在 L-天冬氨酸-α-脱羧酶（L-aspartate-α-decarboxylase，ADC）催化下，立体特异性地脱去 L-天冬氨酸的 α 位羧基，形成 β-丙氨酸，并且释放出 CO_2。泛解酸的代谢合成只要是在羟甲基转移酶（ketopantoate hydroxymethyltransferase，KPHMT）的作用下，α-酮异戊酸转变为酮泛解酸，又在酮泛解酸还原酶催化下发生还原反应，得到泛解酸。最后 β-丙氨酸和泛解酸在泛酸合成酶（pantothenate synthetase, PS）的作用下生成泛酸（图 8.32）。编码 ADC、KPHMT、KPR、PS 的基因分别为 *panD*、*panB*、*panE*、*panC*。

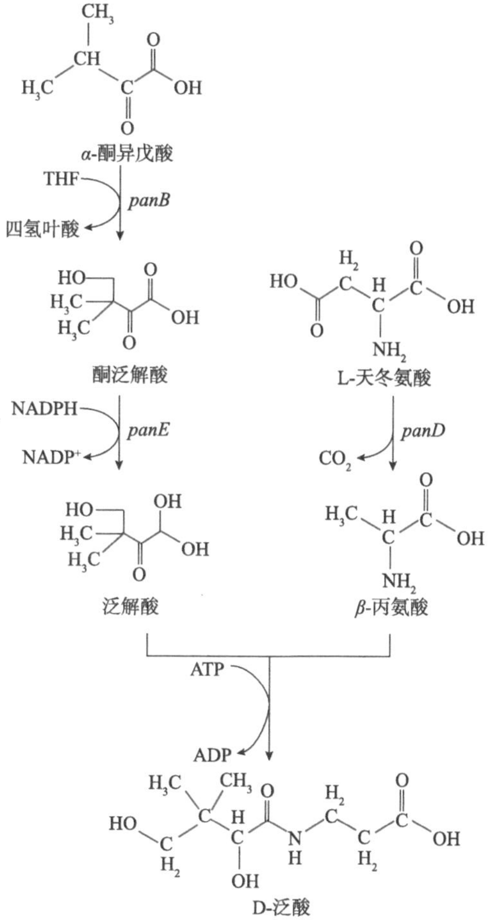

图 8.32　泛酸的合成

目前对泛酸生物合成的四种酶的相关生物研究已经非常清晰，见表 8.3。

表 8.3　泛酸合成途径四种酶相关信息

酶中文全称	酶英文全称	编码基因	辅助因子	抑制剂	生物学功能
酮泛解酸羟甲基转移酶	ketopantoate hydroxymethyltransferase	*panB*	N_5-N_{10}-亚甲基四氢叶酸、Mg^{2+}	α-丁酸铜、丙酮酸和水杨酸酯	催化 α-酮异戊酸加上羟甲基形成酮泛解酸
酮泛解酸还原酶	ketopantoic acid reductase	*panE*	NADPH	尚不明确	催化酮泛解酸还原形成泛解酸
L-天冬氨酸-α-脱羧酶	L-aspartate-α-decarboxylase	*panD*	维生素 B_6	苯肼、羟胺等	催化 L-天冬氨酸脱羧形成 β-丙氨酸
泛酸合成酶	pantothenate synthetase	*panC*	K^+、Mg^{2+}、ATP 等	钠、草酸萘呋胺酯	催化生成泛酸

对关键酶和代谢途径都有相对清晰的了解，那么就可以对泛酸的生物合成进行代谢工程手段的调节。

1）增强（R）-泛酸的生物合成途径，以此来提高 D-泛酸的积累

根据之前的报道，大肠杆菌中催化 β-丙氨酸合成的酶受到 CoA 依赖物的抑制，并且在微生物体内，用于泛酸合成的 β-丙氨酸供给不足。因此，通过 CRISPR/Cas9 技术将基因的原始启动子替换为 Trc 强启动子，以此来强化 β-丙氨酸的合成。菌株 W3110 Trc-*panC*（DPA-1）、W3110 Trc-*panCpanE*（DPA-2）、W3110 Trc-*panCpanEpanB*（DPA-3）和 W3110 Trc- *panCpanEpanBilvC*（DPA-4）在 MS 培养基培养，β-丙氨酸含量为 2.5 g/L。采用 qRT-PCR 检测发酵 10h 时 *panB*、*panC*、*panE*、*ilvC* 基因表达情况，结果表明启动子替代策略提高了 *panB*、*panC*、*panE*、*ilvC* 基因表达。数据分析表明，基因 *panE* 和 *ilvC* 表达增加 4 倍，*panB* 和 *panC* 表达增加 6 倍。此外，还测定了 D-泛酸的产率，发酵 48 h 后的结果表明，*panC*、*panE*、*panB*、*ilvC* 的上调可以使 D-泛酸产率从 0 g/L 升到 0.41 g/L（图 8.33）。

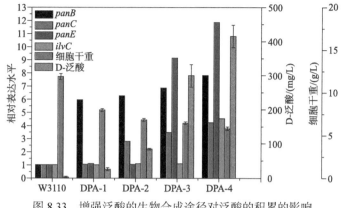

图 8.33　增强泛酸的生物合成途径对泛酸的积累的影响

2）减少竞争途径来提高泛酸的积累

当利用具有生物功能的乙酰乳酸合成酶时，D-泛酸和 L-赖氨酸的积累量都有增加，原因是重要的中间体 3-甲基-2-氧桥丁酸的合成量增多。根据之前的报道由 *ilvE* 编码的乙酰乳酸合成酶和 *avtA* 编码的缬氨酸丙酮酸酯转氨酶（valine pyruvate aminotransferase）催化 L-赖氨酸的合成。缬氨酸丙酮酸酯转氨酶可以催化 3-甲基-2-氧桥丁酸生成 L-赖氨酸，催化 L-丙氨酸生成丙酮酸；乙酰乳酸合成酶是一个多酶复合体，是赖氨酸、亮氨酸、异亮氨酸生物合成中催化最后一步反应的酶。为了减少细胞内 L-赖氨酸的合成量，首先敲除了 *avtA* 基因，其次又敲除了 *ilvE* 基因，结果显示敲除了 *ilvE* 基因后，D-泛酸的生成量明显增加，由原来的 0.83 g 增加为 1.48 g，并且赖氨酸的生物合成量也大大减少。

3）增强 D-泛酸合成途径的相关基因的表达量

为了在不外源添加 β-丙氨酸的情况下生产 D-泛酸，通过选取不同来源的 *panD* 基因，构建重组菌株。在没有外源 β-丙氨酸的供给下，原始菌株（大肠杆菌中原本的 *panD* 基因）产生 D-泛酸的量仅为 0.3 g/L。据报道，*panD* 是一类丙酮酰依赖酶的成员之一，大肠杆菌中的 *panD* 编码不成熟的酶，需要 *panZ* 和 *panD-panZ* AcCoA 复合体的修饰，才具有生物催化活性，这个问题通过引入外源的 *panD* 基因得以解决。结果发现，含有外源基因（来自枯草芽孢杆菌的 *panD*）的重组菌株的 D-泛酸的产量是原始菌的 400%，表明异源的 *panD* 可以满足泛酸的生产。在不添加丙氨酸的情况下，可以产生 1.2 g/L 泛酸。之后又通过过量表达泛酸合成途径中的其他基因，使得泛酸的产量达 1.99 g/L。

4）分批补料策略发酵 D-泛酸

最后以构建好的重组菌种在 5 L 发酵罐上进行控制发酵，由于发酵过程中异亮氨酸对于重组菌体是必需的，所以在对数生长期前期需要外加 0.4 g 异亮氨酸；

在最初的葡萄糖消耗完全后，采用维持低糖策略。最后结果（图 8.34）为在外源补加丙氨酸的情况下，最高可以产生 28.45 g/L 的 D-泛酸；而在外源不补加丙氨酸的情况下，最高可以产生 12.33 g/L 的 D-泛酸。

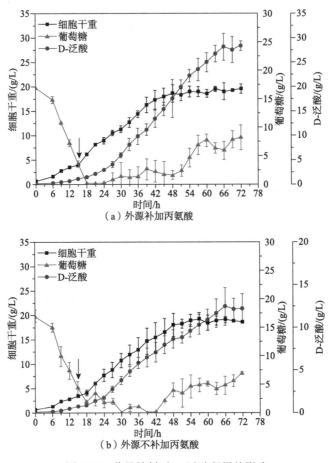

图 8.34　分批补料对 D-泛酸积累的影响

泛酸作为重要的食品、饲料添加剂，需求量十分巨大，所以找到适合的生产方式至关重要，化学方法会带来严重的环境污染，而酶法和微生物直接发酵法具有环境友好的特点，将是未来生产泛酸的主要方法，而且随着生物技术的发展，生物发酵法会成为泛酸生产的主要方式。

8.7　低分子量透明质酸：从无序降解到分子量精准可控的生物制造

8.7.1　引言

透明质酸俗称玻璃尿酸，是一种由 N-乙酰葡萄糖胺（acetylglucosamine，GlcNAc）和 D-葡萄糖醛酸（glucuronic acid，GlcUA）以 β-（1-3）和 β-（1-4）糖苷键连接的双糖单位重复组成的大分子黏性多糖。在自然界中，HA 广泛分布于所有脊椎动物的各种组织细胞间质和部分细菌荚膜中，并且参与许多重要的机体代谢和生理过程。HA 具有良好的保湿性、黏弹性、渗透性、延展性和生物兼容性，同时无任何免疫原性，被广泛应用于化妆品、食品和医药等行业领域。自 20 世纪 60 年代，HA 已经被用于局部烧伤和溃疡的治疗，70 年代 HA 用于眼科手术获得了良好的效果。1979 年来自辉瑞制药有限公司的透明质酸钠作为第一种药物产品上市，被作为黏弹性辅助剂广泛应用于临床外科手术。另外，HA 可与化疗药结合，具有靶向引导作用，也可以替代胶原和其他组织填充剂用于美容和整形外科。被誉为"天然理想的保湿剂"的 HA，80 年代起又被广泛应用于化妆品和保健品行业，市场需求量极速增加，HA 作为医疗用药和化妆品的市场具有广阔前景。相关研究表明，HA 生物学功能与其分子量（M_W）大小密切相关。高分子量 HA（$M_W \geqslant 1.0 \times 10^6$ Da）具有较好的黏弹性、保湿性、抑制炎性反应、润滑等功能，可用于组织填充包括美容整形和关节腔内注射治疗，保护关节组织和修复软骨退变，恢复关节组织的黏弹性；低分子量 HA（$1.0 \times 10^4 \sim 1.0 \times 10^6$ Da）在慢性伤口愈合和 HA 交联物的开发方面具有重要作用。最近研究发现 HA 寡糖（$M_W \leqslant 1.0 \times 10^4$ Da）具有独特的生物学功能。HA10（10 糖单位）和 HA8（8 糖单位）可以刺激成纤维细胞增殖、胶原合成以及通过破坏大分子 HA 与细胞受体的相互作用而选择性杀死癌细胞；HA6 和 HA4 可以诱导体内树突细胞的成熟以及新血管合成。此外，HA 寡糖容易被人体吸收而作为自身 HA 等多糖合成的前体，因此，HA 寡糖在食品保健以及医药领域具有重要的应用前景。

8.7.2　低分子量透明质酸的化学与物理法无序降解

低分子量 HA 的制备方法主要有物理法和化学法。

1. 物理降解法

早在 1993 年，国外研究人员就采用了超声破碎法降解 HA。实验表明，HA 溶液在超声处理下能被降解，长链比短链降解得快，但很难降解得到单糖，降解

产物的 M_W 一般会高于 10^4。高压均质法是随着现代仪器技术的发展而发展起来的。日本有专利报道，随着均质压力和循环次数的提高，HA 的 M_W 下降明显，证明了高压均质降解的效果。另外，加热法是一种简单、易于控制的 HA 降解方法。

2. 化学降解法

HA 的化学降解法又分为水解法和氧化降解法。水解法又分为酸解法和碱解法。国外 Tokita 等对 HA 在不同 pH 条件下的水解降解进行了研究，表明 HA 在酸性范围内的降解效果明显高于中性和碱性条件。氧化降解常用的氧化剂为次氯酸钠和过氧化氢。杉谷等将发酵来源的 HA（2.5×10^6 Da）配成 1%的浓度，分别加入 150 ppm、300 ppm 及 800 ppm[①]的次氯酸钠，30℃反应 30～60 min，可降解制备 1.5×10^5～3.0×10^5 Da 的 HA。

8.7.3　透明质酸降解酶的挖掘与高效分泌表达

透明质酸酶（HAase，又名"扩散因子"）是一类主要降解 HA 的糖苷酶。基于底物特异性和水解产物，HAases 主要被分为三类：透明质酸裂解酶（bacterial hyaluronate lyase，EC4.2.2.1），透明质酸 4-糖胺聚糖水解酶（bovine testicular hyaluronidase，BTH，EC3.2.1.35）和透明质酸 3-糖胺聚糖水解酶（leech HAase，EC3.2.1.36）。商品化的牛睾丸 HAase（BTH）的水解作用机制已被研究，并且被广泛应用于临床医疗。然而，BTH 来源受限（牛睾丸），价格极其昂贵，特别是水解产物分子量范围广等缺点，导致了 BTH 不能实现大规模制备特定分子量或者小分子 HA 寡糖，从而限制了 HA 寡糖的研究和广泛应用。相反，与 BTH 和细菌裂解酶相比，水蛭 HAase 具有更好的底物专一性且水解产物 M_W 分布范围窄，特别是不具有转糖苷活性和活性不受肝素影响等特点，理论上来讲，水蛭 HAase 用于临床治疗（外科、眼科和内科）更具医疗价值意义。因此，采用基因工程手段实现重组水蛭 HAase 的高产具有重要的意义。

1. 水蛭 HAase 基因 *LHyal* 的克隆

新鲜的野生水蛭头部被切碎后，迅速用液氮冷冻，用于提取水蛭头部总 RNA。提取的水蛭头部 RNA 立即按照反转录试剂说明书合成 cDNA 链。提取的 RNA 和反转录的 cDNA 存储于液氮中，或者作为 DNA 模板进行下一步扩增水蛭 HAase 基因的 PCR 反应。通过在 NCBI 表达序列标签数据（EST database，http://www.ncbi.nlm.nih.gov/nucest/）中搜寻比对，得到两条来源于医蛭候选的不完整 Haase 的 cDNA 序列（GenBank: FP628211.1 和 JZ186329.1），设计一对特异

---

① 1 ppm $= 10^{-6}$。

性的简并引物并用于 PCR 扩增水蛭 HAase 基因的部分基因序列。为了获得完整的全基因序列，第一链 cDNA 的合成按照 SMART RACE cDNA Amplification Kit 的操作说明进行，并作为模板用于 3′ 和 5′-RACE PCR 反应。本书作者根据 RACE-PCR 反应获得 5′端序列和 3′端序列，经过序列拼接获得一个 1470 bp 的 CDS 编码序列，以 cDNA 为模板 PCR 扩增获得全长 LHyal 基因序列（NCBI 基因登录号为 KJ026763）。

2. 毕赤酵母分泌表达重组 LHyal

毕赤酵母 P. pastoris GS115 由于其独特的优势（如高密度生长、无内毒素和分泌表达）被广泛用作真核表达系统。因此，选取 GS115 用于 LHyal 的异源表达，并且 N 端融合 Saccharomyces cerevisiae 来源的 α 因子信号肽用于 LHyal 的分泌表达。摇瓶发酵液经 HA 平板分析，结果如图 8.35（a）显示，平板上 HA 被发酵上清液水解后形成明显的透明圈，这一结果明确地证明了水蛭 LHyal 是一个真正的"HAase"，并且在毕赤酵母中实现了活性表达。经二硝基水杨酸（DNS）法精确测定 LHyal 分泌到胞外的酶活高达 11954 U/mL [图 8.35（b）]（Huang et al., 2020）。

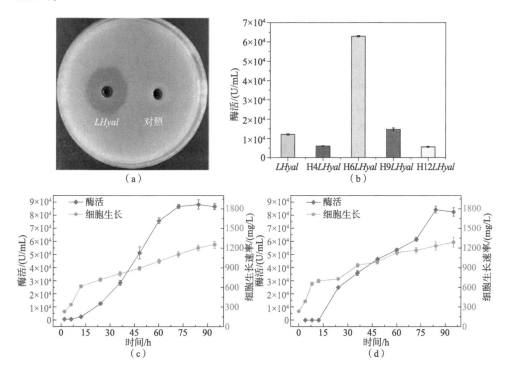

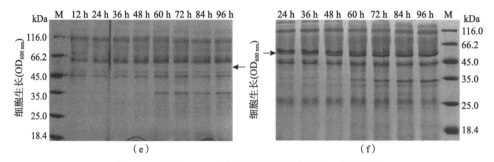

图 8.35　重组 *LHyal* 的功能活性和蛋白表达水平分析

（a）平板检测 HAase 活性；（b）N 端融合不同 His 对 *LHyal* 表达水平的影响；

LHyal（c）和 H6*Lhyal*（d）在 3 L 发酵罐补料发酵的关系曲线图；

SDS-PAGE 蛋白电泳分析 *LHyal*（e）和 H6*Lhyal*（f）补料发酵过程中 HAase 蛋白表达水平

　　为了方便后期蛋白纯化，His-tags（组氨酸标签，一般为 6 个连续的 His）被广泛应用于表达重组蛋白的分离纯化。在本研究工作中，我们设计了 4 种不同长度的 His-tags 融合在 *LHyal* 的 N 端，拟确定其是否会对蛋白的表达水平产生影响。研究结果表明 *LHyal* 的 N 端融合了不同长度的 His 导致了胞外 HAase 表达水平的显著差异[图 8.35（b）]。特别是融合 6 个 His 的重组菌株（H6*LHyal*），HAase 的表达水平显著地提高到了 63180 U/mL，胞外酶量提高至近 6 倍。为了进一步考察 HAase 的表达水平，重组的 *LHyal* 和 H6*LHyal* 菌株在 3 L 发酵罐进行高密度补料发酵，*LHyal* 的表达水平达到 8.50×10^4 U/mL [图 8.35（c）]，与摇瓶产量相比提高了约 7.1 倍。然而，H6*LHyal* 重组菌株 HAase 的表达水平高达 8.42×10^5 U/mL（约 420 mg/L 的 HAase 蛋白）[图 8.35（d）]，与 *LHyal* 相比提高了近 9 倍。同时，通过 SDS-PAGE 蛋白电泳分析 *LHyal* 和 H6*LHyal* 的补料发酵过程中的蛋白差异，与 *LHyal*[图 8.35（e）]相比，H6*LHyal* 重组菌株产生的目标条带随着发酵时间的延长而增加非常显著[图 8.35（f）]。以上研究结果表明蛋白 N 端改造（融合 6 个 His）能够显著影响水蛭 HAase 的表达水平。

　　3. 分子改造和发酵优化提高 *LHyal* 表达

　　为了进一步提高 *LHyal* 的酶活，将质粒 pPIC9K-*LHyal* 上的信号肽 α 因子替换成信号肽 HKR1、YTP1、SCS3 和 nsB，构建 4 株含不同信号肽的重组菌株 GS115-HKR1-*Lhyal*、GS115-YTP1-*LHyal*、GS115-SCS3-*LHyal* 和 GS115-nsB-*LHyal*，考察信号肽对 HAase 表达的影响。经摇瓶发酵培养，重组菌株 GS115-nsB-*LHyal* 的胞外酶活明显高于其他菌株，*LHyal* 酶活为 7.96×10^4 U/mL，比重组信号肽 α 因子菌株提高了 26%，这说明信号肽 nsB 比信号肽 α 因子更有利于 *LHyal* 的分泌表达（图 8.36）（Wang et al., 2019）。

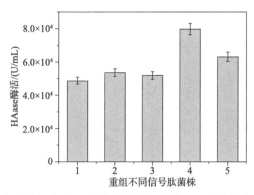

图 8.36　不同信号肽对重组菌株产 *LHyal* 的影响

1: GS115-SCS3-*LHyal*; 2: GS115-YTP1-*LHyal*; 3: GS115-HKR1-*LHyal*; 4: GS115-nsB-*LHyal*; 5: GS115-α-*LHyal*

为进一步提高 HAase 的产量，在最佳信号肽 nsB 基础上，在基因 *LHyal* 的 N 端融合 6 种不同的双亲短肽（amphipathic peptides，APs），重组菌株 GS115-nsB-*AP2-LHyal* 摇瓶发酵时酶活最高，为 $9.69×10^4$ U/mL[图 8.37（a）]。经 SDS-PAGE 蛋白电泳分析[图 8.37（b）]，融合短肽 AP2 菌株发酵上清液中目的蛋白含量比重组菌株 GS115-nsB-*LHyal* 发酵产目的蛋白含量高，说明融合短肽 AP2 能促进 HAase 的分泌表达。

在 3L 发酵罐中进行放大培养，基于对细胞活力与醇氧化酶 AOX 活性的分析，确定诱导阶段采用阶段控温策略，如图 8.38 所示，即在诱导阶段 1~60 h，温度控制为 25℃；60~96 h，温度控制为 22℃。采用阶段控温策略后，*LHyal* 最高酶活为 $1.68×10^6$ U/mL。

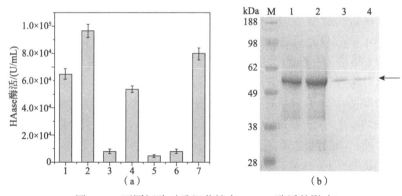

图 8.37　不同短肽对重组菌株产 HAase 酶活的影响

（a）不同短肽重组菌株 HAase 酶活：1~7 分别表示 GS115-nsB-*AP1-LHyal*、GS115-nsB-*AP2-LHyal*、GS115-nsB-*AP3-LHyal*、GS115-nsB-*AP4-LHyal*、GS115-nsB-*AP5-LHyal*、GS115-nsB-*AP6-LHyal*、GS115-nsB-*LHyal*；（b）重组菌株胞外 *LHyal* 及纯化 HAase 的 SDS-PAGE 蛋白电泳分析：M 表示 Marker；1 表示 GS115-nsB-*LHyal*；2 表示 GS115-nsB-*AP2-LHyal*；3 表示纯化 nsB-*LHyal*；4 表示纯化 nsB-AP2-*LHyal*

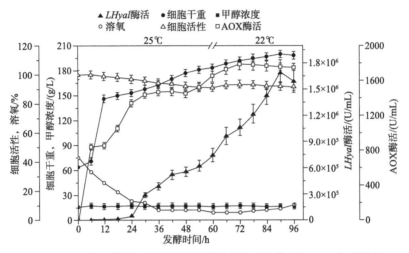

图 8.38　两阶段控制温度诱导策略的分批发酵培养对 *LHyal* 表达影响

8.7.4　特定低分子量透明质酸的酶法水解制备

随着 HA 的研究热潮，小分子 HA 的制备逐渐成为研究热点之一。很长一段时间以来，制备分子量分布集中的小分子 HA 由于难度较大，没有得到充分的研究。目前，小分子 HA 主要以物理和化学方法直接降解来制备。物理法主要为加热、机械剪切力、紫外线、超声波、^{60}Co 照射、γ 射线辐射等方法促使 HA 发生降解。物理降解法处理过程简单，产品易于回收。但是，这些方法都会带来一定的影响，如加热法易使 HA 变色，紫外和超声效率较低，且产生的小分子分子量范围较大（大于 3000 Da），产品稳定性较差。HA 的化学降解方法有水解法和氧化降解法，水解法分酸水解（HCl）和碱水解（NaOH），氧化降解常用的氧化剂为次氯酸钠（NaClO）和过氧化氢（H_2O_2）。但化学降解法引入了化学试剂，反应条件复杂，易给 HA 性质产生影响并给产品的纯化带来困难，且产生大量的工业废水。相对物理和化学降解法而言，生物酶催化降解 HA 具有极大的优势，本章研究用来制备小分子 HA 的透明质酸酶来源于水蛭。透明质酸酶降解 HA 生成分子量范围均一的小分子 HA（分子量小于 2000 Da），由于生物酶法反应条件温和、专一性强、产品纯度高，易于实现工业化生产制备，对于小分子 HA 的制备具有一定的优势（Lv et al., 2016）。

1. 水解过程中分子量变化规律

将 1 L 纯水倒入 3 L 发酵罐中，加入 40 g 大分子 HA 配制底物反应溶液，分别加入不同量的水蛭 *LHyal*（1.00×10^3 U/mL、1.25×10^4 U/mL、2.00×10^4 U/mL、4.00×10^4 U/mL），在水解温度 45℃、转速 500 r/min 条件下反应。使用 HPLC-SEC-RI

方法测定不同时间点的水解产物的分子量，如图 8.39 所示。

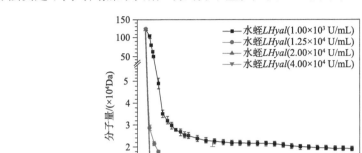

图 8.39　不同酶活条件下分子量变化趋势

从分子量变化曲线图中可以发现，初始反应速率极大，分子量迅速降低，且酶活越高，分子量降低速率越快。在 2 h，分子量分别降低至 36000 Da、16000 Da、8500 Da、5000 Da。随后反应速率逐渐降低，直至分子量几乎不发生变化，且酶量越高，分子量越早不发生变化，分子量最终停滞在较低水平。反应 24 h，分子量分别降低至 20000 Da、10000 Da、4000 Da、3000 Da。可见，单位体积的酶量越高，链断裂得越快，且断裂得越彻底。因此，制备聚合度不同 HA，需要控制 *LHyal* 量和水解时间（Yuan et al., 2015）。

2. 透明质酸寡糖的制备

HA 的功能与它的分子量相关。但是在大多数情况下，使用传统方法制备的 HA 寡糖分子量分布不集中。通过重组水蛭透明质酸酶水解 HA，水解产物分子量分布集中，根据影响 HA 水解的条件，对 HA 浓度和水解时间进一步探究。在 3 L 发酵罐中加入 1 L 纯水，加入 40 g 大分子 HA，配制底物反应溶液，然后加入水蛭 *LHyal*，控制酶活为 1.5×10^4 U/mL，在水解温度 45℃、转速 500 r/min 条件下反应，结果如表 8.4 所示。

表 8.4　不同浓度高分子透明质酸的水解特征

酶活 /(U/mL)	浓度 /(g/L)	0.5h		1h		1.5h		2h		2.5h		3h	
		M_w	P	M_w	P	M_w	P	M_w	P	M_w	P	M_w	P
1.5×10^4	20	10000	1.86	7000	1.6	5600	1.46	4900	1.33	4400	1.24	4000	1.2
1.5×10^4	40	20000	2.43	13000	2.06	10000	1.88	8400	1.73	7400	1.62	6700	1.54
1.5×10^4	60	32000	2.7	18000	2.24	16200	2.14	14100	2	12170	1.95	10000	1.9

　　可以发现，不同浓度的 HA 的分子量随着时间的延长逐渐降低，相同时间点底物浓度越高产生的 HA 的分子量越高，分子量分布值越大。这表明，低浓度的 HA 和相对长的水解时间，有助于制备分子量分布集中的 HA 寡糖（Jin et al., 2014）。

　　根据以上结果，进一步探究特定分子量的 HA 寡糖的制备，可以制备分子量大小为 30000 Da、10000 Da、4000 Da 的 HA 寡糖。HA 底物浓度为 40 g/L，在不同的酶活和水解时间条件下，将 *LHyal* 高温失活，终止反应。与理论相符，特定分子量的 HA 寡糖可以被高效生产。更有趣的是，所有的产物在相对低的酶活和较长的时间下，呈现出分布集中的特征，如表 8.5 所示。

表 8.5　不同浓度的透明质酸酶水解产生寡糖的分子量分布特征

分子量/Da	*LHyal*/（U/mL）	水解时间/h	分子量分布值
30000	1×10^4	3	1.69
	1.25×10^4	0.5	2.07
10000	1.25×10^4	15	1.68
	2×10^4	1.3	1.86
4000	2×10^4	24	1.16
	4×10^4	4.5	1.19

　　例如，制备 10000 Da 的 HA 寡糖，在酶活 1.25×10^4 U/mL 的条件下 15 h 时将水解反应停止；在酶活 2.00×10^4 U/mL 条件下，1.3 h 将反应停止，将水解产物冻干，通过高效尺寸排阻色谱（HPSEC）进行分析。可以发现，在不同的酶活 1.25×10^4 U/mL、2.00×10^4 U/mL 条件下，产生 10000 Da 分子量的 HA 寡糖在相同时间点都产生一个峰，而酶活 1.25×10^4 U/mL 条件下，分子量分布更集中一些。文献中报道，使用牛睾丸透明质酸酶水解制备 HA 寡糖，分子量分布较为分散。因此，使用水蛭透明质酸酶水解制备低分子量 HA 与 HA 寡糖具很大的优势。基于水蛭透明质酸酶的酶法制备低分子量 HA 技术已产业化，相关技术荣获 2019 年中国轻工业联合会技术发明奖二等奖。

8.7.5　特定低分子量透明质酸的一步法发酵生产

　　HA 的生物学功能与其分子量大小有密切的相关性，小于 10000 Da 的低分子量 HA 寡糖因具有强烈的生物学活性而具有重要的潜在功能。有报道在微生物发酵过程中优化条件调控 HA 产物的分子量大小，然而其影响的分子量范围非常有限，导致这一措施在实际应用过程中是不可行的。相比较，酶法催化合成 HA 寡糖是一种很有潜力的方法，然而需要制备大量的 *LHyal* 液并控制反应条件。因此，将微生物发酵生产 HA 和 *LHyal* 相耦联，通过精准调控 *LHyal* 的表达水平，拟实现一菌发酵直接生产获取特定分子量 HA 寡糖和 *LHyal* 两种产物，具有一定的研究意义和工业化潜力。根据 N 端融合 His-tags 对水蛭 *LHyal* 基因在毕赤酵母中的表达水平具有显著的影响这一思路，采用蛋白 N 端改造策略成功实现了水蛭 *LHyal* 基因在 *B. subtilis* 168 中的活性分泌表达。同时，对 *LHyal* 的核糖体结合位点进行改造，借助 RBS 优化策略和高通量筛选技术实现了在翻译水平上对 *LHyal* 表达水平的精准调控，实现了蔗糖一步发酵获得特定分子量 HA 寡聚糖的高效合成（图 8.40）。

首先在水蛭 *LHyal* 蛋白的 N 端添加 6 个 His 使得 *LHyal* 获得了活性功能表达（图 8.40），进一步采用不同信号肽以及基因组整合策略优化水蛭 *LHyal* 的分泌表达。在此基础上，本书作者采用 RBS 优化策略构建 H6*LHyal* 基因的 RBS 突变文库，再结合高通量培养和筛选技术，通过平板透明圈的直径大小来筛选不同表达水平的水蛭 HAase 的突变株。结果如图 8.41 所示，通过 HA 平板分析显示获得了水解透明圈大小差异显著的突变株（库容约 10^4 个）。摇瓶培养进一步确定 H6*LHyal* 表达量的具体差异，选取出发菌株 *B. subtilis* E168TH（WT）和 5 株 HAase 活性具有明显差异的突变株（R1～R5），结果如图 8.41 所示，水蛭 HAase 的蛋白分泌水平实现了近 70 倍的显著表达水平差异，分别为 $1.58×10^5$ U/mL、$7.93×10^4$ U/mL、$1.91×10^4$ U/mL、$7.21×10^3$ U/mL、$3.83×10^3$ U/mL、$2.14×10^3$ U/mL。这一研究结果表明在翻译水平上通过优化 RBS 的强度能够实现对水蛭 *LHyal* 的精准差异化

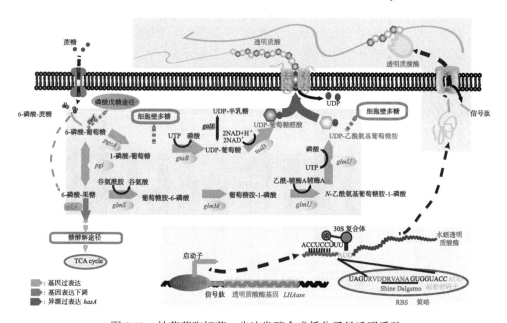

图 8.40　枯草芽孢杆菌一步法发酵合成低分子量透明质酸

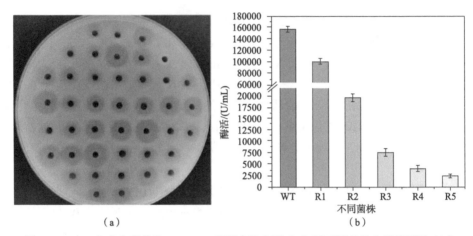

（a）　　　　　　　　　　　　　（b）

图 8.41　RBS 突变文库优化 H6*LHyal* 基因表达水平（a）及不同菌株分泌酶活性（b）

调控，同时也证明了 *LHyal* 蛋白表达的限速步骤为翻译过程。

　　选取 6 株 HAase 不同表达水平的 RBS 突变株用于合成 HA 寡聚糖，摇瓶培养结果如下。WT、R1、R2、R3、R4 和 R5 胞外 HAase 的表达量分别为 $1.58×10^5$ U/mL、$7.93×10^4$ U/mL、$1.91×10^4$ U/mL、$7.21×10^3$ U/mL、$3.83×10^3$ U/mL 和 $2.14×10^3$ U/mL，对应的 RBS 翻译起始效率的评估值分别为 10800、8170、3550、1970、1080 和 850，表明 RBS 强度与其 HAase 的表达水平趋势一致；随着 HAase 表达量的增大，HA 产量也呈现增加的趋势，由 3.16 g/L 显著提高到 4.35 g/L。WT、R1、R2、R3、R4 和 R5 的 HA 产物分子量分别为 $2.20×10^3$ Da、$2.66×10^3$ Da、$3.06×10^3$ Da、$3.68×10^3$ Da、$4.90×10^3$ Da 和 $5.37×10^3$ Da（图 8.42），表明 HA 寡糖的分子量随着 HAase 表达量的降低而呈现增大的趋势，且产物的分子量分布比较集中（$1.0<I_p<1.25$）。

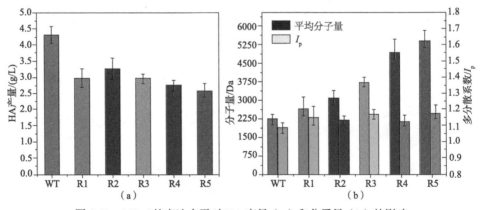

（a）　　　　　　　　　　　　　（b）

图 8.42　*LHyal* 的表达水平对 HA 产量（a）和分子量（b）的影响

　　基于上述摇瓶培养发酵产 HA 的结果，进一步考察了菌株的 3 L 罐分批补料

发酵情况。重组菌株 E168T/pP43-DU-PBMS、E168TH/pP43-DU-PBMS（WT）、
E168THR1/pP43-DU-PBMS （R1）和 E168THR2/pP43-DU-PBMS（R2）进行 3 L
罐补料发酵，WT、R1 和 R2 的 HAase 表达量分别为 $1.62×10^6$ U/mL、$8.8×10^5$ U/mL
和 $6.40×10^4$ U/mL；与 E168T/pP43-DU-PBMS 相比，R2、R1 和 WT 菌株发酵过程
中黏稠度显著降低并维持较高的溶氧水平（<40%），细胞生长速率和细胞密度显
著增加；菌株 E168T/pP43-DU-PBMS 补料发酵 HA 产量由摇瓶 3.16 g/L 提高到
5.96 g/L，分子量为 $1.42×10^6$ Da；WT、R1 和 R2 菌株 HA 产量分别达到 19.38 g/L、
9.18 g/L 和 7.13 g/L，分子量分别为 $6.62×10^3$ Da、$1.80×10^4$ Da 和 $4.96×10^4$ Da。基
于透明质酸酶挖掘以及构建微生物细胞工厂，本书作者实现了不同分子量 HA 的
高效合成，为其他糖胺聚糖的生物制造也提供了借鉴。

8.8　甲硫氨酸：从化学合成到酶法合成再到直接发酵生产

8.8.1　性质

甲硫氨酸是 20 种氨基酸中的两种含硫氨基酸之一，学名为 2-氨基-4-甲巯基
丁醇，是唯一含硫的非极性 α-氨基酸。其分子式为 $C_5H_{11}NO_2S$，分子量为 149.21，
含有两种旋光性结构，分别为 D-甲硫氨酸与 L-甲硫氨酸，其中具有生物活性的是
L-甲硫氨酸，结构式见图 8.43。甲硫氨酸在常温下呈白色或者淡黄色结晶性粉末
或片状晶体，有特殊气味，微甜。

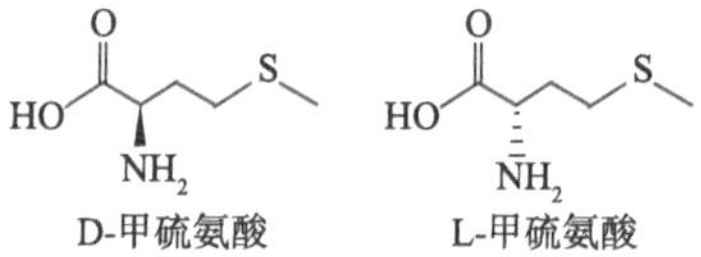

图 8.43　D-甲硫氨酸与 L-甲硫氨酸的结构式

8.8.2　甲硫氨酸的应用

作为必需的含硫氨基酸，L-甲硫氨酸与其他氨基酸一样参与蛋白质的合成，
其在 mRNA 中的三联体密码子为 AUG，因此是绝大多数蛋白质合成的起始氨基
酸。它不仅是细胞内重要的甲基、硫基供体而参与转甲基、转硫基作用，还是很
多中间代谢物的前体，如肾上腺素、S-腺苷甲硫氨酸（SAM）。其中，SAM 是细
胞中大部分甲基化的唯一甲基供体。在植物与微生物中均有 L-甲硫氨酸的生物合
成途径，因而正常情况下不需要外界提供 L-甲硫氨酸。但是对于人和动物而言，

由于自身缺乏 L-甲硫氨酸生物合成途径，因此必须从外界获取来维持正常生理功能。与磷酸化一样，细胞内甲硫氨酸的氧化作用也是一个可逆过程，蛋白质中 L-甲硫氨酸残基的氧化作用与还原作用循环可以用于机体的调控。目前还没有临床试验证明，过量的 L-甲硫氨酸摄取对人体是否有害。正是由于人和动物体内缺乏 L-甲硫氨酸生物合成途径以及 L-甲硫氨酸具有的多种重要生理功能，其大量被应用于饲料、医药、食品以及美容等领域。

　　饲料主要分为植物源饲料与动物源饲料，但是不管是动物源饲料还是植物源饲料，它们往往会有一些匮乏的氨基酸，如植物源饲料中 L-甲硫氨酸、L-赖氨酸、L-苏氨酸以及 L-色氨酸较为缺乏，而这些氨基酸对于动物来说又是必需氨基酸。因此在喂养动物的饲料中必须添加这些氨基酸来满足动物的生理功能需要。其中，用量最大的氨基酸为 L-赖氨酸与 L-甲硫氨酸。对于禽类来说，L-甲硫氨酸是第一限制性氨基酸。在氨基酸摄取过程中，合适的氨基酸比例能够发挥氨基酸的最大效能，减少氨基酸的浪费。摄取氨基酸的过程中，一种氨基酸的缺乏往往导致其他氨基酸也无法正常吸收，从而造成氨基酸的浪费。由于甲硫氨酸为禽类的第一限制性氨基酸，因此必须在饲料中大量添加，否则会降低饲料的效能，甚至会使动物缺乏甲硫氨酸而导致生长速度减慢，更严重时还会造成动物营养不良、皮毛变质。除了具有营养作用外，甲硫氨酸还能够提高动物抗氧化能力，增强免疫力、繁殖性能、解毒功能。而且在植物源饲料中添加甲硫氨酸可以减少动物源饲料的使用，既可以加快家禽生长、缩短生长周期、减少成本，又可以提高产蛋、产肉能力，达到更大的经济效益。由于人们生活水平的不断提高，对肉类的需要越来越大，反过来也提高了对甲硫氨酸的需求。因此，加快甲硫氨酸的生产对于国计民生来说至关重要（杨芷等，2014）。

　　与家禽等动物能够同时利用 L-甲硫氨酸与 D-甲硫氨酸相反，人体只能利用 L-甲硫氨酸而无法利用 D-甲硫氨酸，当人体摄取大量的 D-甲硫氨酸时，会导致 D-甲硫氨酸在体内堆积。因此给人体提供甲硫氨酸时，一般提供的是 L-甲硫氨酸。L-甲硫氨酸在人体内参与各种甲基化反应，而甲硫氨酸的甲基是由 5-甲基-四氢叶酸提供的，当甲硫氨酸缺乏时，5-甲基-四氢叶酸就会出现堆积，导致人体内叶酸暂时性缺乏，同时还会导致维生素 B_{12} 的缺乏。除此之外，L-甲硫氨酸可以促进一些微量元素（如锌、硒）的吸收、运输和利用，同时还可以作为一种螯合剂辅助细胞将一些重金属排出胞外。另外，L-甲硫氨酸还对一些疾病（如帕金森病、脱发、肝功能恶化、精神分裂、抑郁症等）的治疗具有很大的帮助。但是，这些情况都可通过饮食或者直接注射含有 L-甲硫氨酸的注射液等方式来治疗。

　　由于甲硫氨酸具有特殊的气味，在食品调味剂方面也得到一定的应用。此外，其还可以用来强化食品中氨基酸的含量。由于甲硫氨酸在甲硫氨酸制品中较为缺乏，以添加了 L-甲硫氨酸的大豆粉喂食儿童，可提高氮的存留性，从而提高大豆粉的营养价值。除了食品中添加氨基酸外，一些功能性饮料和保健品的添加物中也包含了 L-甲硫氨酸。鉴于 L-甲硫氨酸的硫原子能够清除自由基，起到抗氧化的作用，其常常也被应用于化妆品中。

8.8.3　甲硫氨酸的化学合成

　　工业上生产甲硫氨酸主要是用化学合成法，按其原料不同可分为丙烯醛法、丙二酸酯法、丁基内酯法、丙烯酮法、甘氨酸乙酯盐酸盐法。其中应用最广的是丙烯醛法，按其合成路线又分为海因法（图 8.44）与氰醇法（图 8.45）。海因法因具有原料价格低、生产工艺简单、耗能少、收率高的优点，因而被国内外大部分厂家所采用。其他方法见图 8.46～图 8.52。

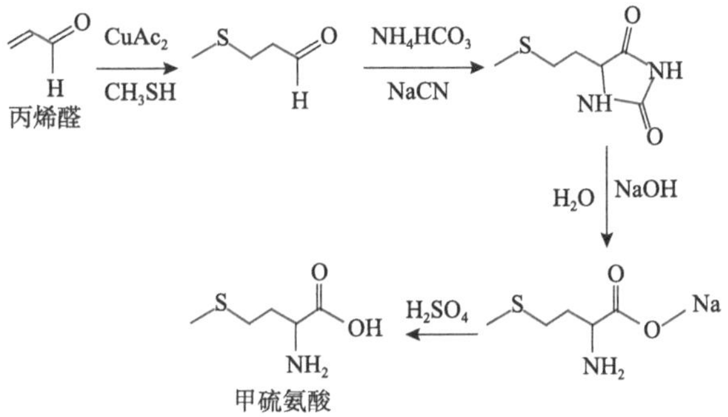

图 8.44　海因法

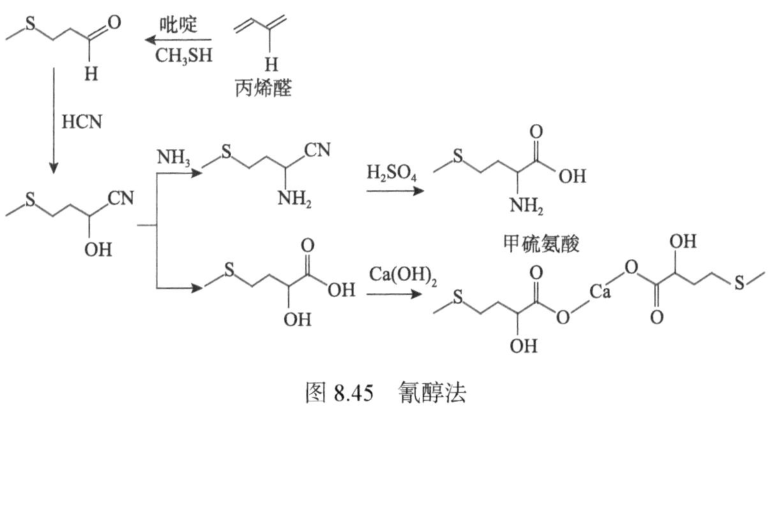

图 8.45　氰醇法

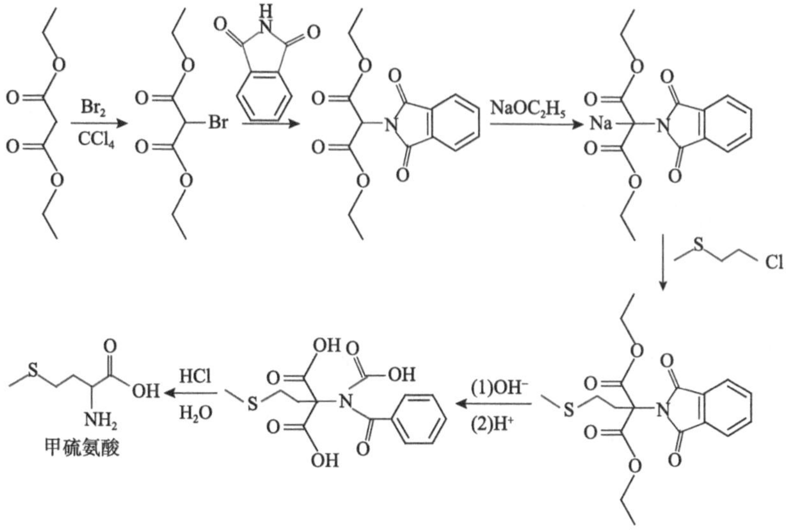

图 8.46　丙二酸酯法

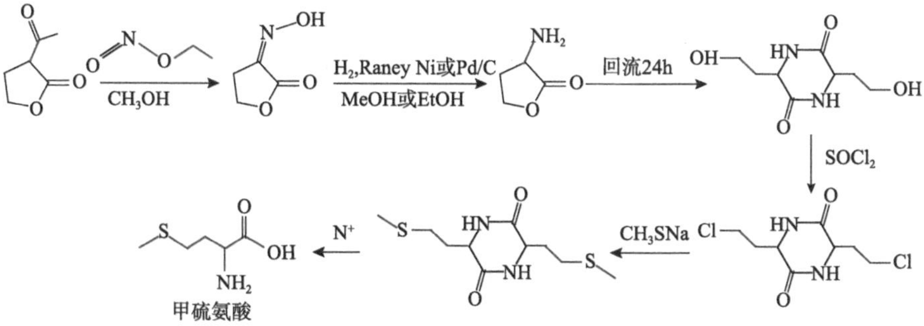

图 8.47　α-乙酰-γ-丁基内酯法

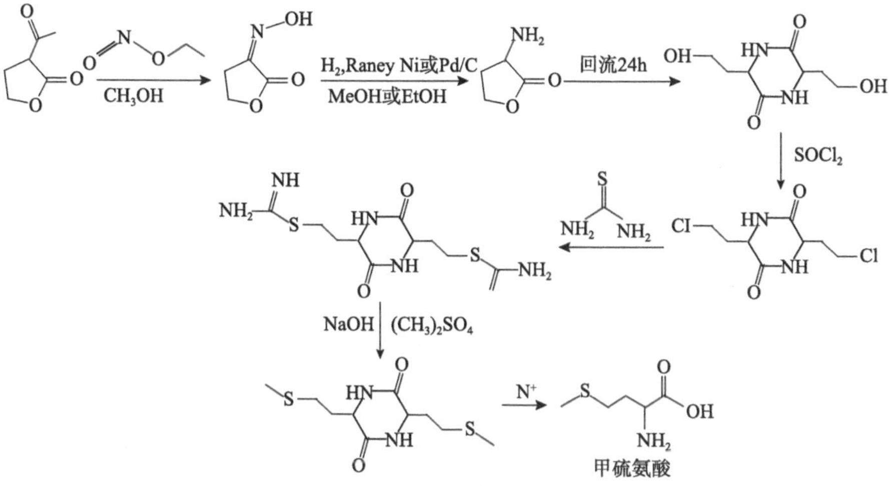

图 8.48　α-乙酰-γ-丁基内酯法改良法

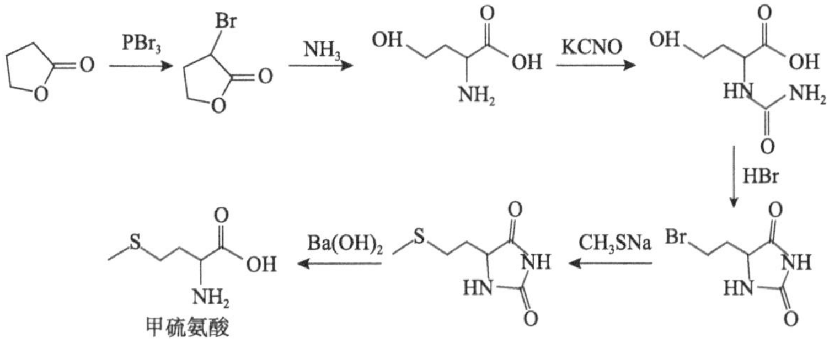

图 8.49　γ-丁基内酯法 I

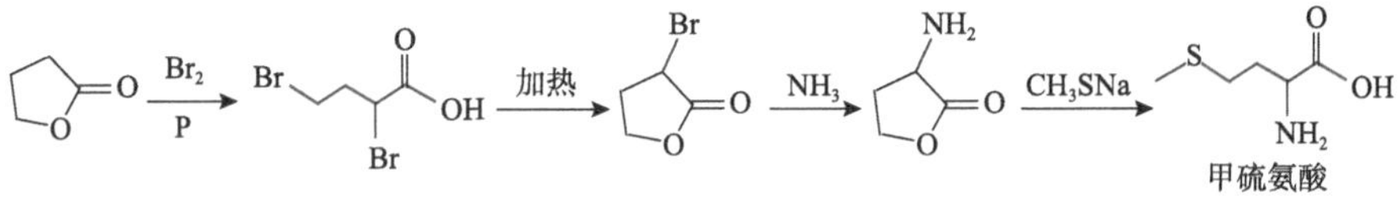

图 8.50　γ-丁基内酯法 II

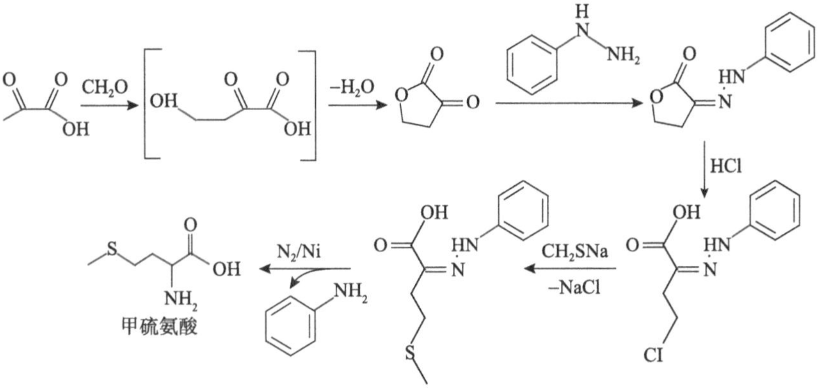

图 8.51　丙烯酮法

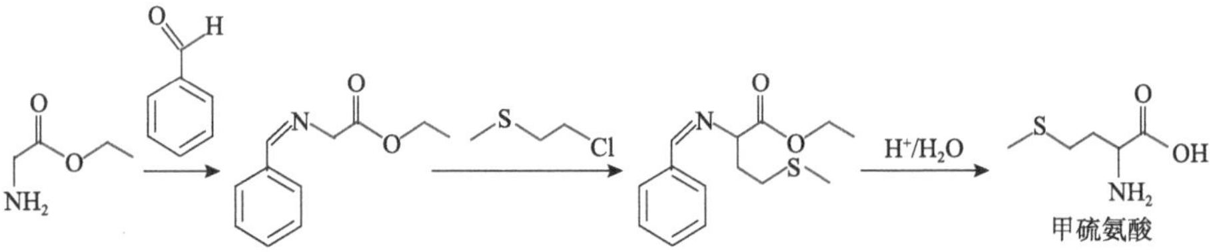

图 8.52　甘氨酸乙酯盐酸盐法

除了以石化来源的原料为化学合成的前体外，微生物来源的原料也渐渐被应用于化学合成方法中，如以微生物发酵法合成的 L-高丝氨酸也可以作为甲硫氨酸合成的前体（图 8.53）。除微生物来源外，L-高丝氨酸也可以通过化学法合成。

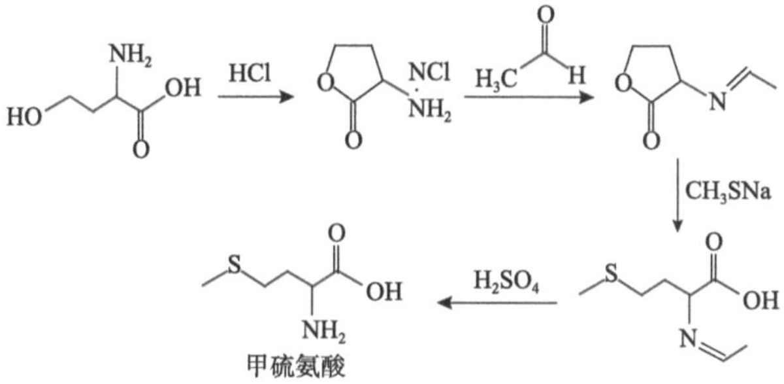

图 8.53 以高丝氨酸为前体

8.8.4 甲硫氨酸的酶法合成

由于化学合成的甲硫氨酸均为 DL-甲硫氨酸混合物，而人体内只能利用 L-甲硫氨酸。因此，当甲硫氨酸应用于人体时，必须是纯 L-甲硫氨酸。L-氨基酰化酶具有专一性水解 N-酰基-L-氨基酸酰胺键的特性。因此，由化学合成得到的 DL-甲硫氨酸先被乙酰化为 N-乙酰-DL-甲硫氨酸，然后 N-乙酰-L-甲硫氨酸在 L-氨基酰化酶的专一性作用下生成 L-甲硫氨酸，经脱色、浓缩、结晶制得纯 L-甲硫氨酸。这种方法在 L-甲硫氨酸的生产上得到了广泛应用（Huang et al., 2018）。

除此之外，还有以 O-乙酰-高丝氨酸（或 O-琥珀酰-高丝氨酸）与甲硫醇等硫源为前体，通过 O-乙酰-高丝氨酸硫化氢解酶（或 O-琥珀酰-高丝氨酸硫化氢解酶）转化直接制得 L-甲硫氨酸（图 8.54）。其中的 O-乙酰-高丝氨酸（或 O-琥珀酰-高丝氨酸）源于微生物发酵法合成（Wei et al., 2019）。

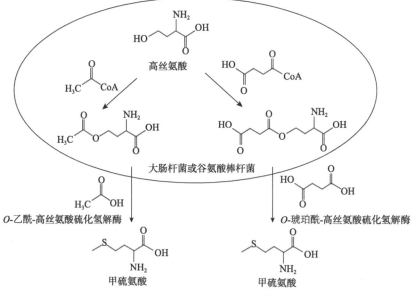

图 8.54 以 O-酰基化-高丝氨酸为前体的酶转化法

8.8.5　甲硫氨酸的发酵生产

常见的发酵菌株有大肠杆菌与谷氨酸棒杆菌。大肠杆菌与谷氨酸棒杆菌的甲硫氨酸生物合成途径基本上一致，只是在高丝氨酸的酰基化以及酰基化高丝氨酸的硫同化过程中有一些差异（图 8.55）（Li et al., 2016a）。在高丝氨酸酰基化过程中，大肠杆菌中的高丝氨酸以琥珀酰辅酶 A 为酰基供体，酰基化形成 *O*-琥珀酰高丝氨酸；而谷氨酸棒杆菌中的高丝氨酸则以乙酰辅酶 A 为酰基供体，酰基化形成 *O*-乙酰高丝氨酸。在酰基化高丝氨酸的硫同化过程中，大肠杆菌只有一条硫同化途径，即以半胱氨酸为硫供体的转硫途径，*O*-琥珀酰高丝氨酸在胱硫醚-γ-合酶催化下生成胱硫醚，后者通过胱硫醚-β-裂合酶催化形成高半胱氨酸；谷氨酸棒杆菌中含有两条硫同化途径，除了一条与大肠杆菌一样的转硫途径外，还有一条以硫化物为硫供体的直接硫化途径，*O*-乙酰高丝氨酸在 *O*-乙酰高丝氨酸硫化氢解酶催化下直接生成高半胱氨酸（Li et al., 2016b）。

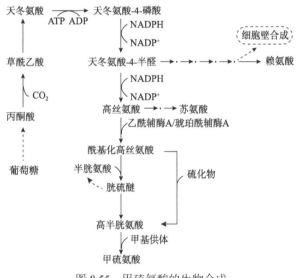

图 8.55　甲硫氨酸的生物合成

采用诱变育种方式与代谢工程改造已经实现了很多氨基酸的微生物发酵生产。尽管甲硫氨酸发酵法生产很早之前就开始进行探索，但是由于其生物合成过程的特殊性（高耗能、硫同化效率低、转甲基效率低），转化率与产量均无法与化学合成法相比，因此一直停留在实验室阶段。以大肠杆菌为底盘的最高实验室产量约为 16 g/L，以谷氨酸棒杆菌为底盘的最高实验室产量仅约为 6 g/L。因此，微生物发酵生产甲硫氨酸的工业化还需要进行不断地探索（Huang et al., 2017）。

（周景文　方芳　康振）

参 考 文 献

李华钟, 孙伟, 2000. 左旋多巴的合成与提取[J]. 氨基酸和生物资源, 22: 33-38.

孙志浩, 汤一新, 2002. 生物方法制备 D-泛酸研究进展[J]. 药物生物技术, 9: 178-182.

杨芷, 杨海明, 王志跃, 等, 2014. 蛋氨酸的生理功能及其在家禽生产上的研究与应用[J]. 中国饲料, (12): 21-24.

ANDERSON S, MARKS C B, LAZARUS R A, et al., 1985. Production of 2-keto-L-gulonate, an intermediate in L-ascorbate synthesis, by a genetically modified *Erwinia herbicola*[J]. Science, 230: 144-149.

ARZUMANOV T E, SHISHKANOVA N V, FINOGENOVA T V, 2000. Biosynthesis of citric acid by *Yarrowia lipolytica* repeat-batch culture on ethanol[J]. Applied Microbiology and Biotechnology, 53: 525-529.

ASAKURA A, HOSHINO T, 1999. Isolation and characterization of a new quinoprotein dehydrogenase, L-sorbose/L-sorbosone dehydrogenase[J]. Bioscience Biotechnology and Biochemistry, 63: 46-53.

CAMARENA V, WANG G F, 2016. The epigenetic role of vitamin C in health and disease[J]. Cellular and Molecular Life Sciences, 73: 1645-1658.

CHEN D W, REN Y P, ZHONG Q D, et al., 2017. Ethyl carbamate in alcoholic beverages from China: levels, dietary intake, and risk assessment[J]. Food Control, 72: 283-288.

DEVANTHI P V P, GKATZIONIS K, 2019. Soy sauce fermentation: microorganisms, aroma formation, and process modification[J]. Food Research International, 120: 364-374.

FOERSTER A, AURICH A, MAUERSBERGER S, et al., 2007. Citric acid production from sucrose using a recombinant strain of the yeast *Yarrowia lipolytica*[J]. Applied Microbiology and Biotechnology, 75: 1409-1417.

GAO L L, HU Y D, LIU J, et al., 2014. Stepwise metabolic engineering of *Gluconobacter oxydans* WSH-003 for the direct production of 2-keto-L-gulonic acid from D-sorbitol[J]. Metabolic Engineering, 24: 30-37.

GAO P, XIA W S, LI X Z, et al., 2019. Use of wine and dairy yeasts as single starter cultures for flavor compound modification in fish sauce fermentation[J]. Frontiers in Microbiology, 10: 2300.

HOLSCHER T, GORISCH H, 2006. Knockout and overexpression of pyrroloquinoline quinone biosynthetic genes in *Gluconobacter oxydans* 621H[J]. Journal of Bacteriology, 188: 7668-7676.

HUANG H, LIANG Q X, WANG Y, et al., 2020. High-level constitutive expression of leech hyaluronidase with combined strategies in recombinant *Pichia pastoris*[J]. Applied Microbiology and Biotechnology, 104: 1621-1632.

HUANG J F, LIU Z Q, JIN L Q, et al., 2017. Metabolic engineering of *Escherichia coli* for microbial production of L-methionine[J]. Biotechnology and Bioengineering, 114: 843-851.

HUANG J F, ZHANG B, SHEN Z Y, et al., 2018. Metabolic engineering of *E.coli* for the production of O-succinyl-L-homoserine with high yield[J]. Biotech, 8: 310.

JIN P, KANG Z, ZHANG N, et al., 2014. High-yield novel leech hyaluronidase to expedite the preparation of specific hyaluronan oligomers[J]. Scientific Reports, 4: 4471.

KING T E, STRONG F M, 1951. Synthesis and properties of pantothenic acid monophosphates[J]. Journal of Biological Chemistry, 189: 515-521.

KRISHNAVENI R, RATHOD V, THAKUR M S, et al., 2009. Transformation of L-tyrosine to L-DOPA by a novel fungus, Acremonium rutilum, under submerged fermentation[J]. Current Microbiology, 58: 122-128.

LEE S G, RO H S, HONG S P, et al., 1996. Production of L-DOPA by thermostable tyrosine phenol-lyase of a thermophilic *Symbiobacterium* species overexpressed in recombinant *Escherichia coli*[J]. Journal of Microbiology & Biotechnology, 6: 98-102.

LI H, WANG B S, ZHU L H, et al. 2016a. Metabolic engineering of *Escherichia coli* W3110 for L-homoserine production[J]. Process Biochemistry, 51: 1973-1983.

LI Y, CONG H, LIU B N, et al. 2016b. Metabolic engineering of *Corynebacterium glutamicum* for methionine production by removing feedback inhibition and increasing NADPH level[J]. Antonie van Leeuwenhoek, 109: 1185-1197.

LV M, WANG M, CAI W W, et al., 2016. Characterisation of separated end hyaluronan oligosaccharides from leech hyaluronidase and evaluation of angiogenesis[J]. Carbohydrate Polymers, 142: 309-316.

MORGUNOV I G, KAMZOLOVA S V, KARPUKHINA O V, et al., 2019. Biosynthesis of isocitric acid in repeated-batch culture and testing of its stress-protective activity[J]. Applied Microbiology and Biotechnology, 103: 3549-3558.

MU Ñ OZ A J, HERNÁNDEZ-CHÁVEZ G, DE ANDA R, et al., 2011. Metabolic engineering of *Escherichia coli* for improving l-3,4-dihydroxyphenylalanine (l-DOPA) synthesis from glucose[J]. Journal of Industrial Microbiology & Biotechnology, 38: 1845-1852.

O'TOOLE D K, 1997. The role of microorganisms in soy sauce production[J]. Advances in Applied Microbiology, 108: 45-113.

PAPAGIANNI M, 2004. Fungal morphology and metabolite production in submerged mycelial processes[J]. Biotechnology Advances, 22: 189-259.

POSTARU M, CASCAVAL D, GALACTION A, 2015. Pantothenic acid–applecations, syntheses and biosyntheses[J]. Medical-Surgical Journal-Revista Medico-Chirurgicala, 119: 938-943.

STRAATHOF A J J, 2014. Transformation of biomass into commodity chemicals using enzymes or cells[J]. Chemical Reviews, 114: 1871-1908.

SULAIMAN J, GAN H M, YIN W F, et al., 2014. Microbial succession and the functional potential during the fermentation of Chinese soy sauce brine[J]. Frontiers in Microbiology, 5: 556.

SURWASE S N, PATIL S A, APINE O A, et al., 2012. Efficient microbial conversion of L-tyrosine to L-DOPA by *Brevundimonas* sp. SGJ[J]. Applied Biochemistry and Biotechnology, 167: 1015-1028.

TIGU F, ZHANG J L, LIU G X, et al., 2018. A highly active pantothenate synthetase from *Corynebacterium glutamicum* enables the production of D-pantothenic acid with high productivity[J]. Applied Microbiology and Biotechnology, 102: 6039-6046.

WANG B, CHEN J, SUN F, et al., 2016. Advances in production of citric acid through microbial fermentation[J]. Food and Fermentation Industries, 42: 251-256.

WANG Y, SHI Y N, HU L T, et al., 2019. Engineering strong and stress-responsive promoters in *Bacillus subtilis* by interlocking sigma factor binding motifs[J]. Synthetic and Systems Biotechnology, 4: 197-203.

WEI L, WANG Q, XU N, et al., 2019. Combining protein and metabolic engineering strategies for high-level production of *O*-acetylhomoserine in *Escherichia coli*[J]. ACS Synthetic Biology, 8: 1153-1167.

XIN B P, XIA Y T, ZHANG Y, et al., 2012. A feasible method for growing fungal pellets in a column reactor inoculated with mycelium fragments and their application for dye bioaccumulation from aqueous solution[J]. Bioresource Technology, 105: 100-105.

YUAN P H, LV M X, JIN P, et al., 2015. Enzymatic production of specifically distributed hyaluronan oligosaccharides[J]. Carbohydrate Polymers, 129: 194-200.

ZHANG B, ZHANG X M, WANG W, et al., 2019. Metabolic engineering of *Escherichia coli* for D-pantothenic acid production[J]. Food Chemistry, 294: 267-275.

ZHENG R C, TANG X L, SUO H, et al., 2017. Biochemical characterization of a novel tyrosine phenol-lyase from *Fusobacterium nucleatum* for highly efficient biosynthesis of L-DOPA[J]. Enzyme and Microbial Technology, 112: 88-93.

ZOU W, LIU L M, ZHANG J, et al., 2012. Reconstruction and analysis of a genome-scale metabolic model of the vitamin C producing industrial strain *Ketogulonicigenium vulgare* WSH-001[J]. Journal of Biotechnology, 161: 42-48.

第9章 未来食品的发酵生产

近年来,"未来食品"成为社会民众和食品领域研究者广泛关注的话题。综合国内外的研究和讨论,总体的观点是:未来食品是人类未来生产方法和生活方式改变的代表性物质,以解决全球食物供给和质量、食品安全和营养、饮食方式和精神享受等问题为目的,通过系统生物学、合成生物学、现代发酵工程、人工智能、医疗健康、感知科学等多学科交叉技术集成生产,具有更健康、更安全、更营养、更美味、更高效、更持续的特征。未来食品也是今后很长一段时期内食品高新技术发展的引导与驱动(陈坚,2019)。

生物技术新理论、新方法的不断出现,使得新一代发酵工程技术的内涵不断深化。与此同时,随着人类社会的进步和人民生活水平的提升,科学技术面临的问题和挑战也在不断变化,新一代发酵工程技术也必然在承担更多任务的过程中得到发展。本章以植物基食品、细胞培养肉(cultured meat)、微生物油脂、人造蛋奶等代表性的未来食品为例,通过介绍应用发酵工程技术等方法,构建具有特定合成能力的细胞工厂种子,与食品科学等技术交叉、集成,生产社会所需要的蛋白质、淀粉、油脂、糖、奶、肉等各类未来食品。可以预言,新一代发酵工程技术将成为解决人类未来食品的关键技术之一。

9.1 未 来 食 品

9.1.1 未来食品的产生与发展

从几千年前传统发酵食品如酱油、食醋、腐乳等到现代生物技术的高速发展革新,生物技术与食品的结合越来越紧密,并在食品工业中日渐广泛应用。现代生物技术、信息技术等高新技术的发展及其在食品产业领域的应用,促进了产业科技融合不断扩展和交互发展,使相关技术正呈现新的发展态势,也扩展了传统食品科学的定义(滕晖等,2016;王晓囡,2019;李宏彪等,2019)。目前,食品科学与工程研究逐渐深入、系统,国内外食品领域的研发实力逐步增强、先进技术的应用日益得到强化,未来食品研究已逐渐形成优势。

随着生命科学与技术的快速进步与发展,利用代谢工程和合成生物学等手段,构建具有特定合成能力的细胞工厂种子,通过现代生物发酵技术,生产人类所需要的淀粉、蛋白质、油脂、糖、奶、肉等产品的颠覆性创新技术取得了长足的进步（图 9.1）。利用细胞工厂发酵技术不仅可以生物合成制造不饱和脂肪酸、维生素、天然产物等一系列高附加值产品，合成制造淀粉、油脂、牛奶、肉类蛋白、卵蛋白等产品的技术也日趋成熟（Kung et al., 1997; Lazar et al., 2018; Chen et al., 2020）。这些新技术将颠覆传统的农产品加工生产方式，形成新型的生产模式，促进农业工业化的发展。此外，人工智能、感知科学及 3D 打印技术等前沿技术将助力和提升食品产业。未来食品制造将实现人工智能与大数据时代下的全合成食品，以及精准营养、风味感知等技术大范围普及应用（Zeevi et al., 2015; 陈坚, 2019; 王琪等, 2019），如细胞培养肉、蛋、奶等大宗食品及食品原料实现细胞工厂生产，食品工业对农业种植业、养殖业的依赖性逐渐减少，土地紧张和环境污染等问题得到有效缓解，国家食品安全战略得到进一步加强。

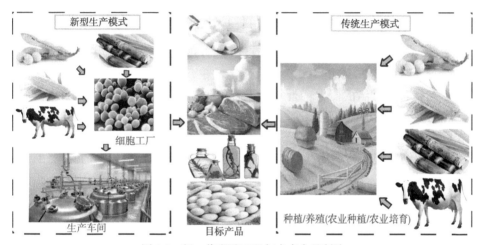

图 9.1　新一代发酵工程与未来食品制造

　　因此，围绕快节奏、营养化、多样性的国民健康饮食消费需求新变化与食品新兴产业发展新需求，必须服务国家战略，开展未来食品创新技术研发和产业化协同发展，解决影响我国食品工业健康可持续发展的关键核心问题。我国发酵工程技术有着悠久的历史传承，进入新一代发酵工程技术快速发展的新阶段之后，其与食品工业必将呈现更紧密的结合。目前我国食品生物制造的集约化、产业化程度还有待提高，标准体系和检测程序还有待完善，创新性和特色性等方面还有着很大的发展空间。

9.1.2　未来食品发酵生产的意义

　　随着人类社会的不断发展，世界人口数量快速增长，对食品在数量与品质方面的需求都不断提升。数百年来，人类社会经历了工业革命、电气革命、信息革命，科学进步给人们的生活带来了巨大的变化。然而，食品是长期以来受科技发展影响较小的一个领域，尤其是粮食、蔬菜、肉、蛋、奶等基本食材，在历次科技革命中都没有发生过根本性变革。现阶段食品行业的主要创新也往往只局限在口味、包装和营销等层面。在前期的食品科学研究中，科研工作者主要利用高技术改造现有食品，通过改进生产方式，实现对现有食品的高技术改良，但是食品的形态或本质并没有改变。随着生物科学和食品科技的高速发展，食品科学正在从食品高技术改良向高技术食品制造转变，即从传统的食品品质改良到新型食品的全新合成。其中以人造肉、人造牛奶等为代表的新型生物全合成食品为例，目前在欧美国家和地区已经开展广泛的研究并有多家公司上市，预计近几年将实现大规模的市场推广。在发达国家，食品工业正从深加工食品过渡到有机食品阶段，而有机食品正在向精准营养阶段过渡。

美国弗吉尼亚理工大学农业与生命科学学院发布了 2019 年全球农业生产率报告，指出目前世界平均农业生产增长率为 1.63%。根据该报告给出的全球农业生产率指数，全球农业生产率指数只有保持 1.73% 的年增长速度，才能够可持续地生产而足够满足 2050 年 100 亿人口所需的粮食、饲料、纤维和生物能源。为了缓解食品有效供给的压力，近年来以现代生物技术为基础的食品绿色合成技术已经逐渐发展起来。细胞工厂在生产肉类、蛋类、奶类等农产品方面相比传统农业畜牧饲养有着显著的优势，不仅可以解决传统农业中激素、抗生素、农药残留和人畜共患病毒、寄生虫、致病菌感染等问题，还可以节省 75% 的水，减少 87% 的温室气体排放和 95% 的土地面积需求。具体需要面对的挑战如下。

（1）自然资源紧张：世界人口总规模持续增长，全球气候变暖和城市规模扩大导致可耕地面积、淡水资源等缩减。到 2050 年，人均耕地面积将从 1970 年的 0.38 公顷减少到约 0.15 公顷。农业生产集约化与工业化已接近极限，如土壤板结问题以及土壤流失问题日益严重，这将严重影响食品行业原材料的高质量充足供给。要进一步扩大传统农业、食品产业用地面积并不现实，不利于人类社会的可持续发展。

（2）传统畜牧养殖安全问题突出：传统肉制品生产在畜牧养殖方面的挑战也逐渐显现，如动物瘟疫的频繁发生、抗生素的使用、部分民众对动物伤害的零容忍。使用抗生素能够避免畜禽感染流行病，但会引起食用这些肉制品的人类产生抗生素耐药性，带来重大健康风险。此外，养殖场的粪便污染问题也会让消费者对养殖类肉制品失去兴趣。

（3）传统农业低转化与产出率：现有传统农业转化效率低，以每千克产出相同热量为准，干谷物向所有肉类的转化率低于 15%。假设肉类副产品也是可食用的，那么谷物到畜禽活重的转化率为 23%。

由于人们对健康、环保及美味食品的追求，未来食品生产与加工技术如何创新成为亟待解决的重大问题,对我国乃至世界食品行业的发展都至关重要。从长远来看,通过简单提高传统食品生产效率已无法应对人类社会所面临的紧迫挑战。随着现代生物技术、发酵工程与食品科技发展,未来越来越多的食品将走向人工合成制造的道路,这也将是无激素及抗生素等农残、无食品过敏原以及更少的温室气体排放的可定制食品生产的发展趋势。

9.1.3　新一代生物发酵工程技术在未来食品生产中的应用

未来食品生物制造技术的发展,一方面要致力于采用现代生物技术提高食品品质和安全性;另一方面要推动食品工业向标准化、规模化、功能化发展,促进食品产业向高技术健康产业转型。新一代发酵工程技术在食品工业中的应用以代谢工程和合成生物学等现代生物技术为基础,利用生物或生物组织、细胞及其他组成部分的特性和功能,设计、构建具有预期性能的新物质或新品系,并以发酵工程为出口,生产出满足人民生活需求的各种食品。现代生物技术的发展基于基因工程、蛋白质工程、细胞工程、酶工程和发酵工程等不同领域,是相互联系、密不可分的有机整体,具有强大的发展潜力和良好的发展前景,新一代发酵工程技术已经渗透到现代食品科学与工程的方方面面(王晓囡,2019)。

现代生物发酵工程技术在食品领域中的应用包括利用现代生物技术进行食品及食品原料的生产、加工和改良,是对传统生物技术在食品发酵和酿造中应用的补充。因此,新一代发酵工程技术作为一项极富潜力和发展空间的高新技术,以对生命科学的飞跃式发展为基础,以现代发酵工程等技术为手段,在食品工业的现代发展中发挥着重要的推动作用。例如,利用合成生物学和代谢工程技术对动物、植物和微生物等进行改造,以强化作物的产量和抗病能力,改善食品风味和储藏性能,提升食品资源利用效率,开发新食品资源、新型食品和食品添加剂等;利用发酵工程技术,实现菌株的放大培养和工业规模发酵,以培育优良菌种、高效获取目标产物等;利用酶工程技术生产具有高度催化活性和专一性的酶制剂,以提高食品原料利用效率、改进食品风味和安全性等;利用生物传感器、生物芯片等技术实现食品安全危害物的快速检测等。

在传统食品科学的基础上,利用新一代发酵工程技术手段更高效、科学地推动食品科学的发展,对于整个食品产业的发展意义重大(图 9.2)。目前国内外在相关方面取得较大进展,主要包括以下内容。

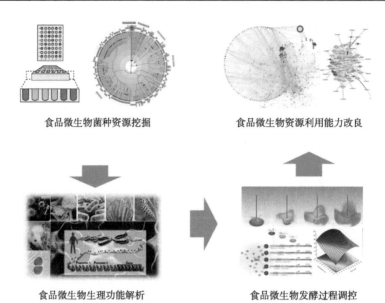

食品微生物菌种资源挖掘　　　　　　　　食品微生物资源利用能力改良

食品微生物生理功能解析　　　　　　　　食品微生物发酵过程调控

图 9.2　现代生物技术在新一代食品发酵工程中的应用

（1）食品微生物细胞工厂微生物资源挖掘与技术开发：为拓展食品细胞工厂微生物资源，研究人员建立了基于流式细胞分选与微流控技术的超高通量筛选平台，结合食品微生物多样性的目标性状，如生产速率、发酵产品特性、营养需求等，设计了基于可见/紫外、荧光、酶联反应等的高特异性筛选策略（Zeng et al., 2020）。在全面解析生产菌株生理特性的基础上，采用传统诱变技术、适应性进化技术和高通量筛选方法等，筛选获得一批工业生产性状优良的高产食品酶、食品原料、食品功能成分等食品菌株，并成功应用于典型食品细胞工厂的构建与优化（Liu et al., 2015）；针对不同的食品微生物细胞工厂，科研人员通过开发高效的基因编辑与遗传改造方法，成功构建了多种食品微生物基因工程操作平台，为食品微生物细胞工厂的改造与优化提供了高效遗传操作工具（Li et al., 2018）。

（2）食品微生物生理功能解析：为深入系统解析食品微生物生理特性，研究人员通过构建基因组规模代谢网络模型，阐明食品微生物细胞生长模型的全局调控机制；比较酸性、高渗、重金属等胁迫条件下细胞生理参数、细胞膜组分、能量代谢模式等变化情况，结合多组学联用解析环境胁迫耐受机制（Zhu et al., 2019）；借助 MATLAB 平台和全基因组数据等，开发了基因组规模代谢网络模型工具箱，建立了基于基因组代谢网络的代谢流调控机制，构建了食品微生物基因组规模代谢网络模型，指导了发酵过程的优化（Liu et al., 2016）。

（3）发酵过程调控与优化：在传统发酵工艺优化的基础上，新一代发酵工程借助于混合整数线性规划算法、流量平衡分析、酶促反应动力学等代谢流最优算法，在基因组规模代谢网络模型上设计目标产物最佳合成途径，借助合成生物学策略对目标合成路径进行重构,利用微生物理性代谢调控策略,将代谢流最大化地导向目标产物,并应用于多种食品微生物的理性代谢调控(Liu et al., 2016)。通过从分子、细胞和反应器方面进行发酵过程多尺度解析与调控,实施全局与动态的优化及控制,能够确保发酵过程高效、转化定向、过程稳定和系统有序(Liu et al., 2019)。

(4)食品微生物资源利用能力改良:食品发酵强度的高低取决于食品微生物酵母菌本身的生产性能。随着新一代发酵工程技术的应用,研究人员利用合成生物学与系统生物学等策略,对常规食品微生物资源利用与发酵能力进行改良。例如,通过分析食品微生物蛋白合成与分泌过程,开发蛋白质合成与分泌协调统一的高效分泌新策略,控制合成强度,强化跨膜转运等,协调高效合成与快速分泌,实现了多种食品微生物产品的高强度生产,实现了食品微生物产品高强度发酵过程优化(Liu et al., 2016;Song et al., 2017)。

发酵技术在食品工程中的应用由来已久,在传统食品工程中占有举足轻重的地位,它给人类的食品文化带来多样化。近几十年来,以细胞工程、发酵工程、酶工程、代谢工程、合成生物学等现代生物技术为核心的新一代发酵工程技术在食品开发和生产的过程中得到了广泛的应用,并能够有效解决食品行业中存在的资源、健康和环保问题。现代发酵工程作为现代生物工程的技术核心和关键手段,可以利用微生物的某些特质,为人类生产有需要的产品,或者直接将其应用于生产过程。伴随着人们对食品的要求不断提升和现代生物技术的快速发展,现代食品生物技术的应用领域也在不断深入,食品工业也将会成为现代生物技术中应用最广泛的领域。

9.2　细胞培养肉与植物蛋白肉的生物发酵与合成

9.2.1　细胞培养肉

目前全球肉制品消耗量高达 14000 亿美元。随着人类整体发展水平的不断提升,到 2050 年,全球人口数量预计将增长至 90 亿,中产阶级消费者群体持续壮大,肉类制品消耗预计将超过 30000 亿美元,这将会加重环境负担,传统养殖业带来了越来越多的环境和社会问题。例如,导致全球变暖的温室气体排放中有 14.5%来自饲养家畜,排放量超过了交通运输;养殖业抗生素等药物的大量应用,严重影响食品与环境安全(Stephens et al., 2018)。

近年来,为了满足人类对肉类不断增长的需求,欧美国家和地区以植物蛋白和动物细胞培养为基础的人造肉生产技术取得了一系列突破,并开始逐步实现商业化,对现有基于畜牧养殖业的肉制品生产加工体系产生了巨大冲击。与传统肉类相比,人造肉在营养、健康、安全、环保等方面均有潜在优势,是未来肉类产品生产的重要发展趋势（van Der and Tramper, 2014）。与传统肉类工业相比，生产同样质量的肉制品，人造肉生产所需的水和能源明显低于传统肉制品生产，对环境资源的需求也会大幅降低。例如，生产 1 kg 细胞培养肉需要 1.5 kg 大豆等原料，转化率高达 70%；生产 1 kg 植物基肉类需要 1.3 kg 种植作物，转化率高达 75%，是传统肉类的 4 倍以上。因此，开展细胞培养肉等未来食品生产将有利于改善自然环境，缓解资源与能源危机，实现人类社会的绿色可持续发展。

　　细胞培养肉也被称为体外肉，这个概念最早是由 Winston Churchill 在 1932 年提出，但研究进展相对缓慢。直至 2000 年，欧美等国家和地区开始开展食品级人造肉组织培养的相关研究（Benjaminson et al., 2002）。2013 年，荷兰生物学家 Mark Post 用动物细胞组织培养方法生产出有史以来的第一整块人造肉，引起广泛的关注（Post, 2014）。动物细胞培养人造肉主要由含不同细胞的骨骼肌组成，这些骨骼肌纤维通过胚胎干细胞或肌卫星细胞的增殖、分化、融合而形成。他们首先分离出了可生长分化的原始干细胞，通过添加富含氨基酸、脂质、维生素的营养素，让细胞加速增殖分化，获得大量牛肌肉组织细胞（图 9.3）。随后，Memphis Meat、日本日清、Hampton Creek、以色列 Super Meat 和荷兰 Mosa Meat 等多家国外公司也都开发利用类似细胞培养策略生产新型人造肉。该项技术可以减少动物屠宰，避免因养殖产生温室气体，并防止接触抗生素和病毒。

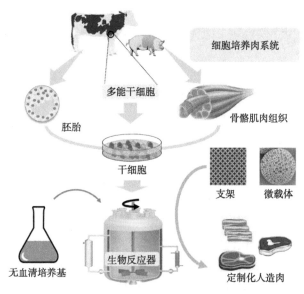

图 9.3　细胞培养肉的生产流程(Zhang et al., 2020)

　　目前研究表明，细胞培养肉是一项可行的技术，但是主要局限于实验室研究。实验室细胞培养肉的核心技术则是细胞生物学中的组织工程学，最初应用于医疗领域。而科学家能在不伤害动物的前提下，从动物器官中提取细胞并在人工环境下培养肉，就是利用了分子和生物医学技术。由于基础的技术已经成熟，在实验室中培育肉的公司可以更加专注于实际应用和成本控制。因此，现阶段细胞培养肉生产的挑战在于如何高效模拟动物肌肉组织生长环境，并在生物反应器中实现大规模的生产（张国强等，2019）。尽管动物细胞组织培养技术已经得到深入的研究，并取得了不同程度的成功应用，但由于现有动物细胞组织培养成本与技术要求较高，仍不能实现大规模的产业化培养。因此，开发高效、安全的大规模细胞培养技术是亟须解决的问题，可以有效降低生产成本，实现产业化应用。

细胞培养肉将是未来人造肉的主要研究发展方向，但是在理论与技术层面，特别是大规模肌肉细胞低成本获取与食品化等方面，还存在诸多挑战。目前通过细胞组织培养获得的人造肉的产量还很低，成本较高，还不足以形成大体积的肌肉组织作为食品出售。

9.2.2　细胞培养肉的关键技术

传统动物组织培养技术始于 20 世纪 90 年代美国实验室。早期动物细胞的培养是为了研究细胞的代谢和生长，之后细胞培养技术不断成熟，得到更广泛的应用，已经实现从实验室走向工业化生产。目前，动物组织工程的研究在很大程度上集中在再生医学、药物开发和毒理研究等方面。但是对于动物细胞培养肉来说，如何实现快速、安全的大规模生产更为重要，这可以有效降低生产成本，实现技术的推广应用（Zhang et al., 2020）。为实现动物组织的大规模安全培养，包括初始干细胞来源、细胞增殖分化能力、体外动物细胞组织的形成以及培养体系优化等问题将成为研究的关键（图 9.4）。

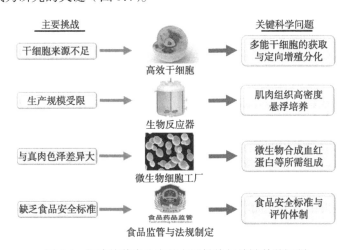

图 9.4　细胞培养肉生产的主要挑战与关键科学问题

1. 初始干细胞来源

在动物细胞组织培养过程中如何选择合适的初始细胞来源一直是研究的热点和难点问题。其中人造肉细胞组织培养的主要挑战在于需要从组织中分离获得大量的、均一性的初始细胞，可以进行有效持续增殖分化，实现人造肉的大规模生产。

目前动物组织工程细胞培养的细胞来源主要是分离原生组织中的干细胞，如胚胎干细胞、肌肉干细胞、间充质干细胞、成体干细胞等（Amit et al., 2000；韩正滨等，2007）。其中肌肉干细胞是细胞培养肉研究中应用较多的，它们在增殖过程中可以经过特殊化学、生物诱导或机械刺激分化形成不同细胞。理论上，动物干细胞系建立后均可以进行无限的增殖，但是在增殖过程中细胞突变的积累往往会影响组织培养的持续扩增能力，导致细胞衰老而终止生长。为提高细胞持续增殖能力，通过基因工程或化学方法诱导原始组织或细胞系产生突变，促使细胞无限增殖，并培养出相应的细胞群体。这些细胞持续增殖可以减少对新鲜组织样本的依赖并加快细胞增殖分化速度，但往往会带来细胞非良性增殖等安全性问题。

为进一步拓展原始细胞来源，基于可诱导多功能干细胞（iPSC）的研究得到广泛关注，该技术可以高效制备多能干细胞，实现大规模细胞增殖。通过不同的诱导方法成功将不同来源动物细胞诱导为干细胞，运用细胞形态学观察、特异性染色和免疫荧光等检测手段进一步证明干细胞的多分化潜能。此外，去分化细胞作为干细胞的有效替代也具有重要研究价值。它是通过可逆的方式将已分化细胞转变为潜在多能干细胞，从而具备继续分化的能力。研究人员利用已成熟的脂肪细胞，通过体外去分化形成多功能去分化脂肪细胞，还可以进一步将去分化细胞诱导形成骨骼肌细胞。

2. 细胞增殖分化

干细胞与组织工程领域的发展为大规模人造肉的生产提供了可能性。细胞培养人造肉的生产需要通过大量分裂分化的肌肉细胞形成组织，但是大多数细胞在自然死亡前的分裂次数是有限的（也称为海弗利克极限），这就限制了实验室肌肉细胞组织的大规模培养。

增加细胞的再生潜能是增强动物细胞持续增殖能力的有效方式。例如，海弗利克极限是通过端粒长度来确定的，其中的端粒是位于线性染色体的末端富含鸟嘌呤的重复序列。在线性染色体不断复制过程中，端粒会随着每一轮复制而缩短，进而影响细胞再生能力。而端粒酶是一种能延长端粒的核酶，一般存在于抗衰老细胞系中。因此，通过端粒酶的表达调控或外源添加可以有效提升细胞再生潜能，有利于实现动物细胞的大规模、稳定快速增殖（Harley, 2002）。为了提高细胞培养人造肉的质量，研究人员通过将肌肉细胞与脂肪细胞共同培养，增加了培养体系中的脂肪成分，提高人造肉的纹理结构及风味（Hocquette et al., 2010）。此外，在未来研究中可以通过进一步精确控制干细胞增殖分化方向和节点，实现不同脂肪含量人造肉的定制生产（图 9.5）。

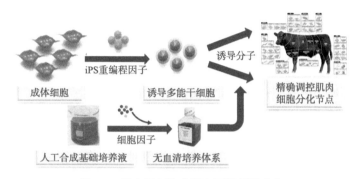

图 9.5　肌肉干细胞来源与可控诱导分化

3. 支架与微载体系统

自然状态下的动物肌肉细胞为附着生长，并嵌入相应组织中。为了模拟体内环境，体外肌肉细胞培养需要利用合适的支架体系进行黏附支撑生长，辅助形成细胞组织纹理及微观结构，维持肌肉组织三维结构（Sakar et al., 2012）。现有的支架因其形状、组成和特性分成不同类型，其中最为理想的支架系统应该具有相对较大的比表面积用于细胞依附生长、可灵活地收缩扩张、模拟体内环境的细胞黏附等因素，并且易于与培养组织分离（Zhang et al., 2017）。研究人员利用胶原蛋白构建的球状支架系统，可以增加细胞组织培养的附着位点，同时有效维持组织形成过程中的外部形态。通过利用微型波浪表面的支架进行细胞组织培养，实现了表面肌肉细胞的天然波形排列，具有天然肉的纹理特性（Lam et al., 2006）。开发可食用、多孔隙或可重复利用生物支架系统，可以提高细胞组织的结构稳定性与表面结合率，有利于加速细胞生长速率，降低人造肉大规模组织培养成本（Bian and Bursac, 2009）。

一般情况下，大规模培养哺乳动物细胞是在搅拌反应器中进行的，因为成肌细胞具有锚定依赖性，因此在培养过程中可设计附着于悬浮的微载体，微载体与搅拌罐或泡罩柱生物反应器一起用于悬浮培养（Nienow et al., 2014；Verbruggen et al., 2018）。在动物细胞培养中采用微载体的方式虽早已报道，但在干细胞应用中依然存在着一些不可预测的技术障碍（van Wezel, 1967）。培养过程中，培养基均质化所需搅拌速度应该超过微载体悬浮液的沉淀速度，在该标准下所需的速度或搅拌速度可以通计算机模拟进行评估。已经有实验研究证实使用微载体进行培养养殖牛肉生产是可行的，尽管几种商业化微载体之间没有显著差异，目前筛选最佳微载体材料以及结构是唯一待解决的问题（Delafosse et al., 2018）。理想条件下，如果微载体是生物可降解的或者可食用的，而且可以整合到最终产品中，就可以减少下游的分离步骤。作为食物原料，被分离细胞的生存能力并不重要，因此，必要时可以使用强烈搅拌。微载体使需要贴壁生长的动物细胞可以像传统微生物细胞一样悬浮培养，降低了放大难度，但也有缺点：首先，由于每个微载体颗粒只能承载不足 1 μg 的肌细胞，高密度培养时微载体用量及成本不可忽视；此外，固体不但占据昂贵的反应器体积，还会增加培养液的有效黏度，与完全悬浮培养相比，阻碍了溶氧和营养物质传输。

黏附细胞系具有接触抑制生长特性，这决定了其体外增殖能力不足，支架与微载体技术虽然可以部分改善细胞增殖性能，仍不能完全满足大规模快速增殖的要求。解决载体问题的另一种思路是通过基因工程、定向进化或驯化，使肌肉细胞适应完全悬浮培养，摆脱对载体的依赖。为突破这一技术瓶颈，科研工作者也开展了非黏附细胞系的研究，通过对贴壁细胞的驯化改造与筛选，获得具有高增殖能力的非贴壁细胞（Yamazoe et al., 2016）。该技术如果进一步优化组织培养条件，实现动物细胞的大规模悬浮培养，可以减少对支架等媒介系统的黏附和依赖性，进一步达到较高的培养密度，降低成本。

4. 无血清培养体系

大规模体外培养细胞面临着被微生物污染或受自身代谢物质影响的难题，因此，在进行体外细胞培养时，要及时清除细胞产生的代谢废物，为体外培养细胞提供无菌无毒的生存环境（Takahashi et al., 2014）。传统的细胞培养阶段都使用动物血清提供细胞贴壁、增殖和分化所需的营养成分和生物因子，不能满足食品安全要求。因此，如何优化培养条件是实现安全、大规模体外动物细胞组织培养的重要影响因素（Stern-Straeter et al., 2014）。无血清培养体系包括无血清培养基的开发、适应细胞株的驯化以及细胞规模化培养等关键技术。随着动物细胞无血清培养技术的发展，其在细胞生物学、药理学、肿瘤学和细胞工程领域得到广泛的应用（吴伟等, 2009; Leong et al., 2017）。近年的研究证明，无血清培养基对细胞的生长速率、细胞密度、产物及蛋白质表达水平都不亚于血清培养基，并且可以通过精确控制无血清培养基组分调控细胞的增殖分化节点，其显著的优势将使无血清培养技术逐步取代含血清细胞培养。现有无血清培养基需要外源添加生长因子、维生素、脂肪酸及微量元素等（Park et al., 2013），成本仍然相对较高，部分无血清培养基促进细胞生长的性能仍然较差。此外，不同的细胞系需要不同的促进剂以实现细胞最佳生长，目前设计适合所有细胞系生长的通用的无血清培养基仍存在巨大困难。但是随着计算机辅助设计与合成生物学和代谢工程的快速发展，可以利用微生物有效合成外源营养因子，这将极大地降低生长因子等外源添加成本，进而实现无血清培养基的低成本产业化应用（Brunner et al., 2010）。动物细胞无血清培养技术的日趋成熟和应用将有效提高细胞培养浓度与产品的表达水平，清晰明确的培养基成分使细胞产品易于纯化，完善的质控体系使得产品质量更加安全可靠。

5. 细胞培养反应器

至今仍然没有实现大规模生产细胞培养动物肉的原因之一是动物细胞反应器与生产工艺之间的契合是十分困难的。小型反应器更适用于细胞培养，例如，多个较小的反应单元提供了更自由的灵活性，使工厂的产量和产品组合更适应市场波动。如果发生污染，也可以更容易地采取解决措施。最重要的原因是这些反应堆相关的固定资本支出仅占总生产成本的一小部分，因此各个反应堆的规模不会显著影响生产效益。但是，对于作为商品的细胞培养肉要实现与其同行的农畜牧业进行商业有力竞争仍需要做出很多努力（李雪良等，2020）。一般观点认为反应堆和工艺需要按一个或两个数量级扩大规模，在这种情况下，需要解决一些实际的工程性问题。在可能用于大规模养殖肉类生产的反应器类型的背景下研究解决这些问题是十分恰当的（图 9.6）。实验室培养动物肌肉细胞的操作并不复杂，但自然状态下的肌肉细胞只能贴壁单层生长，每个培养皿仅能产出不超过 0.5 mm厚、约 10 mm 宽、20～30 mm 长的一层薄膜，产量极低。目前，用于细胞培养的市售生产规模的生物反应器的工作体积通常为 1～2 m^3，尽管可以定制 10～20 m^{3}的较大容器。但是，依然比可达 200～2000 m^3 的微生物反应器小得多。若大规模生产，使培养肉在价格上能与传统养殖业竞争，必须使用体积上万乃至上百万升的生物反应器，而不是对实验室规模的设备进行简单叠加。这就涉及传质、传热、混合、剪切应力，甚至发泡起沫等一系列在实验室内不常遇到的工程技术问题，需结合细胞生物学、生物工程、化学工程、材料工程、机械工程、系统控制工程

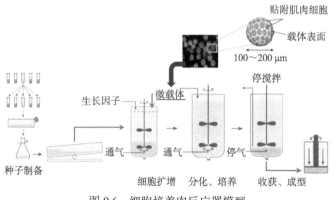

图 9.6　细胞培养肉反应器模型

等多个学科的知识才能解决。虽然某些方面如无菌操作，可以借鉴传统的微生物发酵及动物细胞培养工艺（张国强等，2019；赵鑫锐等，2019），但针对肌肉细胞培养的优化仍是必不可少的。

9.2.3 细胞培养肉生物制造的发展前景

1. 细胞培养肉将是传统畜牧养殖业的重要补充

随着生物与发酵技术的不断发展成熟，一旦细胞培养肉关键技术得到突破，细胞培养肉技术将在转化率与产品品质方面具有显著优势（van Der and Tramper, 2014）。例如，细胞培养肉在生产过程中不涉及骨骼等支撑组织的合成代谢，其理论转化率可高达60%以上；细胞培养过程中不受动物传染病等的威胁，激素及抗生素滥用等问题均可在线监控，产品品质可控性更高；营养成分可根据市场需求定制化添加，如用更健康的 ω-3 脂肪酸代替饱和脂肪酸等；环境友好，有效减少了饲养肉用牲畜所排放的温室气体等。

2. 细胞培养肉具有良好前期基础但关键科学问题及技术瓶颈仍有待突破

我国在细胞培养肉的基础底层技术，如动物干细胞诱导分化、组织工程、细胞工厂构建等方面，已形成了以中国科学院动物研究所、中国科学院广州生物医疗与健康研究院、江南大学、南京农业大学等为代表的骨干研发力量，在干细胞的全能性调控技术、细胞重编程机制、化学品细胞工厂构建、食品合成生物学等方面取得了重要突破，这些基础科学与技术的发展将为细胞培养肉技术的快速发展完善提供有力的支撑。

虽然我国在人类干细胞和大型家畜的干细胞研究方面有较强的科研实力，但是主要是针对疾病治疗和动物育种，仅在实验室进行了少量的培养。对干细胞的大规模低成本培养、成肌细胞的低成本获取等，还缺乏相关的研究，细胞培养肉相关研究仍处于起步阶段。因此，在当前欧美和日本等已经开展广泛动物细胞培养肉的研究并逐步接近产业化的形势下，深入研究和发展细胞培养肉先进制造技术，对我国肉制品乃至整个食品行业都具有非常重要的意义。

3. 细胞培养肉相关食品安全性评价标准亟须推进

细胞培养肉的发展还面临政策、管理上的一系列问题。例如，对于动物培养肉和生产载体开展化学性风险防范与毒代动力学研究。基于培养肉中营养成分和营养素生物利用度的侦测技术，开展培养肉多层次毒性评价体系研究（王廷玮等，2019）。对细胞培养肉食物的营养成分进行全方位解析比较，构建动物培养肉营养评价模型，形成产品品质指标体系标准。通过对动物细胞培养肉与真实肉制品的对比测试，进一步确定动物培养肉评估暴露膳食摄入标准，为细胞培养肉的社会市场推广提供安全性政策法规保障。除了美国正在制定相应法规外，其他国家尚未明确和建立市场准入及监管的政策体系。建立规范的管理政策法规是保障细胞培养肉产业发展的重要制度保障（Bekker et al., 2017）。

　　随着生物与食品技术发展，越来越多农产品的未来将走向人工合成制造的道路，这也将是无激素及抗生素等农残、无食品过敏原以及更少资源消耗的可定制生产农产品生产发展的必然趋势。其中，细胞培养肉代表着未来农业食品高效、低碳发展方向，而一旦突破相关科研技术瓶颈，有可能成为传统养殖业肉制品生产体系的强大补充。此外，我国是人口大国，农业资源相对匮乏，粮食有效供给和保障能力不足，亟待拓展新型农业发展路径，保障我国粮食安全和"健康中国"战略实施。在世界细胞农业方兴未艾之际，抢抓战略发展机遇，加快细胞培养肉关键技术突破，对促进现代农业的变革式发展、在未来世界农业革命中占据主动、保障我国农业安全具有重要意义。

9.2.4　植物蛋白肉

　　近年来，植物蛋白制品因其食品绿色、健康等优势得到广泛的关注。植物性蛋白肉是利用大豆、豌豆、藻类等植物蛋白替代动物蛋白，通过纤维结构化和风味物质的整合，模仿真肉口感。从发展历程及品类来看，植物蛋白肉（plant-based meat）可分为两类。一是传统型植物蛋白素肉。这类素肉多以大豆蛋白、小麦蛋白等为原料，通过简单挤压膨化方法制取，实际口感、营养风味与肉制品相比有一定差距，不能满足消费者对口感的需求。二是新型植物蛋白肉。多以植物蛋白为原料，基于拉丝蛋白和食品添加处理等，其口感、风味与动物源的肉类制品相近，代表产品有美国 Beyond Meat 和 Impossible Foods 食品公司的素肉汉堡（图 9.7）。

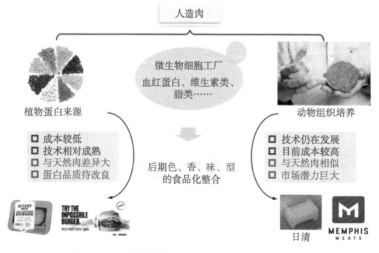

图 9.7　细胞培养肉和植物蛋白肉的比较与分析

　　植物蛋白肉得到了一定程度发展，但是仍存在口感不足、蛋白生物价偏低、含过敏原及异味成分等问题（Cordle, 2004），品质还有待进一步的提升。目前植物蛋白肉研究主要集中在几个方面。①构建食品级微生物发酵细胞工厂，优化植物蛋白组分。植物蛋白含有丰富的氨基酸，具有良好的功能特性，但是部分植物蛋白品质相对动物蛋白还有差距。通过对植物蛋白与不同优质蛋白组分比较，分析其蛋白品质差异，如蛋白利用率、氨基酸比例、营养元素含量等（Millward and Joe, 1999）。基于代谢工程、发酵工程等策略，构建食品级微生物细胞工厂，设计氨基酸与功能蛋白等高效合成体系，将可再生生物质资源转化为优质蛋白，优化植物蛋白组分，有效提升植物蛋白品质。②利用酶工程与微生物发酵技术，改善植物蛋白食品风味与营养价值。植物蛋白中的豆腥味和过敏原等成分，严重影响了植物蛋白的食品安全与风味。例如，利用脂肪氧化酶失活、酶解腥味物质、微生物共发酵等方法，降解异味物质和过敏原、优化人造肉蛋白质中氨基酸组分等，提升植物肉蛋白安全性与风味，强化植物蛋白肉营养价值（Schindler et al., 2012）。③开发酶处理与物理加工协同工艺，改良植物蛋白纤维化结构。开发高特异性的谷氨酰胺转氨酶、蛋白质谷氨酰胺酶及各类蛋白酶酶制剂，利用物理加工与生物酶处理相结合技术，平衡植物组织蛋白的持水、持油性，评估并优化影响酶制剂的关键影响因素，提升植物蛋白肉口感（Zhu et al., 1995；Liu et al., 2015）。④植物蛋白复配与食品工艺优化，实现定制化生产。基于人们对营养价值需求的提升，开发小麦蛋白、脱脂小麦胚芽蛋白、豌豆蛋白等其他来源的植物蛋白作为配料用于植物肉的生产。利用生物合成的功能组分，提升植物蛋白肉营养价值，实现定制化生产（图 9.8）。

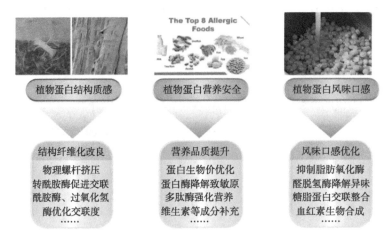

图 9.8　植物蛋白肉生产中关键问题

　　其中，新一代生物发酵工程技术在植物蛋白异味和过敏原去除与血红素及风味物质合成中的具体应用如下（图 9.9 ）。

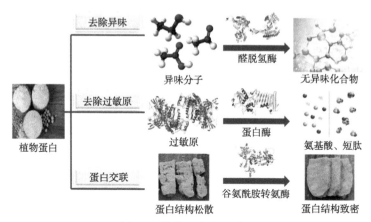

图 9.9　植物蛋白功能特性

1. 大豆蛋白异味成分的降解

大豆中含有非常丰富的营养成分,但其中多不饱和脂类却能导致豆腥味产生,影响口感。豆腥味是由苦味、涩味等混合而成的特殊气味,主要是由含有羰基类化合物（正己醛）和醇类物质（正己醇）经反应所形成。在大豆加工过程中,豆腥味会加重,最主要的原因是在大豆粉碎时脂肪氧化酶被氧气和水激活。

为了解决这些关键问题,有研究人员从老面、酒曲等材料中筛选到一株 *Saccharomyces cerevisiae* Y03 发酵大豆粉,利用该菌株的发酵作用有效地除去了主要的挥发性豆腥味成分——醛类,同时产生芳香酯、芳香醇类香气成分来改善大豆粉的风味。腐乳、豆豉、豆酱之类的发酵大豆食品随着被微生物利用、分解,产生大量代谢产物后不仅豆腥味没有了,还可形成独特风味,产生的活性肽等生理活性物质也是大豆本身不具有的,保健作用较强,是绝好的保健风味食品（Sanjukta and Rai, 2016 ）。研究还发现在链球菌和乳杆菌的混合发酵过程中可以将未发酵豆乳中的己酸完全去除,降低大豆蛋白的异味成分含量。在发酵工程中多种乳酸菌被接种到豆乳中,发现在水苏糖和棉籽糖的利用方面以嗜酸乳杆菌最好,嗜酸乳杆菌和嗜热链球菌混合有共生作用和增效效应,用这两种菌种发酵制备的酸奶无豆腥味且酸度较好（Sirilun et al., 2017 ）。

2. 植物蛋白过敏原处理

食物过敏是影响消费者选择食品种类的重要因素之一,其中大豆蛋白是八大食物过敏原之一。大豆蛋白的广泛使用,给大豆过敏的人群带来了不可避免的安全健康问题,其中的致敏蛋白限制了大豆蛋白在食品领域的广泛应用。虽然大豆蛋白中有很多种致敏蛋白,但是其中只有一小部分是主要的致敏蛋白,它们可以导致大约 90% 的大豆致敏反应（Cordle, 2004）。能够引起过敏反应的过敏原阈值水平通常很低，很少量的致敏原就足以引发过敏反应。研究发现 β-伴大豆球蛋白和大豆球蛋白都是潜在的致敏原，都能够引发大豆过敏反应（赵小明, 2018）。通过物理方法、化学方法以及外源添加蛋白酶（木瓜蛋白酶）都可以解决大豆的致敏问题。采用微生物发酵生产蛋白酶，具有周期短、营养需求低、提取工艺简单、蛋白酶回收率高、不受原料限制的优点，容易开展大规模生产，在不同的生产菌株和发酵条件下，会生成不同的蛋白酶类进而消除过敏原。研究发现枯草芽孢杆菌能够通过发酵分泌蛋白酶，在短时间内可以降解大豆中主要的过敏原大豆球蛋白及 β-伴大豆球蛋白的 α 亚基，降低其致敏性（付欧等, 2016）。

3. 血红素及风味物质的生物合成

目前，植物蛋白肉虽然已经可以生产，但这些产品仍然无法真实地模拟真肉的品质。因此，必须提升其色、香、味及营养价值来满足大众需求。

一方面，真正肉色由血红蛋白或肌红蛋白中的血红素表现出来（Salvador et al., 2009）。利用生物发酵合成的血红素与大豆植物组织蛋白混合之后就可以形成逼真的"人造肉"。然而，人造肌肉组织或植物蛋白缺乏血红蛋白和肌红蛋白。之前，血红蛋白可以从动物血液或植物组织中获得，但是这种方法耗费时间而且劳动强度大。因此，人们十分关注血红蛋白的微生物发酵合成方法。为了合成血红蛋白，微生物细胞首先应该积累足够量的血红素。在天然生物中，存在两种血红素生物合成途径：C_4 途径或 C_5 途径，相关研究已经阐明这两种途径涉及的相关酶及其编码基因（Layer et al., 2010）。在这些科学信息的基础上，可以使用 C_4 途径在大肠杆菌中合成少量血红素（Zhang et al., 2016）。然而，该项策略需要添加甘氨酸和琥珀酸作为底物，并且不适合大规模发酵生产。在最新的研究中，利用 C_5 途径在没有添加底物的情况下，通过抑制血红素降解并阻断副产物形成，可以在大肠杆菌中实现血红素胞外合成（Pranawidjaja et al., 2014；Zhao et al., 2018）（图 9.10）。

在微生物细胞中合成大量血红素的基础上，可以进一步合成不同来源的血红蛋白。目前，大多数研究集中在人类血红蛋白的合成上（Njoku et al., 2015），因为它是最佳的类氧载体。虽然人类血红蛋白已经在大肠杆菌和酿酒酵母等细菌中实现生物合成，但食品级的酿酒酵母更适合于真核生物来源的血红蛋白的合成。通过增强血红素合成能力和调节胞内氧化还原水平，酿酒酵母中异源表达的人血红蛋白在总细胞内蛋白质的比例可以达到 7%（Martínez et al., 2015）。除了人类血红蛋白外，美国 Impossible Foods 公司已经成功地在毕赤酵母中合成了大豆血红蛋白。尽管如此，由于巴斯德毕赤酵母不是食品级宿主，并且用于生产牛

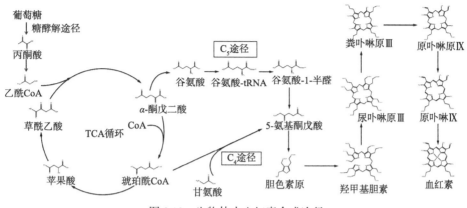

图 9.10　生物体内血红素合成途径

肉汉堡的大豆血红蛋白的纯度只能达到 65%以上，因此生产人造肉产品依然存在一定的食品安全风险（Jin et al.，2018）。此外，大豆血红蛋白在结构和功能上与动物血红蛋白明显不同。因此，有必要使用食品级菌株通过现代发酵工程策略生产不同动物来源（猪、牛、羊等）的血红蛋白（滕晖等，2016）。

　　另一方面，肉的香味可以给消费者带来精神愉悦感，满足味蕾需求，同时促进营养素的吸收。为了获得更高的市场认可度，人造肉必须具有真实而有吸引力的香味。通过比较生肉和熟肉的化学成分，可以发现肉中的主要香气物质是在高温下由氨基酸和糖形成的几种含硫和含氮化合物以及醛、酮、醇、呋喃等物质。因此，近年来可以通过使用动物或植物蛋白的酶水解产物和还原糖反应来产生各种芳香类物质。而牛肉味芳香物质，包括硫醇、吡嗪、噻唑和二硫化物，可以通过常规或微波加热蘑菇蛋白的酶水解产物与其他前体来制备（Lotfy et al.，2015）。另外，通过酱油渣和脱脂大豆的酶水解产物的混合物可以形成多达 57 种有助于肉味的挥发性风味化合物（Wang and Cha，2018）。此外，应用响应面方法优化美拉德反应的条件，以形成来自许多不同来源的芳香物质。通过固态发酵植物蛋白制取鲜味剂基料，可以产生具有鸡肉、牛肉、猪肉类香味的调味品，改善植物蛋白肉的风味（Kang et al.，2019）。

　　除了芳香物质外，还需要适量的脂肪酸来赋予人造肉以独特的味道。在解脂耶氏酵母表达来自高山被孢霉的两个去饱和酶基因可以合成大量的亚麻酸。在此基础上，通过优化培养条件后，可以在解脂耶氏酵母中利用廉价的原料合成二十碳二烯酸、二十碳三烯酸和二十碳五烯酸（Lazar et al.，2018）。目前，在商业化的酯生产菌株中不饱和脂肪酸的产率可达到总细胞内脂肪酸的 50%以上。此外，已经可以从细胞中有效提取亚麻酸及其衍生的酯，作为食品添加剂加入以改善人造肉的味道（图 9.11）。

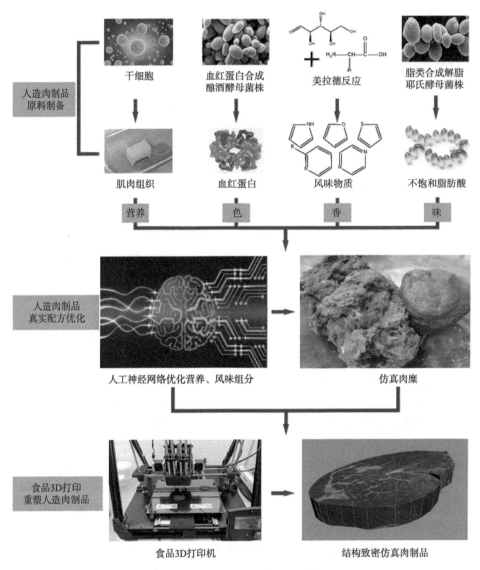

图 9.11　人造肉制品商品化步骤

　　总的来说，细胞培养肉和植物蛋白肉在产品设计上有几大优势。首先，可以按照所需要的比例决定肉制品的肌肉-脂肪-营养物质占比结构。其次，保质期较长，运输中不需要太低的温度，因为没有细菌促进降解过程。再次，没有来自动物的传染病风险，生产过程需要符合严格的质量管理要求，这会大大提升肉制品供应链的安全性。根据大多数行业专家反馈，在过渡阶段，植物蛋白肉替代品将是必不可少的，而从长远来看，人工培育的肉类或许将会胜出。这是因为细胞培养肉符合可持续发展规律，可以根据各种质量水平的肉制品定制营养物质结构，从而满足不同消费者类型的需求和偏好。而食品行业,特别是新一代生物发酵工程技术的进步与工业化将推动全球肉制品替代产品市场的这些重大变化。

9.3　动植物蛋白的发酵生产

9.3.1　动植物蛋白发酵生产概述

随着社会的进步和科技的发展,人们的生活理念和消费观念发生了深刻的变化。对于食品的要求,人们不仅仅在乎舌尖上的感觉,更在乎其营养价值与保健功能。这一理念变化,无疑有力地促进了食品发酵加工业的技术进步,使得食品发酵加工向着深加工和精加工方向发展。

近年来,随着动植物蛋白资源的发酵深加工技术的研究逐步展开,不断有新的产品推向市场。动植物来源的各类蛋白不仅可以作为原料用于多种食品和饮品的生产;利用微生物发酵所得的动植物蛋白还可以作为未来食品(人造肉、人造奶、人造蛋等)中的重要组分。

9.3.2　动物来源蛋白的发酵生产

动物蛋白的氨基酸比例与人体氨基酸的构成比例十分接近,极易被人体消化吸收(Rønholt et al., 2012)。动物蛋白的发酵生产是以牛乳、羊乳、蛋奶等为主要原料,利用各原料之间的营养互补平衡,通过微生物发酵加工,达到既能提高原料的利用率,又能满足人们实际营养价值需求的目的。目前应用于食品方面的利用动物蛋白进行微生物发酵的生产,主要集中在动物型蛋白饮料方面。

发酵型动物蛋白饮料是以蛋奶、乳类等动物蛋白原料为基础,经过预热、均质、杀菌、冷却、接种、灌装、保温发酵、冷藏后发酵等工序,所制备的具有独特风味且营养价值较高的一类饮品,主要包括蛋类饮料、发酵乳类等(Ranieri et al., 2009)。

1. 蛋类饮料

畜禽的蛋含有十分丰富的人体所必需的优质蛋白以及其他营养元素,蛋类饮料是利用蛋白酶酶解蛋白原料,经过发酵等工序制备的产品。成品蛋白饮料营养较为全面,富含的蛋白组成与人体蛋白较为接近,容易被人体所吸收。而且发酵蛋类饮料中,乳酸菌等益生菌能够将大分子蛋白质分解成小肽,使饮料营养更加丰富(刘洋和王卫,2013)。

蛋类蛋白质的凝固点普遍较低,饮料制备中加热杀菌这一工序会使其发生变性,从而导致所开发出来的蛋类饮料成品不稳定,无法应用于工业化生产(Thomas et al., 2008）。为解决这一问题，可以先用木瓜蛋白酶将奶粉及鸡蛋混合蛋白源水解，水解产物经过调配、均质后，蛋清蛋白加热容易变性凝固这一问题可以被顺利解决，且蛋清蛋白的杀菌温度可达到 90℃，效果较为理想（陈洁辉和简达升，2003）。蛋类蛋白质还具有一定的腥味，会影响发酵蛋类饮料的口感，为解决这一问题，可以使用 β-环糊精作为添加剂来掩盖蛋腥味或利用蛋白糖作为甜味剂（Ozdemir et al., 2015）（适用于糖尿病患者）（高倩倩，2010）。而若以牛乳和全蛋白原料为基础，利用乳酸菌发酵，辅助酸、糖等配料，能够调制成一种营养均衡且有鸡蛋独特风味的动物蛋白饮料（石飞云等, 2007）。

2. 发酵乳类

乳类含有优质乳清蛋白、乳糖、乳脂肪、维生素、矿物质等丰富的营养物质，无论对老人的健康还是儿童的生长都有着重要的作用，且易于消化和吸收。而发酵乳类是指乳类经过微生物发酵加工后所制成的乳制品，是具有特殊的抗疲劳、抗衰老、助肠道消化等生理功能的保健食品（Adolfsson et al., 2004），因此备受广大消费者的青睐。发酵乳制品主要分为酒类发酵乳和酸乳类两大类（Thomas et al., 2008），目前市场上消费最多的是酸乳类制品，主要产品有酸奶、奶油和干酪（Kung et al., 1997）。

1）酸奶的生产

酸奶（Tamime and Deeth, 1980）是以优质乳清蛋白的牛、羊乳或乳粉等原乳料为主要原料，经加热杀菌及接种乳酸菌（嗜酸乳杆菌及保加利亚乳杆菌等）发酵加工后所制得的产品（Shurkhno et al., 2005）。生乳（添加或不添加辅料）经过预热、均质、杀菌、冷却、接种、灌装、保温发酵、冷藏后发酵等工序，即制成酸奶成品（图 9.12）。

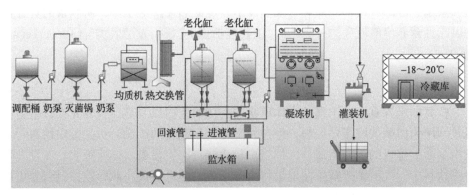

图 9.12　动物型蛋白源的车间发酵加工流程

在酸奶的发酵加工过程中，在牛、羊乳或乳粉等主要原乳料中添加一定量的水果等辅料，即可以提高酸奶的口感以及营养价值，也推动了水果资源的开发利用。例如，在牛乳原料中添加浸提后的刺梨鲜果以及预处理后的蜂蜜，经过热水溶解、过滤、均质、灭菌、冷却、接种乳酸菌发酵等工序，制成了口感醇香且质地均匀的凝固型酸奶（谢勇等，2017）；利用嗜热链球菌与保加利亚乳杆菌作为复合菌种，在脱脂奶粉原料中添加糖液、柚子汁、稳定剂、红枣汁等配料，经过一系列单因素与正交设计优化发酵工艺，最终获得一种具有独特风味与营养丰富的新品种酸奶，为国内红枣及柚子资源的开发利用提供了新思路（邵金华等，2014）；在新鲜牛乳原料中添加处理后的石榴汁，然后添加 6% 的木糖醇甜味剂以及复合稳定剂，经过复合菌种（保加利亚乳杆菌与嗜热乳杆菌 1：1）于 42℃、发酵 6 h 即制成具有石榴清香、口感细腻与酸甜适中的石榴汁酸乳，推动了石榴资源的深加工与酸奶新品种的研发（成妮妮和陈广艳，2017）。

2）奶油的生产

奶油，俗称黄油，主要是利用原料奶过滤、离心后的稀奶油为主要原料，经过微生物发酵加工后所制成的产品。原料奶过滤净化、离心分离（成稀奶油）、杀菌、发酵与成熟、搅拌、排除酪乳（奶油粒）、洗涤、压炼后即制成成品奶油（Rønholt et al., 2012）。根据发酵方法的差异，可以将奶油分为人工发酵与天然发酵奶油两种，两者的差异主要在于发酵时一种是添加纯培养的发酵剂（人工发酵），另一种是以乳中本身所含的微生物为发酵剂（天然发酵）。常用的发酵剂种类有乳酸乳球菌、丁二酮乳链球菌及乳油链球菌等（Góral et al., 2018）。

奶油的发酵加工生产主要影响因素是工艺条件，为了获得口味及营养均衡的奶油，需要对工艺条件进行优化。如利用单因素与正交实验，确定发酵奶油过程中发酵剂种类与添加量、发酵时间与温度的最优发酵条件（Ranieri et al., 2009）；发酵剂采用 LL-50（乳酸乳球菌乳脂亚种与乳酸乳球菌乳酸亚种）、添加量为 5%、20℃发酵 14 h，制备的发酵奶油具有良好的色、香、味、营养均衡等优点（Rønholt et al., 2012）；利用蚀橙明串球菌与乳酸菌发酵奶油，控制发酵过程中的二乙酰含量以及 pH（4.5～5.5），获得了风味比较理想的奶油。

3）干酪的生产

干酪，俗称奶酪，是指原料乳经过均质、杀菌、冷却、接种、发酵等工序，使酪蛋白等主要蛋白质中的乳清排除，凝结成块的产品。干酪与酸奶相似，都是利用微生物发酵原料乳加工而成的成品，都含有活的益生菌乳酸菌，但干酪的浓度比酸奶高，营养价值相比酸奶也更加丰富。

市场上发酵生产的干酪成品种类繁多，生产方式也差异较大。例如，将伊萨酵母、发酵乳杆菌与干酪乳杆菌按 6：6：1 的比例接种混合发酵原料乳，在复合菌种添加量与添加剂蔗糖浓度都为 5% 的最佳发酵条件下，36℃发酵 4 h 后获得的新鲜奶酪酸甜适宜且口感纯正，为现代企业化生产奶酪提供了一定的思路；分别利用干酪发酵剂与费氏丙酸杆菌作为主次发酵剂，对新鲜羊乳进行发酵，研究发现在羊乳原料中添加 4% 的大豆分离蛋白（Sook et al., 1990），可以掩盖羊膻味，得到的成品混合奶酪的奶油鲜香浓郁且口感良好。

9.3.3　植物来源蛋白的发酵生产

植物蛋白的发酵生产是以各种植物蛋白源为原料，利用微生物发酵，经过工艺条件的优化，降低原料中棉酚、硫苷、单宁等抗营养因子的浓度，并且产生大量的矿质元素、有机酸、活性肽（Sanjukta and Rai, 2016）、外源酶与未知营养因子等有益代谢产物，从而有效提高各种植物蛋白源的品质，产生更易被消化吸收、营养价值高、适口性高、绿色安全的产品（Wadhave et al., 2014；Akin and Ozcan, 2017）（图 9.13）。

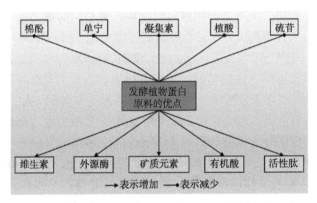

图 9.13　发酵植物蛋白原料的优点

植物蛋白主要存在于由细胞壁包裹的细胞内，而细胞壁由纤维素、木质素、果胶质等多种成分组成，分为胞间层、初生壁及次生壁三部分。菜粕、棉粕、豆粕等多种植物蛋白源的细胞壁中高聚糖类含量较高，而高聚糖难以吸收。通过微生物发酵，能够裂解细胞壁，释放细胞内的各种营养元素，使蛋白的消化利用率进一步提高。近年来，植物蛋白的发酵加工生产凭借其诸多优点成为国内研究的热点，正在不断发展（Wadhave et al., 2014）。

1. 发酵植物蛋白原料的优点

1）有效降低或去除抗营养因子

大部分植物蛋白源都含有各种抗营养因子如凝集素、单宁、植酸、皂苷、蛋白酶抑制因子等，而这些广泛存在的物质不仅使原料的营养价值降低，而且会对营养成分的消化、吸收和利用，以及人的健康产生不良影响。例如，植酸能与植物蛋白源中的矿质离子紧密结合，并形成难溶性的植酸盐络合物，降低矿质元素的生物效力；还能与碳水化合物及蛋白质结合形成难以消化的复合物，影响蛋白质酶解，降低消化利用率。而单宁也可结合机体内的胰蛋白酶、脂肪酶与淀粉酶，并使之失活，影响消化吸收机能，不利于人体健康，同时单宁具有较强的辛辣苦涩味，会降低口感，严重影响人的健康生长。研究表明，利用微生物发酵处理植物蛋白原料，可以有效降低甚至去除植物蛋白源中的抗营养因子，但是发酵处理效果的好坏还与原料的来源、性质及发酵工艺紧密相关（Millward and Joe, 1999）。

　　研究表明，利用酵母菌对生豆粕原料进行发酵，可以使抗营养因子胰蛋白酶抑制因子的降解率达到 56.2%（吴胜华等，2009）；利用酿酒酵母与黑曲霉混合固态发酵棉粕，能够使棉籽饼中游离棉酚脱毒率达到 95.51%（吴伟伟和许赣荣，2010）；以乳酸菌和黑曲霉为发酵菌种，在 30℃、加糖量 5%、接种量 8% 及初始 pH 6.5 的条件下，将其按 2∶1 的比例接种混合发酵菜籽饼 4 d，可以使植酸降解率达到 78%，硫苷去除率可达 92.12%；优化酵母菌、木霉与黑曲霉的接种配比混合发酵菜籽粕，当菌株接种配比为 2∶1∶1 且 30℃发酵 87 h 时，可使硫苷的去除率达到 89.49%（叶龙祥和牛兴亮，2010）。

　　2）有效降解大分子物质

　　小肽具有较好的生理活性与理化性质，可增强人的免疫力，提高各种矿质元素与原料的利用率，对人的健康生长具有一定的促进作用。一般植物蛋白中粗纤维含量过高，就会降低消化率和口感，而经过微生物的发酵分解，可以将原料中的粗纤维降解，并且植物蛋白源在多种微生物的混合发酵作用下，大分子蛋白会被分解产生多种小肽以及游离的氨基酸，改善了植物蛋白原料的品质与口感，提高了营养物质的消化吸收与利用率（Millward and Joe, 1999）。

　　研究表明，用黑曲霉与热带假丝酵母混合发酵棉籽饼，使必需氨基酸与粗蛋白的含量分别提高了 19.18% 与 27.83%，体外消化率分别达到 24.47% 与 20.90%，同时使抗营养因子棉酚的降解率达到了 91.64%（张文举等，2006）；通过正交设计对发酵条件进行优化，将米曲霉与芽孢杆菌按配比 1∶2 接种发酵豆粕，结果大豆肽含量提高到 23.98%，比发酵前提高了 20.29%，同时降低了大、中分子蛋白水平，提高了氨基酸的含量，改善了豆粕的营养价值（李善仁等，2009）；以菜籽粕原料为基础，将枯草芽孢杆菌、酵母菌与乳酸菌按一定的比例混合发酵，使原料中的粗纤维含量较发酵前得到显著降低（杨玉芬等，2010）；采用固态发酵，利用黑曲霉发酵菜籽粕，并通过发酵工艺的优化，在最佳介质含水量为 60%、葡萄糖浓度为 6%、磷酸盐添加量为 0.5 mg 及添加吐温 80 的条件下，促进了植酸酶的产生，降低了抗营养因子植酸的含量，提高了原料中总蛋白的含量（El-Batal AI and Abdel Karem H, 2001）；以棉籽粕、豆粕、菜籽粕以及玉米脐子粕为混合原料，经过酵母菌发酵，控制过程条件（发酵时间、接种量及发酵温度），结果菌体蛋白质发酵终产物的含量达到 56.75 %（张秋华等，2009）；利用马克斯克鲁维酵母与干酪乳杆菌对花生粕原料进行复合发酵，花生粕经过微生物发酵后，具有发酵的香味，从而增加了口感风味，并且原料中大分子蛋白也降解成小分子蛋白，而粗蛋白、总氨基酸、甲硫氨酸与赖氨酸的含量也明显得到提高（蔡国林等，2010）。

3）富含益生菌和多种生物活性因子

植物蛋白源经过微生物发酵加工后能够产生各种生物活性因子、酶以及益生菌，有利于人肠道菌群的平衡（Adolfsson et al., 2004），对生长发育和健康有一定的促进作用。生物活性因子的含量、活性及种类受发酵工艺和原料来源的影响。这些生物活性因子主要有外源酶、有机酸、生物活性肽、维生素等。

研究发现，豆粕经过微生物发酵，可以产生大量的有机酸、活性肽（Sanjukta and Rai, 2016）、外源酶与未知营养因子等有益代谢产物；以酿酒酵母与枯草芽孢杆菌为复合发酵菌种，固态发酵棉粕，使益生菌活菌数、氨基酸以及蛋白质含量得到大幅度增加，同时游离棉酚的含量也降低 40 %以上，且实验重复性、稳定性均良好（韩伟等，2017）；以豆粕原料为基础，利用枯草芽孢杆菌进行固态发酵，通过发酵条件的优化，使蛋白酶的活性较发酵前提高了 255 %，达到 648 U/g（卓林霞等，2009）；以一株霉菌和两株酵母菌为复合菌种固态发酵原料棉籽粕，不仅使必需氨基酸、总氨基酸及粗蛋白含量得到提高，且同时降低了抗营养因子游离棉酚的含量，研究还发现通过混菌发酵植物蛋白，可以产生少量有机酸等营养代谢产物，可改善人消化道吸收能力，增强免疫力（夏新成等，2010）；共轭亚油酸（CLA）为人必须从食物中摄取且不可缺少的必需脂肪酸之一，以豆粕为原料，通过植物乳杆菌固态发酵产 CLA，使其产量达到 65.093 μg/g，提高了豆粕的整体营养价值，一定程度上改善了人的生长及健康状况（陈丽娟等，2010）。

2. 植物型蛋白饮料

近年来，随着生物技术的进步以及现代动物营养学的不断发展，我国对食品产品绿色安全以及环境污染问题越发重视，植物蛋白的发酵生产也已成为当今热点。现今的植物蛋白发酵生产，一方面可以提高植物蛋白源的营养价值，使其能够替代部分动物蛋白源，保护牛、羊等动物资源，且植物蛋白源经过微生物发酵加工后较发酵前更加绿色、安全且口感风味更好，符合现代资源发展的可持续性（Sirilun et al., 2017）。

我国可开发的植物蛋白源种类繁多，资源丰富，应用前景较广。植物蛋白饮料是以大豆及花生等植物的种子或果仁为主要原料，经过预处理、过滤、杀菌、接种发酵等工序，而制成的一类乳状饮料（图 9.14）。植物蛋白源经过发酵制成饮料，可以使大分子蛋白源降解为小分子蛋白肽，具有能够迅速补充机体能量且易吸收与助消化等优点，而且发酵制品具有独特的香味，掩盖了原始蛋白源的植物腥味，增加了口感。随着植物蛋白发酵饮料具有降血脂、降血压等独特生理功效的发现，市场上也已加大对植物蛋白饮料的研发（Duangjitcharoen et al., 2008）。目前，发酵植物蛋白源饮料的常用微生物为乳酸菌，经过乳酸菌发酵的植物饮料常以其独特的风味、清爽的口感和较高的营养保健功能得到广大消费者的青睐，而且乳品中的乳酸菌能够改善人体肠道的菌群环境（Adolfsson et al., 2004），对于肠胃菌群失衡及消化不良的人们是一个不错的饮品选择。

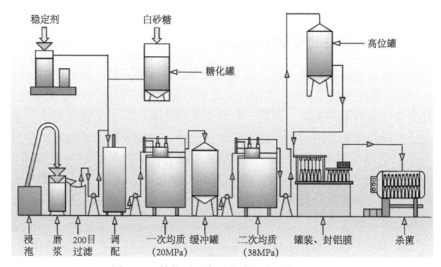

图 9.14　植物型蛋白源的车间发酵加工流程

由于使用的原料不同，各种植物蛋白饮料的营养价值也不同。研究发现，将核桃仁、杏仁筛选，通过浸泡、去皮、护色、脱苦、漂洗、打浆、均质、杀菌、冷却及接种乳酸菌发酵后，灌装成制品，可研发出一种集营养与保健作用于一体的新型植物蛋白发酵饮料（Shurkhno et al., 2005），为杏仁、核桃的资源开发利用奠定了一定的基础；以大豆植物蛋白原料为基础，通过复合发酵（嗜热链球菌与干酪乳杆菌）制备豆酪饮品产品，且添加稳定剂（琼脂与黄原胶）提高了乳品的稳定性，改善了组织结构；将花生仁通过浸泡、精磨、杀菌、过滤、均质、冷却、接种（嗜热链球菌与保加利亚乳杆菌 1∶1）、培养、冷却、凝冻等工序，成功制备成品冰淇淋（Góral et al., 2018），在一定程度上使花生蛋白取代动物乳品，并且制备的乳品具有花生独特的香气，备受人们的青睐。

3. 植物蛋白发酵生产的其他应用

鲜味剂，又称风味增强剂，对乳类、禽、肉、水产及蔬菜类乃至酒类都起着较好的增味作用。植物蛋白通过微生物发酵加工后还能用于制备鲜味剂基料产品等，如利用麸皮、玉米黄粉、花生粕、谷朊粉等原料，通过混合润水、蒸料、通风制成曲（包括接种种曲）、制酱醅、低盐固态发酵、成熟酱醅、套淋、酿造型鲜味发酵液、灭菌、质量检验等工序，制备了酿造型鲜味剂基料，使这些原材料得到了有效的深加工利用（庄桂等，2004）。

随着现代分子生物学、微生物学、免疫学及动物营养学的不断发展，在对大豆、花生、玉米粉、核桃、杏仁、棉籽等植物蛋白源进行深入研究的同时，有必要开展其他植物蛋白源微生物发酵加工的研究，为植物蛋白能够更加高效和广泛地应用于饮料及鲜味剂基料等食品领域提供坚实的基础和科学依据。

9.3.4　微生物发酵法合成动植物蛋白

随着动植物蛋白在食品、饮品以及未来食品领域越来越广泛的应用，以动植物为来源、依靠提取获得蛋白，无论种类还是数量上都已经无法满足大众对健康、环保及美味食品的不断追求。因此，以代谢工程为基础的微生物发酵法合成动植物蛋白已经成为新的发展趋势。在已有的报道中，应用不同的微生物已经实现了多种与未来食品生产密切相关蛋白的合成（酪蛋白、乳清蛋白、乳铁蛋白等）（图9.15），因此随着代谢工程和合成生物学的快速发展，已经可以合成的多种蛋白的产量会进一步提高，且更多的具有应用价值的人造食品相关蛋白可以实现微生物发酵法的高效合成。

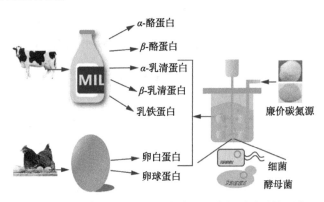

图 9.15　微生物发酵法合成未来食品生产相关动植物蛋白

1. 微生物发酵法合成动植物蛋白研究进展

利用微生物发酵法合成动植物蛋白在国外开展得较早，早在1987年就已经利用大肠杆菌、酿酒酵母等微生物实现了大豆蛋白和豌豆蛋白中主要组分球蛋白的合成，为满足未来食品生产对植物组织蛋白的需求奠定了基础（Fukazawa et al.，1987；Watson et al.，1988）。这些微生物合成的植物蛋白经初步纯化并拉丝赋予足够的韧性和弹性之后，可以成为生产人造食品的优良原料。除此之外，传统奶制品中蛋白的主要成分乳清蛋白（牛乳清蛋白、羊乳清蛋白）也已经可以利用大肠杆菌、酿酒酵母等微生物来合成。2012 年，印度科研人员在大肠杆菌中成功异源表达了来源于牛的乳铁蛋白（Natarajan et al., 2011），获得的重组蛋白不仅可以作为人造奶的原料还具有抑制肠道致病菌、利于伤口愈合、防治心血管疾病等生理功能，具有较高的商业生产应用价值。2013 年，美国 NEB 公司在克鲁维酵母中实现了牛白蛋白的表达并成功应用在酶保护剂等多个方面，获得了良好的经济效益。这些研究成果为生产以乳清蛋白为主要成分的人造奶产品奠定了良好的基础。

　　虽然利用微生物发酵法合成动植物蛋白在国内起步相对较晚，但近年来也已经取得了一些突破性成果。在植物组织蛋白的合成方面，目前利用大肠杆菌已经实现大豆球蛋白亚基和豌豆肌动蛋白的合成，虽然产量还有待进一步提高，但已经为今后的研究奠定了一定的基础；此外在乳清蛋白的合成方面，已经可以利用大肠杆菌成功实现牛奶中 7 种主要蛋白（α_{s1}-酪蛋白、α_{s2}-酪蛋白、β-酪蛋白、κ-酪蛋白、α-乳清蛋白、β-乳球蛋白、白蛋白）的异源表达且未被降解（张齐等，2016）。经生理功能验证后表明大肠杆菌作为合成人造牛奶蛋白的底盘细胞具有较好的应用潜能，该研究对后续进一步开发人造牛奶奠定了基础。

　　2. 微生物发酵法合成动植物蛋白存在的瓶颈和应对策略

　　虽然利用微生物发酵法合成动植物蛋白已经成为研究热点，但是目前的研究成果水平还相对较低，还无法满足未来食品大规模生产的需求。根本原因主要有以下几点：①动植物蛋白在微生物合成体系中易形成包涵体而沉淀且可溶蛋白的表达量较低；②动植物蛋白的合成需要微生物底盘细胞内多种辅因子的协同参与，目前罕有关于系统代谢改造底盘细胞提高人造食品相关蛋白合成效率的报道；③目前用于合成动植物蛋白的微生物中很大一部分还不是食品安全级的微生物菌株，用于食品和饮品的生产存在一定的食品安全隐患；④还没有专门针对微生物合成的动植物蛋白开发出相应的经济环保、食品安全级的纯化方法。

　　针对这些问题，应用最新的代谢工程和合成生物学技术可以采取以下策略。①尽量选择和动物及植物同为真核生物的真核微生物细胞（酵母、霉菌等）进行表达（Liu et al., 2016），并根据表达宿主的不同对外源蛋白编码基因的密码子偏好性进行优化，以减少表达过程中包涵体出现的可能性；应用最新开发的多种合成生物学元件（不同拷贝数的复制子、启动子文库、RBS 文库、转录调控因子等）对外源蛋白的表达水平进行调控，使蛋白的表达水平与底盘细胞内的蛋白正确折叠速度相匹配；减少微生物底盘细胞内蛋白酶对外源蛋白的降解作用，并尽量能通过分泌信号肽将外源蛋白分泌至胞外，以防止蛋白因降解造成的损失。②在微生物底盘细胞中引入辅因子 NADH/ NADPH 再生系统，使细胞有足够的还原力用于细胞的生长和外源蛋白的合成；通过重构和强化底盘细胞内的血红素合成途径

（Kang et al., 2017）提高胞内可用于血红蛋白、肌红蛋白等外源蛋白合成的血红素水平；构建底盘细胞内血红素等辅因子的生物感应器检测和调控元件，实现辅因子合成与外源蛋白表达之间的代谢平衡，以进一步提高动植物蛋白的产量。③动植物蛋白的合成可以应用目前相对成熟的食品安全级微生物蛋白表达体系（酿酒酵母、枯草芽孢杆菌、乳酸乳球菌等）。此外，由于可用于食品安全级底盘细胞代谢调控和蛋白表达强化的工具还较少，应当采用最新的合成生物学策略(基因组人工设计和全合成等策略)以实现在这些底盘细胞中动植物蛋白的高效合成。④由于利用微生物合成的动植物蛋白将直接用于可食用产品的生产，因此无法在蛋白表达的同时添加常规蛋白（酶等）纯化所需的各种纯化标签，因此需要依靠所合成的人造食品相关蛋白的生化性质设计特异性的纯化方式（离子交换、分子筛等），在纯化过程中不使用各种有毒有害的化学试剂，并对纯化后的蛋白进行纯度（不可残留微生物底盘细胞中的蛋白）和生物安全性（毒理）检测，以确保微生物合成的动植物蛋白在经过经济环保的纯化步骤后可以满足食品生产的安全性要求。

9.4　中、长链食用油脂的发酵生产

9.4.1　微生物油脂发展概述

　　油脂是食品的三大主要成分之一，能为人体提供必需脂肪酸（亚油酸、亚麻酸）和脂溶性维生素（维生素 A、维生素 D、维生素 E、维生素 K），是人体必不可少的营养素；可提供大量的热量并赋予食品独特的风味，对食品的口感、质地、风味等感官特性起到重要作用（Ledesma-Amaro, 2015）。传统的食用油脂主要是来源于动、植物的油脂。随着当今工业生产高速发展以及世界人口不断增加，食用油脂呈现出供不应求的趋势，这在我国尤为明显。2017 年我国食用油的需求总量达到 4105.6 万 t，人均年消费量为 22.5 kg，其中利用国产油料生产的食用油只有 1387.7 万 t，剩下的 2717.9 万 t 食用油都是依靠进口油脂来满足食用市场需求的，自给率只有 33.8%（王瑞元, 2017）。针对这一情况，科学家正在进行借助生物技术手段，利用微生物发酵方法，把使用价值较低的农副产品和食品工业的废弃物转化为脂肪酸的研究，为脂肪酸的来源开辟了一条令人振奋的新道路。

　　与低效、高成本、来源受限的植物提取法相比，微生物法生产因其具有绿色、高效、低成本、可连续化生产等优势而受到研究者们的广泛关注，并成功生产出多种食品行业中重要原料物质。例如，利用工业微生物大肠杆菌生产的凝乳酶被美国 FDA 批准属于一般公认为安全的可直接加入人类食品中的物质；2017 年欧盟委员会批准利用大肠杆菌产生的赖氨酸硫酸盐作为所有动物饲料添的加剂使用。这些微生物生产方式的批准解决了众多食品行业中原料物质来源稀缺、成本高等难题。因此，基于微生物法生产油脂技术有着广阔的应用前景，有望从根本上解决我国油脂生产落后问题，提高经济效益，解决目前食品行业中面临的难题。

很久以前，人们就发现某些微生物细胞中存在着大量的油脂微粒，其中包括多不饱和脂肪酸（PUFA）、糖脂、磷脂等。早在第一次世界大战前，德国科学家试图利用产脂内孢霉生产油脂以缓解当时使用油脂供应不足的状况，后因战争爆发而中止了研究。之后，美国也开始着手微生物油脂的研究，但没有实现工业化生产。直至第二次世界大战前夕，德国科学家筛选到了适于深层培养的菌种，并进行规模生产。20 世纪 80 年代初，日本成功建立了发酵法工业化生产长链二元酸新技术，结束了用蓖麻油裂解合成十三碳二元酸的历史。1986 年，日本、英国又首先推出含 γ-亚麻酸（γ-linoleic acid, GLA）微生物油脂的保健食品、功能性饮料和高级化妆品等。20 世纪 90 年代以后，相继从丝状真菌、微藻、细菌和酵母中，筛选到能生产许多特种油脂的菌种，并取得突破，为进一步形成生产力提供技术依据（李建等, 2007）。

9.4.2 产油微生物种类

微生物油脂又称单细胞油脂，是由酵母、霉菌、藻类和细菌等微生物在一定条件下，将碳水化合物、碳氢化合物和普通油脂作为碳源转化并储存在体内的油脂。其中，酵母菌、霉菌产生的油脂组成与植物油一致，主要为甘油三酯，以 C_{16}、C_{18} 系脂肪酸为主；藻类胞内合成油脂中 PUFA 含量较高，而细菌则主要积累一些特殊的类脂（如蜡、聚-β-羟丁基等）。与种植油料植物相比，微生物油脂由于其生产具有很多不可比拟的优越性，如周期短、可连续生产、可规模化利用自然界丰富的碳水化合物资源（Fernandes et al., 2017）。

1. 酵母和霉菌

酵母和霉菌主要用于生产富含长链脂肪酸的油脂，其生产的油脂中脂肪酸大多为 16 和 18 个碳原子，与许多植物油脂相似。自第二次世界大战期间发现高产油脂的斯达油脂酵母（*Lipomyces starkeyi*）、粘红酵母属（*Rhodotorula glutinis*）和曲霉属（*Aspergillus*）以及毛霉属（*Mucor*）等微生物以来，产油菌种的筛选取得突破，为进一步形成生产力提供了技术依据（Ferreira et al., 2018）。

2. 显微藻类

微藻中油脂含量可观，直接从微藻中提取得到的油脂成分与植物油相似。微藻中油脂含有大量的长链 PUFA，且具有营养需求简单、生长周期短等优点，其

PUFA 的含量可通过培养条件的控制予以提高,因此微藻油脂成为鱼油 *ω*-3 PUFA 的替代品,具有广阔的应用前景。目前,国内外研究主要集中在筛选菌株、鉴定其生物量、测定总脂含量和 PUFA(二十碳五烯酸/二十二碳六烯酸,EPA/DHA)的组成方面,报道较多的是小球藻(*Chlorella* sp.)、球等鞭金藻(*Isochrysis galbana*)、三角褐指藻(*Phaeodactylumtric ornutum*)等,其总脂含量高达细胞干重的 12.1%。有研究比较了 11 种微藻的生物量、总脂含量和 PUFA(EPA/DHA)的组成,结果表明叉鞭金藻总脂含量最高,占细胞干重的 13.1%,球等鞭金藻次之,占细胞干重的 12.1%。在绿色巴夫藻中,EPA 和 DHA 分别占总脂肪酸的 25% 和 6%;小球藻的 EPA 含量为 28%;南极冰藻的 EPA 含量为 19%。另外通过研究微藻的脂质和脂肪酸组分,发现一种类似 *Navicula* 的硅藻 CS-86 含有较高的 EPA;硅藻 *Heterocapsa niei* 含有较高的细胞脂质和 DHA,可作为 DHA 的来源(Bharathiraja et al., 2017)。

3. 产油细菌

　　细菌在高葡萄糖时可产生不饱和的甘油三酯。常见的有嗜酸乳杆菌(*Lacidophilus*)CRL640、混浊红球菌(*Rhodococcus opacus*)PD630、弧菌(*Vibrio*)CCUG35308 等。混浊红球菌 PD630 在葡萄糖或橄榄油中生长时,甘油酯中的脂肪酸含量占细胞干重的 76%～87%。弧菌 CCUG35308 脂肪酸主要为偶碳链脂肪酸(16:0、16:1、18:1 和 20:5),可用于 EPA 的生产研究。目前发现的可生产富含 PUFA 油脂的细菌全部是深海细菌和极地细菌。通过 5S 和 16S rDNA 序列分析,这些海洋细菌为革兰氏阴性菌,分别属于 *Colwellia*、*Shewanella*、*Alteromonas*、*Pseudoalteromonas* 和 *Ferrimonas*。其中 *Colwellia* 和 *Shewanella* 被认为是生产富含 PUFA 油脂的主要海洋细菌种属(Bhatia and Yang, 2017)。

9.4.3　微生物法合成脂肪酸的关键技术

　　脂肪酸作为食用油脂的主要成分,以碳链的长度为标准,可分为长链脂肪酸和中链脂肪酸。普通的食用油多为长链脂肪酸,一般是指碳链长度为 12～22 的脂肪酸,主要来源于动物油脂、植物油脂、鱼油和藻油。中链脂肪酸是由 6～10 碳组成的脂肪酸,包括己酸(C6:0)、庚酸(C7:0)、辛酸(C8:0)、壬酸(C9:0)、癸酸(C10:0),主要来源于椰子油和棕榈仁油(Sarria et al., 2017)。普通长链脂肪酸被人体吸收后,会被输送并储存在人体各组织中,如脂肪组织、肌肉组织以及肝脏之中,在人体需要时会被分解为能量。而中链脂肪酸则直接由门静脉输送到肝脏,能迅速被分解转为能量,在被吸收 10 h 内基本被完全分解;同时中链脂肪酸的消化吸收速度约为长链脂肪酸的 4 倍,中链脂肪酸正是因为有被迅速吸收燃烧转化为能量的特性，所以具有减少体脂积累和保持健康体重的保健功能（Wang et al., 2018 ; Pujol et al., 2018）。

由于大部分油料作物均是热带树种，难以在我国广泛栽培，并且与粮争地，难以满足我国大众需求；另外植物提取法在原料来源和产量上受季节性因素影响较大，而且存在多种结构类似物，高纯度产品的提取成本较高，受上述因素影响，目前我国所需 70% 的长链脂肪酸依赖进口，而中链脂肪酸则完全依赖进口。与低效、高成本的植物提取法相比，微生物法生产因其具有绿色、高效、低成本、可连续化生产等优势而受到研究者们的广泛关注。近年来融合了组学技术、系统生物学、合成生物学和进化生物学的系统代谢工程技术的迅速发展给人们提供了一个全新的思路来优化合成途径和改造菌株（Sarria et al., 2017）。

1. 传统脂肪酸代谢途径在脂肪酸生产上的应用

多数产油微生物如霉菌、酵母菌、细菌等主要通过脂肪酸合成途径来合成各种必需脂肪酸：起始于丙二酰-酰基载体蛋白（acyl carrier protein，ACP）和脂酰ACP 的缩合反应，在 β-酮脂酰 ACP 合成酶Ⅲ（FabH）催化下生成乙酰乙酰 ACP。乙酰乙酰 ACP 通过一系列的还原、脱水反应生成脂酰 ACP，生成的脂酰 ACP 在 β-酮脂酰 ACP 合成酶Ⅰ（FabB）和Ⅱ（FabF）催化下与丙二酰 ACP 缩合，进行下一次循环，从而实现碳链长度的延伸。研究者可以通过在微生物中表达具有底物特异性的硫酯酶来水解特定链长的脂酰 ACP 从而得到特定链长的脂肪酸（Torella et al., 2013）。

然而胞内长链脂肪酸是被用于合成维持细胞膜完整性的必需磷脂类物质，导致胞内相应的长链酰基载体蛋白的浓度远高于中链酰基载体蛋白；另外胞内的长链酰基载体蛋白对脂肪酸合成途径的上游基因有抑制作用，其浓度的减少会减轻这种反馈抑制作用，因此脂肪酸合成途径主要用于合成长链脂肪酸，中链脂肪酸的得率较低。2013 年，Torella 等改造大肠杆菌脂肪酸代谢途径来延缓酰基载体蛋白碳链的延伸，使得菌体代谢流从磷脂合成转向中链脂肪酸的合成，最终得到中链脂肪酸含量为 242.22 mg/L（Torella et al., 2013），但远低于 Xu 等通过改造脂肪酸合成途径获得的长链脂肪酸含量（8.6 g/L）（Xu et al., 2013）。因此由于胞内酰基载体蛋白的特异性，脂肪酸代谢途径在中链脂肪酸合成上存在天然的低效性，主要用于合成长链脂肪酸。

2. 逆向脂肪酸 β-氧化途径在脂肪酸生产上的应用

2011 年，Dellomonaco 等首次在大肠杆菌胞内创造性构建了一个有功能的逆向脂肪酸 β-氧化途径作为代谢平台来生产高级醇、各种链长的脂肪酸和羧酸，逆向脂肪酸 β-氧化途径是主要基于缩合、脱氢、脱水和还原反应等组成的延伸循环，这个途径最大特点是直接使用乙酰辅酶 A 进行酰基链的延伸反应，而不同于脂肪酸合成途径中使用依赖于 ATP 激活的丙二酰 ACP 进行酰基链的延伸；同时该途径以脂肪酰辅酶 A 中间体为途径的反应介质，这些脂肪酰辅酶 A 均为多种终产物的前体物质，便于生成各类脂肪酸及其他重要价值产品，这些特征使得逆向脂肪酸 β-氧化途径可以高效率地合成中链脂肪酸（图 9.16）（Dellomonaco et al., 2011）。

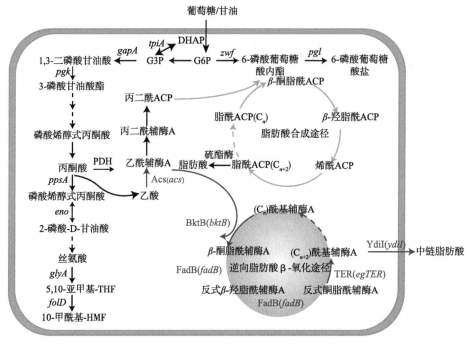

图 9.16　微生物细胞内脂肪酸合成途径示意图

2012 年，Clomburg 等鉴定出途径中的四种关键酶即硫解酶、3-羟酰基辅酶 A 脱氢酶、烯酰基辅酶 A 水合酶和酰基辅酶 A 脱氢酶，并获得 3.43 g/L 的丁酸（C_4）（Clomburg et al., 2012）。2014 年，Angela 等利用大肠杆菌基因组范围内的建模结合流量平衡分析和流量多样性分析，发现 $C_3 \sim C_{18}$ 链长的脂肪酸的生成是与生长偶联的，并且通过控制丙酮酸枢纽和戊糖磷酸途径的碳分流，可以得到最大产量和最大生产速率（Cintolesi et al., 2014）。2015 年，该研究团队发现使用来自罗尔斯通氏菌（*Ralstonia eutropha*）的 BktB 作为反应的硫解酶和大肠杆菌自身的硫酯酶 YdiI 会显著提高中链脂肪酸的产量（1.1 g/L 的 $C_6 \sim C_{10}$）（Clomburg et al., 2015）。同年，Seohyoung 等分别使用 BktB 和消除前导肽的硫酯酶 TesA 作为途径的起始酶和终止酶生成 1.3 g/L 的中链脂肪酸（$C_6 \sim C_{10}$），远高于 Torella 等通过改造脂肪酸合成途径获得的中链脂肪酸产量（0.2 g/L）（Kim et al., 2015）。因此逆向

脂肪酸 β 氧化途径是合成中链脂肪酸最为有效的方式。

3. 系统代谢工程技术提高逆向脂肪酸 β-氧化途径的效率

在工业微生物大肠杆菌内构建的逆向脂肪酸 β-氧化途径是目前微生物法合成中链脂肪酸最为有效的方式，并取得了微生物法生产中链脂肪酸的最高产量。然而之前研究者主要通过鉴定新的途径基因来优化合成途径，对于合成途径所需碳流和辅因子供给的调控机制缺乏研究，对于复杂合成途径是否存在瓶颈步骤缺乏研究，导致途径的合成潜力并未得到充分挖掘。近年来吴俊俊研究团队通过融合了组学技术、系统生物学、合成生物学和进化生物学的系统代谢工程技术，来优化逆向脂肪酸 β-氧化途径，使得微生物可以作为一个重要的生产平台来高效生产中链脂肪酸（图 9.17）。

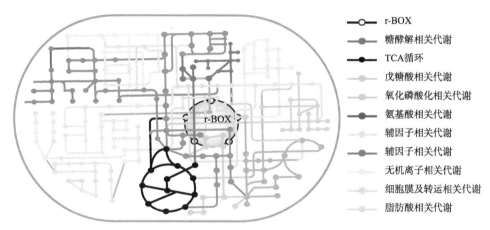

- r-BOX
- 糖酵解相关代谢
- TCA循环
- 戊糖酸相关代谢
- 氧化磷酸化相关代谢
- 氨基酸相关代谢
- 辅因子相关代谢
- 辅因子相关代谢
- 无机离子相关代谢
- 细胞膜及转运相关代谢
- 脂肪酸相关代谢

图 9.17　微生物细胞内主要代谢途径示意图

r-BOX 代表逆向脂肪酸 β-氧化循环途径

1）脂肪酸从头合成途径的设计与构建

通过从头设计原则异位重构了一条基于逆向脂肪酸 β-氧化循环的脂肪酸从头合成途径，实现了脂肪酸的从头合成，主要包括乙酰辅酶 A 合成途径的设计和逆向脂肪酸 β-氧化循环途径设计。乙酰辅酶 A 为逆向脂肪酸 β-氧化循环途径的直接前体物质，因此如何提高其浓度至关重要，之前的研究主要通过敲除消耗乙酰辅酶 A 的途径来提高浓度，严重影响了菌体的生长。吴俊俊团队通过表达乙酰辅酶 A 合成酶来回收利用胞内的副产物乙酸，在减低副产物积累的同时生成乙酰辅酶 A。同时通过文献查阅、数据库比对等方式筛选最优的非天然逆向脂肪酸 β-氧化途径，将来自罗尔斯通氏菌（*Ralstonia eutropha*）的硫解酶（编码基因为 *bktB*）、大肠杆菌自身的 3-羟酰基辅酶 A 脱氢酶/脱水酶（编码基因为 *fadB*）、薄肌眼虫（*Euglena gracilis*）的反式烯酰辅酶 A 还原酶（编码基因为 *egTER*）以及大肠杆菌自身的硫酯酶（编码基因为 *ydiI*）组装在一起，得到全新的脂肪酸从头合成途径（Wu et al., 2017a）。

通过基因定量实验来解析逆向脂肪酸 β-氧化循环途径是否存在瓶颈步骤，即分别依次过量表达合成途径中五种途径酶：乙酰辅酶 A 合成酶、硫解酶、3-羟酰基辅酶 A 脱氢酶/脱水酶、反式烯酰辅酶 A 还原酶、硫酯酶，观察在其他途径基因表达量相同的情况下，单个途径基因的过量表达对于脂肪酸产量的影响，研究发现在过量表达乙酰辅酶 A 合成酶和硫解酶后，乙酰辅酶 A 产量得到显著提高，由此鉴定出乙酰辅酶 A 合成酶和硫解酶为合成途径的限制性瓶颈步骤（Wu et al., 2017a）。

2）化学计量学法分析逆向脂肪酸 β-氧化循环途径的辅因子相关瓶颈步骤

代谢途径的调控除了途径酶参与之外，往往还需要辅因子的参与。针对逆向脂肪酸 β-氧化循环途径中是否存在限制性辅因子，采用化学计量学法分析逆向脂肪酸 β-氧化循环的五个核心反应步骤，发现逆向脂肪酸 β-氧化循环每循环一次，需要 1 分子的乙酰辅酶 A，2 分子的 NADH 和 2 分子的 H^+；同时随着脂肪酸链长的增加，需要消耗更多的辅因子（表 9.1）。由于这些辅因子浓度在胞内都是很低的，因此推测胞内辅因子的浓度可能限制了逆向脂肪酸 β-氧化循环途径效率的发挥（Wu et al., 2017b）。

表 9.1　逆向脂肪酸 β-氧化循环的化学计量学分析

步骤一(BktB)	乙酰辅酶 A + (C_n)酰基辅酶 A ⟶ β-酮脂酰辅酶 A + CoA
步骤二(FadB)	β-酮脂酰辅酶 A + NADH + H^+ ⟶ 反式 β-羟脂酰辅酶 A + NAD^+
步骤三(FadB)	反式 β-羟脂酰辅酶 A ⟶ 反式酮脂酰辅酶 A + H_2O
步骤四(Ter)	反式酮脂酰辅酶 A + NADH + H^+ ⟶ (C_{n+2})酰基辅酶 A + NAD^+
总反应步骤	乙酰辅酶 A + (C_n)酰基辅酶 A + 2NADH + $2H^+$ = CoA + $2NAD^+$ + 酰基载体蛋白 + (C_{n+2})脂肪酸

在后续实验验证中，分别研究不同辅因子浓度的变化对途径效率的影响。分别观察乙酰辅酶 A 浓度变化、氢离子浓度变化、NADH 浓度变化对中链脂肪酸产量的影响。研究发现乙酰辅酶 A 在一定程度上影响脂肪酸得率，H^+浓度不影响脂肪酸的得率，但是较高的 H^+浓度会影响碳链的延伸。而辅因子 NADH 的浓度将极大影响逆向脂肪酸 β-氧化循环途径的效率。进一步研究发现偶联 NADH 生成途径和乙酰辅酶 A 生成途径将进一步提高途径效率（Wu et al., 2017b）。

3）构建新型微氧代谢系统实现中链脂肪酸生产小试

NADH 和乙酰辅酶 A 为逆向脂肪酸氧化循环合成途径的限制性辅因子，并且二者的偶联供给将进一步提高合成途径效率。然而目前中链脂肪酸发酵平台需要两条不同的辅因子合成途径（乙酰辅酶 A 合成途径和甲酸脱氢酶催化途径）来进行辅因子的合成，不仅增加了菌体的代谢负担，还需要外源添加甲酸和乙酸，也增加了生产成本。基于此，研究人员通过生物信息学分析设计了两条低能耗辅因子合成途径，分别为乙醛脱氢酶催化途径和丙酮酸脱氢酶催化途径，能够一步法同时合成 NADH 和乙酰辅酶 A（图 9.18）。

通过后续实验验证，发现丙酮酸脱氢酶催化的途径具备相应的潜力，能一步法、低能耗合成乙酰辅酶 A 和 NADH。并且针对丙酮酸脱氢酶存在的 NADH 反馈抑制现象，采用基于计算机模拟分析及多来源酶学性质比较的方法，构建出抗反馈抑制的途径酶，最终得到了一条基于粪肠球菌丙酮酸脱氢酶的低能耗辅因子合成途径，能够一步法同时合成胞内辅因子乙酰辅酶 A 和 NADH 且不需要额外添加外源底物，极大降低了菌体内代谢负担及生产成本，由此中链脂肪酸的微生物发酵也首次在 3L 发酵罐中进行了生产小试，产量进一步提高到了 15.6 g/L，为目前国内外中链脂肪酸的最高产量（Wu et al., 2019a）。

4）中链脂肪酸高效转运系统的构建

研究者通过筛选大肠杆菌 17 个转运蛋白，发现脂肪酸转出蛋白基因 *acrE*、*mdtE*、*mdtC* 及脂肪酸转入蛋白基因 *cmr* 为中链脂肪酸转运的限制性因子，通过过量表达 *acrE*、*mdtE*、*mdtC*，以及敲除 *cmr*，构建了一个高效的中链脂肪酸转运系统（图 9.19），与对照菌株相比，中链脂肪酸得率提高了两倍以上，而中链脂肪酸胞外分泌率达到 94% 以上（Wu et al., 2019b）。

9.4.4　小结

微生物油脂由于其不与粮食争地的特性为人类增加了一种优质食用油源。我国是一个油脂短缺国家，绝大多数长链油脂以及所有的中链油脂完全依赖于进口，在我国研究微生物油脂更具有特殊意义。目前，成本高是微生物油脂生产的主要制约因素之一，绝大多数产业化的应用主要集中在功能性油脂方面，大众食用油脂还未能实现规模化生产。随着现代生物技术的发展，将可能获得更多的微生物资源，通过充分利用现代分子生物学、化学生物学和生物化工技术的最新成果，加快对产油微生物菌种筛选、改良、代谢调控和发酵工程的研究。在油脂合成代谢方面，通过蛋白质组学、代谢组学、转录组学在分子水平上进一步阐明产油微生物在发酵过程中油脂合成途径、相关代谢网络，获得代谢调控发酵策略和技术，大幅提高油脂合成能力产量；在原料利用方面，以木质纤维素等可再生资源为原

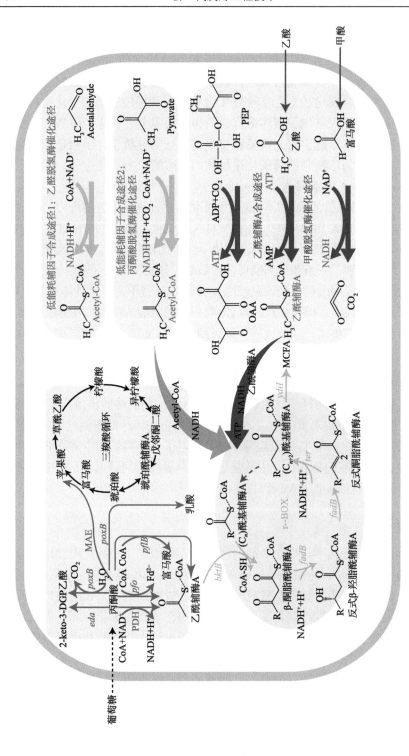

图9.18 低能耗辅因子途径的构建消除目标途径的直接瓶颈步骤

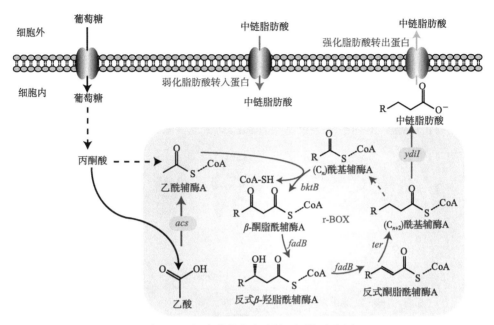

图 9.19　细胞膜的脂肪酸转运调控示意图

料，利用产油微生物转化制备微生物油脂，可降低生产成本，解决制约微生物油脂工业化的原料瓶颈。微生物油脂的研究技术将成为新世纪油脂工业的一个新的发展方向，使油脂行业的加工范围更加广阔，并将在解决人类油脂问题、促进人类保健方面起到越来越重要的作用。

9.5　未来食品的发酵生产面临的挑战

9.5.1　先进食品生物合成技术开发与应用

合成生物学（synthetic biology）是生物科学在 21 世纪才出现的一个分支学科，近年来发展迅速。传统生物学是通过解剖生物体以研究其内在构造，合成生物学的研究方向完全是相反的——从基础要素开始逐步建造构成生物体所需的"零部件"。以合成生物技术为代表的生物科技在学术、医药和工业等领域得到应用，近年来在食品领域也得到广泛的关注（李宏彪等，2019）。合成生物学市场潜力庞大，被业界称为第三次生物技术革命。相比较化学合成而言，基于合成生物学策略，通过发酵原理生产的天然产物，具有生产周期短、不受时节和原料供应的限制、发酵产物易于分离纯化、环境友好等优点，容易实现大规模工业化生产。

现阶段的工作主要体现在：利用合成生物学和代谢工程技术对动物、植物和微生物等进行改造，以强化作物的产量和抗病能力、改善食品风味和储藏性能、提升食品资源利用效率、开发新食品资源、开发新型食品和食品添加剂等；利用发酵工程技术，实现菌株的放大培养和工业规模发酵，以培育优良菌种、高效获取目标产物等；利用酶工程技术生产具有高度催化活性和专一性的酶制剂，如淀粉酶、凝乳酶、纤维素酶等，提高食品原料利用效率、改进食品风味和安全性等；利用生物传感器、生物芯片等技术实现食品安全危害物的快速检测（图9.20）。

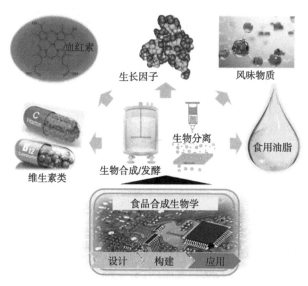

图 9.20　现代合成生物技术在未来食品发酵生产中的应用(Zhang et al., 2020)

合成生物学是未来经济发展的核心，利用基因学和相关领域的大规模数据，探索生物学和非生物学科之间相互交流的新途径，结合物理学、计算机科学、数学、化学和工程学计算与设计、编写或修改微生物基因组建，令其能够像机器般自如操作，以应对和解决生命科学中的复杂问题和挑战。

9.5.2　现代生物反应器的开发设计与发酵过程多尺度解析

针对现代生物发酵的发酵过程分子、细胞和系统等不同层次，生物反应器设计与发酵过程多尺度解析在微生物代谢途径动力学模型设计、细胞代谢特性分析与发酵过程调控以及新型反应器设计等方面取得了显著的进展，促进了新一代生物发酵过程高产量、高转化率和高生产强度的实现（Liu et al., 2019）。以动物细胞培养肉为例，基于现状分析，使用微载体在搅拌釜反应器或鼓泡塔反应器中悬浮培养是目前能将细胞培养肉快速推向市场的最佳途径，但仍需针对动物肌肉细胞的生理特性采集必要的数据，为设备放大及工艺优化提供依据，并解决微载体材料和结构等问题（Delafosse et al., 2018）。其中，不同来源的动物肌肉细胞和肌肉干细胞在不同生长阶段对剪切应力的承受能力决定了反应器的类型、操作、控制甚至微载体的选择、搅拌的设计等多个方面，是过程放大所需的重要参数（李雪良等，2020）。同时，通过基因工程、驯化或其他手段使肌肉细胞和肌卫星细胞适应悬浮培养，可进一步简化工艺、提高产量，最大的不足之处是其只能直接生产碎末状产品。短期内可以通过后期加工使其更接近肉的外观和口感，但从长远看，通过新型的工艺和装置，如使用三维支架与血细胞、脂肪细胞联合培养，直接生产出高度结构化的产品，才有可能使培养肉真正对传统养殖业形成挑战。未来研究将结合新一代生物发酵工程技术，利用工业规模多尺度实时生物感应系统、发酵过程大数据系统、智能化高效发酵与分离耦合过程、发酵过程的智能化控制（Liu et al.，2019）。综上所述，进一步整合分析动物细胞不同尺度特征并且针对性地开展多尺度整合调控，能够提升动物细胞培养肉的生产效率并且拓展生物制造的应用范围。

9.5.3　精准营养与个性化定制

在发达国家，食品工业正从深加工食品阶段过渡到有机食品阶段，而有机食品正在向精确营养阶段过渡。如今，科学可能已经剖析了大众饮食中的几乎每一个元素。例如，以色列的科学家对 800 人血糖水平进行了为期数天的跟踪研究，发现不同受试者对同一种食物的生物反应有显著的区别。一些人在食用含糖冰淇淋后血糖会快速升高，而另一部分人的血糖水平只会随着含淀粉的米饭而升高（Zeevi et al.，2015）。类似的研究结果表明不同人群的食品与营养需求具有显著差异，因此食品的个性化营养研究具有重要意义。

未来"个性化营养"这一新兴领域将为个人提供量身定制的健康饮食指导。身体对营养物质的特殊处理似乎取决于基因、肠道中的微生物以及器官内部生理的变化。科技公司可以通过营养遗传学服务，利用基因测试为个人提供量身定制的健康饮食指导。而精确的基因编辑技术可以以前所未有的精度改变食物的遗传密码，通过基因修饰改良食品风味，去除所有苦味，降低花生过敏原等，实现食品的定制化生产。例如，目前与肥胖相关的疾病的发病率正呈直线上升趋势。而通过高科技食品的设计可以提供短期解决策略：重新设计的"垃圾"食品，减少脂肪、糖、盐和热量，同时仍能带来同样的风味和满足感；开发低热量的糖替代品，如糖醇；利用食品技术在食品颗粒表面涂布糖，增加了与舌头接触的表面积，这样可以用更少的糖来提供同样的甜味。

以细胞工厂为代表的肉、奶、油等微生物制造将替代大宗食品传统供给方式；以 3D 打印为代表的材料制造和工业机器人将颠覆食品的加工制造模式；以烹饪过程食物指纹谱和定向加工为代表的智慧化系统，将改变现有的食物烹饪方式；以基因特征检测、健康调控和评估为代表的个性化食品加工将主导发展趋势（王琪等, 2019; 陈坚, 2019)。加强人造食品、智能制造等食品领域具有重大意义的新技术的开发, 并力争率先实现产业化, 抢占世界食品科技前沿和食品产业高地。食品行业可以针对不同的小众群体, 不断地推出更加细分的食品品类, 通过个性化定制、多功能食品、健康高蛋白的原料等新型食品工艺加速未来食品的发展与产业升级 (图 9.21)。

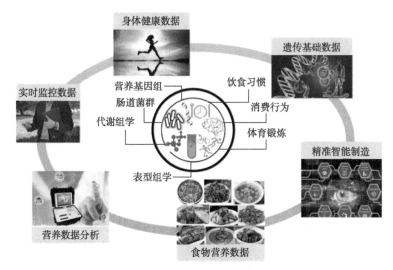

图 9.21　未来食品的个性化营养与定制化加工

9.5.4　食品安全与卫生监管

随着科技的进步以及社会、经济的发展, 新型食品不断面市, 这在丰富食品市场的同时也引发了食品的安全性问题, 影响着东方食品的国际化进程。通过研究对传统食品及新型未来食品的安全性造成威胁的因素, 探讨如何从食品的原料到加工、包装、储藏、运输等各个环节系统考虑食品的安全性问题, 构造一种行之有效的社会调控机制对食品行业的发展具有重要的意义 (刘菁琰, 2019)。

微生物危害是食品安全的主要威胁, 微生物污染造成的食物中毒占食源性疾病主要部分 (王森, 2019)。每年因微生物污染造成的食品腐败变质, 约占食品产值的 10%, 损失与危害巨大。因此, 食源性致病菌监控与分析, 是目前食品产业面临的一个痛点, 同时也是研究热点。例如, 优化和构建食源性致病微生物数据库; 基于全基因组和代谢组技术, 挖掘新检测靶点; 加快研发高通量快速检测技术等。

随着分析化学和分子生物学的发展, 越来越多的特异、灵敏的食品检测方法得到广泛应用。主要集中在检测样品的物理、化学和生物活性的差异。其中, 核酸是各种食品安全风险的重要标记物，对核酸检测的研究在食品安全保障中日益深入。生物传感器作为一种全新高效的微量/痕量分析技术，具有较快的反应速度、较强的特异性以及较低的成本等优势，目前正成为食品安全检测技术研究的热点，已经在食品微生物毒素、农兽药残留、不法添加物、食物品质等的检测中得到广泛应用。

9.6　展　　望

生命科学和生物技术的飞速发展，多组学解析、合成生物学等技术的应用，大大扩展了生物技术的涵盖范围，为现代生物发酵技术在食品工业中的应用奠定了坚实的基础，食品工业也将成为现代发酵生物技术应用最广阔、最活跃、最富有挑战性的领域。随着现代发酵工程技术在食品领域的应用，食品工业将不再是传统农业食品的概念，未来食品将在人们日常生活中占据重要的地位。

现代生物制造与食品合成技术提升传统食品产业，促进传统食品向高营养、低能耗的未来食品绿色产业转型，突破传统食品原有低产出、高污染、高能耗等瓶颈。通过加大研发动物细胞工程、食品合成生物学、生物反应器装备、食品感知科学等关键技术，实现食品产业科技水平提升，加强产品产业链衍生和节能减排，充分利用新一代生物发酵工业促进我国食品工业的改革，促进我国未来食品工业健康有序的发展。

（张国强　赵鑫锐　吴俊俊）

参 考 文 献

蔡国林, 郑兵兵, 王刚, 等, 2010. 微生物发酵提高花生粕营养价值的初步研究[J]. 中国油脂, (5): 31-34.

陈坚, 2019. 中国食品科技: 从 2020 到 2035[J]. 中国食品学报, (12): 1-5.

陈洁辉, 简达升, 2003. 醋全蛋饮料的研制[J]. 汕头大学学报(自然科学版), (4): 19-23.

陈丽娟, 郑裴, 徐玉霞, 等, 2010. 益生菌发酵豆粕产 CLA 及豆粕中抗营养因子降解的研究[J]. 中国油脂, (6): 19-21.

成妮妮, 陈广艳, 2017. 木糖醇石榴汁酸奶发酵工艺研究[J]. 食品研究与开发, (2): 121-125.

范馨文, 吕淑霞, 赵雄伟, 等, 2016. 微生物油脂结构分析及安全性的研究进展[J]. 食品工业科技, (10): 368-372.

付欧, 张娟, 堵国成, 等, 2016. 可降解大豆过敏原蛋白酶的纯化与酶学性质[J]. 食品与生物技术学报, (4): 350-356.

高倩倩, 2010. 发酵鸡蛋乳饮料工艺研究[J]. 现代营销(学苑版), (8): 56-57.

韩伟, 李晓敏, 刘倩, 等, 2017. 微生物固态发酵和酶解工艺处理棉粕的研究[J]. 中国油脂, (1): 112-115.

韩正滨, 陈红星, 邓继先, 2007. 脂肪源性干细胞的多向分化潜力及应用前景[J]. 生物工程学报, (2): 195-200.

李宏彪, 张国强, 周景文, 2019. 合成生物学在食品领域的应用[J]. 生物产业技术, (4): 5-10.

李建, 刘宏娟, 张建安, 等, 2007. 微生物油脂研究进展及展望[J]. 现代化工, (S2): 133-136.

李善仁, 林新坚, 蔡海松, 等, 2009. 混菌发酵豆粕制备大豆肽的研究[J]. 中国粮油学报, (12): 52-56.

李雪良, 张国强, 赵鑫锐, 等, 2020. 细胞培养肉规模化生产工艺及反应器展望[J]. 过程工程学报, (1): 3-11.

刘菁琰, 2019. 食品卫生与安全监管现状及改进措施[J]. 食品安全导刊, (30): 35-36.

刘洋, 王卫, 2013. 动物型蛋白饮料及其研究开发[J]. 食品与发酵科技, (1): 25-29.

邵金华, 余响华, 晏资忠, 等, 2014. 柚子红枣酸奶的发酵工艺研究[J]. 中国农学通报, (9): 270-274.

石飞云, 刘树兴, 但俊峰, 等, 2007. 发酵蛋乳饮料的工艺研究[J]. 食品科技, (2): 196-198.

滕晖, 曾新安, 蔡锦林, 2016. 现代发酵工程技术在食品开发中的应用[J]. 现代食品, (3): 7-10.

王琪, 李慧, 王赛, 等, 2019. 3D打印技术在食品行业中的应用研究进展[J]. 粮食与油脂, (1): 16-19.

王瑞元, 2017. 中国食用植物油加工业的现状与发展趋势[J]. 粮油食品科技, (3): 4-9.

王森, 2019. 食品中微生物的危害和控制措施[J]. 食品安全导刊, (2): 28.

王廷玮, 周景文, 赵鑫锐, 等, 2019. 培养肉风险防范与安全管理规范[J]. 食品与发酵工业, (11): 254-258.

王晓囡, 2019. 食品行业中发酵工程的应用[J]. 现代食品, (8): 117-118.

吴胜华, 李吕木, 张邦辉, 等, 2009. 酵母菌单菌固态发酵豆粕的研究[J]. 中国粮油学报, 24: 41-44.

吴伟, 周燕, 谭文松, 2009. 骨髓间充质干细胞无血清培养[J]. 生物工程学报, (7): 121-128.

吴伟伟, 许赣荣, 2010. 复合微生物固态发酵对棉籽饼粕脱毒及营养的影响[J]. 工业微生物, (3): 44-47.

夏新成, 张卫辉, 刘丽华, 等, 2010. 复合发酵棉籽粕营养价值及活性产物分析研究[J]. 中国粮油学报, (2): 96-100.

谢勇, 张榕, 施伽, 等, 2017. 刺梨凝固型酸奶的发酵工艺研究[J]. 中国酿造, (10): 181-185.

杨玉芬, 孟洪莉, 张力, 2010. 发酵温度和水分对菜籽粕发酵品质的影响[J]. 中国农学通报, (8): 52-55.

叶龙祥, 牛光亮, 2010. 菜籽粕混菌发酵脱毒研究[J]. 粮食与食品工业, (4): 41-44.

张国强, 赵鑫锐, 李雪良, 等, 2019. 动物细胞培养技术在人造肉研究中的应用[J]. 生物工程学报, (8): 1374-1381.

张齐, 崔金明, 蒙海林, 等, 2016. 7种牛奶蛋白基因在大肠杆菌中的异源表达[J]. 集成技术, (5): 79-84.

张秋华, 张亚丽, 张敏, 等, 2009. 固态发酵提高杂粕蛋白含量的条件优化研究[J]. 安徽农业科学, (31): 172-174.

张文举, 许梓荣, 孙建义, 等, 2006. 假丝酵母ZD-3与黑曲霉ZD-8复合固体发酵对棉籽饼脱毒及营养价值的影响研究[J]. 中国粮油学报, (6): 129-135.

赵小明, 2018. 大豆过敏原检测研究[J]. 现代食品, (20): 53-55.

赵鑫锐, 张国强, 李雪良, 等, 2019. 人造肉大规模生产的商品化技术[J]. 食品与发酵工业, (11): 248-253.

周林, 2011. 微生物油脂研究概况[J]. 粮食与食品工业, (1): 20-23.

庄桂, 韦梅生, 朱光州, 等, 2004. 发酵植物蛋白制取鲜味剂基料的研究[J]. 郑州工程学院学报, (4): 12-15.

卓林霞, 吴晖, 刘冬梅, 2009. 枯草芽孢杆菌发酵豆粕产蛋白酶优化试验研究[J]. 粮食与饲料工业, (2): 32-35.

ADOLFSSON O, MEYDANI S N, RUSSELL R M, 2004. Yogurt and gut function[J]. The American Journal of Clinical Nutrition, 80(2): 245-256.

AKIN Z, OZCAN T, 2017. Functional properties of fermented milk produced with plant proteins[J]. LWT-Food Science and Technology, 86: 25-30.

AMIT M, CARPENTER M K, INOKUMA M S, et al., 2000. Clonally derived human embryonic stem cell lines maintain pluripotency and proliferative potential for prolonged periods of culture[J]. Developmental Biology, 227(2): 271-278.

BEKKER G A, FISCHER A R H, TOBI H, et al., 2017. Explicit and implicit attitude toward an emerging food technology: the case of cultured, meat[J]. Appetite, 108: 245-254.

BENJAMINSON M A, GILCHRIEST J A, LORENZ M, 2002. *In vitro* edible muscle protein production system (MPPS): stage 1, fish[J]. Acta Astronaut, 51: 879-889.

BHARATHIRAJA B, SRIDHARAN S, SOWMYA V, et al., 2017. Microbial oil-a plausible alternate resource for food and fuel application[J]. Bioresource Technology, 233: 423-432.

BHATIA S K, YANG Y H, 2017. Microbial production of volatile fatty acids: current status and future perspectives[J]. Reviews in Environmental Science and Bio-Technology, 16(2): 327-345.

BIAN W N, BURSAC N, 2009. Engineered skeletal muscle tissue networks with controllable architecture[J]. Biomaterials, 30(7): 1401-1412.

BRUNNER D, FRANK J, APPL H, et al., 2010. Serum-free cell culture: the serum-free media interactive online database[J]. Altex, 27: 53-62.

CHEN R, YANG S, ZHANG L, et al., 2020. Advanced strategies for production of natural products in yeast[J]. iScience, 23(3): 100879.

CINTOLESI A, CLOMBURG J M, GONZALEZ R, 2014. In silico assessment of the metabolic capabilities of an engineered functional reversal of the β-oxidation cycle for the synthesis of longer-chain (C$\geqslant$4) products[J]. Metabolic Engineering, 23: 100-115.

CLOMBURG J M, BLANKSCHIEN M D, VICK J E, et al., 2015. Integrated engineering of β-oxidation reversal and ω-oxidation pathways for the synthesis of medium chain ω-functionalized carboxylic acids[J]. Metabolic Engineering, 28: 202-212.

CLOMBURG J M, VICK J E, BLANKSCHIEN M D, et al., 2012. A synthetic biology approach to engineer a functional reversal of the β-oxidation cycle[J]. ACS Synthetic Biology, 1(11): 541-554.

COMMISSION E, 2017. Concerning the authorisation of L-lysine sulphate produced by *Escherichia coli* as a feed additive for all animal species[J]. Commission Implementing Regulation (EU) 2017/439.

CORDLE C T, 2004. Soy protein allergy: incidence and relative severity[J].The Journal of Nutrition, 134(5): 1213S-1219S.

DELAFOSSE A, LOUBIERE C, CALVO S, et al., 2018. Solid-liquid suspension of microcarriers in stirred tank bioreactor–Experimental and numerical analysis[J]. Chemical Engineering Science, 180: 52-63.

DELLOMONACO C, CLOMBURG J M, MILLER E N, et al., 2011. Engineered reversal of the β-oxidation cycle for the synthesis of fuels and chemicals[J]. Nature, 476(7360): 355-359.

DUANGJITCHAROEN Y, KANTACHOTE D, ONGSAKUL M, et al., 2008. Selection of probiotic lactic acid bacteria isolated from fermented plant beverages[J]. Pakistan Journal of Biological Sciences, 11: 652-655.

EL-BATAL AI, ABDEL KAREM H, 2001. Phytase production and phytic acid reduction in rapeseed meal by *Aspergillus niger* during solid state fermentation[J]. Food Research International, 34(8): 715-720.

FERNANDES B S, VIEIRA J P F, CONTESINI F J, et al., 2017. High value added lipids produced by microorganisms: a potential use of sugarcane vinasse[J]. Critical Reviews in Biotechnology, 37(8): 1048-1061.

FERREIRA R, TEIXEIRAA P G, SIEWERS V, et al., 2018. Redirection of lipid flux toward phospholipids in yeast increases fatty acid turnover and secretion[J]. Proceedings of the National Academy of Sciences of the United States of America, 115(6): 1262-1267.

FUKAZAWA C, UDAKA K, MURAYAMA A, et al., 1987. Expression of soybean glycinin subunit precursor cDNAs in *Escherichia coli*[J]. FEBS Letters, 224: 125-127.

GÓRAL M, KOZŁOWICZ K, PANKIEWICZ U, et al., 2018. Magnesium enriched lactic acid bacteria as a carrier for probiotic ice cream production[J]. Food Chemistry, 239: 1151-1159.

HARLEY C B, 2002. Telomerase is not an oncogene[J]. Oncogene, 21: 494-502.

HOCQUETTE J F, GONDRET F, BAéZA E, 2010. Intramuscular fat content in meat-producing animals: development, genetic and nutritional control, and identification of putative markers[J]. Animal, 4(2): 303-319.

JIN Y, HE X, ANDOH-KUMI K, et al., 2018. Evaluating potential risks of food allergy and toxicity of soy leghemoglobin expressed in *Pichia pastoris*[J]. Molecular Nutrition & Food Research, 62(1): 1700297.

KANG L, ALIM A, SONG H, 2019. Identification and characterization of flavor precursor peptide from beef enzymatic hydrolysate by Maillard reaction[J]. Journal of Chromatography B-Analytical Technologies in the Biomedical and Life Sciences, 1104: 176-181.

KANG Z, DING W, GONG X, et al., 2017. Recent advances in production of 5-aminolevulinic acid using biological strategies[J]. World Journal of Microbiology and Biotechnology, 33(11): 200.

KIM S, CLOMBURG J M, GONZALEZ R, 2015. Synthesis of medium-chain length (C$_6$-C$_{10}$) fuels and chemicals via β-oxidation reversal in *Escherichia coli*[J]. Journal of Industrial Microbiology & Biotechnology, 42(3): 465-475.

KUNG L J, KRECK E M, TUNG R S, et al., 1997. Effects of a live yeast culture and enzymes on *in vitro* ruminal fermentation and milk production of dairy cows[J]. Journal of Dairy Science, 80(9): 2045-2051.

LAM M T, SIM S, ZHU X Y, 2006. The effect of continuous wavy micropatterns on silicone substrates on the alignment of skeletal muscle myoblasts and myotubes[J]. Biomaterials, 27: 4340-4347.

LAYER G, REICHELT J, JAHN D, et al., 2010. Structure and function of enzymes in heme biosynthesis[J]. Protein Science, 19(6): 1137-1161.

LAZAR Z, LIU N, STEPHANOPOULOS G, 2018. Holistic approaches in lipid production by *Yarrowia lipolytica*[J]. Trends in Biotechnology, 36(11): 1157-1170.

LEDESMA-AMARO R, 2015. Microbial oils: a customizable feedstock through metabolic engineering[J]. European Journal of Lipid Science and Technology, 117(2): 141-144.

LEONG D S, TAN J G, CHIN C L, et al., 2017 Evaluation and use of disaccharides as energy source in protein-free mammalian cell cultures[J]. Scientific Reports, 7: 45216.

LI K F, CAI D B, WANG Z Q, et al., 2018. Development of an efficient genome editing tool in bacillus licheniformis using CRISPR-Cas9 nickase[J]. Applied and Environmental Microbiology, 84(6): 2608-2617.

LIU H, GUAN H, ZHANG Q, et al., 2011. Research on yoghurt of plant protein fermented by *Bifidobacteria adolescentic*[J]. International Conference on Remote Sensing. IEEE.

LIU S, WAN D, WANG M, et al., 2015. Overproduction of pro-transglutaminase from *Streptomyces hygroscopicus* in *Yarrowia lipolytica* and its biochemical characterization[J]. BMC Biotechnol, 15(1): 75.

LIU S, WANG M, DU G, et al., 2016. Improving the active expression of transglutaminase in *Streptomyces lividans* by promoter engineering and codon optimization[J]. BMC Biotechnol, 16: 75.

LIU Y, LI Q, ZHENG P, et al., 2015. Developing a high-throughput screening method for threonine overproduction based on an artificial promoter[J]. Microbial Cell Factories, 14: 121.

LIU Y, LI X, ZHANG X, et al., 2019. Advances in multi-scale analysis and regulation for fermentation process[J]. Sheng Wu Gong Cheng Xue Bao, 35(10): 2003-2013.

LIU Y F, LINK H, LIU L, et al., 2016. A dynamic pathway analysis approach reveals a limiting futile cycle in *N*-acetylglucosamine overproducing *Bacillus subtilis*[J]. Nature Communications, 7: 11933.

LOTFY S N, FADEL H H, EL-GHORAB A H, et al., 2015. Stability of encapsulated beef-like flavourings prepared from enzymatically hydrolysed mushroom proteins with other precursors under conventional and microwave heating[J]. Food Chemistry, 187: 7-13.

MARTíNEZ J L, LIU L, PETRANOVIC D, et al., 2015. Engineering the oxygen sensing regulation results in an enhanced recombinant human hemoglobin production by *Saccharomyces cerevisiae*[J]. Biotechnology and Bioengineering, 112(1): 181-188.

MILLWARD D J, 1999. The nutritional value of plant-based diets in relation to human amino acid and protein requirements[J].The Proceedings of the Nutrition Society, 58(2): 249-260.

NATARAJAN C, JIANG X, FAGO A, et al., 2011. Expression and purification of recombinant hemoglobin in *Escherichia coli*[J]. PLoS One, 6(5): e20176.

NIENOW A W, RAFIQ Q A, COOPMAN K, et al., 2014. A potentially scalable method for the harvesting of hMSCs from microcarriers[J]. Biochemical Engineering Journal, 85: 79-88.

NJOKU M, PETER D S, MACKENZIE C F, 2015. Hemoglobin-based oxygen carriers: indications and future applications[J]. British Journal of Hospital Medicine, 76: 78-83.

OZDEMIR C, ARSLANER A, OZDEMIR S, et al., 2015. The production of ice cream using stevia as a sweetener[J]. Journal of Food Science and Technology, 52(11): 7545-7548.

PARK Y H, GONG S P, KIM H Y, et al., 2013. Development of a serum-free defined system employing growth factors for preantral follicle culture[J]. Molecular Reproduction and Development, 80(9): 725-733.

POST M J, 2014. Cultured beef: medical technology to produce food[J]. Journal of the Science of Food and Agriculture, 94(6): 1039-1041.

PRANAWIDJAJA S, CHOI S I, LAY B W, et al., 2015. Analysis of heme biosynthetic pathways in a recombinant *Escherichia coli*[J]. Journal of Microbiology and Biotechnology, 25(6): 880-886.

PUJOL J B, CHRISTINAT N, RATINAUD Y, et al., 2018. Coordination of gPR40 and ketogenesis signaling by medium chain fatty acids regulates β cell function[J]. Nutrients, 10(4): 473.

RANIERI M L, HUCK J R, SONNEN M, et al., 2009. High temperature, short time pasteurization temperatures inversely affect bacterial numbers during refrigerated storage of pasteurized fluid milk[J]. Journal of Dairy Science, 92(10): 4823-4832.

RONHOLT S, KIRKENSGAARD J J K, PEDERSEN T B, et al., 2012. Polymorphism, microstructure and rheology of butter. Effects of cream heat treatment[J]. Food Chemistry, 135(3): 1730-1739.

SAKAR M S, NEAL D, BOUDOU T, et al., 2012. Formation and optogenetic control of engineered 3D skeletal muscle bioactuators[J]. Lab on a Chip, 12(23): 4976-4985.

SALVADOR P, TOLDRà M, PARéS D, et al., 2009. Color stabilization of porcine hemoglobin during spray-drying and powder storage by combining chelating and reducing agents[J]. Meat Science, 83(2): 328-333.

SANJUKTA S, RAI A K, 2016. Production of bioactive peptides during soybean fermentation and their potential health benefits[J]. Trends in Food Science & Technology, 50: 1-10.

SARRIA S, KRUYER N S, PERALTA-YAHYA P, 2017. Microbial synthesis of medium-chain chemicals from renewables[J]. Nature Biotechnology, 35(12): 1158-1166.

SCHINDLER S, ZELENA K, KRINGS U, et al., 2012. Improvement of the aroma of pea (*Pisum sativum*) protein extracts by lactic acid fermentation[J]. Food Biotechnology, 26(1): 58-74.

SHURKHNO R A, GAREEV R G, ABUL'KHANOV A G, et al., 2005. Fermentation of high-protein plant biomass by introduction of lactic acid bacteria[J]. Applied Biochemistry and Microbiology, 41(1): 69-78.

SIRILUN S, SIVAMARUTHI B S, KESIKA P, et al., 2017. Lactic acid bacteria mediated fermented soybean as a potent nutraceutical candidate[J]. Asian Pacific Journal of Tropical Biomedicine, 7(10): 930-936.

SONG Y F, FU G, DONG H N, et al., 2017. High-efficiency secretion of *β*-mannanase in *Bacillus subtilis* through protein synthesis and secretion optimization[J]. Journal of Agricultural and Food Chemistry, 65(12): 2540-2548.

SOOK Y K, PETER S W P, KHEE C R, 1990. Functional properties of prototypic enzyme modified soy protein isolate[J]. Journal of Agricultural and Food Chemistry, 38: 651-656.

STEPHENS N, DI SILVIO L, DUNSFORD I, 2018. Bringing cultured meat to market: technical, socio-political, and regulatory challenges in cellular agriculture[J]. Trends in Food Science & Technology, 78: 155-166.

STERN-STRAETER J, BONATERRA G A, JURITZ S, et al., 2014. Evaluation of the effects of different culture media on the myogenic differentiation potential of adipose tissue or bone marrow-derived human mesenchymal stem cells[J]. International Journal of Molecular Medicine, 33: 160-170.

TAKAHASHI M, MAKINO S, KIKKAWA T, et al., 2014. Preparation of rat serum suitable for mammalian whole embryo culture[J]. Journal of Visualized Experiments, (90):e51969.

TAMIME A Y, DEETH H C, 1980. Yogurt: technology and biochemistry1[J]. Journal of Food Protection, 43(12): 939-977.

THOMAS J, MICHAEL B F, RICHARD I, 2008. Sensory and rheological characterization of acidified milk drinks[J]. Food Hydrocolloids, 22: 798-806.

TORELLA J P, FORD T J, KIM S N, et al., 2013. Tailored fatty acid synthesis via dynamic control of fatty acid elongation[J]. Proceedings of the National Academy of Sciences of the United States of America, 110(28): 11290-11295.

VAN DER W C, TRAMPER J, 2014. Cultured meat: every village its own factory?[J]. Trends in Biotechnology, 32: 294-296.

VAN WEZEL A L, 1967. Growth of cell-strains and primary cells on micro-carriers in homogeneous culture[J]. Nature, 216: 64-65.

VERBRUGGEN S, LUINING D, VAN ESSEN A, et al., 2018. Bovine myoblast cell production in a microcarriers-based system[J] . Cytotechnology, 70: 503-512.

WADHAVE A A, JADHAV A I, ARSUL V A, 2014. Plant proteins applications: a review[J]. World Journal of Pharmacy and Pharmaceutical Sciences, 3: 702-712.

WANG M Y, FANG K L, HONG S M C, et al., 2018. Medium chain unsaturated fatty acid ethyl esters inhibit persister formation of *Escherichia coli* via antitoxin, HipB[J]. Applied Microbiology and Biotechnology, 102: 8511-8524.

WANG W F, CHA Y J, 2018. Volatile compounds in seasoning sauce produced from soy sauce residue by reaction flavor technology[J]. Preventive Nutrition and Food Science, 23: 356-363.

WATSON M D, LAMBERT N, DELAUNEY A J, et al., 1988. Isolation and expression of a pea vicilin cDNA in the yeast *Saccharomyces cerevisiae*[J]. Biochem Journal, 251: 857-864.

WU J J, WANG Z, DUAN X G, et al. 2019a. Construction of artificial micro-aerobic metabolism for energy- and carbon-efficient synthesis of medium chain fatty acids in *Escherichia coli*[J]. Metabolic Engineering, 53: 1-13.

WU J J, WANG Z, ZHANG X, et al. 2019b. Improving medium chain fatty acid production in *Escherichia coli* by multiple transporter engineering[J]. Food Chemistry, 272: 628-634.

WU J J, ZHANG X, XIA X D, et al. 2017a. A systematic optimization of medium chain fatty acid biosynthesis via the reverse β-oxidation cycle in *Escherichia coli*[J]. Metabolic Engineering, 41: 115-124.

WU J J, ZHANG X, ZHOU P, et al. 2017b. Improving metabolic efficiency of the reverse β-oxidation cycle by balancing redox cofactor requirement[J]. Metabolic Engineering, 44: 313-324.

XU P, GU Q, WANG W Y, et al., 2013. Modular optimization of multi-gene pathways for fatty acids production in *E. coli*[J]. Nature Communications, 4: 1409.

YAMAZOE H, ICHIKAWA T, HAGIHARA Y, 2016. Generation of a patterned co-culture system composed of adherent cells and immobilized nonadherent cells[J] .Acta Biomaterialia, 31: 231-240.

ZEEVI D, KOREM T, ZMORA N, et al., 2015. Personalized nutrition by prediction of glycemic responses[J]. Cell, 163: 1079-1094.

ZENG W Z, GUO L K, XU S, et al., 2020. High-throughput screening technology in industrial biotechnology[J]. Trends in Biotechnology, 38(8): 888-906.

ZHANG G Q, ZHAO X R, LI X L, et al., 2020. Challenges and possibilities for bio-manufacturing cultured meat[J]. Trends in Food Science and Technology, 97: 443-450.

ZHANG J L, KANG Z, DING W W, et al., 2016. Integrated optimization of the *in vivo* heme biosynthesis pathway and the *in vitro* iron concentration for 5-aminolevulinate production[J]. Applied Biochemistry and Biotechnology, 178: 1252-1262.

ZHANG X X, TAN J P, XU X X, et al., 2017. A coordination polymer based magnetic adsorbent material for hemoglobin isolation from human whole blood, highly selective and recoverable[J]. Journal of Solid State Chemistry, 253: 219-226.

ZHAO X R, CHOI K R, LEE S Y, 2018. Metabolic engineering of *Escherichia coli* for secretory production of free haem[J] . Nature Catalysis, 1: 720-728.

ZHU Y, RINZEMA A, TRAMPER J, et al., 1995. Microbial transglutaminase: a review of its production and application in food processing[J]. Applied Microbiology and Biotechnology, 44: 277-282.

ZHU Z M, YANG P S, WU Z M, et al., 2019. Systemic understanding of *Lactococcus lactis* response to acid stress using transcriptomics approaches[J]. Journal of Industrial Microbiology & Biotechnology, 46: 1621-1629.

索　引